Hans Dieter Baehr

Thermodynamik

Eine Einführung in die Grundlagen
und ihre technischen Anwendungen

3. neubearbeitete Auflage

Springer-Verlag Berlin Heidelberg New York 1973

Dr.-Ing. Hans Dieter Baehr

o. Professor am Institut für Thermo- und Fluiddynamik
der Ruhr-Universität Bochum

Mit 271 Abbildungen
und zahlreichen Tabellen sowie 80 Beispielen

ISBN 3-540-06029-4 3. Auflage Springer-Verlag Berlin Heidelberg New York
ISBN 0-387-06029-4 3rd edition Springer-Verlag New Nork Heidelberg Berlin

ISBN 3-540-03463-3 2. Auflage   Springer-Verlag Berlin Heidelberg New York
ISBN 0-387-03463-3 2nd. edition Springer-Verlag New York Heidelberg Berlin

Vorwort

Die dritte Auflage meines Lehrbuches unterscheidet sich von der vorangegangenen durch eine gründliche und umfassende Neubearbeitung. Trotz mancher wesentlicher Änderungen habe ich aber die bewährte Gliederung beibehalten. Auch Ziel und Anlage des Buches sind gleich geblieben: Es soll eine sicher fundierte Einführung in die klassische Thermodynamik und ihre technischen Anwendungen geben. Das aus meinen Vorlesungen hervorgegangene Buch ist vornehmlich als Lehrbuch für Studierende an Universitäten und Fachhochschulen gedacht. Es dürfte auch allen Ingenieuren nützlich sein, die sich um ein Verständnis der Grundlagen der Thermodynamik bemühen.

Bekanntlich rechnet man die Thermodynamik wegen der Eigenart ihrer Begriffsbildung und wegen der ihr eigentümlichen Methodik zu den schwierigen Grundlagenfächern der Ingenieurwissenschaften, die sich besonders dem Anfänger nicht ohne Mühe erschließen. Man versucht häufig, diese Schwierigkeiten dadurch zu umgehen, daß man die Darstellung der allgemeinen Grundlagen eng mit den technischen Anwendungen verknüpft. Der Student erwirbt dabei zwar eine gewisse Fertigkeit im Umgang mit Formeln für technische Sonderfälle; ihm fehlt aber oft ein tieferes Verständnis für die logischen Zusammenhänge, und er versteht häufig nicht, Grundlegendes und Allgemeingültiges von dem zu unterscheiden, was nur unter einschränkenden Voraussetzungen für einen besonderen Anwendungsfall gilt. Ich habe mich daher bemüht, die Grundlagen der Thermodynamik ausführlich, in hinreichender logischer Strenge und so allgemein wie nötig darzustellen. Auch der größte Teil der Umarbeitungen, Ergänzungen und Erweiterungen diente der klareren Darstellung grundlegender Zusammenhänge. Stofflichen Erweiterungen wurden Kürzungen entgegengestellt, und manchmal brachte die Umarbeitung auch eine Straffung des Textes mit sich, so daß der Umfang des Buches gegenüber der zweiten Auflage etwas verringert werden konnte.

Von den zahlreichen Änderungen möchte ich die folgenden nennen. Der *Arbeitsbegriff* fand in Kapitel 2 eine genauere und eingehendere Darstellung, insbesondere wurde auch die Arbeit am Element eines strömenden Fluids behandelt, für das auch die besondere Form des 1. Hauptsatzes angegeben wird. Die in den früheren Auflagen gebrachte Einführung der *Entropie* (Kapitel 3) habe ich verallgemeinert und mit ausführlichen Beweisen versehen, um die Ergebnisse neuerer axiomatischer Untersuchungen, Stellung und Bedeutung von Carathéodorys Unerreichbarkeitsaxiom betreffend, zu berücksichtigen. Die früher nur kurz erwähnten Begriffe *Entropieströmung* und *Entropieerzeugung* habe ich ausführlich und auch in ihrer Anwendung auf technische Probleme dargestellt, wobei die mit der Entropieerzeugung eng verknüpfte *Dissipationsenergie* neu eingeführt wurde. Das bewährte Kapitel 4 über die thermodynamischen Eigenschaften reiner Stoffe enthält neue Abschnitte über die *Berechnung isentroper Enthalpiedifferenzen* und die *Eigenschaften von Festkörpern*. Eine gründliche Umarbeitung erfuhr das für die technischen Anwendungen besonders wichtige Kapitel über die *stationären Fließprozesse* (Strömungsprozesse und Arbeitsprozesse). Hier habe ich mich vor allem bemüht, die grundlegenden Zusammenhänge zwischen technischer Arbeit, Dissipationsenergie und der Zustandsänderung des strömenden Fluids genauer und weit ausführlicher als bisher darzustellen. Die Energetik der *Verbrennungsprozesse* in Kapitel 8 habe ich neu geschrieben; dieses Kapitel wurde außerdem durch eine kurze Behandlung der *Brennstoffzelle* ergänzt.

Da seit dem Erscheinen der ersten Auflage das Arbeiten mit Größen und Größengleichungen zum allgemeinen Rüstzeug des Ingenieurs geworden sein sollte, habe ich mich entschlossen, die bisher gebrachten umfangreichen Ausführungen zu diesem Themenkreis fortzulassen. Geblieben ist eine gegen früher verbesserte, zusammenfassende Darstellung der Größen, die als Maße für Stoffmengen fungieren können, sowie eine Übersicht über die SI-Einheiten und die Umrechnungsfaktoren zwischen ,,alten" und ,,neuen" Einheiten. Die Tabellen über Stoffwerte wurden völlig erneuert, sie dürften dem neuesten Stand unserer Kenntnisse entsprechen.

Die Gelegenheit einer Neuauflage habe ich auch zu einigen formalen Änderungen benutzt. Um die Formelzeichen den neuen internationalen und deutschen Normen weitgehend anzupassen, wurden die Formelzeichen H statt I für die Enthalpie, P statt N für die Leistung und A statt F für die Fläche gewählt. Die Beschlüsse der 13. Generalkonferenz für Maß und Gewicht (1967) über die Temperatureinheit Kelvin und ihr Kurzzeichen wurden beachtet. Es schien mir ferner sinnvoll, für Energien, welche die Systemgrenze überschreiten, eine *einheitliche* Vorzeichengebung in den Bilanzgleichungen anzuwenden: alle zugeführten Energien werden positiv, alle abgegebenen negativ eingesetzt. Dies bedeutet gegen früher eine Änderung für das Vorzeichen der Arbeit, die sich inzwischen allgemein durchzusetzen beginnt.

Beim Lesen der Korrekturen haben mich Herr Dipl.-Ing. J. Ahrendts und Herr Dipl.-Ing. K.-G. Stroppel unterstützt. Ihnen und Frau M. Braeuner, die die Reinschrift der neuen Manuskriptteile besorgte, möchte ich auch hier für ihre Hilfe danken. Dem Springer-Verlag gebührt Dank für die angenehme Zusammenarbeit bei der Herstellung des Buches.

Bochum, im Frühjahr 1973

H. D. Baehr

Inhaltsverzeichnis

1. Allgemeine Grundlagen

2. Der 1. Hauptsatz der Thermodynamik

3. Der 2. Hauptsatz der Thermodynamik

4. Thermodynamische Eigenschaften reiner Stoffe

5. Ideale Gase, Gas- und Gas—Dampf-Gemische

Formelzeichen

A	Fläche	m	Masse
a	Schallgeschwindigkeit	$\dot{m}$	Massenstrom
B_Q	Anergie der Wärme	N	Teilchenzahl
b	spez. Anergie der Enthalpie	N_A	Avogadro-Konstante
b_q	spez. Anergie der Wärme	n	Substanzmenge; Polytropenexponent
C	Kapazität eines Kondensators	$\mathfrak{n}$	Verhältnis von Substanzmengen
c	Geschwindigkeit; spez. Wärmekapazität	$o_{\min}$	spez. Sauerstoffbedarf der Verbrennung
c_p, c_v	spez. Wärmekapazität bei konst. Druck bzw. konst. Volumen	$\mathfrak{o}_{\min}$	molarer Sauerstoffbedarf
c_p^0, c_v^0	spez. Wärmekapazitäten idealer Gase	P	Leistung
		p	Druck
E	Energieinhalt	Q	Wärme
E_Q	Exergie der Wärme	$\dot{Q}$	Wärmestrom
$\dot{E}$	Exergiestrom	Q_{el}	elektrische Ladung, Elektrizitätsmenge
$\dot{E}_v$	Exergieverluststrom, Leistungsverlust	$\mathfrak{Q}$	auf die Substanzmenge bezogene Wärme
e	spez. Exergie der Enthalpie	q	auf die Masse bezogene Wärme
e_q	spez. Exergie der Wärme	R	Gaskonstante
e_v	spez. Exergieverlust	$\boldsymbol{R}$	universelle Gaskonstante
F	freie Energie	R_{el}	elektrischer Widerstand
f	spez. freie Energie	r	spez. Verdampfungsenthalpie
G	freie Enthalpie; Gewichtskraft	r_{Sch}	spez. Schmelzenthalpie
g	spez. freie Enthalpie; Fallbeschleunigung	r_{Sub}	spez. Sublimationsenthalpie
H	Enthalpie	S	Entropie
$\mathfrak{H}$	molare Enthalpie	S_q	mit Wärme transportierte Entropie
h	spez. Enthalpie		
h^+	spez. Totalenthalpie	S_{Irr}	erzeugte Entropie
h_{1+x}	spez. Enthalpie feuchter Luft	$\dot{S}$	Entropiestrom
		$\mathfrak{S}$	molare Entropie
Δh_o	Brennwert, oberer Heizwert	s	spez. Entropie
		T	thermodynamische Temperatur
Δh_u	(unterer) Heizwert		
I_{el}	elektrische Stromstärke	t	Celsius-Temperatur
K	Kraft	U	innere Energie
k	Isentropenexponent	U_{el}	elektrische Spannung
$\boldsymbol{k}$	Boltzmann-Konstante	u	spez. innere Energie
l	spez. Luftmenge	V	Volumen
$\mathfrak{l}$	molare Luftmenge	$\mathfrak{V}$	Molvolumen
M	Molmasse	v	spez. Volumen

v_{1+x} spez. Volumen feuchter Luft

W Arbeit

W^{el} elektrische Arbeit

W^n Nutzarbeit

W^V Volumenänderungsarbeit

W^W Wellenarbeit

w spez. Arbeit

w^F spez. Arbeit der Feldkräfte

w^G spez. Gestaltänderungsarbeit

w^p spez. Arbeit der Resultierenden der Druckkräfte

w^S spez. Schlepparbeit

w^V spez. Volumenänderungsarbeit

w_t spez. technische Arbeit

w_v spez. Arbeitsverlust

X Arbeitskoordinate

x Dampfgehalt; Wassergehalt feuchter Luft

y Arbeitskoeffizient

z Höhenkoordinate

ε Leistungszahl der Kältemaschine

ζ exergetischer Wirkungsgrad

ζ_K exergetischer Wirkungsgrad des Kessels

ζ_P exergetischer Prozeß-Wirkungsgrad

η energetischer Wirkungsgrad

η_C Carnot-Faktor

η_{th} thermischer Wirkungsgrad

η_{sD} isentroper Diffusorwirkungsgrad

η_{sS} isentroper Strömungswirkungsgrad

η_{sT} isentroper Turbinenwirkungsgrad

η_{sV} isentroper Verdichterwirkungsgrad

ϑ Temperatur

Θ Debye-Temperatur

$\varkappa$ Isentropenexponent idealer Gase

λ Luftverhältnis

μ Viskosität

ϱ Dichte

π Druckverhältnis

π_s isentrope Temperaturfunktion

σ empirische Entropie

ξ Masseanteil

τ Zeit

τ' Schubspannung

φ relative Feuchte

ψ Molanteil; spez. Dissipationsenergie

Ψ Dissipationsenergie

Indizes:

0   Bezugszustand, Anfangszustand

1, 2, 3, …   Zustände 1, 2, 3, …

12   Doppelindex: Prozeßgröße für einen Prozeß, der vom Zustand 1 zum Zustand 2 führt

$A, B, C, …$ Stoffe $A, B, C, …$

ad   adiabat

B Brennstoff

D Dampf

E Eis

G Gas

irr   irreversibel

K Kessel, Dampferzeuger

k kritisch

L Luft

m Mittelwert

max   maximal

min   minimal

n Norm-

opt   optimal

rev   reversibel

s isentrop; Sättigung

t technisch

tr   Tripelpunkt

T Turbine

u Umgebung

v Verlust

V Verdichter; Verbrennungsgas

W Wasser

$'$ Siedelinie; Reaktionsteilnehmer

$''$ Taulinie; Reaktionsprodukte

$*$ hervorgehobener Zustand, meistens engster Düsen- oder Diffusorquerschnitt

1. Allgemeine Grundlagen

1.1 Thermodynamik

1.11 Von der historischen Entwicklung der Thermodynamik[1]

Als der französische Ingenieur-Offizier N. L. S. Carnot[2] im Jahre 1824 seine einzige, später berühmt gewordene Schrift „Réflexions sur la puissance motrice de feu et sur les machines propres à développer cette puissance" veröffentlichte[3], begründete er eine neue Wissenschaft:

Abb. 1.1. N. L. S. Carnot
im Alter von 17 Jahren

Abb. 1.2. J. R. Mayer

---

[1] Vgl. hierzu Keenan, J. H., u. Shapiro, A. H.: History and exposition of the laws of Thermodynamics. Mech. Engineering 69 (1947) S. 915—921; Plank, R.: Geschichte der Kälteerzeugung und Kälteanwendung, insbes. S. 5—42 des Handb. d. Kältetechnik, Bd. 1, Berlin-Göttingen-Heidelberg: Springer 1954; sowie Cardwell, D. S. L.: From Watt to Clausius, The Rise of Thermodynamics in the Early Industrial Age. Ithaca, New York: Cornell University Press 1971.

[2] Nicolas Léonard Sadi Carnot (1796—1832) schloß mit siebzehneinhalb Jahren sein Studium an der Ecole Polytechnique in Paris ab; er diente dann einige Jahre als Ingenieur-Offizier, ließ sich aber bald zur Disposition stellen. Als Privatmann lebte er in Paris und widmete sich wissenschaftlichen Studien. Am 24. August starb er während der großen Choleraepidemie des Jahres 1832.

[3] Deutsch in „Ostwalds Klassikern d. exakten Wissenschaften" Nr. 37, 1892.

die Thermodynamik. Schon lange Zeit zuvor hatte man sich mit den Wärmeerscheinungen beschäftigt und man hatte auch praktische Erfahrungen im Bau von Wärmekraftmaschinen, insbesondere von Dampfmaschinen gewonnen; Carnot jedoch behandelte das Problem der Gewinnung von Nutzarbeit aus Wärme erstmals in allgemeiner Weise. Als gedankliche Hilfsmittel schuf er die Begriffe der vollkommenen Maschine und des reversiblen (umkehrbaren) Kreisprozesses. Seine von bestimmten Maschinenkonstruktionen und von bestimmten Arbeitsmedien abstrahierenden Überlegungen führten ihn zur Entdeckung eines allgemein gültigen Naturgesetzes, das wir heute als den 2. Hauptsatz der Thermodynamik bezeichnen.

Carnot legte 1824 seinen „Réflexions" die damals vorherrschende Stofftheorie der Wärme zugrunde, wonach Wärme eine unzerstörbare Substanz (caloricum) ist, deren Menge bei allen Prozessen unverändert bleibt. In seinen hinterlassenen, erst 40 Jahre nach seinem frühen Tode veröffentlichten Notizen finden wir aber schon eine erste Formulierung des Prinzips von der Äquivalenz von Wärme und Arbeit, wonach Arbeit in Wärme und auch Wärme in Arbeit umwandelbar sind. Dieses Prinzip wurde öffentlich erst 1842 von J. R. Mayer[1] ausgesprochen, der es später (1845) zum allgemeinen Satz von der Erhaltung der Energie erweiterte. J. R. Mayer wurde damit zum Entdecker des 1. Hauptsatzes der Thermodynamik und des Energieerhaltungssatzes, der heute als eines der wichtigsten Grundgesetze der ganzen Physik anerkannt ist, während Mayer zuerst auf das Unverständnis seiner Zeitgenossen stieß.

Unabhängig von Mayers theoretischen Überlegungen lieferte zwischen 1843 und 1848 J. P. Joule[2] die experimentellen Grundlagen für den 1. Hauptsatz durch zahlreiche geschickt ausgeführte Versuche. Er bestimmte das sogenannte mechanische Wärmeäquivalent, eine heute unnötige Größe, die aber damals wegen des Fehlens einer einwandfreien Definition des Begriffs „Wärme" eine große Rolle spielte[3]. Diese Experimente bildeten mehr als 60 Jahre später die Grundlage für eine klare Definition der inneren Energie als der für den 1. Hauptsatz charakteristischen Zustandsgröße.

---

[1] Julius Robert Mayer (1814—1878) war praktischer Arzt in Heilbronn, der sich in seinen wenigen freien Stunden mit naturwissenschaftlichen Problemen beschäftigte. Seine in den Jahren 1842—1848 veröffentlichten Arbeiten über den Energieerhaltungssatz fanden bei den Physikern lange Zeit nicht die ihnen gebührende Beachtung. Erst spät und nach einem Prioritätsstreit mit J. P. Joule wurde J. R. Mayer volle Anerkennung zuteil. Er starb hochgeehrt in seiner Vaterstadt Heilbronn im Alter von 63 Jahren.

[2] James Prescott Joule (1818—1889) lebte als finanziell unabhängiger Privatgelehrter in Manchester, England. Neben den Experimenten zur Bestimmung des „mechanischen Wärmeäquivalents" sind seine Untersuchungen über die Erwärmung stromdurchflossener elektrischer Leiter (Joulesche „Wärme") und die gemeinsam mit W. Thomson ausgeführten Versuche über die Drosselung von Gasen (Joule-Thomson-Effekt) zu nennen.

[3] Vgl. hierzu Baehr, H. D.: Der Begriff der Wärme im historischen Wandel und im axiomatischen Aufbau der Thermodynamik. Brennst.-Wärme-Kraft 15 (1963) 1—7.

Aufbauend auf den Gedanken von Carnot, Mayer und Joule gelang es 1850 R. Clausius[1], die beiden Hauptsätze der Thermodynamik klar zu formulieren. Er gab die erste quantitative Formulierung des 1. Hauptsatzes durch Gleichungen zwischen den Größen Wärme, Arbeit und innere Energie; zur Formulierung des 2. Hauptsatzes führte er eine neue Größe ein, die er zuerst als „Äquivalenzwert einer Verwandlung", später (1865) als *Entropie* bezeichnete. Der von Clausius geschaffene Entropiebegriff nimmt eine Schlüsselstellung im Gebäude der Thermo-

Abb. 1.3. R. Clausius   Abb. 1.4. W. Thomson im Jahre 1846

dynamik ein. Im Prinzip von der Vermehrung der Entropie finden die Aussagen des 2. Hauptsatzes über die Richtung aller natürlichen Vorgänge ihren prägnanten Ausdruck. In neuerer Zeit hat der Entropiebegriff auch in anderen Wissenschaften, z. B. in der Informationstheorie, Bedeutung erlangt.

Unabhängig von Clausius gelangte fast zur gleichen Zeit (1851) W. Thomson[2] (Lord Kelvin) zu anderen Formulierungen des 2. Haupt-

---

[1] Rudolf Julius Emanuel Clausius (1822—1888) studierte in Berlin. Er war „Werkstudent", um die Ausbildung seiner jüngeren Geschwister zu finanzieren. 1850 wurde er Privatdozent und 1855 als Professor an die ETH Zürich berufen. 1867 ging er nach Würzburg, von 1869 bis zu seinem Tode lehrte er in Bonn. Clausius gehörte zu den hervorragenden Physikern seiner Zeit; er war ein ausgesprochener Theoretiker mit hoher mathematischer Begabung. Neben seinen berühmten thermodynamischen Untersuchungen sind besonders seine Arbeiten zur kinetischen Gastheorie hervorzuheben.

[2] William Thomson (1824—1907), seit 1892 Lord Kelvin, war von 1846 bis 1899 Professor für Naturphilosophie und theoretische Physik an der Universität Glasgow. Neben seinen grundlegenden thermodynamischen Untersuchungen widmete er sich seit 1854 elektrotechnischen Problemen und hatte entscheidenden Anteil an der Verlegung des ersten transatlantischen Kabels (1856—1865). Er konstruierte eine große Anzahl von Apparaten für physikalische Messungen, unter ihnen das Spiegelgalvanometer und das Quadrantelektrometer. Er verbesserte den Schiffskompaß, die Methoden zur Tiefenmessung und Positionsbestimmung auf See und baute eine Rechenmaschine zur Vorhersage von Ebbe und Flut.

satzes. Bekannt ist der von ihm aufgestellte Satz von der Zerstreuung oder Entwertung der Energie (dissipation of energy), daß sich nämlich bei allen natürlichen Prozessen der Vorrat an umwandelbarer oder arbeitsfähiger Energie vermindert. Schon früh (1848) erkannte Thomson, daß aus den Carnotschen Überlegungen, also aus dem 2. Hauptsatz, die Existenz einer universellen Temperaturskala folgt, die von den Eigenschaften spezieller Thermometer unabhängig ist. Er gab dann die thermodynamischen Beziehungen zur Realisierung dieser absoluten Temperaturskala an, die ihm zu Ehren auch Kelvin-Skala genannt wird. Thomson wandte die Thermodynamik auch auf elektrische Erscheinungen an und schuf 1856 die erste Theorie der Thermoelektrizität.

Mit den klassischen Arbeiten von Clausius und Thomson hatte die Thermodynamik im zweiten Drittel des 19. Jahrhunderts einen gewissen Abschluß ihrer Entwicklung erreicht. Es ist bemerkenswert, wie eng dabei reine und angewandte Forschung zusammenwirkten. Ein technisches Problem, nämlich die Gewinnung von Nutzarbeit aus Wärme in den Dampfmaschinen, hatte ein neues Gebiet der Physik entstehen lassen, zu dessen Ausbau Ingenieure, Ärzte und Physiker in gleicher Weise beitrugen. Die neuen thermodynamischen Erkenntnisse wurden nun für die Technik nutzbar gemacht. Von den Ingenieuren, die Wesentliches zur Entwicklung der Thermodynamik beitrugen, sei besonders W. Rankine[1], ein Zeitgenosse von Clausius und Thomson, genannt. Wie diese erforschte er die Grundlagen der Thermodynamik; seine wissenschaftlichen Veröffentlichungen standen, vielleicht zu Unrecht, im Schatten seiner beiden bedeutenden Zeitgenossen.

Mit dem von Clausius geschaffenen Entropiebegriff war eine physikalische Größe entstanden, die es gestattete, aus den Hauptsätzen der Thermodynamik zahlreiche neue und allgemeingültige Gesetze für das Verhalten der Materie in ihren Aggregatzuständen herzuleiten. Diese auch auf Gemische, auf chemische Reaktionen und auf elektrochemische Prozesse ausgedehnten Untersuchungen ließen gegen Ende des 19. Jahrhunderts eine neue Wissenschaft entstehen: die *physikalische Chemie*. Ihre Grundlagen wurden vor allem von J. W. Gibbs[2] gelegt, der die Phasenregel entdeckte und die Lehre von den thermodyna-

---

[1] William John MacQuorn Rankine (1820—1872), schottischer Ingenieur, war auf vielen Gebieten des Ingenieurwesens tätig (Eisenbahnbau, Schiffbau, Dampfmaschinenbau). Von 1855 bis zu seinem Tode war er Professor für Ingenieurwesen an der Universität Glasgow. Er schrieb mehrere Lehrbücher, die zahlreiche Auflagen erlebten. Er verfaßte auch Gedichte, die er selbst vertonte und seinen Freunden vortrug, wobei er sich selbst am Klavier begleitete.

[2] Josiah Willard Gibbs (1839—1903) verbrachte bis auf drei Studienjahre in Paris, Berlin und Heidelberg sein ganzes Leben in New Haven (Connecticut, USA) an der Yale-Universität, wo er studierte und von 1871 bis zu seinem Tode Professor für mathematische Physik war. Er lebte zurückgezogen bei seiner Schwester und blieb unverheiratet. Seine berühmten thermodynamischen Untersuchungen sind in einer großen Abhandlung „On the equilibrium of heterogeneous substances" (1876) enthalten, die zuerst unbeachtet blieb, weil sie in einer wenig verbreiteten Zeitschrift veröffentlicht wurde. Gibbs schrieb auch ein bedeutendes Werk über statistische Mechanik, das zum Ausgangspunkt der modernen Quantenstatistik wurde.

mischen Potentialen begründete. Wendet man die Hauptsätze der Thermodynamik auf chemische Reaktionen an, so kann man das sich am Ende der Reaktion einstellende chemische Gleichgewicht zwischen den reagierenden Stoffen bestimmen. Es war aber nicht möglich, das chemische Gleichgewicht allein aus thermischen und kalorischen Daten zu berechnen, weil die hierbei benötigten Entropiewerte der verschiedenen Stoffe nur bis auf eine unbekannte Konstante bestimmbar waren.

Abb. 1.5. W. Nernst

Abb. 1.6. C. Carathéodory

Diesen Mangel beseitigte ein neues „Wärmetheorem", das W. Nernst[1] 1906 aufstellte. Dieses Theorem, das 1911 von M. Planck[2] erweitert wurde, macht eine allgemeine Aussage über das Verhalten der Entropie am absoluten Nullpunkt der Temperatur, womit die unbestimmten

---

[1] Walther Hermann Nernst (1864—1941) war von 1891—1905 Professor in Göttingen und von 1906—1933 Professor in Berlin mit Ausnahme einiger Jahre, in denen er Präsident der Physikalisch-Technischen Reichsanstalt war. Er gehört zu den Begründern der physikalischen Chemie. Seine mit besonderem experimentellen Geschick ausgeführten Arbeiten behandeln vornehmlich Probleme der Elektrochemie und der Thermochemie. Für die Aufstellung seines Wärmetheorems wurde er durch den Nobelpreis für Chemie des Jahres 1920 geehrt. Nernst hielt enge Fühlung mit der industriellen Forschung und machte mehrere Erfindungen. Er entwickelte auch einen Flügel mit elektrischer Klangbildung (Nernst-Bechstein-Flügel), den man als Vorläufer der „elektronischen" Musikinstrumente ansehen kann.

[2] Max Planck (1858—1947) wurde schon während seines Studiums durch die Arbeiten von Clausius zur Beschäftigung mit thermodynamischen Problemen angeregt. In seiner Dissertation (1879) und seiner Habilitationsschrift sowie in weiteren Arbeiten gab er wertvolle Beiträge zur Thermodynamik. 1885 wurde er Professor in Kiel; von 1889—1926 war er Professor für theoretische Physik in Berlin. Auch sein berühmtes Strahlungsgesetz leitete er aus thermodynamischen Überlegungen über die Entropie der Strahlung her. Hierbei führte er 1900 die Hypothese der quantenhaften Energieänderung ein und begründete damit die Quantentheorie. Für diese wissenschaftliche Leistung erhielt er 1918 den Nobelpreis für Physik.

Entropiekonstanten festgelegt werden konnten. Das Wärmetheorem von Nernst hat sich nicht nur für die Berechnung chemischer Gleichgewichte als bedeutsam erwiesen, so daß es vielfach als der 3. Hauptsatz der Thermodynamik bezeichnet wird.

Gegen Ende des 19. Jahrhunderts beschäftigten sich verschiedene Forscher erneut mit den Grundlagen der Thermodynamik. Bis zu dieser Zeit war insbesondere der Begriff der Wärme unklar, und Hilfsvorstellungen in Gestalt von Hypothesen über den molekularen Aufbau der Materie dienten zur „Erklärung" der Wärmeerscheinungen im Sinne einer „mechanischen Wärmetheorie". Erste einwandfreie Neubegründungen der Thermodynamik als Lehre von makroskopisch meßbaren Eigenschaften physikalischer Systeme auf der Grundlage des Energieprinzips und des 2. Hauptsatzes gaben 1888 H. Poincaré[1] und M. Planck, der seine thermodynamischen Untersuchungen aus den Jahren 1879—1896 in einem berühmten Lehrbuch[2] zusammenfaßte. Von diesen Forschern wird die „mechanische Wärmetheorie" ausdrücklich aufgegeben, und die Thermodynamik wird auf einem klar definierten System makroskopisch meßbarer Größen aufgebaut.

Im Jahre 1909 hat dann C. Carathéodory[3] eine axiomatische Begründung der Thermodynamik gegeben und gezeigt, daß der Wärmebegriff ganz entbehrt werden kann: „Man kann die ganze Theorie ableiten, ohne die Existenz einer von den gewöhnlichen mechanischen Größen abweichenden physikalischen Größe, der Wärme, vorauszusetzen[4]". Als begriffliches Hilfsmittel führte Carathéodory die adiabate Wand als besondere Systembegrenzung ein, ein Begriff, der für den Aufbau der modernen Thermodynamik grundlegend ist. Auch den 2. Hauptsatz gründete er auf ein neues Axiom.

In der Lehre und Darstellung der „technischen" Thermodynamik blieb die eben angedeutete neuere Entwicklung bedauerlicherweise weitgehend unbeachtet. Erst 1941 veröffentlichte J. H. Keenan[5] eine

---

[1] Jules Henri Poincaré (1854—1912) war nach kurzer Ingenieurtätigkeit Lehrer an verschiedenen Schulen und Hochschulen. Er war von 1886—1912 Professor an der Sorbonne in Paris und lehrte von 1904—1908 auch an der Ecole Polytechnique. Seine wissenschaftlichen Arbeiten behandeln Fragen der Mathematik und der mathematischen Physik sowie philosophische Probleme der Naturwissenschaften.

[2] Planck, M.: Vorlesungen über Thermodynamik. 1. Aufl. Leipzig 1897; 11. Aufl. Berlin; de Gruyter 1964.

[3] Constantin Carathéodory (1873—1950) wurde als Sohn griechischer Eltern in Berlin geboren. Nach vierjährigem Studium an der Ecole Militaire de Belgique in Brüssel war er als Ingenieuroffizier in Ägypten tätig. Er gab die Ingenieurlaufbahn auf und begann 1900 mathematische Studien in Berlin und Göttingen. Als Professor für Mathematik wirkte er an den Technischen Hochschulen Hannover und Breslau und an den Universitäten Göttingen, Berlin, Athen und München. Seine wissenschaftlichen Veröffentlichungen behandeln hauptsächlich Probleme der Variationsrechnung und der Funktionentheorie.

[4] Carathéodory, C.: Untersuchungen über die Grundlagen der Thermodynamik. Math. Ann. 67 (1909) 355—386.

[5] Keenan, J. H.: Thermodynamics. 1. Aufl. New York: J. Wiley and Sons Inc. 1941 (13. Neudruck 1957). — Joseph H. Keenan ist Professor am Massachusetts Institute of Technology (MIT) in Cambridge, Mass. USA.

logisch strenge Darstellung der Thermodynamik, die an die Gedanken von Poincaré und Gibbs anknüpfte. Dieses Werk hatte bedeutenden Einfluß auf die Lehre der technischen Thermodynamik in den englisch sprechenden Ländern. In der jüngsten Zeit ist das Interesse an der Klärung der logischen Struktur der Thermodynamik erneut erwacht, wovon verschiedene Veröffentlichungen zeugen[1].

1.12 Was ist Thermodynamik?

Es ist nicht einfach, eine bestimmte Wissenschaft eindeutig und erschöpfend zu kennzeichnen und sie gegen ihre Nachbarwissenschaften scharf abzugrenzen. Dies trifft auch auf die Thermodynamik zu, die einerseits aus technischen Fragestellungen entstanden ist und durch diese weiterentwickelt wurde, andererseits in ihren Hauptsätzen grundlegende und allgemeingültige Gesetze der Physik enthält. Wenn auch die Thermodynamik von der Untersuchung der Wärmeerscheinungen ausging, so hat sie im Laufe ihrer Entwicklung den engen Rahmen einer Wärmelehre längst gesprengt. Wir können sie vielmehr als eine *allgemeine Energielehre* definieren. Sie lehrt die Energieformen zu unterscheiden, zeigt ihre gegenseitige Verknüpfung in den Energiebilanzen des 1. Hauptsatzes und klärt durch die Aussagen des 2. Hauptsatzes die Bedingungen und Grenzen für die Umwandlung der verschiedenen Energieformen bei natürlichen Vorgängen und technischen Prozessen.

Thermodynamik als allgemeine Energielehre ist eine grundlegende Ingenieur-Wissenschaft. Weite Bereiche der Technik, die man unter der Bezeichnung Energietechnik zusammenfaßt, haben Energieumwandlungen zum Ziel, und auch in anderen Gebieten der Technik sind Energieumwandlungen und Energieübertragungen wichtige Prozesse.

Für den Physiker und Chemiker haben dagegen die allgemeinen Aussagen der Thermodynamik über das Verhalten der Materie in ihren Aggregatzuständen und über die Stoffumwandlungen bei chemischen Prozessen meistens größere Bedeutung. Als Grundlage der physikalischen Chemie liefert hier die Thermodynamik die ordnenden Beziehungen zwischen den makroskopischen Eigenschaften (Zustandsgrößen) der reinen Stoffe und Gemische in ihren Gleichgewichtszuständen. Man kann daher Thermodynamik auch als eine allgemeine Lehre von den Gleichgewichtszuständen physikalischer Systeme definieren.

---

[1] Es seien genannt: Landsberg, P. T.: Thermodynamics. Interscience Publ. New York, London 1961. — Falk, G.: Die Rolle der Axiomatik in der Physik, erläutert am Beispiel der Thermodynamik. Naturwiss. 46 (1959) 481—487. — Hatsopoulos, G. N., Keenan, J. H.: Principles of General Thermodynamics. New York, London, Sidney: J. Wiley & Sons, Inc. 1965. — Giles, R.: Mathematical Foundations of Thermodynamics. Pergamon Press, Oxford, London, New York, Paris 1964. — Tisza, L.: Generalized Thermodynamics. The M. I. T. Press, Cambridge, Mass., London 1966. — Stuart, E. B., B. Gal-Or, A. J. Brainard (Herausgeber): A Critical Review of Thermodynamics. Mono Book Corp. Baltimore 1970. — IUPAC: Proc. Intern. Conference on Thermodynamics held in Cardiff 1970. Butterworths, London 1970.

Kennzeichnend für beide Aspekte der Thermodynamik — Energielehre und Gleichgewichtslehre — ist die Allgemeingültigkeit ihrer Aussagen, die an keine Voraussetzungen über die Eigenschaften eines speziellen Systems und auch nicht an besondere Vorstellungen über den molekularen oder atomistischen Aufbau der Materie gebunden sind. Dieser Vorteil wird durch die Beschränkung der Aussagen auf Gleichgewichtszustände und auf solche Systeme erkauft, die groß gegenüber den molekularen Dimensionen sind, also stets sehr viele Teilchen enthalten, so daß eine rein phänomenologisch-makroskopische Theorie möglich ist. Da die Thermodynamik nur allgemeine, für alle Systeme gültige Beziehungen aufstellt, sind Aussagen über ein spezielles System ohne weitere Informationen nicht möglich. Diese müssen z.B. als Zustandsgleichung des betreffenden Systems durch Messungen ermittelt werden; erst dann erlauben die Gleichungen der Thermodynamik weitere Aussagen.

Die hier gekennzeichnete, nur mit makroskopischen Größen operierende Thermodynamik bezeichnet man häufig als *klassische* oder *phänomenologische Thermodynamik* im Gegensatz zur *statistischen Thermodynamik*. Diese hat sich gegen Ende des 19.Jahrhunderts aus der kinetischen Gastheorie entwickelt und wurde besonders durch die Arbeiten von L. Boltzmann[1] und J. W. Gibbs gefördert. Die statistische Thermodynamik geht im Gegensatz zur klassischen Thermodynamik vom atomistischen Aufbau der Materie aus; die Gesetze der klassischen oder Quantenmechanik werden auf die Teilchen (Atome, Moleküle) angewendet, und durch statistische Methoden wird ein Zusammenhang zwischen den Eigenschaften der Teilchen und den makroskopischen Eigenschaften eines aus sehr vielen Teilchen bestehenden Systems gewonnen. Auch die statistische Thermodynamik ist wie die klassische Thermodynamik eine allgemeine „Rahmentheorie"; erst unter Zugrundelegung bestimmter Modelle für den atomistischen oder molekularen Aufbau liefern ihre allgemeinen Gleichungen Aussagen über spezielle Systeme.

Die nun folgende Darstellung ist auf die klassische Thermodynamik beschränkt. Da wir sie als grundlegende Ingenieurwissenschaft darstellen, steht der Energiebegriff im Mittelpunkt, und die Aussagen der Thermodynamik über die Energieformen und ihre Umwandlungen bei technischen Prozessen werden eingehend behandelt. Auf die ordnenden Beziehungen, welche die klassische Thermodynamik für die makroskopischen Eigenschaften der Materie liefert, gehen wir so weit ein, wie es im Rahmen einer Einführung sinnvoll und für die Behandlung von Energieumwandlungen erforderlich ist.

---

[1] Ludwig Boltzmann (1844—1906) war Professor in Graz, München, Wien, Leipzig und wieder in Wien. Er leitete das von Stefan empirisch gefundene Strahlungsgesetz aus der Maxwellschen Lichttheorie und den Hauptsätzen der Thermodynamik her. Durch die Anwendung statistischer Methoden fand er den grundlegenden Zusammenhang zwischen der Entropie und der „thermodynamischen Wahrscheinlichkeit" eines Zustandes.

1.2 System und Zustand

1.21 System und Systemgrenze

Eine thermodynamische Untersuchung beginnt damit, daß man den Bereich im Raum abgrenzt, auf den sich die Untersuchung beziehen soll. Dieses hervorgehobene Gebiet wird das thermodynamische System genannt. Alles außerhalb des Systems heißt die Umgebung. Teile der Umgebung können als weitere Systeme hervorgehoben werden. Das System wird von seiner Umgebung durch materielle oder gedachte Begrenzungsflächen, die Systemgrenzen getrennt; ihre genaue Festlegung gehört zur eindeutigen Definition des Systems. Den Systemgrenzen ordnet man häufig idealisierte Eigenschaften zu, insbesondere hinsichtlich ihrer Durchlässigkeit für Materie und Energie.

Die Grenzen eines geschlossenen Systems sind für Materie undurchlässig. Ein *geschlossenes System* enthält daher stets dieselbe Stoffmenge; sein Volumen braucht jedoch nicht konstant zu sein, denn die Systemgrenzen dürfen sich bewegen. Das im Zylinder von Abb. 1.7 enthaltene Gas bildet ein geschlossenes System. Durch Bewegen des dicht schließenden Kolbens können die Systemgrenze und damit das Volumen des Gases geändert werden; die Gasmenge bleibt jedoch konstant.

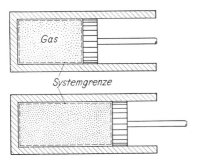

Abb. 1.7. Gas im Zylinder als Beispiel eines geschlossenen Systems. Trotz Volumenänderung bleibt die Gasmenge gleich

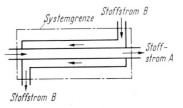

Abb. 1.8. Wärmeaustauscher, der von zwei Stoffströmen A und B durchflossen wird, als Beispiel eines offenen Systems (Kontrollraums)

Lassen die Grenzen eines Systems Materie hindurch, so handelt es sich um ein *offenes System*. Die in den technischen Anwendungen der Thermodynamik vorkommenden offenen Systeme haben meistens fest im Raume liegende Grenzen, die von einem oder mehreren Stoffströmen durchsetzt werden. Ein solches offenes System wird nach L. Prandtl[1] als *Kontrollraum* bezeichnet. Der von einer fest liegenden Systemgrenze oder Bilanzhülle umgebene Wärmeaustauscher von Abb. 1.8 ist ein Beispiel eines offenen Systems.

---

[1] Ludwig Prandtl (1875—1953) war Professor an der Universität Göttingen und Direktor des Kaiser-Wilhelm-Instituts für Strömungsforschung. Durch seine vielseitigen Forschungsarbeiten wurde er zum Begründer der modernen Strömungslehre (Prandtlsche Grenzschichttheorie).

Sind die Grenzen eines Systems nicht nur für Materie undurchlässig, verhindern sie vielmehr jede Wechselwirkung (z.B. einen Energieaustausch) zwischen dem System und seiner Umgebung, so spricht man von einem *abgeschlossenen* oder *isolierten System*. Jedes abgeschlossene System ist notwendigerweise auch ein geschlossenes System, während das Umgekehrte nicht zutrifft. Ein abgeschlossenes System erhält man auch dadurch, daß man ein System und jene Teile seiner Umgebung, mit denen es in Wechselwirkung steht, zu einem abgeschlossenen Gesamtsystem zusammenfaßt. Man legt hier also eine Systemgrenze so, daß über sie hinweg keine merklichen, d.h. keine meßbaren Einwirkungen stattfinden.

Diese Zusammenfassung mehrerer Systeme zu einem abgeschlossenen Gesamtsystem ist ein Beispiel für die grundsätzlich willkürliche Verlegung der Systemgrenze. Man kann zwei Systeme als Teile eines Gesamtsystems auffassen oder sie als getrennte Systeme behandeln. Ebenso ist es häufig zweckmäßig, einen Teil eines größeren Systems als ein besonderes System hervorzuheben, um die Wechselwirkungen zwischen diesem Teilsystem und dem Rest des größeren Systems zu untersuchen.

1.22 Zustand und Zustandsgrößen

Die Abgrenzung eines Systems gegenüber seiner Umgebung ist nur ein notwendiger Teil der Systembeschreibung. Ein System ist außerdem ein Träger von Variablen oder physikalischen Größen, die seine Eigenschaften kennzeichnen. Da wir uns in der klassischen Thermodynamik auf Systeme makroskopischer Abmessungen beschränken, kennzeichnet schon eine geringe Zahl von Variablen die Eigenschaften eines Systems. Ist das System beispielsweise eine bestimmte Gasmenge, so beschreiben wir seine Eigenschaften nicht etwa durch die Angabe der Ortskoordinaten aller Gasmoleküle und durch ihre Geschwindigkeiten oder Impulse, sondern durch wenige, *makroskopische* Variable wie das Volumen V, den Druck p und die Masse m des Systems.

Nehmen die Variablen eines Systems feste Werte an, so sagen wir, das System befindet sich in einem bestimmten *Zustand*. Der Begriff des Zustands wird also durch die Variablen des Systems definiert; sie bestimmen einen Zustand dadurch, daß sie feste Werte annehmen. Wir nennen daher die Variablen eines Systems seine *Zustandsgrößen*.

Als äußere Zustandsgrößen bezeichnen wir jene Größen, die den „äußeren" (mechanischen) Zustand des Systems kennzeichnen: die Koordinaten im Raum und die Geschwindigkeit des Systems relativ zu einem Beobachter. Der „innere" (thermodynamische) Zustand wird durch innere Zustandsgrößen, z.B. durch den Druck und die Dichte

$$\varrho = m/V,$$

den Quotienten aus der Masse m und dem Volumen V, gekennzeichnet.

Ein System befindet sich in einem Gleichgewichtszustand oder im *thermodynamischen Gleichgewicht*, falls sich seine Zustandsgrößen nicht ändern, wenn das System von den Einwirkungen seiner Umgebung isoliert wird[1]. Durch Anwenden dieses Kriteriums erkennt man leicht, daß sich z. B. eine Flüssigkeit in turbulenter Bewegung nicht im Zustand des thermodynamischen Gleichgewichts befindet. Denn isoliert man die Flüssigkeit von ihrer Umgebung, so kommt die Bewegung zur Ruhe und die Zustandsgrößen des Systems ändern sich. Nur für Gleichgewichtszustände genügen wenige Zustandsgrößen, um den Zustand des Systems zu beschreiben. Deswegen beschränkt man sich in der klassischen Thermodynamik auf die Beschreibung der Gleichgewichtszustände und der Übergänge des Systems von einem Gleichgewichtszustand in einen anderen.

Ein System heißt *homogen*, wenn seine chemische Zusammensetzung und seine physikalischen Eigenschaften innerhalb der Systemgrenzen überall gleich sind. Gleiche chemische Zusammensetzung liegt nicht nur dann vor, wenn das System aus einem einzigen reinen Stoff besteht, auch Gemische verschiedener Stoffe erfüllen diese Forderung, wenn nur das Mischungsverhältnis im ganzen System konstant ist. Jeden homogenen Bereich eines Systems bezeichnet man nach J. W. Gibbs als *Phase*. Ein homogenes System besteht demnach aus einer einzigen Phase.

Ein System aus zwei oder mehreren Phasen (homogenen Bereichen) bezeichnet man als *heterogenes* System. An den Grenzen der Phasen ändern sich die Zustandsgrößen des Systems sprunghaft. Ein mit Wasser und Wasserdampf gefüllter Behälter ist ein heterogenes Zweiphasen-System. Hier ist zwar die chemische Zusammensetzung im ganzen System konstant, doch die Dichte und andere physikalischen Eigenschaften des Wassers (der flüssigen Phase) unterscheiden sich erheblich von denen des Wasserdampfes.

In den meisten Fällen wird ein System im thermodynamischen Gleichgewicht auch homogen sein. Denn wären z. B. Druck-, Temperatur- oder Dichteunterschiede innerhalb des Systems vorhanden, so würden sich diese Unterschiede bei einer Isolierung des Systems von seiner Umgebung ausgleichen, es wäre also eine Änderung der Zustandsgrößen zu beobachten. Unter bestimmten Bedingungen können aber auch heterogene Systeme in einem Gleichgewichtszustand sein. So gibt es z. B. für flüssiges Wasser, Wasserdampf und Eis — ein System aus drei Phasen — einen einzigen Gleichgewichtszustand, den man den Tripelpunkt des Wassers nennt. Auf die Bedingungen, unter denen zwei oder mehrere Phasen ein System im thermodynamischen Gleichgewicht bilden, werden wir in Abschn. 4.11 und 4.14 eingehen[2].

---

[1] Von dieser Isolation sollen jedoch stationäre äußere Kraftfelder wie das Schwerefeld ausgenommen werden, vgl. S. 12.

[2] Die Bedingung, daß ein System homogen ist oder aus mehreren homogenen Bereichen besteht, ist für das thermodynamische Gleichgewicht nicht hinreichend. Ein System aus Eisen und feuchter Luft besteht aus endlich vielen Phasen, doch ist es nicht in einem Gleichgewichtszustand, denn durch die Oxydation des Eisens (Rosten) ändert sich der Zustand, auch wenn das System von seiner Umgebung völlig isoliert wird. Es besteht hier nämlich kein chemisches Gleichgewicht. Auch Änderungen der chemischen Zusammensetzung müssen im vollständigen thermodynamischen Gleichgewicht fehlen.

Besondere Verhältnisse liegen vor, wenn wir ein System unter dem Einfluß eines äußeren stationären Kraftfeldes untersuchen. Das wichtigste Beispiel ist hier das Schwerefeld der Erde. In einer senkrechten Gas- oder Flüssigkeitssäule ändern sich infolge der Schwerkraft der Druck und andere, vom Druck abhängige Zustandsgrößen mit der Höhe. Dies trifft auch im thermodynamischen Gleichgewicht zu. Ein solches System ist ein System mit kontinuierlich veränderlichen Zustandsgrößen oder kurz ein *kontinuierliches System*, man könnte es auch als aus unendlich vielen Phasen bestehend auffassen.

Beispiel 1.1. Ein Behälter (Höhe $\Delta z_B = 6{,}5$ m) enthält Stickstoff. Der Druck am oberen Ende des Behälters kann mit Hilfe eines U-Rohr-Manometers gemessen werden, vgl. Abb. 1.9. Das U-Rohr ist mit Wasser gefüllt; die Höhe Δz

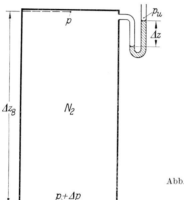

Abb. 1.9. Behälter mit Stickstoff
(zu Beispiel 1.1)

der Wassersäule beträgt 875 mm. Man bestimme den Druck p des Stickstoffs am oberen Ende und den Druck $p + \Delta p$ am Boden des Behälters. Der Druck der Atmosphäre sei $p_u = 1\,020$ mbar, die Temperatur[1] des Behälters und der Umgebung betrage $20\,°\text{C}$.

Der gesuchte Druck p muß der Gewichtskraft der Wassersäule und dem Druck p_u der Atmosphäre das Gleichgewicht halten. Es gilt daher

$$p = p_u + g\varrho\,\Delta z.$$

Für die Fallbeschleunigung g kann man unter normalen irdischen Verhältnissen den abgerundeten Wert $g = 9{,}81$ m/s² benutzen. Die Dichte ϱ des Wassers bei $20\,°\text{C}$ beträgt nach Tab. 10.10 auf S. 429 $\varrho = 998{,}2$ kg/m³. Damit erhalten wir

$$p = 1\,020 \text{ mbar} + 9{,}81\,\frac{\text{m}}{\text{s}^2}\,998{,}2\,\frac{\text{kg}}{\text{m}^3} \cdot 875 \text{ mm} = 1\,106 \text{ mbar}.$$

Um die Druckänderung im Behälter zu berechnen, gehen wir von der Beziehung

$$dp = -g\varrho\,dz$$

aus, welche die Druckänderung dp mit der Höhenänderung dz verknüpft. Bei konstanter Temperatur und bei nicht zu hohen Drücken ist die Dichte des Stickstoffs dem Druck p proportional:

$$\varrho = Cp.$$

_____

[1] Der Temperaturbegriff wird erst in Abschn. 1.32 näher erläutert; er ist für dieses Beispiel nicht wesentlich. Man benutze daher die Vorstellungen des täglichen Lebens über den Temperaturbegriff.

Wir führen dies in die obige Gleichung ein, erhalten

$$\frac{dp}{p} = -gC\, dz,$$

und nach Integration

$$\int_{p+\Delta p}^{p} \frac{dp}{p} = -gC\, \Delta z_B = \ln \frac{p}{p + \Delta p}$$

oder

$$\frac{p + \Delta p}{p} = \exp (gC\, \Delta z_B).$$

Bei 20 °C hat C für Stickstoff den Wert $C = 1{,}149$ kg/(m³bar) $= 1{,}149 \cdot 10^{-5}$s²/m². Mit $g = 9{,}81$ m/s² und $\Delta z_B = 6{,}5$ m wird

$$(p + \Delta p)/p = 1{,}000\,73.$$

Die Druckunterschiede in diesem Gasbehälter sind also trotz der recht großen Höhe Δz_B vernachlässigbar klein. Rechnen wir mit einem im ganzen System einheitlichen Druck p, so führt diese Annahme bei Gasen zu praktisch richtigen Ergebnissen. Nur wenn man es mit Höhenunterschieden von mehreren Kilometern, wie z.B. in der Erdatmosphäre, zu tun hat, spielt die Druckänderung eine merkliche Rolle.

1.23 Intensive, extensive, spezifische und molare Zustandsgrößen

Zustandsgrößen, deren Werte sich bei der gedachten Teilung eines Systems als Summe der Zustandsgrößen der einzelnen Teile ergeben, nennt man *extensive Zustandsgrößen*. Allgemein bekannte Beispiele extensiver Zustandsgrößen sind das Volumen V, die Masse m und die Substanzmenge n. Betrachten wir insbesondere ein homogenes System, so wird bei einer Teilung das Volumen im gleichen Verhältnis geteilt wie die Masse oder die Substanzmenge, und dies gilt nicht nur für das Volumen, sondern auch für jede andere extensive Größe. Extensive Zustandsgrößen messen also auch die Größe des betrachteten Systems; besonders die Masse ist hierfür geeignet.

Zustandsgrößen, deren Werte bei der gedachten Teilung eines homogenen Systems in allen Teilen gleich bleiben, heißen *intensive Zustandsgrößen*. Sie sind von der Größe des Systems unabhängig. Intensive Zustandsgrößen sind z.B. der Druck p und die Dichte ϱ.

Systeme mit gleichen Werten der intensiven Zustandsgrößen haben den gleichen *intensiven Zustand*. Sie unterscheiden sich dann nur durch ihre Größe, also dadurch, wieviel Stoff sie enthalten. Bei vielen thermodynamischen Untersuchungen spielt die Größe der Stoffmengen keine Rolle; es interessiert nur der intensive Zustand. Statt der extensiven Zustandsgrößen führt man dann spezifische Zustandsgrößen ein. So erhält man aus dem Volumen V des Systems durch Division mit seiner Masse m das spezifische Volumen

$$v \equiv \frac{V}{m}.$$

Bei der Teilung eines homogenen Systems sind die spez. Volumina der beiden Teilsysteme gleich und stimmen mit dem spez. Volumen des

Gesamtsystems überein. Die spezifischen Größen verhalten sich wie
intensive Zustandsgrößen: sie bleiben bei der Systemteilung unverändert. Der intensive Zustand eines Systems läßt sich also auch durch
spezifische Zustandsgrößen kennzeichnen.

Allgemein entsteht aus jeder extensiven Zustandsgröße E durch
Division mit der Masse m die entsprechende spezifische Zustandsgröße

$$e \equiv \frac{E}{m}.$$

Alle spez. Größen kennzeichnen wir durch kleine Buchstaben, während
wir für extensive Zustandsgrößen große Buchstaben verwenden[1]. Im
folgenden Text werden wir spezifische Größen jedoch nicht immer
wörtlich hervorheben, wenn durch den Zusammenhang und durch die
Formelzeichen (kleine Buchstaben) klar ist, daß spez. Größen gemeint
sind[2].

An Stelle der Masse m kann man auch die Substanzmenge oder
Stoffmenge n als Bezugsgröße verwenden[3]. Die dabei entstehenden
Zustandsgrößen nennen wir *molare Zustandsgrößen*. Beispielsweise ist
das molare Volumen oder kürzer das Molvolumen durch

$$\mathfrak{V} \equiv \frac{V}{n}$$

definiert. Alle molaren Zustandsgrößen bezeichnen wir durch Fraktur-
buchstaben. Wir werden sie vorzugsweise in Abschn. 8 bei der Behandlung chemischer Reaktionen verwenden. Die Masse m und die Substanzmenge n sind durch die Gleichung

$$m = Mn$$

verknüpft, wobei M die Molmasse des betreffenden Stoffes bedeutet,
vgl. Abschn. 10.12. Zwischen den molaren und den spez. Größen bestehen daher die Beziehungen

$$e \equiv \frac{E}{m} = \frac{E}{Mn} = \frac{1}{M} \mathfrak{E}$$

---

[1] Eine Ausnahme macht die Masse, die ja auch eine extensive Größe ist. Hierfür ist jedoch der kleine Buchstabe m allgemein gebräuchlich. Dasselbe gilt für
die Substanzmenge n.

[2] Häufig trifft man folgende Ausdrucksweise an: Eine spez. Größe, z.B. das
spez. Volumen sei das Volumen der Masse*einheit* (1 kg) oder sei das Volumen
des Systems bezogen auf die Masse*einheit*. Beides ist falsch. Das spez. Volumen
ist kein Volumen, sondern eine Größe anderer Art mit der Dimension Volumen
dividiert durch Masse. Das spez. Volumen ist auch nicht das durch die Massen-
einheit dividierte Volumen. Es verhielte sich dann ja nicht wie eine intensive
Größe. Beispielsweise wäre bei $V = 3\ \text{m}^3$ und $m = 5\ \text{kg}$ das spez. Volumen

$$v = \frac{3\ \text{m}^3}{1\ \text{kg}} = 3\ \text{m}^3/\text{kg} \quad \text{(falsch!)}$$

statt richtig

$$v = \frac{3\ \text{m}^3}{5\ \text{kg}} = 0{,}6\ \text{m}^3/\text{kg}.$$

[3] Die Substanzmenge oder Stoffmenge n ist neben der Masse m ein Maß für
Stoffmengen. Dieser Begriff wird ausführlich in Abschn. 10.12 erläutert.

und

$$\mathfrak{E} \equiv \frac{E}{n} = Me.$$

Beispiel 1.2. In einem bestimmten Zustand beträgt die Dichte von Helium $\varrho = 0{,}875$ kg/m³. Man berechne das Molvolumen $\mathfrak{V}$ in diesem Zustand.

Für das Molvolumen gilt mit der Molmasse M

$$\mathfrak{V} = Mv = M/\varrho.$$

Die Molmasse M des Heliums ist Tab. 10.6 auf S. 425 zu entnehmen: $M = 4{,}003$ kg/kmol. Damit wird

$$\mathfrak{V} = \frac{4{,}003 \text{ kg/kmol}}{0{,}875 \text{ kg/m}^3} = 4{,}575 \text{ m}^3/\text{kmol}.$$

1.24 Einfache Systeme

Die Zahl der Zustandsgrößen, die man benötigt, um den Gleichgewichtszustand eines Systems festzulegen, hängt von der Art des Systems ab und ist um so größer, je komplizierter sein Aufbau ist. Bei den meisten technischen Anwendungen der Thermodynamik haben wir es jedoch mit relativ einfachen Systemen zu tun: es sind Gase und Flüssigkeiten, die wir zusammenfassend als *Fluide* bezeichnen und deren elektrische und magnetische Eigenschaften wir nicht zu berücksichtigen brauchen. Auch Oberflächeneffekte (Kapillarwirkungen) spielen meist nur dann eine Rolle, wenn Tropfen oder Blasen als thermodynamische Systeme betrachtet werden.

Von wenigen Ausnahmen abgesehen, werden wir uns im folgenden auf Systeme beschränken, die man als *einfache Systeme* bezeichnet. Hier sollen Oberflächenerscheinungen, elektrische und magnetische Effekte keine Rolle spielen. Wir setzen ferner das Fehlen äußerer Kraftfelder voraus. Nur das Schwerefeld werden wir berücksichtigen, soweit dies erforderlich ist.

Der innere Zustand eines homogenen einfachen Systems wird dann durch *zwei* voneinander unabhängige intensive Zustandsgrößen festgelegt. Hierzu können beispielsweise der Druck p und das spez. Volumen v benutzt werden, jedoch nicht das spez. Volumen und die Dichte ϱ, denn diese hängt wegen $\varrho = 1/v$ unmittelbar von v ab. Will man außerdem die Größe des Systems kennzeichnen, so benötigt man noch eine extensive Größe, etwa die Masse m oder die Substanzmenge n als Maß der im System vorhandenen Stoffmenge. Ist die chemische Zusammensetzung veränderlich, etwa bei einer chemischen Reaktion, so sind noch zusätzliche Größen erforderlich, welche die Konzentration der einzelnen chemischen Komponenten angeben. Wir kommen auf solche Systeme in Abschn. 5.2 zurück.

Beispiel 1.3. Zwei Zustände eines reinen Stoffes werden durch die Angaben $p_1 = 1{,}50$ atm, $\varrho_1 = 0{,}75$ kg/m³ und $p_2 = 1140$ Torr, $V_2 = 6{,}0$ m³, $m = 4{,}5$ kg gekennzeichnet. Man prüfe, ob es sich um gleiche Zustände handelt.

Die Dichte des Stoffes im Zustand 2 ist

$$\varrho_2 = \frac{m_2}{V_2} = \frac{4{,}5 \text{ kg}}{6{,}0 \text{ m}^3} = 0{,}75 \, \frac{\text{kg}}{\text{m}^3};$$

sie stimmt mit ϱ_1 überein. Da wegen

$$p_2 = 1140 \text{ Torr} \frac{1 \text{ atm}}{760 \text{ Torr}} = 1{,}50 \text{ atm}$$

auch $p_2 = p_1$ ist, sind die beiden intensiven Zustände 1 und 2 gleich. Für den Zustand 1 fehlt eine Angabe über die Stoffmenge; man kann daher nicht entscheiden, ob die Stoffmengen gleich groß sind, ob also auch die extensiven Zustände 1 und 2 übereinstimmen.

1.3 Temperatur

Durch den Wärmesinn besitzen wir qualitative Vorstellungen über den thermischen Zustand eines Systems, für den wir Bezeichnungen wie „heiß" oder „kalt" benutzen. Hierdurch können wir gewisse, wenn auch ungenaue Angaben über die „Temperatur" des Systems machen. Die folgenden Überlegungen dienen dazu, den Temperaturbegriff zu präzisieren, die Temperatur als Zustandsgröße zu definieren und die Verfahren zu ihrer Messung zu behandeln.

1.31 Das thermische Gleichgewicht

Wir betrachten zwei Systeme A und B, die zunächst jedes für sich in einem Gleichgewichtszustand sind. Wir bringen dann beide Systeme miteinander in Berührung, so daß sie über eine Trennwand aufeinander

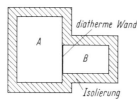

Abb. 1.10. Thermisches Gleichgewicht zwischen den Systemen A und B

einwirken können, von ihrer Umgebung aber völlig isoliert sind, Abb. 1.10. Die Trennwand zwischen A und B heißt eine *diatherme Wand*, wenn sie jeden Stoffaustausch und jede mechanische, elektrische oder magnetische Wechselwirkung zwischen den beiden Systemen verhindert.

Obwohl die beiden Systeme durch die diatherme Wand getrennt sind, beobachtet man eine Änderung ihres Zustandes: Im Augenblick des Zusammenbringens von A und B ist das Gesamtsystem nicht in einem Gleichgewichtszustand; dieser stellt sich erst infolge der Wechselwirkung zwischen A und B ein. Durch die Eigenschaften der diathermen Wand ist die Wechselwirkung zwischen den Systemen A und B von besonderer Art; sie ist nicht auf einen Stoffaustausch oder auf mechanische Einwirkungen zurückzuführen. Wir nennen sie thermisch und werden sie später als eine besondere Art der Energieübertragung, nämlich als Wärmeübergang zwischen den beiden Systemen A und B, erkennen.

Den sich schließlich einstellenden Gleichgewichtszustand des Gesamtsystems nennen wir das *thermische Gleichgewicht* zwischen den

beiden Systemen A und B. Wie die Erfahrung lehrt, sind die Zustandsgrößen der beiden Systeme im thermischen Gleichgewicht nicht mehr
unabhängig voneinander. Es besteht vielmehr ein funktioneller Zusammenhang, den wir für einfache Systeme in der Form

$$F_{AB}(p_A, v_A, p_B, v_B) = 0 \qquad (1.1)$$

schreiben können und der jede der vier Zustandsgrößen als Funktion
der drei anderen bestimmt. Die Gestalt der Funktion F_{AB} hängt nur
von den beiden Systemen A und B ab. Man könnte sie durch eine
größere Zahl von Experimenten bestimmen, bei denen man, ausgehend
von verschiedenen Anfangszuständen beider Systeme, die Einstellung
des thermischen Gleichgewichts beobachtet.

1.32 Nullter Hauptsatz und Temperatur

Die Erfahrungstatsache des thermischen Gleichgewichts benutzen
wir nun, um die Existenz einer neuen Zustandsgröße, der Temperatur,
nachzuweisen und sie durch ein Grundmeßverfahren zu definieren.
Hierbei benutzen wir eine weitere Erfahrungstatsache über das thermische Gleichgewicht, die als nullter Hauptsatz der Thermodynamik
bezeichnet wird. Seine Aussage erschien lange Zeit als so selbstverständlich, daß man diesen Hauptsatz erst dann als fundamentalen
Erfahrungssatz ausdrücklich formulierte, als die Bezeichnung erster
Hauptsatz bereits vergeben war.

Wir betrachten das thermische Gleichgewicht zwischen drei Systemen A, B und C. Das System A stehe im thermischen Gleichgewicht
mit dem System C, und ebenso möge thermisches Gleichgewicht zwischen B und C bestehen. Trennt man nun die Systeme A und B vom
System C, ohne ihren Zustand zu ändern, und bringt sie über eine diatherme Wand in Kontakt, so besteht, wie die Erfahrung lehrt, auch
zwischen A und B thermisches Gleichgewicht. Dies ist der Inhalt des
nullten Hauptsatzes der Thermodynamik:

> *Zwei Systeme im thermischen Gleichgewicht mit einem dritten
> stehen auch untereinander im thermischen Gleichgewicht.*

Um nun die Zustandsgröße Temperatur zu gewinnen, betrachten
wir das thermische Gleichgewicht zwischen einem System A und einem
System B, dessen Zustandsgrößen p_B und v_B konstant gehalten werden.
Druck p_A und spez. Volumen v_A variieren wir so, daß A und B stets
im thermischen Gleichgewicht sind. Auf Grund der Gl.(1.1) kann aber
nur p_A *oder* v_A willkürlich verändert werden. Wir erhalten also einen
bestimmten Zusammenhang zwischen p_A und v_A, der durch die Kurve a
in Abb.1.11 dargestellt wird. Kurve a nennt man eine *Isotherme*, sie verbindet alle Zustände des Systems A, in denen es mit dem gegebenen
Zustand des Systems B im thermischen Gleichgewicht steht.

Der Verlauf dieser Isotherme ist eine Eigenschaft des Systems A
und hängt nicht von den Eigenschaften des Systems B ab. Dies folgt
aus dem nullten Hauptsatz. Ersetzen wir das System B durch ein
System C, das im thermischen Gleichgewicht mit B steht, so ist nach

dem nullten Hauptsatz auch jeder Zustand von A auf der Isotherme a im thermischen Gleichgewicht mit dem neuen System C. Wir würden also bei Benutzung von C dieselbe Isotherme a von A erhalten wie vorher; sie kann also nicht von den Eigenschaften von B (oder C) abhängen, sondern wird durch die Eigenschaften des Systems A selbst bestimmt.

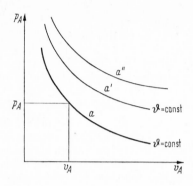

Abb. 1.11. Isothermen des Systems A

Wiederholen wir das Experiment mit einem anderen Zustand (p'_B, v'_B) des Systems B, so erhalten wir eine zweite Isotherme a' des Systems A und durch Fortsetzen dieses Verfahrens eine Isothermenschar a', a'', a''', ..., Abb. 1.11. Ordnen wir nun durch eine bestimmte, an sich aber willkürliche Vorschrift den einzelnen Isothermen Werte einer Größe ϑ zu, so gilt

$$\vartheta = f_A(p_A, v_A). \tag{1.2}$$

Die Größe ϑ bezeichnet man als *Temperatur* des Systems A. Sie hängt nur von den Eigenschaften des Systems A ab und ist eine *Zustandsgröße* dieses Systems. Die Temperatur gehört zu den intensiven Zustandsgrößen, denn innerhalb eines homogenen Systems im thermischen Gleichgewicht hat sie überall denselben Wert, unabhängig von der Größe der vorhandenen Stoffmenge.

Alle Zustände des Systems A auf einer Isotherme haben dieselbe Temperatur. Da diese und nur diese Zustände die Eigenschaft haben, Zustände thermischen Gleichgewichts mit einem bestimmten Zustand des Systems B zu sein, definieren wir allgemein:

Zwei Systeme im thermischen Gleichgewicht haben dieselbe Temperatur. Systeme, die nicht im thermischen Gleichgewicht stehen, haben verschiedene Temperaturen.

Wenn wir die Temperaturfunktion ϑ nach Gl. (1.2) für das System A festgelegt haben, besteht nach dieser Definition nunmehr keine Freiheit, die Temperatur für ein anderes System B beliebig festzulegen: jedesmal, wenn thermisches Gleichgewicht zwischen A und B besteht, muß die Temperatur von B mit der von A übereinstimmen.

Die hier an einfachen Systemen durchgeführten Überlegungen können wir ohne grundsätzliche Änderungen auf kompliziertere Systeme,

z. B. Systeme mit elektrischen und magnetischen Zustandsgrößen, übertragen. Die Isothermen werden dann durch Beziehungen bestimmt, in denen neben p und v noch weitere Zustandsgrößen auftreten.

1.33 Thermometer und empirische Temperaturen

Ein Standardsystem, für das durch eine bestimmte Vorschrift die Zustandsfunktion ϑ festgelegt wird, bezeichnet man als Thermometer. Da diese Vorschrift und die Wahl des Standardsystems noch weitgehend willkürlich sind, bezeichnet man ϑ als *empirische Temperatur*. Um die Temperatur eines beliebigen Systems auf dieser empirischen Skala zu messen, stellt man das thermische Gleichgewicht zwischen dem System und dem Thermometer her. Dabei ist darauf zu achten, daß sich nur der Zustand des Thermometers ändert, der Zustand des Systems, dessen Temperatur gemessen werden soll, aber innerhalb der Meßgenauigkeit unverändert bleibt.

Die zur Temperaturmessung benutzten Thermometer sind Systeme, die eine leicht und genau meßbare Eigenschaft besitzen, die sich in eindeutiger Weise mit der Temperatur ändert. Neben den bekannten Flüssigkeitsthermometern, bei denen die Länge l einer Flüssigkeitssäule in einem Kapillarrohr als „thermometrische" Eigenschaft dient, gibt es Gasthermometer, Widerstandsthermometer und Thermoelemente als häufig benutzte Temperatur-Meßgeräte. Bei einem Gasthermometer kann man entweder den Druck als thermometrische Eigenschaft benutzen, indem man das Volumen einer bestimmten Gasmenge konstant hält, oder das Volumen, wenn der Druck konstant gehalten wird. Die Temperaturmessung mit dem Widerstandsthermometer beruht auf der Tatsache, daß der elektrische Widerstand von Metallen — es wird vorzugsweise Platin verwendet — von der Temperatur abhängt. Thermoelemente sind im wesentlichen zwei Drähte aus verschiedenen Metallen, die zu einem Stromkreis zusammengelötet sind. Hält man die beiden Lötstellen auf verschiedenen Temperaturen, so entsteht unter definierten Versuchsbedingungen eine elektrische Spannung, die Thermospannung; sie ist ein Maß für die Temperaturdifferenz zwischen den beiden Lötstellen.

Mit Hilfe eines Thermometers kann man willkürliche empirische Temperaturen festlegen, indem man den beobachteten Werten der thermometrischen Eigenschaft bestimmte Größenwerte der Temperatur zuordnet. Bei einem Flüssigkeitsthermometer können wir z. B. als empirische Temperatur

$$\vartheta = \vartheta_0 + \frac{\vartheta_1 - \vartheta_0}{l_1 - l_0}(l - l_0)$$

definieren, indem wir zwei Fixpunkte festlegen, bei denen zu den abgelesenen Längen l_0 und l_1 die Temperaturen ϑ_0 und ϑ_1 gehören. In grundsätzlich gleicher Weise kann man bei anderen Thermometern vorgehen. Es ergeben sich auf diese Weise verschiedene, willkürlich definierte Temperaturfunktionen. Der Nachteil aller dieser empirischen

Temperaturen besteht darin, daß sie nicht übereinstimmen, selbst wenn
man die Fixpunkte in gleicher Weise festlegt. So zeigen bekanntlich
Thermometer mit verschiedener Flüssigkeitsfüllung, die an den Fixpunkten übereinstimmen, verschiedene Temperaturen an, wenn sie mit
demselben System ins thermische Gleichgewicht gebracht werden, das
eine Temperatur hat, die von der der Fixpunkte abweicht. Man müßte
also eine bestimmte empirische Temperatur als allgemeingültig ver-
einbaren oder die Frage prüfen, ob es eine absolute oder universelle
Temperatur gibt, so daß man einem Zustand stets denselben Wert der
Temperatur zuordnen kann unabhängig davon, mit welchem Thermometer gemessen wird. In die Definition dieser absoluten Temperatur
dürfen also keine Eigenschaften der verwendeten Thermometer eingehen. Wie wir in Abschn. 3.13 sehen werden, läßt sich eine solche
Temperatur auf Grund des zweiten Hauptsatzes der Thermodynamik
finden. Dies hat 1848 W. Thomson (Lord Kelvin) erkannt. Ihm zu
Ehren nennt man die absolute Temperatur auch die Kelvin-Temperatur. Sie läßt sich durch die geeignet definierte Temperatur eines (idealen) Gasthermometers verwirklichen. Auch dies folgt aus dem zweiten
Hauptsatz. Wir wollen daher schon jetzt die Temperatur des Gasthermometers als zunächst konventionell vereinbart einführen und
werden später erkennen, daß ihr universelle Bedeutung zukommt.

1.34 Die Temperatur des idealen Gasthermometers. Celsius-Temperatur

Ein Gasthermometer, das bei konstantem Volumen arbeitet, ist in
Abb. 1.12 schematisch dargestellt. Das Gasvolumen im Kolben B wird
durch Verändern der Höhe Δz der Quecksilbersäule, also durch Ändern
des Gasdrucks konstant gehalten. Der durch die Atmosphäre und die
Quecksilbersäule ausgeübte Druck p dient zur Messung der Temperatur, indem man als empirische Temperatur einfach

$$\vartheta = \vartheta_0 \frac{p}{p_0}$$

setzt. Hierbei ist p_0 der Druck, den das Gasthermometer am Fixpunkt
mit der Temperatur ϑ_0 anzeigt.

Zunächst muß der Fixpunkt mit dem willkürlich wählbaren Wert ϑ_0
festgelegt werden. Seit dem Jahre 1954 ist hierfür der Tripelpunkt des
Wassers international vereinbart. Dies ist jener (einzige) Zustand, in
dem die drei Phasen Wasserdampf, Wasser und Eis im Gleichgewicht
koexistieren können, vgl. Abschn. 4.12. Solange alle drei Phasen dieses
Systems vorhanden sind, bleiben seine Temperatur und sein Druck
unabhängig von den Mengen der einzelnen Phasen konstant. Die Temperatur des Tripelpunktes von Wasser hat man willkürlich und mit
Rücksicht auf die historische Entwicklung zu 273,16 Kelvin (abge-
kürzt: 273,16 K) festgesetzt.

Man bestimmt nun den Druck p_0, den das Gasthermometer im thermischen Gleichgewicht mit Wasser, Wasserdampf und Eis am Tripelpunkt anzeigt. Die anderen Temperaturen können dann nach der Glei-

chung

$$\vartheta = 273{,}16\ \mathrm{K}\ \frac{p}{p_0} \qquad\qquad (1.3)$$

aus den vom Gasthermometer angezeigten Drücken p berechnet werden. Es soll nun eine bestimmte Temperatur, z. B. die Temperatur von
Wasser gemessen werden, das unter dem Druck von 1 atm gerade

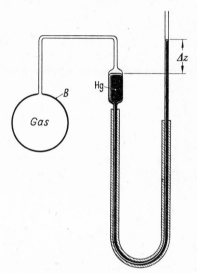

Abb. 1.12. Schema eines Gasthermometers. Das Gasvolumen im Kolben B wird
durch Heben oder Senken des rechten
Schenkels der Quecksilbersäule konstant
gehalten

siedet. Diesen Zustand bezeichnet man als den normalen Siedepunkt
des Wassers. Hierzu bringt man das Gasthermometer ins thermische
Gleichgewicht mit dem siedenden Wasser; es zeigt einen bestimmten
Druck p an, woraus man nach Gl. (1.3) die zugehörige Temperatur ϑ
berechnen kann. Dieser Versuch wird mit geringeren Gasfüllungen des
Thermometers wiederholt. Beim Tripelpunkt zeigt das Thermometer
dann niedrigere Drücke p_0 an, im thermischen Gleichgewicht mit dem
siedenden Wasser entsprechend geringere Drücke p. Nach Gl. (1.3)

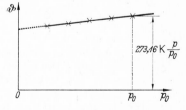

Abb. 1.13. Mit einem Gasthermometer gemessene Temperaturen ϑ bei Verringerung
der Gasmasse in Abhängigkeit vom Druck
p_0, der am Tripelpunkt des Wassers an-
gezeigt wird

kann man neue Werte von ϑ berechnen. Trägt man ϑ über p_0 auf, so
erhält man eine Linie, wie sie Abb. 1.13 zeigt. Für andere Gase als
Thermometerfüllung ergeben sich in gleicher Weise verschiedene Linien.
Extrapoliert man jedoch diese Kurven auf $p_0 = 0$, so schneiden sich
alle Kurven in *einem* Punkt auf der Ordinantenachse, Abb. 1.14. Ob-

wohl die Temperaturen der Gasthermometer mit verschiedener Gas-
füllung bei endlichen Drücken p_0 von der Art des Gases abhängen,
ergeben sich für $p_0 = 0$ keine Unterschiede mehr.

Wenn wir also durch die Gleichung

$$T = 273{,}16 \text{ K} \lim_{p_0 \to 0} \left(\frac{p}{p_0} \right)$$

eine Temperatur definieren, so ist diese unabhängig von den Eigenschaften der verwendeten Gase. Wir wollen sie die *Temperatur des
idealen Gasthermometers* nennen. Wie in Abschn. 3.13 gezeigt wird, ist

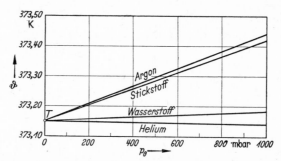

Abb. 1.14. Mit dem Gasthermometer gemessene Temperaturen ϑ für verschiedene Gase als Thermometerfüllung

sie identisch mit der aus dem zweiten Hauptsatz folgenden absoluten
oder thermodynamischen Temperatur. Die thermodynamischen Temperaturen T werden in der Einheit Kelvin (K) angegeben. Diese Einheit ist durch die Gleichung

$$1 \text{ K} = \frac{T_{tr}}{273{,}16}$$

definiert, wobei T_{tr} die thermodynamische Temperatur des Tripelpunktes von Wasser bedeutet. Das Kelvin ist auch die Einheit von
Temperaturdifferenzen[1].

Neben der thermodynamischen Temperatur, deren Nullpunkt
$T = 0$ durch den 2. Hauptsatz naturgesetzlich vorgegeben ist, vgl.
Abschn. 3.13, benutzt man im praktischen Leben eine Temperatur mit
willkürlich verschobenem Nullpunkt, die (thermodynamische) Celsius-
Temperatur. Sie ist durch

$$t \equiv T - 273{,}15 \text{ K} \tag{1.4}$$

definiert. Der Zahlenwert 273,15 ist absolut genau, denn er wurde durch
Vereinbarung international festgelegt. Celsius-Temperaturen t sind also

---

[1] Die Temperatureinheit Kelvin mit dem Einheitensymbol K wurde erst
1967 von der 13. Generalkonferenz für Maß und Gewicht international vereinbart.
Vorher wurde das Kelvin als Grad Kelvin mit dem Kurzzeichen °K bezeichnet;
für Temperaturdifferenzen benutzte man früher auch überflüssigerweise die
besondere Einheit Grad (grd).

Temperaturdifferenzen gegenüber der festen Temperatur $T_0 = 273,15$ K. Die Einheit von t ist demnach ebenfalls das Kelvin, $\{t\} = $ K. Es ist jedoch üblich, für Celsius-Temperaturen das Sonderzeichen °C zu verwenden, so daß an der Einheit die Art der Größe zu erkennen ist. Es gilt dabei

$$1\,°C = 1\,K,$$

so daß der Grad Celsius (°C) nur ein besonderer Name für das Kelvin ist, wenn man Größenwerte der Celsius-Temperatur angibt. Statt „die Celsius-Temperatur ist 20 K" sagt man meistens „die Temperatur ist 20°C".

In der Zeit vor 1954 wurde die Celsius-Temperatur durch zwei Fixpunkte festgelegt: durch den Schmelzpunkt von Eis (0°C) und den Siedepunkt des Wassers (100°C) jeweils beim Druck von 1 atm. Diese Festlegung hat man zugunsten der Definition (1.4) aufgegeben. Aber auch nach der neuen Definition behalten der Schmelzpunkt des Eises und der Siedepunkt des Wassers im Rahmen der Meßgenauigkeit die Temperaturen 0°C bzw. 100°C.

Genaue Temperaturmessungen mit Gasthermometern sind außerordentlich schwierig und zeitraubend. Nur wenige Laboratorien verfügen über die hierzu erforderlichen Einrichtungen. Aus diesem Grunde hat man eine praktisch einfacher zu handhabende Temperaturskala vereinbart, die sog. *Internationale Temperaturskala*. Sie soll die thermodynamische Temperatur möglichst genau approximieren. Zu diesem Zweck wurden eine Reihe von leicht reproduzierbaren Fixpunkten festgelegt und Verfahren vereinbart, die Temperaturen in den Intervallen zwischen diesen Festpunkten durch elektrische Widerstandsthermometer und Thermoelemente zu messen. Zur Zeit gilt die Internationale Praktische Temperaturskala 1968 (IPTS—68) als beste Annäherung an die thermodynamische Temperatur.[1]

In den angelsächsischen Ländern wird neben der Temperatureinheit Kelvin die kleinere Einheit Rankine (R) benutzt; für sie gilt

$$1\,R = \frac{5}{9}\,K.$$

Neben der thermodynamischen Temperatur benutzt man auch in den angelsächsischen Ländern eine Temperatur mit verschobenem Nullpunkt, die *Fahrenheit-Temperatur*. Ihre Einheit ist der Grad Fahrenheit (°F), wobei

$$1\,°F = 1\,R = \frac{5}{9}\,K$$

gilt. Der Nullpunkt der Fahrenheit-Temperatur ist dadurch festgelegt, daß der Eispunkt die Fahrenheit-Temperatur von genau 32°F erhält. Wir bezeichnen die Fahrenheit-Temperatur mit t^F. Es gilt dann mit T_0 als thermodynamischer Temperatur des Eispunktes

$$t^F - 32\,°F = T - T_0,$$

also

$$t^F = T - T_0 + 32\,°F = T - 273,15\,K\,\frac{9}{5}\,\frac{R}{K} + 32,00\,R$$

und somit

$$t^F = T - 459,67\,R = T - 459,67\,°F.$$

Beispiel 1.4. Man leite eine zugeschnittene Größengleichung her, aus der sich Fahrenheit-Temperaturen in Celsius-Temperaturen umrechnen lassen. Gibt

---

[1] Vgl. hierzu: Bekanntmachung über Temperaturskalen vom 1. Dezember 1970, PTB-Mitt. 81 (1971) S.31—43.

es eine Temperatur, bei der die Zahlenwerte von Celsius- und Fahrenheit-Temperatur, jeweils für die Einheit °C bzw. °F, übereinstimmen?

Aus der Größengleichung für die Celsius-Temperatur,

$$t = T - T_0 = t^F - 32°\text{F},$$

folgt durch Division mit der Einheit °C

$$(t/°\text{C}) = [(t^F/°\text{F}) - 32]\,(°\text{F}/°\text{C})$$

und daraus die gesuchte zugeschnittene Größengleichung

$$(t/°\text{C}) = \frac{5}{9}\,[(t^F/°\text{F}) - 32].$$

Sollen die Zahlenwerte von Celsius- und Fahrenheit-Temperatur übereinstimmen, so muß

$$x = (t/°\text{C}) = (t^F/°\text{F})$$

die Beziehung

$$x = \frac{5}{9}\,(x - 32)$$

erfüllen. Dies ist für $x = -40$ der Fall: $t = -40°\text{C}$ und $t^F = -40°\text{F}$ sind übereinstimmende Temperaturen.

1.35 Die thermische Zustandsgleichung

Ein einfaches homogenes System besitzt in jedem Gleichgewichtszustand bestimmte Werte der Zustandsgrößen v, p und T, die im ganzen System konstant sein müssen[1]. Sein Zustand ist aber bereits durch Vorgabe von zweien dieser Zustandsgrößen festgelegt, so daß die dritte für jeden Gleichgewichtszustand eine Funktion der beiden anderen ist. Es besteht nämlich auf Grund des nullten Hauptsatzes eine Beziehung

$$F(p, T, v) = 0,$$

die als *thermische Zustandsgleichung* der Phase bezeichnet wird. Dementsprechend werden p, T und v auch *thermische Zustandsgrößen* genannt.

Alle Gleichgewichtszustände einer Phase kann man geometrisch als Punkte auf einer Fläche des Raumes mit den drei Koordinaten p, T und v darstellen. Um ebene Darstellungen dieses Zusammenhangs zu erhalten, projiziert man die Fläche auf die drei Koordinatenebenen. Man erhält dadurch thermodynamische Diagramme mit einer Kurvenschar als geometrischem Bild der thermischen Zustandsgleichung.

Im p, v-Diagramm ergibt sich so die Schar der Kurven $T = \text{const}$, die als *Isothermen* bezeichnet werden. Eine Isotherme enthält alle Zustände gleicher Temperatur. In das p, T-Diagramm kann man die Kurven $v = \text{const}$ einzeichnen; sie werden *Isochoren* genannt. Schließlich findet man die Kurven $p = \text{const}$, die *Isobaren*, im v, T-Diagramm.

Jeder Stoff besitzt eine eigene thermische Zustandsgleichung, in der seine besonderen Eigenschaften zum Ausdruck kommen. Die Thermodynamik, die allgemeine Aussagen über alle Stoffe macht, kann die Zustandsgleichung jedoch nicht liefern. Wir müssen daher die ther-

---

[1] Von der Wirkung der Schwerkraft, die Druckunterschiede in verschiedenen Höhen des Systems hervorruft, sehen wir hier und im folgenden ab.

mische Zustandsgleichung als eine zusätzliche Information über die Eigenschaften der Materie in die Thermodynamik einführen; sie kann nur durch das Experiment oder die molekulare Theorie der Materie erhalten werden. Da es bisher noch keine befriedigende Molekulartheorie gibt, muß die thermische Zustandsgleichung experimentell bestimmt werden. Dies wurde für eine Reihe von technisch wichtigen Stoffen, vor allem für Wasser ausgeführt. Wie es sich gezeigt hat, ist der mathematische Aufbau jeder Zustandsgleichung, die den Zusammenhang zwischen p, T und v genau und in weiten Bereichen wiedergibt, außerordentlich kompliziert. Wir werden hierauf in Abschn. 4.13 zurückkommen.

Wie wir schon in Abschn. 1.34 sahen, zeigen alle Gase bei sehr niedrigen Drücken ein besonderes Verhalten, das sie als Thermometerfüllungen geeignet machte. Dies hat zur Folge, daß auch die thermische Zustandsgleichung der Gase für kleine Drücke eine einfache Gestalt annimmt. Berechnet man aus gemessenen Werten von p, v und T den Ausdruck pv/T, so zeigt es sich, daß

$$\lim_{p \to 0} \frac{pv}{T} = R \qquad (1.5)$$

eine von Druck und Temperatur unabhängige Konstante ist. Dieses Verhalten ist in Abb. 1.15 für Luft dargestellt. Die Konstante R, die sog. Gaskonstante, hat jedoch für jedes Gas einen besonderen Wert,

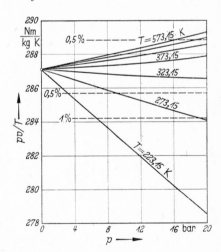

Abb. 1.15. Isothermen von pv/T für Luft. Die unterbrochenen waagerechten Linien geben die Abweichungen vom Grenzwert R nach Gl. (1.5) an

vgl. Tab. 10.6 auf S. 425. Wie die Abb. 1.15 zeigt, ist das Grenzgesetz (1.5) nicht nur für $p = 0$, sondern auch noch für nicht zu hohe Drücke in recht guter Näherung erfüllt. Man kann daher als thermische Zustandsgleichung eines Gases bei kleinen Drücken den einfachen Zusammenhang

$$pv = RT \qquad (1.6)$$

benutzen.

Gase, die Gl. (1.6) streng befolgen, nennt man *ideale* oder *vollkommene Gase*. Diese gibt es in Wirklichkeit nicht, weil Gl. (1.6) nur für $p \to 0$ als Grenzgesetz erfüllt ist. Trotzdem kann man viele reale Gase bis zu mäßig hohen Drücken in guter Näherung wie ideale Gase behandeln und mit der einfachen Gl. (1.6) rechnen. Wir dürfen dabei jedoch nicht vergessen, daß diese Beziehung kein allgemein gültiges Gesetz ist, sondern nur den Ausdruck darstellt, den die thermische Zustandsgleichung beim Grenzübergang zu verschwindend kleinen Drücken annimmt.

Beispiel 1.5. 3,750 kg Stickstoff nehmen bei $p = 1,000$ atm und $T = 300,0$ K das Volumen $V = 3,294$ m³ ein. Man bestimme die Gaskonstante R des Stickstoffs unter der Annahme, daß bei dem angegebenen Druck die thermische Zustandsgleichung idealer Gase genügend genau gilt.

Aus Gl. (1.6) erhalten wir für die Gaskonstante

$$R = \frac{pv}{T} = \frac{pV}{Tm} = \frac{1,000 \text{ atm} \cdot 3,294 \text{ m}^3}{300,0 \text{ K} \cdot 3,750 \text{ kg}} \frac{101\,325 \text{ N/m}^2}{1 \text{ atm}},$$

also

$$R = 296,7 \frac{\text{Nm}}{\text{kg K}} = 0,2967 \frac{\text{kJ}}{\text{kg K}}.$$

Wir vergleichen diesen Wert mit der Gaskonstante des Stickstoffs in Tab. 10.6, nämlich $R = 296,8$ Nm/kg K. Die Abweichung dieser beiden Werte beträgt weniger als 0,5⁰/₀₀. Sie ist für die meisten Zwecke unbedeutend und darauf zurückzuführen, daß die Zustandsgleichung der idealen Gase schon bei dem niedrigen Druck von 1 atm nicht mehr ganz genau gilt.

1.4 Der thermodynamische Prozeß

1.41 Prozeß und Zustandsänderung

Befindet sich ein thermodynamisches System in einem Gleichgewichtszustand, so läßt sich sein Zustand nur durch eine äußere Einwirkung verändern, indem man z. B. das Volumen des Systems vergrößert oder Energie über die Systemgrenzen zu- oder abführt. Einen solchen Vorgang bezeichnet man als thermodynamischen Prozeß; bei jedem Prozeß ändert sich der Zustand des Systems, es durchläuft eine Zustandsänderung.

Obwohl somit eine enge Koppelung zwischen Prozeß und Zustandsänderung eines Systems besteht, muß man beide Begriffe streng unterscheiden. Zur Beschreibung einer Zustandsänderung genügt es, nur die Zustände anzugeben, die das System durchläuft. Eine Zustandsänderung ist z. B. bereits dadurch festgelegt, daß man den Anfangszustand kennt und weiß, daß die Temperatur des Systems konstant bleibt (isotherme Zustandsänderung). Die Beschreibung des Prozesses erfordert aber nicht nur eine Angabe der Zustandsänderung; es müssen darüber hinaus auch das Verfahren und die näheren Umstände festgelegt werden, unter denen die Zustandsänderung abläuft. Der Begriff des Prozesses ist also weitergehend und umfassender als der Begriff der Zustandsänderung.

Jeder Prozeß bewirkt eine Zustandsänderung des Systems. Befindet sich dabei das System zu Beginn des Prozesses in einem Gleichgewichtszustand, so wird die Zustandsänderung im allgemeinen auf Zustände führen, die nicht mehr durch wenige thermodynamische Zustandsgrößen zu beschreiben sind, weil das System in diesen Nichtgleichgewichtszuständen keine einheitliche Temperatur oder keine im ganzen System konstante Dichte besitzt. Eine derartige Zustandsänderung, die durch Nichtgleichgewichtszustände führt, wird *nichtstatische Zustandsänderung* genannt.

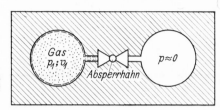

Abb. 1.16. Abgeschlossenes System beim Beginn des Überströmprozesses

Als Beispiel betrachten wir das in Abb. 1.16 dargestellte abgeschlossene System. Anfänglich befindet sich ein Gas im linken Behälter unter einem bestimmten Druck p_1 mit einem spez. Volumen v_1, während der rechte Behälter leer sein soll (Druck $p = 0$). Öffnet man den Hahn, so strömt das Gas in den rechten Behälter über. Dabei bilden sich Wirbel, Druck-, Dichte- und Temperaturunterschiede innerhalb des Gases. Es gibt keine Werte von p, T und v, die für das System als Ganzes gültig sind. Die Zustandsänderung des Gases verläuft also ausgehend von einem Gleichgewichtszustand durch Nichtgleichgewichtszustände, zu deren Beschreibung die thermodynamischen Zustandsgrößen nicht ausreichen.

Da die thermische Zustandsgleichung nur für Gleichgewichtszustände gilt, läßt sie sich bei einer nichtstatischen Zustandsänderung nicht anwenden. In einem thermodynamischen Diagramm kann daher eine nichtstatische Zustandsänderung nicht dargestellt werden. Beim Beispiel des Überströmprozesses könnte man also nur den Anfangszustand des Gases, der ein Gleichgewichtszustand ist, in das p, v-Diagramm einzeichnen. Erst wenn das Gas nach dem Überströmen wieder zur Ruhe gekommen ist, wenn sich also ein neuer Gleichgewichtszustand mit niedrigerem Druck p_2 und größerem spez. Volumen v_2 eingestellt hat, läßt sich die Zustandsgleichung anwenden, etwa um die Endtemperatur T_2 aus p_2 und v_2 zu berechnen. Diesen Gleichgewichtszustand 2 kann man im p, v-Diagramm darstellen, die Zwischenzustände jedoch nicht. Um aber anzudeuten, daß die beiden Gleichgewichtszustände 1 und 2 durch eine nichtstatische Zustandsänderung auseinander hervorgehen, verbinden wir die beiden Zustände im p, v-Diagramm durch eine punktierte Linie, wie es Abb. 1.17 zeigt.

Im Gegensatz zur nichtstatischen Zustandsänderung nennen wir eine Zustandsänderung, die aus einer Folge von Gleichgewichtszuständen besteht, *quasistatisch.* Eine quasistatische Zustandsänderung ist strenggenommen nicht möglich. Damit überhaupt eine Zustandsänderung eintritt, muß das thermodynamische Gleichgewicht irgendwie gestört werden. Dann gerät das System aber in Nichtgleich-

gewichtszustände, insbesondere wenn Druck- und Temperaturunterschiede endlicher Größe die Ursache der Zustandsänderung sind. Wir
müssen uns daher die mechanischen oder thermischen Störungen des
Gleichgewichts als infinitesimal klein vorstellen, damit bei einer
Zustandsänderung alle Zustände durch Zustandsgrößen beschrieben
werden können, die sich auf das System als Ganzes beziehen. In diesem

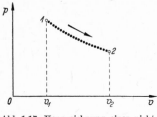

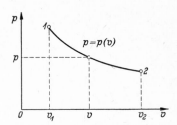

Abb. 1.17. Kennzeichnung einer nichtstatischen Zustandsänderung im p, v-
Diagramm

Abb. 1.18. Darstellung einer quasistatischen Zustandsänderung durch eine
stetige Kurve im p, v-Diagramm

Sinne betrachten wir eine quasistatische Zustandsänderung als jenen
idealisierten Grenzfall, bei dem sich das System stets in unmittelbarer
Nähe eines Gleichgewichtszustandes befindet, so daß alle seine Zustände noch genügend genau durch Zustandsgrößen des ganzen Systems beschrieben werden können.

Eine quasistatische Zustandsänderung läßt sich im Gegensatz zur
nichtstatischen Zustandsänderung in einem thermodynamischen Diagramm als stetige Kurve darstellen, weil sich die Zustandsänderung
aus lauter Gleichgewichtszuständen zusammensetzt, vgl. Abb. 1.18.
Wir wollen diese Kurve *Zustandslinie* oder *Zustandskurve* nennen. Für
jeden Zwischenzustand der quasistatischen Zustandsänderung ist die
thermische Zustandsgleichung anwendbar. Bleibt beispielsweise die
Temperatur des Systems während der Zustandsänderung konstant, so
kann man aus der Zustandsgleichung ausrechnen, in welcher Weise
auf dieser Isotherme $T = $ const mit der Gleichung $p = p(v)$ der Druck
vom spez. Volumen abhängt.

Eine quasistatische Zustandsänderung werden wir häufig voraussetzen, weil
sich dann über den thermodynamischen Prozeß weitgehende quantitative Aussagen machen lassen. Dabei müssen wir jedoch stets beachten, daß die quasistatische Zustandsänderung eine Idealisierung darstellt, die nur annähernd
— in den meisten Fällen der Praxis aber überraschend genau — erfüllt ist.
Hierzu betrachten wir als Beispiel die Verdichtung oder Entspannung eines Gases
im Zylinder von Abb. 1.19. Wird der Kolben mit hoher Geschwindigkeit bewegt,
so unterscheidet sich der Gasdruck merklich vom Gegendruck des Kolbens. Es
bilden sich Druck-, Temperatur- und Dichtedifferenzen innerhalb des Gases aus,
so daß die Zustandsänderung nichtstatisch ist. Denken wir uns jedoch den
Gegendruck des Kolbens als sehr wenig verschieden vom Gasdruck, so wird sich
der Kolben nur langsam bewegen. Der Zustand des Gases weicht dann nur
geringfügig vom thermodynamischen Gleichgewicht ab; die Unterschiede der
Zustandsgrößen innerhalb des Systems sind vernachlässigbar klein. Durch gasdynamische Untersuchungen findet man, daß die Zustandsänderung so lange als
quasistatisch angesehen werden kann, wie die Kolbengeschwindigkeit klein im
Vergleich zur Schallgeschwindigkeit des Gases ist. Da die Schallgeschwindigkeit

der Gase je nach der Gastemperatur und der Gasart bei 300 bis 1000 m/s liegt (vgl. Abschn. 6.22), sind Zustandsänderungen mit Kolbengeschwindigkeiten von wenigen m/s als quasistatisch zu behandeln. Diese Voraussetzung wird bei der Untersuchung von Kolbenverdichtern oder Kolbenmotoren gemacht und ist auch meistens zulässig.

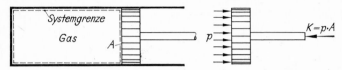

Abb. 1.19. Mechanisches Gleichgewicht am Kolben bei einer quasistatischen Zustandsänderung

1.42 Natürliche Prozesse

Da die Thermodynamik bei der Beschreibung von Nichtgleichgewichtszuständen versagt, können wir über einen thermodynamischen Prozeß nur dann quantitative Aussagen machen, wenn das System wenigstens zu Anfang und zu Ende des Prozesses in einem definierten Gleichgewichtszustand ist. Dies wollen wir stets voraussetzen und als natürlichen Prozeß jeden in der Natur auftretenden oder in technischen Einrichtungen ablaufenden Vorgang bezeichnen, der ein System aus einem definierten Anfangszustand in einen definierten Endzustand bringt. Über die Zwischenzustände des Systems setzen wir nichts weiter voraus, insbesondere brauchen sie keine Gleichgewichtszustände zu sein.

Als Beispiel eines natürlichen Prozesses kennen wir bereits den in Abschn. 1.41 behandelten Überströmprozeß nach Abb. 1.16. Dieser Prozeß wird durch Öffnen des Ventils zwischen den beiden Behältern ausgelöst. Hierdurch ist das mechanische Gleichgewicht gestört, und das Gas strömt in den rechten Behälter. Über die Zustände des Gases während des Überströmprozesses läßt sich thermodynamisch im allgemeinen nichts sagen, denn Druck, spez. Volumen und Temperatur sind nicht mehr in der ganzen Gasmenge konstant. Die genaue Beschreibung des Überströmens ist eine Aufgabe der Strömungslehre (Gasdynamik). Am Ende des Prozesses stellt sich jedoch wieder ein definierter Endzustand (Gleichgewichtszustand) ein. Das Gas ist in Ruhe, Druck $p_2 < p_1$ und spez. Volumen $v_2 > v_1$ sind in allen Teilen der beiden Behälter gleich und genügen, den Zustand des Gases zu beschreiben.

Auch die Einstellung des thermischen Gleichgewichts ist ein natürlicher Prozeß. Die beiden daran beteiligten Systeme befinden sich anfänglich jedes für sich im Gleichgewicht. Dadurch, daß sie über eine diatherme Wand in Berührung gebracht werden, wird der Prozeß ausgelöst, der bis zum Erreichen des thermischen Gleichgewichts, also bis zur Temperaturgleichheit in beiden Systemen, von selbst abläuft.

1.43 Reversible und irreversible Prozesse

Der französische Ingenieur S. Carnot hat im Jahre 1824 einen idealisierten Prozeß in die Thermodynamik eingeführt, der von grundlegender Bedeutung ist. Dies ist der reversible oder umkehrbare Prozeß. Wir definieren:

Kann ein System, in dem ein Prozeß abgelaufen ist, wieder in seinen Anfangszustand gebracht werden, ohne daß irgendwelche Änderungen in der Umgebung zurückbleiben, so heißt der Prozeß reversibel oder umkehrbar. Ist der Anfangszustand des Systems ohne Änderungen in der Umgebung nicht wiederherstellbar, so nennt man den Prozeß irreversibel oder nicht umkehrbar.

Nach dieser Definition ist ein Prozeß nicht schon dann reversibel, wenn das System wieder in den Anfangszustand zurückgebracht werden kann. Dies ist nämlich immer möglich. Wesentlich ist, daß beim Umkehren des Prozesses auch in der Umgebung des Systems, also auch in allen anderen Systemen, die außer dem betrachteten System am Prozeß und an seiner Umkehrung teilnehmen, keine Veränderungen zurückbleiben. Ein reversibler Prozeß muß sich also durch seine Umkehrung in allen seinen Auswirkungen vollständig „annullieren" lassen. Wir werden nun einige Prozesse daraufhin untersuchen, ob sie reversibel oder irreversibel sind.

Der Überströmprozeß, den wir in Abschn. 1.42 als Beispiel eines natürlichen Prozesses genannt haben, ist offenbar kein reversibler Prozeß; denn niemand hat bisher beobachtet, daß sich in dem abgeschlossenen System von Abb. 1.16 das Gas ohne Einwirkung von außen wieder in den linken Behälter zurückbewegt, so daß dort der Druck wieder den Anfangswert p_1 annimmt und der rechte Behälter den Druck Null hat. Dieser Prozeß kann nur dann wieder rückgängig gemacht werden, wenn man das Gas von p_2 auf p_1 durch einen Eingriff von außen verdichtet, was jedoch eine bleibende Veränderung in seiner Umgebung zurückläßt.

Die Einstellung des thermischen Gleichgewichts ist ebenfalls kein reversibler Prozeß. Er läßt sich nicht umkehren, ohne daß Veränderungen in der Umgebung zurückbleiben. Wäre dies möglich, so müßten sich in einem abgeschlossenen System, das sich auf einheitlicher Temperatur befindet, von selbst Temperaturunterschiede ausbilden können, was aber noch nie beobachtet wurde.

Der Überströmprozeß (auch freie Expansion genannt) und die Einstellung des thermischen Gleichgewichts sind Beispiele von *Ausgleichsprozessen*. Bei diesen Prozessen wird der zu Beginn bestehende Gleichgewichtszustand gestört, so daß das System spontan einem neuen Gleichgewichtszustand zustrebt. Ursache oder „treibende Kraft" dieser Ausgleichsprozesse sind endliche Unterschiede der intensiven Zustandsgrößen, also Druck- oder Temperaturdifferenzen, die sich im Verlauf des Prozesses ausgleichen. Als weitere Beispiele von Ausgleichsprozessen nennen wir die Mischungsvorgänge. Verschiedene Gase oder Flüssigkeiten mischen sich von selbst durch Diffusion, wobei sich die anfänglich bestehenden Konzentrationsunterschiede ausgleichen. Alle Ausgleichsvorgänge sind nicht umkehrbar. Sie laufen von selbst nur in einer Richtung ab, nämlich auf den Gleichgewichtszustand zu. Ihre Umkehrung ist nur möglich durch einen Eingriff von außen. Es läßt sich dann der Anfangszustand des Systems wieder herstellen, doch bleiben dauernde Veränderungen in der Umgebung zurück, was der Definition eines reversiblen Prozesses widerspricht.

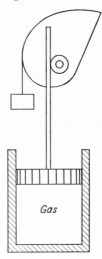

Abb. 1.20. Vorrichtung zur reversiblen Verdichtung und Entspannung eines Gases in einem isolierten Zylinder

Betrachten wir nun die Expansion des Gases, das sich in dem isolierten Zylinder der Abb. 1.20 befindet. Wir können diesen Prozeß so führen, daß durch die Expansion ein Körper im Schwerefeld der Erde gehoben wird. Die Arbeit, die das Gas durch Verschieben des Kolbens verrichtet, wird als potentielle Energie des Körpers gespeichert. Senkt man nun den Körper wieder auf die alte Höhe ab, so geht der Kolben im Zylinder zurück, das Gas wird wieder verdichtet.

Unter welchen Bedingungen ist der Expansionsprozeß reversibel? Es müssen sowohl das Gas als auch der gehobene Körper wieder den Anfangszustand erreichen. Soll dies möglich sein, muß die Arbeit, die das Gas bei der Expansion verrichtet, genau so groß sein wie die Arbeit, die auf dem „Rückweg" zu seiner Verdichtung aufzuwenden ist. Das kann jedoch nur dann der Fall sein, wenn die Kraft, mit der das Gas bei der Expansion den Kolben nach oben drückt, genau so groß ist wie die Kraft, mit der der Kolben das Gas verdichtet. Es müssen sich also in allen Stadien des Prozesses Gasdruck und Gegendruck des Kolbens genau die Waage halten. Die Zustandsänderung, bei der dies möglich ist, kann damit nur quasistatisch sein: *der reversible Prozeß besteht aus einer Folge von Gleichgewichtszuständen.*

Außer der quasistatischen Zustandsänderung verlangt der reversible Prozeß, daß Reibung in allen Teilen des Prozesses ausgeschlossen ist. Sollen Expansions- und Verdichtungsarbeit gleich sein, so darf keine Energie durch Reibung zwischen Kolben und Zylinder oder in den anderen Teilen des am Prozeß beteiligten Mechanismus verlorengehen. Auch eine plastische Verformung eines Maschinenteils muß ausgeschlossen werden, da die hierbei aufgewendete Formänderungsarbeit nicht zurückgewonnen wird. Reibung, plastische Verformung und ähnliche Erscheinungen faßt man auch unter der Bezeichnung *dissipative Effekte* zusammen.

Bedingungen für einen reversiblen Prozeß sind daher quasistatische Zustandsänderungen der am Prozeß teilnehmenden Systeme und das Fehlen von Reibung und anderen dissipativen Effekten. Reversible Prozesse sind somit nur Grenzfälle der wirklich vorkommenden irreversiblen Prozesse. Quasistatische Zustandsänderungen lassen sich nämlich nicht streng verwirklichen und das völlige Fehlen von Reibung ist ebenfalls eine Idealisierung. Trotzdem ist das Studium der reversiblen Prozesse eines der wichtigsten Hilfsmittel der thermodynamischen Untersuchung. Wie man schon am Beispiel der eben behandelten Expansion erkennen kann, sind die reversiblen Prozesse durch größte Vollkommenheit und Verlustfreiheit der Energieumwandlungen gekennzeichnet. Dadurch werden sie zu Idealprozessen, an denen man die Güte technischer Anlagen und Maschinen messen kann, was eine der Hauptaufgaben der technischen Thermodynamik ist.

1.44 Der 2. Hauptsatz der Thermodynamik als Prinzip der Irreversibilität

Wie die im letzten Abschnitt angeführten Beispiele zeigen, sind reversible Prozesse nur als Grenzfälle der irreversiblen Prozesse anzusehen, sie treten in der Natur nicht auf. Es sind vielmehr alle natürlichen Prozesse nicht umkehrbar im Sinne der strengen Definition eines reversiblen Prozesses auf S. 30. Diese Erfahrung, daß alle natürlichen Prozesse nur in einer Richtung von selbst ablaufen können, bringt der *2. Hauptsatz der Thermodynamik* zum Ausdruck:

Alle natürlichen Prozesse sind irreversibel. Reversible Prozesse sind nur idealisierte Grenzfälle irreversibler Prozesse.

Dieses Prinzip sagt also aus: Nach Ablauf jedes wirklichen Prozesses kann der Anfangszustand des Systems nicht wieder hergestellt werden, ohne daß in seiner Umgebung oder in anderen Systemen Änderungen zurückbleiben.

Im Laufe der geschichtlichen Entwicklung der Thermodynamik wurde das eben allgemein formulierte Prinzip der Irreversibilität häufig auch in speziellen Fassungen ausgesprochen. Dabei wurde jeweils ein bestimmter natürlicher Prozeß ausdrücklich als irreversibel bezeichnet. So kann man in Anlehnung an eine Formulierung von M. Planck[1] den 2. Hauptsatz in der Form aussprechen:

Alle Prozesse, bei denen Reibung auftritt, sind irreversibel.

Auch Ausgleichsprozesse, z. B. den bei der Einstellung des thermischen Gleichgewichts zu beobachtenden Temperaturausgleich, kann man zur Formulierung des 2. Hauptsatzes heranziehen. So ging R. Clausius[2] von dem Grundsatz aus:

---

[1] Planck, M.: Über die Begründung des zweiten Hauptsatzes der Thermodynamik. Sitzber. Berl. Akad. 1926 Phys.-Math. Klasse, S. 453—463.
[2] Clausius, R.: Über eine veränderte Form des zweiten Hauptsatzes der mechanischen Wärmetheorie. Pogg. Ann. 93 (1854) S. 481.

Es kann nie Wärme aus einem kälteren in einen wärmeren Körper übergehen, wenn nicht gleichzeitig eine andere damit zusammenhängende Änderung eintritt.

Versteht man hierbei unter *Wärme* die in Abschn. 2.22 genau definierte Energie beim Übergang zwischen zwei Systemen (Körpern) unterschiedlicher Temperatur, so kann man den Konditionalsatz in der Clausiusschen Formulierung des 2. Hauptsatzes sogar fortlassen. Der Hauptsatz seiner Formulierung allein kennzeichnet bereits den Prozeß des Temperaturausgleichs zwischen zwei Systemen, wenn man unter „kälter" und „wärmer" niedrigere bzw. höhere (thermodynamische) Temperatur der beiden Systeme versteht. Dieser natürliche Prozeß des Temperaturausgleichs und des Wärmeübergangs verläuft, wie die Erfahrung lehrt, nur in einer Richtung, „indem die Wärme überall das Bestreben zeigt, bestehende Temperaturdifferenzen auszugleichen und daher aus den wärmeren Körpern in die kälteren überzugehen" (Clausius). Der Prozeß ist also irreversibel, seine Umkehrung ohne bleibende Veränderungen in der Umgebung der beiden Systeme nicht möglich.

Der 2. Hauptsatz der Thermodynamik ist ein Erfahrungssatz; er läßt sich nicht dadurch beweisen, daß man ihn auf andere Sätze zurückführt. Vielmehr sind alle Folgerungen, die man aus dem zweiten Hauptsatz ziehen kann, und die von der Natur ausnahmslos bestätigt werden, als Beweise anzusehen. Ein einziges Experiment, das zu einem Widerspruch zum 2. Hauptsatz führt, würde diesen umstoßen. Ein solches ist jedoch bis heute nicht ausgeführt worden. Aus der hier gegebenen sehr einfachen, fast selbstverständlichen Formulierung des 2. Hauptsatzes werden wir Schlüsse ziehen, die sich für die Prozesse der Technik als sehr folgenreich und bedeutsam erweisen werden. Die Aufgabe der späteren Betrachtungen wird es vor allem sein, aus diesem allgemeinen Satz genaue quantitative Formulierungen zu gewinnen.

1.45 Quasistatische Zustandsänderungen und irreversible Prozesse[1]

Bei allen reversiblen Prozessen ist die Zustandsänderung des Systems notwendig quasistatisch. Jeder reversible Prozeß führt das System nur durch Gleichgewichtszustände. Irreversible Prozesse können wir in Ausgleichsvorgänge und dissipative Prozesse einteilen, vgl. S. 30. Bei den Ausgleichsvorgängen treten stets Druck-, Temperatur- und Dichteunterschiede endlicher Größe auf. Diese Prozesse führen das System durch Nichtgleichgewichtszustände: die damit verbundene Zustandsänderung ist nichtstatisch. Bei den dissipativen Prozessen, im wesentlichen bei den Vorgängen, die mit Reibung verbunden sind, können wir jedoch häufig eine quasistatische Zustandsänderung des Systems annehmen. Hier braucht der irreversible Prozeß nicht unbedingt zu einer merklichen Abweichung vom thermodynamischen Gleichgewicht zu führen.

---

[1] Vgl. hierzu Baehr, H. D.: Quasistatische Zustandsänderungen und ihr Zusammenhang mit den reversiblen und irreversiblen Prozessen der Thermodynamik. Forschung Geb. Ing.-Wes. 27 (1961) S. 3—9.

Wenn wir bei irreversiblen Prozessen in bestimmten Fällen quasistatische Zustandsänderungen annehmen, bringt dies Vorteile für die Untersuchung der Prozesse. Es sind dann nämlich nicht nur Aussagen über Anfangs- und Endzustand des Systems möglich, sondern es kann für die Berechnung der Zwischenzustände die thermische Zustandsgleichung herangezogen werden. Damit läßt sich auch bei irreversiblen Prozessen die Zustandsänderung in den thermodynamischen Diagrammen als stetige Kurve darstellen. Wie wir im folgenden sehen werden, sind dadurch recht weitgehende Aussagen auch für irreversible Prozesse möglich.

Das folgende Schema gibt eine Übersicht über die verschiedenen Prozesse und die bei ihnen möglichen Zustandsänderungen des Systems.

Prozeß:	natürlich = irreversibel		reversibel
Zustands-änderung:	*nichtstatisch* nur Anfangs- und Endzustand sind Gleichgewichts-zustände	*quasistatisch* alle Zwischenzustände sind (wenigstens näherungsweise) Gleichgewichts-zustände	*quasistatisch* alle Zustände können nur Gleichgewichts-zustände sein
Zustands-diagramm:	Zustandsverlauf nicht darstellbar	Zustandsverlauf darstellbar	Zustandsverlauf darstellbar
Beispiel: p, v-Diagramm:			

1.46 Stationäre Fließprozesse

Bei der Anwendung der Thermodynamik auf technische Probleme haben wir es meistens mit Maschinen und Apparaten zu tun, die von einem oder mehreren Stoffströmen durchflossen werden. Beispiele solcher offenen Systeme sind: der Abschnitt einer durchströmten Rohrleitung, ein Dampferzeuger, in dem durch Energiezufuhr von der Feuerung ein Wasserstrom erwärmt und verdampft wird, oder eine Turbine, in der ein Gas- oder Dampfstrom expandiert. Zur Untersuchung dieser technischen Anlagen grenzen wir ein fest im Raum liegendes offenes System (Kontrollraum) durch eine gedachte Systemgrenze (Bilanzhülle) ab. Der Stoffstrom gelangt in das System durch den Eintrittsquerschnitt 1 und verläßt es durch den Austrittsquerschnitt 2, Abb. 1.21. Innerhalb des Systems ändert sich der Zustand des Stoffstromes kontinuierlich vom Eintrittszustand 1 zum Austrittszustand 2.

Ändern sich die Zustandsgrößen des Stoffstroms an allen Stellen des Kontrollraums nicht mit der Zeit, so sprechen wir von einem *stationären Fließprozeß*. Dieser Fall liegt bei technischen Anwendungen meistens vor. Das Ausströmen eines Gases aus einem Behälter, wie es in Abb. 1.22 dargestellt ist, gehört jedoch nicht zu den stationären Fließprozessen; denn der Druck des Gases im Behälter sinkt während der Ausströmzeit, bis er den Umgebungsdruck erreicht.

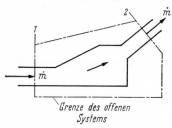

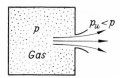

Abb. 1.21. Schema eines offenen Systems, das von einem Stoffstrom durchflossen wird. 1 Eintrittsquerschnitt, 2 Austrittsquerschnitt

Abb. 1.22. Ausströmen eines Gases aus einem Behälter als Beispiel eines nichtstationären Prozesses

Bei einem stationären Fließprozeß strömt während eines beliebig großen Zeitintervalls $\Delta\tau$ Stoff mit der Masse Δm durch einen Querschnitt des Kontrollraums, z. B. durch den Eintrittsquerschnitt. Bildet man den Quotienten

$$\dot{m} = \frac{\Delta m}{\Delta \tau},$$

so ist dieser bei einem stationären Fließprozeß unabhängig von der Größe des Zeitintervalls $\Delta\tau$ und außerdem zeitlich konstant; denn in gleichen Zeitabschnitten strömen gleich große Massen durch einen Querschnitt. Man bezeichnet $\dot{m}$ als den *Massenstrom* oder den Durchsatz des strömenden Mediums.

Damit erhalten wir als Bedingung für einen stationären Fließprozeß: Der Massenstrom der Stoffe, welche die Systemgrenze überschreiten, muß zeitlich konstant sein. Es muß außerdem der Massenstrom aller eintretenden Stoffe gleich dem Massenstrom aller austretenden Stoffe sein. Hieraus folgt, daß die Masse der im Inneren des Kontrollraums sich befindenden Substanz trotz Zu- und Abfluß zeitlich konstant bleibt.

Beim Verfolgen der kontinuierlichen Zustandsänderung des strömenden Mediums ist es häufig vorteilhaft, eine kleine Menge des Mediums in Gedanken als geschlossenes System abzugrenzen und das Schicksal dieser Stoffmenge konstanter Masse beim Durchströmen des offenen Systems zu verfolgen. Hier ist es gerade bei stationären Fließprozessen gerechtfertigt, die Zustandsänderung dieser in Gedanken abgetrennten Stoffmenge als quasistatisch anzunehmen, auch wenn der Fließprozeß irreversibel ist. Man kann dann auf den Eintritts- und Austrittszustand und auf alle Zwischenzustände die thermische Zustandsgleichung anwenden. Die quasistatische Zustandsänderung läßt sich in einem thermodynamischen Diagramm als stetige Kurve darstellen. Ihr Anfangspunkt entspricht dem Zustand des strömenden Stoffes im Eintrittsquerschnitt, ihr Endpunkt dem Zustand im Austrittsquerschnitt.

Bei einer quasistatischen Zustandsänderung dürfen sich im offenen System keine Wirbel oder sonstige makroskopische Unregelmäßigkeiten der Strömung ausbilden. Der Zustand unmittelbar hinter der unstetigen Verengung des Strömungsquerschnittes von Abb. 1.23 ist daher sicher kein Gleichgewichtszustand. Die Zustandsänderung bei diesem Prozeß, der sog. *Drosselung*, ist also nichtstatisch. Erst in einiger Entfernung hinter der Drosselstelle finden wir wieder einen Gleichgewichtszustand. Zwischen diesem Querschnitt und der Drosselstelle treten Zustände auf, über die die Thermodynamik nichts aussagen kann.

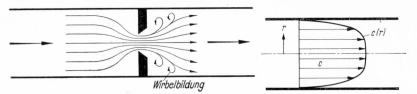

Abb. 1.23. Drosselstelle. Die Zustände des Strömungsmittels unmittelbar nach der Verengung sind keine Gleichgewichtszustände

Abb. 1.24. Geschwindigkeitsprofil $c = c(r)$ der Rohrströmung; r radiale Koordinate

Zu den Zustandsgrößen eines strömenden Stoffes gehört auch seine Geschwindigkeit c. Wir fassen sie stets als Relativgeschwindigkeit gegenüber den als ruhend betrachteten Grenzen des Kontrollraums auf. Soll in einem Querschnitt des Kontrollraums ein Gleichgewichtszustand bestehen, so muß die Geschwindigkeit hier einen einzigen und zeitunabhängigen Wert haben. Bei einem stationären Prozeß ist die Unabhängigkeit von der Zeit gewährleistet, wenn wir nicht eine Stelle mit Wirbelbildung wie hinter der Drosselstelle von Abb. 1.23 betrachten, die wir aber grundsätzlich von der thermodynamischen Untersuchung ausschließen. Die Erfahrung zeigt jedoch, daß sich bei jeder Strömung eines Gases oder einer Flüssigkeit über den Querschnitt ein Geschwindigkeitsprofil ausbildet. Dies ist eine Folge der Reibungskräfte, die zwischen dem strömenden Medium und der Wand und zwischen Schichten verschiedener Strömungsgeschwindigkeit wirken. Bei der Strömung durch ein gerades Rohr hat das Geschwindigkeitsprofil in der Kanalmitte ein Maximum und besitzt starke Geschwindigkeitsgradienten zu den Kanalwänden hin, vgl. Abb. 1.24. An der Kanalwand selbst ist die Geschwindigkeit Null.

Bei den folgenden Betrachtungen wollen wir von den Unterschieden der Strömungsgeschwindigkeit über den Querschnitt absehen und mit einem Mittelwert der Geschwindigkeit rechnen. Diesen gewinnen wir aus dem Massenstrom $\dot{m}$, aus der Fläche A des Strömungsquerschnitts und der Dichte $\varrho = 1/v$:

$$c = \frac{\dot{m}}{\varrho A} = \frac{\dot{m} v}{A}.$$

Diese Gleichung ist auf jeden Strömungsquerschnitt anzuwenden, um den Mittelwert c der Strömungsgeschwindigkeit zu erhalten.

Bei einem stationären Fließprozeß ist der Massenstrom $\dot{m}$ in jedem Querschnitt gleich groß. Insbesondere gilt für den Eintrittsquerschnitt 1 und den Austrittsquerschnitt 2

$$\dot{m} = c_1 \varrho_1 A_1 = c_2 \varrho_2 A_2.$$

Diese Beziehung wird als *Kontinuitätsgleichung* bezeichnet. Das Produkt

$$c\varrho = \frac{\dot{m}}{A}$$

bezeichnet man als *Massenstromdichte*, es ist der auf die Querschnittsfläche A bezogene Massenstrom.

Die Kontinuitätsgleichung läßt sich auch vorteilhaft in ihrer differentiellen Form anwenden. Aus

$$\dot{m} = c\varrho A = \text{const}$$

folgt durch Differenzieren

$$\frac{dA}{A} + \frac{d(c\varrho)}{c\varrho} = \frac{dA}{A} + \frac{dc}{c} - \frac{dv}{v} = 0.$$

Diese Gleichung wird häufig benutzt, um die Querschnittsfläche aus der Dichte und der mittleren Geschwindigkeit zu berechnen.

2. Der 1. Hauptsatz der Thermodynamik

Der 1. Hauptsatz der Thermodynamik bringt das Prinzip von der Erhaltung der Energie zum Ausdruck. Die Anwendung dieses Grundsatzes führt dazu, Energieformen, nämlich innere Energie und Wärme, zu definieren, die in der Mechanik nicht vorkommen. In dieser Hinsicht erweitert die Thermodynamik den in der Mechanik behandelten Kreis von Erfahrungstatsachen, so daß sie zu einer allgemeinen Energielehre wird, wenn man auch elektrische, chemische und nukleare Energien einschließt.

Bei der Formulierung und Anwendung des 1. Hauptsatzes hat man streng zu unterscheiden zwischen der in einem System gespeicherten Energie und der Energie, die während eines Prozesses die Systemgrenze überschreitet. Die in einem System gespeicherte Energie, sein Energieinhalt, der aus kinetischer, potentieller und innerer Energie besteht, erweist sich dabei als Zustandsgröße des Systems. Die während eines Prozesses die Systemgrenze überschreitende Energie ist dagegen keine Zustandsgröße; sie wird in Arbeit und Wärme aufgeteilt, weil das Verrichten von Arbeit und das Übertragen von Wärme zwei physikalisch unterschiedliche Verfahrensweisen sind, Energie über die Systemgrenze zu transportieren. Das Prinzip von der Erhaltung der Energie führt schließlich zu einer Energiebilanz, welche die Änderung der im System gespeicherten Energie mit der Energie verknüpft, die während des Prozesses als Arbeit oder als Wärme die Systemgrenze überschreitet.

2.1 Arbeit

2.11 Mechanische Arbeit und mechanische Energie

Aus der Mechanik übernehmen wir den Begriff der Arbeit. Wir definieren: *Mechanische Arbeit entsteht durch die Wirkung einer Kraft auf die sich bewegende Systemgrenze; die Größe der Arbeit ist gleich dem Produkt aus der Kraft und der Verschiebung des Kraft-Angriffspunktes in Richtung der Kraft.* Arbeit tritt demnach nur bei einer *Wechselwirkung* zwischen dem System und seiner Umgebung auf.

Bezeichnen wir den Kraftvektor mit $\mathfrak{K}$, die Verschiebung mit $d\mathfrak{r}$, so erhalten wir das Differential der mechanischen Arbeit als das innere Produkt

$$dW = (\mathfrak{K}\, d\mathfrak{r}). \qquad (2.1a)$$

Für eine endliche Verschiebung ergibt sich daraus durch Integration

$$W_{12} = \int_1^2 (\mathfrak{K}\, d\mathfrak{x}).\qquad (2.1\,\mathrm{b})$$

Zur Berechnung des Integrals müssen die Verschiebung des Angriffspunktes und die Abhängigkeit der Kraft $\mathfrak{K}$ vom Wege bekannt sein. Wirkt eine Kraft von außen auf das System und verschiebt sich ihr Angriffspunkt in der gleichen Richtung wie die Kraft, so wird dem

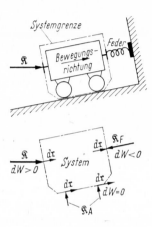

Abb. 2.1. Bewegung eines Systems. Unten: die an der Systemgrenze angreifenden Kräfte $\mathfrak{K}$, $\mathfrak{K}_F$, $\mathfrak{K}_A$ sowie Vorzeichen der von diesen Kräften verrichteten Arbeit bei einer Verschiebung $d\mathfrak{x}$

System Arbeit zugeführt. Zeigt die äußere Kraft entgegen der Verschiebungsrichtung, so wird die Arbeit vom System abgegeben. Wir rechnen alle dem System zugeführten Energien positiv, also auch die zugeführte Arbeit. Dagegen ist eine vom System abgegebene Arbeit *negativ* zu rechnen, vgl. Abb. 2.1.

In Abschn. 1.22 haben wir zwischen äußeren und inneren Zustandsgrößen unterschieden. Wir beschränken uns nun auf solche Prozesse, bei denen sich nur die *äußeren* Zustandsgrößen, nämlich Lage und Geschwindigkeit des ganzen Systems ändern, und bezeichnen die mechanische Arbeit, die von Kräften herrührt, die nur die äußeren Zustandsgrößen ändern, als *äußere mechanische Arbeit* W_{a12}. Nach dem Energieerhaltungssatz der Mechanik vergrößert die dem System zugeführte äußere Arbeit W_{a12} seine kinetische und potentielle Energie.

Die *kinetische Energie* des Systems mit der Masse m ist

$$E_{\mathrm{kin}} = \frac{m}{2}\,c^2 \qquad (2.2)$$

mit c als seiner Geschwindigkeit relativ zu einem festen Bezugssystem. Haben nicht alle Teile des Systems dieselbe Geschwindigkeit, so gilt

$$E_{\mathrm{kin}} = \frac{1}{2}\int c^2\, dm\,. \qquad (2.3)$$

Hierbei ist c die Geschwindigkeit des Massenelements dm, und die Integration erstreckt sich über alle Massenelemente des Systems. Gl. (2.3) ist z. B. zur Berechnung der kinetischen Energie eines rotierenden Systems anzuwenden.

Die *potentielle Energie* ist zu berücksichtigen, wenn sich die Lage des Systems im Schwerefeld der Erde verändert. Mit z als Höhenkoordinate des Systemschwerpunktes gilt

$$E_{\text{pot}} = mgz,$$

wobei g die Fallbeschleunigung ist, die in der Nähe der Erdoberfläche als nahezu konstant angesehen werden kann.

Der Energieerhaltungssatz der Mechanik liefert die Gleichung

$$W_{a12} = (E_{\text{kin}})_2 - (E_{\text{kin}})_1 + (E_{\text{pot}})_2 - (E_{\text{pot}})_1. \tag{2.4}$$

Bei Gültigkeit von Gl. (2.2) folgt

$$W_{a12} = m \left(\frac{c_2^2}{2} - \frac{c_1^2}{2} \right) + mg(z_2 - z_1). \tag{2.5}$$

Kinetische und potentielle Energie sind Zustandsgrößen des Systems; sie bilden einen Teil der im System gespeicherten Energie oder einen Teil seines Energieinhalts. Nach Gl. (2.4) ist die äußere mechanische Arbeit ebenfalls eine Größe von der Dimension (Größenart) Energie. Wir interpretieren daher die Aussage der Gl. (2.4) in folgender Weise: Während des Prozesses, der das System vom Zustand 1 zum Zustand 2 geführt hat, ist Energie als äußere mechanische Arbeit über die Systemgrenze transportiert worden und hat eine Änderung des Energieinhalts des Systems, nämlich eine Änderung seiner kinetischen und potentiellen Energie bewirkt. Gl. (2.4) ist also eine spezielle Form einer Energiebilanz.

Diese Betrachtung verallgemeinern wir auf die eingangs definierte gesamte mechanische Arbeit, von der die äußere mechanische Arbeit W_a nur ein Teil ist. *Wir fassen Arbeit stets als eine Form der Energie auf, und zwar als Energie, welche die Systemgrenze überschreitet.* Wir wollen den Ausdruck „Arbeit" geradezu als eine Abkürzung für den genaueren und ausführlicheren Ausdruck „Energie, die als Arbeit die Systemgrenze überschreitet", ansehen. Wie wir in Abschn. 2.2 erkennen werden, kann Energie nicht nur als Arbeit, sondern auch als Wärme die Systemgrenze überschreiten. Diese Art der Energieübertragung werden wir in Abschn. 2.22 genauer definieren und gegen das Verrichten von Arbeit scharf abgrenzen.

Energie kann nur während eines Prozesses die Systemgrenze überschreiten. Die Arbeit ist daher eine *Prozeßgröße*, sie gehört nicht zu einem Zustand wie etwa die kinetische Energie, sondern zu einem Prozeß, mit dem eine Zustandsänderung verbunden ist. Die Zugehörigkeit der Arbeit zu einem Prozeß bringen wir auch durch die beiden Indizes 12 bei W_{12} zum Ausdruck. Es gibt also keine Zustandsgröße Arbeit, auch keinen Arbeitsinhalt eines Systems, sondern nur einen Energieinhalt, als dessen Bestandteile wir bisher kinetische und potentielle Energie hervorgehoben haben.

In diesem Abschnitt haben wir die äußere mechanische Arbeit W_{a12} als den Teil der Arbeit behandelt, der mit der Änderung der äußeren Zustandsgrößen im Zusammenhang steht. In den folgenden Abschnitten gehen wir auf die verschiedenen Formen der als Arbeit über die Systemgrenze übertragenen Energie ein, die zu einer Änderung des inneren Zustandes des Systems führt.

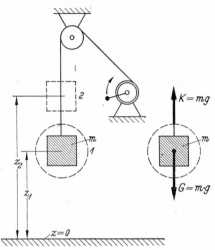

Abb. 2.2. Heben eines Körpers mit der Masse m im Schwerefeld der Erde

Beispiel 2.1. Der in Abb. 2.2 dargestellte Körper mit der Masse $m = 5{,}0$ kg wird von der Höhe $z_1 = 1{,}0$ m auf die Höhe $z_2 = 2{,}5$ m gehoben. Es ist die am Körper verrichtete Arbeit zu berechnen.

Das System ist der Körper. An der Systemgrenze greift nur die nach oben gerichtete Seilkraft $K = mg$ an. Sie steht mit der Gewichtskraft $G = mg$ im Gleichgewicht, doch ist diese keine an der Systemgrenze angreifende Kraft. Nach Gl. (2.1 b) erhalten wir für die Arbeit, die am Körper verrichtet wird,

$$W_{12} = W_{a12} = K(z_2 - z_1) = mg(z_2 - z_1).$$

Mit der Fallbeschleunigung $g = 9{,}81$ m/s² folgt

$$W_{a12} = 5{,}0 \text{ kg} \cdot 9{,}81 \frac{\text{m}}{\text{s}^2} (2{,}5 - 1{,}0) \text{ m} = 73{,}6 \frac{\text{kg m}^2}{\text{s}^2},$$

also

$$W_{a12} = 73{,}6 \text{ Nm} = 73{,}6 \text{ J}.$$

Die Arbeit W_{a12} wird dem System zugeführt; sie erhöht die gespeicherte Energie des Körpers, nämlich seine potentielle Energie um

$$E_{\text{pot2}} - E_{\text{pot1}} = mg(z_2 - z_1) = W_{a12} = 73{,}6 \text{ J}.$$

2.12 Volumenänderungsarbeit

Wir betrachten im folgenden *ruhende* geschlossene Systeme. Die einem solchen System zugeführte Arbeit bewirkt eine Änderung seines „inneren" Zustandes, beeinflußt dagegen nicht seine Lage im Raum oder die Geschwindigkeit des Systems als Ganzem. Wirken auf das ruhende System Kräfte senkrecht zu seinen Grenzen, so können diese eine Verschiebung der Systemgrenzen und damit eine Volumenänderung zur Folge haben. Wir nennen die hiermit verbundene Arbeit *Volumenänderungsarbeit*. Sie tritt insbesondere bei den fluiden Systemen, also bei Gasen und Flüssigkeiten auf.

Um die Volumenänderungsarbeit zu berechnen, betrachten wir ein Fluid, das in einem Zylinder mit beweglichem Kolben eingeschlossen ist, Abb. 2.3. Das Fluid bildet das thermodynamische System; der

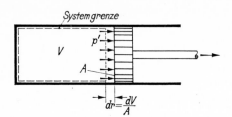

Abb. 2.3. Zur Berechnung der Volumenänderungsarbeit

bewegte Teil der Systemgrenze ist die Fläche A, auf der sich der Kolben und das Fluid berühren. Hier übt der Kolben auf das Fluid die Kraft

$$K = -p'A$$

aus, wobei p' der Druck ist, der vom Fluid auf die Kolbenfläche wirkt. Verschiebt man den Kolben um die Strecke dr, so verändert sich das Volumen des Fluids um $dV = A\,dr$; die an der Systemgrenze angreifende Kraft verschiebt sich, und die Arbeit

$$dW^V = K\,dr = -p'A\,\frac{dV}{A} = -p'\,dV \tag{2.6}$$

wird verrichtet. Dies ist die Energie, die als Arbeit zwischen der Kolbenfläche und dem System übertragen wird. Bei einer Verdichtung ($dV < 0$) wird $dW^V > 0$, das Fluid nimmt Arbeit auf. Bei der Expansion ($dV > 0$) wird $dW^V < 0$, das Fluid gibt Energie als Arbeit ab.

Während der Kolbenbewegung ändern sich der auf die Kolbenfläche wirkende Druck p' und das Volumen V mit der Zeit τ. Bei bekannter Kolbenbewegung und damit bekanntem $V = V(\tau)$ läßt sich die Arbeit aber nur dann bestimmen, wenn auch die Abhängigkeit des Druckes $p' = p'(\tau)$ von der Zeit bekannt ist. Diese Funktion könnte durch Messungen bestimmt werden, sie hängt von der Kolbengeschwindigkeit, vom Zustand des Gases und seinen Eigenschaften ab. Ihre Berechnung ist ein schwieriges Problem der Strömungsmechanik.

Die Berechnung der Arbeit vereinfacht sich erheblich, wenn man den Prozeß als *reversibel* annimmt. Die Zustandsänderung des Fluids ist dann quasistatisch, und dissipative Effekte, verursacht durch Reibungskräfte im Fluid, treten nicht auf. Der Druck p' hängt nicht explizit von der Zeit ab, sondern stimmt mit dem Druck p des Fluids überein, der über seine Zustandsgleichung

$$p = p(T, v) = p(T, V/m)$$

nur von der Temperatur und dem Volumen abhängt. Wir erhalten daher für den reversiblen Prozeß

$$dW_{rev}^V = -p\,dV.$$ (2.7)

Während der quasistatischen Zustandsänderung ändert sich der Druck des Fluids in bestimmter Weise stetig mit dem Volumen, wir können somit Gl. (2.7) integrieren. Damit erhalten wir die *Volumenänderungsarbeit bei einem reversiblen Prozeß* zu

$$(W_{12}^V)_{rev} = -\int_1^2 p\,dV.$$ (2.8)

Die quasistatische Zustandsänderung des reversiblen Prozesses läßt sich im p, V-Diagramm als stetige Kurve darstellen, Abb. 2.4. Die Fläche unter dieser Kurve bedeutet nach Gl. (2.8) den Betrag der

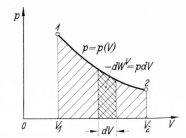

Abb. 2.4. Veranschaulichung der Volumenänderungsarbeit als Fläche im p, V-Diagramm

Volumenänderungsarbeit. Sie hängt vom Verlauf der Zustandsänderung, also von der Prozeßführung ab: die Volumenänderungsarbeit ist eine Prozeßgröße, keine Zustandsgröße. Bezieht man $(W_{12}^V)_{rev}$ auf die Masse m der im System enthaltenen Stoffmenge, so erhält man die spezifische Volumenänderungsarbeit

$$(w_{12}^V)_{rev} = \frac{(W_{12}^V)_{rev}}{m} = -\int_1^2 p\,dv.$$

An die Stelle des Volumens V tritt hier das spez. Volumen v.

Die *Volumenänderungsarbeit bei einem irreversiblen Prozeß* unterscheidet sich aus zwei Gründen von dem eben gewonnenen Resultat für den reversiblen Prozeß. Einmal ist der Druck nicht im ganzen Volumen konstant; es treten bei der Volumenänderung Druckwellen auf. Dieser gasdynamische Effekt spielt jedoch nur bei sehr hohen Kolbengeschwindigkeiten nahe der Schallgeschwindigkeit des Fluids eine Rolle. Abgesehen von diesem Ausnahmefall sind die Amplituden der Druckwellen vernachlässigbar klein, so daß die Annahme einer quasistatischen Zustandsänderung und damit die Verwendung des Drucks p aus der Zustandsgleichung zur Berechnung der Volumenänderungsarbeit im allgemeinen gerechtfertigt ist. Als zweite Abweichung von der Reversibilität treten zusätzlich zum Druck Reibungsspannungen auf, die von der Viskosität (Zähigkeit) des Fluids und von den Geschwindigkeitsgradienten im Fluid abhängen. Diese Reibungsspannungen verrichten bei der Gestaltänderung des Fluids die Arbeit W^G. Diese Gestaltänderungsarbeit ist, wie wir noch aus dem 2. Hauptsatz herleiten werden, unabhängig von der Richtung der Zustandsänderung stets positiv. Sie muß bei der Verdichtung zusätzlich zur eigentlichen Volumenänderungsarbeit zugeführt werden; der Druck p' in Gl. (2.6) ist größer als p. Bei der Expansion schmälert dagegen W^G den Betrag der abgegebenen Volumenänderungsarbeit, $p' < p$ für $dV > 0$.

Vernachlässigt man den gasdynamischen Effekt und nimmt man dementsprechend auch bei einem irreversiblen Prozeß eine quasistatische Zustandsänderung an, vgl. S. 34, so erhält man für die Arbeit

$$W_{12}^V = - \int_1^2 p\, dV + W_{12}^G$$

mit der stets positiven Gestaltänderungsarbeit

$$W_{12}^G \geqq 0.$$

Sie verschwindet nur im Grenzfall des reversiblen Prozesses. Die Berechnung von W_{12}^G ist praktisch kaum durchführbar, wir gehen hierauf noch in Abschn. 2.14 ein. Im vorliegenden Falle, in dem das Fluid als Ganzes ruht, sind die Geschwindigkeitsgradienten, von denen die Reibungsspannungen und die Gestaltänderungsarbeit abhängen, sehr klein. Die Gestaltänderungsarbeit kann daher außer bei sehr rascher Volumenänderung gegenüber der Volumenänderungsarbeit vernachlässigt werden. Wir erhalten somit

$$W_{12}^V = - \int_1^2 p\, dV$$

als eine im allgemeinen sehr gute Näherung für die Arbeit bei irreversibler Verdichtung oder Entspannung. Sie versagt nur bei extrem schnellen Volumen- und Gestaltänderungen des im ganzen ruhenden Fluids.

Befindet sich das Fluid bei der Volumenänderung in einer Umgebung mit konstantem Druck p_u, z. B. in der irdischen Atmosphäre, so wird durch die Volumenänderung des Systems auch das Volumen der Umgebung geändert. An die Atmosphäre wird dann die *Verdrängungs-* oder *Verschiebearbeit*

$$p_u(V_2 - V_1)$$

abgegeben. An der Kolbenstange erhält man dann

$$W_{12}^n = - \int_1^2 p\, dV + p_u(V_2 - V_1) = - \int_1^2 (p - p_u)\, dV$$

als sog. *Nutzarbeit*, Abb. 2.5. Bei der Expansion eines Fluids mit $p > p_u$ ist der Betrag der Nutzarbeit kleiner als der Betrag der Volumenänderungsarbeit, die über die Systemgrenze an den Kolben übergeht. Umgekehrt ist bei der Verdichtung die aufzuwendende Nutzarbeit kleiner als die Volumenänderungsarbeit, die das Fluid aufnimmt, denn der Anteil $p_u(V_2 - V_1)$ wird von der Umgebung beigesteuert.

Abb. 2.5. Expansion gegen die Wirkung des Umgebungsdruckes p_u

Beispiel 2.2. Ein Zylinder mit dem Volumen $V_1 = 0,25$ dm³ enthält Luft, deren Druck $p_1 = 1,00$ bar mit dem Druck p_u der umgebenden Atmosphäre übereinstimmt. Durch Verschieben des reibungsfrei beweglichen Kolbens wird das Volumen der Luft auf $V_2 = 1,50$ dm³ isotherm vergrößert. Die Zustandsänderung der Luft werde als quasistatisch angesehen; die Gestaltänderungsarbeit ist zu vernachlässigen. Man berechne den Enddruck p_2, die Volumenänderungsarbeit W_{12}^V und die Nutzarbeit W_{12}^n.

Bei den hier vorliegenden niedrigen Drücken verhält sich die Luft wie ein ideales Gas. Aus der Zustandsgleichung

$$p = RT/v = mRT/V$$

folgt für die isotherme Zustandsänderung ($T = $ const)

$$pV = p_1 V_1$$

oder

$$p = p_1 V_1 / V.$$

Daraus ergibt sich der Druck p_2 am Ende der isothermen Expansion zu

$$p_2 = 1,00 \text{ bar} \cdot 0,25 \text{ dm}^3/1,50 \text{ dm}^3 = 0,1667 \text{ bar}.$$

Unter den hier getroffenen Annahmen verläuft der Prozeß reversibel. Wir erhalten daher für die Volumenänderungsarbeit

$$W_{12}^V = - \int_1^2 p\, dV = -p_1 V_1 \int_1^2 \frac{dV}{V} = -p_1 V_1 \ln (V_2/V_1),$$

also

$$W_{12}^V = -1,00 \text{ bar} \cdot 0,25 \text{ dm}^3 \ln (1,50/0,25) = -44,8 \text{ J}.$$

Die Luft gibt bei der Expansion Energie als Arbeit an die Kolbenfläche ab, vgl. Abb. 2.6. Die an der Kolbenstange aufzuwendende Nutzarbeit setzt sich aus zwei Teilen zusammen, aus der Volumenänderungsarbeit der Luft und aus der Ver-

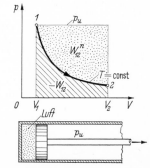

Abb. 2.6. Expansion von Luft gegen die Wirkung der Atmosphäre. Die schraffierte Fläche bedeutet die von der Luft abgegebene Volumenänderungsarbeit ($-W_{12}$); die gepunktete Fläche entspricht der zuzuführenden Nutzarbeit W_{12}^n

drängungsarbeit, die der Atmosphäre zugeführt wird:

$$W_{12}^n = -\int_1^2 p\,dV + p_u(V_2 - V_1) = -44{,}8\ \text{J} + 1{,}00\ \text{bar}\ (1{,}50 - 0{,}25)\ \text{dm}^3$$

$$= -44{,}8\ \text{J} + 125{,}0\ \text{J} = 80{,}2\ \text{J}.$$

Die Nutzarbeit ist positiv; sie ist eine aufzuwendende Arbeit, um den Kolben gegen den Atmosphärendruck p_u zu verschieben. Ein Teil der Verdrängungsarbeit wird jedoch von der expandierenden Luft beigesteuert, so daß

$$W_{12}^n < p_u(V_2 - V_1)$$

ist.

2.13 Wellenarbeit

In das geschlossene System von Abb. 2.7 rage eine Welle hinein. Ohne daß wir Näheres über das Systeminnere annehmen, sei nur vorausgesetzt, daß das System der Drehung der Welle Widerstand entgegensetzt. Beispiele hierfür sind ein Rührer, der in eine viskose Flüssigkeit hineinragt oder auch eine Armbanduhr, die aufgezogen wird. Beim Drehen der Welle muß dann Arbeit verrichtet werden. Diese Wechselwirkung zwischen dem System und seiner Umgebung tritt an der Stelle auf, wo die Systemgrenze die Welle schneidet. Hier greifen Schubspannungen an, und dem System wird an der Schnittfläche als einem bewegten, nämlich rotierenden Teil der Systemgrenze Energie zugeführt, die wir als *Wellenarbeit* bezeichnen.

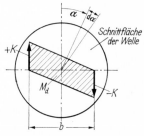

Abb. 2.7. Geschlossenes System, in das eine rotierende Welle hineinragt

Abb. 2.8. Die von der Systemgrenze geschnittene Welle mit Kräftepaar, welches die Wirkung der Schubspannungen ersetzt; Drehmoment $M_d = K \cdot b$

Zur Berechnung der Wellenarbeit ersetzen wir die an der Schnittfläche (Systemgrenze) auftretenden Schubspannungen durch ein Kräftepaar mit dem Drehmoment M_d, Abb. 2.8. Die von den Schubspannungen bzw. von dem sie ersetzenden Kräftepaar verrichtete Wellenarbeit ist dann

$$dW^W = M_d\,d\alpha,$$

wobei α den Umdrehungswinkel bezeichnet. Er hängt über die Winkelgeschwindigkeit ω bzw. die Drehzahl n_d mit der Zeit τ zusammen:

$$d\alpha = \omega(\tau)\,d\tau = 2\pi \cdot n_d(\tau)\,d\tau.$$

Somit erhält man für die während der Zeit $d\tau$ verrichtete Wellenarbeit

$$dW^W = 2\pi \cdot n_d(\tau) \cdot M_d(\tau) \cdot d\tau.$$

Durch Integration über die Zeit zwischen τ_1 (Anfang des Prozesses) bis zur Zeit τ_2 (Ende des Prozesses) erhält man

$$W^W_{12} = 2\pi \int\limits_{\tau_1}^{\tau_2} n_d(\tau) \cdot M_d(\tau) \, d\tau.$$

Zur Berechnung der Wellenarbeit werden nur Größen benötigt, die an der Systemgrenze bestimmt werden können.

Das geschlossene System bestehe wie in Abb. 2.9 aus der Welle mit einem Schaufelrad und aus einem Fluid. Diesem System kann Energie als Wellenarbeit nur zugeführt werden; es ist noch nie beobachtet worden, daß sich das Schaufelrad ohne äußere Einwirkung in Bewegung gesetzt und das in Abb. 2.9 gezeigte Gewichtstück gehoben hätte. Das

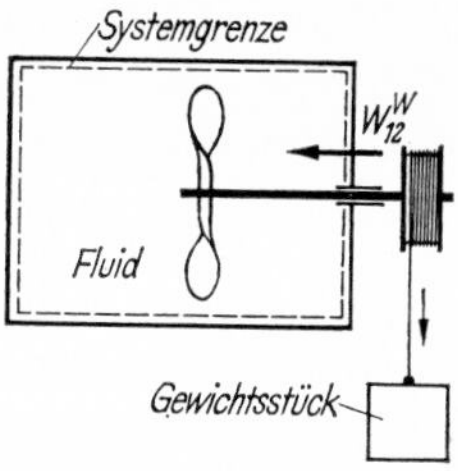

Abb. 2.9. Fluid mit Schaufelrad, das durch das herabsinkende Gewichtsstück in Bewegung gesetzt wird

Verrichten von Wellenarbeit an einem geschlossenen System, das aus einem Fluid besteht, ist somit, wie die Erfahrung lehrt, ein typisch irreversibler Prozeß. Das Fluid ist nicht in der Lage, die ihm als Wellenarbeit zugeführte Energie so zu speichern, daß sie wieder als Wellenarbeit abgegeben werden könnte. Es nimmt die als Wellenarbeit über die Systemgrenze gegangene Energie durch die Arbeit der Reibungsspannungen auf, die zwischen den einzelnen Elementen des in sich bewegten, im ganzen aber ruhenden Fluids auftreten. Man bezeichnet diesen im Inneren des Systems ablaufenden irreversiblen Prozeß als *Dissipation* von Wellenarbeit; hierauf gehen wir in Abschn. 3.23 noch ausführlich ein. Ein rein mechanisches System, z. B. eine mit der Welle verbundene elastische Feder, vermag dagegen die als Wellenarbeit zugeführte Energie so aufzunehmen, daß sie nicht dissipiert wird, sondern wiederum als Wellenarbeit abgegeben werden kann. Das Verrichten von Wellenarbeit ist dann ein (nahezu) reversibler Prozeß.

Dem ruhenden Fluid mit konstanter Stoffmenge (geschlossenem System) von Abb. 2.10 wird Wellenarbeit W^W_{12} zugeführt. Durch Verschieben des Kolbens kann außerdem Volumenänderungsarbeit W^V_{12} aufgenommen oder abgegeben werden. Die gesamte als Arbeit über die Systemgrenze gehende Energie ist dann

$$W_{12} = W^V_{12} + W^W_{12}.$$

Dabei gilt stets

$$W_{12}^W \gtreqqless 0;$$

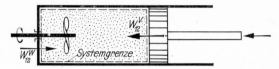

Abb. 2.10. Kombination von Volumenänderungsarbeit W_{12}^V und Wellenarbeit W_{12}^W

ein ruhendes Fluid kann Energie nur als Volumenänderungsarbeit, nicht als Wellenarbeit abgeben. Da die Zufuhr von Wellenarbeit ein irreversibler Prozeß ist, erhalten wir für den Sonderfall des reversiblen Prozesses

$$(W_{12})_{\text{rev}} = W_{12}^V = -\int_1^2 p\,dV.$$

Bei einem reversiblen Prozeß kann ein ruhendes Fluid Arbeit nur als Volumenänderungsarbeit aufnehmen oder abgeben.

Beispiel 2.3. In einen Behälter mit einer viskosen Flüssigkeit ragt ein Rührer hinein, Abb. 2.11. Er wird mit der zeitlich konstanten Drehzahl $n_d = 75$ min^{-1} und mit dem ebenfalls konstanten Drehmoment $M_d = 12{,}2$ m kp während einer Zeit $\Delta\tau = 30$ min betrieben. Dabei nimmt das anfänglich von der Flüssigkeit eingenommene Volumen $V_1 = 3{,}44$ m^3 um 3% zu. Der Behälter ist oben offen und steht mit der Atmosphäre in Verbindung, deren Druck $p_u = 1{,}04$ bar ist. Man bestimmte die bei diesem Prozeß als Arbeit über die Systemgrenze gehende Energie.

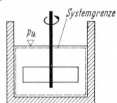

Abb. 2.11. Behälter mit einer Flüssigkeit, in die ein Rührer hineinragt

Wir legen die Systemgrenze so, wie es Abb. 2.11 zeigt. Das System gibt Volumenänderungsarbeit bei der Ausdehnung gegen den Atmosphärendruck ab und nimmt Wellenarbeit auf. Für die gesamte Arbeit gilt

$$W_{12} = W_{12}^V + W_{12}^W = -\int_1^2 p'\,dV + 2\pi\int_1^2 n_d M_d\,d\tau.$$

Der Druck p' der Flüssigkeit unmittelbar an der sich verschiebenden Systemgrenze stimmt mit dem konstanten Druck p_u der Atmosphäre überein. Drehzahl und Drehmoment sind konstant, so daß

$$W_{12} = -p_u(V_2 - V_1) + 2\pi n_d M_d\,\Delta\tau$$
$$= -1{,}04\,\text{bar} \cdot 0{,}03 \cdot 3{,}44\,\text{m}^3 + 2\pi \cdot 75\,\text{min}^{-1} \cdot 12{,}2\,\text{m kp} \cdot 30\,\text{min}$$

gilt. Mit 1 bar · m^3 = 100 kJ und 1 kp = 9,806 65 N erhalten wir

$$W_{12} = -11\,\text{kJ} + 1{,}69 \cdot 10^3\,\text{kJ} = 1{,}68 \cdot 10^3\,\text{kJ}.$$

Die von der Flüssigkeit abgegebene Volumenänderungsarbeit ist sehr klein und gegenüber der Wellenarbeit praktisch zu vernachlässigen.

2.14 Arbeit an einem Massenelement eines strömenden Fluids

Beim Zuführen von Wellenarbeit über das Schaufelrad nach Abb. 2.9 wird das Fluid in sich bewegt. Es nimmt Energie über die Normal- und Tangentialkräfte auf, die zwischen den einzelnen Massenelementen des Fluids wirken. Die Berechnung der Wellenarbeit aus Drehmoment und Umdrehungswinkel ist zwar einfach, aber nur eine pauschale Angabe, die über den Übergang der Energie an das Fluid keine Aussage macht. Wir wollen daher die Arbeit bestimmen, die über die Grenzen eines Massenelements in einem strömenden Fluid übertragen wird. Diese Untersuchung hat über das genannte Beispiel hinaus grundlegende Bedeutung für das Verständnis des Energieumsatzes in einem strömenden Medium. Zur Vereinfachung setzen wir jedoch stationäre Strömung voraus.

Ein aus dem stationär strömenden Fluid herausgeschnittenes Massenelement ist ein geschlossenes System. Es sei rechtkantig mit den Kantenlängen Δx, Δy und Δz, vgl. Abb. 2.12; sein Volumen

$$\Delta V = \Delta x \, \Delta y \, \Delta z$$

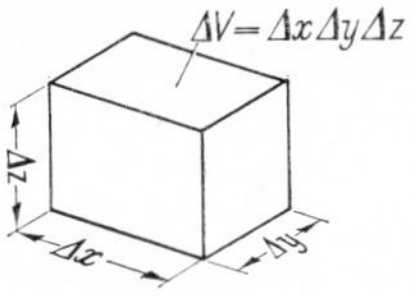

Abb. 2.12. Massenelement mit dem Volumen ΔV

ändert sich im Laufe eines Prozesses, doch seine Masse

$$\Delta m = \varrho \, \Delta V = \frac{1}{v} \Delta x \, \Delta y \, \Delta z \tag{2.9}$$

bleibt konstant. Die an der Oberfläche des Elements wirkenden Kräfte beschreibt man durch einen Spannungstensor, der sich additiv aus dem Druck p und dem Tensor der Reibungsspannungen zusammensetzt. Dementsprechend läßt sich die am Element insgesamt verrichtete Arbeit aufteilen in die Arbeit der vom Druck herrührenden Kräfte und in die Arbeit der Reibungsspannungen.

Ändert sich das Volumen des Massenelements während der Zeit $d\tau$ um dV, so wird unter der Wirkung des Drucks p die Volumenänderungsarbeit

$$dW^V = -p \, dV$$

verrichtet. Da sich das Element fortbewegt, verschiebt sich auch die Resultierende der Druckkräfte und verrichtet Arbeit. Für die x-Richtung erhalten wir als Resultierende der Druckkräfte, vgl. Abb. 2.13,

$$p \, \Delta y \, \Delta z - \left(p + \frac{\partial p}{\partial x} \Delta x \right) \Delta y \, \Delta z = -\frac{\partial p}{\partial x} \Delta x \, \Delta y \, \Delta z .$$

Bewegt sich nun das Massenelement während der Zeit $d\tau$ um die Strecke $dx = c_x \, d\tau$ in x-Richtung weiter, so verschiebt sich der An-

4   Baehr, Thermodynamik, 3. Aufl.

griffspunkt der Resultierenden um diese Strecke, und die Arbeit

$$- \frac{\partial p}{\partial x} \varDelta x \, \varDelta y \, \varDelta z \, dx = - \frac{\partial p}{\partial x} \, dx \, \varDelta V$$

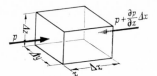

Abb.2.13. In x-Richtung wirkende Druckkräfte am Massenelement

wird verrichtet. Nimmt man noch die Beiträge für die y- und z-Richtung hinzu, so ergibt sich

$$dW^p = -\varDelta V \left(\frac{\partial p}{\partial x} \, dx + \frac{\partial p}{\partial y} \, dy + \frac{\partial p}{\partial z} \, dz \right) = -\varDelta V \, dp.$$

Wir nennen dW^p in Analogie zu dW^V *Druckänderungsarbeit*; sie kommt dadurch zustande, daß der Druck räumlich nicht konstant ist, das Element sich vielmehr in einem Druckfeld bewegt. Bezieht man dW^V und dW^p auf die Masse $\varDelta m$ des Elements, so ergibt sich die spezifische Volumenänderungsarbeit zu

$$dw^V = -p \, dv$$

und die spezifische Druckänderungsarbeit zu

$$dw^p = -v \, dp.$$

Um die Berechnung der Arbeit der Reibungsspannungen durchsichtig zu halten, beschränken wir uns auf die Betrachtung der x-Richtung. Wir nehmen also eindimensionale stationäre Strömung mit $c = c(y)$ als Strömungsgeschwindigkeit an. Die am Element angreifenden Reibungsspannungen und die dadurch hervorgerufene Verformung zeigt Abb.2.14. Als Reibungsspannung ist hier nur die Schubspannung $\tau' = \tau'(y)$ zu berücksichtigen. Während der Zeit $d\tau$ bewegt sich das Massenelement um die Strecke $c \, d\tau$ in Strömungsrichtung weiter, und seine ursprünglich rechteckige Grundfläche verformt sich in ein Parallelogramm. Die Reibungsspannungen verrichten dabei die Arbeit

$$-(\tau' \, \varDelta x \, \varDelta z) \, (c \, d\tau) + \left[\left(\tau' + \frac{d\tau'}{dy} \varDelta y \right) \varDelta x \, \varDelta z \right] \left[\left(c + \frac{dc}{dy} \varDelta y \right) d\tau \right]$$

$$= \left(\frac{d\tau'}{dy} \varDelta y \, \varDelta x \, \varDelta z \right) (c \, d\tau) + (\tau' \, \varDelta x \, \varDelta z) \left(\frac{dc}{dy} \varDelta y \, d\tau \right), \qquad (2.10)$$

wobei durch Setzen von Klammern jeweils das Produkt (Kraft) $\times$ (Verschiebung) angedeutet ist. Der erste Term auf der rechten Seite von Gl.(2.10) gibt die Arbeit bei der Verschiebung der Resultierenden der Reibungsspannungen um die Strecke $c \, d\tau$ an. Wir nennen diese Arbeit die *Schlepparbeit* der Reibungsspannungen. Der zweite Term ist die Arbeit, die von τ' bei der Verformung des Elements, nämlich bei seiner Winkeländerung verrichtet wird. Sie soll *Gestaltänderungsarbeit* genannt werden. Dividiert man Gl.(2.10) durch die Masse Δm nach Gl.(2.9), so erhält man die spez. Schlepparbeit

$$dw^S = v\,\frac{d\tau'}{dy}\,c\,d\tau$$

und die spez. Gestaltänderungsarbeit

$$dw^G = v\,\tau'\,\frac{dc}{dy}\,d\tau\,.$$

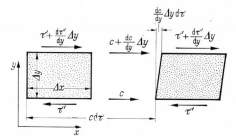

Abb.2.14. Bewegung und Verformung eines Massenelements sowie in x-Richtung wirkende Schubspannungen

Nach dem schon auf Newton zurückgehenden Schubspannungsansatz

$$\tau' = \mu\,\frac{dc}{dy}, \tag{2.11}$$

in dem μ die Viskosität des Fluids bedeutet, wird

$$dw^S = v\mu\,\frac{d^2c}{dy^2}\,c\,d\tau$$

und

$$dw^G = v\mu\left(\frac{dc}{dy}\right)^2 d\tau\,.$$

Schlepparbeit und Gestaltänderungsarbeit lassen sich also bei Kenntnis des Geschwindigkeitsprofils berechnen. Während die Schlepparbeit je nach der Strömungsrichtung ($c > 0$ oder $c < 0$) positiv oder negativ sein kann, ist die Gestaltänderungsarbeit dem Quadrat der Geschwindigkeitsgradienten proportional und damit stets positiv. Bei der Gestaltänderung kann das Element nur Arbeit aufnehmen, aber nicht abgeben. Die Gestaltänderung ist demnach ein irreversibler Prozeß. Dies folgt, wie wir in Abschn. 6.11 noch ausführen werden, ganz allgemein aus dem 2. Hauptsatz. Der Schubspannungsansatz Gl. (2.11), der im Grunde empirischer Natur ist, erweist sich damit als im Einklang zum 2. Hauptsatz stehend. Die Gleichungen für die Schlepp- und Gestaltänderungsarbeit lassen sich auf die dreidimensionale Strömung verallgemeinern.[1]

Die gesamte Arbeit, die an einem Element eines strömenden Fluids verrichtet wird, besteht aus den hier diskutierten vier Anteilen. Hinzu kommt noch ein Beitrag der Feldkräfte wie z. B. der Schwerkraft. Bezeichnen wir die spez. Arbeit derartiger Feldkräfte, die zur Masse des Elements proportional sind, mit dw^F, so erhalten wir für die gesamte Arbeit

$$dw = dw^V + dw^p + dw^S + dw^G + dw^F\,.$$

---

[1] Vgl. z.B. Traupel, W.: Thermische Turbomaschinen Bd.1, 2.Aufl. S.72. Berlin-Heidelberg-New York: Springer 1966.

Nach dem 2. Hauptsatz ist dabei stets $dw^G \geqq 0$. Bei einem reversiblen Prozeß treten keine Reibungsspannungen auf. Das Fluid müßte dann nach Gl.(2.11) die Viskosität $\mu = 0$ haben. Ein solches Medium wird in der Strömungsmechanik als ideales Fluid bezeichnet; es existiert natürlich nicht. Die Annahme reibungsfreier, also reversibler Strömung ist somit nur dann gerechtfertigt, wenn die Geschwindigkeitsgradienten quer zur Strömungsrichtung, z.B. die Ableitung dc/dy, so klein sind, daß die Reibungsspannungen und die Arbeiten dw^S und dw^G vernachlässigt werden können.

2.15 Elektrische Arbeit und Arbeit bei nicht einfachen Systemen

In den vier letzten Abschnitten haben wir die mechanische Arbeit ausführlich behandelt. Dies ist jene Art der Energieübertragung, die durch die Wirkung mechanischer Kräfte auf die sich bewegende Systemgrenze zustande kommt. Ein Energietransport über die Systemgrenze ist auch durch den Transport von elektrischer Ladung möglich. Man bezeichnet diese Energieübertragung als elektrische Arbeit, obwohl es sich hier um Energie handelt, die von einem Strom geladener Teilchen, z.B von Elektronen mitgeführt wird. Die Masse der Ladungsträger, die die Systemgrenze überschreiten, ist aber vernachlässigbar klein, was die alleinige Berücksichtigung des Energietransports und seine Zuordnung zum Arbeitsbegriff rechtfertigt.

In einem Leiter wandern (positive) elektrische Ladungen von Stellen höheren elektrischen Potentials zu Stellen mit niedrigerem Potential. Schneidet nun die Grenze eines Systems zwei elektrische Leiter, und besteht zwischen den Schnittstellen die Potentialdifferenz oder Spannung U_{el}, so wird mit der Ladung (Elektrizitätsmenge) dQ_{el} die elektrische Arbeit

$$dW^{el} = U_{el}\,dQ_{el}$$

über die Systemgrenze transportiert, vgl. Abb. 2.15. Mit I_{el} als der elektrischen Stromstärke folgt daraus wegen

$$dQ_{el} = I_{el}\,d\tau$$

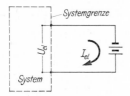

Abb. 2.15. System, dessen Grenze zwei elektrische Leiter schneidet

für die während der Zeit $d\tau$ verrichtete elektrische Arbeit

$$dW^{el} = U_{el}I_{el}\,d\tau. \tag{2.12}$$

Elektrische Spannung und Stromstärke hängen im allgemeinen von der Zeit τ ab. Für die während der Zeit $\tau_2 - \tau_1$ verrichtete elektrische

Arbeit erhält man dann

$$W_{12}^{el} = \int_{\tau_1}^{\tau_2} U_{el}(\tau)\, I_{el}(\tau)\, d\tau.$$

Die Gleichungen für die elektrische Arbeit enthalten nur Größen, die an der Systemgrenze bestimmbar sind. Diese Gleichungen gelten also unabhängig vom inneren Aufbau des Systems und auch unabhängig davon, ob der Prozeß reversibel oder irreversibel ist.

Als einen besonders einfachen Fall betrachten wir zunächst ein System, das nur aus einem Leiter mit dem elektrischen Widerstand[1]

$$R_{el} = U_{el}/I_{el} \qquad (2.13)$$

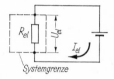

Abb.2.16. System, bestehend aus einem Leiterstück mit dem elektrischen Widerstand R_{el}

besteht, Abb. 2.16. Ein solcher Leiter kann elektrische Arbeit nur aufnehmen, aber nicht abgeben, denn ähnlich wie Wellenarbeit in einem Fluid wird in einem elektrischen Leiter elektrische Arbeit dissipiert. Stromdurchgang durch einen elektrischen Leiter gehört zu den dissipativen, also irreversiblen Prozessen. Für die elektrische Arbeit erhalten wir aus Gl. (2.12) und (2.13)

$$dW^{el} = I_{el}^2 R_{el}\, d\tau = (U_{el}^2/R_{el})\, d\tau.$$

Nach dem Ohmschen Gesetz ist der elektrische Widerstand eine Materialeigenschaft des Leiters, die stets positiv ist. Somit wird beim irreversiblen Stromdurchgang durch einen Leiter

$$dW^{el} \geqq 0$$

in Übereinstimmung mit der Erfahrung, wonach ein einfacher elektrischer Leiter keine Arbeit abgeben kann.

Soll ein System elektrische Arbeit aufnehmen und auch abgeben können, so muß das System im Gegensatz zu einem einfachen elektrischen Leiter fähig sein, elektrische Ladungen zu speichern. Dies ist bei einem Kondensator oder einer elektrochemischen Zelle, etwa einem Akkumulator der Fall. Ein Kondensator nach Abb. 2.17 kann elektrische Ladungen auf den beiden Platten speichern, zwischen denen die Spannung

$$U_{el}^0 = Q_{el}/C$$

mit C als der Kapazität des Kondensators besteht. Die gespeicherte Ladung Q_{el} ist wie die Kapazität C eine Zustandsgröße des Konden-

---

[1] Einen Leiter, z.B. ein Stück Metall, mit dem elektrischen Widerstand R_{el} bezeichnet man häufig einfach als „Widerstand", obwohl mit diesem Wort die physikalische Größe R_{el}, also nur eine Eigenschaft des Leiters bezeichnet werden sollte.

sators. Die an der Systemgrenze auftretende Klemmenspannung

$$U_{el} = R_{el}I_{el} + U_{el}^0 = R_{el}I_{el} + Q_{el}/C$$

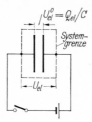

Abb. 2.17. Plattenkondensator
als thermodynamisches System

setzt sich aus dem Spannungsabfall über den inneren Widerstand R_{el} des Kondensators und aus der Spannung zwischen den beiden Platten zusammen. Beim Laden des Kondensators ($I_{el} > 0$) wird die elektrische Arbeit

$$dW^{el} = U_{el}I_{el}\,d\tau = (R_{el}I_{el}^2 + I_{el}Q_{el}/C)\,d\tau$$

zugeführt. Beim Entladen ($I_{el} < 0$) wird nur der zweite Term in dieser Gleichung negativ. Die beim Entladen zurückgewonnene elektrische Arbeit ist also kleiner als die beim Laden zugeführte Arbeit, weil ein innerer Widerstand R_{el} vorhanden ist.

Nur im Grenzfall des verschwindenden Widerstandes sind das Laden und Entladen des Kondensators reversible Prozesse. Es gilt dann

$$dW_{rev}^{el} = U_{el}^0 I_{el}\,d\tau = \frac{Q_{el}}{C}\,dQ_{el}.$$

Bei einem Fluid konnte die Arbeit eines reversiblen Prozesses als Volumenänderungsarbeit

$$dW_{rev} = -p\,dV$$

durch Zustandsgrößen des Systems ausgedrückt werden. Ebenso kann die Arbeit beim reversiblen „Ladungsändern" des Kondensators durch seine Zustandsgrößen Q_{el} und C ausgedrückt werden, deren Quotient gleich der Klemmenspannung

$$(U_{el})_{rev} = U_{el}^0 = Q_{el}/C$$

beim reversiblen Prozeß ist.

Ähnlich einem Kondensator verhält sich auch eine elektrochemische Zelle wie das in Abb. 2.18 schematisch dargestellte Daniell-Element. Auch dieses System besitzt eine reversible Klemmenspannung

$$(U_{el})_{rev} = \Phi(T)$$

als Zustandsgröße, die von der Art der im Inneren der Zelle ablaufenden chemischen Reaktion und von der Temperatur abhängt. Beim reversiblen Laden und Entladen wird der Zelle die elektrische Arbeit

$$dW_{rev}^{el} = \Phi(T)\,dQ_{el}$$

zugeführt oder entzogen. Beim wirklichen irreversiblen Laden und Entladen ist jedoch wegen des Vorhandenseins des inneren Widerstandes $R_{el} > 0$ die Klemmenspannung U_{el} je nach der Stromrichtung größer oder kleiner als Φ:

$$U_{el} = R_{el} I_{el} + \Phi(T).$$

Daher wird beim Laden $dW^{el} > dW^{el}_{rev}$ und beim Entladen $dW^{el} < dW^{el}_{rev}$.

Im Abschn. 8.43 werden wir die reversible Klemmenspannung einer Brennstoffzelle berechnen und zeigen, wie sie von der Art der in der Zelle ablaufenden chemischen Reaktion und der Temperatur abhängt.

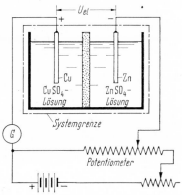

Abb. 2.18. Daniell-Element als Beispiel einer elektrochemischen Zelle

Kondensator und elektrochemische Zelle sind Beispiele nicht einfacher Systeme im Sinne der in Abschn. 1.24 gegebenen Definition. Wie beim einfachen Fluid erhalten wir für die Arbeit bei einem reversiblen Prozeß einen Ausdruck der Form

$$dW_{rev} = y\, dX,$$

in dem X und y Zustandsgrößen des Systems sind. Auch für andere nicht einfache Systeme mit anderen Zustandsgrößen findet man einen gleichartigen Ausdruck für die reversible Arbeit. Man bezeichnet daher allgemein die Zustandsgrößen y als *Arbeitskoeffizienten* oder als verallgemeinerte Kräfte, die Zustandsgrößen X als *Arbeitskoordinaten* oder als verallgemeinerte Verschiebungen. Als Arbeitskoeffizienten hatten wir $(-p)$, Q_{el}/C und Φ, als zugehörige Arbeitskoordinaten V und Q_{el} gefunden. Ein weiteres Beispiel ist das Paar Oberflächenspannung σ und Oberfläche Ω, durch welches die Arbeit

$$dW^{\Omega}_{rev} = \sigma\, d\Omega$$

beim reversiblen Verändern der Oberfläche eines Systems gegeben ist. Bei Fluiden ist diese Arbeit gegenüber der Volumenänderungsarbeit im allgemeinen zu vernachlässigen. Hat ein nicht einfaches System im allgemeinen Falle n Arbeitskoordinaten $X_1, \ldots, X_n$, so ergibt sich für die reversible Arbeit ein Ausdruck

$$dW_{rev} = \sum_{i=1}^{n} y_i\, dX_i,$$

in dem die Zustandsgrößen y_i die zu den einzelnen X_i gehörigen Arbeitskoeffizienten sind.

2.2 Der 1.Hauptsatz für geschlossene Systeme

2.21 Innere Energie

Wir haben bisher noch nicht untersucht, was mit der Energie geschieht, die einem ruhenden geschlossenen System als Arbeit zugeführt wird. Nach dem Energieerhaltungssatz kann diese Energie nicht verschwinden, sondern muß im System gespeichert werden. Die gespeicherte Energie kann jedoch nicht potentielle oder kinetische Energie sein; denn wir betrachten ein ruhendes System. Wir werden so zu einer neuen Form der in einem System gespeicherten Energie geführt, die als *innere Energie* des Systems bezeichnet wird.

Um unsere Überlegungen zu präzisieren, betrachten wir Systeme, über deren Grenzen Energie nur als Arbeit transportiert werden kann. Diese Systeme bezeichnet man als *adiabate* Systeme; sie sind von adiabaten Wänden umgeben, nämlich solchen idealisierten Systembegrenzungen, die Energie nur als Arbeit hindurchlassen. Wir definieren daher:

> *Ein System ist ein adiabates System, wenn sich sein Gleichgewichtszustand nur dadurch ändern kann, daß vom oder am System Arbeit verrichtet wird.*

Wir betrachten nun verschiedene Prozesse, bei denen einem adiabaten System Energie als Arbeit zugeführt oder entzogen wird, Abb.2.19. So kann man beispielsweise Energie als elektrische Arbeit über einen elektrischen Widerstand oder als Wellenarbeit zuführen (Abb.2.19a und b). Das adiabate System nach Abb.2.19c kann Volumenänderungsarbeit verrichten. Schließlich zeigt Abb.2.20 ein von adiabaten Wänden umgebenes galvanisches Element, das elektrische Arbeit abgibt oder aufnimmt; dies ist ein nicht einfaches adiabates System.

Wir geben uns nun zwei bestimmte Zustände des adiabaten Systems vor. Es ist dann stets möglich, das adiabate System auf verschiedenen Wegen von einem der gebenen Zustände in den anderen zu bringen. In Abb.2.21 sind für ein einfaches System zwei verschiedene Möglichkeiten

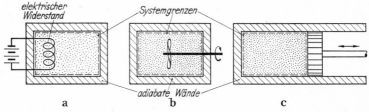

Abb.2.19. Adiabate Systeme: a) Zufuhr von elektrischer Arbeit über einen elektrischen Widerstand, b) Zufuhr von Wellenarbeit durch Drehen des Rührers, c) Verrichten von Volumenänderungsarbeit

angedeutet: Beim ersten Weg a wird isochor ($V = V_1$) nur Wellenarbeit zugeführt, beim zweiten Weg b wird das System zuerst verdichtet, dann wird ihm Wellenarbeit zugeführt, und schließlich expandiert das System derart, daß es denselben Endzustand 2 wie beim Prozeß a erreicht.

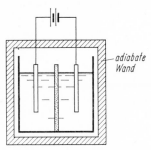

Abb. 2.20. Von adiabaten Wänden umgebenes galvanisches Element als Beispiel eines nicht einfachen adiabaten Systems

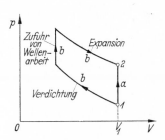

Abb. 2.21. Zustandsänderungen bei Prozessen eines adiabaten Systems, die vom Anfangszustand 1 in den Endzustand 2 führen

Über die bei diesen verschiedenen Prozessen am oder vom adiabaten System verrichteten Arbeiten gilt ein Erfahrungssatz, der die Grundlage des 1. Hauptsatzes der Thermodynamik bildet:

Wird ein geschlossenes adiabates System von einem Zustand 1 in einen Zustand 2 gebracht, so ist die am oder vom System verrichtete Arbeit dieselbe für alle Prozesse, die das adiabate System vom Zustand 1 in den Zustand 2 führen.

Obwohl die Arbeit im allgemeinen von der Prozeßführung, also von der Art der Zustandsänderung abhängt, erweist sie sich bei *adiabaten* Systemen als Zustandsgröße, weil sie nicht vom Weg, sondern nur von der Wahl des Anfangs- und Endzustandes abhängt. Wir können daher eine *Zustandsgröße* U, die *innere Energie*, definieren durch die Gleichung

$$\boxed{U_2 - U_1 = (W_{12})_{\text{adiabat}}} . \tag{2.14}$$

Die einem geschlossenen adiabaten System zugeführte Arbeit dient nur zur Erhöhung seiner inneren Energie; die vom adiabaten System verrichtete Arbeit stammt aus seinem Vorrat an innerer Energie.

Man mißt die innere Energie eines Systems, indem man es adiabat isoliert und die am System verrichtete Arbeit nach den Methoden der Mechanik bestimmt. Die innere Energie ist bis auf eine additive Konstante bestimmt, weil durch die Arbeit $(W_{12})_{\text{ad}}$ nur die Differenz der inneren Energie zwischen zwei Zuständen festgelegt wird. Man kann daher die innere Energie für einen frei wählbaren Bezugszustand willkürlich festlegen und alle Energiedifferenzen gegenüber diesem Bezugszustand durch die adiabate Arbeit bestimmen.

Die innere Energie ist eine Eigenschaft des Systems. Bei einfachen Systemen besteht sie zum Teil aus der kinetischen Energie der ungeord-

neten Molekularbewegung und zum Teil aus der potentiellen Energie
der Moleküle auf Grund eines Anziehungs- oder Abstoßungs-Potentials
zwischen den Molekülen. Die dem adiabaten System zugeführte Arbeit
erhöht die mittlere Geschwindigkeit der Molekularbewegung und verändert den mittleren Abstand der Moleküle, so daß gegen die Anzie-
hungs- oder Abstoßungskräfte zwischen den Molekülen Arbeit verrichtet wird. Diese Deutung der inneren Energie durch den molekularen
Aufbau der Materie übersteigt bereits den Gesichtskreis der Thermodynamik. Die Thermodynamik behandelt nur makroskopisch erfaß-
bare Erscheinungen; ihre Aussagen sind unabhängig von den Vorstellungen, die man sich über den Aufbau der Materie macht. Diese
Vorstellungen können zwar für ein Verständnis der inneren Energie
dienlich sein, die thermodynamische Definition von U ist jedoch allein
durch Gl. (2.14) gegeben.

2.22 Wärme

Es mag überraschen, daß wir in dieser Darstellung der Thermodynamik, die ja vielfach als Wärmelehre bezeichnet wird, den Begriff
der Wärme noch nicht gebraucht haben. In einer logisch einwandfrei
aufgebauten Thermodynamik spielt dieser Begriff jedoch eine unter-
geordnete Rolle im Vergleich zur inneren Energie[1].

Um die Wärme zu definieren, führen wir mit einem geschlossenen
System *zwei* Prozesse aus, die das System vom Zustand 1 in den Zustand 2 überführen. Diese beiden Zustände sollen für beide Prozesse
gleich sein. Beim ersten Prozeß wird das System adiabat vom Zustand 1
in den Zustand 2 gebracht. Die Änderung seiner inneren Energie hängt
nur von den beiden Zuständen ab, wir können sie durch die beim Prozeß verrichtete Arbeit messen:

$$(W_{12})_{\text{adiabat}} = U_2 - U_1.$$

Als konkretes Beispiel hierfür werde ein Fluid in einem adiabaten
Behälter mit festen Wänden betrachtet, Abb. 2.22a. Diesem Fluid wird
über ein in den Behälter hineinragendes Schaufelrad Wellenarbeit zugeführt, wodurch sich die innere Energie und die Temperatur des

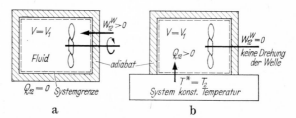

a   b

Abb. 2.22. Fluid mit Schaufelrad. a) Zufuhr von Wellenarbeit zum adiabaten System. b) Wärmezufuhr über eine diatherme Wand von einem System mit der konstanten Temperatur $T^* = T_2$

---

[1] Vgl. hierzu auch: Baehr, H. D.: Der Begriff der Wärme im historischen
Wandel und im axiomatischen Aufbau der Thermodynamik. Brennst.-Wärme-
Kraft 15 (1963) 1—7.

Fluids erhöhen. Dieses adiabate System erreicht also vom Zustand (V_1, T_1) aus den Zustand (V_2, T_2) mit $V_2 = V_1$ und $T_2 > T_1$ durch Aufnahme von Wellenarbeit. Die Änderung seiner inneren Energie ist gleich der zugeführten Wellenarbeit

$$(W_{12})_{\text{adiabat}} = W_{12}^W = U_2 - U_1.$$

Denselben Zustand 2 kann das System vom Zustand 1 aus auch ohne Zufuhr von Wellenarbeit dadurch erreichen, daß wir die adiabate Isolierung des Systems entfernen und es über eine diatherme Wand in Berührung mit einem zweiten (großen) System bringen, das die konstante Temperatur $T^* = T_2$ hat, Abb. 2.22 b. Es stellt sich dann das thermische Gleichgewicht zwischen den beiden Systemen ein; und dieser Endzustand ist gerade der Zustand (V_1, T_2), der vorher durch Zufuhr von Wellenarbeit zum adiabaten System erreicht wurde. Auch die Änderung $U_2 - U_1$ der inneren Energie ist bei beiden Prozessen gleich groß, denn die innere Energie ist eine Zustandsgröße. Beim Prozeß des nichtadiabaten Systems gilt aber für die Arbeit

$$W_{12} \neq U_2 - U_1.$$

Im hier behandelten Beispiel ist sogar $W_{12} = 0$; trotzdem erhöht sich die innere Energie des nichtadiabaten Systems. Diese Energieänderung muß durch einen Energietransport vom System mit der Temperatur T^* über die diatherme Wand zum Fluid mit der Temperatur $T \leq T^*$ zustande gekommen sein. Diese Art der Energieübertragung nennen wir Wärmeübergang und bezeichnen die so — anders als Arbeit — über die Systemgrenze transportierte Energie als Wärme.

Da allgemein bei Prozessen nichtadiabater Systeme die Arbeit nicht ausreicht, um die beobachtete Änderung der inneren Energie des Systems zu erklären, definieren wir die Energie, die als Wärme die Systemgrenze überschreitet, durch die Gleichung

$$Q_{12} = U_2 - U_1 - W_{12}. \qquad (2.15)$$

Die bei einem beliebigen Prozeß als Wärme übertragene Energie ist gleich der Änderung der inneren Energie des Systems, vermindert um die als Arbeit übertragene Energie.

Durch diese Definition wird die Wärme auf bereits bekannte Größen zurückgeführt; sie ist ebenfalls eine Energieform, und zwar Energie, welche die Systemgrenze überschreitet. Wir haben also bei der Energieübertragung über die Systemgrenze zwei Energien zu unterscheiden: Energie, die als Arbeit, und Energie, die als Wärme die Systemgrenze überschreitet. Ebenso wie wir den Ausdruck „Arbeit" als Abkürzung für den längeren Satz „Energie, die als Arbeit die Systemgrenze überschreitet", angesehen haben, vgl. S. 40, betrachten wir den Ausdruck „Wärme" als Abkürzung der genaueren und ausführlicheren Aussage „Energie, die als Wärme die Systemgrenze überschreitet". Da die Arbeit W_{12} keine Zustandsgröße ist, kann auch die Wärme keine Zustandsgröße sein. Ihre Größe hängt bei gegebenem Anfangs- und

Endzustand davon ab, wie der Prozeß zwischen diesen Zuständen verläuft: die Wärme ist eine Prozeßgröße. Nach der Definitionsgleichung (2.15) wird eine dem System *zugeführte Wärme positiv* gerechnet, dagegen ist Q_{12} negativ, wenn das System Energie als Wärme abgibt.

Wird bei einem Prozeß keine Wärme zu- oder abgeführt, so ist $Q_{12} = 0$ und es gilt die Gleichung

$$W_{12} = U_2 - U_1.$$

Sie ist aber mit Gl. (2.14) identisch, die für den Prozeß eines adiabaten Systems gilt. Daraus erhalten wir eine neue Kennzeichnung des adiabaten Systems: *Über die Systemgrenzen eines adiabaten Systems kann Energie als Wärme weder zu- noch abgeführt werden.* Ein adiabates System ist „wärmedicht" abgeschlossen; Energie kann seine Grenzen nur in Form von Arbeit überschreiten. Einen Prozeß, der mit einem adiabaten System ausgeführt wird, bei dem also keine Wärme zu- oder abgeführt wird, wollen wir kurz als adiabaten Prozeß bezeichnen.

Energie kann als Arbeit nur dann über die Systemgrenze gehen, wenn eine Kraft auf einen sich bewegenden Teil der Systemgrenze wirkt oder wenn elektrische Ladungen bei Vorhandensein einer elektrischen Spannung die Systemgrenze überschreiten (elektrische Arbeit, vgl. Abschn. 2.15). Energie kann als Wärme nur dann übertragen werden, wenn die Systemgrenze diatherm ist und wenn ein Temperaturunterschied zu beiden Seiten der Systemgrenze besteht. *Wärme ist also Energie, die an der Grenze zwischen zwei Systemen verschiedener Temperatur auftritt und die allein auf Grund des Temperaturunterschiedes zwischen den Systemen übertragen wird, wenn diese über eine diatherme Wand in Wechselwirkung stehen.* Wie die Erfahrung lehrt, geht bei diesem Prozeß Wärme stets von dem System mit der höheren thermodynamischen Temperatur zum System mit der niedrigeren Temperatur über. Dies folgt, wie wir noch näher ausführen werden, aus dem 2. Hauptsatz der Thermodynamik und aus der Definition der Wärme.

Beispiel 2.4. Ein elektrischer Leiter wird von einem zeitlich konstanten Gleichstrom durchflossen. Der Abschnitt des Leiters, der zwischen zwei Punkten mit dem Potentialunterschied $U_{el} = 15,5$ V liegt, hat den elektrischen Widerstand $R_{el} = 2,15\ \Omega$, Abb. 2.23. Dieser Leiterabschnitt wird so gekühlt, daß sich seine Temperatur und damit sein Zustand nicht ändern. Man bestimme die Energie, die während $\Delta\tau = 1,0$ h als Wärme abgeführt werden muß.

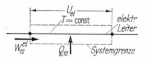

Abb. 2.23. Gekühlter elektrischer Leiter

Wir betrachten den Leiterabschnitt als das thermodynamische System. Nach der Definitionsgleichung für die Wärme gilt

$$Q_{12} = U_2 - U_1 - W_{12}.$$

Da sich der Zustand des elektrischen Leiters nicht ändert, ist $U_2 = U_1$. Die während der Zeit $\Delta\tau$ als Arbeit zugeführte Energie ist elektrische Arbeit, für die sich aus Gl. (2.12) von S. 52

$$W_{12} = W_{12}^{\text{el}} = U_{\text{el}} I_{\text{el}} \Delta\tau = (U_{\text{el}}^2/R_{\text{el}}) \, \Delta\tau$$

ergibt. Wir erhalten für die Wärme

$$Q_{12} = -W_{12}^{\text{el}} = -(U_{\text{el}}^2/R_{\text{el}}) \, \Delta\tau,$$

also

$$Q_{12} = -\frac{15{,}5^2 \cdot \text{V}^2 \cdot 1{,}0 \, \text{h}}{2{,}15 \, \Omega} = -0{,}1117 \, \text{kWh} = -402 \, \text{kJ}.$$

Die bei der Kühlung des Leiterabschnitts abzuführende Wärme ist dem Betrag nach ebenso groß wie die als elektrische Arbeit zugeführte Energie. Man kann daher diesen Prozeß auch als Umwandlung von elektrischer Arbeit in Wärme bezeichnen. Der Prozeß ist irreversibel, denn seine Umkehrung, Zufuhr von Wärme und Gewinnung von elektrischer Arbeit, ist offensichtlich unmöglich. Wie schon auf S. 53 erwähnt, wird die zugeführte elektrische Arbeit im Leiter dissipiert; die dissipierte Energie wird im vorliegenden Beispiel als Wärme abgeführt.

2.23 Der 1. Hauptsatz für ruhende geschlossene Systeme

Allen Überlegungen der letzten Abschnitte liegt das Prinzip von der Erhaltung der Energie zugrunde. Danach kann Energie weder entstehen noch kann sie vernichtet werden. Dieses allgemeine Prinzip wird durch den Erfahrungssatz ergänzt, daß die Arbeit bei Prozessen adiabater Systeme vom Verlauf der Zustandsänderung unabhängig ist und nur vom Anfangs- und Endzustand des Systems abhängt. Dies führte uns zur Definition der inneren Energie als einer Zustandsgröße des Systems. Schließlich haben wir die neue Energieform Wärme eingeführt, um den Energieerhaltungssatz auch bei Prozessen nichtadiabater Systeme quantitativ auszudrücken.

Damit können wir nun den 1. Hauptsatz der Thermodynamik in quantitativer Form aussprechen:

Jedes geschlossene System besitzt eine Zustandsgröße U, die innere Energie, mit folgenden Eigenschaften:
1. Bei adiabaten Prozessen ist die Zunahme der inneren Energie gleich der dem System zugeführten Arbeit,

$$(W_{12})_{\text{adiabat}} = U_2 - U_1. \qquad \textit{(Definition der inneren Energie)}$$

2. Bei nichtadiabaten Prozessen ist die dem System als Wärme Q_{12} und als Arbeit W_{12} zugeführte Energie gleich der Zunahme seiner inneren Energie,

$$Q_{12} + W_{12} = U_2 - U_1. \qquad \textit{(Definition der Wärme)}$$

Der 1. Hauptsatz gibt einen quantitativen Zusammenhang zwischen den drei Energieformen Wärme, Arbeit und innere Energie. Wärme und Arbeit sind die beiden Formen, in denen Energie die Systemgrenzen überschreiten kann. Die innere Energie ist eine Eigenschaft (Zustandsgröße) des Systems. Aufgabe des 1. Hauptsatzes ist es, die dem System als Arbeit oder Wärme zugeführte oder entzogene Energie durch die Änderung einer Systemeigenschaft, nämlich durch die Änderung der Zustandsgröße innere Energie auszudrücken. Man beachte, daß dies bei einem beliebigen Prozeß durch den 1. Hauptsatz allein nicht gelingt: nur die Summe $Q_{12} + W_{12}$ ist durch die Änderung der inneren Energie bestimmt. Will man etwas über die Einzelwerte Q_{12} und W_{12} aussagen, so müssen weitere Angaben über den Prozeß vorliegen, z.B., daß der Prozeß mit einem adiabaten System ($Q_{12} = 0$) ausgeführt wird.

Die innere Energie eines aus zwei Teilsystemen A und B zusammengesetzten Systems ist die Summe der inneren Energien U_A und U_B der Teilsysteme:

$$U = U_A + U_B.$$

Die innere Energie ist also eine extensive Zustandsgröße. Wir können daher die spezifische innere Energie

$$u = U/m$$

definieren. Beziehen wir auch Arbeit und Wärme auf die Masse m des Systems, so lautet der 1. Hauptsatz für geschlossene Systeme

$$\boxed{q_{12} + w_{12} = u_2 - u_1}.$$

Diese Gleichung gilt für beliebige Prozesse ruhender geschlossener Systeme. Wir setzen nun einschränkend einfache Systeme voraus und beschränken uns außerdem auf reversible Prozesse. Die dem System als Arbeit zugeführte oder entzogene Energie ist dann nur Volumenänderungsarbeit

$$(w_{12})_{\mathrm{rev}} = - \int_1^2 p \, dv,$$

und nach dem 1. Hauptsatz ergibt sich für die Wärme

$$(q_{12})_{\mathrm{rev}} = u_2 - u_1 + \int_1^2 p \, dv.$$

Es ist jetzt also möglich, die Wärme $(q_{12})_{\mathrm{rev}}$ und die Arbeit $(w_{12})_{\mathrm{rev}}$ getrennt (nicht nur die Summe dieser beiden Größen!) durch Zustandsgrößen des Systems auszudrücken. Sind für einen reversiblen Prozeß Anfangs- und Endzustand und der Verlauf der Zustandsänderung bekannt, so lassen sich Wärme und Arbeit vollständig berechnen.

Die drei Größen innere Energie, Wärme und Arbeit sind grundlegend für den 1. Hauptsatz der Thermodynamik und damit für das Verständnis der Thermodynamik schlechthin. Es ist daher wichtig, diese Begriffe genau zu erfassen und streng zu unterscheiden.

Mit Wärme und Arbeit bezeichnen wir stets und nur Energie beim Übergang über die Systemgrenzen. Wenn Wärme und Arbeit die Systemgrenzen überschritten haben, besteht keine Veranlassung mehr, von Wärme oder Arbeit zu sprechen: Wärme und Arbeit sind zu innerer Energie des Systems geworden. Es ist falsch, vom Wärme- oder Arbeitsinhalt eines Systems zu sprechen. Wärmezufuhr oder das Verrichten von Arbeit sind Verfahren, die innere Energie eines Systems zu ändern. Es ist unmöglich, die innere Energie in einen mechanischen (Arbeits-) und einen thermischen (Wärme-) Anteil aufzuspalten.

Den Unterschied zwischen Wärme und Arbeit verdeutlichen wir nochmals an einem speziellen Beispiel. Das in Abb. 2.24a dargestellte adiabate System besteht aus dem Gas und dem elektrischen Widerstand. Fließt durch diesen ein elektrischer Strom, so wird dem System

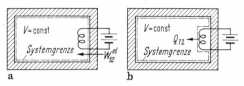

Abb. 2.24. a) Adiabates System, bestehend aus Gas und elektrischem Widerstand; Zufuhr von elektrischer Arbeit. b) Nicht adiabates System, bestehend nur aus dem Gas (ohne elektrischen Widerstand!); Wärmezufuhr vom Widerstand an das Gas

Energie als elektrische Arbeit zugeführt. Diese Arbeit läßt sich nach den in Abschn. 2.15 hergeleiteten Beziehungen berechnen. Legen wir jedoch die Systemgrenze so, wie es in Abb. 2.24b angedeutet ist, daß nur das Gas (ohne den Widerstand) zum System gerechnet wird, so empfängt dieses System Energie nur als Wärme. Durch die dem elektrischen Widerstand zugeführte (elektrische) Arbeit erhöht sich dessen innere Energie, seine Temperatur steigt und er gibt auf Grund des Temperaturunterschiedes zum Gas an dieses Energie als Wärme ab. Bei der Entscheidung, ob einem System Energie als Wärme oder als Arbeit zugeführt wird, muß man also auch genau auf die Definition des Systems, nämlich auf die Festlegung seiner Grenzen achten.

2.24 Der 1. Hauptsatz für bewegte geschlossene Systeme

Die bisher gegebenen Formulierungen des 1. Hauptsatzes gelten für *ruhende* geschlossene Systeme. Wir erweitern diese Betrachtungen nun auf *bewegte geschlossene Systeme*. Die gespeicherte Energie eines bewegten Systems setzt sich aus seiner inneren Energie und seiner kinetischen und potentiellen Energie zusammen. Auch kinetische und potentielle Energie sind Zustandsgrößen des Systems. Mit den in Abschn. 2.11 hergeleiteten Gleichungen für die kinetische und potentielle Energie des Systems erhalten wir für seinen Energieinhalt (seine gespeicherte Energie) in jedem Zustand

$$E = m \left(u + \frac{c^2}{2} + gz \right).$$

Der 1. Hauptsatz sagt nun aus: Die Änderung des Energieinhalts ist gleich der Summe der Energien, die als Wärme oder als Arbeit über die Systemgrenze übertragen werden. Es gilt also für ein bewegtes geschlossenes System

$$Q_{12} + W_{12} = E_2 - E_1 = U_2 - U_1 + \frac{m}{2}(c_2^2 - c_1^2) + mg(z_2 - z_1).$$

$$(2.16)$$

Auf der rechten Seite dieser Gleichung erscheinen neben der Änderung der inneren Energie auch die Änderungen der kinetischen und der potentiellen Energie. Die linke Seite enthält in W_{12} die Arbeit der Kräfte, die den inneren Zustand des Systems ändern, also z. B. die Volumenänderungsarbeit und die Wellenarbeit, und die Arbeit der Kräfte, die den äußeren Zustand ändern, also das System als Ganzes beschleunigen oder fortbewegen.

Bewegte geschlossene Systeme brauchen wir in der Thermodynamik nur selten zu behandeln, denn für die häufig vorkommenden stationären Fließprozesse strömender Medien, vgl. S. 34, werden wir in Abschn. 2.3 eine besondere Form des 1. Hauptsatzes herleiten; sie nimmt nicht auf ein bewegtes geschlossenes System, sondern auf einen Kontrollraum, ein festliegendes offenes System, Bezug und erweist sich deswegen für die Anwendungen als besonders bequem. Um jedoch generell den in einem strömenden Medium stattfindenden Energieumsatz zu untersuchen, stellen wir im folgenden die Energiebilanz für ein Massenelement eines stationär strömenden Fluids auf.

Das Massenelement ist ein bewegtes geschlossenes System; die an diesem System verrichtete Arbeit haben wir schon in Abschn. 2.14 berechnet. Dabei haben wir auch die Arbeit von Feldkräften, z. B. der Schwerekraft berücksichtigt, die nicht an der Oberfläche (Systemgrenze) des Massenelements angreifen, sondern der Masse proportional sind. Bei Berücksichtigung dieser Massen- oder Volumenkräfte im Arbeitsglied der Energiebilanzgleichung (2.16) entfällt die potentielle Energie des Schwerefeldes. Für einen infinitesimalen Prozeßabschnitt gilt dann

$$dq + dw = du + d(c^2/2).$$

Nach Abschn. 2.14 setzt sich die Arbeit aus den Anteilen

$$dw = dw^V + dw^p + dw^S + dw^G + dw^F$$

zusammen. Die Volumenänderungsarbeit dw^V und die Druckänderungsarbeit dw^p lassen sich zu

$$dw^V + dw^p = -p\,dv - v\,dp = -d(pv)$$

zusammenfassen; ihre Summe ergibt sich als Differential der Zustandsgröße pv. Die beiden nächsten Arbeitsglieder rühren von den Reibungsspannungen her: dw^S ist die Schlepparbeit, die die Resultierende der Reibungsspannungen beim Fortbewegen des Elements verrichtet, dw^G ist die Gestaltänderungsarbeit der Reibungsspannungen bei der Verformung des Massenelements, vgl. S. 50. Mit dw^F wurde die Arbeit der Feldkräfte bezeichnet. Fassen wir die Änderungen aller Zustandsgrößen zusammen, so erhalten wir

$$d\left(u + pv + \frac{c^2}{2}\right) = dq + dw^S + dw^G + dw^F \qquad (2.17)$$

als eine erste Formulierung des 1. Hauptsatzes für das Massenelement eines stationär strömenden Fluids.

Diese Energiebilanzgleichung läßt sich durch Anwenden des Impulssatzes der Mechanik in zwei Gleichungen für die Änderung der inneren Energie und der kinetischen Energie trennen. .Nach dem Impulssatz ist die zeitliche Änderung des Impulses (mc) eines Systems gleich der Resultierenden aller Kräfte, die am System angreifen. Um das Wesentliche deutlicher zu zeigen, beschränken wir uns auf die Betrachtung einer Koordinatenrichtung; wir nehmen wie in Abschn. 2.14 eindimensionale Strömung in x-Richtung an. Die in dieser Richtung auf das Massenelement von Abb. 2.25 wirkenden Kräfte sind Druckkräfte, Schubkräfte und die (resultierende) Komponente F_x der Feldkräfte. Diese ist proportional der Masse Δm des Elements, so daß mit f_x als x-Komponente der Feldbeschleunigung

$$F_x = f_x \cdot \Delta m$$

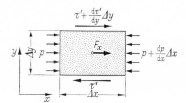

Abb. 2.25. In x-Richtung wirkende Drücke und Schubspannungen am Massenelement

gilt. Die Resultierende der in x-Richtung wirkenden Kräfte ist

$$-\left(\frac{dp}{dx}\Delta x\right)(\Delta y\,\Delta z) + \left(\frac{d\tau'}{dy}\Delta y\right)(\Delta x\,\Delta z) + F_x$$

$$= \left(-\frac{dp}{dx} + \frac{d\tau'}{dy}\right)\Delta x\,\Delta y\,\Delta z + f_x\,\Delta m.$$

Die zeitliche Änderung des Impulses des Elements mit der Masse

$$\Delta m = \frac{1}{v}\Delta x\,\Delta y\,\Delta z$$

ist

$$\Delta m\frac{dc}{d\tau} = \frac{1}{v}\Delta x\,\Delta y\,\Delta z\frac{dc}{d\tau}.$$

Nach dem Impulssatz gilt somit

$$\frac{dc}{d\tau} = -v\frac{dp}{dx} + v\frac{d\tau'}{dy} + f_x.$$

Während der Zeit $d\tau$ bewegt sich das Element um die Strecke $dx = c\,d\tau$. Multiplikation mit dieser Strecke ergibt

$$c\,dc = -v\,dp + v\frac{d\tau'}{dy}c\,d\tau + f_x\,dx$$

oder

$$d\left(\frac{c^2}{2}\right) = -v\,dp + dw^S + dw^F = dw^p + dw^S + dw^F. \qquad (2.18)$$

5 Baehr, Thermodynamik, 3. Aufl.

Die Änderung der kinetischen Energie des Massenelements ist gleich der Arbeit, welche von der Resultierenden der Druckkräfte, der Resultierenden der Reibungsspannungen und den Feldkräften beim Fortbewegen des Elements verrichtet wird. Die Volumenänderungsarbeit und die Gestaltänderungsarbeit tragen dagegen zur Änderung der kinetischen Energie ebenso wie die Wärme direkt nicht bei. Durch diese drei Größen wird nur die innere Energie beeinflußt. Aus Gl. (2.17) und (2.18) folgt nämlich

$$du = -p \, dv + dw^G + dq. \qquad (2.19)$$

Diese Gleichung stimmt mit dem 1. Hauptsatz für ein ruhendes geschlossenes System überein, wenn eine quasistatische Zustandsänderung vorausgesetzt wird. Die innere Energie eines Massenelements in einem strömenden Fluid ändert sich also durch Verrichten von Volumen- und Gestaltänderungsarbeit sowie durch Wärmeübergang in der gleichen Weise wie bei einem ruhenden Element.

Beispiel 2.5. Man zeige, daß ein reibungsfrei im feldfreien Raum strömendes Medium bei isobarer Zustandsänderung durch Wärmezufuhr nicht beschleunigt werden kann.

Reibungsfreie Strömung entspricht einem reversiblen Prozeß. Da die Reibungsspannungen verschwinden, sind die Schlepparbeit dw^S und die Gestaltänderungsarbeit dw^G gleich Null. Für die Änderung der kinetischen Energie folgt dann aus Gl. (2.18) mit $dw^F = 0$

$$d(c^2/2) = c \, dc = -v \, dp;$$

sie ist Null, wenn eine isobare Zustandsänderung des Fluids vorliegt. Das Fluid wird in diesem Falle weder beschleunigt ($dc > 0$) noch verzögert ($dc < 0$). Die als Wärme zugeführte Energie ist

$$dq = du + p \, dv$$

bzw.

$$q_{12} = u_2 - u_1 + p(v_2 - v_1).$$

Sie erhöht die innere Energie des Fluids und vergrößert sein Volumen. Dies führt bei isobarer Zustandsänderung jedoch nicht zu einer Änderung der kinetischen Energie.

2.25 Die kalorische Zustandsgleichung

Nach dem 1. Hauptsatz ist die innere Energie eine Zustandsgröße ebenso wie das Volumen, der Druck oder die Temperatur. Da der Gleichgewichtszustand eines einfachen Systems bereits durch zwei (unabhängige) Zustandsgrößen festgelegt ist, muß sich die spez. innere Energie u als Funktion zweier Zustandsgrößen darstellen lassen. Es besteht also eine Beziehung

$$u = u(T, v),$$

die als *kalorische Zustandsgleichung* des einfachen Systems bezeichnet wird in Analogie zur thermischen Zustandsgleichung

$$p = p(T, v).$$

Dieser Zusammenhang zwischen spez. innerer Energie, Temperatur und spez. Volumen ist wie die thermische Zustandsgleichung sehr verwickelt. Er muß durch Experimente für jeden Stoff bestimmt werden. Der 2. Hauptsatz der Thermodynamik liefert jedoch eine Beziehung zwischen der thermischen und der kalorischen Zustandsgleichung, auf die wir in Abschn. 4.31 eingehen werden. Hierdurch wird es möglich, die kalorische Zustandsgleichung bei Kenntnis der thermischen Zustandsgleichung weitgehend zu berechnen, ohne auf direkte Messungen von u zurückgreifen zu müssen.

Da die innere Energie eine Zustandsfunktion ist, besitzt sie ein vollständiges Differential:

$$du = \left(\frac{\partial u}{\partial T}\right)_v dT + \left(\frac{\partial u}{\partial v}\right)_T dv. \qquad (2.20)$$

Die partielle Ableitung

$$c_v(T, v) = \left(\frac{\partial u}{\partial T}\right)_v$$

führt aus historischen Gründen eine besondere Bezeichnung: c_v wird die *spez. Wärmekapazität bei konstantem Volumen* genannt. Die Bezeichnung Wärmekapazität geht auf die Auffassung der Wärme als eines Stoffes zurück, der, einem Körper zugeführt, in diesem eine Temperaturänderung hervorruft. Bei gleicher Temperaturänderung kann ein Körper um so mehr Wärme„stoff" aufnehmen, je größer seine Wärmekapazität ist. Wir wollen diese Vorstellung nicht verwenden und unter c_v nur eine Abkürzung oder besondere Bezeichnung für die Ableitung der spez. inneren Energie nach der Temperatur verstehen.

Die spez. innere Energie einfacher Systeme, insbesondere der Fluide ist eine Funktion zweier unabhängiger Zustandsgrößen, T und v. Gay-Lussac (1807) und später Joule (1845) haben experimentell gezeigt, daß bei idealen Gasen besonders einfache Verhältnisse vorliegen. Den von ihnen ausgeführten „Überströmversuch" haben wir schon auf S. 27 beschrieben. Da bei diesem adiabaten Prozeß keine Arbeit verrichtet wird, folgt aus

$$q_{12} + w_{12} = u_2 - u_1$$

mit $q_{12} = 0$ und $w_{12} = 0$

$$u(T_2, v_2) = u(T_1, v_1).$$

Gay-Lussac und Joule beobachteten nun, daß im Rahmen ihrer Versuchsgenauigkeit auch

$$T_2 = T_1$$

war. Die Temperatur und die innere Energie hatten nach dem Überströmen dieselben Werte wie vor dem Öffnen des Ventils. Da sich aber das spez. Volumen erheblich vergrößert, kann die innere Energie der untersuchten Gase vom Volumen nicht abhängen. Später ausgeführte, genauere Versuche ergaben jedoch eine Temperaturänderung beim Überströmprozeß, die um so kleiner ausfiel, je niedriger der Druck war. Für $p \to 0$, also im Zustandsbereich, wo die thermische Zustandsgleichung des idealen Gases gilt, wird die innere Energie zu einer reinen

5*

Temperaturfunktion. Für ideale Gase ist also in Gl. (2.20)

$$\left(\frac{\partial u}{\partial v}\right)_T = 0$$

zu setzen, und die spezifische Wärmekapazität c_v ist ebenfalls eine reine Temperaturfunktion:

$$c_v = c_v^0(T).$$

Damit ist die *innere Energie idealer Gase* durch

$$u = u(T) = \int\limits_{T_0}^{T} c_v^0(T)\, dT + u_0$$

darzustellen, wobei die Konstante u_0 die innere Energie bei der Temperatur T_0 bedeutet. Bei manchen Gasen kann man außerdem in gewissen Temperaturbereichen c_v^0 als konstant ansehen, vgl. Abschn. 5.13; dann wird

$$u = c_v^0(T - T_0) + u_0.$$

Der Zustand eines nicht einfachen Systems wird durch mehr als zwei Zustandsgrößen festgelegt. Die innere Energie eines solchen Systems hängt daher von T, V und weiteren, von T und V unabhängigen Zustandsgrößen ab. Da die innere Energie nach S. 57 durch die bei adiabaten Prozessen verrichtete Arbeit bestimmt wird, muß sie (außer von T) von den Arbeitskoordinaten X_i des Systems abhängen. Diese Zustandsgrößen treten nach S. 55 im Ausdruck für die reversible Arbeit

$$dW_{\text{rev}} = \sum_i y_i\, dX_i$$

neben den Arbeitskoeffizienten y_i auf. Bei einem einfachen System (Fluid) ist das Volumen $V(= X_1)$ die einzige Arbeitskoordinate, und die reversible Arbeit besteht nur aus Volumenänderungsarbeit mit $(-p)$ als dem einzigen Arbeitskoeffizienten. Als Beispiele weiterer Arbeitskoordinaten eines nicht einfachen Systems hatten wir in Abschn. 2.15 die Größe der Oberfläche und die elektrische Ladung genannt.

Die kalorische Zustandsgleichung eines nicht einfachen Systems hat somit die Gestalt

$$U = U(T, X_1, X_2, \ldots),$$

wobei X_1 das Volumen V sein kann. Jede der Arbeitskoordinaten beschreibt die Energieänderung des Systems infolge des Verrichtens einer bestimmten Art von Arbeit, z. B. Volumenänderungsarbeit, Arbeit beim Ändern der Oberfläche oder Arbeit bei der Ladungsänderung einer elektrochemischen Zelle oder eines Kondensators. Da sich die innere Energie auch ändern kann, ohne daß Arbeit verrichtet wird, nämlich durch Wärmeübergang, muß die kalorische Zustandsgleichung neben den Arbeitskoordinaten eine weitere Variable enthalten. Dies ist die Temperatur, die sich mit der inneren Energie auch bei konstant gehaltenen Arbeitskoordinaten ändert. Die innere Energie eines (nicht einfachen) Systems mit n Arbeitskoordinaten wird also durch $(n + 1)$ unabhängige Zustandsgrößen bestimmt.

Beispiel 2.6. Luft vom Zustand $p_1 = 1{,}2$ bar, $t_1 = 25\,°C$ wird in einem adiabaten Zylinder verdichtet. Dabei wird eine Endtemperatur $t_2 = 100\,°C$ erreicht. Man bestimme die zur Verdichtung erforderliche Arbeit w_{12} und den Enddruck p_2, der unter den angegebenen Bedingungen *höchstens* erreicht werden kann.

Aus dem 1. Hauptsatz für geschlossene Systeme,

$$q_{12} + w_{12} = u_2 - u_1$$

folgt mit $q_{12} = 0$ (adiabates System!)

$$w_{12} = u_2 - u_1 .$$

Wir behandeln die Luft als ideales Gas; ihre spez. innere Energie hängt dann nur von der Temperatur ab. Wir rechnen ferner mit der konstanten spez. Wärmekapazität $c_v^0 = 0{,}717$ kJ/kg K und erhalten

$$u_2 - u_1 = c_v^0 (t_2 - t_1) = 0{,}717 \frac{\text{kJ}}{\text{kg K}} (100 - 25) \text{ K} = 53{,}8 \frac{\text{kJ}}{\text{kg}} .$$

Damit wird die aufzuwendende Arbeit

$$w_{12} = 53{,}8 \text{ kJ/kg} .$$

Da die innere Energie nur von der Temperatur abhängt, ist die Arbeit w_{12} unabhängig von den Drücken p_1 und p_2. Den höchsten Enddruck p_2 erreichen wir, wenn die Verdichtung reversibel ist. Bei jeder irreversiblen Verdichtung, die auf dieselbe Endtemperatur t_2 führt und die damit denselben Arbeitsaufwand erfordert, werden niedrigere Enddrücke p_2 erreicht. Für die reversible Arbeit gilt

$$(w_{12})_{\text{rev}} = - \int\limits_1^2 p \, dv = c_v^0 (T_2 - T_1) .$$

Für die quasistatische Zustandsänderung bei diesem reversiblen adiabaten Prozeß ist nun zu ermitteln, wie p von v oder T abhängt. Dazu betrachten wir ein Element der quasistatischen Zustandsänderung:

$$- dw_{\text{rev}} = p \, dv = -c_v^0 \, dT .$$

Aus der Zustandsgleichung des idealen Gases

$$pv = RT$$

folgt durch Differenzieren

$$p \, dv = R \, dT - v \, dp = R \, dT - RT \frac{dp}{p} .$$

Damit erhalten wir für die Zustandsänderung

$$R \, dT - RT \frac{dp}{p} = - c_v^0 \, dT ,$$

also

$$\frac{dp}{p} = \frac{c_v^0 + R}{R} \frac{dT}{T} .$$

Nun integrieren wir zwischen Anfangs- und Endzustand:

$$\ln \frac{p_2}{p_1} = \frac{c_v^0 + R}{R} \ln \frac{T_2}{T_1} .$$

Für den Zusammenhang zwischen Druck und Temperatur des idealen Gases bei einem reversiblen adiabaten Prozeß gilt also

$$\frac{p_2}{p_1} = \left(\frac{T_2}{T_1} \right)^{(c_v^0 + R)/R} .$$

Für Luft erhalten wir mit $R = 0{,}287$ kJ/kg K und $c_v^0 = 0{,}717$ kJ/kg K

$$p_2 = p_1 \left(\frac{T_2}{T_1}\right)^{3,50} = 1{,}2 \text{ bar} \left(\frac{373 \text{ K}}{298 \text{ K}}\right)^{3,50} = 2{,}63 \text{ bar}.$$

Dies ist der höchste Enddruck, der bei der adiabaten Verdichtung unter Einhalten der Endtemperatur $t_2 = 100\,°\text{C}$ erreicht werden kann.

2.3 Der 1. Hauptsatz für stationäre Fließprozesse

2.31 Technische Arbeit

In den technischen Anwendungen der Thermodynamik kommen häufig Maschinen und Apparate vor, die von Stoffströmen (zeitlich) stationär durchflossen werden. Für diese stationären Fließprozesse, vgl. Abschn. 1.46, leiten wir im folgenden eine besondere Form des 1. Hauptsatzes her. Sie ist eine Energiebilanz für einen Kontrollraum, also für ein offenes System, vgl. S. 9, und nicht für ein Element des strömenden Fluids, das ein bewegtes *geschlossenes* System ist. In dieser Form läßt sich der 1. Hauptsatz auf Maschinen und Apparate anwenden, ohne daß man die Vorgänge genau zu kennen braucht, die im Inneren dieser in Kontrollräume eingeschlossenen Anlagen ablaufen. In der Energiebilanz werden nur Größen auftreten, die an der Grenze des Kontrollraums bestimmbar sind.

Eine dieser Größen ist die technische Arbeit W_t, die wir an Hand der Abb. 2.26 erläutern wollen. Im Gegensatz zu einem ruhenden Fluid kann ein strömendes Medium ein Schaufelrad, z. B. das in Abb. 2.26 dargestellte Wasserrad oder die Beschaufelung einer Turbine, in Bewegung setzen, so daß über die Grenze des offenen Systems Wellenarbeit *abgegeben* wird. Da dies die für die technischen Anwendungen wichtige Arbeit ist, bezeichnen wir sie als *technische Arbeit*. Allgemein definieren wir technische Arbeit als die Energie, welche bei einem stationären Fließprozeß als Arbeit über die Grenzen eines Kontrollraums geht mit Ausnahme der Ein- und Austrittsquerschnitte des strömenden Fluids.

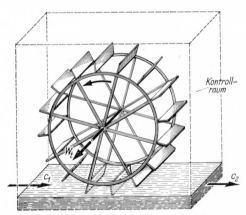

Abb. 2.26. Kontrollraum, über dessen Grenze technische Arbeit als Wellenarbeit abgegeben wird

Die in diesen Querschnitten vom strömenden Medium verrichtete Verschiebearbeit gehört nicht zur technischen Arbeit. Technische Arbeit überschreitet demnach die Grenze eines Kontrollraums als Wellenarbeit. Nach der oben gegebenen Definition zählt aber auch elektrische Arbeit, die einem Kontrollraum zugeführt oder entzogen wird, zur technischen Arbeit.

Wir bezeichnen die während des Zeitabschnitts $\Delta\tau = \tau_2 - \tau_1$ verrichtete technische Arbeit mit W_{t12}. Bei einem stationären Fließprozeß ist W_{t12} der Zeit $\Delta\tau$ proportional; der Quotient

$$P_{12} = W_{t12}/\Delta\tau$$

ist somit zeitlich konstant und unabhängig von der Größe des Zeitabschnitts $\Delta\tau$. Man bezeichnet P_{12} als (mechanische oder elektrische) *Leistung*. Bei einem stationären Fließprozeß ist die Leistung konstant. Häufig bezieht man die technische Arbeit auf die Masse Δm des Fluids, das während derselben Zeit $\Delta\tau$ in den Kontrollraum einströmt, während der auch die technische Arbeit W_{t12} verrichtet wird. Man erhält dann die spez. technische Arbeit

$$w_{t12} = W_{t12}/\Delta m\,.$$

Mit

$$\dot{m} = \Delta m/\Delta\tau,$$

dem bei einem stationären Fließprozeß zeitlich konstanten Massenstrom, vgl. S. 35, erhält man den wichtigen Zusammenhang

$$P_{12} = \dot{m}\,w_{t12}$$

zwischen Leistung und spez. technischer Arbeit bei einem stationären Fließprozeß.

2.32 Der 1. Hauptsatz für stationäre Fließprozesse

Zur Berechnung der technischen Arbeit gehen wir von Abb. 2.27 aus, die einen Kontrollraum schematisch darstellt. Die Zustandsgrößen des Stoffstromes werden beim Eintritt in das System mit dem Index 1 und beim Austritt mit dem Index 2 bezeichnet. Der Prozeß sei stationär, die Zustandsänderung des Stoffstromes zwischen den Gleichgewichtszuständen 1 und 2 sei beliebig (nichtstatisch oder quasistatisch). Mit W_{t12} ist die technische Arbeit bezeichnet, die das System an der sich drehenden Welle aufnimmt; Q_{12} ist die während des Prozesses zugeführte Wärme. Der Prozeß umfaßt einen Zeitabschnitt $\Delta\tau$, in dessen Verlauf strömendes Fluid mit der Masse Δm durch den Eintrittsquerschnitt 1 in den Kontrollraum (das offene System) hineinströmt und zugleich Fluid mit der ebenso großen Masse Δm den Kontrollraum am Austrittsquerschnitt 2 verläßt.

Für die folgenden Überlegungen ersetzen wir das offene System durch ein geschlossenes System, indem wir zum offenen System die Stoffmenge mit der Masse Δm hinzurechnen. Diese denken wir uns so klein, daß ihr Zustand durch einheitliche Zustandsgrößen gekennzeich-

net werden kann. In Abb. 2.28 sind drei Zustände des gedachten
geschlossenen Systems dargestellt, das aus der im offenen System enthaltenen Stoffmenge und der Menge Δm besteht. In der ersten Abbildung ist die Stoffmenge Δm gerade dabei, in den Kontrollraum (das
offene System) einzutreten. Im dann dargestellten Zwischenzustand ist

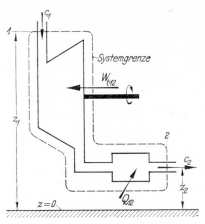

Abb. 2.27. Schema eines offenen Systems

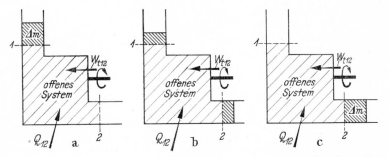

Abb. 2.28. Gedachtes geschlossenes System, bestehend aus der Stoffmenge im offenen System
zwischen den Querschnitten 1 und 2 und aus der Masse Δm. a) Die Masse Δm beim Eintritt in das
offene System, b) Zwischenzustand, c) eine Masse Δm hat das offene System am Austrittsquerschnitt verlassen

diese Menge zum Teil in das offene System eingetreten, dafür hat aber
eine entsprechende Menge das offene System durch den Austrittsquerschnitt verlassen. Im Endzustand unseres gedachten geschlossenen
Systems ist die Stoffmenge Δm durch den Eintrittsquerschnitt im
offenen System verschwunden, eine gleichgroße Menge Δm ist am Austrittsquerschnitt 2 erschienen.

Nun können wir den Energiesatz auf das geschlossene System von
Abb. 2.28 anwenden. Da die Bewegung des strömenden Mediums eine
wesentliche Rolle spielt, müssen wir auch die kinetischen und potentiellen Energien berücksichtigen. Es gilt also für das gedachte geschlos-

sene System
$$Q_{12} + W_{12} = E_2 - E_1. \tag{2.21}$$

Der Energieinhalt E des geschlossenen Systems setzt sich zusammen aus dem stets konstanten Energieinhalt E' des offenen Systems und aus der in der Masse Δm gespeicherten Energie:

$$E = E' + \Delta m \left(u + \frac{c^2}{2} + gz \right).$$

Am Anfang des Prozesses hat die Masse Δm den Zustand 1 (Eintritt in das offene System), somit ist

$$E_1 = E' + \Delta m \left(u_1 + \frac{c_1^2}{2} + gz_1 \right).$$

Entsprechend gilt für den Endzustand 2, in dem die Masse Δm gerade das offene System verlassen hat,

$$E_2 = E' + \Delta m \left(u_2 + \frac{c_2^2}{2} + gz_2 \right).$$

Wir erhalten damit aus Gl. (2.21)

$$Q_{12} + W_{12} = \Delta m \left(u_2 + \frac{c_2^2}{2} + gz_2 \right) - \Delta m \left(u_1 + \frac{c_1^2}{2} + gz_1 \right). \tag{2.22}$$

Hierbei ist Q_{12} die Wärme, die dem gedachten geschlossenen System während des Prozesses zugeführt wird. Sie stimmt mit der Wärme überein, die die Grenzen des Kontrollraums überschreitet. Die Gesamtarbeit W_{12} besteht aus der technischen Arbeit W_{t12}, die an der sich drehenden Welle die Systemgrenze überschreitet, und aus der Volumenänderungsarbeit, die am Eintritts- und am Austrittsquerschnitt verrichtet wird. Das Volumen des gedachten geschlossenen Systems verringert sich durch den Eintritt von Δm um $\Delta V_1 = -v_1 \Delta m$. Im Eintrittszustand 1 herrscht der konstante Druck p_1 (Gleichgewichtszustand!), folglich ist die Volumenänderungsarbeit $p_1 v_1 \Delta m$. Am Austrittsquerschnitt ist die Volumenänderungsarbeit negativ, weil das Volumen des geschlossenen Systems zunimmt. Ihre Größe ist $-p_2 v_2 \Delta m$. Damit erhalten wir

$$W_{12} = W_{t12} + p_1 v_1 \Delta m - p_2 v_2 \Delta m$$
$$= W_{t12} - \Delta m (p_2 v_2 - p_1 v_1).$$

Die Differenz $(p_2 v_2 - p_1 v_1)$ wird auch als spezifische *Verschiebearbeit*, im englischen Schrifttum als *flow-work* bezeichnet. Sie ist eine Zustandsgröße, die allein durch die Zustandsgrößen im Eintritts- und Austrittsquerschnitt bestimmt ist. Aus Gl. (2.22) erhalten wir nun

$$Q_{12} + W_{t12} - \Delta m (p_2 v_2 - p_1 v_1)$$
$$= \Delta m \left(u_2 + \frac{c_2^2}{2} + gz_2 \right) - \Delta m \left(u_1 + \frac{c_1^2}{2} + gz_1 \right). \tag{2.23}$$

Diese Gleichung gilt für das Zeitintervall $\Delta\tau$, in dem die Masse Δm in das offene System eintritt und eine gleichgroße Masse das System durch den Austrittsquerschnitt verläßt. Da der Prozeß stationär ist, gilt diese Gleichung für beliebig große Zeitintervalle $\Delta\tau$, und die Quotienten

$$\textit{Massenstrom:} \quad \dot{m} = \Delta m/\Delta\tau,$$

$$\textit{Wärmestrom:} \quad \dot{Q}_{12} = Q_{12}/\Delta\tau$$

und

$$\textit{Leistung:} \quad P_{12} = W_{t12}/\Delta\tau$$

sind konstant. Wir dividieren nun Gl. (2.23) durch $\Delta\tau$ und erhalten

$$\dot{Q}_{12} + P_{12} = \dot{m}\left(u_2 + p_2 v_2 + \frac{c_2^2}{2} + g z_2\right) - \dot{m}\left(u_1 + p_1 v_1 + \frac{c_1^2}{2} + g z_1\right).$$

Die in dieser Gleichung auftretende Summe $u + pv$ ist ebenso wie die spez. innere Energie, wie Druck und spez. Volumen eine Zustandsgröße. Sie trägt die Bezeichnung *Enthalpie*

$$H = U + pV$$

bzw. *spezifische Enthalpie*

$$h = \frac{H}{m} = u + pv.$$

Damit erhalten wir den 1. Hauptsatz für stationäre Fließprozesse:

$$\boxed{\dot{Q}_{12} + P_{12} = \dot{m}\left[h_2 - h_1 + \frac{1}{2}(c_2^2 - c_1^2) + g(z_2 - z_1)\right]}. \qquad (2.24)$$

Wir können diese Gleichung auch auf die Masse des strömenden Mediums beziehen, indem wir durch den Massenstrom $\dot{m}$ dividieren. Die so entstehende Gleichung enthält nur spezifische Größen:

$$\boxed{q_{12} + w_{t12} = h_2 - h_1 + \frac{1}{2}(c_2^2 - c_1^2) + g(z_2 - z_1)}. \qquad (2.25)$$

Die Summe aus der zugeführten Wärme und der zugeführten technischen Arbeit ist gleich der Summe der Änderungen der Enthalpie, der kinetischen und der potentiellen Energie des Mediums, das in einem stationären Fließprozeß durch einen Kontrollraum strömt. Diese Gleichung gilt für jeden stationären Fließprozeß, auch für irreversible Prozesse mit nichtstatischen Zustandsänderungen zwischen den Zuständen 1 und 2. Da die Gln. (2.24) und (2.25) nur Größen enthalten, die an der Grenze des offenen Systems meßbar sind, gelten diese Beziehungen auch dann, wenn im Inneren des Systems Prozesse ablaufen, die nicht im strengen Sinne stationär sind. Das bedeutet, daß der erste Hauptsatz für stationäre Fließprozesse auch dann angewendet werden darf, wenn die Zustandsgrößen im Inneren des offenen Systems zeitlich nicht genau konstant sind. Diese strenge Forderung müssen nur die Zustandsgrößen in den Ein- und Austrittsquerschnitten und die Energieflüsse über die Systemgrenze erfüllen. Es darf also beispielsweise im Inneren des Systems Turbulenz auftreten, wie es unmittelbar hinter einer Drosselstelle, vgl. Abb. 1.23 auf S. 36, der Fall ist. Die Querschnitte 1 und 2 müssen nur in solcher Entfernung von der Drosselstelle gezogen werden, daß in ihnen stationäre Verhältnisse vorliegen.

Der 1. Hauptsatz für stationäre Fließprozesse läßt sich auf offene Systeme erweitern, die von mehreren Stoffströmen durchflossen werden. Statt Gl. (2.24) erhält man dann

$$\dot{Q} + P = \sum_{\text{Austritt}} \dot{m}_i \left(h_i + \frac{c_i^2}{2} + g z_i \right) - \sum_{\text{Eintritt}} \dot{m}_j \left(h_j + \frac{c_j^2}{2} + g z_j \right).$$

In dieser Gleichung bedeuten wie vorher $\dot{Q}$ den Wärmestrom und P die Leistung, die über die Systemgrenze übertragen werden. Die erste Summe erstreckt sich über alle austretenden Stoffströme, deren Massenströme und Austrittszustände verschieden sein können; die zweite Summe ist entsprechend für alle eintretenden Stoffströme zu bilden.

Die in Gl. (2.25) auftretende Enthalpiedifferenz $h_2 - h_1$ des Fluids zwischen Austritts- und Eintrittsquerschnitt kann man für den Grenzfall des *reversiblen* stationären Fließprozesses aus der Zustandsänderung des Fluids beim Durchströmen des Kontrollraums berechnen. Für $h_2 - h_1$ folgt zunächst aus der Definitionsgleichung der spez. Enthalpie

$$h_2 - h_1 = u_2 - u_1 + p_2 v_2 - p_1 v_1.$$

Die Änderung $u_2 - u_1$ der inneren Energie des Fluids zwischen Eintritts- und Austrittsquerschnitt können wir auch als die Energieänderung auffassen, die ein Element des Fluids als bewegtes geschlossenes System beim Durchqueren des Kontrollraums erfährt. Hierfür gilt nach Abschn. 2.24

$$u_2 - u_1 = q_{12} + w_{12}.$$

Bei einem *reversiblen Prozeß* besteht die Arbeit w_{12}, die zur Änderung der inneren Energie beiträgt, ausschließlich aus Volumenänderungsarbeit, vgl. S. 62. Wir erhalten daher

$$u_2 - u_1 = (q_{12})_{\text{rev}} - \int_1^2 p \, dv$$

und

$$h_2 - h_1 = (q_{12})_{\text{rev}} - \int_1^2 p \, dv + p_2 v_2 - p_1 v_1.$$

Die drei letzten Terme dieser Gleichung lassen sich zu einem Integralausdruck zusammenfassen, vgl. Abb. 2.29. Somit ergibt sich

$$h_2 - h_1 = (q_{12})_{\text{rev}} + \int_1^2 v \, dp.$$

Abb. 2.29. Zur Erläuterung des Integrals $\int_1^2 v \, dp$,

das durch die stark umrandete Fläche zwischen Zustandslinie und p-Achse dargestellt wird

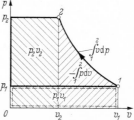

Setzen wir dies in

$$(q_{12})_{\text{rev}} + (w_{t12})_{\text{rev}} = h_2 - h_1 + \frac{1}{2}\,(c_2^2 - c_1^2) + g(z_2 - z_1)$$

ein, so erhalten wir für die spez. technische Arbeit bei einem reversiblen stationären Fließprozeß

$$(w_{t12})_{\text{rev}} = \int_1^2 v\,dp + \frac{1}{2}\,(c_2^2 - c_1^2) + g(z_2 - z_1).$$

Dem Fluid muß technische Arbeit zugeführt werden, wenn sich sein Druck erhöht ($dp > 0$) oder wenn sich seine kinetische und potentielle Energie vergrößert.
Das Fluid kann nur dann technische Arbeit abgeben, wenn eine Druckabnahme
oder eine Verringerung seiner kinetischen oder potentiellen Energie beim Durchströmen des Kontrollraums eintritt. Eine Volumenänderung braucht dabei jedoch nicht stattzufinden; auch ein inkompressibles Fluid ($v = $ const) kann
technische Arbeit abgeben.

Die Anwendung der in diesem Abschnitt hergeleiteten Beziehungen
auf stationäre Fließprozesse, die in Maschinen und Apparaten ablaufen,
werden wir ausführlich in Abschn. 6, S. 232 behandeln. Wir beschränken
uns hier auf das folgende Beispiel.

Beispiel 2.7. Als einfache, aber instruktive Anwendung des 1. Hauptsatzes
für stationäre Fließprozesse betrachten wir ein Wasserkraftwerk, Abb. 2.30. Die
Grenzen des Kontrollraums verlegen wir so, daß im Eintrittsquerschnitt und im
Austrittsquerschnitt die Strömungsgeschwindigkeit des Wassers vernachlässigbar klein ist: $c_1 = c_2 \approx 0$. Außerdem liegen diese Querschnitte gleich weit unterhalb des Oberwasserspiegels bzw. des Unterwasserspiegels, so daß $z_1 - z_2 = \Delta z_{\text{geod}}$,
dem geodätischen Höhenunterschied zwischen Ober- und Unterwasserspiegel ist.
Abgesehen von dem vernachlässigbar kleinen Luftdruckunterschied gilt dann
auch $p_1 = p_2$. Der Kontrollraum ist adiabat, $q_{12} = 0$. Das Wasser kann in guter
Näherung als inkompressibel angesehen werden, sein spez. Volumen v wird also
konstantgesetzt.

Aus der allgemein gültigen Gleichung des 1. Hauptsatzes für stationäre Fließprozesse,

$$q_{12} + w_{t12} = h_2 - h_1 + \frac{1}{2}\,(c_2^2 - c_1^2) + g(z_2 - z_1),$$

erhalten wir unter den getroffenen Annahmen für die technische Arbeit der
Wasserturbine

$$w_{t12} = h_2 - h_1 + g(z_2 - z_1) = u_2 - u_1 + (p_2 - p_1)\,v + g(z_2 - z_1),$$

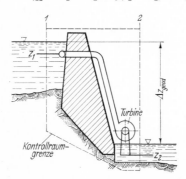

Abb. 2.30. Schema eines Wasser-
kraftwerkes mit Kontrollraum zur
Anwendung des 1. Hauptsatzes

also

$$w_{t12} = -g\,\Delta z_{\text{geod}} + u_2 - u_1.$$

Die abgegebene Turbinenarbeit stammt danach aus der Abnahme der potentiellen Energie des Wassers im Schwerefeld der Erde. Die innere Energie des Wassers wird nicht ausgenutzt, vielmehr ist infolge der Reibungsverluste $u_2 > u_1$. Der zweite Term erfaßt nämlich die Verluste gegenüber dem reversiblen Prozeß. Für diesen folgt aus

$$(w_{t12})_{\text{rev}} = \int_1^2 v\,dp + \frac{1}{2}(c_2^2 - c_1^2) + g(z_2 - z_1)$$

mit $v = \text{const}$

$$(w_{t12})_{\text{rev}} = v(p_2 - p_1) + \frac{1}{2}(c_2^2 - c_1^2) + g(z_2 - z_1) = g(z_2 - z_1),$$

also

$$(w_{t12})_{\text{rev}} = -g\,\Delta z_{\text{geod}}.$$

Die Verluste äußern sich in einer Verminderung der abgegebenen Turbinenarbeit und einer gleich großen Erhöhung der inneren Energie des Wassers, also in einer Wassererwärmung. Diese Temperaturerhöhung ist aber äußerst gering. Wir definieren durch

$$\eta = \frac{-(w_{t12})}{-(w_{t12})_{\text{rev}}} = 1 - \frac{u_2 - u_1}{g\,\Delta z_{\text{geod}}}$$

den Wirkungsgrad der Wasserkraftanlage. Die Temperatur des Wassers hängt mit seiner inneren Energie in erster Näherung durch

$$u_2 - u_1 = c_v(T_2 - T_1) = 4,19\,\frac{\text{kJ}}{\text{kg K}}(T_2 - T_1)$$

zusammen. Wir erhalten damit für die Temperaturerhöhung

$$T_2 - T_1 = \frac{u_2 - u_1}{c_v} = (1 - \eta)\,g\,\Delta z_{\text{geod}}/c_v.$$

Wir nehmen $\eta = 0,9$ und für den Höhenunterschied $\Delta z_{\text{geod}} = 100$ m an. Dann wird

$$T_2 - T_1 = 0,1 \cdot 9,81\,\frac{\text{m}}{\text{s}^2}\,100\,\text{m}/(4,19\,\text{kJ/kg K}) = \frac{98,1}{4,19} \cdot 10^{-3}\,\text{K} = 0,023\,\text{K}.$$

Obwohl die Temperaturerhöhung sehr klein ist, wird dieser Effekt zur Wirkungsgradbestimmung herangezogen. Man verwendet dann natürlich eine genauere kalorische Zustandsgleichung des Wassers als die hier benutzte Näherungsformel.

2.33 Instationäre Prozesse in offenen Systemen. Strömungsenergie

Zur Herleitung des 1. Hauptsatzes für stationäre Fließprozesse haben wir ein gedachtes geschlossenes System benutzt, um die für geschlossene Systeme bekannten Beziehungen des 1. Hauptsatzes anzuwenden. Wir wollen nun direkt von der Energiebilanz eines offenen Systems ausgehen und unsere Herleitung auch auf nichtstationäre Prozesse ausdehnen. Die Energiebilanz eines offenen Systems (Kontrollraums) hat die allgemeine Form:

Algebraische Summe der Energien, die als Wärme, Arbeit und mit dem strömenden Medium über die Systemgrenze zu- oder abgeführt werden. $\Bigg\}$ = $\begin{cases}\text{Änderung des Energieinhalts}\\\text{des offenen Systems.}\end{cases}$

Wärme und Arbeit werden nur über die Teile der Systemgrenze übertragen, die nicht vom strömenden Medium überquert werden. Das strömende Medium überträgt keine Wärme, denn es besteht im Eintritts- und Austrittsquerschnitt kein (endlicher) Temperaturunterschied. Auch Arbeit wird über diese Querschnitte nicht transportiert, denn diese Teile der Systemgrenze sind fest. Nur die von der Systemgrenze geschnittene Welle ist ein bewegter Teil der Systemgrenze: hier wird Energie als technische Arbeit übertragen.

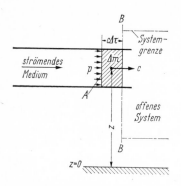

Abb. 2.31. Massenelement eines strömenden Mediums beim Überqueren der fest im Raume liegenden Grenze eines offenen Systems

Um die Energie zu berechnen, die mit dem strömenden Medium über den im Raum festliegenden Eintritts- oder Austrittsquerschnitt des offenen Systems transportiert wird, betrachten wir ein Massenelement Δm, das die Systemgrenze B in Abb. 2.31 passiert. Die mit der Masse Δm an der festen Stelle B während der Zeit $\Delta\tau$ vorbeifließende Energie besteht aus dem Energieinhalt des Elements,

$$\left(u + \frac{c^2}{2} + gz\right)\Delta m,$$

und der Verschiebearbeit, die von der hinter dem Element Δm strömenden Materie verrichtet wird, um das Massenelement Δm durch die Strecke $c\,\Delta\tau$ zu befördern. Mit A als Strömungsquerschnitt gilt für die Verschiebearbeit

$$(pA)\,(c\,\Delta\tau) = pv\,\Delta m.$$

Während der Zeit $\Delta\tau$ passiert also die Energie

$$\left(u + pv + \frac{c^2}{2} + gz\right)\Delta m$$

mit dem an der festen Koordinate B vorbeiströmenden Massenelement Δm die Systemgrenze.

Wenn also ein strömendes Medium in ein offenes System eintritt, so erhöht es dessen Energieinhalt nicht nur um die innere, kinetische und potentielle Energie der eingeströmten Substanz, sondern auch um einen Betrag $pv\,\Delta m$. Die spez. Energie pv ist jedoch in der Substanz nicht auf Grund ihrer inneren Zusammensetzung, ihrer Geschwindigkeit oder ihrer Höhe im Schwerefeld gespeichert; diese Energie wird nur deshalb über die Systemgrenze übertragen, weil das Massenelement Δm Bestandteil eines kontinuierlich strömenden Mediums ist, das über die Systemgrenze fließt. Im englischen Schrifttum wird pv als (spez.) „flow-energy" bezeichnet, wir wollen pv spez. *Strömungsenergie* nennen[1].

Strömungsenergie pv tritt nur auf, wenn man nach der Energie fragt, die eine *feste* Stelle im Raum mit dem dort *vorbeifließenden Medium* überquert. Bei geschlossenen Systemen tritt ein solcher Energieterm nicht auf; hier besteht der Energieinhalt eines Massenelements nur aus innerer, kinetischer und potentieller Energie. Die Strömungsenergie pv muß jedoch einem strömenden Medium zugeschrieben werden, das die Grenze eines offenen Systems überquert, um die richtige Energiebilanz für das offene System zu erhalten. Bei der Herleitung des 1. Hauptsatzes für stationäre Fließprozesse, Abschn. 2.32, hatten wir die Energiebilanz an einem bewegten geschlossenen System ausgeführt, hier trat keine Strömungsenergie auf; der Term pv erschien dort jedoch als Volumenänderungsarbeit des zur Herleitung benutzten geschlossenen Systems. Der Unterschied in der physikalischen Bedeutung des Terms pv liegt in der Art der Systeme: bei einem geschlossenen System mit bewegter Systemgrenze erscheint die Energie pv als Volumenänderungsarbeit, speziell als Verschiebearbeit; bei einem offenen System mit fester Systemgrenze ist pv Energie, die mit dem strömenden Medium die Systemgrenze überschreitet.

Bezeichnen wir nun mit dm_1 die durch den Eintrittsquerschnitt 1 in ein offenes System eintretende Masse, so transportiert diese die Energie

$$\left(u_1 + p_1 v_1 + \frac{c_1^2}{2} + g z_1\right) dm_1 = \left(h_1 + \frac{c_1^2}{2} + g z_1\right) dm_1$$

in das offene System hinein. Entsprechend gilt für die durch den Querschnitt 2 mit der Masse dm_2 abfließende Energie

$$\left(h_2 + \frac{c_2^2}{2} + g z_2\right) dm_2.$$

Ist dQ die als Wärme und dW_t die als technische Arbeit zugeführte Energie, so erhalten wir für die eingangs aufgestellte allgemeine Energiebilanz des offenen Systems

$$dQ + dW_t + \left(h_1 + \frac{c_1^2}{2} + g z_1\right) dm_1 - \left(h_2 + \frac{c_2^2}{2} + g z_2\right) dm_2 = dE. \quad (2.26)$$

Hierbei ist dE die zeitliche Änderung des Energieinhalts des offenen Systems; für diesen gilt

$$E = \int\limits_{\substack{\text{Masse des} \\ \text{offenen Systems}}} \left(u + \frac{c^2}{2} + g z\right) dm.$$

Die Integration ist dabei über die ganze im offenen System enthaltene Masse auszuführen. Gl. (2.26) gilt auch für *instationäre Prozesse*; alle Differentiale beziehen sich auf die Zeit als unabhängige Variable. Läuft

---

[1] Im deutschen Schrifttum wird pv häufig als Druckenergie bezeichnet. Diese Benennung ist nicht sehr glücklich, denn sie könnte zur falschen Vorstellung verleiten, jedes System besäße schon auf Grund seines Druckes die Energie pv. Nur einem strömenden Medium muß die Energie pv zugeschrieben werden, wenn es die im Raume feste Systemgrenze eines offenen Systems überschreitet.

der Prozeß von der Zeit τ_α bis zur Zeit τ_β, so folgt durch Integration

$$Q_{\alpha\beta} + W_{t\alpha\beta} = E_\beta - E_\alpha + \int_{m_2(\tau_\alpha)}^{m_2(\tau_\beta)} \left(h_2 + \frac{c_2^2}{2} + gz_2 \right) dm_2$$

$$- \int_{m_1(\tau_\alpha)}^{m_1(\tau_\beta)} \left(h_1 + \frac{c_1^2}{2} + gz_1 \right) dm_1 .$$

Hierbei ist $Q_{\alpha\beta}$ die während der Zeit $\tau_\beta - \tau_\alpha$ übertragene Wärme, $W_{t\alpha\beta}$ die während dieser Zeit zugeführte technische Arbeit. E_α und E_β sind der Energieinhalt des offenen Systems zu den Zeiten τ_α bzw. τ_β.

Für einen *stationären* Fließprozeß vereinfachen sich die Gleichungen erheblich, da die Abhängigkeit von der Zeit entfällt. Die im offenen System gespeicherte Energie bleibt konstant: $dE = 0$. Ferner gilt $dm_1 = dm_2 = dm$ und mit

$$q_{12} = dQ/dm$$

sowie

$$w_{t12} = dW_t/dm$$

folgt aus Gl. (2.26) wieder

$$q_{12} + w_{t12} = h_2 - h_1 + \frac{1}{2}(c_2^2 - c_1^2) + g(z_2 - z_1),$$

der 1. Hauptsatz für stationäre Fließprozesse.

Beispiel 2.8. (Für dieses Beispiel wird die Kenntnis der Abschn. 4.22 und 4.32, Zustandsgrößen im Naßdampfgebiet und Benutzung von Dampftafeln, vorausgesetzt.) Eine Gasflasche mit dem Volumen $V = 2{,}00\ dm^3$ enthält das Kältemittel R 12 (CF_2Cl_2). Bei 20 °C steht das gasförmige R 12 anfänglich unter dem Druck $p_\alpha = 1{,}005$ bar ($v_\alpha = 196{,}7\ dm^3/kg$, $h_\alpha = 303{,}76\ kJ/kg$). Die Flasche wird zur Füllung an eine Leitung angeschlossen, in welcher ein Strom von gasförmigem R 12 mit $p_1 = 6{,}541$ bar, $t_1 = 50$ °C und $h_1 = 315{,}94\ kJ/kg$ zur Verfügung steht, Abb. 2.32. Die Flasche wird so gefüllt, daß bei 20 °C gerade 80% ihres Volumens von siedendem R 12, der Rest von gesättigtem Dampf eingenommen wird. Welche Menge R 12 ist einzufüllen, und wieviel Wärme ist während des Füllens abzuführen? Die angegebenen spez. Volumina und Enthalpien sowie die folgende Tabelle mit Zustandsgrößen des gesättigten Dampfes bei 20 °C sind einer Dampftafel[1] von R 12 entnommen.

p_s	v'	v''	h'	h''
5,691 bar	0,7528 dm³/kg	31,02 dm³/kg	153,73 kJ/kg	296,78 kJ/kg

Zu Beginn des Füllvorgangs enthält die Flasche gasförmiges R 12, dessen Masse sich zu

$$m_\alpha = V/v_\alpha = 2{,}00\ dm^3/196{,}7\ (dm^3/kg) = 0{,}0102\ kg$$

---

[1] Baehr, H. D., Hicken, E.: Die thermodynamischen Eigenschaften von CF_2Cl_2 (R 12) im kältetechnisch wichtigen Zustandsbereich. Kältetechnik 17 (1965) S. 143—150.

ergibt. Die Masse m_β am Ende des Füllprozesses setzt sich additiv aus den Massen der siedenden Flüssigkeit und des gesättigten Dampfes zusammen:

$$m_\beta = m'_\beta + m''_\beta = \frac{0,8 \cdot V}{v'} + \frac{0,2 \cdot V}{v''} = \left(\frac{1,60}{0,7528} + \frac{0,40}{31,02}\right) \text{kg}$$

$$= (2,128 + 0,013)\,\text{kg} = 2,141\,\text{kg}.$$

Die einzufüllende Menge hat also die Masse

$$m_\beta - m_\alpha = 2,131\,\text{kg}.$$

Um die Wärme zu finden, wenden wir den 1. Hauptsatz auf den in Abb. 2.32 gezeigten Kontrollraum an. Da nur ein Stoffstrom die Systemgrenze überquert, gilt

$$dQ + dW_t + \left(h_1 + \frac{c_1^2}{2} + gz_1\right) dm_1 = dE.$$

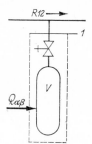

Abb. 2.32. Füllen einer Gasflasche aus einer Leitung, in der das Kältemittel R 12 strömt

Wir vernachlässigen kinetische und potentielle Energien; da $dW_t = 0$ ist, ergibt sich

$$dQ + h_1\,dm_1 = dU,$$

wobei U die innere Energie des R 12 ist, das sich in der Gasflasche befindet. Da der Zustand des einströmenden R 12 zeitlich konstant ist, findet man durch Integration

$$Q_{\alpha\beta} = -h_1(m_\beta - m_\alpha) + U_\beta - U_\alpha.$$

Für die innere Energie des gasförmigen R 12 vor dem Füllen gilt

$$U_\alpha = m_\alpha u_\alpha = m_\alpha(h_\alpha - p_\alpha v_\alpha)$$

$$= 0,0102\,\text{kg}\left(303,76\,\frac{\text{kJ}}{\text{kg}} - 1,005\,\text{bar} \cdot 196,7\,\frac{\text{dm}^3}{\text{kg}}\right) = 2,9\,\text{kJ}.$$

Am Ende des Füllens ist die innere Energie des nassen Dampfes

$$U_\beta = m'_\beta u' + m''_\beta u'' = m'_\beta(h' - p_s v') + m''_\beta(h'' - p_s v'')$$

$$= m'_\beta h' + m''_\beta h'' - p_s V,$$

wobei p_s der Dampfdruck des R 12 bei 20°C ist. Dies ergibt

$$U_\beta = 2,128\,\text{kg} \cdot 153,73\,\frac{\text{kJ}}{\text{kg}} + 0,013\,\text{kg} \cdot 296,78\,\frac{\text{kJ}}{\text{kg}} - 5,691\,\text{bar} \cdot 2,00\,\text{dm}^3$$

$$= 329,8\,\text{kJ}.$$

Wir erhalten somit für die Wärme

$$Q_{\alpha\beta} = -315,94\,(\text{kJ/kg}) \cdot 2,131\,\text{kg} + (329,8 - 2,9)\,\text{kJ} = -346\,\text{kJ}.$$

Die Gasflasche muß also beim Füllen gekühlt werden, damit die anfänglich vorhandene Temperatur von 20°C erhalten bleibt und das eingefüllte Gas kondensiert.

6   Baehr, Thermodynamik, 3. Aufl.

2.34 Enthalpie

Ein strömendes Fluid, das die Grenze eines Kontrollraumes (eines offenen Systems) überquert, bringt neben seiner spezifischen inneren Energie u und seiner kinetischen und potentiellen Energie auch die spez. Strömungsenergie pv in das offene System hinein, vgl. Abschn. 2.33. In den Gleichungen des 1. Hauptsatzes haben wir die beiden Terme u und pv zur spez. Enthalpie

$$h = u + pv$$

zusammengefaßt. Da die Enthalpie eine Zustandsgröße ist, läßt sie sich als Funktion zweier unabhängiger Zustandsgrößen, z. B. als Funktion der thermischen Zustandsgrößen T und p, darstellen. Diesen funktionalen Zusammenhang

$$h = h(T, p)$$

bezeichnet man ebenso wie die Beziehung $u = u(T, v)$ als *kalorische Zustandsgleichung*. Man ermittelt sie meistens aus der thermischen Zustandsgleichung $v = v(T, p)$ unter Benutzung allgemein gültiger thermodynamischer Zusammenhänge, worauf wir in Abschn. 4.31 eingehen.

Im Differential der spezifischen Enthalpie,

$$dh = \left(\frac{\partial h}{\partial T}\right)_p dT + \left(\frac{\partial h}{\partial p}\right)_T dp,$$

nennt man die partielle Ableitung

$$c_p = (\partial h / \partial T)_p$$

die *spezifische Wärmekapazität bei konstantem Druck*. Diese Bezeichnung geht noch auf die längst aufgegebene Stofftheorie der Wärme zurück. Mit Hilfe von c_p kann man Enthalpiedifferenzen zwischen Zuständen gleichen Drucks berechnen:

$$h(T_2, p) - h(T_1, p) = \int_{T_1}^{T_2} c_p(T, p)\, dT.$$

Diese Rechnung wird besonders einfach, wenn man, etwa in kleinen Temperaturintervallen $T_2 - T_1$, die Temperaturabhängigkeit von c_p vernachlässigen kann. Man erhält dann

$$h(T_2, p) - h(T_1, p) = c_p \cdot (T_2 - T_1).$$

Häufig kann man die Druckabhängigkeit der Enthalpie unberücksichtigt lassen, z. B. bei Flüssigkeiten und festen Körpern. Die Berechnung von Enthalpiedifferenzen aus c_p ist dann auch für Zustände mit verschiedenen Drücken zulässig.

Die spez. *Enthalpie idealer Gase* hängt vom Druck überhaupt nicht ab. Es gilt nämlich

$$h = u + pv = u(T) + R \cdot T = h(T).$$

Ideale Gase haben also besonders einfache kalorische Zustandsgleichungen: innere Energie und Enthalpie sind reine Temperaturfunktionen. Dies gilt auch für die spez. Wärmekapazität

$$c_p^0(T) = \frac{dh}{dT} = \frac{du}{dT} + R = c_v^0(T) + R.$$

Obwohl c_p^0 und c_v^0 Temperaturfunktionen sind, ist die Differenz

$$c_p^0(T) - c_v^0(T) = R$$

unabhängig von T gleich der Gaskonstante R des idealen Gases.

Beispiel 2.9. Luft strömt durch eine adiabate Drosselstelle. Dies ist ein Hindernis im Strömungskanal, z.B. ein Absperrschieber, ein Ventil oder eine zu Meßzwecken angebrachte Blende, Abb.2.33. Durch die Drosselung vermindert sich der Druck der mit $T_1 = 300{,}0$ K anströmenden Luft von $p_1 = 10{,}0$ bar

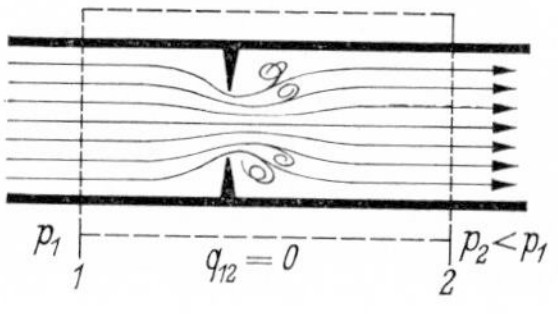

Abb.2.33. Schema einer adiabaten Drosselung

auf $p_2 = 7{,}0$ bar. Unter Vernachlässigung der Änderungen von kinetischer und potentieller Energie bestimme man die Temperatur T_2. Wie ändert sich das Ergebnis durch Berücksichtigung der kinetischen Energie, wenn die Geschwindigkeit $c_1 = 20$ m/s ist und die Querschnittsflächen A_1 und A_2 des Kanals vor und hinter der Drosselstelle gleich groß sind?

Wir grenzen den in Abb.2.33 gezeigten Kontrollraum ab. Nach dem 1. Hauptsatz für stationäre Fließprozesse gilt

$$q_{12} + w_{t12} = h_2 - h_1 + \frac{1}{2}(c_2^2 - c_1^2) + g(z_2 - z_1).$$

Da keine technische Arbeit verrichtet wird ($w_{t12} = 0$) und das offene System adiabat ist ($q_{12} = 0$), folgt hieraus bei Vernachlässigung von kinetischer und potentieller Energie

$$h_2 = h_1.$$

Die Enthalpie des strömenden Fluids ist hinter der Drosselstelle genauso groß wie davor[1]. Daraus läßt sich bei bekannter kalorischer Zustandsgleichung die Temperatur T_2 aus p_2 und $h_2 = h_1$ berechnen.

Nehmen wir die Luft als ideales Gas an, so erhalten wir $T_2 = T_1 = 300{,}0$ K; denn die Enthalpie idealer Gase hängt nur von der Temperatur ab. Obwohl der Druck sinkt, tritt keine Temperaturänderung auf. Bei der Drosselung eines realen Gases, dessen Enthalpie auch vom Druck abhängt, beobachtet man jedoch eine Temperaturänderung. Diese Erscheinung wird *Joule-Thomson-Effekt* genannt. Für das vorliegende Beispiel findet man aus einer genauen Tafel der Zustandsgrößen des realen Gases Luft[2] $h_1 = 298{,}49$ kJ/kg und auf der Isobare $p = p_2$

---

[1] Dies bedeutet nicht, daß die Enthalpie während der adiabaten Drosselung konstant bleibt. Die Zustandsänderung des Fluids zwischen den Querschnitten 1 und 2 ist nämlich nichtstatisch, so daß über sie thermodynamisch keine Aussage möglich ist.

[2] Baehr, H. D., Schwier, K.: Die thermodynamischen Eigenschaften der Luft im Temperaturbereich zwischen −210°C und +1250°C bis zu Drücken von 4500 bar. S. 98. Berlin-Göttingen-Heidelberg: Springer 1961.

$= 7{,}0$ bar die Werte[1] $h\,(290\ \mathrm{K}) = 288{,}98\ \mathrm{kJ/kg}$ und $h\,(300\ \mathrm{K}) = 299{,}14\ \mathrm{kJ/kg}$. Die Bedingung $h_2 = h_1$ ist, wie man durch Interpolation zwischen den beiden letzten Werten findet, für $T_2 = 299{,}35\ \mathrm{K}$ erfüllt. Die Luft kühlt sich also bei der Drosselung um $0{,}65\ \mathrm{K}$ ab, weil sich ihre Enthalpie schon bei den hier vorliegenden niedrigen Drücken geringfügig mit dem Druck ändert. Die Messung des Joule-Thomson-Effekts, also der Temperaturänderung bei der adiabaten Drosselung, bietet eine Möglichkeit, die Druckabhängigkeit der Enthalpie experimentell zu bestimmen. Meistens wird sie jedoch aus der thermischen Zustandsgleichung berechnet, Abschn. 4.31.

Wir untersuchen nun noch, ob es zulässig war, die Änderung der kinetischen Energie zu vernachlässigen. Hierzu behandeln wir die Luft wieder als ideales Gas und wenden die Kontinuitätsgleichung, vgl. S. 37, an, um die Geschwindigkeit c_2 zu bestimmen. Aus

$$c_1 \varrho_1 A_1 = c_2 \varrho_2 A_2$$

folgt mit $A_2 = A_1$

$$c_2 = c_1 \varrho_1 / \varrho_2 = c_1 \frac{p_1 T_2}{p_2 T_1}. \qquad (2.27\,\mathrm{a})$$

Hierin ist T_2 noch unbekannt; doch steht uns noch die Gleichung

$$h_2 - h_1 + \frac{1}{2}\,(c_2^2 - c_1^2) = 0$$

des 1. Hauptsatzes zur Verfügung. Hierin setzen wir

$$h_2 - h_1 = c_p^0 (T_2 - T_1),$$

denn wegen der zu erwartenden geringen Temperaturänderung können wir mit konstantem

$$c_p^0 = c_v^0 + R = (0{,}717 + 0{,}287)\ (\mathrm{kJ/kg\ K}) = 1{,}004\ \mathrm{kJ/kg\ K}$$

rechnen. Somit wird

$$T_2 = T_1 - \frac{c_2^2 - c_1^2}{2 c_p^0}. \qquad (2.27\,\mathrm{b})$$

Wir haben nun die beiden Gl. (2.27 a) und (2.27 b), um T_2 und c_2 zu berechnen. Wir lösen sie iterativ, setzen als erste Näherung $T_2^{(1)} = T_1 = 300\ \mathrm{K}$ und erhalten aus (2.27 a) den Näherungswert $c_2^{(1)} = 28{,}6\ \mathrm{m/s}$. Damit ergibt sich aus (2.27 b) ein neuer Wert für T_2, nämlich $T_2^{(2)} = 299{,}79\ \mathrm{K}$. Gl. (2.27 a) liefert mit dieser Temperatur $c_2^{(2)} = 28{,}55\ \mathrm{m/s}$, was in Gl. (2.27 b) eingesetzt für T_2 einen Wert ergibt, der sich von $T_2^{(2)}$ um weniger als $0{,}01\ \mathrm{K}$ unterscheidet. Es ergibt sich also $T_2 = 299{,}79\ \mathrm{K}$ als Temperatur hinter der Drosselstelle. Obwohl sich der Druck bei der Drosselung erheblich vermindert, führt dies nicht zu einer nennenswerten Beschleunigung der Strömung. Infolge Reibung und Wirbelbildung tritt hier die bei reibungsfreier Strömung zu erwartende Zunahme der kinetischen Energie, verbunden mit einer entsprechend großen Enthalpieabnahme nicht ein.

Im vorliegenden Beispiel liefert die Lösung des Problems unter den vereinfachenden Annahmen ideales Gas und Vernachlässigung der kinetischen Energie ein Ergebnis, das im Rahmen der technischen Genauigkeit genügend genau sein dürfte. Die Druckabhängigkeit der Enthalpie spielt jedoch eine größere Rolle bei höheren Drücken und bei niedrigeren Temperaturen. Die kinetische Energie ist bei größeren Strömungsgeschwindigkeiten nicht zu vernachlässigen, worauf wir nochmals in Abschn. 6.24 eingehen.

---

[1] Die hier angegebenen Werte sind auf einen willkürlich gewählten Enthalpienullpunkt bezogen. Ihre absolute Größe ist ohne Bedeutung, es kommt nur auf Enthalpiedifferenzen an.

2.35 Kreisprozesse mit stationär umlaufendem Fluid

Jeder Prozeß, der ein System wieder in seinen Anfangszustand zurück-bringt, heißt Kreisprozeß. Nach Durchlaufen eines Kreisprozesses nehmen alle Zustandsgrößen des Systems wie Druck, Temperatur, spez. Volumen, spez. innere Energie und Enthalpie die Werte an, die sie im Anfangszustand hatten. Dies gilt für jeden Kreisprozeß, gleichgültig ob er sich aus reversiblen oder irreversiblen Teilprozessen zusammensetzt. Falls die Zustandsänderung des Systems bei einem Kreisprozeß quasistatisch ist, läßt sie sich in Zustandsdiagrammen, z.B. im p, v-Diagramm als geschlossene Kurve darstellen. Da alle reversiblen Prozesse mit quasistatischen Zustandsänderungen verbunden sind, ist diese Darstellung insbesondere bei allen reversiblen Kreisprozessen möglich.

Bei den Kreisprozessen, die in den technischen Anwendungen der Thermodynamik auftreten, läuft meistens ein stationär strömendes Fluid um, so daß seine Zustandsgrößen und der Energiefluß von und

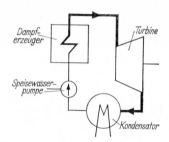

Abb. 2.34. Stark vereinfachtes Schaltbild einer Dampfkraftanlage

zur Umgebung von der Zeit nicht abhängen. Dies ist z.B. in einer Dampfkraftanlage der Fall, deren stark vereinfachtes Schaltbild Abb. 2.34 zeigt. Wasserdampf strömt vom Dampferzeuger über die Turbine zum Kondensator, kondensiert dort, und wird von der Speisewasserpumpe als (flüssiges) Wasser zum Dampferzeuger gefördert, in dem es verdampft.

Bei einem Kreisprozeß mit stationär umlaufendem Fluid strömt dieses durch hintereinandergeschaltete offene Systeme; bei der Dampfkraftanlage nach Abb. 2.34 sind dies der Dampferzeuger, die Turbine, der Kondensator und die Speisewasserpumpe. Auf die Teilprozesse, die in den einzelnen offenen Systemen (Kontrollräumen) ablaufen, wenden wir den 1. Hauptsatz für stationäre Fließprozesse an und erhalten

$$q_{12} + w_{t12} = h_2 - h_1 + \frac{1}{2}(c_2^2 - c_1^2) + g(z_2 - z_1),$$

$$q_{23} + w_{t23} = h_3 - h_2 + \frac{1}{2}(c_3^2 - c_2^2) + g(z_3 - z_2),$$

$$\dots\dots\dots\dots\dots\dots\dots\dots\dots\dots\dots\dots\dots\dots\dots$$

$$q_{n1} + w_{tn1} = h_1 - h_n + \frac{1}{2}(c_1^2 - c_n^2) + g(z_1 - z_n).$$

Addiert man diese Gleichungen, so erhält man für den ganzen Kreisprozeß

$$\Sigma\, q_{ik} + \Sigma\, w_{tik} = 0,$$

weil sich die auf der rechten Seite des Gleichungssatzes stehenden Zustandsgrößen sämtlich wegheben.

Wir definieren nun die spez. *Nutzarbeit* oder Gesamtarbeit *des Kreisprozesses* durch die Gleichung

$$w_t \equiv \Sigma\, w_{tik}$$

und erhalten für diese Größe aus dem 1. Hauptsatz

$$-w_t = -\Sigma\, w_{tik} = \Sigma\, q_{ik}. \tag{2.28}$$

Die abgegebene Nutzarbeit $(-w_t)$ *eines Kreisprozesses ist gleich dem Überschuß der als Wärme aufgenommenen Energie über die als Wärme abgegebene Energie.* Wir können dieses Resultat auch so ausdrücken: Bei einem Kreisprozeß wird die dem umlaufenden Fluid als Wärme zugeführte Energie zum Teil in Nutzarbeit umgewandelt und zum Teil wieder als Wärme abgegeben.

Die eben gegebene Interpretation von Gl. (2.28) ging davon aus, daß $\Sigma\, q_{ik} > 0$ ist, bei den einzelnen Teilprozessen also mehr Wärme zugeführt als abgeführt wird. Dies ist bei Kreisprozessen der Fall, die in sog. *Wärmekraftmaschinen* oder *Wärmekraftanlagen* ablaufen. Diese Anlagen, etwa die als Beispiel genannte einfache Dampfkraftanlage, haben den Zweck, Nutzarbeit zu liefern. Ist dagegen $\Sigma\, q_{ik} < 0$, so wird mehr Wärme abgegeben als aufgenommen, und es muß Nutzarbeit zugeführt werden $(w_t > 0)$. Derartige Kreisprozesse kommen bei *Wärmepumpen* und *Kälteanlagen* vor; hierauf werden wir in Abschn. 7.13 und 7.2 noch ausführlich eingehen.

Multipliziert man Gl. (2.28) mit dem Massenstrom $\dot{m}$ des stationär umlaufenden Fluids, so erhält man für die *Nutzleistung P* des Kreisprozesses

$$-P = \dot{m}(-w_t) = -\Sigma\, P_{ik} = \Sigma\, \dot{Q}_{ik}.$$

An die Stelle der technischen Arbeiten und der Wärmen treten die (mechanischen) Leistungen P_{ik} und die Wärmeströme $\dot{Q}_{ik}$ der einzelnen Teilprozesse. Die Gleichung für die Nutzleistung hätten wir auch durch eine Leistungsbilanz für einen Kontrollraum erhalten können, der das ganze stationär umlaufende Fluid umschließt. Da stationäre Verhältnisse vorliegen, bleibt der Energieinhalt dieses Kontrollraums zeitlich konstant; die Summe aller Energieströme über seine Grenzen muß somit Null ergeben,

$$\Sigma\, \dot{Q}_{ik} + \Sigma\, P_{ik} = 0,$$

woraus sofort die obige Gleichung für die Nutzleistung folgt.

Bei *reversiblen Kreisprozessen* läßt sich die technische Arbeit jedes Teilprozesses nach S. 76 durch

$$(w_{tik})_{\mathrm{rev}} = \int_i^k v\, dp + \frac{1}{2}(c_k^2 - c_i^2) + g(z_k - z_i)$$

mit der notwendig quasistatischen Zustandsänderung des umlaufenden Fluids verknüpfen. Für den ganzen Kreisprozeß, also für die abgegebene Nutzarbeit folgt dann

$$-(w_t)_{\text{rev}} = -\int_1^2 v\,dp - \int_2^3 v\,dp - \cdots = \Sigma\,(q_{ik})_{\text{rev}},$$

also

$$-(w_t)_{\text{rev}} = -\oint v\,dp = \Sigma\,(q_{ik})_{\text{rev}}.$$

Das für den ganzen reversiblen Kreisprozeß zu bildende Rund- oder Kreis-Integral einschließlich des negativen Vorzeichens bedeutet geometrisch im p, v-Diagramm des umlaufenden Fluids die von den Zustandslinien eingeschlossene Fläche. Diese Fläche ist positiv, wenn der Kreisprozeß rechtsherum durchlaufen wird, Abb. 2.35. Ein rechts-

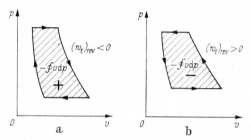

Abb. 2.35. Darstellung reversibler Kreisprozesse im p, v-Diagramm. a) Rechtsläufiger Kreisprozeß des Arbeitsmediums einer Wärmekraftmaschine mit abgegebener Nutzarbeit. b) Linksläufiger Kreisprozeß des Arbeitsmediums einer Wärmepumpe mit zuzuführender Nutzarbeit

läufiger Kreisprozeß liefert demnach Nutzarbeit, während ein linksläufiger Kreisprozeß einer Zufuhr von Nutzarbeit bedarf, damit mehr Wärme abgegeben als aufgenommen wird. In Wärmekraftmaschinen vollführt daher das Arbeitsmedium stets einen rechtsläufigen Kreisprozeß, in Wärmepumpen einen linksläufigen.

Beispiel 2.10. In der historischen Entwicklung und in älteren Darstellungen der Thermodynamik hat der *Carnot-Prozeß*, ein reversibler, 1824 von N. L. S. Car-

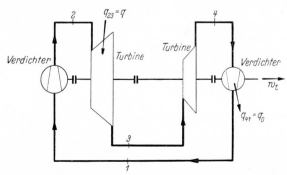

Abb. 2.36. Schaltschema einer nach dem Carnot-Prozeß arbeitenden Wärmekraftmaschine

not angegebener Kreisprozeß, eine bedeutende Rolle gespielt. Ehe man seine grundsätzlichen Nachteile erkannt hatte, versuchte man ohne Erfolg, diesen Kreisprozeß in Wärmekraftmaschinen zu verwirklichen. Der Carnot-Prozeß besteht aus vier *reversiblen* Teilprozessen: adiabate Verdichtung 1—2, isotherme Entspannung 2—3, adiabate Entspannung 3—4 und isotherme Verdichtung 4—1, womit der Kreisprozeß geschlossen ist. Das Schaltbild einer nach dem Carnot-Prozeß arbeitenden Wärmekraftmaschine zeigt Abb. 2.36, die Zustandsänderungen des stationär umlaufenden Fluids Abb. 2.37.

Für das ideale Gas Helium als umlaufendes Arbeitsmedium soll ein Carnot-Prozeß mit folgenden Daten berechnet werden: $T_0 = T_1 = T_4 = 300$ K, $T = T_2 = T_3 = 850$ K, Druckverhältnis $p_{max}/p_{min} = p_2/p_4 = 50$. Die Gaskonstante des He ist $R = 2,077$ kJ/kg K, seine spez. Wärmekapazität c_p^0 hängt nicht von der Temperatur ab und hat den Wert $c_p^0 = 5,193$ kJ/kg K. Gesucht sind die bei den vier Teilprozessen als technische Arbeit und als Wärme aufgenommenen oder abgeführten Energien sowie die spez. Nutzarbeit des Kreisprozesses. Die

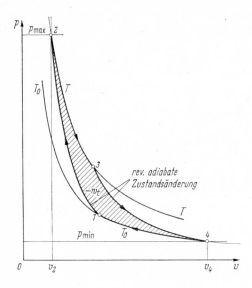

Abb. 2.37. Zustandsänderungen des reversiblen Carnot-Prozesses im p, v-Diagramm

Änderungen von kinetischer und potentieller Energie sollen vernachlässigt werden. Um die Schreibweise zu vereinfachen, lassen wir den Index „rev" fort, weil *alle* Rechnungen für den reversiblen Kreisprozeß gelten.

Für die adiabate Verdichtung 1—2 und die adiabate Entspannung 3—4 erhalten wir aus dem 1. Hauptsatz für stationäre Fließprozesse,

$$q_{12} + w_{t12} = h_2 - h_1,$$

mit $q_{12} = 0$ (adiabat!) für die technische Arbeit

$$w_{t12} = h_2 - h_1 = c_p^0(T_2 - T_1) = c_p^0(T - T_0)$$

und ebenso mit $q_{34} = 0$

$$w_{t34} = h_4 - h_3 = c_p^0(T_4 - T_3) = -c_p^0(T - T_0).$$

Die beiden Arbeiten heben sich gerade auf. Der adiabate Verdichter und die adiabate Turbine laufen sozusagen nutzlos gegeneinander. Es wird

$$w_{t12} = -w_{t34} = c_p^0(T - T_0) = 5{,}193\,\frac{\mathrm{kJ}}{\mathrm{kg\ K}}\,(850 - 300)\,\mathrm{K} = 2856\,\mathrm{kJ/kg}.$$

Die Nutzarbeit des Kreisprozesses kann also nur aus der Differenz der technischen Arbeiten bei der isothermen Verdichtung und der isothermen Entspannung stammen. Da die Enthalpie idealer Gase nur von der Temperatur abhängt, wird

$$q_{23} + w_{t23} = h_3 - h_2 = 0,$$

also

$$q_{23} = -w_{t23} = -\int\limits_2^3 v\,dp = RT\ln\,(p_2/p_3)$$

und ebenso

$$q_{41} = -w_{t41} = -RT_0\ln\,(p_1/p_4).$$

Die vier Drücke p_1 bis p_4 können nicht unabhängig voneinander gewählt werden, denn die Eckpunkte des Carnot-Prozesses sind durch die Schnittpunkte der beiden Isothermen mit den beiden Zustandslinien der reversiblen adiabaten Verdichtung bzw. Entspannung gegeben. Für den Zusammenhang zwischen Druck und Temperatur eines idealen Gases bei einem reversiblen adiabaten Prozeß fanden wir auf S. 69

$$p_2/p_1 = (T_2/T_1)^{(c_v^0+R)/R} = (T_2/T_1)^{c_p^0/R}.$$

Es gilt also für den Carnot-Prozeß

$$p_2/p_1 = (T/T_0)^{c_p^0/R}$$

und

$$(p_3/p_4) = (T_3/T_4)^{c_p^0/R} = (T/T_0)^{c_p^0/R} = p_2/p_1.$$

Daraus folgt aber

$$\frac{p_2}{p_3} = \frac{p_\mathrm{max}}{p_3} = \frac{p_\mathrm{max}}{p_\mathrm{min}}\frac{p_4}{p_3} = \frac{p_\mathrm{max}}{p_\mathrm{min}}\left(\frac{T_0}{T}\right)^{c_p^0/R}$$

und

$$\frac{p_1}{p_4} = \frac{p_2}{p_3} = \frac{p_\mathrm{max}}{p_\mathrm{min}}\left(\frac{T_0}{T}\right)^{c_p^0/R} = 50\cdot\left(\frac{300}{850}\right)^{2{,}50} = 3{,}700.$$

Für die isotherme Expansion erhalten wir damit

$$q_{23} = -w_{t23} = 2{,}077\,\frac{\mathrm{kJ}}{\mathrm{kg\ K}}\,850\,\mathrm{K}\cdot\ln 3{,}70 = 2310\,\mathrm{kJ/kg}$$

und für die isotherme Verdichtung

$$q_{41} = -w_{t41} = -815\,\mathrm{kJ/kg}.$$

Die abgegebene Nutzarbeit des reversiblen Carnot-Prozesses wird nun

$$-w_t = -w_{t23} - w_{t41} = R(T - T_0)\ln\,(p_2/p_3)$$
$$= (2310 - 815)\,\mathrm{kJ/kg} = 1495\,\mathrm{kJ/kg}.$$

Setzt man diese Größe ins Verhältnis zur Energie, die als Wärme zugeführt wird, so erhält man

$$\eta_\mathrm{th} = \frac{-w_t}{q_{23}} = \frac{T - T_0}{T} = 0{,}647.$$

Fast zwei Drittel der zugeführten Wärme werden bei diesem Kreisprozeß in Nutzarbeit umgewandelt; der Rest wird als Abwärme q_{41} bei der isothermen Verdichtung abgegeben. Den Quotienten η_th bezeichnet man als den thermischen Wirkungsgrad des Kreisprozesses. Der thermische Wirkungsgrad des mit einem idealen Gas ausgeführten reversiblen Carnot-Prozesses hängt nur von den beiden Temperaturen T bei der isothermen Wärmeaufnahme und T_0 bei der isothermen Wärmeabgabe ab.

Dem Vorteil eines recht hohen thermischen Wirkungsgrades, also eines günstigen Umwandlungsverhältnisses von Wärme in Nutzarbeit, stehen Nachteile gegenüber, die die praktische Durchführung des Carnot-Prozesses vereiteln. Isotherme Verdichtung und Entspannung unter Arbeitsverrichtung sind Prozesse, die sich in Maschinen praktisch nicht ausführen lassen. Die Nutzarbeit ist schon beim reversiblen Prozeß klein gegenüber den Arbeiten der vier Teilprozesse. Die vier Maschinen verrichten insgesamt die Arbeit

$$w_{t12} + w_{t23} + |w_{t34}| + |w_{t41}| = (2856 + 2310 + 2856 + 815)\ \text{kJ/kg}$$
$$= 8837\ \text{kJ/kg} = 5{,}922\ (-w_t).$$

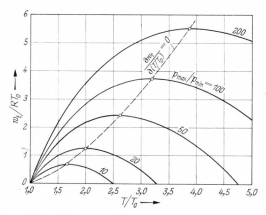

Abb. 2.38. Abgegebene Nutzarbeit des reversiblen Carnot-Prozesses als Funktion des Temperaturverhältnisses T/T_0 für verschiedene Druckverhältnisse p_{max}/p_{min}. Das Arbeitsmedium ist ein ideales

Gas mit $c_p^0/R = 2{,}5$ (Edelgas)

Die insgesamt installierte Maschinenleistung ist fast das Sechsfache der Nutzleistung, denn die von den Turbinen abgegebene Leistung ist nur um 40% größer als die von den Verdichtern aufgenommene Leistung. Bei einem wirklichen Prozeß verringert sich die Turbinenleistung als Folge der Irreversibilitäten, während aus dem gleichen Grund der Leistungsbedarf der Verdichter steigt. Damit nimmt die Nutzleistung als kleine Differenz zweier großer Leistungen erheblich ab und wird bei realistischer Einschätzung der Verluste zu Null.

Der dritte wesentliche Nachteil entsteht durch die hohen Druckverhältnisse p_{max}/p_{min}. Abb. 2.38 zeigt, wie die Nutzarbeit von T/T_0 und vom Druckverhältnis abhängt. Will man hohe thermische Wirkungsgrade erreichen, so muß T/T_0 so hoch gewählt werden, wie es die Werkstoffestigkeit zuläßt. Bei Werten von T/T_0 = 3 bis 4, die vom Werkstoff her zulässig sind, nimmt p_{max}/p_{min} derart hohe Werte an, daß eine technische Realisierung des Carnot-Prozesses ausgeschlossen ist.

3. Der 2. Hauptsatz der Thermodynamik

In Abschn. 1.44 hatten wir den 2. Hauptsatz der Thermodynamik als Prinzip der Irreversibilität formuliert. *Alle natürlichen Prozesse sind irreversibel.* Das heißt: Es gibt in der Natur keinen Prozeß, der sich in allen seinen Auswirkungen vollständig rückgängig machen läßt. Aus diesem allgemeinen Erfahrungssatz haben wir bisher Folgerungen nur für Einzelprobleme gezogen. Wir erkannten, daß bestimmte Prozesse und die damit verbundenen Energieumwandlungen nur in *einer* Richtung möglich sind. So konnte beispielsweise einem Fluid mit konstantem Volumen Energie als Wellenarbeit zugeführt, aber niemals entzogen werden, vgl. S. 47. Reversible Prozesse als idealisierte Grenzfälle der natürlichen, irreversiblen Prozesse haben wir als besonders günstig für die Möglichkeit von Energieumwandlungen erkannt. Da reversible Prozesse mit quasistatischen Zustandsänderungen verbunden sind, lassen sich die Prozeßgrößen Arbeit und Wärme weitgehend aus der Zustandsänderung des Systems berechnen, was bei irreversiblen Prozessen nicht möglich ist.

In den folgenden Abschnitten wollen wir nun allgemein anwendbare *quantitative* Formulierungen des 2. Hauptsatzes gewinnen. Denn in Naturwissenschaft und Technik ist man stets bestrebt, die gefundenen Gesetze in quantitativer Form, nämlich durch mathematische Beziehungen zwischen physikalischen Größen auszudrücken. Dies gelang für den 1. Hauptsatz durch die Einführung der Zustandsgröße innere Energie in Verbindung mit den Prozeßgrößen Arbeit und Wärme. Unser Ziel ist es nun, auch das Prinzip der Irreversibilität mittels einer Zustandsgröße quantitativ zu formulieren, damit man mit dem 2. Hauptsatz in gleicher Weise „rechnen" kann wie mit dem 1. Hauptsatz. Die gesuchte Zustandsgröße hat R. Clausius eingeführt und 1865 als *Entropie* bezeichnet. Wir werden sie im nächsten Abschnitt herleiten.

3.1 Entropie und thermodynamische Temperatur

3.11 Das Prinzip der Irreversibilität, angewendet auf adiabate Systeme

Um die Zustandsgröße Entropie für die quantitative Formulierung des 2. Hauptsatzes zu gewinnen, wenden wir das Prinzip der Irreversibilität auf adiabate Systeme an. Wir betrachten zuerst ein (ruhendes) einfaches System, nämlich ein Fluid mit konstanter Masse m. Ist die-

ses System von adiabaten Wänden umgeben, so kann man seinen
Zustand und seine innere Energie nur durch Verrichten von Arbeit
ändern. Nach den Ausführungen von S. 47 besteht diese Arbeit aus
Volumenänderungsarbeit und aus Wellenarbeit, so daß für die Änderung der inneren Energie

$$U_2 - U_1 = (W_{12})_{ad} = W_{12}^V + W_{12}^W$$

gilt, Abb. 3.1. Hält man nun das Volumen konstant, so ist die Volumenänderungsarbeit $W_{12}^V = 0$ und es folgt

$$U_2 - U_1 = W_{12}^W \geqq 0. \tag{3.1}$$

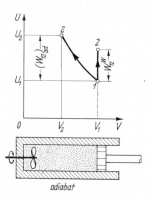

Abb. 3.1. Adiabates System,
dessen innere Energie U durch
das Verrichten von Volumenänderungsarbeit und von Wellenarbeit geändert wird

Wie wir schon auf S. 47 feststellten, kann das Fluid Wellenarbeit nur
aufnehmen aber nicht abgeben. Die Zufuhr von Wellenarbeit an ein
ruhendes Fluid ist ein natürlicher Prozeß; seine Umkehrung wurde
noch nie beobachtet, sie widerspricht dem Prinzip der Irreversibilität.
In Gl. (3.1) kann daher W_{12}^W niemals negativ sein. Wir erhalten somit
aus Gl. (3.1) als Folge des Prinzips der Irreversibilität:

*Es ist unmöglich, die innere Energie eines einfachen adiabaten
Systems bei konstant gehaltenem Volumen zu verringern.*

Diese spezielle Formulierung des 2. Hauptsatzes können wir auf
nicht einfache adiabate Systeme verallgemeinern. Dies können zusammengesetzte Systeme sein, z. B. das in Abb. 3.2 gezeigte System
mit zwei Volumina als Arbeitskoordinaten, oder Systeme, die neben

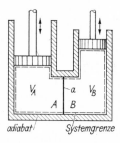

Abb. 3.2. Zusammengesetztes
adiabates System als Beispiel
eines nicht einfachen Systems.
a diatherme Wand zwischen
den Teilsystemen A und B

dem Volumen noch andere Arbeitskoordinaten wie die elektrische Ladung oder die Größe der Oberfläche besitzen, vgl. S. 55. Hält man hier alle Arbeitskoordinaten konstant, so sind reversible adiabate Prozesse nicht möglich, sondern nur Prozesse, bei denen die als Arbeit zugeführte Energie dissipiert, nämlich irreversibel in innere Energie umgewandelt wird. Eine Arbeitsabgabe ist nicht möglich. Wir verallgemeinern daher den eben für einfache Systeme formulierten Satz, indem wir statt von konstantem Volumen ganz allgemein von konstant gehaltenen Arbeitskoordinaten sprechen:

Es ist unmöglich, die innere Energie eines adiabaten Systems bei konstant gehaltenen Arbeitskoordinaten zu verringern.

Aus dieser Formulierung des 2. Hauptsatzes ziehen wir weitere Folgerungen für adiabate Systeme, die wir zunächst für einfache Systeme mit dem Volumen als einziger Arbeitskoordinate formulieren. Die Zustände eines solchen Systems mit konstanter Masse entsprechen den Punkten in einem U, V-Diagramm, Abb. 3.3. Hier ist durch den Zustand 1 die Zustandslinie gezeichnet, die einer reversiblen adiabaten Entspannung oder Verdichtung entspricht. Für diese notwendig quasistatische Zustandsänderung gilt nach dem 1. Hauptsatz

$$dU + p\,dV = 0,$$

also

$$\left(\frac{\partial U}{\partial V}\right)_{\text{rev ad}} = -p.$$

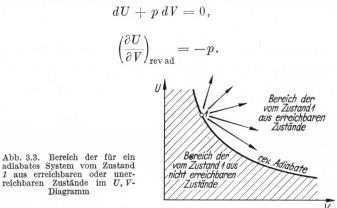

Abb. 3.3. Bereich der für ein adiabates System vom Zustand *1* aus erreichbaren oder unerreichbaren Zustände im U, V-Diagramm

Der Anstieg dieser Linie, die wir vorläufig reversible Adiabate nennen, ist also durch den negativen Druck des Fluids gegeben.

Die reversible Adiabate trennt das U, V-Diagramm in zwei Gebiete: Alle Zustände oberhalb dieser Linie kann das adiabate System vom Zustand 1 aus (und von jedem anderen Zustand auf der reversiblen Adiabate) erreichen, alle Zustände unterhalb der reversiblen Adiabate dagegen nicht, Abb. 3.3. Die Richtigkeit dieser Behauptung erkennt man durch folgende Überlegungen. Das Volumen $V = V_2$ eines beliebigen Zustands 2 oberhalb oder 2* unterhalb der reversiblen Adiabate läßt sich vom Zustand 1 aus durch reversible Expansion oder Kompression erreichen. Das System befindet sich dann im Zustand 2′ auf der reversiblen Adiabate, Abb. 3.4. Da es nach dem 2. Hauptsatz un-

möglich ist, die innere Energie bei konstant gehaltenem Volumen zu
verkleinern, läßt sich der Zustand 2* mit $U_{2*} < U_{2'}$ nicht erreichen.
Dagegen ist es möglich, durch Dissipation zugeführter Wellenarbeit in
den Zustand 2 mit $U_2 > U_{2'}$ zu gelangen. Es gilt somit die folgende
Aussage des 2. Hauptsatzes[1]:

> *Für ein einfaches adiabates System sind von einem gegebenen
> Anfangszustand aus jene Zustände nicht erreichbar, die eine klei-
> nere innere Energie besitzen als die durch reversible Prozesse er-
> reichbaren Zustände gleichen Volumens.*

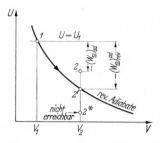

Abb. 3.4. U, V-Diagramm mit
reversibler Adiabate

Für die Umwandlung der inneren Energie eines adiabaten Systems
in Arbeit gilt

$$-(W_{12})_{\text{ad}} = U_1 - U_2.$$

Die abgegebene oder gewonnene Arbeit ist gleich der Abnahme der
inneren Energie des Systems. Da es nach dem 2. Hauptsatz nicht möglich ist, die innere Energie des adiabaten Systems bei konstant gehaltenem Volumen zu verringern, erhält man die größte *abgegebene* Arbeit
bei reversibler Expansion, vgl. Abb. 3.4. Wir können daher aus dem
2. Hauptsatz folgern:

> *Bei allen Prozessen eines adiabaten Systems zwischen gegebenem
> Anfangs- und Endvolumen liefert der reversible Prozeß die größte
> abgegebene Arbeit.*

Damit haben wir für adiabate Systeme durch den 2. Hauptsatz bewiesen, daß der reversible Prozeß energetisch am günstigsten ist, weil
er den anfänglich vorhandenen Vorrat an innerer Energie weitest-
gehend in Arbeit umsetzt. Während sich Arbeit (z. B. durch Dissipation
von Wellenarbeit oder elektrischer Arbeit) in beliebigem Ausmaß in

---

[1] C. Carathéodory (Untersuchungen über die Grundlagen der Thermodynamik. Math. Ann. 67 (1909) S. 335—386) ging bei seiner Axiomatisierung der
Thermodynamik von einer ähnlichen Formulierung des 2. Hauptsatzes aus: *In
jeder beliebigen Umgebung eines willkürlich vorgeschriebenen Anfangszustands gibt
es Zustände, die durch adiabatische Zustandsänderungen nicht beliebig approximiert
werden können.* Diese Fassung des 2. Hauptsatzes sagt jedoch nichts darüber aus,
welche Zustände adiabat erreichbar sind und welche nicht. Dies wurde von
M. Planck (vgl. Fußnote 1 auf S. 32) kritisiert, der die von Carathéodory gegebene
Form des 2. Hauptsatzes als unvollständig und den anderen Fassungen nicht
gleichwertig erachtete.

innere Energie umwandeln läßt, gibt es für die Umwandlung von innerer Energie in Arbeit eine durch den 2. Hauptsatz gesetzte obere Grenze, die nur bei günstigster Prozeßführung, nämlich bei einem reversiblen Prozeß erreicht wird.

Die beiden für einfache Systeme gewonnenen Folgerungen aus dem 2. Hauptsatz lassen sich auf nicht einfache Systeme mit mehreren Arbeitskoordinaten übertragen. Man braucht nur verallgemeinernd „Volumen" durch „Arbeitskoordinaten" zu ersetzen.

3.12 Die empirische Entropie

Wir betrachten nun *reversible* Prozesse eines adiabaten Systems. Wegen der Allgemeingültigkeit der Darstellung sei es ein nicht einfaches System mit zwei oder mehreren Arbeitskoordinaten, die wir durch V, X_i mit $i = 2, 3, \ldots$ ($V = X_1$) kennzeichnen. Jeder Zustand dieses Systems ist durch feste Werte der inneren Energie U und der Arbeitskoordinaten bestimmt, vgl. S. 68. Um die Zustände und Prozesse graphisch veranschaulichen zu können, wählen wir ein adiabates System mit dem Volumen und einer zweiten Arbeitskoordinate X. Jeder Punkt im U, V, X-Bild von Abb. 3.5 entspricht dann einem Zustand dieses Systems.

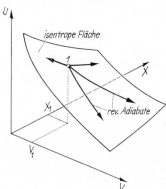

Abb. 3.5. Isentrope Fläche
im U, V, X-Raum

Ausgehend von einem beliebig gewählten Anfangszustand 1 möge das adiabate System nur reversible Prozesse ausführen. Alle Zustände des adiabaten Systems, die vom Zustand 1 aus durch reversible Prozesse erreichbar sind, liegen in Abb. 3.5 auf einer Fläche, die als isentrope Fläche bezeichnet werde. Wir wollen zeigen, daß diese Verknüpfung von Zuständen durch reversible adiabate Prozesse eindeutig ist, daß alle Punkte einer isentropen Fläche einer Relation

$$F(U, V, X) = 0$$

gehorchen, die jedem Wert der Arbeitskoordinaten genau einen Wert von U zuordnet. Hierzu nehmen wir das Gegenteil an und zeigen, daß dies zu einem Widerspruch zum 2. Hauptsatz führt. Es sollen also für die Werte V_2 und X_2 zwei Zustände 2 und 2* mit verschieden großen inneren Energien U_2 und $U_{2*} > U_2$ existieren, die beide vom Zustand 1 aus durch reversible adiabate Prozesse erreichbar sind, Abb. 3.6. Das adiabate System könnte dann die beiden reversiblen Prozesse $2-1-2*$ und $2*-1-2$ ausführen. Als Resultat des ersten Prozesses nimmt die

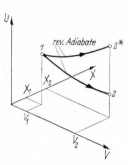

Abb. 3.6. Zwei reversible Adiabaten, die vom Zustand *1* aus zu zwei Zuständen mit gleichen Werten V_2, X_2 der Arbeitskoordinaten führen

innere Energie bei konstanten Arbeitskoordinaten zu; als Ergebnis des zweiten Prozesses würde jedoch die innere Energie bei konstanten Arbeitskoordinaten verringert werden. Dies widerspricht aber der auf S. 93 gewonnenen Formulierung des 2. Hauptsatzes, wonach eine Verringerung der inneren Energie eines adiabaten Systems bei konstanten Werten der Arbeitskoordinaten unmöglich ist. Dieser Widerspruch löst sich nur dann, wenn man annimmt, daß die Zustände 2 und 2* identisch sind.

Wir haben damit durch den 2. Hauptsatz bewiesen, daß es für jede Wertekombination der Arbeitskoordinaten genau einen Zustand mit einem bestimmten Wert der inneren Energie gibt, der von einem vorgegebenen Zustand aus durch reversible adiabate Prozesse erreichbar ist. Für einen bestimmten Ausgangszustand bilden alle so erreichbaren Zustände eine Fläche im Raum, allgemeiner bei n Arbeitskoordinaten eine n-dimensionale Hyperfläche im $(n+1)$-dimensionalen Raum, der von U und den n Arbeitskoordinaten aufgespannt wird. Wählen wir

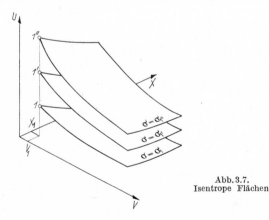

Abb. 3.7.
Isentrope Flächen

nun verschiedene Anfangszustände $1, 1', 1'', \ldots$ mit gleichen Arbeitskoordinaten V_1, X_1, aber verschiedenen inneren Energien $U_1, U_{1'}$, $U_{1''}, \ldots$, so legt jeder dieser Zustände genau eine isentrope Fläche

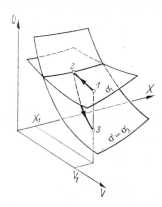

Abb. 3.8. Zwei sich schneidende isentrope Flächen führen zu einem Prozeß $1-2-3$, der dem 2. Hauptsatz widerspricht

fest, auf der jeweils alle Zustände liegen, die sich durch reversible adiabate Prozesse mit dem Anfangszustand verbinden lassen, Abb. 3.7. Die isentropen Flächen schneiden sich nicht. Denn wäre dies der Fall, so ließe sich nach Abb. 3.8 ein Prozeß $1-2-3$ ausführen, durch den die innere Energie des adiabaten Systems bei konstanten Werten der Arbeitskoordinaten verkleinert wird. Dies widerspricht aber dem 2. Hauptsatz.

Alle Zustände auf einer isentropen Fläche genügen einer eindeutigen Relation

$$F(U, V, X) = 0$$

zwischen den Zustandsgrößen U, V und X. Diese Relation können wir auch in der Form

$$\sigma = \sigma(U, V, X) = \mathrm{const}$$

schreiben. Dadurch ordnen wir jeder isentropen Fläche einen bestimmten Wert von σ zu. Die Funktion σ nennen wir *empirische Entropie*; sie ist eine Zustandsgröße, deren Existenz aus dem 2. Hauptsatz folgt. Die empirische Entropie nimmt für alle Zustände, die sich durch reversible adiabate Prozesse verbinden lassen, denselben Wert an; wir haben daher den geometrischen Ort dieser Zustände die *isentrope* Fläche (= Fläche konstanter Entropie) genannt. Die Zustandsänderung eines adiabaten Systems bei einem reversiblen Prozeß verläuft unter der Bedingung $\sigma = \mathrm{const}$, sie ist eine *isentrope Zustandsänderung*.

Über die Werte von σ, die wir den einzelnen isentropen Flächen zuordnen können, besteht noch keine eindeutige Vorschrift. Wie bei der empirischen Temperatur, vgl. Abschn. 1.33, wissen wir nur, welche Zustände gleiche und welche Zustände unterschiedliche empirische Entropien haben. Darüber hinaus schreibt uns aber der 2. Hauptsatz eine monotone Anordnung der empirischen Entropien vor. Ausgehend von einem Zustand mit einer bestimmten empirischen Entropie $\sigma = \sigma_1$

sind durch irreversible Prozesse nur solche Zustände erreichbar, bei denen die innere Energie größer ist als die innere Energie des Zustands mit den gleichen Arbeitskoordinaten und der empirischen Entropie $\sigma = \sigma_1$, vgl. Abb. 3.7. Man wird also bei beliebigen, aber festen Werten der Arbeitskoordinaten den Zuständen 1, 1', 1'', ... mit den monoton wachsenden inneren Energien

$$U_1 < U_{1'} < U_{1''} < \cdots$$

auch monoton wachsende empirische Entropien

$$\sigma_1 < \sigma_{1'} < \sigma_{1''} < \cdots$$

zuordnen. Die diesen Ungleichungen genügenden empirischen Entropien gestatten es bereits, reversible und irreversible Prozesse adiabater Systeme zu kennzeichnen:

Die empirische Entropie eines adiabaten Systems nimmt bei allen irreversiblen Prozessen zu und bleibt bei reversiblen Prozessen konstant:
$$(\sigma_2 - \sigma_1)_{\text{adiabat}} \geqq 0.$$

Wir hätten jedoch den Zuständen 1, 1', 1'', ... auch monoton abnehmende empirische Entropien zuordnen können, ohne an der eben gewonnenen Aussage des 2. Hauptsatzes Wesentliches zu ändern. Die empirische Entropie eines adiabaten Systems hätte dann nie zunehmen können, sie hätte bei irreversiblen Prozessen abgenommen, wodurch diese genauso eindeutig gegenüber den reversiblen Prozessen abgegrenzt worden wären wie bei der oben getroffenen Wahl. Worauf es offenbar ankommt, ist die Monotonie in der Anordnung der Entropiewerte. Nur wenn stets

$$\left(\frac{\partial \sigma}{\partial U}\right)_{V,X} > 0 \tag{3.2}$$

(oder stets < 0) ist, kann die empirische Entropie die Aussagen des 2. Hauptsatzes über irreversible Prozesse richtig wiedergeben. Die Ungleichung (3.2) ist also eine aus dem 2. Hauptsatz folgende Bedingung, die wir bei der im nächsten Abschnitt folgenden Überlegung beachten müssen, durch die die Willkür in der Zuordnung von Entropiewerten zu den isentropen Flächen vollständig beseitigt werden soll.

Die empirische Entropie σ ist eine eindeutige Funktion der inneren Energie U und der Arbeitskoordinaten. Man kann umgekehrt auch U als eine Funktion von σ auffassen,

$$U = U(\sigma, V, X);$$

wegen Gl (3.2) ist auch diese Umkehrung eindeutig. Für das Differential der inneren Energie erhält man

$$dU = \left(\frac{\partial U}{\partial \sigma}\right)_{V,X} d\sigma + \left(\frac{\partial U}{\partial V}\right)_{\sigma,X} dV + \left(\frac{\partial U}{\partial X}\right)_{\sigma,V} dX.$$

Bei einem reversiblen adiabaten Prozeß durchläuft das System eine isentrope Zustandsänderung $\sigma = $ const. Es gilt also $d\sigma = 0$ und außerdem, vgl. S. 55 und 68,

$$dU = dW_{\text{rev}} = -p\, dV + y\, dX.$$

Hieraus ergibt sich für die Wärme bei einem (nicht adiabaten) reversiblen Prozeß wegen

$$dQ_{\text{rev}} = dU - dW_{\text{rev}}$$

der einfache Zusammenhang

$$dQ_{\text{rev}} = \left(\frac{\partial U}{\partial \sigma}\right)_{V,X} d\sigma. \tag{3.3}$$

Die reversibel aufgenommene oder abgegebene Wärme ist der Entropieänderung des Systems proportional[1]. Auch der Proportionalitätsfaktor ist eine Zustandsgröße, nämlich die partielle Ableitung der inneren Energie nach der Entropie bei konstant gehaltenen Arbeitskoordinaten.

Dieser Proportionalitätsfaktor spielt, mathematisch gesehen, die Rolle eines „integrierenden Nenners". Da es keine Zustandsgröße Wärme gibt, ist

$$dQ_{\text{rev}} = dU + p\, dV - y\, dX$$

kein Differential einer Funktion, sondern ein sogenannter Pfaffscher Differentialausdruck. Durch den integrierenden Nenner

$$\lambda = \left(\frac{\partial U}{\partial \sigma}\right)_{V,X} = \left(\frac{\partial \sigma}{\partial U}\right)_{V,X}^{-1} = \lambda(U, V, X)$$

wird aus dQ_{rev} das Differential einer Funktion (Zustandsgröße):

$$d\sigma = \frac{dQ_{\text{rev}}}{\lambda(U, V, X)} = \frac{1}{\lambda}(dU + p\, dV - y\, dX).$$

Die Existenz eines solchen integrierenden Nenners ist für Pfaffsche Differentialausdrücke mit drei und mehr unabhängigen Veränderlichen nicht selbstverständlich, sondern an bestimmte mathematische Bedingungen geknüpft, denen der Differentialausdruck genügen muß. Im hier vorliegenden Falle haben aber dQ_{rev} und σ eine physikalische Bedeutung, und es ist ein physikalisches Gesetz, nämlich der 2. Hauptsatz, und nicht ein mathematisches Theorem, durch das die Existenz der Zustandsgröße σ und damit die Existenz eines integrierenden Nenners λ für den Differentialausdruck dQ_{rev} gesichert wird. Auch der integrierende Nenner hat daher eine bestimmte physikalische Bedeutung; wir werden sie im nächsten Abschnitt kennenlernen.

Existiert nun überhaupt ein integrierender Nenner für eine Pfaffsche Differentialform, so gibt es nicht nur eine derartige Funktion, sondern unendlich viele. Dies äußert sich physikalisch darin, daß die empirische Entropie $\sigma = \sigma(U, V, X)$ eine noch weitgehend willkürliche Funktion ist. Durch die Auswahl eines bestimmten Nenners $\lambda = \lambda(U, V, X)$ zeichnen wir eine bestimmte empirische Entropie aus, die wir metrische Entropie nennen werden. Diese Auswahl treffen wir auf Grund einer einfachen und naheliegenden Forderung: wir verlangen, daß die metrische Entropie eine extensive Zustandsgröße ist.

Beispiel 3.1. Man zeige, daß die Existenz der empirischen Entropie σ eines einfachen Systems unabhängig vom 2. Hauptsatz allein daraus folgt, daß der Zustand eines solchen Systems durch nur zwei unabhängige Zustandsgrößen bestimmt wird. Für ein ideales Gas gebe man Beispiele für die Funktion $\sigma = \sigma(T, v)$.

---

[1] Auf diesen wichtigen Zusammenhang gehen wir ausführlich in den Abschn. 3.21 und 3.22 ein.

Wie wir schon auf S. 93 fanden, gilt für die reversiblen adiabaten Zustandslinien eines Systems mit dem Volumen als der einzigen Arbeitskoordinate

$$\left(\frac{\partial U}{\partial V}\right)_{\text{rev ad}} = \left(\frac{\partial U}{\partial V}\right)_{\sigma} = -p(U, V).$$

Die Steigung der Isentropen $\sigma = $ const ist hier durch den negativen Druck
gegeben. Sind die thermische und die kalorische Zustandsgleichung bekannt,
so kennt man auch die Abhängigkeit des Drucks von der inneren Energie und
vom Volumen. Die Integration der obigen Differentialgleichung ergibt dann den
Zusammenhang zwischen U und V auf den Isentropen, denen man willkürliche
Werte von σ zuordnen kann. Dies alles sind rein mathematische Folgerungen
aus der obigen Differentialgleichung, die sich aus dem 1. Hauptsatz ergibt. An
keiner Stelle wurde dabei vom 2. Hauptsatz Gebrauch gemacht. Bei drei oder
mehr unabhängigen Variablen sichert dagegen erst der 2. Hauptsatz die Existenz
isentroper Flächen.

Am Beispiel des idealen Gases mit der thermischen Zustandsgleichung

$$p = RT/v$$

und der kalorischen Zustandsgleichung

$$u(T) = u_0 + c_v^0(T - T_0)$$

(wir nehmen konstante spez. Wärmekapazität c_v^0 an) zeigen wir, wie sich empirische Entropien eines einfachen Systems konstruieren lassen, ohne daß hierzu
eine Aussage des 2. Hauptsatzes erforderlich wäre. Wir gehen aus von

$$dq_{\text{rev}} = du + p \, dv = \left(\frac{\partial u}{\partial T}\right)_v dT + \left[\left(\frac{\partial u}{\partial v}\right)_T + p\right] dv.$$

Für die Isentropen eines idealen Gases folgt hieraus

$$dq_{\text{rev}} = c_v^0 \, dT + \frac{RT}{v} \, dv = 0.$$

Diese Differentialgleichung läßt sich leicht integrieren. Kennzeichnet man durch
den Index 0 einen Bezugszustand, so ergibt sich aus

$$c_v^0 \frac{dT}{T} = -R \frac{dv}{v}$$

die Gleichung

$$c_v^0 \ln (T/T_0) = -R \ln (v/v_0)$$

als Zusammenhang zwischen v und T auf einer Isentrope $\sigma = $ const. Bei jeder
reversiblen adiabaten Zustandsänderung eines idealen Gases mit konstantem c_v^0
ändern sich T und v so, daß das Produkt

$$v \cdot T^{c_v^0/R} = \text{const}$$

bleibt.

Jede eindeutige, monoton wachsende Funktion dieser Variablenkombination
kann also als empirische Entropie dienen:

$$\sigma = F\left(v \cdot T^{c_v^0/R}\right).$$

Setzen wir beispielsweise

$$\sigma = \sigma_0 + (v/v_0) \, (T/T_0)^{c_v^0/R},$$

so wird

$$d\sigma = \frac{v/v_0}{RT} \left(\frac{T}{T_0}\right)^{c_v^0/R} \left[c_v^0 \, dT + \frac{RT}{v} \, dv\right] = \frac{dq_{\text{rev}}}{\lambda(T, v)}.$$

Der integrierende Nenner des Pfaffschen Differentialausdrucks ist bei dieser Wahl von σ

$$\lambda(T, v) = \frac{RT}{\sigma(T, v) - \sigma_0}.$$

Wählen wir dagegen als empirische Entropie die Funktion

$$\sigma = R \ln \left\{ \frac{v}{v_0} \left(\frac{T}{T_0} \right)^{c_v^0/R} \right\},$$

so wird

$$d\sigma = c_v^0 \frac{dT}{T} + R \frac{dv}{v} = \frac{dq_{\text{rev}}}{T}.$$

Der integrierende Nenner nimmt in diesem Falle eine besonders einfache Gestalt an, er stimmt mit der Temperatur des idealen Gasthermometers überein.

Wie diese Beispiele zeigen, besteht bei der Auswahl der empirischen Entropie eine erhebliche Willkür. Wie sie sinnvoll beseitigt werden kann, zeigen wir im nächsten Abschnitt.

3.13 Metrische Entropie und thermodynamische Temperatur

Um die Willkür in der Wahl der empirischen Entropie σ zu beseitigen, stellen wir ein zusätzliches Postulat auf. Wir metrisieren die empirische Entropie durch die Forderung, daß die Entropie eine *extensive* Zustandsgröße sein soll. Wir bezeichnen diese extensive Zustandsgröße als metrische Entropie mit dem Formelzeichen S. Für die Entropie[1] eines aus Teilsystemen A, B, ... zusammengesetzten Systems gilt also, vgl. S. 13,

= proportional zur Masse.

$$S = S_A + S_B + S_C + \cdots$$

Ebenso wie die empirische Entropie genügt die metrische der aus dem 2. Hauptsatz folgenden Ungleichung

$$\left(\frac{\partial S}{\partial U} \right)_{V,X} > 0, \qquad (3.4)$$

und bei reversiblen und irreversiblen Prozessen adiabater Systeme zeigt S dasselbe Verhalten wie σ: auch die metrische Entropie adiabater Systeme kann nicht abnehmen.

Der integrierende Nenner λ, der aus dem Differentialausdruck dQ_{rev} das vollständige Differential

$$dS = \frac{dQ_{\text{rev}}}{\lambda} = \frac{1}{\lambda} (dU + p \, dV - y \, dX)$$

macht, ist eine intensive und wegen Gl. (3.4) stets positive Zustandsfunktion

$$\lambda = \lambda(U, V, X) > 0.$$

Wir zeigen nun: aus der Extensivität von S und aus dem 2. Hauptsatz folgt, daß λ eine für alle Systeme gleiche Funktion ist, die nicht von den Arbeitskoordinaten und auch nicht von speziellen Systemeigenschaften abhängt, vielmehr eine *universelle Temperaturfunktion* $\lambda = \lambda(T)$ ist.

---

[1] Da wir im folgenden nur noch mit metrischen Entropien arbeiten, lassen wir das Adjektiv „metrisch" fort und sprechen einfach von der Entropie S im Gegensatz zur empirischen Entropie σ.

Um dieses Resultat herzuleiten, betrachten wir ein adiabates Gesamtsystem, das aus zwei Teilen A und B besteht, die über eine diatherme Wand im thermischen Gleichgewicht stehen, Abb.3.9. Der Zustand eines jeden Teilsystems wird durch die Variablen T, V_A, X_A und T, V_B, X_B bestimmt, wobei X_A eine (oder auch mehrere) Arbeitskoordinaten des Systems A neben seinem Volumen V_A bezeichnet; das gleiche gilt für X_B. Auch die beiden integrierenden Nenner sind Funktionen dieser Variablen. Mit dem adiabaten Gesamtsystem führen wir nun durch Betätigen der Arbeitskoordinaten von A und (oder) B einen *reversiblen* Prozeß aus. Nach dem 2. Hauptsatz bleibt hierbei die Entropie

$$S = S_A + S_B$$

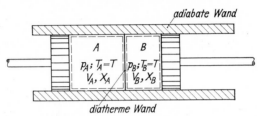

Abb.3.9. Adiabates Gesamtsystem, bestehend aus zwei Teilsystemen A und B, die miteinander im thermischen Gleichgewicht stehen

des Gesamtsystems konstant. Die den beiden Teilsystemen gemeinsame Temperatur kann sich ändern; doch stets herrscht thermisches Gleichgewicht: $T_A = T_B = T$. Aus $S = const$ folgt

$$dS = dS_A + dS_B = 0$$

oder

$$\frac{dQ_{\text{rev}}^A}{\lambda_A(T, V_A, X_A)} + \frac{dQ_{\text{rev}}^B}{\lambda_B(T, V_B, X_B)} = 0.$$

Hierbei ist dQ_{rev}^A die Wärme, die das Teilsystem A über die diatherme Wand erhält, und dQ_{rev}^B ist die Wärme, die über die diatherme Wand in das System B fließt. Nach dem 1. Hauptsatz gilt aber

$$dQ_{\text{rev}}^B = -dQ_{\text{rev}}^A,$$

und es folgt

$$dQ_{\text{rev}}^A \left(\frac{1}{\lambda_A(T, V_A, X_A)} - \frac{1}{\lambda_B(T, V_B, X_B)} \right) = 0.$$

Somit ist

$$\lambda_A(T, V_A, X_A) = \lambda_B(T, V_B, X_B). \tag{3.5}$$

Da wir über die beiden Systeme A und B keine speziellen Annahmen gemacht haben, folgt aus dieser Gleichung: *Alle* Systeme haben bei gleicher Temperatur übereinstimmende integrierende Nenner. Diese Nenner sind also universelle Funktionen, in denen keine speziellen Systemeigenschaften zum Ausdruck kommen können. Der integrierende Nenner kann überdies nicht vom Volumen und den übrigen Arbeitskoordinaten abhängen. Wir können nämlich die beiden Systeme A und B trennen und die Arbeitskoordinaten des Systems A unter *Konstanthalten seiner Temperatur* ändern; sie mögen die Werte V_A^* und X_A^* annehmen. Bringt man nun die beiden Systeme A und B wieder in thermischen Kontakt, so ändert sich ihr Zustand nicht, denn wegen $T_A = T_B = T$ stehen sie trotz der vorgenommenen Änderung der Arbeitskoordinaten $V_A \to V_A^*$ und $X_A \to X_A^*$ im thermischen Gleichgewicht. Wir führen nun den eingangs beschriebenen reversiblen Prozeß mit dem adiabaten Gesamtsystem aus. Da die Entropie des Gesamtsystems dabei konstant bleibt, müssen die integrierenden Nenner wieder gleich sein, und zwar für ganz beliebige neue Werte der Arbeitskoordinaten des Systems A:

$$\lambda_A(T,\, V_A^*,\, X_A^*) = \lambda_B(T,\, V_B,\, X_B)\,.$$

Somit gilt wegen Gl. (3.5) auch

$$\lambda_A(T,\, V_A^*,\, X_A^*) = \lambda_A(T,\, V_A,\, X_A)\,.$$

Der integrierende Nenner kann also gar nicht von V und X abhängen, soll diese Gleichung für beliebige Werte der Arbeitskoordinaten erfüllt sein. Die Funktion λ hängt also nur von der Temperatur ab:

$$\lambda_A(T) = \lambda_B(T) = \lambda(T)\,.$$

Wir erhalten daher als Folge des 2. Hauptsatzes der Thermodynamik den Satz:

Für alle Systeme existiert als integrierender Nenner des Differentialausdrucks

$$dQ_{\mathrm{rev}} = dU + p\,dV - y\,dX$$

eine universelle, niemals negative Temperaturfunktion

$$\lambda = \lambda(T) = \left(\frac{\partial U}{\partial S}\right)_{V,X},$$

die thermodynamische Temperatur.

Da die Temperaturfunktion $\lambda(T)$ universellen Charakter hat, also unabhängig von allen speziellen Stoffeigenschaften ist, kann sie als absolute Temperatur dienen, die sich im Gegensatz zu den empirischen Temperaturen nicht auf die zufälligen Eigenschaften einer Thermometerflüssigkeit oder eines Gases stützt, sondern durch den 2. Hauptsatz der Thermodynamik gegeben ist. Um diese universell gültige, naturgesetzlich begründete Temperatur von den willkürlichen empirischen Temperaturen zu unterscheiden, nennt man sie die *thermodynamische Temperatur* oder auch Kelvin-Temperatur nach Lord Kelvin (W. Thomson), der die Möglichkeit, die thermodynamische Temperatur aus dem 2. Hauptsatz zu gewinnen, 1848 als erster erkannt hatte.

Wir untersuchen nun noch, welcher Zusammenhang $\lambda = \lambda(T)$ zwischen der durch

$$\lambda \equiv (\partial U/\partial S)_{V,X}$$

gegebenen thermodynamischen Temperatur und einer empirischen Temperatur, nämlich der mit dem Gasthermometer bestimmten Temperatur T, besteht. Da ein ideales Gas ein einfaches System ist, gilt

$$dS = \frac{dU + p\,dV}{\lambda(T)}\,.$$

und nach Einführung der spezifischen Größen $s = S/m$, $u = U/m$ und $v = V/m$

$$ds = \frac{du + p\,dv}{\lambda(T)}\,.$$

Für ein ideales Gas gilt nun

$$p = RT/v$$

und

$$du = c_v^0(T)\, dT\,,$$

wobei T die mit dem (idealen) Gasthermometer bestimmte Temperatur ist. Damit folgt

$$ds = \frac{c_v^0(T)}{\lambda(T)}\, dT + \frac{RT}{\lambda(T)}\, \frac{dv}{v}\,.$$

Es ist also bei einem idealen Gas die partielle Ableitung

$$\left(\frac{\partial s}{\partial T}\right)_v = c_v^0(T)/\lambda(T)$$

eine reine Temperaturfunktion und

$$\left(\frac{\partial s}{\partial v}\right)_T = \frac{R \cdot T}{v \cdot \lambda(T)}\,.$$

Aus der Bedingung

$$\frac{\partial}{\partial T}\left(\frac{\partial s}{\partial v}\right)_T = \frac{\partial}{\partial v}\left(\frac{\partial s}{\partial T}\right)_v$$

folgt dann

$$\frac{\partial}{\partial T}\left(\frac{R \cdot T}{v \cdot \lambda(T)}\right) = \frac{\partial}{\partial v}\left(\frac{c_v^0(T)}{\lambda(T)}\right) = 0\,,$$

also

$$\frac{\partial}{\partial T}\left(\frac{T}{\lambda(T)}\right) = 0\,.$$

Somit muß der Quotient

$$\frac{T}{\lambda(T)} = C$$

konstant sein. Die mit dem Gasthermometer gemessene Temperatur T ist der thermodynamischen Temperatur direkt proportional:

$$T = C \cdot \lambda\,.$$

Die Temperatur des Gasthermometers kann sich höchstens durch die Größe der Einheit von der thermodynamischen Temperatur unterscheiden. Nichts hindert uns, auch für die thermodynamische Temperatur das Kelvin als Einheit zu wählen, also der *thermodynamischen* Temperatur des Tripelpunktes von Wasser den genauen Wert 273,16 K zuzuordnen. Dann wird $C = 1$, und die Gasthermometertemperatur stimmt mit der thermodynamischen Temperatur überein oder besser gesagt: *die thermodynamische Temperatur wird experimentell durch die Temperatur des idealen Gasthermometers realisiert.*

Wir wollen den universellen integrierenden Nenner λ, also die thermodynamische Temperatur im folgenden mit T bezeichnen. Dieses Formelzeichen hatten wir im Hinblick auf die eben gefundene Übereinstimmung in Abschn. 1.33 für die Temperatur des Gasthermometers vergeben. Es kennzeichnet jetzt also die thermodynamische Temperatur

$$T = (\partial U/\partial S)_{V,X}\,.$$

Nach dem 2. Hauptsatz sind keine negativen Werte von T möglich: Die thermodynamische Temperatur hat einen durch den 2. Hauptsatz bestimmten Nullpunkt. Ob dieser absolute Temperaturnullpunkt $T=0$ ein erreichbarer Zustand ist, läßt sich auf Grund des 1. und 2. Hauptsatzes allein nicht entscheiden.

3.14 Entropie und 2. Hauptsatz der Thermodynamik

In der (metrischen) Entropie haben wir die Zustandsgröße gefunden, die eine quantitative Formulierung des 2. Hauptsatzes erlaubt. Wir fassen nun die Ergebnisse der beiden letzten Abschnitte in der folgenden Formulierung des 2. Hauptsatzes zusammen:

I. *Jedes System besitzt eine extensive Zustandsgröße S, die Entropie, deren Differential durch*

$$dS = \frac{dQ_{\text{rev}}}{T} = \frac{dU + p\,dV - \sum\limits_i y_i\,dX_i}{T}$$

definiert ist. Hierin ist T die nicht negative thermodynamische Temperatur. Die Entropie eines aus Teilsystemen A, B, ... zusammengesetzten Systems ist die Summe der Entropien der Teilsysteme:

$$S = S_A + S_B + S_C + \cdots$$

II. *Die Entropie eines adiabaten Systems kann nicht abnehmen. Bei allen irreversiblen Prozessen nimmt die Entropie eines adiabaten Systems zu, bei reversiblen Prozessen bleibt sie konstant:*

$$(S_2 - S_1)_{\text{adiabat}} \geqq 0 \, .$$

Im ersten Teil dieser Formulierung des 2. Hauptsatzes wird die Existenz der Entropie als einer Zustandsgröße ausgesprochen und eine Vorschrift zu ihrer Berechnung gegeben. Durch Integration des Differentials dS erhält man die Entropie bis auf eine Integrationskonstante als Funktion der inneren Energie U, des Volumens V und der weiteren Arbeitskoordinaten X_i des Systems:

$$S = S(U, V, X_i) \, .$$

Die Entropie ist eine Größe von der Dimension Energie/Temperatur. Da wir die Temperatur als Grundgrößenart der Thermodynamik eingeführt haben, ist die Entropie eine abgeleitete Größe. Ihre Einheit ist $[S] = \text{J/K}$, also gleich dem Quotienten aus der Energieeinheit und der Temperatureinheit des Internationalen Einheitensystems, vgl. Abschn. 10.21. Die spezifische Entropie $s = S/m$ hat dann die Einheit $[s] = \text{J/kg K}$.

Im folgenden beschränken wir uns meistens auf einfache Systeme, bei denen das Volumen die einzige Arbeitskoordinate ist. Die Entropie hängt dann nur von zwei unabhängigen Variablen, U und V ab. Führen wir spezifische Größen ein, so gilt für das Differential der spez.

Entropie s eines einfachen Systems

$$ds = \frac{du + p\,dv}{T} = \frac{dh - v\,dp}{T}.$$

Diese Beziehung verknüpft die Differentiale der Zustandsfunktionen s, u und v bzw. s, h und p. Wir werden diesen Zusammenhang häufig benutzen, insbesondere in Abschn. 4.31 bei der Berechnung der thermodynamischen Eigenschaften eines Fluids aus Zustandsgleichungen. Man vgl. hierzu auch Beispiel 3.2 auf S. 108.

Das bei der Berechnung von Entropiedifferenzen auftretende Integral

$$s_2 - s_1 = \int_1^2 \frac{du + p\,dv}{T} = \int_1^2 \frac{dh - v\,dp}{T} \qquad (3.6)$$

ist für eine beliebige (quasistatische) Zustandsänderung zu bilden, die die Zustände 1 und 2 verbindet. Da die Entropie eine Zustandsgröße ist, hängt der Wert der Entropiedifferenz $s_2 - s_1$ nicht von der Wahl des Integrationswegs ab. Man kann also zur Berechnung von $s_2 - s_1$ einen rechentechnisch besonders bequemen Weg benutzen. Die der Berechnung zugrunde gelegte Zustandsänderung braucht keineswegs mit der Zustandsänderung des Systems übereinzustimmen, die es bei einem reversiblen oder irreversiblen Prozeß zwischen den Zuständen 1 und 2 durchläuft. Insbesondere kann man in Gl. (3.6) die thermische und die kalorische Zustandsgleichung des Systems einsetzen und durch Integration die Entropie als Funktion von T und v oder von T und p erhalten. Auch die Beziehung $ds = dq_{\text{rev}}/T$ darf nicht zu dem Trugschluß verleiten, zur Berechnung von Entropiedifferenzen müsse man einen reversiblen Prozeß heranziehen und die dabei vom System aufgenommene Wärme der Entropieberechnung zugrunde legen. Dies ist nur eine Möglichkeit der Entropieberechnung unter vielen anderen. Meistens ist die Wärme als nicht direkt meßbare Prozeßgröße unbekannt, so daß man im allgemeinen Entropieänderungen nach Gl. (3.6) aus den Änderungen der meßbaren Zustandsgrößen u, v oder h und p berechnen wird. Die Gleichung, welche die Entropieänderung mit der reversibel aufgenommenen oder abgegebenen Wärme verknüpft, werden wir vielmehr umgekehrt zur Bestimmung der Wärme heranziehen, vgl. Abschn. 3.21.

Im zweiten Teil der auf S. 105 gegebenen Formulierung des 2. Hauptsatzes haben wir das Prinzip der Irreversibilität durch das einseitige Anwachsen der Entropie adiabater Systeme quantitativ zum Ausdruck gebracht. Diese für adiabate Systeme gegebene Formulierung des 2. Hauptsatzes ist besonders einfach und prägnant. Sie soll aber nicht den irrigen Eindruck erwecken, die mit der Entropie formulierten Aussagen wären auf adiabate Systeme beschränkt. Bei der Anwendung des 2. Hauptsatzes auf ein nichtadiabates System faßt man dieses und alle anderen Systeme, mit denen es Wärme austauscht, zu einem adiabaten Gesamtsystem zusammen. Jedes der nichtadiabaten Teilsysteme wird dann bei einem Prozeß eine bestimmte Entropieänderung

$$\Delta S_K = S_{K2} - S_{K1}, \quad K = A, B, C, \ldots$$

erfahren. Diese Entropieänderung kann positiv, negativ oder auch gleich Null sein. Die Summe der Entropieänderungen aller Teilsysteme, die das adiabate Gesamtsystem bilden, kann nach dem 2. Hauptsatz nicht negativ sein. Vielmehr ist

$$(S_2 - S_1)_{\text{adiabat}} = \sum_K \Delta S_K \geqq 0,$$

wobei das Ungleichheitszeichen für einen irreversiblen Prozeß, das Gleichheitszeichen für den Idealfall des reversiblen Prozesses gilt. In dieser Form werden wir den 2. Hauptsatz im folgenden wiederholt anwenden. Wir werden daraus im Einzelfall die Beschränkungen bestimmen, die der 2. Hauptsatz allen Prozessen und den mit ihnen verbundenen Energieumwandlungen auferlegt.

Wir wenden nun die beiden Hauptsätze auf ein *abgeschlossenes System* an. Alle Prozesse, die in diesem System ablaufen können, z. B. Ausgleichsprozesse zwischen Teilsystemen des abgeschlossenen Systems, müssen den folgenden Bedingungen genügen. Aus dem 1. Hauptsatz ergibt sich wegen $Q_{12} = 0$ und $W_{12} = 0$

$$U_2 - U_1 = 0. \tag{3.7}$$

Da ein abgeschlossenes System stets auch ein adiabates System ist, folgt aus dem 2. Hauptsatz

$$S_2 - S_1 \geqq 0. \tag{3.8}$$

Alle Prozesse im abgeschlossenen System können nur so ablaufen, daß dabei die Energie konstant bleibt und sich die Entropie vergrößert, bis sie schließlich ein Maximum erreicht. Diesen Zustand maximaler Entropie, von dem aus keine Änderungen mehr möglich sind — eine Entropieabnahme verstieße gegen den 2. Hauptsatz! — bezeichnet man als den *Gleichgewichtszustand* des abgeschlossenen Systems. Der 2. Hauptsatz liefert uns somit auch ein allgemein gültiges Gleichgewichtskriterium: *Der Gleichgewichtszustand eines abgeschlossenen Systems ist durch das Maximum seiner Entropie gekennzeichnet.* In Abschn. 4.14 benutzen wir dieses Kriterium, um daraus die Bedingungen für das Phasengleichgewicht eines heterogenen Systems herzuleiten.

R. Clausius[1] hat den Inhalt der beiden Gl. (3.7) und (3.8) durch die berühmt gewordenen Sätze zum Ausdruck gebracht: „Die Energie der Welt ist konstant. Die Entropie der Welt strebt einem Maximum zu." Diese Formulierung der Hauptsätze der Thermodynamik hat zu philosophischen Spekulationen und auch zu berechtigter Kritik Anlaß gegeben. Die Hauptsätze der Thermodynamik sind aus Erfahrungen mit

---

[1] Clausius, R.: Über verschiedene für die Anwendungen bequeme Formen der Hauptgleichungen der mechanischen Wärmetheorie. Pogg. Ann. 125 (1865) S. 353.

Systemen endlicher Größe gewonnen worden. Es ist nicht sicher, ob diese Sätze auf „die Welt" angewendet werden dürfen. Zumindest ist es zweifelhaft, ob „die Welt" ein abgeschlossenes System bildet; denn nur für solche Systeme gelten die beiden Gl. (3.7) und (3.8).

Beispiel 3.2. Man bestimme die Entropie und die Enthalpie eines inkompressiblen Fluids als Funktionen von T und p. Ein inkompressibles Fluid ist durch die einfache thermische Zustandsgleichung $v = v_0 = $ const gekennzeichnet; es dient in der Strömungsmechanik als häufig benutztes einfaches Modell-Fluid.

Da T und p die unabhängigen Variablen sind, gehen wir vom Entropiedifferential

$$ds = \frac{1}{T} \, dh - \frac{v}{T} \, dp$$

aus und ersetzen hierin das Differential der spez. Enthalpie durch

$$dh = \left(\frac{\partial h}{\partial T}\right)_p dT + \left(\frac{\partial h}{\partial p}\right)_T dp .$$

Das Differential der gesuchten Entropiefunktion $s = s(T, p)$ wird dann

$$ds = \frac{1}{T} \left(\frac{\partial h}{\partial T}\right)_p dT + \frac{1}{T} \left[\left(\frac{\partial h}{\partial p}\right)_T - v\right] dp .$$

Es gilt somit

$$\left(\frac{\partial s}{\partial T}\right)_p = \frac{1}{T} \left(\frac{\partial h}{\partial T}\right)_p$$

und

$$\left(\frac{\partial s}{\partial p}\right)_T = \frac{1}{T} \left[\left(\frac{\partial h}{\partial p}\right)_T - v\right] .$$

Aus der Gleichheit der „gemischten" zweiten Ableitungen

$$\frac{\partial^2 s}{\partial T \, \partial p} = \frac{\partial^2 s}{\partial p \, \partial T}$$

folgt hieraus nach kurzer Umformung

$$\left(\frac{\partial h}{\partial p}\right)_T = v - T \left(\frac{\partial v}{\partial T}\right)_p .$$

Diese Gleichung, welche die Druckabhängigkeit der Enthalpie mit der thermischen Zustandsgleichung $v = v(T, p)$ verknüpft, ist eine allgemein gültige Konsequenz des 2. Hauptsatzes.

Wir beachten nun, daß für ein inkompressibles Fluid aus $v = v_0 = $ const

$$(\partial v / \partial T)_p \equiv 0$$

folgt und daraus

$$(\partial h / \partial p)_T = v_0 .$$

Die Enthalpie eines inkompressiblen Fluids hängt also nur linear vom Druck ab. Da stets

$$h = u + p \cdot v$$

gilt, muß somit

$$h(T, p) = u(T) + p \cdot v_0$$

sein: Die innere Energie eines inkompressiblen Fluids hängt nur von der Temperatur ab. Damit wird dann

$$c_p = \left(\frac{\partial h}{\partial T}\right)_p = \frac{du}{dT} = c(T)$$

ebenfalls eine reine Temperaturfunktion. Es existiert kein Unterschied zwischen den spezifischen Wärmekapazitäten c_p und c_v. Die innere Energie ergibt sich durch Integration der spez. Wärmekapazität $c(T)$ zu

$$u(T) = u(T_0) + \int_{T_0}^{T} c(T)\, dT.$$

Damit erhalten wir für die Enthalpie

$$h(T, p) = u(T_0) + \int_{T_0}^{T} c(T)\, dT + p \cdot v_0.$$

Die Entropie des inkompressiblen Fluids hängt nur von der Temperatur ab, weil

$$\left(\frac{\partial s}{\partial p}\right)_T = \frac{1}{T}\left[\left(\frac{\partial h}{\partial p}\right)_T - v\right] = -\left(\frac{\partial v}{\partial T}\right)_p = 0$$

wird. Die Integration von

$$ds = \frac{1}{T}\left(\frac{\partial h}{\partial T}\right)_p dT = c(T)\frac{dT}{T}$$

ergibt

$$s(T) = s(T_0) + \int_{T_0}^{T} c(T)\,\frac{dT}{T}.$$

Manchmal kann man die spez. Wärmekapazität c als konstant annehmen. Dann erhält man die besonders einfachen Resultate

$$s(T) = s(T_0) + c \ln (T/T_0)$$

und

$$h(T, p) = u(T_0) + c(T - T_0) + pv_0.$$

Wie dieses Beispiel zeigt, stiftet der 2. Hauptsatz in Gestalt der Entropiedefinition eine enge Verknüpfung der Zustandsgrößen eines Stoffes. Hiervon werden wir wiederholt, besonders in Abschn. 4.31, Gebrauch machen. Allein aus der Vorgabe der thermischen Zustandsgleichung $v = v_0$ ergibt sich in unserem Beispiel, daß die Entropie und die innere Energie eines inkompressiblen Fluids reine Temperaturfunktionen sind und daß die Enthalpie vom Druck nur linear abhängt. Kalorische und thermische Zustandsgleichung eines Fluids können also nicht willkürlich angenommen werden; sie müssen vielmehr *thermodynamisch konsistent* sein, d.h. den ordnenden Beziehungen des 2. Hauptsatzes genügen.

3.15 Das T, s-Diagramm

Nach dem 2. Hauptsatz besteht ein enger Zusammenhang zwischen der Entropieänderung eines geschlossenen Systems und der Wärme, die dem System bei einem *reversiblen* Prozeß zugeführt oder entzogen wird. Die Entropieänderung ist der reversibel aufgenommenen oder abgegebenen Wärme proportional,

$$dQ_{\mathrm{rev}} = T\, dS,$$

wobei die thermodynamische Temperatur der Proportionalitätsfaktor ist. Wärmeaufnahme und Wärmeabgabe sind mit der Änderung der Entropie in gleicher Weise verknüpft wie das Verrichten von Arbeit mit der Änderung der Arbeitskoordinaten. Für die Volumenänderungsarbeit bei einem reversiblen Prozeß gilt ja

$$dW_{\mathrm{rev}} = -p\, dV.$$

Ebenso wie sich die Volumenänderungsarbeit als Fläche in einem p, V-Diagramm darstellen läßt, so ist auch die Wärme als Fläche dar-

stellbar, wenn man ein T, S-Diagramm benutzt. Häufig ist es zweckmäßig, Entropie und Wärme auf die Masse des Systems zu beziehen.
Für die Wärme bei einem reversiblen Prozeß gilt dann

$$(q_{12})_{\text{rev}} = \int\limits_{1}^{2} T \, ds \, .$$

Im T, s-Diagramm von Abb. 3.10 sind die Zustandslinien zweier reversibler Prozesse eingezeichnet. Die Fläche unter diesen Linien bedeutet
die bei diesen Prozessen übergehende Wärme. Bei reversibler Wärmeaufnahme wächst die Entropie ($ds > 0$), bei reversibler Wärmeabgabe
nimmt die Entropie des Systems ab ($ds < 0$). Das Verrichten von
Arbeit läßt dagegen bei einem reversiblen Prozeß die Entropie unge-
ändert, denn die Arbeit wird vom System allein durch Verändern der
Arbeitskoordinaten aufgenommen oder abgegeben.

Im T, s-Diagramm lassen sich auch Differenzen der inneren Energie
und der Enthalpie als Flächen darstellen. Betrachten wir zwei Zustände 1 und 2 auf derselben Isochore $v = v_1 = v_2$! Durch Integration
von

$$T \, ds = du + p \, dv$$

erhält man mit $dv = 0$

$$u_2 - u_1 = \int\limits_{1}^{2} T \, ds \quad (v = \text{const}).$$

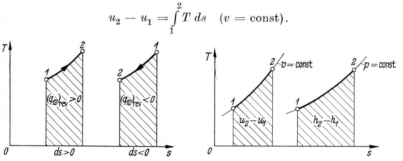

Abb. 3.10. Zustandslinien reversibler Prozesse
im T, s-Diagramm. Links: Wärmezufuhr,
rechts: Wärmeabfuhr

Abb. 3.11. Darstellung der Differenzen $u_2 - u_1$
und $h_2 - h_1$ im T, s-Diagramm

Diese Differenz bedeutet im T, s-Diagramm die Fläche unter der Isochore, Abb. 3.11. In gleicher Weise erhält man aus

$$T \, ds = dh - v \, dp$$

für eine Isobare ($dp = 0$)

$$h_2 - h_1 = \int\limits_{1}^{2} T \, ds \quad (p = \text{const}).$$

Im T, s-Diagramm wird die Enthalpiedifferenz zweier Zustände mit
gleichem Druck als Fläche unter der gemeinsamen Isobare dargestellt,
Abb. 3.11.

Beispiel 3.3. Es soll der Verlauf der Isobaren ($p = \text{const}$) und der Isochoren
($v = \text{const}$) im T, s-Diagramm eines idealen Gases untersucht werden.

Für ein ideales Gas folgt aus der allgemeinen Gleichung

$$T\,ds = du + p\,dv = dh - v\,dp$$

die Beziehung

$$T\,ds = c_v^0(T)\,dT + RT\,\frac{dv}{v} = c_p^0(T)\,dT - RT\,\frac{dp}{p}\,.$$

Für den Anstieg der Isochoren $v = \text{const}$ $(dv = 0)$ erhält man

$$\left(\frac{\partial T}{\partial s}\right)_v = \frac{T}{c_v^0(T)}$$

und für den Anstieg der Isobaren $p = \text{const}$ $(dp = 0)$

$$\left(\frac{\partial T}{\partial s}\right)_p = \frac{T}{c_p^0(T)}\,.$$

Für ein ideales Gas gilt

$$c_p^0(T) - c_v^0(T) = R,$$

somit ist $c_p^0(T) > c_v^0(T)$, und die Isochoren verlaufen bei derselben Temperatur stets steiler als die Isobaren, vgl. Abb. 3.12.

Können wir in einem bestimmten Temperaturbereich c_p^0 und c_v^0 als konstant annehmen, so erhalten wir aus

$$ds = c_v^0\,\frac{dT}{T} + R\,\frac{dv}{v} = c_p^0\,\frac{dT}{T} - R\,\frac{dp}{p}$$

die Entropie

$$s(T, v) = c_v^0 \ln\frac{T}{T_0} + R \ln\frac{v}{v_0} + s_0$$

und

$$s(T, p) = c_p^0 \ln\frac{T}{T_0} - R \ln\frac{p}{p_0} + s_0\,.$$

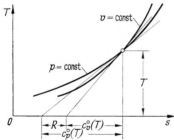

Abb. 3.12. Isochore und Isobare im T,s-Diagramm eines idealen Gases

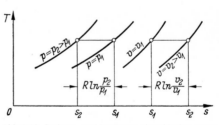

Abb. 3.13. Isobaren und Isochoren eines idealen Gases gehen durch Parallelverschiebung in Richtung der s-Achse auseinander hervor

Die Isochoren und die Isobaren sind danach im T, s-Diagramm Exponential-kurven. Alle Isobaren gehen durch Parallelverschiebung in Richtung der s-Achse auseinander hervor. Für zwei Punkte gleicher Temperatur auf den Isobaren $p = p_1$ und $p = p_2$ gilt nämlich

$$s_2(T, p_2) - s_1(T, p_1) = -R \ln\frac{p_2}{p_1}$$

unabhängig von der Temperatur. Das gleiche gilt für zwei Isochoren, vgl. Abb. 3.13.

Da die Entropie eines idealen Gases mit steigendem Druck abnimmt, liegen die zu höheren Drücken gehörenden Isobaren im T, s-Diagramm links von den Isobaren mit niederen Drücken. Umgekehrt ist eine Isochore um so weiter nach rechts verschoben, je höher das spez. Volumen ist, weil die Entropie mit steigendem spez. Volumen zunimmt.

3.2 Entropie, Wärme und Dissipationsenergie

In den folgenden Abschnitten wenden wir die Entropie auf zwei besonders wichtige irreversible Prozesse an: auf den Wärmeübergang zwischen Systemen verschiedener Temperatur und auf Prozesse, bei denen Reibung oder andere dissipative Effekte auftreten. Als quantitatives Maß für die Irreversibilität dieser Vorgänge werden wir die erzeugte Entropie und die dissipierte Energie einführen. Durch die Aufteilung der Entropieänderung eines nicht adiabaten Systems in erzeugte Entropie und in Entropie, die über die Systemgrenze transportiert wird, läßt sich der 2. Hauptsatz auch für nicht adiabate Systeme ähnlich prägnant formulieren wie in Abschn. 3.14 für adiabate Systeme.

3.21 Die Irreversibilität des Wärmeübergangs

Der irreversible Prozeß des Wärmeübergangs, den wir bei der Einstellung des thermischen Gleichgewichts in Abschn. 1.31 behandelt haben, steht in enger Beziehung zum 2. Hauptsatz und zu seiner quantitativen Formulierung durch Entropie und thermodynamische Temperatur. Um hier die Entropie bequem anwenden zu können, betrachten wir den Wärmeübergang zwischen zwei Systemen A und B, die ein *adiabates* Gesamtsystem bilden, Abb. 3.14. Alle Arbeitskoordinaten

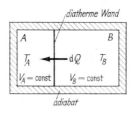

Abb. 3.14. Wärmeübergang zwischen zwei Systemen A und B, die ein adiabates Gesamtsystem bilden

der Systeme, z. B. ihre Volumina seien konstant. Vereinfachend sei angenommen, daß beide Systeme je für sich homogen sind, daß also die Temperatur T_A im ganzen System A und die Temperatur T_B im ganzen System B konstant ist. Es gelte jedoch $T_A \neq T_B$. Auch wenn die beiden Systeme über die diatherme Wand Wärme aufnehmen oder abgeben, sollen dadurch im Inneren der Systeme keine Temperaturdifferenzen auftreten. Unter diesen Annahmen durchläuft jedes der beiden Systeme für sich genommen einen reversiblen Prozeß. Der Prozeß des adiabaten Gesamtsystems ist aber irreversibel, denn Wärme wird zwischen Teilsystemen unterschiedlicher Temperatur übertragen. Man sagt in diesem Falle, jedes der beiden Systeme durchliefe einen *innerlich reversiblen* Prozeß; die Irreversibilität sei (für jedes der beiden Systeme) eine äußere, weil sie außerhalb der Systemgrenze auftritt.

Für die Wärme, die vom System A aufgenommen oder abgegeben wird, gilt nach dem 1. Hauptsatz

$$dQ_A = dU_A,$$

und ebenso ist für das System B

$$dQ_B = dU_B;$$

denn es wird keine Arbeit verrichtet. Deshalb bleibt auch die innere Energie des adiabaten Gesamtsystems konstant, und aus

$$dU = dU_A + dU_B = 0$$

folgt

$$dU_B = -dU_A$$

bzw.

$$dQ_B = -dQ_A = -dQ.$$

Die Energie, die das eine System als Wärme über die diatherme Wand aufnimmt, ist genauso groß wie die Energie, die das andere System über die diatherme Wand als Wärme abgibt.

Wir berechnen nun die Entropieänderungen der beiden Systeme. Da das Volumen und alle anderen Arbeitskoordinaten konstant sind, gilt

$$dS_A = dU_A/T_A = dQ/T_A$$

und

$$dS_B = dU_B/T_B = -dU_A/T_B = -dQ/T_B.$$

Wärme und Entropieänderung hängen hier in gleicher Weise wie bei einem reversiblen Prozeß zusammen, für den ja

$$dS = dQ_\mathrm{rev}/T$$

ist. Dies liegt daran, daß jedes der beiden Systeme A und B, wie vorher ausgeführt wurde, einzeln einen *innerlich reversiblen* Prozeß durchläuft. Die Entropie des adiabaten Gesamtsystems, in dem der irreversible Prozeß des Wärmeübergangs stattfindet, muß dagegen zunehmen:

$$dS = dS_A + dS_B = dQ\left(\frac{1}{T_A} - \frac{1}{T_B}\right) > 0.$$

Ist nun $dQ = dQ_A > 0$, geht also Wärme vom System B in das System A über, so muß $T_B > T_A$ sein. Ist dagegen $T_A > T_B$, so muß nach dem 2. Hauptsatz ($dS > 0$!) dQ negativ sein, Wärme also vom System A in das System B übergehen. Wir haben damit aus dem 2. Hauptsatz hergeleitet, daß Wärme stets von dem System mit der höheren thermodynamischen Temperatur in das System mit der niedrigeren thermodynamischen Temperatur übergeht, vgl. auch die auf S. 33 erwähnte Formulierung des 2. Hauptsatzes durch R. Clausius.

Es liege nun der Fall $T_B > T_A$ mit $dQ > 0$ vor, Abb. 3.15. Die Entropie des Wärme abgebenden Systems B verringert sich um

$$dS_B = -dQ/T_B.$$

Die Entropie des Systems A, das die Wärme dQ empfängt, nimmt um

$$dS_A = dQ/T_A$$

zu. Es ist aber wegen $T_A < T_B$

$$dS_A > |dS_B|;$$

die Entropie des Wärme aufnehmenden Systems nimmt stärker zu, als die Entropie des Wärme abgebenden Systems abnimmt, denn die Entropie des adiabaten Gesamtsystems muß ja nach dem 2. Hauptsatz anwachsen ($dS > 0$).

Wir können diese Entropieänderungen beim Wärmeübergang auch so beschreiben: Mit der Energie dQ, die als Wärme vom System B zum System A übergeht, wird auch Entropie transportiert. Die Entropie dQ/T_B strömt aus dem System B ab, dessen Entropie sich um diesen Betrag vermindert. Zusätzlich dazu wird Entropie erzeugt, und zwar in der diathermen Wand, wo der Temperatursprung zwischen den beiden Systemen auftritt. Die erzeugte Entropie

$$dS_{\text{irr}} = dS_A - |dS_B| = dQ\left(\frac{1}{T_A} - \frac{1}{T_B}\right) = dQ\,\frac{T_B - T_A}{T_A T_B}$$

vergrößert die aus dem System B abströmende Entropie, so daß in das System A die Entropie

$$dS_A = \frac{dQ}{T_A} = |dS_B| + dS_{\text{irr}} = \frac{dQ}{T_B} + dS_{\text{irr}}$$

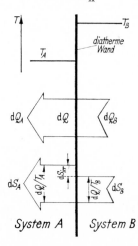

Abb. 3.15. Schema des Temperaturverlaufs (oben), übergehende Wärme dQ, transportierte und erzeugte Entropie beim Wärmeübergang vom System B zum System A

fließt, Abb. 3.15. Die erzeugte Entropie stimmt mit der Entropiezunahme des adiabaten Gesamtsystems überein, sie kennzeichnet den irreversiblen Prozeß. Solange ein Temperaturunterschied zwischen den beiden Systemen besteht, geht Energie als Wärme über die diatherme Wand, und es wird hier Entropie erzeugt, $dS_{\text{irr}} > 0$. Dadurch nimmt die Entropie des adiabaten Gesamtsystems fortwährend zu, bis der

Zustand des thermischen Gleichgewichts mit dem Maximum der Entropie erreicht ist, vgl. S. 107. In diesem Zustand, in dem die Temperaturen der beiden Teilsysteme einen gemeinsamen Endwert $T_A = T_B$ erreicht haben, wird keine Entropie mehr erzeugt. Es ist $dS_{irr} = 0$ und auch der Wärmeübergang hat aufgehört.

Nach den Ergebnissen der Lehre vom Wärmeübergang ist die als Wärme während der Zeit $d\tau$ übergehende Energie dem Temperaturunterschied zwischen den beiden Systemen proportional,

$$dQ \sim (T_B - T_A)\, d\tau.$$

Für die während der Zeit $d\tau$ erzeugte Entropie gilt dann

$$dS_{irr} \sim (T_B - T_A)^2\, d\tau.$$

Den Grenzfall des *reversiblen Wärmeübergangs* müssen wir uns daher so vorstellen: Bei infinitesimal kleiner Temperaturdifferenz geht eine infinitesimal kleine Wärme über, was eine extrem lange (im Grenzfall unendlich lange) Dauer des Prozesses erfordert. Die für die Irreversibilität des Prozesses kennzeichnende Entropieerzeugung ist aber im Vergleich zur Wärme klein von *höherer* Ordnung, denn sie geht mit dem Quadrat der Temperaturdifferenz gegen Null.

Beispiel 3.4. Ein dünnwandiger Behälter mit konstantem Volumen enthält Wasser mit der Masse $m_W = 1{,}00$ kg, dessen spezifische Wärmekapazität $c_W = 4{,}19$ kJ/kg K als konstant angenommen wird. Zur Zeit $\tau = 0$ hat das Wasser die Temperatur $T_0 = 350$ K; es kühlt sich durch Wärmeabgabe an die Atmosphäre (Umgebung) ab, deren Temperatur $T_A = 280$ K sich trotz Energieaufnahme nicht ändern soll, Abb.3.16. Man berechne die zeitliche Änderung der Wassertemperatur T, der Entropien des Wassers und der Atmosphäre sowie die durch den irreversiblen Wärmeübergang erzeugte Entropie. Für die vom Behälter abgegebene Wärme gelte

$$-dQ_B = dQ = kA(T - T_A)\, d\tau.$$

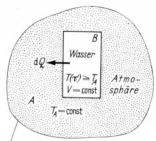

Abb.3.16. Dünnwandiger Wasserbehälter und umgebende Atmosphäre bilden ein adiabates Gesamtsystem

Hierbei ist A die Fläche der diathermen Behälterwand zwischen dem Wasser und der Atmosphäre, k ist der Wärmedurchgangskoeffizient, der sich mit den Methoden der Lehre vom Wärmeübergang[1] bestimmen läßt. Im vorliegenden Beispiel werde k konstant angenommen und $k \cdot A = 0{,}75$ W/K gesetzt. Die Wassertemperatur sei im ganzen Behälter räumlich konstant; die Energie und die Entropie der dünnen Behälterwand werden vernachlässigt.

---

[1] Vgl. z.B. Eckert, E.: Einführung in den Wärme- und Stoffaustausch. 2.Aufl. S. 7. Berlin-Göttingen-Heidelberg: Springer 1959.

8*

Wir wenden den 1. Hauptsatz auf das geschlossene System „Behälter" an. Für die Änderung seiner inneren Energie gilt

$$dU_B = dQ_B = -dQ = -kA(T - T_A)\, d\tau$$

und

$$dU_B = m_W c_W\, dT\,.$$

Daraus folgt

$$\frac{dT}{d\tau} = -\frac{kA}{m_W c_W}(T - T_A) = -\frac{1}{\tau_0}(T - T_A) \qquad (3.9)$$

als Differentialgleichung, aus der die zeitliche Temperaturänderung des Wassers bestimmt werden kann. Die Größe τ_0 ist eine für die Abkühlung charakteristische Zeitkonstante, die in unserem Beispiel den Wert

$$\tau_0 = \frac{m_W c_W}{kA} = \frac{4{,}19 \text{ kJ/K}}{0{,}75 \text{ W/K}} = 5{,}59 \cdot 10^3 \text{ s} = 1{,}55 \text{ h}$$

hat. Durch Integration von Gl. (3.9) erhält man

$$\frac{T - T_A}{T_0 - T_A} = e^{-\tau/\tau_0}, \qquad (3.10)$$

wobei die Anfangsbedingung $T = T_0$ für $\tau = 0$ berücksichtigt wurde. Für die angegebenen Werte von T_A, T_0 und τ_0 zeigt Abb. 3.17 den zeitlichen Temperaturverlauf. Die Wassertemperatur sinkt zuerst rasch, denn zu Beginn des Prozesses

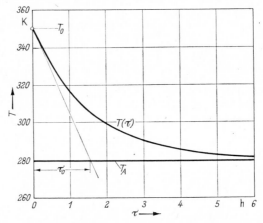

Abb. 3.17. Zeitlicher Verlauf der Wassertemperatur nach Gl. (3.10)

ist die Temperaturdifferenz $T - T_A$ groß, und dementsprechend geht viel Energie als Wärme an die Atmosphäre über. Mit wachsendem τ nähert sich die Wassertemperatur asymptotisch der konstanten Temperatur T_A der Atmosphäre. Das thermische Gleichgewicht mit $T = T_A$ wird für $\tau \to \infty$ erreicht.

Wir berechnen nun die zeitliche Änderung der Entropie S_B des Wassers. Mit der an die Atmosphäre übergehenden Wärme wird auch Entropie abgeführt, so daß S_B mit sinkender innerer Energie U_B des Wassers bzw. mit kleiner werdender Wassertemperatur T abnimmt:

$$dS_B = -\frac{dQ}{T} = \frac{dU_B}{T} = m_W c_W \frac{dT}{T}\,.$$

Durch Integration dieser Gleichung zwischen $\tau = 0$, entsprechend $T = T_0$, und einer beliebigen Zeit τ, zu der die Wassertemperatur den Wert $T(\tau)$ nach Gl. (3.10) hat, erhalten wir

$$S_B(\tau) = S_B(0) + m_W c_W \ln \frac{T(\tau)}{T_0}.$$

Die Entropie S_A der Atmosphäre nimmt zu, weil ihr mit der zugeführten Wärme auch Entropie zugeführt wird. Hierfür gilt

$$dS_A = \frac{dU_A}{T_A} = \frac{dQ}{T_A} = -\frac{dU_B}{T_A} = -m_W c_W \frac{dT}{T_A}.$$

Integration dieser Gleichung liefert

$$S_A(\tau) = S_A(0) + m_W c_W \frac{T_0 - T(\tau)}{T_A}.$$

Da $T(\tau) \leqq T_0$ ist, nimmt S_A mit fortschreitender Zeit monoton zu. Dieses Anwachsen von S_A kommt nicht nur dadurch zustande, daß das Wasser Entropie abgibt. Zusätzlich wird in der Behälterwand Entropie erzeugt, die ebenfalls an die Atmosphäre übergeht. Die erzeugte Entropie ist gleich der Entropiezunahme des adiabaten Gesamtsystems, das aus der Atmosphäre und dem Behälter gebildet wird. Die Entropie des adiabaten Gesamtsystems,

$$S(\tau) = S_A(\tau) + S_B(\tau) = S_A(0) + S_B(0) + m_W c_W \left[\frac{T_0 - T(\tau)}{T_A} - \ln \frac{T_0}{T(\tau)} \right],$$

wächst kontinuierlich mit der Zeit ebenso wie die erzeugte Entropie

$$S_{\mathrm{irr}}(\tau) = S(\tau) - S(0) = m_W c_W \left[\frac{T_0 - T(\tau)}{T_A} - \ln \frac{T_0}{T(\tau)} \right].$$

Abb. 3.18 zeigt den zeitlichen Verlauf der Entropien $S_A(\tau)$, $S_B(\tau)$ und $S(\tau)$. Dabei wurden die Entropiekonstanten mit

$$S_A(0) = 0 \qquad \text{und} \qquad S_B(0) = m_W c_W \ln (T_0/T_A)$$

so normiert, daß nur positive Entropiewerte auftreten und außerdem für $\tau \to \infty$ $S_B \to 0$ geht. Die durch den irreversiblen Wärmeübergang insgesamt erzeugte

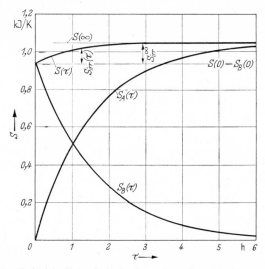

Abb. 3.18. Zeitlicher Verlauf der Entropie S_A der Atmosphäre, der Entropie S_B des Wassers und der Entropie $S = S_A + S_B$ des adiabaten Gesamtsystems

Entropie $S_{\text{irr}}(\infty) = S_{\text{irr}}^{\infty}$ ergibt sich mit $T(\infty) = T_A$ zu

$$S_{\text{irr}}^{\infty} = m_W c_W \left[\frac{T_0 - T_A}{T_A} - \ln \frac{T_0}{T_A}\right] = 4{,}19 \frac{\text{kJ}}{\text{K}} \left[\frac{70\,\text{K}}{280\,\text{K}} - \ln \frac{350\,\text{K}}{280\,\text{K}}\right]$$

$$= 4{,}19 \cdot 0{,}026\,85 \text{ kJ/K} = 0{,}1125 \text{ kJ/K}.$$

Sie ist die Differenz aus der Entropiezunahme der Atmosphäre und der Entropieabnahme des Wassers.

Wie man aus Abb. 3.18 erkennt, erreicht die Entropie $S(\tau)$ des adiabaten Gesamtsystems praktisch schon nach etwa 3 bis 4 h ihren Endwert $S(\infty)$, während dies für die Entropien $S_A(\tau)$ und $S_B(\tau)$ der beiden Teilsysteme keineswegs zutrifft. Da die erzeugte Entropie dem *Quadrat* der Temperaturdifferenz $T - T_A$ proportional ist, vgl. S. 115, wird nämlich nur zu Beginn des Prozesses viel Entropie erzeugt; die Entropieerzeugung nimmt mit kleiner werdender Temperaturdifferenz $T - T_A$ sehr rasch ab, so daß die Entropie $S(\tau)$ des Gesamtsystems schon nach 3 bis 4 h ihren Maximalwert $S(\infty)$ praktisch erreicht hat. Gegen Ende des Prozesses ($\tau > 4$ h) findet somit ein annähernd reversibler Wärmeübergang statt, bei dem die beiden Systeme Energie (als Wärme) und Entropie austauschen, bei dem aber nur noch verschwindend wenig Entropie in der Behälterwand erzeugt wird, so daß die Entropie des adiabaten Gesamtsystems annähernd konstant bleibt.

3.22 Entropietransport und Entropieerzeugung

Wie die Ausführungen des letzten Abschnitts gezeigt haben, findet beim Wärmeübergang ein gekoppelter Energie- und Entropietransport über die Systemgrenze statt. Ein System, das die Wärme dQ aufnimmt oder abgibt, empfängt oder entläßt mit der übergehenden Wärme die Entropie

$$dS_q = dQ/T.$$

Hierbei ist T die thermodynamische Temperatur des Systems oder genauer Systemteiles, der die Wärme aufnimmt oder abgibt. Die mit der Wärme transportierte Entropie dS_q hat dasselbe Vorzeichen wie dQ; Wärmezufuhr vergrößert die Entropie des Systems, Wärmeabgabe verringert sie. Über die Grenze eines adiabaten Systems wird keine Wärme und auch keine Entropie übertragen; *adiabate Systeme sind wärme- und entropiedicht.*

Bei einem reversiblen Prozeß stimmt dS_q mit der Entropieänderung des Systems,

$$dS = dQ_{\text{rev}}/T,$$

überein. Die Entropieänderung wird bei diesen Prozessen allein durch den gekoppelten Entropie- und Wärmetransport über die Systemgrenze bewirkt. Bei irreversiblen Prozessen stimmt die über die Systemgrenze transportierte Entropie nicht mit der Entropieänderung des Systems überein. Nach dem 2. Hauptsatz nimmt nämlich die Entropie eines Systems zu, auch ohne daß Wärme und damit Entropie über die Systemgrenze zugeführt werden: Durch den irreversiblen Prozeß wird im System Entropie erzeugt. Diese Entropieerzeugung als Folge von dissipativen Prozessen oder Ausgleichsvorgängen im Inneren des Systems führt auch dann zu einer Entropieerhöhung, wenn das System adiabat ist. Dagegen ist eine Entropievernichtung nach dem 2. Hauptsatz nicht möglich.

Es liegt daher nahe, die Entropieänderung dS eines nichtadiabaten Systems in zwei Anteile aufzuteilen, in die mit der Wärme über die Systemgrenze transportierte Entropie dS_q und in die im System erzeugte Entropie $dS_{irr} \geqq 0$. Wir erhalten damit die folgende Formulierung des 2. Hauptsatzes für nichtadiabate Systeme:

Die Entropieänderung eines geschlossenen Systems besteht aus zwei Teilen, aus der mit der Wärme über die Systemgrenze transportierten Entropie und aus der im System erzeugten Entropie:

$$dS = dS_q + dS_{irr} = \frac{dQ}{T} + dS_{irr}.$$

Die erzeugte Entropie ist niemals negativ,

$$dS_{irr} \geqq 0\,;$$

eine Entropievernichtung ist unmöglich.

Im Gegensatz zur Entropie des Systems sind die transportierte Entropie und die erzeugte Entropie keine Zustandsgrößen, sondern Prozeßgrößen. In

$$S_2 - S_1 = \int_1^2 \frac{dQ}{T} + (S_{irr})_{12} \tag{3.11}$$

bedeutet deshalb T die während des Prozesses veränderliche Temperatur, bei der die Wärme dQ aufgenommen oder abgegeben wird. Das Integral, das die über die Systemgrenze transportierte Entropie angibt, hängt vom Prozeßverlauf ab, nämlich davon, bei welchen Temperaturen Wärme aufgenommen oder abgegeben wird. Die während des Prozesses im System erzeugte Entropie $(S_{irr})_{12} \geqq 0$ läßt sich nur für den Sonderfall des *adiabaten* Systems $(dS_q = 0)$ als Differenz der Zustandsgröße Entropie ausdrücken,

$$(S_{irr})_{12,ad} = (S_2 - S_1)_{ad} \geqq 0\,.$$

Sie hängt sonst als Prozeßgröße von der Führung des irreversiblen Prozesses ab.

Die bei einem Prozeß erzeugte Entropie können wir allgemein als quantitatives Maß für die Irreversibilität des Prozesses ansehen. Im nächsten Abschnitt und in den Abschn. 3.33 und 3.36 werden wir in der Dissipationsenergie und im Exergieverlust eines irreversiblen Prozesses zwei weitere, noch anschaulichere Maße für die Irreversibilität eines Prozesses kennenlernen, die in einem engen Zusammenhang zur erzeugten Entropie stehen.

Beispiel 3.5. Ein System durchläuft einen Prozeß, bei dem seine Temperatur $t = 25{,}0\,°C$ konstant bleibt und seine Entropie um $S_2 - S_1 = 1{,}200$ kJ/K zunimmt. Kann das System bei diesem Prozeß die Energie $Q_{12} = 400$ kJ als Wärme aufgenommen haben?

Da die Temperatur des Systems konstant ist, folgt aus Gl. (3.11) für die Entropieänderung

$$S_2 - S_1 = \frac{Q_{12}}{T} + (S_{1rr})_{12}.$$

Wegen $(S_{irr})_{12} \geqq 0$ muß also

$$Q_{12} \leqq T(S_2 - S_1) = 298,15 \text{ K} \cdot 1{,}200 \frac{\text{kJ}}{\text{K}} = 357,8 \text{ kJ}$$

sein. Diese Bedingung ist bei dem gegebenen Wert von Q_{12} verletzt. ·Ein Prozeß mit den hier gegebenen Daten widerspricht dem 2. Hauptsatz; denn es müßte dabei Entropie vernichtet werden.

3.23 Dissipationsenergie[1]

Durchläuft ein System einen reversiblen Prozeß, so nimmt es die als Wärme über seine Systemgrenze gehende Energie gemäß

$$dQ_{\text{rev}} = T \, dS$$

durch Verändern seiner Entropie auf und die als Arbeit übertragene Energie durch Verändern seiner Arbeitskoordinaten V und X_i ($i = 2$, $3, \ldots$), wofür

$$dW_{\text{rev}} = -p \, dV + \sum_i y_i \, dX_i$$

gilt. Wärme und Arbeit entsprechen bei reversiblen Prozessen genau den einzelnen Termen im Differential der inneren Energie·

$$dU = T \, dS - p \, dV + \sum_i y_i \, dX_i = dQ_{\text{rev}} + dW_{\text{rev}}.$$

Bei irreversiblen Prozessen kommt die Entropieänderung nicht allein durch den mit dem Wärmeübergang gekoppelten Entropietransport zustande. Es wird außerdem im Inneren des Systems Entropie erzeugt, so daß

$$dQ = T \, dS_q = T \, dS - T \, dS_{\text{irr}} \qquad (3.12)$$

mit $dS_{\text{irr}} \geqq 0$ als erzeugter Entropie gilt. Wir nehmen nun an, im Inneren des Systems finde kein Wärmeübergang zwischen Teilen mit unterschiedlicher Temperatur statt. Die Entropie wird dann im System nur durch dissipative Vorgänge erzeugt wie z. B. durch Reibung oder durch den Stromdurchgang in einem elektrischen Leiter mit Widerstand, vgl. Beispiel 2.4 auf S. 60.

Diese Entropieerzeugung durch dissipative Prozesse untersuchen wir nun am Beispiel der Dissipation von Wellenarbeit, vgl. Abschn. 2.13, und von elektrischer Arbeit, vgl. Abschn. 2.15. Hierzu nehmen wir die in Abb. 3.19 und 3.20 schematisch dargestellten Systeme, nämlich ein Fluid mit Schaufelrad und einen elektrischen Leiter mit elektrischem Widerstand, als adiabat an. Die durch die dissipativen Prozesse erzeugte Entropie stimmt dann mit der Entropiezunahme der adiabaten Systeme überein. Beiden Systemen wird Energie als Arbeit zugeführt, die ihre innere Energie vergrößert:

$$dW = dU.$$

---

[1] Vgl. hierzu: Baehr, H.D.: Über den thermodynamischen Begriff der Dissipationsenergie. Kältetechnik-Klimatisierung 23 (1971) S. 38—42.

Da in beiden Fällen die Arbeitskoordinaten Volumen bzw. Volumen und elektrische Ladung konstant oder gar nicht vorhanden sind, erhält man für die Entropieänderung wegen $dV = 0$ und $dX_i = 0$

$$dS = \frac{dU}{T} = \frac{dW}{T} = dS_{\text{irr}}.$$

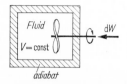

Abb. 3.19.
Adiabates Fluid mit Schaufelrad

Abb. 3.20. Adiabater elektrischer Leiter mit elektrischem Widerstand

Die als Arbeit zugeführte Energie bewirkt bei diesen irreversiblen Prozessen die gleiche Energie- und Entropieänderung des Systems, die man bei einem reversiblen Prozeß durch Wärmezufuhr allein (dQ_{rev} an Stelle von dW) erreichen könnte. Die als Arbeit zugeführte Energie kann hier wegen konstant gehaltener oder fehlender Arbeitskoordinaten nicht durch eine Volumen- oder Ladungsänderung aufgenommen werden, sondern erhöht die innere Energie durch Erzeugen von Entropie. Im Differential

$$dU = T\,dS - p\,dV + \sum_i y_i\,dX_i$$

kommt die Änderung von U nur durch das erste Glied der rechten Seite, das Entropieglied zustande, wobei $dS = dS_{\text{irr}}$ ist. Man nennt diesen irreversiblen Prozeß, bei dem als Arbeit zugeführte Energie im Inneren des Systems nicht durch Betätigen einer der Arbeitskoordinaten V oder X_i aufgenommen wird, *Dissipation von Arbeit*.

Zur quantitativen Erfassung der im Inneren eines Systems dissipierten Energie definieren wir die *Dissipationsenergie* Ψ durch

$$d\Psi = T\,dS_{\text{irr}}.$$

In unseren beiden Beispielen gilt dann

$$dW = dU = d\Psi;$$

die zugeführte Arbeit wird *vollständig* dissipiert. Da die Dissipationsenergie bei den meisten irreversiblen Prozessen als Arbeit zugeführt wird, hat man sie auch häufig als *Reibungsarbeit* bezeichnet. Da sie außerdem, wie eben gezeigt wurde, dieselbe Energie- und Entropieerhöhung des Systems hervorruft wie reversibel zugeführte Wärme, wurde Ψ besonders im älteren Schrifttum als *Reibungswärme* bezeichnet. Die Dissipationsenergie ist zwar wie Wärme und Arbeit eine Prozeßgröße, Energie wird aber nicht als Dissipationsenergie über die Systemgrenze transportiert; denn im Inneren des Systems und nicht beim Übertritt über die Systemgrenze entscheidet es sich, ob Energie dissipiert wird. Es dürfte daher sinnvoll sein, weder von Reibungs-

arbeit noch von Reibungswärme zu sprechen, sondern nur von Dissipationsenergie. Sie ist jene Zunahme der inneren Energie, die weder
durch Verändern der Arbeitskoordinaten noch durch Wärmeübergang
bewirkt wird, sondern durch Entropieerzeugung bei einem dissipativen
Prozeß.

Führt man die Dissipationsenergie in Gl. (3.12) ein, so erhält man

$$T \, dS = dQ + d\Psi \, .$$

Verläuft die Zustandsänderung des Systems bei dem betrachteten
irreversiblen Prozeß quasistatisch, so folgt hieraus

$$Q_{12} + \Psi_{12} = \int_1^2 T \, dS \, . \tag{3.13}$$

Im T, S-Diagramm bedeutet also die Fläche unter der Zustandslinie
eines irreversiblen Prozesses mit quasistatischer Zustandsänderung die
Summe aus der zu- oder abgeführten Wärme und der Dissipationsenergie des Prozesses, Abb. 3.21. Bei einem adiabaten System gilt

$$\Psi_{12} = \int_1^2 T \, dS_{\mathrm{irr}} = \int_1^2 T \, dS \, ,$$

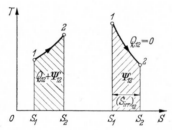

Abb. 3.21. Wärme Q_{12} und Dissipationsenergie Ψ_{12} als Fläche im
T, S-Diagramm

und die Fläche unter der Zustandslinie stellt genau die Dissipationsenergie dar.

Die Dissipationsenergie Ψ_{12} ist ebenso wie Wärme, Arbeit, transportierte und erzeugte Entropie eine Prozeßgröße. Da sie nach ihrer
Definitionsgleichung der erzeugten Entropie proportional ist, nimmt
sie wie diese keine negativen Werte an,

$$\Psi_{12} \geqq 0 \, ,$$

und kennzeichnet die Irreversibilität eines Prozesses quantitativ. In
den beiden eben behandelten Beispielen wurden die zugeführte Wellenarbeit und die elektrische Arbeit vollständig dissipiert. Dies braucht
nicht immer der Fall zu sein; werden die Arbeitskoordinaten des
Systems beim irreversiblen Prozeß verändert, so tritt nur teilweise
Dissipation auf. Für ein einfaches System mit dem Volumen als einziger Arbeitskoordinate (ein Fluid) folgt aus

$$dQ + dW = dU = T \, dS - p \, dV = dQ + d\Psi - p \, dV$$

für die Arbeit

$$dW = -p \, dV + d\Psi$$

oder

$$W_{12} = - \int\limits_1^2 p \, dV + \Psi_{12}.$$

Das System nimmt hier die zugeführte Arbeit zum Teil durch Volumenänderung und zum Teil durch Dissipation, d. h. irreversibel unter Entropieerzeugung auf. Im p, V-Diagramm bedeutet die Fläche unter der Zustandslinie,

$$\int\limits_1^2 p \, dV = - W_{12} + \Psi_{12},$$

die Summe aus der abgegebenen Arbeit und der Dissipationsenergie, die nur für den reversiblen Prozeß verschwindet. In diesem idealen Grenzfall stellt die Fläche die abgegebene Arbeit $-(W_{12})_{\text{rev}}$ dar, Abb. 3.22.

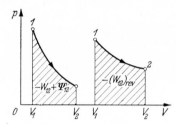

Abb. 3.22. Abgegebene Arbeit $(-W_{12})$ und Dissipationsenergie Ψ_{12} als Fläche im p, V-Diagramm

Da nach dem 2. Hauptsatz $\Psi_{12} \geqq 0$ gilt, ist bei einem irreversiblen Prozeß die zugeführte Arbeit stets größer und die abgegebene Arbeit stets kleiner als die mit der quasistatischen Zustandsänderung des Systems berechnete Volumenänderungsarbeit. Diese Volumenänderungsarbeit stimmt mit der Arbeit jenes reversiblen Vergleichsprozesses überein, bei dem das System dieselbe Zustandsänderung wie bei dem irreversiblen Prozeß durchläuft. Es gilt also für diese beiden Prozesse

$$- \int\limits_1^2 p \, dV = W_{12} - \Psi_{12} = (W_{12})_{\text{rev}},$$

woraus

$$\Psi_{12} = W_{12} - (W_{12})_{\text{rev}} = -(W_{12})_{\text{rev}} - (-W_{12})$$

folgt. Im Vergleich zum reversiblen Prozeß mit gleicher Zustandsänderung verursacht also die Dissipation des irreversiblen Prozesses einen Mehraufwand an zugeführter Arbeit bzw. einen Verlust an gewonnener Arbeit, der gleich der Dissipationsenergie ist. Beim reversiblen Prozeß muß also weniger Arbeit zugeführt werden als beim reibungsbehafteten Prozeß mit gleicher Zustandsänderung. Da sich bei beiden Prozessen die innere Energie um denselben Betrag ändert,

$$U_2 - U_1 = Q_{12} + W_{12} = (Q_{12})_{\text{rev}} + (W_{12})_{\text{rev}},$$

ist die beim reversiblen Vergleichsprozeß zugeführte Wärme

$$(Q_{12})_{\text{rev}} = Q_{12} + \Psi_{12}$$

um die Dissipationsenergie größer als die Wärme beim wirklichen irreversiblen Prozeß. Während die dissipierte Energie beim irreversiblen Prozeß als Mehrarbeit zugeführt werden muß, braucht man diese Energie beim reversiblen Vergleichsprozeß nur als Wärme zuzuführen, um die gleiche Zustandsänderung des Systems zu erreichen. Wärme und Arbeit sind also unterschiedlich zu bewertende Energieformen. Auf diese Konsequenz des 2. Hauptsatzes gehen wir in den Abschn. 3.31

bis 3.34 ein, wo wir die Folgerungen, die sich für Energieumwandlungen aus dem 2. Hauptsatz ergeben, ausführlich behandeln. Die Bedeutung der Dissipations- energie für strömende Medien, insbesondere bei stationären Fließprozessen, untersuchen wir in Abschn. 6.1.

Beispiel 3.6. Der in Beispiel 2.4 auf S. 60 behandelte, von Gleichstrom durch- flossene elektrische Leiter wird durch Kühlung auf der konstanten Temperatur $T = 300$ K gehalten. Man bestimme die Dissipationsenergie, die erzeugte und die transportierte Entropie für den in Beispiel 2.4 berechneten Prozeß.

Nach Gl. (3.13) auf S. 122 gilt für die Wärme und die Dissipationsenergie

$$Q_{12} + \Psi_{12} = \int_1^2 T \, dS.$$

Da der Zustand des elektrischen Leiters durch Kühlung konstant gehalten wird, vgl. S. 60, ändert sich auch seine Entropie nicht. Daher folgt mit $dS = 0$

$$\Psi_{12} = -Q_{12} = W_{12}^{\text{el}} = 402 \text{ kJ}.$$

Die zugeführte elektrische Arbeit wird im Leiter vollständig dissipiert, und die dissipierte Energie wird als Wärme abgeführt, weil sich auch die innere Energie des Leiters nicht ändert.

Durch die Dissipation elektrischer Arbeit wird Entropie im Leiter erzeugt. Hierfür gilt wegen $T = \text{const}$

$$(S_{1rr})_{12} = \Psi_{12}/T = 402 \text{ kJ}/300 \text{ K} = 1{,}34 \text{ kJ/K}.$$

Da die Entropie des Systems konstant bleibt, muß die erzeugte Entropie über die Systemgrenze abgeführt werden. Dies geschieht durch den mit der Wärme- abgabe verbundenen Entropietransport:

$$S_{q12} = Q_{12}/T = -\Psi_{12}/T = -(S_{1rr})_{12}.$$

3.24 Die Entropiebilanz für einen stationären Fließprozeß

Die bisher gegebenen quantitativen Formulierungen des 2. Haupt- satzes mit der Entropie bezogen sich auf geschlossene Systeme. Wir dehnen nun diese Überlegungen auf einen Kontrollraum aus, der von einem Stoffstrom stationär durchflossen wird. Wie bei der Herleitung des 1. Hauptsatzes für stationäre Fließprozesse in Abschn. 2.32 ersetzen wir den Kontrollraum zunächst durch ein geschlossenes System, das aus dem strömenden Fluid besteht, das sich zur Zeit τ_0 im Kontroll- raum befindet, sowie aus einer kleinen Stoffmenge mit der Masse Δm am Eintrittsquerschnitt 1, Abb. 3.23. Während der Zeit $\Delta \tau$ strömt diese Stoffmenge in den Kontrollraum hinein und eine Stoffmenge mit gleichgroßer Masse tritt am Austrittsquerschnitt 2 aus, womit wir einen bestimmten Abschnitt des stationären Fließprozesses erfassen.

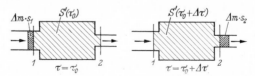

Abb. 3.23. Zur Entropiebilanz eines stationären Fließprozesses. Gedachtes geschlossenes System, bestehend aus dem Fluid im Kontrollraum (einfach schraffiert) und einer kleinen Stoffmenge (doppelt schraffiert)

Nach dem 2. Hauptsatz gilt für die Entropieänderung des geschlossenen Systems bei diesem Prozeß

$$S(\tau_0 + \Delta\tau) - S(\tau_0) = \int_1^2 \frac{dQ}{T} + \Delta S_{irr}. \tag{3.14}$$

Das Integral auf der rechten Seite der Gl. (3.14) bedeutet die Entropie, die mit der Wärme $Q_{12} = \int_1^2 dQ$ über die Grenze des geschlossenen Systems transportiert wird. Da im Eintritts- und Austrittsquerschnitt keine Wärme übertragen wird, stimmt diese Entropie mit der Entropie überein, die die Grenze des Kontrollraums zwischen den beiden Querschnitten passiert. Sie geht an das strömende Fluid über, dessen Temperatur T zwischen T_1 (Eintrittsquerschnitt) und T_2 (Austrittsquerschnitt) variiert. Der letzte Term in Gl. (3.14) ist die im geschlossenen System bzw. im Kontrollraum während der Zeit $\Delta\tau$ erzeugte Entropie; nach dem 2. Hauptsatz gilt hierfür

$$\Delta S_{irr} \geqq 0.$$

Die Entropie S des geschlossenen Systems setzt sich aus der Entropie S' des Fluids im Inneren des Kontrollraumes und aus der Entropie der zusätzlichen Stoffmenge mit der Masse Δm zusammen. Hierfür gilt

$$S(\tau_0) = S'(\tau_0) + \Delta m \cdot s_1$$

und

$$S(\tau_0 + \Delta\tau) = S'(\tau_0 + \Delta\tau) + \Delta m \cdot s_2,$$

wobei s_1 und s_2 die spezifischen Entropien des Fluids im Eintritts- und Austrittsquerschnitt sind. Da der Fließprozeß stationär ist, bleibt die Entropie im Kontrollraum zeitlich konstant,

$$S'(\tau_0 + \Delta\tau) = S'(\tau_0),$$

und wir erhalten aus Gl. (3.14)

$$\Delta m(s_2 - s_1) = \int_1^2 \frac{dQ}{T} + \Delta S_{irr}.$$

Dies ist eine Entropiebilanzgleichung für das stationär strömende Fluid. Seine Entropieänderung zwischen Eintritts- und Austrittsquerschnitt kommt einmal durch die transportierte Entropie zustande, die mit der Wärme vom Fluid aufgenommen oder abgegeben wird, und durch die im Kontrollraum erzeugte Entropie.

Wir beziehen die Entropiebilanzgleichung auf die Zeit, indem wir sie durch $\Delta\tau$ dividieren und die Definition des Massenstroms

$$\dot{m} = \Delta m/\Delta\tau,$$

des Elements des Wärmestroms

$$d\dot{Q} = dQ/\Delta\tau$$

und des erzeugten Entropiestromes

$$\dot{S}_{irr} = \Delta S_{irr}/\Delta\tau$$

einführen. Damit erhalten wir

$$\dot{m}(s_2 - s_1) = \int_1^2 \frac{d\dot{Q}}{T} + \dot{S}_{\mathrm{irr}} \tag{3.15}$$

oder bei Einführung spezifischer Größen, was der Division durch $\dot{m}$ entspricht,

$$s_2 - s_1 = \int_1^2 \frac{dq}{T} + s_{\mathrm{irr}}.$$

Bei einem *adiabaten Kontrollraum* wird $d\dot{Q}$ bzw. dq zu Null, und die Entropieänderung des strömenden Fluids kommt allein durch die Entropieerzeugung im Inneren des Kontrollraums zustande:

$$(s_2 - s_1)_{\mathrm{ad}} = s_{\mathrm{irr}} \geqq 0.$$

Die Entropie des Fluids, das einen adiabaten Kontrollraum durchströmt, kann nicht abnehmen; seine Entropiezunahme ist gleich der im Kontrollraum erzeugten Entropie. Über die Grenze eines adiabaten Kontrollraums findet kein Wärmeübergang und auch kein mit der Wärme verbundener Entropietransport statt; es wird aber mit dem strömenden Fluid Entropie über die Grenze des Kontrollraums transportiert. In diesem Sinne ist ein adiabater (wärmedichter) Kontrollraum nicht auch entropiedicht im Gegensatz zu einem *geschlossenen* adiabaten System, das wärme- und entropiedicht ist.

Wir verallgemeinern die Entropiebilanzgleichung (3.15) auf einen Kontrollraum, der von mehreren Stoffströmen durchflossen wird:

$$\sum_{\mathrm{Austritt}} \dot{m}_i s_i - \sum_{\mathrm{Eintritt}} \dot{m}_k s_k = \sum_j (\dot{S}_q)_j + \dot{S}_{\mathrm{irr}}.$$

Die linke Seite dieser Bilanzgleichung gibt die Entropieänderung aller Stoffströme zwischen ihrem Eintritt und Austritt aus dem Kontrollraum an. Die Summen sind über alle Eintritts- bzw. Austrittsquerschnitte zu erstrecken. Auf der rechten Seite der Gleichung finden wir die „Ursache" der links stehenden Entropieänderung, nämlich die Summe aller mit den Wärmeströmen über die Grenze des Kontrollraums transportierten Entropieströme

$$(\dot{S}_q)_j = \int d\dot{Q}_j / T_j$$

und den im Kontrollraum durch Irreversibilitäten erzeugten Entropiestrom $\dot{S}_{\mathrm{irr}} \geqq 0$. Für einen adiabaten Kontrollraum verschwindet die Summe der mit der Wärme transportierten Entropieströme, und wir erhalten

$$\dot{S}_{\mathrm{irr}} = \left[\sum_{\mathrm{Austr.}} \dot{m}_i s_i - \sum_{\mathrm{Eintr.}} \dot{m}_k s_k \right]_{\mathrm{ad}} \geqq 0.$$

Beispiel 3.7. In einem adiabaten Wärmeaustauscher soll Luft von $t_1 = 16{,}0\,°\mathrm{C}$ auf $t_2 = 55{,}0\,°\mathrm{C}$ erwärmt werden. Der Massenstrom der Luft ist $\dot{m} = 1{,}100$ kg/s; beim Durchströmen des Wärmeaustauschers sinkt ihr Druck von $p_1 = 1{,}036$ bar auf $p_2 = 1{,}000$ bar, vgl. Abb. 3.24. Die Luft wird von einer heißen Flüssigkeit mit dem Massenstrom $\dot{m}_F = 0{,}467$ kg/s erwärmt, die in den Wärmeaustauscher mit $t_{F1} = 70{,}0\,°\mathrm{C}$ einströmt. Die Flüssigkeit sei inkompressibel, ihre spez. Wärmekapazität $c_F = 4{,}19$ kJ/kg K sei konstant, und ihre Zustandsänderung werde als isobar angenommen. Die Änderungen der kinetischen und potentiellen Energien beider Stoffströme sind zu vernachlässigen. Man bestimme den im Wärmeaustauscher erzeugten Entropiestrom.

Der Wärmeaustauscher ist ein adiabater Kontrollraum, der von zwei Stoffströmen durchflossen wird. Den in ihm erzeugten Entropiestrom erhalten wir als Summe der Entropieänderungen der beiden Stoffströme:

$$\dot{S}_{\mathrm{irr}} = \dot{m}(s_2 - s_1) + \dot{m}_F(s_{F2} - s_{F1}).$$

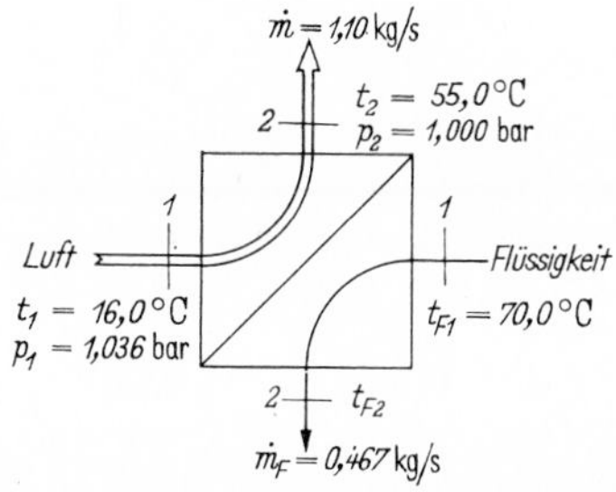

Abb. 3.24. Schema eines Wärmeaustauschers

Die Luft kann als ideales Gas mit konstantem $c_p^0 = 1{,}004$ kJ/kg K behandelt werden. Wir erhalten dann, vgl. auch Beispiel 3.2. auf S. 108,

$$\dot{S}_{\mathrm{irr}} = \dot{m}[c_p^0 \ln(T_2/T_1) - R \ln(p_2/p_1)] + \dot{m}_F c_F \ln(T_{F2}/T_{F1}). \qquad (3.16)$$

Die Entropie des Luftstromes nimmt zu, denn er nimmt Entropie und Wärme auf. Die heiße Flüssigkeit gibt Entropie und Wärme ab; ihre Entropie sinkt, und auch ihre Temperatur nimmt ab, $T_{F2} < T_{F1}$.

Um die noch unbekannte Austrittstemperatur T_{F2} zu bestimmen, wenden wir den 1. Hauptsatz auf den adiabaten Kontrollraum an. Mit $P = 0$ und $\dot{Q} = 0$ ergibt sich nach S. 75

$$\dot{m}(h_2 - h_1) + \dot{m}_F(h_{F2} - h_{F1}) = 0.$$

Jeder der beiden Terme bedeutet den von dem jeweiligen Stoffstrom aufgenommenen bzw. abgegebenen Wärmestrom. Die Luft nimmt den Wärmestrom

$$\dot{Q}_{12} = \dot{m}(h_2 - h_1) = \dot{m}c_p^0(t_2 - t_1)$$

$$= 1{,}100 \text{ (kg/s)} \cdot 1{,}004 \text{ (kJ/kg K)} \cdot (55{,}0 - 16{,}0) \text{ K} = 43{,}1 \text{ kW}$$

auf, der von der Flüssigkeit abgegeben wird. Aus

$$-\dot{Q}_{12} = \dot{m}_F(h_{F2} - h_{F1}) = \dot{m}_F c_F(t_{F2} - t_{F1})$$

folgt

$$t_{F2} = t_{F1} - \frac{\dot{Q}_{12}}{\dot{m}_F c_F} = 70{,}0\,^\circ\mathrm{C} - \frac{43{,}1 \text{ kW}}{0{,}467 \text{ (kg/s) } 4{,}19 \text{ (kJ/kg K)}}$$

$$= (70{,}0 - 22{,}0)\,^\circ\mathrm{C} = 48{,}0\,^\circ\mathrm{C}$$

als Austrittstemperatur.

Für die im Wärmeaustauscher erzeugte Entropie erhält man nun aus Gl. (3.16)

$$\dot{S}_{\mathrm{irr}} = 1{,}100 \frac{\mathrm{kg}}{\mathrm{s}} \left[1{,}004 \frac{\mathrm{kJ}}{\mathrm{kg\ K}} \ln \frac{328{,}15}{289{,}15} - 0{,}287 \frac{\mathrm{kJ}}{\mathrm{kg\ K}} \ln \frac{1{,}000}{1{,}036} \right] +$$

$$+ 0{,}467 \frac{\mathrm{kg}}{\mathrm{s}} 4{,}19 \frac{\mathrm{kJ}}{\mathrm{kg\ K}} \ln \frac{321{,}15}{343{,}15}$$

$$= (0{,}1509 - 0{,}1297) \text{ kW/K} = 21{,}2 \text{ W/K}.$$

Dieser Entropiestrom wird durch zwei irreversible Prozesse erzeugt: durch den Wärmeübergang bei endlichen Temperaturdifferenzen zwischen den beiden Stoffströmen und durch Dissipation in der reibungsbehafteten Luftströmung, die sich durch den Druckabfall $p_1 - p_2 = 0{,}036$ bar bemerkbar macht. Beide Anteile lassen sich leicht trennen. Hierzu grenzen wir einen nicht adiabaten Kontrollraum ab, der nur die strömende Luft umschließt, und wenden die Entropiebilanzgleichung (3.15) an. Für den Entropiestrom, der durch die Reibung in der Luft erzeugt wird, gilt danach

$$(\dot{S}_{\mathrm{1rr}})_L = \dot{m}(s_2 - s_1) - \int\limits_1^2 d\dot{Q}/T\,.$$

Für den von der Luft bei der Temperatur T aufgenommenen Wärmestrom $d\dot{Q}$ erhalten wir nach dem 1. Hauptsatz

$$d\dot{Q} = \dot{m}\,dh = \dot{m}c_p^0\,dT\,.$$

Damit ergibt sich

$$(\dot{S}_{\mathrm{1rr}})_L = \dot{m}[c_p^0 \ln\,(T_1/T_1) - R \ln\,(p_2/p_1)] - \dot{m}c_p^0 \ln\,(T_2/T_1)$$

$$= \dot{m}R \ln\,(p_1/p_2) = 11{,}2 \text{ W/K}$$

als im Luftstrom erzeugte Entropie, die tatsächlich eng mit dem Druckabfall der reibungsbehafteten Strömung verknüpft ist.

Eine gleichartige Analyse der strömenden Flüssigkeit ergibt $(\dot{S}_{\mathrm{1rr}})_F = 0$, weil wir mit der isobaren Zustandsänderung auch eine reversible (reibungsfreie) Strömung angenommen haben. Von der insgesamt erzeugten Entropie wird somit der Anteil

$$(\dot{S}_{\mathrm{1rr}})_W = \dot{S}_{\mathrm{1rr}} - (\dot{S}_{\mathrm{1rr}})_L - (\dot{S}_{\mathrm{1rr}})_F = (21{,}2 - 11{,}2 - 0) \text{ W/K} = 10{,}0 \text{ W/K}$$

durch den irreversiblen Wärmeübergang verursacht. Auf die praktischen Folgerungen, die aus diesen Ergebnissen zu ziehen sind, gehen wir in Abschn. 3.36 ein, wo wir den Zusammenhang zwischen der erzeugten Entropie und dem Exergieverlust eines Prozesses herleiten.

3.3 Die Anwendung des 2. Hauptsatzes auf Energieumwandlungen: Exergie und Anergie

Für die technischen Anwendungen der Thermodynamik sind die Aussagen des 2. Hauptsatzes über Energieumwandlungen von besonderer Bedeutung. Sie lassen sich anschaulich und einprägsam formulieren, wenn wir zwei neue Größen von der Dimension „Energie", nämlich Exergie und Anergie einführen[1].

3.31 Die beschränkte Umwandelbarkeit der Energie

Nach dem 1. Hauptsatz kann bei keinem thermodynamischen Prozeß Energie erzeugt oder vernichtet werden. Es gibt nur Energieumwandlungen von einer Energieform in andere Energieformen. Für diese Energieumwandlungen gelten stets die Bilanzgleichungen des 1. Hauptsatzes. Diese enthalten jedoch keine Aussagen darüber, ob eine bestimmte Energieumwandlung überhaupt möglich ist. Hierüber gibt der 2. Hauptsatz Auskunft, der ein allgemeiner Erfahrungssatz

---

[1] Vgl. hierzu: Energie und Exergie. Die Anwendung des Exergiebegriffs in der Energietechnik. Düsseldorf: VDI-Verlag 1965.

über die Richtung ist, in der thermodynamische Prozesse ablaufen. Dies erkennen wir deutlich bei adiabaten Systemen: hier sind nur Prozesse möglich, die nicht mit einer Entropieabnahme des adiabaten Systems verbunden sind.

Ebenso wie der 2. Hauptsatz allen Prozessen Einschränkungen auferlegt, so beschränkt er auch die mit den Prozessen verbundenen Energieumwandlungen: *Es ist nicht jede Energieform in beliebige andere Energieformen umwandelbar.* Diese allgemein gültige Aussage des 2. Hauptsatzes wollen wir zunächst an zwei Beispielen näher untersuchen.

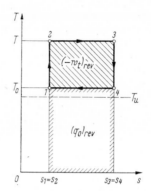

Abb. 3.25. Zustandsänderungen beim reversiblen Carnot-Prozeß im T, s-Diagramm

In Beispiel 2.10 auf S. 87 haben wir den Carnot-Prozeß als Beispiel eines Kreisprozesses einer Wärmekraftmaschine behandelt. Die dem Kreisprozeß als Wärme zugeführte Energie wird hier nur zu einem Teil in Nutzarbeit umgewandelt, ein Teil muß wiederum als Wärme an die Umgebung abgeführt werden. Dies erkennen wir besonders anschaulich, wenn wir den Carnot-Prozeß im T, s-Diagramm des Arbeitsmittels darstellen, Abb. 3.25. Die Zustandslinien der vier Teilprozesse schließen ein Rechteck ein. Die Fläche unter der oberen Isotherme T stellt die zugeführte Wärme

$$q_{\text{rev}} = (q_{23})_{\text{rev}} = \int_{2}^{3} T \, ds = T(s_3 - s_2)$$

dar. Die Fläche unter der unteren Isotherme T_0 bedeutet die abgegebene Wärme

$$(q_0)_{\text{rev}} = (q_{41})_{\text{rev}} = \int_{4}^{1} T \, ds = T_0(s_1 - s_4) = -T_0(s_3 - s_2).$$

Die Nutzarbeit des Carnot-Prozesses wird nach dem 1. Hauptsatz für Kreisprozesse,

$$-(w_t)_{\text{rev}} = q_{\text{rev}} - \left| (q_0)_{\text{rev}} \right|,$$

durch die von den Zustandslinien eingeschlossene Rechteckfläche dargestellt.

Man kennzeichnet den in Arbeit umgewandelten Teil der zugeführten Wärme durch den *thermischen Wirkungsgrad* des Kreisprozesses.

Er ist als das Verhältnis der gewonnenen Nutzarbeit $(-w_t)$ zur zugeführten Wärme definiert,

$$\eta_{th} = -w_t/q,$$

und hängt bei einem reversiblen Carnot-Prozeß nur von den beiden Temperaturen T und T_0 ab:

$$\eta_{th} = \eta_C = (-w_t)_{rev}/q_{rev} = \frac{T - T_0}{T} = 1 - \frac{T_0}{T}.$$

Dieses Ergebnis hatten wir schon in Beispiel 2.10 für ein ideales Gas als Arbeitsmedium gefunden. Es gilt, wie die oben gewonnenen Gleichungen mit der Entropie zeigen, für jedes Fluid. Der thermische Wirkungsgrad η_C kann den Wert eins nie erreichen, denn die Temperatur T_0 der Wärmeabgabe kann nicht unter die Umgebungstemperatur $T_u \simeq 290$ K sinken. Obwohl der Carnot-Prozeß reversibel ist, gelingt es nicht, die dem Kreisprozeß als Wärme zugeführte Energie vollständig in Arbeit umzuwandeln. Wir werden sehen, daß dies ganz allgemein gilt: Es ist unmöglich, die einem Kreisprozeß zugeführte Wärme vollständig in Arbeit umzuwandeln.

Auch die innere Energie eines Systems läßt sich nicht in beliebigem Ausmaß in Arbeit verwandeln. Dies zeigen unsere in Abschn. 3.11 ausgeführten Überlegungen. Bei einem adiabaten System gilt zwar nach dem 1. Hauptsatz

$$-w_{12} = u_1 - u_2,$$

aber von einem gegebenen Anfangszustand 1 aus lassen sich nicht beliebige Endzustände 2 mit beliebig kleinen inneren Energien u_2 erreichen. Nach dem 2. Hauptsatz besteht nämlich die Einschränkung

$$s_2 \geqq s_1.$$

Ist also ein bestimmtes Endvolumen v_2 oder ein Enddruck p_2, z. B. der Umgebungsdruck p_u, vorgeschrieben, der nicht unterschritten werden kann, so gibt es eine obere Grenze für den in Arbeit umwandelbaren Teil der inneren Energie eines adiabaten Systems, vgl. Abb. 3.26.

Umgekehrt ist es stets möglich, Arbeit in beliebigem Ausmaß in innere Energie zu verwandeln. Dies wird durch jeden irreversiblen Prozeß besorgt, bei dem Arbeit dissipiert wird, vgl. Abschn. 3.23. Arbeit läßt sich aber auch in andere mechanische Energieformen verwandeln.

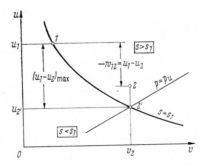

Abb. 3.26. Zur Umwandlung der inneren Energie eines geschlossenen adiabaten Systems in Arbeit. Die Endzustände 2 können nur rechts von der Isentrope $s = s_1$ liegen

Bei *reversiblen* Prozessen ist es sogar möglich, die als Arbeit zugeführte Energie *vollständig* in kinetische und potentielle Energie zu transformieren und umgekehrt kinetische und potentielle Energie *vollständig* in Arbeit zu verwandeln. Auch elektrische und mechanische Energien lassen sich grundsätzlich vollständig ineinander umwandeln, nämlich durch reversibel arbeitende elektrische Generatoren (mechanische Energie → elektrische Energie) und durch reversible Elektromotoren (elektrische Energie → mechanische Energie).

Wir erkennen aus diesen Beispielen eine ausgeprägte Unsymmetrie in der Richtung der Energieumwandlungen. Auf der einen Seite lassen sich mechanische und elektrische Energien ohne Einschränkung in innere Energie und in Wärme umwandeln. Andererseits ist es nicht möglich, innere Energie und Wärme in beliebigem Ausmaß in mechanische Energie (z. B. in Arbeit) zu verwandeln. Selbst bei reversiblen Prozessen setzt hier der 2. Hauptsatz eine obere Grenze für die Umwandelbarkeit.

Nach dem 2. Hauptsatz gibt es also zwei Energieklassen: Energien, die sich in jede andere Energieform umwandeln lassen, deren Transformierbarkeit durch den 2. Hauptsatz also nicht eingeschränkt wird, und Energien, die nur in beschränktem Maße umwandelbar sind. Zu den unbeschränkt umwandelbaren Energien gehören die mechanischen Energieformen und die elektrische Energie. Die nur beschränkt umwandelbaren Energien sind die innere Energie und die Energie, die als Wärme die Systemgrenze überschreitet. Die unbeschränkt umwandelbaren Energieformen sind, wie wir noch genauer ausführen werden, technisch und wirtschaftlich wichtiger und wertvoller als die Energieformen, deren Umwandelbarkeit der 2. Hauptsatz empfindlich beschneidet. Wir wollen alle *unbeschränkt umwandelbaren Energien*, deren Umwandlung in jede andere Energieform nach dem zweiten Hauptsatz gestattet ist, unter dem kurzen Oberbegriff *Exergie*[1] zusammenfassen.

3.32 Der Einfluß der Umgebung auf die Energieumwandlungen

Die Umwandlung von Wärme in Arbeit beim Carnot-Prozeß und die ebenfalls in Abschn. 3.31 behandelte Umwandlung von innerer Energie in Arbeit sind Beispiele dafür, daß die Verwandlung beschränkt umwandelbarer Energien in Exergie nicht nur von der Energieform selbst und von den Eigenschaften des Energieträgers abhängt: Die Umwandlung beschränkt umwandelbarer Energien wird auch von den Eigenschaften der Umgebung beeinflußt. Beim Carnot-Prozeß muß die Abwärme q_0 an einen Energiespeicher möglichst niedriger Temperatur T_0 abgegeben werden. Dies ist aber unter irdischen Bedingungen die „Umgebung", nämlich die Atmosphäre oder das Kühlwasser aus einem Fluß oder See. T_0 kann also nicht niedriger als die Umgebungstemperatur T_u sein. Bei der Umwandlung der inneren Energie eines geschlossenen adiabaten Systems ist es der Umgebungsdruck p_u, welcher der

---

[1] Dieses Wort zur Bezeichnung der unbeschränkt umwandelbaren Energie wurde 1953 von Z. Rant geprägt. Vgl. hierzu Forsch.-Ing.-Wes. 22 (1956) 36.

Expansion des Systems eine Grenze setzt, so daß seine innere Energie unter irdischen Bedingungen nicht beliebig verkleinert werden kann.

Wie diese beiden Beispiele zeigen, begrenzen die Eigenschaften der Umgebung die Umwandelbarkeit der beschränkt umwandlungsfähigen Energieformen. Wir wollen für alle folgenden Überlegungen die *Umgebung* als ein sehr großes, ruhendes Medium idealisieren, dessen intensive Zustandsgrößen T_u und p_u und dessen chemische Zusammensetzung unverändert bleiben, auch wenn die Umgebung Energie oder Materie aufnimmt oder abgibt.

Die Umgebung nimmt an den auf dieser Welt ablaufenden Prozessen als ein großer Energiespeicher teil, der Energie aufnehmen oder abgeben kann, ohne seinen intensiven Zustand zu ändern. Wie steht es nun mit der Umwandlungsfähigkeit der in der Umgebung gespeicherten Energie? Läßt sich diese Energie in Exergie, z. B. in Nutzarbeit verwandeln? Wäre dies der Fall, so wäre die Umgebung eine ideale Energiequelle (oder genauer Exergiequelle); denn die Umgebungsenergie steht uns, z. B. als innere Energie der Weltmeere, in fast unbeschränktem Ausmaß kostenlos zur Verfügung. Gelänge es etwa, die Weltmeere, deren Wassermasse etwa $m = 1{,}42 \cdot 10^{21}$ kg beträgt, um nur $1{,}62 \cdot 10^{-6}$ K abzukühlen und dadurch ihre innere Energie um

$$\Delta U = mc\,\Delta t = 1{,}42 \cdot 10^{21}\ \text{kg} \cdot 4{,}19\,\frac{\text{kJ}}{\text{kg}}\,\text{K} \cdot 1{,}62 \cdot 10^{-6}\ \text{K}$$

$$= 9{,}64 \cdot 10^{15}\ \text{kJ}$$

zu verringern und in elektrische Energie zu verwandeln, so wäre damit der Weltbedarf an elektrischer Energie des Jahres 1962 von $2{,}67 \cdot 10^{12}$ kWh $= 9{,}64 \cdot 10^{15}$ kJ gedeckt.

Diese Umwandlung der inneren Energie der Umgebung in Exergie widerspricht jedoch dem 2. Hauptsatz[1]. Um dies zu zeigen, betrachten wir eine Wärmekraftmaschine, die der Umgebung mit der Temperatur T_u Energie als Wärme entzieht und vollständig in Nutzarbeit (als Prototyp der Exergie) verwandelt, Abb. 3.27. Das stationär umlaufende Arbeitsmedium der Wärmekraftmaschine vollführt einen Kreisprozeß,

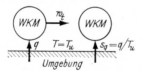

Abb. 3.27. Schema des Energie- und Entropieflusses in einer Wärmekraftmaschine, welche Wärme aus der Umgebung aufnimmt und vollständig in Nutzarbeit verwandelt

---

[1] Schon W. Thomson (Lord Kelvin) formulierte 1851 den 2. Hauptsatz so, daß diese Umwandlung ausgeschlossen ist: ,,It is impossible, by means of inanimate material agency, to derive mechanical effect from any portion of matter by cooling it below the temperature of the coldest of the surrounding objects." Noch deutlicher kommt das Verbot dieser Umwandlung in der Formulierung des 2. Hauptsatzes zum Ausdruck, die M. Planck benutzte (Vorles. über Thermodynamik, 1. Aufl. S. 80, Leipzig 1897): ,,Es ist unmöglich, eine periodisch funktionierende Maschine zu konstruieren, die weiter nichts bewirkt als Hebung einer Last und Abkühlung eines Wärmereservoirs."

dessen thermischer Wirkungsgrad

$$\eta_{th} = (-w_t)/q = 1$$

ist.

Mit der Wärme q nimmt das Arbeitsmedium aus der Umgebung die Entropie

$$s_q = q/T_u$$

auf. Die Entropie des umlaufenden Arbeitsmediums bleibt jedoch konstant, denn es durchläuft einen Kreisprozeß. Die mit der Wärme aus der Umgebung aufgenommene Entropie müßte also vernichtet werden. Dies widerspricht dem 2. Hauptsatz, vgl. S. 199. Man könnte nun daran denken, die von der Wärmekraftmaschine aufgenommene Entropie an einen anderen Energiespeicher abzugeben, also einen Teil q' der aufgenommenen Wärme wieder als Wärme zusammen mit Entropie abzugeben. Ist T' die Temperatur des Energiespeichers, so könnte er die Entropie

$$s_q' = q'/T'$$

aufnehmen. Da jedoch die Umgebung der Energiespeicher mit der niedrigsten Temperatur ist, gilt $T' > T_u$, und mit $q' \leqq q$ wird $s_q' < s_q$. Die vom Arbeitsmedium der Wärmekraftmaschine abgegebene Entropie ist stets kleiner als die aufgenommene, so daß auch jetzt Entropie vernichtet werden müßte und der Widerspruch zum 2. Hauptsatz bestehen bleibt.

Es ist also unmöglich, die in der Umgebung gespeicherte innere Energie durch eine Wärmekraftmaschine in Arbeit zu verwandeln. Eine solche Maschine hat Wilhelm Ostwald[1] als *perpetuum mobile 2. Art* bezeichnet. Es widerspricht nicht dem 1. Hauptsatz — eine derartige Maschine wird perpetuum mobile 1. Art genannt —, verstößt aber gegen den 2. Hauptsatz. Die innere Energie der Umgebung läßt sich somit nicht in Exergie, also in unbeschränkt umwandelbare Energie transformieren. Die Umgebung ist zwar ein Energiespeicher riesigen Ausmaßes, aber sie enthält nur Energie, die sich nicht in Exergie umwandeln läßt.

Die innere Energie der Umgebung und die Energie, die als Wärme bei Umgebungstemperatur von der Umgebung aufgenommen oder abgegeben wird, haben ihre Umwandlungsfähigkeit in Exergie vollständig verloren. Dies trifft auch auf die Verdrängungsarbeit $p_u(V_2 - V_1)$ gegen den Umgebungsdruck p_u zu; diese Arbeit tritt bei der Volumenänderung eines Systems auf, vgl. Abschn. 2.12, S. 44; sie geht bei der Expansion vom System an die Umgebung über und wird zu innerer Energie der Umgebung. Von der gesamten Volumenänderungsarbeit

---

[1] Wilhelm Ostwald (1853—1932) war Professor für physikalische Chemie in Leipzig. Er erhielt 1909 den Nobelpreis für Chemie als Anerkennung seiner Arbeiten über die Katalyse und über die chemischen Gleichgewichte und Reaktionsgeschwindigkeiten. Er befaßte sich auch eingehend mit Fragen der Naturphilosophie.

ist also nur der auf S. 44 als Nutzarbeit

$$W_{12}^n = - \int_1^2 p \, dV + p_u(V_2 - V_1) = - \int_1^2 (p - p_u) \, dV$$

bezeichnete Teil unbeschränkt umwandelbar und als Exergie zu werten.

Hat ein System die Umgebungstemperatur T_u und den Umgebungsdruck p_u erreicht, so befindet es sich im thermischen und mechanischen Gleichgewicht mit der Umgebung. Es ist dann nicht mehr möglich, seine innere Energie in Exergie, z. B. in Nutzarbeit, zu verwanden. Diesen Gleichgewichtszustand eines Systems mit der Umgebung bezeichnet J. H. Keenan sehr treffend als „dead state", den „toten Zustand" des Systems. Wir wollen den Zustand des thermodynamischen Gleichgewichts mit der Umgebung kurz als *Umgebungszustand* bezeichnen. Im Umgebungszustand hat der Energieinhalt eines Systems seine Umwandlungsfähigkeit in Exergie vollständig verloren. Im allgemeinen Falle umfaßt das thermodynamische Gleichgewicht nicht nur das thermische ($T = T_u$) und das mechanische Gleichgewicht ($p = p_u$) mit der Umgebung, sondern auch das chemische Gleichgewicht. Dies brauchen wir nur dann zu berücksichtigen, wenn wir Energieumwandlungen bei chemischen Reaktionen, z. B. bei den Verbrennungsprozessen (Abschn. 8.4) behandeln. Betrachten wir bewegte Systeme, so schließt das Gleichgewicht mit der Umgebung die Bedingung ein, daß das System relativ zur Umgebung ruht und sich auf dem Höhenniveau der Umgebung befindet. Im Umgebungszustand sind somit die kinetische und potentielle Energie des Systems relativ zur Umgebung Null.

Beispiel 3.8. Ein einfaches geschlossenes System (Fluid), das im thermischen Gleichgewicht mit der Umgebung steht ($T = T_u$), befindet sich solange nicht im mechanischen Gleichgewicht mit der Umgebung, als sein Druck p vom Umgebungsdruck p_u abweicht. Man bestimme die mit diesem System unter Mitwirkung der Umgebung maximal zu gewinnende Nutzarbeit.

Man erhält die maximale Nutzarbeit, wenn das System von seinem Anfangszustand 1 mit $T_1 = T_u$, $p_1 \neq p_u$ *reversibel* in den Umgebungszustand U gebracht wird. Das System wird also isotherm ($T = T_u$) und reversibel entspannt oder verdichtet, bis sein Druck den Umgebungsdruck erreicht. Die bei diesem Prozeß abgegebene Nutzarbeit

$$(- W_{1u}^n)_{\text{rev}} = \int_1^u p \, dV - p_u(V_u - V_1)$$

ist die maximal gewinnbare Arbeit. Sie wird im p, V-Diagramm durch die Fläche zwischen der Isotherme $T = T_u$ und der Isobare $p = p_u$ dargestellt, Abb. 3.28.

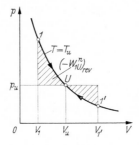

Abb. 3.28. Maximal gewinnbare Nutzarbeit bei der isothermen Verdichtung und Entspannung eines einfachen geschlossenen Systems

Wie man erkennt, läßt sich Nutzarbeit auch dann gewinnen, wenn der Druck des Fluids kleiner als der Umgebungsdruck ist, $p_{1'} < p_u$. In diesem Falle gibt die Umgebung an den Kolben die Verschiebearbeit $p_u(V_{1'} - V_u)$ ab, von der nur ein Teil zur Verdichtung benötigt wird und vom Kolben an das Fluid übergeht. Der Rest ist die auch in diesem Falle gewinnbare Nutzarbeit.

Die Umgebung wirkt bei der reversiblen isothermen Entspannung oder Verdichtung des Fluids nicht nur über die Verdrängungsarbeit, sondern auch durch die Wärme

$$(Q_{1u})_{\text{rev}} = T_u(S_u - S_1)$$

mit, die das System aus der Umgebung aufnimmt oder abgibt. Da nach dem 1. Hauptsatz

$$(W_{1u})_{\text{rev}} = -\int_1^u p\, dV = U_u - U_1 - (Q_{1u})_{\text{rev}} = U_u - U_1 - T_u(S_u - S_1)$$

gilt, erhalten wir für die maximal gewinnbare Nutzarbeit

$$(-W_{1u}^n)_{\text{rev}} = U_1 - U_u - T_u(S_1 - S_u) + p_u(V_1 - V_u).$$

In dieser Gleichung treten nur die Zustandsgrößen des Fluids im Anfangszustand und im Umgebungszustand auf. Die maximale Nutzarbeit erweist sich damit selbst als eine Zustandsgröße, die ihren kleinsten Wert Null im Umgebungszustand annimmt. Sie bedeutet den Teil der inneren Energie U_1 des geschlossenen Systems, der sich bei vorgegebener Umgebung in Nutzarbeit, also in Exergie umwandeln läßt. Wir können daher $(-W_{1u}^n)_{\text{rev}}$ auch als die Exergie der inneren Energie bezeichnen, weil nur dieser Teil der inneren Energie unbeschränkt umwandelbar ist. Man kann zeigen, daß die zuletzt gewonnene Gleichung ganz allgemein die Exergie der inneren Energie eines geschlossenen Systems angibt, also auch für solche Zustände 1 gilt, die nicht auf der Isotherme $T = T_u$ liegen. Dieser Nachweis sei dem Leser überlassen.

3.33 Exergie und Anergie

In den beiden letzten Abschnitten haben wir die Einschränkungen behandelt, die der 2. Hauptsatz den Energieumwandlungen auferlegt. Wir fassen diese aus dem 2. Hauptsatz folgenden Tatsachen nochmals zusammen: *Es gibt Energieformen, die sich in jede andere Energieform umwandeln lassen.* Hierzu gehören insbesondere die mechanischen Energien wie kinetische und potentielle Energie und die mechanische Arbeit, soweit sie nicht Verdrängungsarbeit bei der Volumenänderung gegen den Umgebungsdruck p_u ist. Auch die elektrische Energie gehört zu den unbeschränkt umwandelbaren Energien. Diese unter dem Oberbegriff *Exergie* zusammengefaßten Energieformen lassen sich bei reversiblen Prozessen vollständig ineinander umwandeln und durch reversible und irreversible Prozesse auch in die nur beschränkt umwandelbaren Energieformen wie innere Energie und Wärme transformieren. Es ist dagegen nicht möglich, beschränkt umwandelbare Energieformen in beliebigem Ausmaß in Exergie umzuwandeln. Hier gibt der 2. Hauptsatz bestimmte obere Grenzen an, die nicht nur von der Energieform und dem Zustand des Energieträgers (Systems) abhängen, sondern auch vom Zustand der Umgebung. Schließlich haben wir erkannt, daß es unmöglich ist, die in der Umgebung gespeicherte Energie in Exergie zu verwandeln. Ebenso läßt sich Wärme bei Umgebungstemperatur und Verdrängungsarbeit gegen den Umgebungsdruck über-

haupt nicht in Exergie umwandeln. Das gleiche gilt für den Energieinhalt aller Systeme, die im thermodynamischen Gleichgewicht mit der
Umgebung stehen, sich also im Umgebungszustand befinden.

Wir können damit drei Gruppen von Energien unterscheiden, wenn
wir den Grad ihrer Umwandelbarkeit als Kriterium heranziehen:

1. *Unbeschränkt umwandelbare Energie* (Exergie) wie z. B. mechanische und elektrische Energie.

2. *Beschränkt umwandelbare Energie* wie Wärme und innere Energie, deren Umwandlung in Exergie durch den 2. Hauptsatz empfindlich
beschnitten wird.

3. *Nicht umwandelbare Energie* wie z. B. die innere Energie der Umgebung, deren Umwandlung in Exergie nach dem 2. Hauptsatz unmöglich ist (perpetuum mobile 2. Art).

Wir fassen nun die überhaupt nicht in Exergie umwandelbaren
Energieformen unter dem Oberbegriff *Anergie* zusammen in Analogie
zur Benennung Exergie für die unbeschränkt umwandelbaren Energieformen[1]. Es gilt also die Definition:

> *Exergie ist Energie, die sich unter Mitwirkung einer vorgegebenen*
> *Umgebung in jede andere Energieform umwandeln läßt; Anergie*
> *ist Energie, die sich nicht in Exergie umwandeln läßt.*

Uns stehen damit zwei komplementäre Begriffe zur zusammenfassenden Bezeichnung aller *unbeschränkt* umwandelbaren und aller
nicht umwandelbaren Energieformen zur Verfügung. Die *beschränkt*
umwandelbaren Energien lassen sich nach dem 2. Hauptsatz nur zum
Teil in Exergie umwandeln, der Rest ist nicht in Exergie umwandelbar.
Diese Energieformen denken wir uns daher aus Exergie und Anergie
zusammengesetzt. Sie haben einen unbeschränkt umwandelbaren Teil,
den wir als die Exergie der betreffenden Energieform (beispielsweise als
Exergie der Wärme) bezeichnen, und sie haben einen nicht in Exergie
umwandelbaren Teil, den wir die Anergie der betreffenden Energieform nennen. Nach dieser Verallgemeinerung der Begriffe Exergie und
Anergie können wir uns jede Energieform aus Exergie und Anergie
zusammengesetzt denken. Dabei kann dann der Exergieanteil oder der
Anergieanteil einer bestimmten Energieform auch Null sein. So ist
z. B. die Anergie der elektrischen Energie Null, während der Exergieanteil der in der Umgebung gespeicherten Energie gleich Null ist.

Alle unsere Überlegungen, die uns zur Einordnung bzw. Einteilung
der Energieformen in die beiden Klassen Exergie und Anergie geführt
haben, beruhen auf dem 2. Hauptsatz der Thermodynamik. Die Aussage: es gibt Exergie und Anergie, können wir direkt als eine allgemeine
Formulierung des 2. Hauptsatzes ansehen. Dadurch, daß wir uns stets
auf den 2. Hauptsatz als Erfahrungssatz gestützt haben, dienen die
oben gegebenen Definitionen der Begriffe Exergie und Anergie zur

---

[1] Die Bezeichnung Anergie wurde vorgeschlagen von Z. Rant: Die Thermodynamik von Heizprozessen. Strojniski vestnik 8 (1962) 1—2 (slowenisch) — Die
Heiztechnik und der zweite Hauptsatz der Thermodynamik. Gaswärme 12 (1963)
297—304.

Beschreibung allgemein beobachteter Erfahrungstatsachen. Wir können daher auf Grund dieser Definitionen folgende Formulierung des 2. Hauptsatzes aussprechen, die für seine Anwendung auf Energieumwandlungen besonders wichtig ist:

Jede Energie besteht aus Exergie und Anergie, wobei einer der beiden Anteile auch Null sein kann.

Es gilt also für jede Energieform die allgemeine Gleichung

$$\boxed{\text{Energie} = \text{Exergie} + \text{Anergie}.}$$

Der *1. Hauptsatz* in seiner Formulierung als Erhaltungssatz der Energie macht dann die Aussage:

Bei allen Prozessen bleibt die Summe aus Exergie und Anergie konstant.

Dies gilt wohlgemerkt nur für die *Summe* aus Exergie und Anergie, nicht jedoch für Exergie und Anergie allein. Über das Verhalten von Exergie und Anergie bei reversiblen und irreversiblen Prozessen gelten vielmehr folgende allgemeingültige Aussagen des *2. Hauptsatzes*:

I. *Bei allen irreversiblen Prozessen verwandelt sich Exergie in Anergie.*

II. *Nur bei reversiblen Prozessen bleibt die Exergie konstant.*

III. *Es ist unmöglich, Anergie in Exergie zu verwandeln.*

In diesen Sätzen finden die Beschränkungen, die der 2. Hauptsatz allen Energieumwandlungen auferlegt, ihren allgemeinen Ausdruck. Außerdem erkennen wir darin die auf S. 131 hervorgehobene Unsymmetrie in der Richtung der Energieumwandlungen wieder. Da alle natürlichen Prozesse irreversibel sind, vermindert sich der Vorrat an unbeschränkt umwandelbarer Energie (Exergie), indem sie sich in Anergie verwandelt. Bei allen natürlichen (irreversiblen) Prozessen bleibt zwar nach dem 1. Hauptsatz die Energie in ihrer Größe oder Menge konstant, sie verliert aber nach dem 2. Hauptsatz ihre Umwandlungsfähigkeit in dem Maße, in dem sich Exergie in Anergie verwandelt.

Die drei Aussagen des 2. Hauptsatzes über das Verhalten von Exergie und Anergie lassen sich wie folgt beweisen. Die Unmöglichkeit, Anergie in Exergie zu verwandeln (Satz III) folgt unmittelbar aus der Definition der Anergie: sie ist als Energie definiert, die sich nicht in Exergie umwandeln läßt. Nur ein perpetuum mobile 2. Art könnte diese Umwandlung bewirken, es ist nach dem 2. Hauptsatz ausdrücklich verboten.

Um die Sätze I und II zu beweisen, nehmen wir an, es gäbe einen reversiblen Prozeß, bei dem die Exergie nicht konstant bleibt. Nach Satz III kann sie nur abnehmen, sich also ganz oder teilweise in Anergie verwandeln. Wir machen nun den reversiblen Prozeß rückgängig, so daß alle am Prozeß beteiligten Systeme ihren Anfangszustand wieder erreichen, ohne daß irgendwelche Veränderungen in der Natur zurückbleiben (Definition des reversiblen Prozesses!). Hierbei müßte auch der in Anergie umgewandelte Teil der Exergie wieder in Exergie verwandelt werden. Dies ist aber nach Satz III unmöglich. Die Annahme, es gäbe einen reversiblen Prozeß, bei dem die Exergie nicht konstant bleibt, führt also zu einem Widerspruch. Folglich kann bei einem reversiblen Prozeß die Exergie weder zu- noch abnehmen: sie bleibt konstant. Verwandelt sich dagegen bei einem Prozeß Exergie in Anergie, so läßt sich dieser Prozeß nicht mehr rückgängig machen, denn die dabei erforderliche Umwandlung von Anergie in Exergie ist nach dem 2. Hauptsatz verboten. Der Prozeß ist also irreversibel.

Wir erkennen aus den Formulierungen des 2. Hauptsatzes mittels Exergie und Anergie die Bedeutung der reversiblen Prozesse als Idealprozesse der Energieumwandlung. Nur bei reversiblen Prozessen bleibt die Exergie und damit die Umwandlungsfähigkeit der Energie erhalten. Da nun nach dem Prinzip der Irreversibilität alle natürlichen, tatsächlich ablaufenden Prozesse irreversibel sind, vermindert sich bei allen natürlichen Prozessen der Vorrat an Exergie durch Umwandlung in Anergie, eine Umwandlung, die einseitig ist und durch keine noch so kunstvoll ausgedachte technische Maßnahme rückgängig gemacht werden kann. Den bei einem irreversiblen Prozeß in Anergie umgewandelten Teil der Exergie bezeichnet man als den *Exergieverlust des Prozesses*. Er läßt sich auf keine Weise kompensieren, weil die Umwandlung von Anergie in Exergie nach dem 2. Hauptsatz unmöglich ist.

Zum Abschluß unserer allgemeinen Überlegungen über den Exergie- und Anergiebegriff wollen wir kurz auf die *technische Bedeutung* dieser Größen hinweisen. Technische Verfahren, die das menschliche Leben möglich machen, wie das Heizen, Kühlen, die Herstellung und Bearbeitung von Stoffen, das Befördern von Lasten — alle diese Verfahren benötigen zu ihrer Durchführung Energie. Sie verlangen jedoch nicht Energie schlechthin, sondern Nutzarbeit oder elektrische Energie, also Exergie. Diese Exergie bereitzustellen ist Aufgabe der Energietechnik, die aus den in der Natur vorhandenen Energiequellen Exergie schöpft und diese meist in Form von elektrischer Energie weiterleitet zu den „Verbrauchern", nämlich zu den oben genannten Verfahren, in denen die Exergie tatsächlich weitgehend verbraucht, nämlich in Anergie umgewandelt wird.

Unsere Energiequellen sind daher in Wirklichkeit Exergiequellen, nämlich fossile und nukleare Brennstoffe oder Wasserkräfte, deren potentielle Energie gegenüber dem Umgebungsniveau Exergie ist. Dagegen können wir aus dem Energieinhalt der Umgebung keine Exergie gewinnen, denn dieser besteht nur aus Anergie. Der Energiebegriff des Energietechnikers und Energiewirtschaftlers deckt sich daher mit dem Exergiebegriff, nicht mit dem Energiebegriff des 1. Hauptsatzes. Energie„verbrauch" und Energie„verlust" sind Begriffe, die dem 1. Hauptsatz widersprechen, denn Energie kann nicht verbraucht werden und kann nicht verloren gehen. Diese Begriffe werden jedoch sinnvoll für die Exergie, die durch irreversible Prozesse unwiederbringlich in Anergie umgewandelt wird.

Da die Exergie der Teil der Energie ist, auf den es technisch „ankommt" und da es keinen Erhaltungssatz für die Exergie gibt, diese sich vielmehr dauernd vermindert, ist Exergie technisch und wirtschaftlich wertvoll. Die Umwandelbarkeit der Energie ist also eine ihrer praktisch wichtigen Eigenschaften; man kann daher eine Energieform nach dem Grad ihrer Umwandelbarkeit in andere Energieformen bewerten. Das thermodynamische Ideal ist die reversible Energieumwandlung ohne Exergieverlust. Sie läßt sich jedoch praktisch nicht erreichen, weil der hierzu erforderliche Aufwand an Apparaten und Maschinen ins Unermeßliche steigen würde. Bei der technisch und wirtschaftlich günstigsten Lösung eines Problems der Energietechnik wird man daher stets einen bestimmten Exergieverlust zulassen, für den Anlage- und Betriebskosten zusammen ein Minimum ergeben.

3.34 Exergie und Anergie der Wärme und die Umwandlung von Wärme in Nutzarbeit

Um die Größen Exergie und Anergie anwenden zu können, müssen wir die Exergie- und Anergie-Anteile der verschiedenen Energieformen kennen. Wir wissen bereits, daß die elektrische Energie und die unbeschränkt umwandelbaren mechanischen Energieformen nur aus Exergie bestehen. Von den beschränkt umwandelbaren Energieformen berechnen wir den Exergie- und Anergie-Anteil der Wärme und die Exergie und Anergie der Energie, die von einem Stoffstrom als Energieträger mitgeführt wird[1].

Die *Exergie der Wärme* ist der Teil der Wärme, der sich in jede andere Energieform, also auch in Nutzarbeit umwandeln läßt. Um sie zu berechnen, denken wir uns die Wärme einer Wärmekraftmaschine zugeführt, deren Arbeitsmedium einen Kreisprozeß durchläuft. Die Exergie der Wärme erhalten wir als die Nutzarbeit, ihre Anergie als die Abwärme des Kreisprozesses. Die Nutzarbeit des Kreisprozesses stimmt jedoch nur dann mit der Exergie der zugeführten Wärme überein, wenn

1. der Kreisprozeß reversibel ausgeführt wird (andernfalls verwandelt sich Exergie in Anergie, und die Nutzarbeit ist kleiner als die zugeführte Exergie) und wenn

2. die Abwärme des Kreisprozesses nur bei der Umgebungstemperatur T_u abgegeben wird, so daß sie nur aus Anergie besteht und genau der Anergie der zugeführten Wärme entspricht.

Wir bezeichnen den Exergieanteil der Wärme dQ mit dE_Q, ihren Anergieanteil mit dB_Q, so daß

$$dQ = dE_Q + dB_Q$$

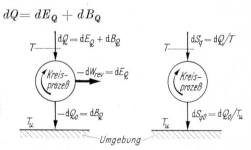

Abb. 3.29. Energie- und Entropie-bilanz des gedachten reversiblen Kreisprozesses zur Berechnung von Exergie und Anergie der Wärme dQ

---

[1] Die Exergie der inneren Energie wurde bereits in Beispiel 3.8 als maximal gewinnbare Nutzarbeit berechnet. Wegen weiterer Einzelheiten sei verwiesen auf: Baehr, H. D.: Definition und Berechnung von Exergie und Anergie. Brennst.-Wärme-Kraft 17 (1965) 1—6.

gilt. Um diese beiden Anteile zu berechnen, benutzen wir den 2. Hauptsatz in Form einer Entropiebilanz für den gedachten reversiblen Kreisprozeß, dessen abgegebene Nutzarbeit mit dE_Q und dessen Abwärme mit dB_Q übereinstimmt, Abb. 3.29. Mit der bei der Temperatur T aufgenommenen Wärme dQ nimmt das Arbeitsmedium die Entropie $dS_q = dQ/T$ auf. Da bei einem reversiblen Kreisprozeß keine Entropie erzeugt wird, muß die Abwärme dQ_0 gerade so groß sein, daß die mit ihr abtransportierte Entropie $dS_{q0} = dQ_0/T_u$ gleich der aufgenommenen Entropie dS_q ist. Aus der Entropiebilanzgleichung

$$dS_q + dS_{q0} = (dQ/T) + (dQ_0/T_u) = 0$$

ergibt sich dann für die Abwärme

$$-dQ_0 = \frac{T_u}{T}\,dQ = T_u\,dS_q.$$

Diese an die Umgebung abgeführte Wärme besteht nur aus Anergie, sie ist die gesuchte Anergie der Wärme,

$$dB_Q = \frac{T_u}{T}\,dQ = T_u\,dS_q.$$

Die Anergie der Wärme ergibt sich als Produkt aus der Umgebungstemperatur T_u und der mit der Wärme transportierten Entropie dS_q. Die Exergie der Wärme ist dagegen der „entropiefreie" Teil der Wärme, der als abgegebene Nutzarbeit des gedachten reversiblen Kreisprozesses erscheint:

$$-dW_{\mathrm{rev}} = dQ - |dQ_0| = dQ - dB_Q = dE_Q.$$

Hierfür erhalten wir

$$dE_Q = \left(1 - \frac{T_u}{T}\right)dQ.$$

Wird Wärme in einem bestimmten Temperaturintervall von einem System (Energieträger) aufgenommen oder abgegeben, so erhält man die mit der Wärme Q_{12} aufgenommene oder abgegebene *Exergie der Wärme* durch Integration zu

$$(E_Q)_{12} = \int_1^2 \left(1 - \frac{T_u}{T}\right)dQ = Q_{12} - T_u \int_1^2 \frac{dQ}{T} \qquad (3.17)$$

und in gleicher Weise die *Anergie der Wärme* zu

$$(B_Q)_{12} = T_u \int_1^2 \frac{dQ}{T} = T_u(S_q)_{12}.$$

Hierbei bedeutet T die Temperatur des Energieträgers, der die Wärme aufnimmt oder abgibt, vgl. Abb. 3.30. Ebenso wie Q_{12} sind $(E_Q)_{12}$ und $(B_Q)_{12}$ Prozeßgrößen und keine Zustandsgrößen. Exergie und Anergie der Wärme hängen außer von T_u vor allem davon ab, wie groß die Temperatur T des Systems ist, das die Wärme aufnimmt oder abgibt.

Der in Gl. (3.17) auftretende Faktor

$$\eta_C = 1 - T_u/T$$

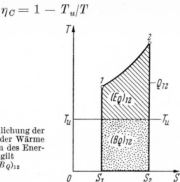

Abb. 3.30. Veranschaulichung der Exergie und Anergie der Wärme Q_{12} im T, S-Diagramm des Energieträgers. Es gilt $Q_{12} = (E_Q)_{12} + (B_Q)_{12}$

stimmt mit dem Wirkungsgrad eines Carnot-Prozesses überein, der zwischen den Temperaturen T und T_u verläuft. Wir bezeichnen daher η_C als *Carnot-Faktor* und erhalten das Ergebnis: Die Exergie der Wärme ist die mit dem Carnot-Faktor multiplizierte Wärme. Der Carnot-Faktor und damit die Exergie der Wärme sind um so größer, je höher die Temperatur T und je niedriger die Umgebungstemperatur T_u sind. Dies zeigt auch Tab. 3.1, die Werte von η_C für verschiedene Celsiustemperaturen t und t_u enthält.

Tabelle 3.1. Werte des Carnot-Faktors $\eta_C = 1 - T_u/T$ für Celsiustemperaturen t und t_u

| | $t =$ | | | | | | | | |
t_u	100°C	200°C	300°C	400°C	500°C	600°C	800°C	1 000°C	1 200°C
0°C	0,2680	0,4227	0,5234	0,5942	0,6467	0,6872	0,7455	0,7855	0,8146
20°C	0,2144	0,3804	0,4885	0,5645	0,6208	0,6643	0,7268	0,7697	0,8010
40°C	0,1608	0,3382	0,4536	0,5348	0,5950	0,6414	0,7082	0,7540	0,7874
60°C	0,1072	0,2959	0,4187	0,5051	0,5691	0,6185	0,6896	0,7383	0,7739

Der *Umwandlung von Wärme in Nutzarbeit* dient eine Wärmekraftmaschine, vgl. S. 86. Ihr stationär umlaufendes Arbeitsmedium vollführt einen Kreisprozeß, für dessen spezifische Nutzarbeit nach dem 1. Hauptsatz

$$-w_t = q + q_0 = q - |q_0|$$

gilt, Abb. 3.31. Hierbei haben wir mit q die insgesamt zugeführte Wärme und mit q_0 die Abwärme bezeichnet, die an die Umgebung (Atmosphäre oder Kühlwasser aus Flüssen oder Seen) abgegeben wird. Nach dem 2. Hauptsatz kann nun die Nutzarbeit des Kreisprozesses nicht beliebig groß werden; im günstigsten Falle wird sie gleich der Exergie der zugeführten Wärme, denn die Anergie der Wärme läßt sich nicht in Exergie, also nicht in Nutzarbeit verwandeln. In diesem

günstigsten Fall muß der Kreisprozeß reversibel sein, so daß keine
Exergieverluste auftreten, und auch die Abwärme muß reversibel an
die Umgebung mit der Temperatur T_u abgeführt werden. Da die Exer-

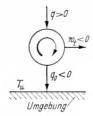

Abb. 3.31. Schema einer Wärmekraftmaschine, die die Abwärme
q_0 an die Umgebung abgibt

gie der Wärme nur von T_u und vom Temperaturniveau der Wärmeaufnahme abhängt, liefern alle reversiblen Kreisprozesse zwischen denselben oberen und unteren Temperaturgrenzen dieselbe Nutzarbeit unabhängig von der Art des Arbeitsmediums und den Einzelheiten des
reversiblen Kreisprozesses[1].

Der auf S. 130 eingeführte thermische Wirkungsgrad des Kreisprozesses,

$$\eta_{\text{th}} = \frac{-w_t}{q} = \frac{q - |q_0|}{q} = 1 - \frac{|q_0|}{q}$$

kann den nach dem 1. Hauptsatz möglichen Höchstwert 1 nicht erreichen; denn auch im günstigsten Falle ist die Abwärme q_0 nicht gleich
Null, sondern hat einen durch den 2. Hauptsatz vorgeschriebenen
Mindestwert: sie ist mindestens gleich der Anergie der zugeführten
Wärme. Es ist also unmöglich, die einem Kreisprozeß zugeführte
Wärme vollständig in Arbeit zu verwandeln, weil die Wärme nur zu
einem Teil aus Exergie besteht. Der thermische Wirkungsgrad bewertet
also die Güte einer Wärmekraftmaschine nur unvollkommen, denn er
vergleicht das Erreichte (die gewonnene Nutzarbeit) nicht mit dem
Erreichbaren (mit der Exergie der zugeführten Wärme), sondern mit
der nach dem 2. Hauptsatz niemals vollständig umwandelbaren Wärme
selbst.

Es ist deshalb sinnvoller, die Vollkommenheit einer Wärmekraftmaschine durch einen *exergetischen Wirkungsgrad* zu beurteilen. Wir
bezeichnen die spez. Exergie der zugeführten Wärme mit e_q und definieren das mit Exergien gebildete Verhältnis

$$\zeta = (-w_t)/e_q \tag{3.18}$$

als exergetischen Wirkungsgrad des Kreisprozesses. Hier wird das Erreichte zum bestenfalls Erreichbaren ins Verhältnis gesetzt. Beim

---

[1] In ähnlicher Form hat N. S. Carnot 1824 erstmals den 2. Hauptsatz ausgesprochen: „La puissance motrice de la chaleur est independante des agents
mis en oeuvre pour la réaliser: sa quantité est fixée uniquement par les tempera-
tures des corps entre lesquels se fait, en dernier résultat, le transport du calori-
que."

reversiblen Kreisprozeß ist

$$(-w_t)_{\text{rev}} = e_q$$

und somit wird $\zeta = 1$, vgl. Abb. 3.32. Beim irreversiblen Kreisprozeß tritt dagegen ein Exergieverlust e_v auf, d. h. es wird ein Teil der Exergie der Wärme in Anergie verwandelt. Die Nutzarbeit ist nun kleiner, es gilt

$$-w_t = e_q - e_v < (-w_t)_{\text{rev}},$$

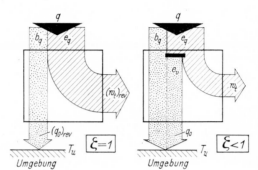

Abb. 3.32. Schema des Exergie- und Anergie- flusses in einer reversibel (links) und einer irrever- sibel arbeitenden Wärme- kraftmaschine (rechts)

und die Abweichung des exergetischen Wirkungsgrades

$$\zeta = 1 - (e_v/e_q)$$

von seinem Höchstwert 1 ist ein Maß für die grundsätzlich vermeid- baren Exergieverluste, die durch günstigere Prozeßführung und auf- wendigere Konstruktion der Apparate und Maschinen verkleinert wer den könnten.

Die an die Umgebung abgeführte Abwärme besteht nur aus An- ergie. Beim reversiblen Kreisprozeß enthält die Abwärme nur die Anergie b_q der zugeführten Wärme:

$$|(q_0)_{\text{rev}}| = b_q.$$

Diese Abwärme ist nicht als Verlust zu werten, denn sie ist nichts anderes als der grundsätzlich nicht in Arbeit umwandelbare Teil der zugeführten Wärme. Beim irreversiblen Kreisprozeß, Abb. 3.32, wird jedoch ein Teil der zugeführten Exergie in Anergie verwandelt, so daß sich die Abwärme

$$|q_0| = b_q + e_v$$

um diesen Exergieverlust vergrößert. Nur e_v ist aber ein echter Ver- lust, der durch technische Maßnahmen verkleinert und im Idealfall ganz vermieden werden könnte.

Beispiel 3.9. Bei einem Kreisprozeß nimmt das Arbeitsmittel Helium Wärme dadurch auf, daß es sich isobar von $t_1 = 300\,°\text{C}$ auf $t_2 = 850\,°\text{C}$ erwärmt; die Änderung seiner kinetischen und potentiellen Energie bei diesem Prozeß werde vernachlässigt. Die spez. Wärmekapazität des Heliums sei konstant und habe den Wert $c_p = 5{,}193\ \text{kJ/kg K}$. Der thermische Wirkungsgrad des Kreisprozesses ist $\eta_{th} = 0{,}330$; die Umgebungstemperatur hat den Wert $t_u = 25\,°C$. Man bestimme den exergetischen Wirkungsgrad des Kreisprozesses sowie seinen Exergieverlust.

Wir erhalten den exergetischen Wirkungsgrad ζ nach Gl. (3.18), indem wir die abgegebene Nutzarbeit über den thermischen Wirkungsgrad und die Exergie der zugeführten Wärme über den Carnot-Faktor aus der aufgenommenen Wärme berechnen. Für die Wärme gilt nach dem 1. Hauptsatz

$$q_{12} + w_{t12} = h_2 - h_1 + \frac{1}{2}\,(c_2^2 - c_1^2) + g(z_2 - z_1).$$

Da bei der Wärmeaufnahme $w_{t12} = 0$ ist und kinetische und potentielle Energien vernachlässigt werden, ergibt sich

$$q = q_{12} = h_2 - h_1 = c_p(t_2 - t_1) = 5{,}193\ (\text{kJ/kg K})\,(850 - 300)\ \text{K}$$
$$= 2856\ \text{kJ/kg}$$

als zugeführte Wärme. Ihre Exergie erhalten wir aus

$$e_q = \int_1^2 \left(1 - \frac{T_u}{T}\right) dq = q - T_u \int_1^2 \frac{dq}{T} = q - b_q.$$

Nach dem 1. Hauptsatz gilt aber

$$dq = dh = c_p\,dT,$$

so daß

$$b_q = T_u c_p \int_1^2 \frac{dT}{T} = T_u c_p \ln\,(T_2/T_1)$$

$$= 298{,}15\ \text{K} \cdot 5{,}193\ (\text{kJ/kg K}) \cdot \ln\,(1123{,}15/573{,}15) = 1042\ \text{kJ/kg}$$

und damit

$$e_q = q - b_q = (2856 - 1042)\ \text{kJ/kg} = 1814\ \text{kJ/kg}$$

wird.

Die Exergie e_q ist die aus der Wärme maximal gewinnbare Nutzarbeit. Da der Kreisprozeß irreversibel ist, fällt die tatsächlich gewonnene Nutzarbeit kleiner aus. Hierfür ergibt sich aus der Definitionsgleichung für den thermischen Wirkungsgrad

$$(-w_t) = \eta_{th}\,q = 0{,}330 \cdot 2856\ \text{kJ/kg} = 943\ \text{kJ/kg}.$$

Für den exergetischen Wirkungsgrad erhalten wir also

$$\zeta = (-w_t)/e_q = 943/1814 = 0{,}520.$$

Der Exergieverlust des Kreisprozesses ergibt sich damit zu

$$e_v = (1 - \zeta)\,e_q = 0{,}480 \cdot 1814\ \text{kJ/kg} = 871\ \text{kJ/kg}.$$

Nur diese Größe ist ein echter Verlust, dagegen nicht die gesamte Abwärme

$$|q_0| = q + w_t = (2856 - 943)\ \text{kJ/kg} = 1913\ \text{kJ/kg},$$

denn sie enthält neben dem grundsätzlich vermeidbaren Exergieverlust e_v auch die unter keinen Umständen in Arbeit verwandelbare Anergie b_q der zugeführten Wärme:

$$|q_0| = b_q + e_v = (1042 + 871)\ \text{kJ/kg} = 1913\ \text{kJ/kg}.$$

3.35 Exergie und Anergie eines stationär strömenden Fluids

Wir bestimmen nun den *Exergie- und Anergiegehalt der Energie*, die von einem *stationär strömenden Fluid* mitgeführt wird. Nach Abschn. 2.33 transportiert ein Stoffstrom, der die Grenze eines offenen

Systems überquert, die spez. Energie $\left(h + \dfrac{c^2}{2} + gz\right)$ über die System-

grenze. Wir haben also die Exergie und die Anergie der Enthalpie, der kinetischen und der potentiellen Energie zu berechnen.

Hierzu denken wir uns den Stoffstrom einem Kontrollraum zugeführt, Abb. 3.33, den das Fluid in einem stationären Fließprozeß durchläuft. Es verläßt den Kontrollraum im Umgebungszustand, also beim

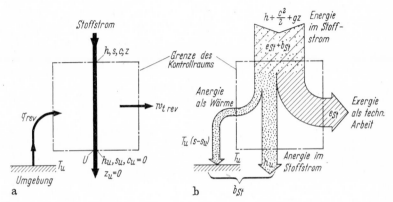

Abb. 3.33. Zur Berechnung des Exergie- und Anergiegehalts der von einem stationär strömenden Stoffstrom mitgeführten Energie. a) Schema des Stoff- und Energieflusses über die Grenze des Kontrollraums, b) Schema des Exergie- und Anergieflusses beim reversiblen Fließprozeß

Druck p_u, bei der Temperatur T_u sowie mit vernachlässigbar kleiner Geschwindigkeit $c_u = 0$ relativ zur Umgebung und auf dem Höhenniveau $z_u = 0$ der Umgebung. Der aus dem Kontrollraum abfließende Stoffstrom enthält dann nur noch Anergie, denn er befindet sich im Gleichgewicht mit der Umgebung[1]. Wird der stationäre Fließprozeß ferner so geführt, daß die als Wärme zu- oder abgeführte Energie nur mit der Umgebung bei $T = T_u$ ausgetauscht wird, so besteht diese Energie ebenfalls nur aus Anergie. Ist schließlich der stationäre Fließprozeß reversibel, so stimmt die als technische Arbeit abgegebene Exergie genau mit der vom Stoffstrom eingebrachten Exergie überein, und die Summe der mit dem Stoffstrom abfließenden Anergie und der als Wärme übertragenen Anergie ist genau gleich der Anergie, die mit dem Stoffstrom in das offene System eintritt. Da die mit dem Stoffstrom eingebrachte Exergie bei dem hier beschriebenen Prozeß als technische Arbeit erhalten wird, wurde sie häufig als technische Arbeitsfähigkeit des Stoffstroms bezeichnet.

Es ist für diese und für jede andere thermodynamische Überlegung typisch, daß wir uns über die Einzelheiten des reversiblen Prozesses innerhalb des Kontrollraumes überhaupt keine Gedanken zu machen brauchen. Alle Ergebnisse gewinnen wir durch Bilanzen an der System-

---

[1] Hierbei bleibt das chemische Gleichgewicht mit der Umgebung unberücksichtigt, worauf wir in Abschn. 8.4 eingehen.

grenze! Der 1. Hauptsatz für stationäre Fließprozesse liefert die Energiebilanz

$$q_{\text{rev}} + w_{t\text{rev}} = h_u - h + \frac{1}{2}(c_u^2 - c^2) + g(z_u - z),$$

wobei $c_u = 0$ und $z_u = 0$ sind. Den 2. Hauptsatz wenden wir auf das adiabate Gesamtsystem an, bestehend aus dem Kontrollraum und der Umgebung mit der konstanten Temperatur T_u. Hier muß die Summe der Entropieänderungen verschwinden:

$$s_u - s + \Delta s_u = 0.$$

Die Entropie der Umgebung nimmt ab, wenn ihr die Energie q_{rev} als Wärme entnommen und an das Fluid übertragen wird:

$$\Delta s_u = -\frac{q_{\text{rev}}}{T_u}.$$

Hieraus folgt

$$q_{\text{rev}} = T_u(s_u - s),$$

und wir erhalten für die spez. Exergie e_{St} des Stoffstromes

$$e_{\text{St}} = -w_{t\text{rev}} = h - h_u - T_u(s - s_u) + \frac{c^2}{2} + gz.$$

Die Anergie ist der Teil der mit dem Stoffstrom eingebrachten Energie, der nicht Exergie ist; also wird

$$b_{\text{St}} = h + \frac{c^2}{2} + gz - e_{\text{St}}$$

oder

$$b_{\text{St}} = h_u + T_u(s - s_u).$$

Diese Gleichungen bestätigen das schon mehrfach erwähnte Ergebnis: die kinetische und die potentielle Energie bestehen aus reiner Exergie, wobei ihr Nullpunkt durch den Umgebungszustand $c_u = 0$, $z_u = 0$ festgelegt ist. In vielen Fällen können wir die kinetischen und potentiellen Energien vernachlässigen. Wir berücksichtigen dann nur die *Exergie e* und die *Anergie b der Enthalpie h*:

$$\boxed{\begin{aligned} e &= h - h_u - T_u(s - s_u), \\ b &= h_u + T_u(s - s_u). \end{aligned}} \qquad (3.19)$$

Die Exergie der Enthalpie hat ihren natürlichen Nullpunkt im Umgebungszustand ($h = h_u$, $s = s_u$). Die Anergie der Enthalpie ist jedoch wie die Enthalpie selbst nur bis auf eine additive Konstante bestimmt. Diese hebt sich fort, wenn wir Anergiedifferenzen zwischen verschiedenen Zuständen bilden.

Gl. (3.19) gibt uns den in jede andere Energieform, also auch den in Nutzarbeit (technische Arbeit) umwandelbaren Teil der Enthalpie eines stationär strömenden Stoffstroms an. Die Exergie e_{St} bzw. e kann auch als *maximal gewinnbare Nutzarbeit* gedeutet werden, die man erhält, wenn der Stoffstrom reversibel in den Umgebungszustand übergeführt wird und dabei ein Wärmeaustausch nur mit der Umgebung zugelassen ist. Die Größe des umwandelbaren Teils der Enthalpie hängt nicht nur vom Zustand des Stoffstroms, sondern auch vom Zustand der Umgebung ab. Auch wenn man Exergiedifferenzen

$$e_2 - e_1 = h_2 - h_1 - T_u(s_2 - s_1)$$

bildet, enthalten diese noch die Umgebungstemperatur T_u. Legt man T_u fest, so kann man mit e und b wie mit Zustandsgrößen rechnen, denn Differenzen der Exergie und Anergie der Enthalpie hängen nur von den beiden Zuständen, nicht dagegen von der Art ab, wie man von dem einen Zustand in den anderen gelangt. Im T, s-Diagramm des Stoffstromes läßt sich die Exergie der Enthalpie als Fläche veranschaulichen, wenn man die Isenthalpe $h = h_u$ mit der Isobare $p = $ const zum Schnitt bringt, vgl. Abb. 3.34.

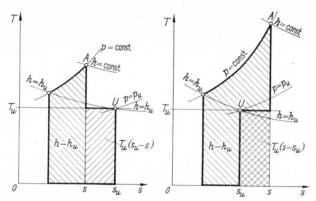

Abb. 3.34. Veranschaulichung der spez. Exergie $e = h - h_u - T_u(s - s_u)$ als die stark umrandete Fläche im T, s-Diagramm. Links: $s < s_u$; rechts: $s > s_u$

Beispiel 3.10. Wasser siedet unter dem Umgebungsdruck $p_u = 1$ atm bei der Temperatur $t = 100\,°$C. Man bestimme die Exergie des siedenden Wassers unter der vereinfachenden Annahme, daß seine spez. Wärmekapazität zwischen $t = 100\,°$C und der Umgebungstemperatur $t_u = 15\,°$C den konstanten mittleren Wert $c_p = 4,19$ kJ/kg K besitzt.

Der Zustand des siedenden Wassers unterscheidet sich von seinem Zustand im Gleichgewicht mit der Umgebung — so wie es „aus der Leitung kommt" — nur durch die höhere Temperatur. Die Enthalpie- und Entropiedifferenzen in der Gleichung für die Exergie der Enthalpie

$$e = h - h_u - T_u(s - s_u)$$

sind bei dem konstanten Druck $p = p_u = 1$ atm zu berechnen. Hier wird wegen $dp = 0$

$$dh = c_p\, dT$$

und

$$ds = \frac{dh - v\, dp}{T} = \frac{dh}{T} = c_p \frac{dT}{T}.$$

10*

Da c_p als konstant angenommen wurde, ergibt sich

$$e = c_p[T - T_u - T_u \ln (T/T_u)]$$
$$= 4{,}19 \ (\text{kJ/kg K}) \ [85{,}0 \ \text{K} - 288{,}15 \ \text{K} \cdot \ln (373{,}15/288{,}15)]$$
$$= 44{,}0 \ \text{kJ/kg}$$

als Exergie (der Enthalpie) des siedenden Wassers.

Diese Exergie könnte als technische Arbeit gewonnen werden, wenn es gelänge, einen Strom siedenden Wassers reversibel ins Gleichgewicht mit der Umgebung zu bringen. Umgekehrt ist e gleich jener technischen Arbeit, die mindestens aufzuwenden ist, um einen Wasserstrom vom Umgebungszustand aus bei $p = p_u$ zum Sieden zu bringen. Diesen Mindestexergieaufwand vergleichen wir mit der elektrischen Energie, die man einem als adiabat angenommenen Durchlauferhitzer zuführt, um das Wasser zum Sieden zu bringen. Hier liegt ein irreversibler stationärer Fließprozeß vor, für den nach dem 1. Hauptsatz

$$q_{12} + w_{t12} = h_2 - h_1 + \frac{1}{2}\,(c_2^2 - c_1^2) + g(z_2 - z_1)$$

gilt. Die technische Arbeit ist die elektrische Arbeit, die im elektrischen Widerstand des Durchlauferhitzers dissipiert wird und als Wärme an das Wasser übergeht. Für einen Kontrollraum, der den Durchlauferhitzer als Ganzes umschließt, gilt aber $q_{12} = 0$, und unter Vernachlässigung der kinetischen und potentiellen Energie des strömenden Wassers ergibt sich

$$w_{t12} = h_2 - h_1 = h - h_u = c_p(t - t_u) = 4{,}19 \ (\text{kJ/kg K}) \cdot 85 \ \text{K} = 356 \ \text{kJ/kg}$$

als zugeführte elektrische Arbeit. Von dieser zugeführten Exergie dient jedoch nur der bescheidene Anteil

$$\zeta = e/w_{t12} = 44{,}0/356 = 0{,}124$$

dazu, die Exergie des Wassers zu erhöhen. Fast 88% der zugeführten Exergie werden durch Dissipation und irreversiblen Wärmeübergang in Anergie verwandelt.

3.36 Die Berechnung von Exergieverlusten

Bei allen irreversiblen Prozessen verwandelt sich Exergie in Anergie. Da es unmöglich ist, Anergie in Exergie zu verwandeln, bezeichnet man den bei einem irreversiblen Prozeß in Anergie umgewandelten Teil der Exergie als Exergieverlust. Der Exergieverlust ist eine Eigenschaft des irreversiblen Prozesses, er kennzeichnet in quantitativer Weise den thermodynamischen Verlust infolge der Irreversibilitäten. Aufgabe des Ingenieurs ist es, technische Prozesse so zu führen, daß unnötige Exergieverluste vermieden werden. Es ist daher wichtig, die Ursachen von Exergieverlusten zu erkennen und ihre Größe zu berechnen.

Wir betrachten zunächst ein einfaches, ruhendes *geschlossenes System*, das einen irreversiblen Prozeß durchläuft, und berechnen den Exergieverlust des irreversiblen Prozesses aus einer Exergiebilanz. Die Exergie des Systems am Ende des Prozesses ist um den Exergieverlust E_{v12} kleiner als die Summe aus der Exergie des Systems am Anfang des Prozesses und der mit Wärme und Arbeit während des Prozesses zugeführten Exergie. Man erhält daraus für den gesuchten Exergieverlust

$$E_{v12} = E_1^* - E_2^* + (E_Q)_{12} + (E_W)_{12}.$$

Mit E^* haben wir hier die Exergie der inneren Energie eines geschlossenen Systems bezeichnet. Diese Größe wurde schon in Beispiel 3.8 auf S.135 als maximal gewinnbare Nutzarbeit berechnet, woraus

$$E_1^* - E_2^* = U_1 - U_2 - T_u(S_1 - S_2) + p_u(V_1 - V_2)$$

folgt. Die Exergie der Wärme ist nach S. 140

$$(E_Q)_{12} = Q_{12} - T_u \int_1^2 \frac{dQ}{T} = Q_{12} - T_u(S_q)_{12};$$

die Exergie der Volumenänderungsarbeit stimmt mit der Nutzarbeit überein:

$$(E_W)_{12} = -\int_1^2 (p - p_u)\, dV = W_{12} - p_u(V_2 - V_1),$$

vgl. S. 134. Beachten wir noch, daß nach dem 1. Hauptsatz

$$Q_{12} + W_{12} = U_2 - U_1$$

gilt, so erhalten wir für den Exergieverlust

$$E_{v12} = T_u[S_2 - S_1 - (S_q)_{12}].$$

Der in der eckigen Klammer stehende Ausdruck ist aber nichts anderes als die im geschlossenen System erzeugte Entropie, so daß sich das einfache Resultat

$$E_{v12} = T_u(S_{irr})_{12}$$

ergibt. *Der Exergieverlust eines irreversiblen Prozesses mit einem geschlossenen System ist gleich der bei diesem Prozeß erzeugten Entropie, multipliziert mit der thermodynamischen Temperatur der Umgebung.* Die durch Irreversibilitäten erzeugte Entropie hat somit eine unmittelbare praktische Bedeutung: multipliziert mit der Umgebungstemperatur gibt sie den unwiederbringlich in Anergie verwandelten Anteil der am Prozeß beteiligten Exergien an.

Auch den *Exergieverlust eines stationären Fließprozesses* finden wir durch eine Exergiebilanz. Hierzu betrachten wir einen Kontrollraum, über dessen Grenze Exergieströme $\dot{E}_i$ zugeführt und abgeführt werden. Diese Exergieströme können mechanische oder elektrische Leistungen P_i sein oder Exergieströme $\dot{m}_i \cdot e_i$, die mit Stoffströmen verbunden sind, oder schließlich Exergien $(\dot{E}_Q)_i$ von Wärmeströmen, die über die Grenze des Kontrollraums gehen. Da sich bei irreversiblen Prozessen Exergie in Anergie verwandelt, überwiegen die zugeführten, in die Bilanzgleichung positiv einzusetzenden Exergieströme die abgeführten und negativ zu rechnenden. Der gesuchte *Exergieverluststrom* $\dot{E}_v$ ist gerade der Überschuß der zugeführten über die abgeführten Exergieströme:

$$\dot{E}_v = \sum_i \dot{E}_i = \sum_i P_i + \sum_i (\dot{E}_Q)_i + \sum_i \dot{m}_i e_i = \dot{E}_{zu} - |\dot{E}_{ab}|.$$

Der Exergieverluststrom entspricht einem Verlust an mechanischer oder elektrischer Nutzleistung, der als Folge der Irreversibilitäten im Kontrollraum eintritt. Wäre der betrachtete Prozeß reversibel, so könnte eine um $\dot{E}_v$ größere Nutzleistung gewonnen werden. Wir bezeichnen $\dot{E}_v$ daher auch als *Leistungsverlust*. Ist nur ein Stoffstrom vorhanden oder besonders ausgezeichnet, so bezieht man den Leistungsverlust häufig auf den Massenstrom $\dot{m}$ dieses Stoffstroms und erhält den spezifischen Exergieverlust

$$e_v = \dot{E}_v / \dot{m}$$

des irreversiblen stationären Fließprozesses.

Zur Aufstellung einer Exergiebilanz muß man alle Exergieströme berechnen, die die Grenzen des Kontrollraums passieren. Man wird daher einer weniger aufwendigen Berechnungsmethode den Vorzug geben. Wir leiten deswegen einen allgemeingültigen Zusammenhang zwischen dem Exergieverluststrom und dem Strom der erzeugten Entropie her, indem wir eine Anergiebilanz für den Kontrollraum aufstellen. Der Leistungsverlust ergibt sich nämlich auch als Überschuß der abgeführten Anergie über die zugeführte, weil der Exergieverluststrom ja nichts anderes ist als die im Kontrollraum erzeugte Anergie, bezogen auf die Zeit. Multipliziert man die in Abschn. 3.24 hergeleitete Entropiebilanzgleichung mit der Umgebungstemperatur T_u, so ergibt sich

$$T_u \dot{S}_{\mathrm{irr}} = \sum_{\mathrm{Aus}} \dot{m}_i T_u s_i - \sum_{\mathrm{Ein}} \dot{m}_k T_u s_k - \sum_j T_u (\dot{S}_q)_j .$$

Die rechte Seite bedeutet nun die Differenz aus der mit den Stoffströmen aus dem Kontrollraum abgeführten Anergie gegenüber der mit den Stoffströmen und den Wärmeströmen zugeführten Anergie. Damit ist $T_u \dot{S}_{\mathrm{irr}}$ gleich dem Überschuß der aus dem Kontrollraum abströmenden über die zuströmende Anergie, also gleich der im Kontrollraum aus Exergie entstandenen Anergie. Wir erhalten also für den Exergieverluststrom

$$\dot{E}_v = T_u \dot{S}_{\mathrm{irr}} .$$

Der Exergieverlust irreversibler Prozesse geschlossener Systeme und irreversibler stationärer Fließprozesse hängt also in gleicher Weise über die Umgebungstemperatur mit der erzeugten Entropie zusammen. Die in einem *adiabaten Kontrollraum* erzeugte Entropie ist gleich der Entropieänderung aller Stoffströme, denn es wird keine Entropie mit Wärmeströmen transportiert. Für den adiabaten Kontrollraum erhält man daher

$$\dot{E}_v = T_u \left[\sum_{\mathrm{Aus}} \dot{m}_i s_i - \sum_{\mathrm{Ein}} \dot{m}_k s_k \right]_{\mathrm{ad}}$$

als Exergieverluststrom. Er läßt sich aus den Entropieänderungen der einzelnen Stoffströme berechnen.

Der allgemein gültige Zusammenhang zwischen Exergieverlust und erzeugter Entropie zeigt zwar die praktische Bedeutung der durch Irreversibilitäten bewirkten Entropievermehrung, er läßt aber nicht die Ursache des Exergieverlustes erkennen. Dies zu wissen ist jedoch wichtig, um geeignete Maßnahmen zur Verminderung von Exergieverlusten zu treffen. Am Beispiel des *Wärmeübergangs* wollen wir daher zeigen, von welchen unmittelbar meßbaren und der Anschauung zugänglichen Größen der Exergieverlust abhängt. Hierzu betrachten wir den in Abschn. 3.21 ausführlich behandelten Fall zweier Systeme A und B mit den Temperaturen T_A und $T_B > T_A$. Wie wir schon auf S. 114 gefunden haben, wird durch den Übergang der Wärme dQ vom

System B zum System A in der diathermen Wand die Entropie

$$dS_{\mathrm{irr}} = \frac{T_B - T_A}{T_A \cdot T_B} dQ$$

erzeugt. Der *Exergieverlust bei der Wärmeübertragung* wird daher

$$dE_v = T_u \frac{T_B - T_A}{T_A T_B} dQ.$$

Der Exergieverlust hängt nicht nur von der Temperaturdifferenz $T_B - T_A$ ab; er ist auch dem Produkt $T_A \cdot T_B$ umgekehrt proportional. Bei gleicher Temperaturdifferenz ist der Exergieverlust bei hohen Temperaturen viel kleiner als bei niedrigen Temperaturen. Ohne einen bestimmten Exergieverlust zu überschreiten, darf man daher bei hohem Temperaturniveau, etwa in einem Dampferzeuger, viel größere Temperaturdifferenzen zum Wärmeübergang zulassen als bei niedrigem Temperaturniveau, z. B. in der Kältetechnik. Dies ist von großer praktischer Bedeutung, weil die zur Wärmeübertragung erforderliche Fläche in einem Wärmeaustauscher ungefähr proportional zur Temperaturdifferenz zwischen den Stoffströmen ist, zwischen denen Energie als Wärme übergeht. Wärmeaustauscher für tiefe Temperaturen müssen daher größer und aufwendiger gebaut werden als für hohe Temperaturen, um zu große Exergieverluste und damit zu große Betriebskosten zu vermeiden.

3.37 Exergie-Anergie-Flußbilder. Exergetische Wirkungsgrade

Um die Energieflüsse in einer aus mehreren Teilen bestehenden Anlage, z. B. in einem Dampfkraftwerk anschaulich und übersichtlich darzustellen, entwirft man ein *Flußbild der Energie*, das sog. *Sankey-Diagramm*[1]. Im Sankey-Diagramm verbindet man die einzelnen Teile der Anlage durch „Ströme", deren Breite die Größe der übertragenen Energiebeträge wiedergibt. Man kann so anschaulich verfolgen, welche Energien in den einzelnen Anlageteilen umgesetzt werden, und kann die Bilanzen des 1. Hauptsatzes mit einem Blick kontrollieren.

Im Sankey-Diagramm kommt jedoch nur der 1. Hauptsatz in seiner Aussage als Energieerhaltungssatz zum Ausdruck; der 2. Hauptsatz bleibt unberücksichtigt. Um die durch den 2. Hauptsatz eingeschränkte Umwandlungsfähigkeit der verschiedenen Energieformen zu berücksichtigen und um die thermodynamische Vollkommenheit der Energieumwandlungen zu beurteilen, kann man die Energieflüsse des Sankey-Diagramms in ihre beiden Komponenten, den Exergiefluß und den Anergiefluß aufteilen. Man erhält damit aus dem einfachen Energie-Flußbild das aussagekräftigere *Exergie-Anergie-Flußbild*[2].

Das Exergie-Anergie-Flußbild veranschaulicht den 1. Hauptsatz dadurch, daß stets die Summe aus Exergiefluß und Anergiefluß konstant

---

[1] Ein solches Energie-Flußbild hat erstmals der irische Ingenieur Captain Henry Riall Sankey 1898 veröffentlicht, vgl. The Engineer 86 (1898) 236.
[2] Exergie-Anergie-Flußbilder wurden erstmals angegeben von Z. Rant: Thermodynamische Bewertung der Verluste bei technischen Energieumwandlungen. Brennst.-Wärme-Kraft 16 (1964) 453—457.

bleibt. Die Aussagen des 2.Hauptsatzes kommen in dem sich vermindernden Fluß der Exergie zum Ausdruck, der durch jede Irreversibilität geschmälert wird. Das Exergie-Anergie-Flußbild faßt somit die Aussagen beider Hauptsätze anschaulich zusammen. Es dient vor allem dazu, ein grundsätzliches Verständnis der Energieumwandlungen zu gewinnen.

Als Beispiel behandeln wir die *reversible isotherme Expansion eines idealen Gases* bei Umgebungstemperatur $T = T_u$ von einem Druck p_1 auf den Druck $p_2 < p_1$, Abb.3.35. Die exergetische Untersuchung dieses Prozesses ist besonders instruktiv, da sie geeignet ist, einen scheinbaren Widerspruch aufzuklären. Auf das offene System von Abb.3.35 wenden wir den 1.Hauptsatz an. Wir vernachlässigen kinetische und potentielle Energien und erhalten

$$(q_{12})_{rev} + (w_{t12})_{rev} = h_2 - h_1.$$

Da die Enthalpie idealer Gase nur von der Temperatur abhängt und $T_1 = T_2 = T_u$ ist, folgt für die gewonnene technische Arbeit

$$-(w_{t12})_{rev} = (q_{12})_{rev}. \qquad (3.20)$$

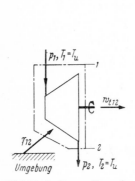
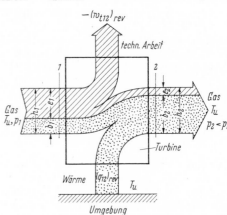

Abb.3.35. Isotherme Expansion eines idealen Gases in einer reversibel arbeitenden Turbine

Abb.3.36. Schema des Exergie- und Anergieflusses bei der reversiblen isothermen ($T = T_u$) Expansion eines idealen Gases

Deuten wir diese Gleichung dahingehend, daß bei diesem Prozeß Wärme vollständig in technische Arbeit umgewandelt wird, so erhalten wir einen Widerspruch: Die aus der Umgebung als Wärme $(q_{12})_{rev}$ aufgenommene Energie ist Anergie, nämlich nicht in Exergie umwandelbare Energie; sie soll sich in technische Arbeit, also in reine Exergie umwandeln. Dies widerspricht dem 2.Hauptsatz! Das Exergie-Anergie-Flußbild, Abb.3.36, enthüllt jedoch die Ursache dieses Widerspruchs, die allein in der falschen Interpretation der Gl.(3.20) liegt.

Die technische Arbeit kommt nämlich gar nicht aus der Umgebung, sondern wird aus der Exergie e_1 des idealen Gases bestritten. Da die Energiebilanz erfüllt sein muß, dient die aus der Umgebung als Wärme aufgenommene Anergie nur dazu, die Anergie des idealen Gases so weit aufzufüllen, daß die Energiebilanz

$$h_2 = e_2 + b_2 = e_1 + b_1 = h_1$$

stimmt. Nicht die Umgebung, sondern das unter einem höheren Druck stehende Gas liefert die Exergie, die als technische Arbeit $(w_{t12})_{rev}$ $= e_2 - e_1$ abgeführt wird. Die aus der Umgebung als Wärme $(q_{12})_{rev}$ $= b_2 - b_1$ aufgenommene Anergie findet sich in der Anergie des abströmenden Gases wieder. Gerade an diesem Beispiel zeigt sich deutlich, wie durch Exergie und Anergie die Aussagen des 2. Hauptsatzes einfach und klar zum Ausdruck kommen, so daß eine falsche Interpretation der Gleichungen des 1. Hauptsatzes vermieden wird. Gl. (3.20) sagt eben nur aus, daß die als Arbeit abgegebene Energie ebenso groß ist wie die als Wärme aufgenommene Energie, aber nicht, daß sich Wärme in Arbeit verwandelt hätte!

Das Exergie-Anergie-Flußbild dient besonders dazu, die grundsätzlichen Aussagen der beiden Hauptsätze der Thermodynamik anschaulich und verständlich zu machen. Entwirft man es für eine größere, aus mehreren Teilen zusammengesetzte Anlage, so wird es leicht unübersichtlich. Es ist dann vorteilhafter, allein den Fluß der Exergie darzustellen. In einem solchen *Exergie-Flußbild* treten die Exergieverluste der einzelnen Teilprozesse deutlicher hervor, und man erkennt mit einem Blick, welche Teile der Anlage besonders große Verluste verursachen und wo demzufolge Verbesserungen lohnend erscheinen. Exergie-Flußbilder, die nur den sich stets verringernden Fluß der Exergie in einer Anlage widerspiegeln, werden wir in späteren Kapiteln häufig entwerfen, um uns die thermodynamischen Verluste zu verdeutlichen.

Zur Bewertung eines Prozesses oder einer Anlage werden in der Technik gerne *Wirkungsgrade* benutzt, um durch eine einzige Zahlenangabe die Güte einer Energieumwandlung zu kennzeichnen. Wirkungsgrade sind stets als Verhältnisse von Energien oder Leistungen definiert. Am Beispiel des thermischen Wirkungsgrades haben wir schon in Abschn. 3.34 erkannt, daß nur Quotienten aus thermodynamisch gleichwertigen Energien, also nur aus Exergien, eine richtige Bewertungsmöglichkeit bieten. Nur mit Exergien gebildete Wirkungsgrade nehmen im Idealfall des reversiblen Prozesses den Wert eins an und lassen in den Abweichungen von diesem Grenzwert die Verluste erkennen, die durch günstigere Prozeßführung und bessere Konstruktion der Maschinen und Apparate vermindert oder ganz vermieden werden können.

Bei der Definition eines exergetischen Wirkungsgrades sieht man einige Exergieströme, die die Grenze des Kontrollraums überschreiten, als erwünschte oder nützliche Exergieströme an, die anderen als aufgewendete oder verbrauchte. Bezeichnet man die nützlichen Exergieströme zusammenfassend mit $\dot{E}_{nutz}$, die aufgewendeten mit $\dot{E}_{aufw}$, so gilt die Bilanzgleichung

$$\dot{E}_v = \dot{E}_{aufw} - \dot{E}_{nutz}. \tag{3.21}$$

Da auch der Exergieverluststrom $\dot{E}_v$ des irreversiblen Prozesses durch den Exergieaufwand gedeckt werden muß, ist dieser stets größer als der exergetische

Nutzen. Im allgemeinen werden die aufgewendeten Exergieströme nicht mit den zugeführten und die nützlichen Exergieströme nicht mit den abgeführten übereinstimmen. Man kann nämlich auch die gewollte Exergie*zunahme* eines Stoffstroms als Nutzen und die Exergie*abnahme* eines Stoffstroms als Aufwand betrachten. $\dot{E}_{aufw}$ enthält dann auch abgeführte Exergieströme und $\dot{E}_{nutz}$ auch zugeführte Exergieströme jeweils mit negativem Vorzeichen, so daß die Bilanzgleichung (3.21) auch bei willkürlicher Einteilung der Exergieströme in Nutzen und Aufwand erfüllt ist.

Wir definieren nun den exergetischen Wirkungsgrad des im Kontrollraum ablaufenden Prozesses durch

$$\zeta = \dot{E}_{nutz}/\dot{E}_{aufw} = 1 - (\dot{E}_v/\dot{E}_{aufw}).$$

Die Abweichung des so definierten Wirkungsgrades von seinem Höchstwert 1 ist dem grundsätzlich vermeidbaren Exergieverlust proportional:

$$(1 - \zeta) \sim \dot{E}_v.$$

Da die Einteilung der Exergieströme in nützliche und aufgewendete Exergien in gewissen Grenzen willkürlich ist, sind mehrere unterschiedliche Wirkungsgraddefinitionen möglich, die grundsätzlich gleichberechtigt sind. Wie eine systematische Untersuchung[1] dieses Problems zeigt, wächst die Zahl möglicher Wirkungsgraddefinitionen mit der Zahl der Exergieströme, welche die Grenze des Kontrollraums überschreiten, rasch an. Man muß im Einzelfall entscheiden, welche Definition besonders zweckmäßig und aussagekräftig ist.

Beispiel 3.11. In einer Anlage soll ein Luftstrom vom Umgebungszustand ($t_u = 12{,}0\,°C$, $p_u = 1{,}000$ bar) auf $t_2 = 55{,}0\,°C$ erwärmt werden, wobei $p_2 = p_u$ gilt. Die Anlage besteht aus dem schon in Beispiel 3.7 auf S. 126 behandelten Wärmeaustauscher und einem adiabaten Gebläse, das die Luft aus der Umgebung ansaugt, auf $p_1 = 1{,}036$ bar verdichtet und in den Wärmeaustauscher fördert, Abb. 3.37. Das Gebläse nimmt die Leistung $P = 4{,}42$ kW auf; im übrigen gelten die Daten und Annahmen von Beispiel 3.7. Man entwerfe ein Exergie-Flußbild und berechne die in der Anlage auftretenden Exergieverluste.

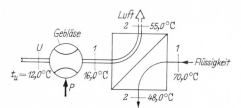

Abb. 3.37. Anlage zur Erwärmung von Luft, bestehend aus Gebläse und Wärmeaustauscher

Wir bestimmen zunächst die Temperatur t_1 des Luftstroms beim Austritt aus dem adiabaten Gebläse. Nach dem 1. Hauptsatz für stationäre Fließprozesse gilt

$$P = \dot{m}(h_1 - h_u) = \dot{m}c_p^0(t_1 - t_u),$$

weil wir die kinetischen und potentiellen Energien vernachlässigt haben. Mit den Daten von Beispiel 3.7 folgt

$$t_1 - t_u = P/\dot{m}c_p^0 = 4{,}0 \text{ K}$$

und daraus $t_1 = 16{,}0\,°C$, also dieselbe Temperatur, die in Beispiel 3.7 der Berechnung der erzeugten Entropie zugrunde gelegt wurde. Durch die Strömungswiderstände, die im Wärmeaustauscher den Druckabfall $p_1 - p_2$ der Luft verursachen, wird nach S. 128 der Entropiestrom $(\dot{S}_{irr})_L = 11{,}2$ W/K erzeugt. Dies hat den Exergieverluststrom

$$(\dot{E}_v)_R = T_u(\dot{S}_{irr})_L = 285 \text{ K} \cdot 11{,}2 \text{ W/K} = 3{,}19 \text{ kW}$$

[1] Baehr, H. D.: Zur Definition exergetischer Wirkungsgrade. Brennst.-Wärme-Kraft 20 (1968) S. 197—200.

zur Folge. Diese Größe bedeutet die *mindestens* aufzuwendende Antriebsleistung eines Gebläses, das den Druckabfall infolge der Reibung „kompensiert", das also die Luft vom Umgebungszustand isotherm und reversibel auf den Druck p_1 verdichtet. Die tatsächlich benötigte Gebläseleistung $P = 4,42$ kW ist größer; denn auch im irreversibel arbeitenden Gebläse tritt ein Exergieverlust auf und außerdem hat die Luft, die sich im adiabaten Gebläse um $t_1 - t_u = 4,0$ K erwärmt, eine geringfügig höhere Exergie als nach einer isothermen Kompression auf denselben Druck p_1.

Der mit der Luft transportierte Exergiestrom ist

$$\dot{E} = \dot{m}e = \dot{m}[h - h_u - T_u(s - s_u)]]$$

$$= \dot{m}\{c_p^0[T - T_u - T_u \ln (T/T_u)] + RT_u \ln (p/p_u)\};$$

er wächst mit steigender Temperatur und steigendem Druck der Luft. Die aus der Umgebung angesaugte Luft ist exergielos: $\dot{E}_u = 0$. Für die Zustände 1 und 2 vor bzw. hinter dem Wärmeaustauscher ergibt sich $\dot{E}_1 = 3,22$ kW und $\dot{E}_2 = 3,26$ kW. Im Gebläse tritt also der Leistungsverlust

$$(\dot{E}_v)_G = P - \dot{E}_1 = (4,42 - 3,22) \text{ kW} = 1,20 \text{ kW}$$

auf.

Die Exergie der heißen Flüssigkeit, die sich im Wärmeaustauscher abkühlt und die Luft erwärmt, erhalten wir aus

$$\dot{E}_F = \dot{m}_F e_F = \dot{m}_F c_F[T_F - T_u - T_u \ln (T_F/T_u)],$$

weil ihre Zustandsänderung isobar ($p \simeq p_u$) angenommen wurde. Für den Eintrittszustand mit $t_{F1} = 70,0$°C ergibt sich daraus $\dot{E}_{F1} = 10,18$ kW, für den Austrittszustand mit $t_{F2} = 48,0$°C der Exergiestrom $\dot{E}_{F2} = 4,10$ kW. Die Flüssigkeit gibt mit der Wärme auch Exergie ab. Ein Teil dieser Exergie verwandelt sich aber in Anergie, weil der Wärmeübergang an die Luft wegen der vorhandenen Temperaturdifferenzen irreversibel ist. Dieser Exergieverluststrom wird, vgl. S. 128,

$$(\dot{E}_v) = T_u \cdot (\dot{S}_{irr})_W = 285 \text{ K} \cdot 10,0 \text{ W/K} = 2,85 \text{ kW}.$$

Das *Exergieflußbild*, Abb. 3.38, zeigt die hier berechneten Exergieströme und die drei Exergieverlustströme. Der als Gebläseleistung P zugeführte Exergiestrom dient fast nur dazu, den Exergieverluststrom $(\dot{E}_v)_R$ infolge der reibungsbehafteten Luftströmung zu kompensieren, wobei im Gebläse selbst der zusätzliche Exergieverluststrom $(\dot{E}_v)_G$ zu decken ist. Die Exergieabnahme der heißen Flüssigkeit bewirkt die Exergieerhöhung der erwärmten Luft, sie muß außerdem den Exergieverlust bei der Wärmeübertragung bestreiten. Der Leistungsverlust der ganzen Anlage ergibt sich aus der Bilanzgleichung

$$\dot{E}_v = (\dot{E}_v)_G + (\dot{E}_v)_R + (\dot{E}_v)_W = P + \dot{E}_{F1} - \dot{E}_{F2} - \dot{E}_2$$

$$= (4,42 + 10,18 - 4,10 - 3,26) \text{ kW} = 7,24 \text{ kW}.$$

Der Zweck der Anlage besteht darin, einen Strom erwärmter Luft zu liefern. Der exergetische „Nutzen" besteht daher allein im Exergiestrom $\dot{E}_2 = \dot{E}_{nutz}$. Die drei übrigen Exergieströme in der Bilanzgleichung bilden den „Aufwand",

$$\dot{E}_{aufw} = P + \dot{E}_{F1} - \dot{E}_{F2},$$

bestehend aus der Gebläseleistung und der Exergieabnahme der Flüssigkeit. Der exergetische Wirkungsgrad der Anlage wird damit

$$\zeta = \frac{\dot{E}_2}{P + \dot{E}_{F1} - \dot{E}_{F2}} = 0,310.$$

Realistischerweise wird man annehmen müssen, daß sich die aus dem Wärmeaustauscher abströmende Flüssigkeit nicht weiter nutzen läßt. Sie wird sich außerhalb der Anlage irreversibel abkühlen und in den Umgebungszustand übergehen. Um dies zu berücksichtigen, erweitert man die Grenzen des Kontrollraums so, daß sich dieser irreversible Prozeß in seinem Inneren abspielt und die Flüssigkeit die neue Kontrollraumgrenze im Umgebungszustand, also *exergielos* überquert. Es wird also $\dot{E}_{F2}$ zum Exergieverluststrom hinzugerechnet, und es gilt die neue Bilanzgleichung

$$\dot{E}'_v = \dot{E}_v + \dot{E}_{F2} = P + \dot{E}_{F1} - \dot{E}_2.$$

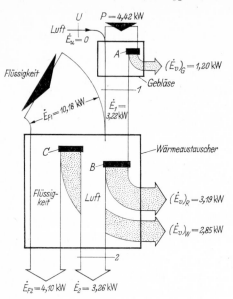

Abb. 3.38. Exergie-Flußbild einer Anlage, in der Luft erwärmt wird. Umwandlung von Exergie in Anergie: A im Gebläse, B durch den Strömungswiderstand in der Luftströmung, C durch den Wärmeübergang von der Flüssigkeit an die Luft

Daraus erhält man den exergetischen Wirkungsgrad

$$\zeta' = \frac{\dot{E}_2}{P + \dot{E}_{F1}} = 0,223,$$

welcher die Anlage wesentlich strenger beurteilt als ζ.

Die niedrigen Werte der beiden exergetischen Wirkungsgrade weisen auf die großen Exergieverluste hin, die durch irreversible Prozesse entstehen, besonders durch die Reibung in der Luftströmung. Gelänge es, durch strömungstechnisch bessere Konstruktion des Wärmeaustauschers den Druckabfall der Luft zu verringern, so verringerten sich auch Gebläseleistung und die Größe des Gebläses, wodurch Betriebs- und Investitionskosten gespart werden könnten. Die exergetische Untersuchung der Anlage gibt hier also einen Hinweis zu ihrer technisch-wirtschaftlichen Verbesserung. Andererseits ist zu beachten, daß die exergetische Analyse als eine rein thermodynamische Untersuchung auch zu falschen wirtschaftlichen Schlüssen verleiten kann. So sind in unserem Beispiel die beiden als Aufwand angesehenen Exergieströme P und $\dot{E}_{F1}$ thermodynamisch, aber sicher nicht wirtschaftlich gleichwertig. Die Flüssigkeit kann nämlich als Träger eines Abwärmestromes einer anderen Anlage sowieso zur Verfügung stehen; ihre Exergie wird dann praktisch kostenlos geliefert, was auf die Gebläseleistung nicht zutrifft.

Diese Bemerkungen sollen Zweck und Grenzen einer exergetischen Untersuchung verdeutlichen. Die exergetische Analyse ist nicht mehr, aber auch nicht weniger als die Anwendung der Hauptsätze der Thermodynamik auf ein technisches Problem; Exergie und Anergie sollen die Aussagen des 2. Hauptsatzes über Energieumwandlungen klar und übersichtlich veranschaulichen und damit das Verständnis für thermodynamische Zusammenhänge fördern. Wie weit aus einer exergetischen Untersuchung technisch-wirtschaftliche Folgerungen zu ziehen sind, muß Gegenstand einer darüber hinausgehenden Untersuchung sein. Hierzu kann die exergetische Analyse nur Hinweise und Anregungen geben.

4. Thermodynamische Eigenschaften reiner Stoffe

Um die allgemeinen Beziehungen der Thermodynamik praktisch anwenden zu können, muß man die physikalischen Eigenschaften der Stoffe kennen, die in die thermodynamischen Rechnungen eingehen. Diese Eigenschaften sind in der thermischen und kalorischen Zustandsgleichung zusammengefaßt. Über die Form der thermischen Zustandsgleichung kann die Thermodynamik jedoch keine Aussagen machen; sie muß durch Messung der Zustandsgrößen p, T und v bestimmt werden. Zwischen den thermischen und kalorischen Zustandsgrößen eines einfachen Systems besteht auf Grund des 2. Hauptsatzes die Beziehung

$$T\,ds = du + p\,dv = dh - v\,dp\,.$$

Sie ermöglicht es, aus einer bekannten thermischen Zustandsgleichung $p = p(v, T)$ die kalorischen Zustandsgrößen zu berechnen, vgl. Abschn. 4.31. Wir behandeln in den folgenden Abschnitten nur reine Stoffe; auf die Eigenschaften der Gemische gehen wir in Abschn. 5.2 ein.

4.1 Die thermischen Zustandsgrößen reiner Stoffe

4.11 Die p, v, T-Fläche

Wie in Abschn. 1.35 gezeigt wurde, gibt es für die Gleichgewichtszustände jeder Phase eines reinen Stoffes eine thermische Zustandsgleichung

$$F(p, v, T) = 0\,.$$

Sie läßt sich geometrisch als Fläche im Raum darstellen, indem man über der v, T-Ebene den Druck $p = p(v, T)$ als Ordinate aufträgt, Abb. 4.1. Auf der p, v, T-Fläche lassen sich verschiedene Gebiete unterscheiden. Sie stellen die Zustandsgleichungen der drei Phasen Gas, Flüssigkeit und Festkörper dar und die Bereiche, in denen zwei Phasen gleichzeitig vorhanden sind. Diese Zweiphasengebiete sind das *Naßdampfgebiet* (Gleichgewicht Gas—Flüssigkeit), das *Schmelzgebiet* (Gleichgewicht Festkörper—Flüssigkeit) und das *Sublimationsgebiet* (Gleichgewicht Festkörper—Gas).

Bei kleinen spez. Volumina finden wir das Gebiet des Festkörpers; hier ändert sich das spez. Volumen selbst bei großen Druck- und Temperaturänderungen nur geringfügig. Geht man auf einer Höhenlinie $p = $ const von A nach B weiter, so steigt die Temperatur bei geringer

Volumenvergrößerung. Dies entspricht der Erwärmung eines festen Körpers unter konstantem Druck. Erreicht man die als *Schmelzlinie* bezeichnete Grenze des festen Zustandes im Punkt *B*, so beginnt der feste Körper zu schmelzen. Nun bleibt bei konstantem Druck auch die Temperatur konstant (vgl. S. 165), und es bildet sich Flüssigkeit. Zwischen *B* und *C* ist der Stoff nicht mehr homogen, er besteht aus zwei Phasen, nämlich aus der Flüssigkeit und dem schmelzenden Festkörper. Im Punkt *C* endet das Schmelzen, es ist nur noch Flüssigkeit vorhan-

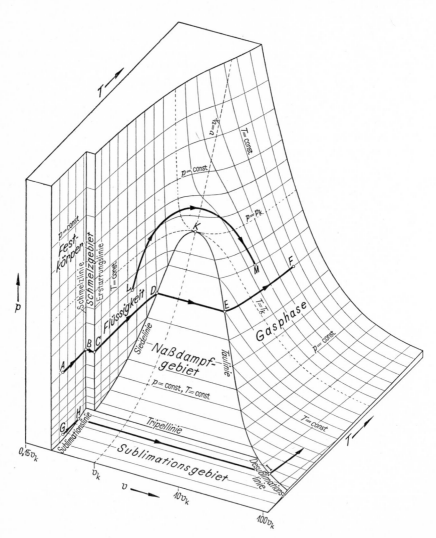

Abb. 4.1. *p, v, T*-Fläche eines reinen Stoffes. Man beachte, daß das spez. Volumen *v* logarithmisch aufgetragen ist

den. Diese Grenze des Flüssigkeitsgebietes gegenüber dem Schmelzgebiet bezeichnen wir als *Erstarrungslinie*, weil hier die Flüssigkeit zu erstarren beginnt, wenn man ihr Wärme entzieht.

Erwärmt man die Flüssigkeit von Zustand C aus unter konstantem Druck weiter, so dehnt sie sich aus, wobei ihre Temperatur ansteigt. Im Punkt D auf der *Siedelinie* erreichen wir das Naßdampfgebiet, das wir in Abschn. 4.2 ausführlich behandeln werden. Hier beginnt die Flüssigkeit zu sieden. Bei weiterer isobarer Wärmezufuhr bleibt die Temperatur konstant, es bildet sich immer mehr Dampf, wobei sich das spez. Volumen des aus den beiden Phasen Flüssigkeit und Dampf (Gas) bestehenden Systems stark vergrößert. Im Punkt E verschwindet der letzte Flüssigkeitstropfen, wir haben das Gasgebiet erreicht. Die rechte Grenze des Naßdampfgebiets nennen wir die *Taulinie*. Sie verbindet alle Zustände, in denen das Gas zu kondensieren (auszu,,tauen") beginnt. Bei isobarer Wärmezufuhr von E nach F steigt die Temperatur. Es ist üblich, ein Gas, dessen Zustand in der Nähe der Taulinie liegt, als überhitzten Dampf zu bezeichnen. Das Gemisch aus der siedenden Flüssigkeit und dem mit ihr im Gleichgewicht stehenden Gas nennt man nassen Dampf. Ein Gas in einem Zustand auf der Taulinie führt die Bezeichnung gesättigter Dampf.

Führt man einem festen Körper bei sehr niedrigem Druck z. B. ausgehend vom Punkt G in Abb. 4.1 Wärme zu, so erreicht er im Punkt H die als *Sublimationslinie* bezeichnete Grenzkurve, wo er nicht schmilzt, sondern verdampft. Diesen direkten Übergang von der festen Phase in die Gasphase bezeichnet man als Sublimation. Den rückläufigen Prozeß des Überganges von der Gasphase zur festen Phase könnte man als Desublimation bezeichnen; er setzt auf der in Abb. 4.1 mit *Desublimationslinie* gekennzeichneten Grenzkurve ein.

Eine Besonderheit trifft man bei höheren Drücken und Temperaturen an. Führt man z. B. die Zustandsänderung LM aus, so gelangt man von der Flüssigkeit in das Gasgebiet, ohne das Naßdampfgebiet zu durchlaufen. Man beobachtet dabei keine Verdampfung. Umgekehrt gelangt man auf diesem Wege vom Gasgebiet zur Flüssigkeit, ohne eine Kondensation zu bemerken. Gas und Flüssigkeit bilden also ein zusammenhängendes Zustandsgebiet. Diese *Kontinuität der flüssigen und gasförmigen Zustandsbereiche* wurde zuerst von Th. Andrews[1] 1869 erkannt und richtig gedeutet. Taulinie und Siedelinie treffen sich im sog. *kritischen Punkt K*. Die Isotherme und die Isobare, die durch den kritischen Punkt laufen, werden als kritische Isotherme $T = T_k$ und kritische Isobare $p = p_k$ bezeichnet. Die kritische Temperatur T_k, der kritische Druck p_k und das kritische spez. Volumen v_k

---

[1] Thomas Andrews (1813—1885) ließ sich nach einem Studium der Chemie und der Medizin als praktischer Arzt in Belfast nieder. Er gab 1845 seine Praxis auf und widmete sich der wissenschaftlichen Arbeit, deren Ergebnisse in den Abhandlungen ,,On the Continuity of the Gaseous and Liquid States of Matter" (1869) und ,,On the Gaseous State of Matter" (1876) zusammengefaßt sind. (Deutsche Übersetzung in Ostwalds Klassikern d. exakt. Wissensch. Nr. 132, Leipzig 1902.)

sind für jeden Stoff charakteristische Größen[1]. Nur bei Temperaturen unterhalb der kritischen Temperatur ist ein Gleichgewicht zwischen Gasphase und Flüssigkeitsphase möglich. Oberhalb der kritischen Temperatur gibt es keine Grenze zwischen Gas und Flüssigkeit. Verdampfung und Kondensation sind nur bei Temperaturen $T < T_k$ möglich.

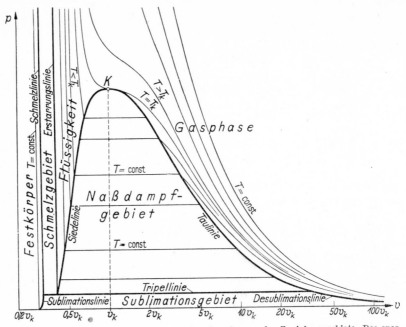

Abb. 4.2. p, v-Diagramm mit Isothermen und den Grenzkurven der Zweiphasengebiete. Das spez. Volumen v ist wie in Abb. 4.1 logarithmisch aufgetragen

Eine ebene Darstellung der p, v, T-Fläche erhält man im p, v-Diagramm, das Abb. 4.2 zeigt. Es entsteht durch Projektion der p, v, T-Fläche auf die p, v-Ebene und enthält die Kurvenschar der Isothermen $T = $ const. Diese fallen im Naßdampfgebiet, im Schmelzgebiet und im Sublimationsgebiet mit den Isobaren zusammen, laufen dort also horizontal.

4.12 Das p, T-Diagramm

Projiziert man die p, v, T-Fläche auf die p, T-Ebene, so entsteht das p, T-Diagramm, Abb. 4.3. Hier können wir wieder die Gebiete des Festkörpers, der Flüssigkeit und des Gases unterscheiden. Sie sind nun durch drei Kurven, die *Schmelzdruckkurve*, die *Dampfdruckkurve* und die *Sublimationsdruckkurve* getrennt. Diese Kurven sind die Projek-

---

[1] Eine umfangreiche Zusammenstellung kritischer Daten findet man in Landolt-Börnstein, Zahlenwerte und Funktionen, 6. Aufl. Bd. 2/1, Tabelle 21116, S. 328. Berlin-Heidelberg-New York: Springer 1971.

tionen der Raumkurven, die das Schmelzgebiet, das Naßdampfgebiet und das Sublimationsgebiet umschließen. Da innerhalb dieser Gebiete bei konstantem Druck auch die Temperatur konstant ist, fallen die linken und rechten Äste der Raumkurven, z.B. die Siedelinie und die Taulinie, bei der Projektion auf die p, T-Ebene in eine Kurve zusammen. Das ganze Naßdampfgebiet und das ganze Schmelzgebiet schrumpfen im p, T-Diagramm auf die Dampfdruckkurve und die Schmelzdruckkurve zusammen, ebenso das Sublimationsgebiet auf die Sublimationsdruckkurve.

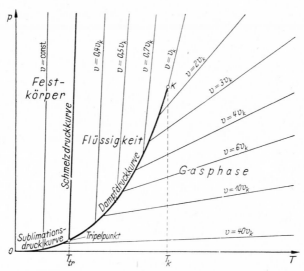

Abb. 4.3. p, T-Diagramm mit Isochoren $v = $ const und den drei Grenzkurven der Phasen

Im p, T-Diagramm, Abb. 4.3, treffen sich die Dampfdruckkurve, die Schmelzdruckkurve und die Sublimationsdruckkurve in einem Punkt, der als *Tripelpunkt* bezeichnet wird. Er entspricht jenem einzigen Zustand, in dem alle drei Phasen Gas, Flüssigkeit und Festkörper miteinander im thermodynamischen Gleichgewicht sind. Bei Wasser ist dieser Zustand durch $T_{\mathrm{tr}} = 273,16$ K und $p_{\mathrm{tr}} = 0,00611$ bar gekennzeichnet. Die Dampfdruckkurve endet im kritischen Punkt, weil sich hier die Siede- und Taulinie treffen. Bei höheren Temperaturen als der kritischen Temperatur gibt es keine scharf definierte Grenze zwischen der Gasphase und der flüssigen Phase. Man faßt daher Flüssigkeiten und Gase unter der gemeinsamen Bezeichnung Fluide zusammen.

4.13 Die thermische Zustandsgleichung für Fluide

Für jede der drei Phasen Gas, Flüssigkeit und Festkörper gibt die thermische Zustandsgleichung

$$p = p(v, T)$$

oder

$$v = v(p, T)$$

den Zusammenhang zwischen den thermischen Zustandsgrößen. Diese Funktionen sind sehr verwickelt und bisher für keine der drei Phasen genau bekannt.

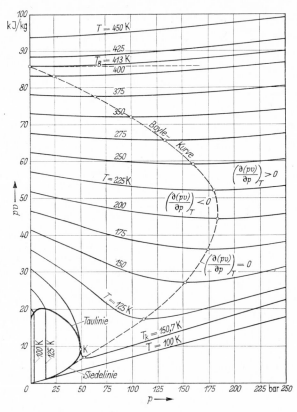

Abb. 4.4. pv, p-Diagramm für Argon. Die Minima der Isothermen liegen auf der Boyle-Kurve

Ist der Druck sehr niedrig, so erhält man für die Gasphase als Grenzgesetz ($p \to 0$) die einfache Zustandsgleichung der idealen Gase

$$pv = RT, \tag{4.1}$$

vgl. Abschn. 1.35. Wirkliche oder reale Gase weichen jedoch bei höheren Drücken von Gl. (4.1) beträchtlich ab. Dies erkennen wir aus Abb. 4.4, in der das Produkt pv für konstante Werte von T über dem Druck p aufgetragen ist. Nach Gl. (4.1) müßten alle Isothermen horizontale Geraden sein. Dies ist keineswegs der Fall. Nur die Isotherme, die zur

Boyle-Temperatur T_B gehört, verläuft von der Ordinatenachse aus noch ein Stück weit horizontal. Für sie gilt

$$\left[\frac{\partial(pv)}{\partial p}\right]_T = 0 \quad \text{für} \quad p = 0.$$

Das sog. Gesetz von Boyle[1], nach dem bei idealen Gasen auf einer Isotherme $pv=$ const ist, gilt also bei $T = T_B$ näherungsweise auch noch bei höheren Drücken. Die Isothermen mit $T > T_B$ steigen mit wachsendem Druck an, die Isothermen mit $T < T_B$ sinken an der Ordinatenachse zunächst ab.

Um die Abweichungen von der Zustandsgleichung idealer Gase zu erfassen, kann man Gleichungen der Form

$$\frac{pv}{RT} = 1 + \frac{B(T)}{v} + \frac{C(T)}{v^2} + \cdots$$

oder

$$\frac{pv}{RT} = 1 + B'(T)\, p + C'(T)\, p^2 + \cdots$$

ansetzen. Man nennt sie die *Virialform* der thermischen Zustandsgleichung. Die Temperaturfunktionen $B(T)$, $C(T)$, ... bezeichnet man als 2., 3., ... Virialkoeffizienten. Sie müssen im allgemeinen empirisch ermittelt werden. Unter bestimmten Annahmen über die zwischenmolekularen Kräfte kann man sie auch theoretisch berechnen[2].

Es sind bisher zahlreiche Zustandsgleichungen für reale Gase vorgeschlagen worden. Alle gelten jedoch nur in begrenzten Zustandsbereichen und können je nach der Zahl der in ihnen auftretenden Konstanten das Verhalten eines realen Gases mit mehr oder weniger großer Genauigkeit wiedergeben. Diese zahlreichen Gleichungen sollen hier nicht erörtert werden[3]. Sie zeigen, daß es nicht möglich ist, einen größeren Zustandsbereich mit einer einfachen Gleichung genau darzustellen. Für technisch wichtige Stoffe, z.B. für Wasserdampf[4] oder für Luft[5] hat man recht verwickelte Gleichungen aufgestellt und mit ihrer Hilfe die Zustandsgrößen in weiten Temperatur- und Druckbereichen berechnet und in Tafeln zusammengestellt.

---

[1] Robert Boyle (1627—1691) war ein englischer Physiker und Chemiker. Er gehörte zu den Stiftern der Royal Society in London.

[2] Vgl. Mason, E. A., Spurling, T.H.: The Virial Equation of State. Oxford: Pergamon Press 1969.

[3] Vgl. hierzu z.B. R. Plank: Thermodynamische Grundlagen. Bd. 2 des Handb. d. Kältetechnik, S. 155—185. Berlin-Göttingen-Heidelberg: Springer 1953.

[4] Properties of Water and Steam in SI-Units. Herausgegeben von E. Schmidt. Berlin-Göttingen-Heidelberg: Springer. München: Verlag R. Oldenbourg 1969.

[5] Baehr, H. D., Schwier, K.: Die thermodynamischen Eigenschaften der Luft im Temperaturbereich zwischen −210°C und +1250°C bis zu Drücken von 4500 bar. Berlin-Göttingen-Heidelberg: Springer 1961

Bei geringeren Genauigkeitsansprüchen bietet das auf van der Waals[1] zurückgehende *Theorem der übereinstimmenden Zustände* eine Möglichkeit, die thermischen Zustandsgrößen auch experimentell noch wenig erforschter Stoffe wenigstens näherungsweise zu ermitteln. Macht man die thermischen Zustandsgrößen dimensionslos, indem man sie durch ihre Werte im kritischen Zustand dividiert, so soll nach dem Theorem der übereinstimmenden Zustände für alle Stoffe dieselbe Zustandsgleichung

$$\frac{p}{p_k} = f\left(\frac{T}{T_k}, \frac{v}{v_k}\right)$$

gelten, deren Konstanten universell gültige Werte haben sollen. Diese Erwartung hat sich zwar nicht bestätigt, es ist jedoch gelungen, das Theorem der übereinstimmenden Zustände durch Einführen eines von Stoff zu Stoff veränderlichen Parameters zu erweitern und es zu einem praktisch brauchbaren Verfahren auszubauen, mit dessen Hilfe man aus wenigen experimentell bestimmten Daten die Zustandsgrößen eines Stoffes mit einer Abweichung von einigen Prozent ermitteln kann[2].

Es ist bisher nur selten gelungen, das ganze fluide Zustandsgebiet mit einer einzigen Zustandsgleichung quantitativ befriedigend darzustellen. Man hat daher auch Zustandsgleichungen entwickelt, die nur für Flüssigkeiten gültig sind. Bei niedrigen Drücken kann man Flüssigkeiten als inkompressibel ansehen, ihr spezifisches Volumen also als konstant annehmen:

$$v = v_0.$$

An Stelle dieser groben Näherung benutzt man häufig den in T und p linearen Ansatz

$$v(T, p) = v_0[1 + \beta_0(T - T_0) - \varkappa_0(p - p_0)].$$

Hierin sind β_0 und $\varkappa_0$ die Werte des Volumen-Ausdehnungskoeffizienten

$$\beta = \frac{1}{v}\left(\frac{\partial v}{\partial T}\right)_p$$

bzw. des isothermen Kompressibilitätskoeffizienten

$$\varkappa = -\frac{1}{v}\left(\frac{\partial v}{\partial p}\right)_T$$

bei dem durch den Index 0 gekennzeichneten Bezugszustand. Werte von β und $\varkappa$ findet man z.B. in den Tabellen des Landolt-Börnstein[3].

---

[1] Johannes Diderik van der Waals (1837—1923) war ein holländischer Physiker. In seiner 1873 veröffentlichten Dissertation: ,,Over de continuiteit van den gas en vloeistof toestand" gab er eine Zustandsgleichung an, die erstmals das Verhalten von Fluiden qualitativ richtig darstellte.

[2] Vgl. hierzu R. C. Reid, Sherwood, Th. K.: The Properties of Gases and Liquids, their Estimation and Correlation. 2.Aufl. 1966 New York: McGraw-Hill.

[3] Landolt-Börnstein: Zahlenwerte und Funktionen, 6.Aufl., Bd.IV, 1, Tab.2112, Berlin-Heidelberg-New York: Springer 1971.

Beispiel 4.1. Ein Behälter mit konstantem Volumen enthält flüssiges Benzol bei der Temperatur $t_0 = 20\,°C$ und dem Druck $p_0 = 1,0$ bar. Das Benzol wird bei konstantem Volumen auf $t_1 = 30\,°C$ erwärmt. Man schätze die dabei auftretende Drucksteigerung ab, wenn gegeben sind $\beta_0 = 1,23 \cdot 10^{-3}\,K^{-1}$, $\varkappa_0 = 95 \cdot 10^{-6}\,bar^{-1}$.

Für die gesuchte Druckänderung bei konstantem Volumen erhalten wir aus

$$v(T, p) = v_0[1 + \beta_0(T - T_0) - \varkappa_0(p - p_0)]$$

mit

$$v(T_1, p_1) = v(T_0, p_0) = v_0$$

$$p_1 - p_0 = \frac{\beta_0}{\varkappa_0}\,(T_1 - T_0) = \frac{1,23 \cdot 10^{-3}\,bar}{95 \cdot 10^{-6}\,K}\,(30 - 20)\,K = 129\,bar.$$

Der Druck einer Flüssigkeit steigt also sehr rasch an, wenn sie bei konstantem Volumen erwärmt wird. Dies muß bei der Lagerung und beim Transport von Flüssigkeiten in Druckbehältern beachtet werden, wo man durch nicht vollständiges Füllen des Behälters die gefährliche Bedingung $v =$ const vermeiden kann.

4.14 Die heterogenen Zustandsgebiete

Im Gebiet des festen, flüssigen und gasförmigen Zustandsbereichs ist ein Stoff homogen, d.h. seine physikalischen Eigenschaften ändern sich innerhalb seines Volumens nicht. Diese Bereiche der Zustandsfläche nennt man die Einphasengebiete. Im Naßdampfgebiet, im Schmelzgebiet und im Sublimationsgebiet besteht der Stoff dagegen aus zwei Phasen, er ist heterogen. Diese Gebiete sind die Zweiphasengebiete der Zustandsfläche.

In den heterogenen Gebieten haben die beiden im thermodynamischen Gleichgewicht stehenden Phasen denselben Druck und dieselbe Temperatur. Ihre spez. Zustandsgrößen, z.B. v, u oder s sind jedoch verschieden. Ein Zustand in den Zweiphasengebieten ist durch die Angabe von p und T noch nicht festgelegt, denn diese beiden Zustandsgrößen sind gekoppelt: zu jedem Druck gehört eine bestimmte Temperatur. Erst wenn auch die Zusammensetzung des heterogenen Systems, das Mengenverhältnis der beiden Phasen bekannt ist, liegt der Zustand vollständig fest.

Wir wollen nun an Hand der beiden Hauptsätze beweisen, daß zwei Phasen nur dann im thermodynamischen Gleichgewicht sind, wenn sie dieselbe Temperatur und denselben Druck haben. Dazu betrachten wir ein abgeschlossenes System, also einen adiabaten Behälter mit starren Wänden, der zwei Phasen eines Stoffes, z.B. Flüssigkeit und Gas, enthält, Abb. 4.5. Als Gleichgewichtsbedingung für ein solches abgeschlossenes System fanden wir auf S. 107, daß seine Entropie ein Maximum annimmt unter den Nebenbedingungen konstanter innerer Energie U und konstanten Volumens V:

$$dS = 0 \qquad (U = const,\ V = const).$$

Die Entropie S des Zweiphasensystems setzt sich additiv aus den Entropien der beiden Phasen zusammen, deren Zustandsgrößen wir durch einen bzw. zwei Striche unterscheiden:

$$S = S' + S'' = m's'(u', v') + m''s''(u'', v'').$$

Abb. 4.5. Abgeschlossenes
Zweiphasen-System

Die Entropie S ist danach primär eine Funktion von 6 Variablen, nämlich der Masse m', der spez. inneren Energie u', des spez. Volumens v'
der einen Phase und der drei entsprechenden Größen der zweiten Phase.
Es sind jedoch die Gesamtmasse

$$m = m' + m'',$$

das Gesamtvolumen

$$V = m'v' + m''v''$$

und die innere Energie

$$U = m'u' + m''u''$$

konstant. Infolge dieser drei Bedingungen bestimmen die drei Zustands-
größen der einen Phase die entsprechenden Zustandsgrößen der zweiten
Phase. Die Entropie S des Gesamtsystems hängt somit nur von drei
Variablen m', u' und v' ab. In

$$dS = m' \frac{du' + p' \, dv'}{T'} + s' \, dm' + m'' \frac{du'' + p'' \, dv''}{T''} + s'' \, dm''$$

ersetzen wir deshalb dm'', du'' und dv'' durch die Differentiale der
ersten Phase:

$$dm'' = -dm',$$

$$du'' = (u'' - u') \frac{dm'}{m''} - \frac{m'}{m''} du'$$

und

$$dv'' = (v'' - v') \frac{dm'}{m''} - \frac{m'}{m''} dv'.$$

Wir erhalten dann

$$dS = m' \left(\frac{1}{T'} - \frac{1}{T''} \right) du' + m' \left(\frac{p'}{T'} - \frac{p''}{T''} \right) dv'$$

$$+ \frac{1}{T''} [u'' - u' + p''(v'' - v') - T''(s'' - s')] \, dm'.$$

Im Gleichgewicht muß nun dS verschwinden. Da du', dv' und dm' die
Differentiale voneinander unabhängiger Variablen sind, müssen die drei

Klammern jede für sich den Wert Null haben. Damit erhalten wir als Bedingungen für das Zweiphasengleichgewicht

$$T' = T'' = T$$
$$p' = p'' = p$$

und

$$u'' + pv'' - Ts'' = u' + pv' - Ts'.$$

Zwei Phasen können also nur dann miteinander im Gleichgewicht sein (koexistieren), wenn sie dieselbe Temperatur und denselben Druck haben. Außerdem müssen ihre spez. freien Enthalpien

$$g = u + pv - Ts = h - Ts$$

übereinstimmen:

$$g'(T, p) = g''(T, p). \tag{4.2}$$

Die spez. freie Enthalpie g ist eine Zustandsgröße der Phase, die man bestimmen kann, wenn deren Zustandsgleichung bekannt ist. Die letzte Bedingung $g' = g''$ lehrt, daß zwei Phasen nur bei bestimmten Wertepaaren (p, T) koexistieren können. Aus Gl. (4.2) kann man die Gleichungen

$$p = p(T)$$

für die Gleichgewichtskurven, also für die Dampfdruckkurve, die Schmelzdruckkurve oder die Sublimationsdruckkurve bestimmen. Praktisch ist dies jedoch nur selten möglich, weil man bisher nur in Ausnahmefällen die freie Enthalpie g als Funktion von p und T berechnen kann. Die Gleichgewichtskurven müssen deshalb durch Messung des Druckes in Abhängigkeit von der Temperatur experimentell ermittelt werden.

4.2 Das Naßdampfgebiet

Von den Zweiphasengebieten der Zustandsfläche hat das Naßdampfgebiet die größte technische Bedeutung, weil zahlreiche technische Prozesse im Naßdampfgebiet verlaufen, z.B. die Kondensation des Wasserdampfes im Kondensator einer Dampfkraftanlage. Die folgenden Überlegungen gelten jedoch sinngemäß auch für das Schmelzgebiet und für das Sublimationsgebiet.

4.21 Nasser Dampf

Nasser Dampf ist ein Gemisch aus siedender Flüssigkeit und gesättigtem Dampf (Gas), die miteinander im thermodynamischen Gleichgewicht stehen, also denselben Druck und dieselbe Temperatur haben. Als siedende Flüssigkeit bezeichnen wir die Flüssigkeit in den Zuständen auf der Siedelinie, vgl. Abb. 4.1. Unter gesättigtem Dampf verstehen wir ein Gas in einem Zustand auf der Taulinie.

Wir betrachten als Beispiel die Verdampfung von Wasser unter dem konstanten Druck von 1 bar. Bei Umgebungstemperatur ist das Wasser in der flüssigen Phase, es hat ein bestimmtes spez. Volumen v_1, Zustand 1 in Abb. 4.6. Erwärmen wir das Wasser, so steigt seine Temperatur, und sein spez. Volumen vergrößert sich. Im Zustand 2 mit der

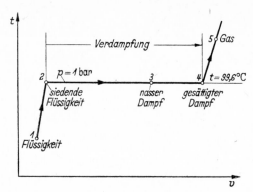

Abb. 4.6. Zustandsänderung beim Erwärmen und Verdampfen von Wasser unter dem konstanten Druck $p = 1$ bar. Die Abbildung ist nicht maßstäblich; das spez. Volumen des gesättigten Wasserdampfes bei 1 bar ist 1625mal größer als das spez. Volumen der siedenden Flüssigkeit!

Temperatur von 99,6°C bildet sich die erste Dampfblase; das Wasser hat den Siedezustand erreicht, vgl. Abb. 4.7. Die Temperatur t_2 = 99,6°C ist die zum Druck 1 bar gehörende Siedetemperatur des Wassers. Bei weiterer Wärmezufuhr bildet sich mehr Dampf, das spez. Volumen des nassen Dampfes vergrößert sich, aber die Temperatur bleibt während des isobaren Verdampfungsvorganges konstant. Schließlich verdampft der letzte Flüssigkeitstropfen, und wir haben im Zustand 4 gesättigten Dampf. Im Zustand 3 und ebenso in allen anderen Zwischenzuständen zwischen 2 und 4 besteht der Naßdampf aus siedender Flüssigkeit (Zustand 2) und gesättigtem Dampf (Zustand 4).

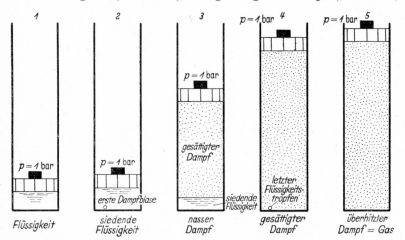

Abb. 4.7. Schematische Darstellung des Verdampfungsvorganges bei konstantem Druck. Die Zustände 1 bis 5 entsprechen den Zuständen 1 bis 5 in Abb. 4.6

Er ist ein Gemisch aus zwei Phasen. Infolge der Schwerkraft bildet sich ein Spiegel aus, der die siedende Flüssigkeit vom darüber liegenden leichteren gesättigten Dampf trennt. Erwärmen wir den gesättigten Dampf vom Zustand 4 aus weiter, so steigt seine Temperatur an und auch sein Volumen vergrößert sich. Man spricht dann von überhitztem Dampf; dies ist aber nur eine andere Benennung der Gasphase.

Die hier beschriebene Verdampfung können wir bei verschiedenen Drücken wiederholen. Man beobachtet stets die gleichen Erscheinungen, solange der Druck zwischen dem Druck des Tripelpunktes und dem Druck des kritischen Punktes liegt. Bei höheren Drücken läßt sich eine Verdampfung mit dem gleichzeitigen Auftreten zweier Phasen nicht mehr beobachten. Flüssigkeits- und Gasgebiet gehen kontinuierlich ineinander über. Oberhalb des kritischen Punktes gibt es keine sinnvolle Grenze zwischen Gas und Flüssigkeit.

Bei der Verdampfung unter konstantem Druck bleibt die Temperatur konstant. Zu jedem Druck gehört eine bestimmte Siedetemperatur und umgekehrt gehört zu jeder Temperatur ein bestimmter Druck, bei dem die Flüssigkeit verdampft. Diesen Druck nennt man den *Dampfdruck* der Flüssigkeit; den Zusammenhang zwischen Dampfdruck (Sättigungsdruck) und der dazugehörigen Siede- oder Sättigungstemperatur gibt die Gleichung der Dampfdruckkurve

$$p = p(T).$$

Die Dampfdruckkurve erscheint im p, T-Diagramm als Projektion der räumlichen Grenzkurven des Naßdampfgebiets. Sie läuft vom Tripelpunkt bis zum kritischen Punkt. Jeder Stoff besitzt eine ihm eigentümliche Dampfdruckkurve, die durch Messungen bestimmt wer-

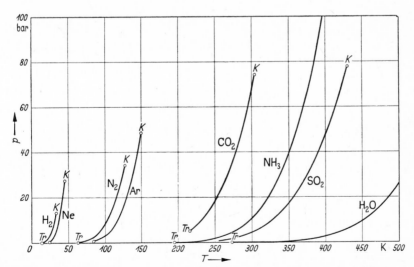

Abb. 4.8. Dampfdruckkurven verschiedener Stoffe im p, T-Diagramm. K kritischer Punkt, Tr Tripelpunkt

den muß. Abb. 4.8 zeigt Dampfdruckkurven verschiedener Stoffe. Der Dampfdruck steigt bei allen Stoffen sehr rasch mit der Temperatur an.

4.22 Die Zustandsgrößen im Naßdampfgebiet

Im Naßdampfgebiet ist das spez. Volumen durch den Druck p und die Temperatur T nicht bestimmt, weil zu jeder Temperatur ein bestimmter Dampfdruck gehört, der zwischen Siedelinie und Taulinie konstant bleibt. Um den Zustand des nassen Dampfes festzulegen, brauchen wir neben dem Druck oder neben der Temperatur eine weitere Zustandsgröße, welche die Zusammensetzung des heterogenen Systems, bestehend aus siedender Flüssigkeit und gesättigtem Dampf, beschreibt. Hierzu dient der *Dampfgehalt x*; er ist definiert durch

$$x = \frac{\text{Masse des gesättigten Dampfes}}{\text{Masse des nassen Dampfes}}.$$

Wir bezeichnen mit m' die Masse der siedenden Flüssigkeit und mit m'' die Masse des mit ihr im thermodynamischen Gleichgewicht befindlichen gesättigten Dampfes und erhalten die Definitionsgleichung

$$\boxed{x = \frac{m''}{m' + m''}}.$$

Danach ist für die siedende Flüssigkeit (Siedelinie) $x = 0$, weil $m'' = 0$ ist; für den gesättigten Dampf (Taulinie) wird $x = 1$, da $m' = 0$ ist.

Die extensiven Zustandsgrößen des nassen Dampfes wie sein Volumen V, seine Enthalpie H und seine Entropie S setzen sich additiv aus den Anteilen der beiden Phasen zusammen. Das Volumen des nassen Dampfes ist also gleich der Summe der Volumina der siedenden Flüssigkeit und des gesättigten Dampfes:

$$V = V' + V''.$$

Bezeichnen wir mit v' das spez. Volumen der siedenden Flüssigkeit, mit v'' das spez. Volumen des gesättigten Dampfes, so erhalten wir

$$V = m'v' + m''v''.$$

Das spez. Volumen des nassen Dampfes mit der Masse

$$m = m' + m''$$

ist

$$v = \frac{V}{m} = \frac{m'}{m' + m''} v' + \frac{m''}{m' + m''} v''.$$

Nach der Definition des Dampfgehaltes x erhält man daraus

$$v = (1 - x)\, v' + x v'' = v' + x(v'' - v'). \tag{4.3}$$

Die Grenzvolumina v' und v'' sind Funktionen des Drucks *oder* der Temperatur. Bei gegebenem Druck *oder* vorgeschriebener Temperatur ist der Zustand des nassen Dampfes festgelegt, wenn man den Dampfgehalt x kennt, so daß man nach Gl. (4.3) sein spez. Volumen berechnen kann. Wir schreiben Gl. (4.3) in der Form

$$\frac{v - v'}{v'' - v} = \frac{x}{1 - x} = \frac{m''}{m'}$$

und deuten sie geometrisch im p, v-Diagramm, Abb. 4.9. Der Zustandspunkt des Naßdampfes teilt die zwischen den Grenzkurven liegende Strecke der Isobare bzw. Isotherme im Verhältnis der Massen von gesättigtem Dampf und siedender Flüssigkeit. Dieses sog. „Hebelgesetz der Phasenmengen" kann man benutzen, um zu bekannten Siede- und Taulinien im p, v-Diagramm die Kurven konstanten Dampfgehalts $x = $ const einzuzeichnen. Man braucht nur die Isobaren- oder Isothermen-Abschnitte zwischen den Grenzkurven entsprechend einzuteilen und die Teilpunkte miteinander zu verbinden. Alle Linien $x = $ const laufen im kritischen Punkt zusammen.

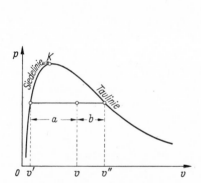

Abb. 4.9. Geometrische Deutung des „Hebelgesetzes der Phasenmengen" im p,v-Diagramm. Die Strecken a und b stehen im Verhältnis $a/b = m''/m' = x/(1 - x)$

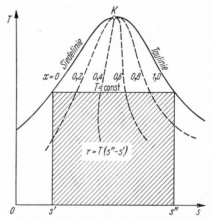

Abb. 4.10. T, s-Diagramm mit Linien konstanten Dampfgehalts x. Veranschaulichung der Verdampfungsenthalpie $r = h'' - h' = T(s'' - s')$ als Fläche

Ebenso wie das spez. Volumen lassen sich die spez. Entropie und die spez. Enthalpie nasser Dämpfe berechnen. Hierzu müssen die Werte der Entropie bzw. der Enthalpie auf den Grenzkurven bekannt sein, die wir für die siedende Flüssigkeit wieder mit einem Strich, für den gesättigten Dampf gleicher Temperatur und gleichen Drucks mit zwei Strichen kennzeichnen. Dann gilt

$$s = (1 - x) s' + xs'' = s' + x(s'' - s')$$

und

$$h = (1 - x) h' + xh'' = h' + x(h'' - h').$$

In ein T, s-Diagramm, vgl. Abb. 4.10, kann man in der gleichen Weise wie in das p, v-Diagramm Linien konstanten Dampfgehalts einzeichnen, da auch hier das „Hebelgesetz der Phasenmengen" in der Form

$$\frac{s-s'}{s''-s} = \frac{x}{1-x} = \frac{m''}{m'}$$

gilt.

Die Differenz der Enthalpien von gesättigtem Dampf und siedender Flüssigkeit bei gleichem Druck und gleicher Temperatur nennt man die *Verdampfungsenthalpie* oder die Verdampfungswärme

$$r = h'' - h'.$$

Sie hängt in einfacher Weise mit der *Verdampfungsentropie* $s'' - s'$ zusammen. Integriert man nämlich

$$dh = T\,ds - v\,dp$$

auf einer Isobare des Naßdampfgebiets, so folgt mit $dp = 0$ und mit $T = \text{const}$ die wichtige Beziehung

$$\boxed{r = h'' - h' = T(s'' - s')}\,,$$

die auch aus dem T,s-Diagramm, Abb. 4.10, abzulesen ist. Hier erscheint die Verdampfungsenthalpie als Rechteckfläche unter der mit der Isotherme zusammenfallenden Isobare.

Für die spezifische Enthalpie des nassen Dampfes erhalten wir damit auch

$$h = h' + x(h'' - h') = h' + T \cdot x(s'' - s').$$

Der Dampfgehalt x läßt sich nun durch die spezifische Entropie s ausdrücken:

$$x = \frac{s-s'}{s''-s'}.$$

Damit ergibt sich für die spez. Enthalpie im Naßdampfgebiet

$$h(T,s) = h'(T) + T[s - s'(T)].$$

Auf jeder Isotherme bzw. Isobare hängt sie *linear* von der spezifischen Entropie ab.

Wir wenden nun den 1. Hauptsatz auf die isobare Verdampfung einer bestimmten Menge siedender Flüssigkeit an. Sie bildet ein geschlossenes System, dessen Anfangszustand 1 auf der Siedelinie und dessen Endzustand 2 auf der Taulinie liegt. Für die Änderung der inneren Energie bei der Verdampfung gilt nun

$$u'' - u' = u_2 - u_1 = q_{12} + w_{12}.$$

Der Verdampfungsprozeß möge innerlich reversibel ablaufen; dann ist

$$w_{12} = -\int_1^2 p\,dv = -p(v'' - v')$$

die bei der Verdampfung verrichtete Volumenänderungsarbeit mit p als dem konstanten Dampfdruck, vgl. Abb. 4.11. Für die bei der Verdampfung zuzuführende Wärme erhalten wir

$$q_{12} = u_2 - u_1 - w_{12} = u'' - u' + p(v'' - v'),$$

und dies ist nach der Definition der Enthalpie, $h = u + pv$, gleich der Verdampfungsenthalpie:

$$q_{12} = h'' - h' = u'' - u' + p(v'' - v').$$

Abb. 4.11. Zur Volumenänderungsarbeit beim Verdampfen

Obwohl das spez. Volumen v'' des gesättigten Dampfes sehr viel größer ist als das spez. Volumen v' der siedenden Flüssigkeit, bildet die Volumenänderungsarbeit nur einen kleinen Teil der gesamten Verdampfungsenthalpie. Der größte Teil der bei der Verdampfung zugeführten Wärme dient zur Erhöhung der inneren Energie. Diese Energie ist erforderlich, um den relativ innigen Zusammenhalt der Moleküle in der Flüssigkeitsphase aufzusprengen und die weitaus losere Molekülbindung des gesättigten Dampfes herzustellen.

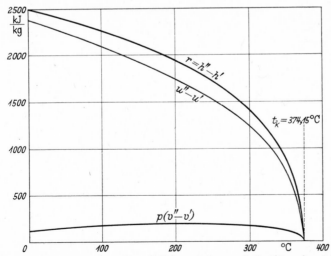

Abb. 4.12. Verdampfungsenthalpie $r = h'' - h'$, Volumenänderungsarbeit $p(v'' - v')$ und Änderung $u'' - u'$ der inneren Energie beim Verdampfen von Wasser als Funktionen der Temperatur

Die Verdampfungsenthalpie $h'' - h'$, die innere Energie $u'' - u'$ (auch innere Verdampfungswärme genannt), sowie die Volumenänderungsarbeit $p(v'' - v')$ (auch äußere Verdampfungswärme genannt) sind reine Temperaturfunktionen. Alle drei Größen werden bei der kritischen Temperatur T_k Null, weil hier $v'' = v'$, $u'' = u'$ und $h'' = h'$ sind. Abb. 4.12 stellt die innere, die äußere und die gesamte Verdampfungswärme des Wassers dar.

Beispiel 4.2. Ein Behälter mit dem konstanten Volumen $V = 2{,}00$ dm³ enthält gesättigten Wasserdampf von $t_1 = 250\,°C$, der sich auf $t_2 = 130\,°C$ abkühlt. Man berechne die Masse des Wasserdampfes, der im Endzustand 2 kondensiert ist, das vom Kondensat eingenommene Volumen und die bei der Abkühlung abgegebene Wärme.

Der Endzustand der Abkühlung liegt im Naßdampfgebiet, vgl. Abb. 4.13. Die Masse des kondensierten Dampfes ist daher

$$m' = (1 - x_2)\, m,$$

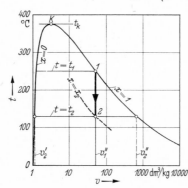

Abb. 4.13. t, v-Diagramm von Wasser mit isochorer Abkühlung gesättigten Dampfes. Das spez. Volumen v ist logarithmisch aufgetragen!

wobei m die gesamte Masse des nassen Dampfes, x_2 den Dampfgehalt im Zustand 2 bedeutet. Die Masse m ergibt sich zu

$$m = V/v_1 = V/v_1'',$$

weil im Anfangszustand nur gesättigter Dampf vorhanden ist. Wir entnehmen das spez. Volumen des bei $250\,°C$ gesättigten Dampfes der Tab. 10.10 auf S. 429 und erhalten

$$m = \frac{2{,}00\ \text{dm}^3}{50{,}04\ \text{dm}^3/\text{kg}} = 0{,}039\,97\ \text{kg}.$$

Da sich der Dampf isochor, also unter der Bedingung $v_2 = v_1'' = v_1$ abkühlt, gilt für den Dampfgehalt am Ende der Abkühlung

$$x_2 = \frac{v_2 - v_2'}{v_2'' - v_2'} = \frac{v_1'' - v_2'}{v_2'' - v_2'}.$$

Mit den aus Tab. 10.10 zu entnehmenden Werten für die spezifischen Volumina der siedenden Flüssigkeit und des gesättigten Dampfes bei $t_2 = 130\,°C$ ergibt dies

$$x_2 = \frac{50{,}04 - 1{,}07}{668{,}1 - 1{,}07} = 0{,}073\,41.$$

Der Dampfgehalt ist also sehr gering; der größte Teil des nassen Dampfes ist kondensiert:

$$m' = (1 - x_2)\, m = (1 - 0{,}073\,41) \cdot 0{,}039\,97\ \text{kg} = 0{,}037\,04\ \text{kg}.$$

Das Kondensat füllt jedoch nur einen kleinen Teil des Behältervolumens aus,

$$V' = m'v_2' = 0,039\,63\ \mathrm{dm^3} = 0,0198 \cdot V.$$

Rund 98% des Behältervolumens werden vom gesättigten Dampf ausgefüllt, dessen Masse nur 7,34% der Gesamtmasse ausmacht.

Nach dem 1. Hauptsatz für geschlossene Systeme und der Definition der Enthalpie gilt für die Wärme

$$Q_{12} + W_{12} = U_2 - U_1 = H_2 - H_1 - (p_2 V_2 - p_1 V_1).$$

Da bei der Abkühlung keine Volumenänderung eintritt, folgt mit $W_{12} = 0$ und $V_2 = V_1 = V$, dem Behältervolumen,

$$Q_{12} = m(h_2 - h_1) - (p_2 - p_1)\,V.$$

Hierin ist

$$h_1 = h_1'' = 2800,4\ \mathrm{kJ/kg}$$

wieder Tab. 10.10 zu entnehmen. Für die Enthalpie des nassen Dampfes am Ende der Abkühlung erhalten wir

$$h_2 = h_2' + x_2(h_2'' - h_2') = [546,3 + 0,073\,41\,(2\,719,9 - 546,3)]\frac{\mathrm{kJ}}{\mathrm{kg}}$$

$$= (546,3 + 159,6)\frac{\mathrm{kJ}}{\mathrm{kg}} = 705,9\ \mathrm{kJ/kg}.$$

Auch die Dampfdrücke p_1 und p_2 zu den Temperaturen 250°C bzw. 130°C entnehmen wir Tab. 10.10 und erhalten schließlich

$$Q_{12} = 0,03997\ \mathrm{kg}\,(705,9 - 2\,800,4)\ \mathrm{kJ/kg} - (2,701 - 39,776)\ \mathrm{bar} \cdot 2,00\ \mathrm{dm^3}$$

$$= -\,83,72\ \mathrm{kJ/kg} + 7,42\ \mathrm{kJ/kg} = -\,76,3\ \mathrm{kJ/kg}.$$

4.23 Die Gleichung von Clausius-Clapeyron

Der zweite Hauptsatz der Thermodynamik verknüpft thermische und kalorische Zustandsgrößen durch die Entropiedefinition. Dies ermöglicht es, die Verdampfungsenthalpie, also eine kalorische Größe, und die Verdampfungsentropie $(s'' - s')$ durch thermische Zustandsgrößen auszudrücken. Verdampfungsenthalpie und Verdampfungsentropie brauchen somit nicht direkt gemessen zu werden. Diesen Zusammenhang vermittelt die Gleichung von Clausius-Clapeyron[1].

Um sie herzuleiten, gehen wir von der thermischen Zustandsgleichung $p = p(v, T)$ aus. Da der Druck p eine Zustandsgröße ist, gilt

$$dp = \left(\frac{\partial p}{\partial T}\right)_v dT + \left(\frac{\partial p}{\partial v}\right)_T dv.$$

Im Naßdampfgebiet hängt der Druck nicht vom spez. Volumen ab, folglich ist $(\partial p/\partial v)_T = 0$, und man erhält für die Steigung der Dampfdruckkurve

$$\frac{dp}{dT} = \left(\frac{\partial p}{\partial T}\right)_v.$$

---

[1] Benoit Pierre Emile Clapeyron (1799—1864) war Professor für Mechanik in Paris. Er veröffentlichte 1834 eine analytische und graphische Darstellung der Untersuchungen von Carnot, wobei er jedoch noch die Stofftheorie der Wärme benutzte.

Nun betrachten wir die Zustandsgröße

$$f = u - Ts;$$

sie wird freie Energie genannt. Ihr Differential ist

$$df = du - T\,ds - s\,dT = -p\,dv - s\,dT = \left(\frac{\partial f}{\partial v}\right)_T dv + \left(\frac{\partial f}{\partial T}\right)_v dT.$$

Daraus folgt die Beziehung

$$\left(\frac{\partial p}{\partial T}\right)_v = \left(\frac{\partial s}{\partial v}\right)_T.$$

Im Naßdampfgebiet besteht bei konstanter Temperatur ein linearer Zusammenhang zwischen s und v. Aus

$$s = s' + x(s'' - s') \quad \text{und} \quad v = v' + x(v'' - v')$$

folgt nämlich

$$s = s' + \frac{s'' - s'}{v'' - v'}\,(v - v').$$

Somit erhalten wir

$$\left(\frac{\partial p}{\partial T}\right)_v = \left(\frac{\partial s}{\partial v}\right)_T = \frac{s'' - s'}{v'' - v'}$$

und damit die gesuchte Gleichung von Clausius-Clapeyron

$$\frac{dp}{dT} = \frac{s'' - s'}{v'' - v'} = \frac{h'' - h'}{T(v'' - v')}$$

für die Steigung der Dampfdruckkurve. Die Verdampfungsenthalpie läßt sich also durch thermische Zustandsgrößen ausdrücken:

$$\boxed{r = h'' - h' = T(v'' - v')\frac{dp}{dT}}.$$

Aus der Gleichung von Clausius-Clapeyron kann man eine einfache *Näherungsgleichung zur Berechnung des Dampfdrucks* gewinnen, wenn man verschiedene vereinfachende Annahmen macht, die hinreichend genau nur bei niedrigen Dampfdrücken zutreffen. Diese Annahmen sind:

1. Es wird das Flüssigkeitsvolumen v' gegenüber dem Dampfvolumen v'' vernachlässigt.

2. Der gesättigte Dampf wird als ideales Gas behandelt, also $v'' = RT/p$ gesetzt.

3. Die Temperaturabhängigkeit der Verdampfungsenthalpie wird vernachlässigt, also einfach mit $r(T) = r_0 = $ const gerechnet. Damit erhält man aus der Gleichung von Clausius-Clapeyron

$$\frac{dp}{dT} = \frac{r_0 p}{RT^2}$$

oder

$$\frac{dp}{p} = \frac{r_0}{R}\frac{dT}{T^2}$$

und nach Integration zwischen einem festen Punkt (p_0, T_0) und einem beliebigen Punkt der Dampfdruckkurve

$$\ln \frac{p}{p_0} = \frac{r_0}{R} \left(\frac{1}{T_0} - \frac{1}{T} \right) = \frac{r_0}{R T_0} \left(1 - \frac{T_0}{T} \right). \tag{4.4}$$

Neben einem Wert r_0 der Verdampfungswärme muß also ein Punkt der Dampfdruckkurve gemessen sein.

Trägt man den Logarithmus des Dampfdruckes über $1/T$ auf, so erhält man nach Gl. (4.4) eine gerade Linie. Wie Abb. 4.14 zeigt, trifft dies näherungsweise auch bei höheren Drücken zu, obwohl dann die Voraussetzungen, unter denen Gl. (4.4) hergeleitet wurde, nicht mehr erfüllt sind. Die Fehler der drei Annahmen heben sich offenbar gegenseitig weitgehend auf.

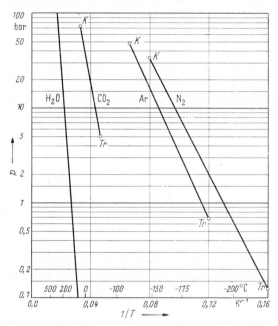

Abb. 4.14. Dampfdruckkurven verschiedener Stoffe im $\ln p$, $1/T$-Diagramm

4.3 Zustandsgleichungen, Tafeln und Diagramme für Fluide

Die für die Anwendungen der allgemeinen thermodynamischen Beziehungen benötigten Zustandsgrößen v, h und s als Funktionen der Temperatur T und des Drucks p können in dreierlei Weise als praktisch verwendbare Arbeitsunterlage dargeboten werden: als Zustandsgleichungen, als Tafeln der Zustandsgrößen und als Zustandsdiagramme. Zustandsdiagramme, von denen wir das p, v-Diagramm eines realen Gases in Abschn. 4.11 behandelt haben, gehören besonders in Form der noch zu besprechenden T, s- und h, s-Diagramme zu den ältesten Darstellungs- und Arbeitsmitteln des Ingenieurs. Sie sind beliebt, weil sie eine gewisse Veranschaulichung der Prozesse und der dabei umgesetzten Energien ermöglichen. Außerdem war früher die Genauigkeit, mit der man Zustandsgrößen experimentell ermitteln konnte, so begrenzt, daß die Genauigkeit der graphischen Darstellung ausreichte. Tafeln der Zustandsgrößen erlauben dagegen höchste Genauigkeit. Sie sind seit langem in Gebrauch und dürften auch in Zukunft ein unentbehrliches Arbeitsmittel bleiben.

Zustandsdiagramme und Tafeln müssen jedoch aus Zustandsgleichungen, nämlich aus der thermischen Zustandsgleichung

$$v = v(T, p),$$

der kalorischen Zustandsgleichung

$$h = h(T, p)$$

und aus einer Gleichung für die spezifische Entropie,

$$s = s(T, p),$$

berechnet werden. Zustandsdiagramme, z.B. das in Abschn. 4.33 behandelte h, s-Diagramm mit eingezeichneten Isobaren, Isothermen und Isochoren, fassen diese meist verwickelten Zustandsgleichungen übersichtlich zusammen. Seit aber in den letzten Jahren elektronische Rechengeräte in der Forschung und in der industriellen Anwendung immer mehr benutzt werden, ist es häufig rationeller, auch komplizierte Zustandsgleichungen zu programmieren und die Zustandsgrößen elektronisch berechnen zu lassen, als Zustandsdiagramme oder Tafeln zu benutzen. Im folgenden Abschnitt gehen wir auf die allgemeinen thermodynamischen Zusammenhänge zwischen thermischen und kalorischen Zustandsgleichungen ein; in den beiden sich daran anschließenden Abschnitten besprechen wir Aufbau und Anwendung von Tabellen und Diagrammen der Zustandsgrößen von Fluiden.

4.31 Die Bestimmung von Enthalpie und Entropie mit Hilfe der thermischen Zustandsgleichung

Nur in seltenen Fällen werden Enthalpiedifferenzen durch direkte Messungen bestimmt, weil der hierfür erforderliche meßtechnische Aufwand sehr groß ist. Die thermischen Zustandsgrößen p, v und T lassen sich dagegen einfacher und mit hoher Genauigkeit messen. Auf Grund des 2. Hauptsatzes der Thermodynamik bestehen zwischen thermischen und kalorischen Zustandsgrößen Zusammenhänge, die es ermöglichen, aus thermischen Zustandsgrößen bzw. aus der thermischen Zustandsgleichung $v = v(T, p)$ die spez. Enthalpie $h = h(T, p)$ und die spez. Entropie $s = s(T, p)$ weitgehend zu berechnen. Wir leiten im folgenden die hier bestehenden, allgemein gültigen Beziehungen her; sie bilden die Grundlage für die Berechnung von Tafeln und Diagrammen der Zustandsgrößen realer Fluide.

Wir gehen davon aus, daß die thermische Zustandsgleichung des Fluids in der Form

$$v = v(T, p)$$

bekannt ist. Im Differential

$$dh = \left(\frac{\partial h}{\partial T}\right)_p dT + \left(\frac{\partial h}{\partial p}\right)_T dp$$

der spezifischen Enthalpie $h = h(T, p)$ ist

$$(\partial h/\partial T)_p = c_p(T, p)$$

die spezifische Wärmekapazität bei konstantem Druck, vgl. Abschn. 2.34. Die partielle Ableitung der Enthalpie nach dem Druck läßt sich, wie wir in Beispiel 3.2 auf S.108 aus dem 2. Hauptsatz hergeleitet haben, durch das spez. Volumen und seine Ableitung nach der Temperatur ausdrücken:

$$\left(\frac{\partial h}{\partial p}\right)_T = v - T\left(\frac{\partial v}{\partial T}\right)_p.$$

Wir erhalten damit für das Differential der spez. Enthalpie

$$dh = c_p(T, p)\, dT + \left[v - T\left(\frac{\partial v}{\partial T}\right)_p\right] dp. \tag{4.5}$$

Die Druckabhängigkeit der spez. Enthalpie wird also durch die thermische Zustandsgleichung bestimmt.

Um die Enthalpiedifferenz $h(T, p) - h(T_0, p_0)$ gegenüber einem willkürlich wählbaren Bezugszustand (T_0, p_0) zu berechnen, integrieren wir Gl. (4.5). Für zwei Zustände mit gleicher Temperatur T ergibt sich aus Gl. (4.5) mit $dT = 0$

$$h(T, p) - h(T, p_0) = \int_{p_0}^{p} \left[v - T\left(\frac{\partial v}{\partial T}\right)_p\right] dp.$$

Für den Zustand (T, p_0) und den Bezugszustand erhält man mit $dp = 0$

$$h(T, p_0) - h(T_0, p_0) = \int_{T_0}^{T} c_p(T, p_0)\, dT.$$

Die Addition dieser beiden Gleichungen ergibt

$$h(T, p) = h(T_0, p_0) + \int_{T_0}^{T} c_p(T, p_0)\, dT + \int_{p_0}^{p} \left[v - T\left(\frac{\partial v}{\partial T}\right)_p\right] dp.$$

Die kalorische Zustandsgleichung $h = h(T, p)$ läßt sich also aus der thermischen Zustandsgleichung $v = v(T, p)$ berechnen, wenn man noch zusätzlich für eine einzige Isobare $p = p_0$ den Verlauf von c_p kennt. Hier ist es nun vorteilhaft, $p_0 = 0$ zu wählen, denn dann ist $c_p(T, 0) = c_p^0(T)$ die spez. Wärmekapazität im *idealen Gaszustand*. Diese Größe läßt sich sehr genau bestimmen, vgl. Abschn. 5.13. Mit $p_0 = 0$ folgt nun

$$h(T, p) = h_0 + \int_{T_0}^{T} c_p^0(T)\, dT + \int_{0}^{p} \left[v - T\left(\frac{\partial v}{\partial T}\right)_p\right] dp.$$

Die Konstante h_0 bedeutet die Enthalpie des idealen Gases bei der Bezugstemperatur T_0. Das erste Integral gibt die nur von der Tem-

12*

peratur abhängige Enthalpie des idealen Gases an, das zweite Integral berücksichtigt die Druckabhängigkeit der Enthalpie und damit das Abweichen des realen Gases vom Verhalten eines idealen Gases.

Auch die *Entropie eines realen Gases* läßt sich aus der thermischen Zustandsgleichung $v = v(T, p)$ und der spez. Wärmekapazität $c_p^0(T)$ im idealen Gaszustand berechnen. In das Differential der Entropie,

$$ds = \frac{1}{T}\,dh - \frac{v}{T}\,dp,$$

setzen wir dh nach Gl.(4.5) ein und erhalten

$$ds = c_p(T, p)\,\frac{dT}{T} - \left(\frac{\partial v}{\partial T}\right)_p dp. \tag{4.6}$$

Für das ideale Gas folgt daraus

$$ds^0 = c_p^0(T)\,\frac{dT}{T} - R\,\frac{dp}{p}.$$

Integration ergibt

$$s^0(T, p) = s_0 + \int_{T_0}^{T} c_p^0(T)\,\frac{dT}{T} - R\ln\,(p/p_0) \tag{4.7}$$

mit s_0 als der Entropie des idealen Gases im Zustand (T_0, p_0).

Wir berechnen nun die Differenz der Entropien eines realen und eines idealen Gases bei derselben Temperatur. Dazu integrieren wir die Differenz $(dT = 0!)$

$$ds - ds^0 = -\left(\frac{\partial v}{\partial T}\right)_p dp + R\,\frac{dp}{p} = -\left[\left(\frac{\partial v}{\partial T}\right)_p - \frac{R}{p}\right]dp$$

zwischen den Grenzen $p = 0$ und p und beachten dabei, daß für $p \to 0$ kein Unterschied zwischen einem realen und einem idealen Gas besteht. Mit

$$\lim_{p \to 0}\,[s(T, p) - s^0(T, p)] = 0$$

erhalten wir dann

$$s(T, p) - s^0(T, p) = -\int_0^p \left[\left(\frac{\partial v}{\partial T}\right)_p - \frac{R}{p}\right]dp.$$

Setzen wir hierin die Entropie $s^0(T, p)$ des idealen Gases nach Gl.(4.7) ein, so folgt

$$s(T, p) = s_0 + \int_{T_0}^{T} c_p^0(T)\,\frac{dT}{T} - R\ln\frac{p}{p_0} - \int_0^p \left[\left(\frac{\partial v}{\partial T}\right)_p - \frac{R}{p}\right]dp \tag{4.8}$$

als Entropie eines realen Gases.

Die Abweichungen von der Entropie im idealen Gaszustand werden durch das letzte Integral in Gl.(4.8) beschrieben, das aus der thermischen Zustandsgleichung berechenbar ist. Da diese nach S.163 die

Gestalt

$$v = \frac{RT}{p} + RT \cdot B'(T) + RT \cdot C'(T) \cdot p + \cdots$$

hat, wird

$$\left(\frac{\partial v}{\partial T}\right)_p = \frac{R}{p} + R\left(T\frac{dB'}{dT} + B'\right) + \cdots.$$

Der Integrand bleibt also auch an der unteren Integrationsgrenze $p = 0$ endlich, so daß das Integral einen endlichen Wert hat.

Die hier hergeleiteten Beziehungen zur Berechnung von h und s lassen sich häufig deswegen nicht anwenden, weil die thermische Zustandsgleichung nicht wie angenommen in der Form $v = v(T, p)$, sondern als

$$p = p(T, v)$$

mit T und v als den unabhängigen Variablen vorliegt. In diesem Fall erhält man die Enthalpie aus ihrer Definitionsgleichung

$$h(T, v) = u(T, v) + p(T, v) \cdot v.$$

Die spezifische innere Energie ergibt sich, was wir nicht im einzelnen herleiten wollen, zu

$$u(T, v) = u_0 + \int_{T_0}^{T} c_v^0(T)\, dT + \int_{\infty}^{v} \left[T\left(\frac{\partial p}{\partial T}\right)_v - p\right] dv. \tag{4.9}$$

Hierin ist u_0 die spez. innere Energie des idealen Gases bei $T = T_0$. Das erste Integral gibt die Temperaturabhängigkeit von u für das ideale Gas ($v \rightarrow \infty$), das zweite Integral berücksichtigt die Volumenabhängigkeit von u und damit die Abweichungen vom Grenzgesetz des idealen Gases; dieses Integral läßt sich mit der thermischen Zustandsgleichung $p = p(T, v)$ auswerten.

Für die spezifische Entropie erhält man — wir verzichten wieder auf die Herleitung der Gleichung —

$$s(T, v) = s_0 + \int_{T_0}^{T} c_v^0(T)\, \frac{dT}{T} + R \ln\frac{v}{v_0} + \int_{\infty}^{v} \left[\left(\frac{\partial p}{\partial T}\right)_v - \frac{R}{v}\right] dv. \tag{4.10}$$

Hierin ist s_0 die spezifische Entropie des idealen Gases beim Bezugszustand (T_0, v_0). Das letzte Integral, welches die Abweichungen vom idealen Gaszustand erfaßt, ist trotz des sich bis $v \rightarrow \infty$ erstreckenden Integrationsintervalles endlich.

Beispiel 4.3. Enthalpie und Entropie des Kältemittels CF_2Cl_2 haben im idealen Gaszustand bei den Bezugsgrößen $t_0 = 40\,°C$, $p_0 = 1$ bar die willkürlich angenommenen Werte $h_0 = 0$ und $s_0 = 0$. Die thermische Zustandsgleichung[1] von CF_2Cl_2 ist

$$p = \frac{RT}{v} + \frac{B_0 + B_1/T}{v^2}$$

---

[1] Vgl. Baehr, H. D., Hicken, E.: Die thermodynamischen Eigenschaften von CF_2Cl_2 (R 12) im kältetechnisch wichtigen Zustandsbereich. Kältetechnik 17 (1965) S.143—150.

mit $R = 68{,}756 \text{ J/kg K}$, $B_0 = 240 \text{ bar (dm}^3\text{/kg)}^2$ und $B_1 = -298 \cdot 10^3 \text{ K bar}$ $(\text{dm}^3\text{/kg})^2$; sie gilt für Drücke $p < 20$ bar. Für den gesättigten Dampf bei $t = t_0$ $= 40\,^\circ\text{C} -$ Dampfdruck $p_s = 9{,}654$ bar $-$ berechne man h'' und s''.

Da die thermische Zustandsgleichung in der Form $p = p(T, v)$ gegeben ist, benutzen wir die Beziehungen mit v und T als den unabhängigen Variablen. Für die Enthalpie gilt dann

$$h'' = h(T_0, v'') = u(T_0, v'') + p_s \cdot v''$$

mit

$$u(T_0, v'') = u_0 + \int\limits_{\infty}^{v''} \left[T\left(\frac{\partial p}{\partial T}\right)_v - p \right] dv$$

$$= u_0 - (B_0 + 2B_1/T_0) \int\limits_{\infty}^{v''} \frac{dv}{v^2} = u_0 + \frac{B_0 + 2B_1/T_0}{v''}.$$

Da für das ideale Gas

$$h_0 = u_0 + RT_0$$

gilt, wird schließlich

$$h'' = h_0 - RT_0 + \frac{B_0 + 2B_1/T_0}{v''} + p_s v''.$$

Das noch unbekannte spez. Volumen des gesättigten Dampfes erhalten wir aus der nach v aufgelösten thermischen Zustandsgleichung

$$v = \frac{RT}{2p} + \left[\left(\frac{RT}{2p}\right)^2 + \frac{B_0 + B_1/T}{p} \right]^{1/2}$$

mit $T = T_0$ und $p = p_s$ zu $v'' = 18{,}27 \text{ dm}^3\text{/kg}$. Damit ergibt sich

$$h'' = -68{,}756 \frac{\text{J}}{\text{kg K}} \, 313{,}15 \text{ K} + \frac{240 - 2\dfrac{298}{313} \cdot 10^3}{18{,}27} \frac{\text{bar dm}^3}{\text{kg}}$$

$$+ \, 9{,}654 \text{ bar} \cdot 18{,}27 \text{ dm}^3\text{/kg}$$

$$= -(21{,}531 + 9{,}109 - 17{,}638) \text{ kJ/kg} = -13{,}00 \text{ kJ/kg}.$$

Die Enthalpie des gesättigten Dampfes ist also kleiner als die Enthalpie des idealen Gases bei derselben Temperatur.

Für die spezifische Entropie des gesättigten Dampfes ergibt sich aus Gl. (4.10)

$$s''(T_0, v'') = s_0 + R \ln \frac{v''}{v_0} + \int\limits_{\infty}^{v''} \left[\left(\frac{\partial p}{\partial T}\right)_v - \frac{R}{v} \right] dv.$$

Hierin ist

$$v_0 = RT_0/p_0 = 215{,}31 \text{ dm}^3\text{/kg}$$

das spez. Volumen des idealen Gases im Bezugszustand mit $s_0 = 0$. Wir erhalten also

$$s'' = R \ln \frac{v''}{v_0} - \frac{B_1}{T_0^2} \int\limits_{\infty}^{v''} \frac{dv}{v^2} = R \ln \frac{v''}{v_0} + \frac{B_1}{T_0^2 v''}$$

$$= 68{,}756 \frac{\text{J}}{\text{kg K}} \ln(18{,}27/215{,}31) - \frac{298 \cdot 10^3 \text{ bar dm}^3}{313{,}15^2 \, 18{,}27 \text{ kg K}},$$

somit

$$s'' = -(0{,}1696 + 0{,}0166) \frac{\text{kJ}}{\text{kg K}} = -0{,}186 \frac{\text{kJ}}{\text{kg K}}.$$

Auch die Entropie des gesättigten Dampfes ist kleiner als die Entropie des idealen Gases bei derselben Temperatur und beim Bezugsdruck $p_0 = 1$ bar.

4.32 Tafeln der Zustandsgrößen

Mit Hilfe von Zustandsgleichungen kann man für gegebene Werte von T und p die Zustandsgrößen v, h und s eines Fluids berechnen und in Tafeln zusammenstellen. Zur Auswertung der meist komplizierten Gleichungen benutzt man elektronische Datenverarbeitungsanlagen. Tafeln der Zustandsgrößen, aus historischen Gründen auch Dampftafeln genannt, enthalten in der Regel zwei Gruppen von Tabellen: die Tafeln für die homogenen Zustandsgebiete (Gas und Flüssigkeit) mit Temperatur *und* Druck als den unabhängigen Zustandsgrößen und die Tafeln für das Naßdampfgebiet mit Temperatur *oder* Druck als unabhängiger Veränderlicher.

Die Tafeln für das Naßdampfgebiet enthalten in Abhängigkeit von der Temperatur Werte des Dampfdrucks $p = p(T)$ sowie Werte des spezifischen Volumens, der Enthalpie und der Entropie auf der Siedelinie und der Taulinie, also die Funktionen $v'(T), v''(T), h'(T), h''(T), s'(T)$ und $s''(T)$. Mit diesen Werten lassen sich nach Abschn. 4.22 alle Zustandsgrößen im Naßdampfgebiet bestimmen. Zur Bequemlichkeit des Benutzers enthalten die Dampftafeln meistens auch Werte der Verdampfungsenthalpie $r = h'' - h'$. Häufig wird der Druck als unabhängige Zustandsgröße gewählt. Dann findet man die Siedetemperatur $T = T(p)$ und die Größen $v'(p), v''(p), h'(p), h''(p), s'(p)$ und $s''(p)$ vertafelt. Beide Formen der Dampftafeln enthalten natürlich die gleichen Informationen.

Bei den Tafeln für die homogenen Zustandsgebiete ordnet man die Angaben nach Isobaren $p =$ const. Für jede Isobare findet man dann in Abhängigkeit von der Temperatur Werte von v, h und s. Da hier zwei unabhängige Zustandsgrößen vorhanden sind, haben die Tafeln zwei „Eingänge", und muß man gegebenenfalls auch zweifach interpolieren (sowohl hinsichtlich der Temperatur als auch zwischen den vertafelten Isobaren), um die Werte von v, h und s für einen bestimmten Zustand (T, p) zu erhalten, vgl. hierzu das Beispiel 4.4.

Von besonderer technischer Bedeutung ist das Fluid Wasser. Die Dampftafeln dieses Stoffes basieren auf einem internationalen Programm zur experimentellen und theoretischen Erforschung der thermodynamischen Eigenschaften des Wassers, das nach jahrzehntelanger Forschungsarbeit zu einer sehr genauen Kenntnis der Zustandsgrößen von Wasser geführt hat. Die genauesten und neuesten Tafeln für Wasser wurden von E. Schmidt[1] sowie von J. H. Keenan und Mitarbeitern[2] herausgegeben. Tab. 10.10 im Anhang ist ein Auszug aus der von E. Schmidt herausgegebenen Wasserdampftafel.

---

[1] Properties of Water and Steam in SI-Units (Zustandsgrößen von Wasser und Wasserdampf). Herausgegeben von E. Schmidt. Berlin-Heidelberg-New York: Springer 1969. München: Oldenbourg 1969.

[2] Keenan, J. H., Keyes, F. G., Hill, Ph. G., Moore, J. G.: Steam Tables, Thermodynamic Properties of Water Including Vapor, Liquid and Solid Phases (Intern. Edition—Metric Units), New York, London, Sidney, Toronto: J. Wiley & Sons, Inc. 1969.

Beispiel 4.4. Häufig hat man zu gegebenen Werten von Druck und Entropie die spez. Enthalpie zu berechnen, etwa um die Enthalpie am Ende einer isentropen Expansion oder Verdichtung zu bestimmen. Für $p^* = 20{,}3$ bar und $s^* = 6{,}5580$ kJ/kg K ermittle man die spez. Enthalpie von Wasserdampf unter Benutzung des angegebenen Ausschnitts aus der Dampftafel.

| | $p = 20$ bar | | $p = 21$ bar | |
$t/°C$	$h/(kJ/kg)$	$s/(kJ/kg\ K)$	$h/(kJ/kg)$	$s/(kJ/kg\ K)$
250	2 902,4	6,5454	2897,9	6,5162
260	2 928,1	6,5941	2924,0	6,5656

In der Regel kann man in Dampftafeln linear interpolieren, was allgemein immer dann statthaft ist, wenn ein achtel der aus den Tafelwerten gebildeten zweiten Differenz keinen Einfluß auf das Ergebnis hat[1]. Aus den Zustandsgrößen der vier in der Tafel enthaltenen Zustände, vgl. Abb. 4.15, interpolieren wir

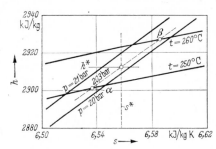

Abb. 4.15. Ausschnitt aus dem h,s-Diagramm von Wasserdampf

zunächst die Werte von s und h auf den beiden Isothermen für den Druck $p = 20{,}3$ bar. Diese Zustände kennzeichnen wir durch die Indizes α und β. Für $t = 250\,°C$ erhalten wir

$$h_\alpha = 2\,902{,}4\,\frac{kJ}{kg} + \frac{2\,897{,}9 - 2\,902{,}4}{1{,}0\ \text{bar}}\,\frac{kJ}{kg}\,0{,}3\ \text{bar}$$

$$= (2\,902{,}4 - 1{,}4)\ kJ/kg = 2\,901{,}0\ kJ/kg$$

und

$$s_\alpha = 6{,}5454\,\frac{kJ}{kg\ K} + \frac{6{,}5162 - 6{,}5454}{1{,}0\ \text{bar}}\,\frac{kJ}{kg\ K} \cdot 0{,}3\ \text{bar}$$

$$= (6{,}5454 - 0{,}0088)\ kJ/kg\ K = 6{,}5366\ kJ/kg\ K.$$

In gleicher Weise findet man für 20,3 bar und 260 °C

$$h_\beta = 2\,926{,}9\ kJ/kg \qquad \text{und} \qquad s_\beta = 6{,}5856\ kJ/kg\ K.$$

Für die gesuchte Enthalpie h^* bei der gegebenen Entropie $s^* = 6{,}5580$ kJ/kg K ergibt sich durch lineare Interpolation zwischen den eben ermittelten Werten

$$h^* = h_\alpha + \frac{h_\beta - h_\alpha}{s_\beta - s_\alpha}\,(s^* - s_\alpha),$$

also

$$h^* = 2901{,}0\,\frac{kJ}{kg} + \frac{2926{,}9 - 2901{,}0}{6{,}5856 - 6{,}5366}\,(6{,}5580 - 6{,}5366)\,\frac{kJ}{kg}$$

$$= (2901{,}0 + 11{,}3)\ kJ/kg = 2912{,}3\ kJ/kg.$$

---

[1] Vgl. hierzu z. B. Strubecker, K.: Einführung in die höhere Mathematik, Bd. 1, S. 314. München: Oldenbourg 1956.

Wesentlich einfacher und schneller erhält man die gesuchte Enthalpie h^*, wenn man von den allgemeinen thermodynamischen Zusammenhängen zwischen h, s und p ausgeht. Durch den Index 0 werde ein nahe dem gesuchten Zustand (h^*, s^*) gelegener Ausgangszustand bezeichnet, der in der Dampftafel enthalten ist, im hier vorliegenden Falle der durch $t_0 = 250\,°C$ und $p_0 = 20$ bar festgelegte Zustand. Wir brechen nun die Taylor-Entwicklung für die Enthalpie,

$$h = h_0 + \left(\frac{\partial h}{\partial s}\right)_{p,0} (s - s_0) + \left(\frac{\partial h}{\partial p}\right)_{s,0} (p - p_0) + \cdots,$$

nach den linearen Gliedern ab und beachten, daß aus

$$dh = T\,ds + v\,dp$$

die Beziehungen

$$\left(\frac{\partial h}{\partial s}\right)_p = T \qquad \text{und} \qquad \left(\frac{\partial h}{\partial p}\right)_s = v$$

folgen. Es wird dann

$$h^* = h_0 + T_0(s^* - s_0) + v_0(p^* - p_0).$$

Wir entnehmen der Dampftafel den Wert $v_0 = 0,1114$ m³/kg für das spez. Volumen bei $t_0 = 250\,°C$ und $p_0 = 20$ bar und erhalten

$$h^* = 2902,4\,\frac{kJ}{kg} + 523,15\,K\,(6,5580 - 6,5454)\,\frac{kJ}{kg\,K}$$

$$+ 0,1114\,\frac{m^3}{kg}\,(20,3 - 20,0)\,\text{bar}\,\frac{10^5\,N}{m^2\,\text{bar}}\,\frac{kJ}{10^3\,Nm},$$

also

$$h^* = (2902,4 + 523 \cdot 0,0126 + 0,1114 \cdot 0,3 \cdot 100)\,kJ/kg = 2912,3\,kJ/kg.$$

4.33 Zustandsdiagramme

Als Projektionen der p, v, T-Fläche erhält man die p, v-, p, T- und v, T-Diagramme, die das thermische Verhalten eines Fluids in Form von Kurvenscharen wiedergeben. Für die praktische Anwendung sind jedoch Diagramme mit der spez. Entropie oder der spez. Enthalpie als einer der Koordinaten von größerer Bedeutung; denn h ist die für stationäre Fließprozesse charakteristische Zustandsgröße des 1. Hauptsatzes, während die Entropie die Aussagen des 2. Hauptsatzes quantitativ zum Ausdruck bringt.

Das T, s-Diagramm eines realen Gases zeigt Abb. 4.16. Unterhalb der Siede- und Taulinie, die sich im kritischen Punkt K bei der kritischen Temperatur T_k treffen, liegt das Naßdampfgebiet. Hier laufen die Isobaren horizontal, da zugleich p und T konstant sind. Im Gebiet der Flüssigkeit und in der Gasphase sind die Isobaren schwach gekrümmte, mit wachsender Entropie ansteigende Kurven. Im Flüssigkeitsgebiet liegen die Isobaren sehr eng zusammen; bei der isentropen Verdichtung einer Flüssigkeit steigt nämlich die Temperatur nur geringfügig an.

Wie schon in Abschn. 3.15 gezeigt wurde, kann man im T, s-Diagramm die bei reversiblen Prozessen zu- oder abgeführte Wärme als

Fläche ablesen; denn es gilt

$$(q_{12})_{\text{rev}} = \int\limits_1^2 T \, ds.$$

Auch Differenzen der spez. inneren Energie und der spez. Enthalpie werden im T, s-Diagramm als Flächen dargestellt. Die Subtangente einer Isobare bedeutet die spez. Wärme c_p, vgl. Abb. 4.16.

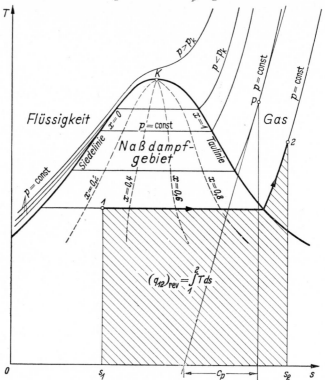

Abb. 4.16. T, s-Diagramm eines realen Gases mit Isobaren und Linien konstanten Dampfgehalts

Abb. 4.17 ist ein maßstäblich gezeichnetes T, s-Diagramm für Wasser. Man erkennt, wie eng die Isobaren im Flüssigkeitsgebiet beieinanderliegen. Im Rahmen der Zeichengenauigkeit sind sie bei nicht zu hohen Drücken kaum von der Siedelinie zu unterscheiden. In Abb. 4.17 sind ferner Isochoren $v = \text{const}$ und Isenthalpen $h = \text{const}$ eingezeichnet.

Das 1904 von R. Mollier[1] vorgeschlagene h, s-Diagramm[2] bietet besondere praktische Vorteile. In diesem Diagramm können alle En-

---

[1] Richard Mollier (1863—1935) war Professor an der Technischen Hochschule Dresden. Er wurde bekannt durch das von ihm geschaffene h, s-Diagramm und durch das h, x-Diagramm für feuchte Luft, vgl. Abschn. 5.39.

[2] Mollier, R.: Neue Diagramme zur technischen Wärmelehre. Z. VDI 48 (1904) S. 271.

thalpiedifferenzen als Strecken abgegriffen werden, so daß diese im
1. Hauptsatz für stationäre Fließprozesse auftretenden Zustandsgrößen
unmittelbar dem Diagramm zu entnehmen sind. Das Mollier-h, s-Dia-
gramm ist daher zum wichtigsten und am häufigsten benutzten
Zustandsdiagramm geworden. Es verbindet große Anschaulichkeit mit
dem Vorteil, eine einfache Rechenunterlage zu sein.

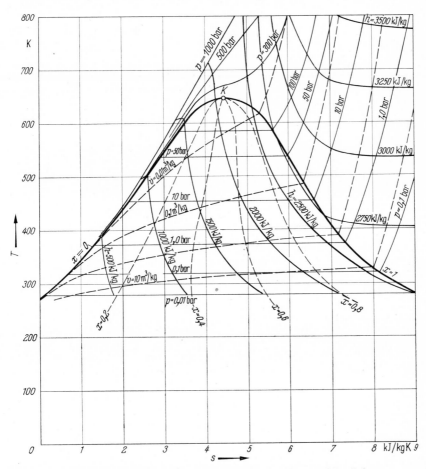

Abb. 4.17. T, s-Diagramm für Wasser mit Isobaren, Isochoren und Isenthalpen

In das h, s-Diagramm kann man zunächst die Grenzen des Naßdampfgebiets einzeichnen, indem man zusammengehörige Werte h' und
s' sowie h'' und s'' der Dampftafel entnimmt und aufträgt. Der kritische Punkt liegt im h, s-Diagramm am linken Hang der Grenzkurve
des Naßdampfgebiets, und zwar an der steilsten Stelle, wo die ineinander übergehenden Siede- und Taulinien einen gemeinsamen Wende-
punkt haben, Abb. 4.18. Die Isobaren im homogenen Zustandsgebiet

sind schwach gekrümmte Kurven, deren Anstieg man aus

$$T \, ds = dh - v \, dp$$

wegen $dp = 0$ zu

$$\left(\frac{\partial h}{\partial s}\right)_p = T$$

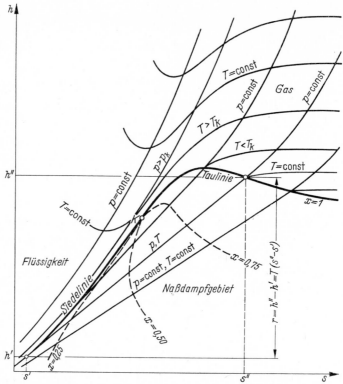

Abb. 4.18. h, s-Diagramm eines realen Gases mit Isobaren und Isothermen

findet. Die Isobaren verlaufen also um so steiler, je höher die Temperatur ist. Im Naßdampfgebiet bleibt bei $p = \text{const}$ auch T konstant. Daher sind hier die Isobaren *gerade Linien*, die um so steiler ansteigen, je höher die Siedetemperatur und damit der zugehörige Dampfdruck ist. Die kritische Isobare berührt die Grenzkurve an ihrer steilsten Stelle, im kritischen Punkt. Die Linien konstanten Dampfgehalts $x = \text{const}$ entstehen, indem man die Isobaren des Naßdampfgebiets in gleiche Abschnitte unterteilt. Alle Linien $x = \text{const}$ laufen im kritischen Punkt zusammen.

Die Isothermen fallen im Naßdampfgebiet mit den Isobaren zusammen. An den Grenzkurven haben sie im Gegensatz zu den Isobaren einen Knick und steigen in der Gasphase weniger steil an als die Isobaren. In einiger Entfernung vom Naßdampfgebiet laufen die Isothermen schließlich waagerecht, weil sich dann mit abnehmendem Druck das reale Gas immer mehr wie ein ideales Gas verhält. Da die Enthalpie eines idealen Gases nur von der Temperatur abhängt, sind hier Linien $T = $ const zugleich Linien $h = $ const: Isothermen und Isenthalpen fallen zusammen.

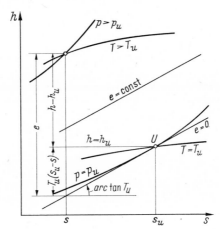

Abb. 4.19. Abgreifen der Exergie e aus dem h,s-Diagramm

Dem h, s-Diagramm kann man auch die in Abschn. 3.35 eingeführte *Exergie der Enthalpie*

$$e = h - h_u - T_u(s - s_u) = h - T_u s - (h_u - T_u s_u) \qquad (4.11)$$

als Strecke entnehmen. Hierzu zeichnet man zunächst den Umgebungszustand (p_u, T_u, h_u, s_u) in das h, s-Diagramm ein, Abb. 4.19. Legt man an die Isobare des Umgebungsdruckes p_u die Tangente im Umgebungspunkt U mit den Koordinaten h_u und s_u, so hat diese die Steigung

$$\left(\frac{\partial h}{\partial s}\right)_{p=p_u} = T_u.$$

Ihre Gleichung lautet also

$$h = h_u + T_u(s - s_u).$$

Nach Gl. (4.11) ist dies die Gerade, die alle Zustände mit der Exergie $e = 0$ verbindet. Sie wird als *Umgebungsgerade* bezeichnet. Alle Linien konstanter Exergie sind dann im h, s-Diagramm Geraden, die zur Umgebungsgerade parallel laufen. Man kann daher ein h, s-Diagramm durch Linien konstanter Exergie vervollständigen und damit in einfacher Weise die Exergie jedes Zustandes ablesen.

Dem h, s-Diagramm gleichwertig und für manche Anwendungen noch vorteilhafter ist das p, h-Diagramm. Hier lassen sich isobare Zustandsänderungen besonders einfach darstellen, denn die Isobaren sind horizontale Linien. In der Kältetechnik hat sich aus diesem Grunde das p, h-Diagramm eingebürgert. Meistens wird der Druck logarithmisch aufgetragen, um einen größeren Druckbereich günstig darzustellen. Diese Diagramme werden dann oft als lg p, h-Diagramme bezeichnet.

Abb. 4.20 zeigt ein lg p, h-Diagramm mit Isothermen und Isentropen. Die Isothermen verlaufen bei kleinen Drücken praktisch senkrecht, weil sich hier das reale Gas wie ein ideales verhält und damit Isothermen und Isenthalpen zusammenfallen.

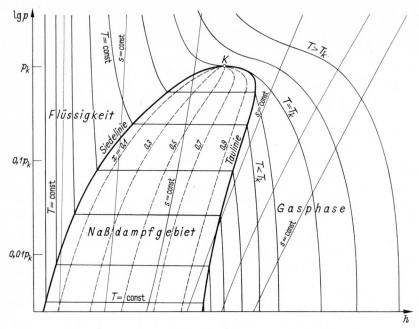

Abb. 4.20. lg p, h-Diagramm eines realen Gases mit Isothermen und Isentropen

4.34 Die Bestimmung isentroper Enthalpiedifferenzen

Bei zahlreichen technischen Anwendungen der Thermodynamik, vor allem bei stationären Fließprozessen in adiabaten Kontrollräumen hat man die Differenz der Enthalpien zwischen zwei Zuständen mit gleicher Entropie, $s_1 = s_2$, aber unterschiedlichen Drücken p_1 und p_2 zu bestimmen. Diese Enthalpiedifferenz

$$\Delta h_s \equiv h(p_2, s_1) - h(p_1, s_1)$$

wird als *isentrope Enthalpiedifferenz* bezeichnet. Zu ihrer Berechnung gibt es mehrere Möglichkeiten, auf die wir im folgenden eingehen.

Liegt ein maßstäbliches h, s- oder h, p-Diagramm für das betreffende Fluid vor, so greift man Δh_s als Strecke zwischen den beiden Zustandspunkten (p_1, s_1) und (p_2, s_1) ab. Steht eine Tafel der Zustandsgrößen h und s in Abhängigkeit von T und p zur Verfügung, so findet man h_1 und s_1 durch Interpolation für die meistens gegebenen Werte T_1 und p_1. Für den Druck p_2 und die Entropie $s_1 = s_2$ bestimmt man wiederum durch Interpolation die Enthalpie h_2, was in Beispiel 4.4 ausführlich gezeigt wurde.

Kennt man dagegen die kalorische Zustandsgleichung $h = h(T, p)$ und die Gleichung für die Entropie $s = s(T, p)$, so ermittelt man zuerst die Endtemperatur T_2 aus der Bedingung

$$s(T_2, p_2) = s_1.$$

Die so gefundene Temperatur T_2 setzt man in die kalorische Zustandsgleichung ein und erhält

$$h_2 = h(T_2, p_2).$$

Ist auch der Zustand 1 durch p_1 und s_1 und nicht durch p_1 und T_1 gegeben, so muß man auch T_1 zuerst aus

$$s(T_1, p_1) = s_1$$

bestimmen und kann dann mit diesem Wert von T die Enthalpie $h_1 = h(T_1, p_1)$ berechnen. Da die Zustandsgleichungen im allgemeinen recht verwickelt aufgebaut sind, wird man die eben geschilderten Rechenoperationen mit Hilfe elektronischer Rechengeräte über geeignete Interpolations- und Iterationsprogramme ausführen.

Ohne Kenntnis der kalorischen Zustandsgleichung erhält man die isentrope Enthalpiedifferenz durch Integration der thermodynamischen Beziehung

$$dh = T\, ds + v\, dp,$$

was unter Beachtung von $ds = 0$

$$\Delta h_s = \int_{p_1}^{p_2} v(p, s_1)\, dp$$

ergibt. Man muß jetzt allerdings wissen, wie das spez. Volumen des Fluids auf der Isentrope $s = s_1$ vom Druck abhängt. Diese Isentropengleichung ist exakt und explizit nur für ideale Gase mit konstanter spez. Wärmekapazität c_p^0 bekannt, worauf wir in Abschn. 5.14 eingehen.

Eine besonders bei nicht zu großen Druckunterschieden $p_2 - p_1$ recht genaue Näherungsgleichung für die Isentrope beliebiger Fluide erhält man, wenn man über Werte des *Isentropenexponenten*

$$k \equiv -\frac{v}{p}\left(\frac{\partial p}{\partial v}\right)_s \tag{4.12}$$

verfügt. Diese Zustandsgröße, die eng mit der Schallgeschwindigkeit a des Fluids zusammenhängt, vgl. Abschn. 6.22, läßt sich aus der thermischen Zustandsgleichung und aus der spez. Wärmekapazität $c_p^0(T)$ im idealen Gaszustand berechnen, worauf wir hier nicht eingehen[1]. Der Isentropenexponent ist keine Konstante, sondern eine Zustandsfunktion $k = k(T, p)$, die sich auf einer Isentrope und auch von Isentrope zu Isentrope ändert. Wie man aus Abb. 4.21 erkennt, verändert

---

[1] Vgl. Baehr, H. D.: Der Isentropenexponent der Gase H_2, N_2, O_2, CH_4, CO_2, NH_3 und Luft für Drücke bis 300 bar. Brennst.-Wärme-Kraft 19 (1967) S. 65—68.

sich der Isentropenexponent jedoch nur langsam, wenn man T und p oder ein anderes Paar unabhängiger Zustandsgrößen variiert.

Für die Druck- und Volumenänderung auf einer Isentrope folgt aus Gl. (4.12)

$$\frac{dp}{p} = -k \frac{dv}{v}.$$

Wir setzen nun für eine bestimmte isentrope Zustandsänderung $k = $ const und erhalten unter dieser Annahme durch Integration

$$\ln (p/p_1) = -k \cdot \ln (v/v_1)$$

oder

$$pv^k = p_1 v_1^k$$

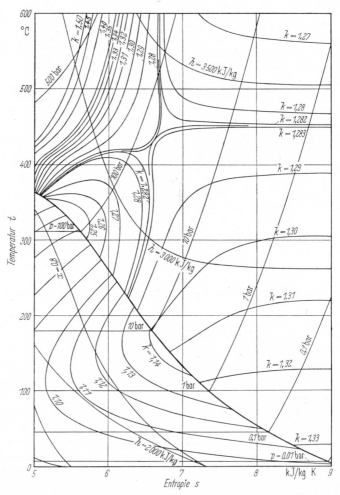

Abb. 4.21. Linien mit konstantem Isentropenexponenten k im t,s-Diagramm von Wasser; links unten ein Teil des Naßdampfgebiets, darüber das Gasgebiet

als Näherungsgleichung für die Isentrope. Daraus ergibt sich für die isentrope Enthalpiedifferenz

$$\Delta h_s = \frac{k}{k-1}\, p_1 v_1 [(p_2/p_1)^{(k-1)/k} - 1].\qquad(4.13)$$

Man hat hierbei die wirkliche Isentrope durch eine Potenzfunktion mit passend gewähltem, aber konstantem Exponenten k ersetzt. Diese Näherung ist offenbar um so genauer, je näher das Druckverhältnis p_2/p_1 bei 1 liegt.

Der *Isentropenexponent idealer Gase* hängt nur von der Temperatur ab, und es gilt

$$k(T) = \varkappa(T) = c_p^0(T)/c_v^0(T),$$

was wir in Abschn. 5.14 herleiten werden. Da sich die Temperatur auf einer Isentrope ändert, gibt Gl. (4.13) mit einem konstanten Wert von $k = \varkappa$ auch für ideale Gase nur einen Näherungswert der isentropen Enthalpiedifferenz. Ein für ideale Gase exaktes Verfahren zur Berechnung von Δh_s behandeln wir in Abschn. 5.14.

Beispiel 4.5. Man bestimme die isentrope Enthalpiedifferenz für Wasserdampf, wenn die folgenden Daten gegeben sind: $p_1 = 25,0$ bar, $v_1 = 0,1200$ m³/kg ($t_1 = 400\,°C$) und $p_2 = 10,0$ bar. Es soll Gl. (4.13) mit $k = 1,290$ verwendet werden, vgl. Abb. 4.21.

Bei einer isentropen Expansion nimmt die Enthalpie ab; Δh_s wird also negativ. Aus Gl. (4.13) erhalten wir

$$\Delta h_s = \frac{1,290}{0,290}\, 25,0 \text{ bar} \cdot 0,1200 \text{ (m}^3\text{/kg) } [0,400^{0,2248} - 1]$$

$$= 13,345 \text{ (bar} \cdot \text{m}^3\text{/kg) } (0,81384 - 1) = -248 \text{ kJ/kg}.$$

Dieser Wert stimmt mit dem Wert $\Delta h_s = -248,3$ kJ/kg, den man durch Interpolation aus der Wasserdampftafel[1] erhält, sehr gut überein.

4.4 Der Zustandsbereich des Festkörpers

4.41 Ausdehnungs- und Kompressibilitätskoeffizient

Ein fester Körper, der unter allseitigem, gleichförmigem Druck steht, kann thermodynamisch als einfaches System behandelt werden, dessen intensiver Zustand durch Temperatur und Druck bestimmt wird. Auch bei erheblichen Änderungen dieser Variablen ändert sich das spez. Volumen eines Festkörpers nur wenig, so daß man ihn in erster Näherung als inkompressibel ansehen kann, $v = v_0 = $ const.

Die geringen Volumenänderungen durch Temperatur- und Druckänderung beschreibt man durch die schon auf S. 164 genannten Größen *Volumenausdehnungskoeffizient*

$$\beta(T,\,p) = \frac{1}{v}\left(\frac{\partial v}{\partial T}\right)_p$$

---

[1] Vgl. Fußnote 1 auf S. 183.

und *isothermer Kompressibilitätskoeffizient*

$$\varkappa(T,\,p) = -\,\frac{1}{v}\left(\frac{\partial v}{\partial p}\right)_T.$$

Beide Koeffizienten hängen vom Druck praktisch nicht ab. Der Kompressibilitätskoeffizient $\varkappa$ ändert sich auch mit der Temperatur nicht stark. Dagegen besteht für β eine erhebliche Temperaturabhängigkeit, was die in Abb. 4.22 dargestellten Beispiele zeigen. Der Volumen-

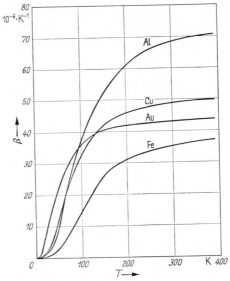

Abb. 4.22. Temperaturabhängigkeit des Volumenausdehnungskoeffizienten β für einige Festkörper

ausdehnungskoeffizient wird im allgemeinen aus dem experimentell gut zu bestimmenden *linearen* Ausdehnungskoeffizienten

$$\alpha = \frac{1}{L}\left(\frac{\partial L}{\partial T}\right)_p$$

berechnet. Hierin bedeutet L eine charakteristische Länge des untersuchten Festkörpers. Da $V \sim L^3$ ist, gilt für einen isotropen Festkörper

$$\beta = 3\alpha.$$

Werte von α bzw. β und von $\varkappa$ findet man in zahlreichen Tabellenwerken[1].

[1] Zum Beispiel Landolt-Börnstein: Zahlenwerte u. Funktionen, 6. Aufl., Bd. 4a, Tab. 4815, (Werte von α). Berlin-Heidelberg-New York: Springer 1967; owie Bd. 2, Teil 1, Tab. 2112 (Werte von α, β und $\varkappa$). Berlin-Heidelberg-New York: S pringer 1971.

Volumenausdehnungskoeffizient und Kompressibilitätskoeffizient bestimmen auch die thermische Zustandsgleichung des Festkörpers. Da

$$d \ln \frac{v(T, p)}{v_0} = \frac{dv}{v} = \frac{1}{v} \left(\frac{\partial v}{\partial T} \right)_p dT + \frac{1}{v} \left(\frac{\partial v}{\partial p} \right)_T dp$$

$$= \beta(T, p)\, dT - \varkappa(T, p)\, dp$$

ein vollständiges Differential ist, erhält man durch Integration bei $T = \text{const}$ $(dT = 0)$

$$\ln \left[v(T, p)/v(T, p_0) \right] = - \int_{p_0}^{p} \varkappa(T, p)\, dp$$

und ebenso bei $p = p_0$ $(dp = 0)$

$$\ln \left[v(T, p_0)/v(T_0, p_0) \right] = \int_{T_0}^{T} \beta(T, p_0)\, dT .$$

Mit $v_0 = v(T_0, p_0)$ ergibt sich daraus

$$\ln \left[v(T, p)/v_0 \right] = \int_{T_0}^{T} \beta(T, p_0)\, dT - \int_{p_0}^{p} \varkappa(T, p)\, dp .$$

Wir vernachlässigen nun die geringe Druckabhängigkeit von β und $\varkappa$ und erhalten

$$\ln \left[v(T, p)/v_0 \right] = \int_{T_0}^{T} \beta(T)\, dT - \varkappa(T) \cdot (p - p_0)$$

oder

$$v(T, p) = v_0 \exp \left[\int_{T_0}^{T} \beta(T)\, dT - \varkappa(T) \cdot (p - p_0) \right]$$

als thermische Zustandsgleichung. Bei nicht zu großen Temperaturunterschieden $T - T_0$ kann man die Temperaturabhängigkeit von β und $\varkappa$ vernachlässigen und erhält durch Reihenentwicklung der Exponentialfunktion die Näherung

$$v(T, p) = v_0 [1 + \beta_0 (T - T_0) - \varkappa_0 (p - p_0) + \cdots] ,$$

die wir schon auf S.164 für Flüssigkeiten benutzt haben.

4.42 Die spezifische Wärmekapazität

Um Enthalpie und Entropie eines Festkörpers zu bestimmen, benötigt man nach den in Abschn. 4.31 hergeleiteten Gleichungen neben der thermischen Zustandsgleichung die spez. Wärmekapazität $c_p(T, p_0)$ bei einem Bezugsdruck p_0, dessen Größe bei Festkörpern keine Rolle spielt, weil ihre thermodynamischen Eigenschaften nur wenig vom Druck abhängen. Aus theoretischen Überlegungen, auf die wir gleich zurückkommen werden, kann man die spez. Wärmekapazität c_v recht genau berechnen. Um diese Ergebnisse für die Bestimmung von Enthalpie und Entropie nutzen zu können, leiten wir eine allgemein gültige thermodynamische Beziehung für die Differenz $c_p - c_v$ her.

13*

Hierzu differenzieren wir die Definitionsgleichung der Enthalpie $h = u + p \cdot v$ nach T und erhalten

$$c_p = \left(\frac{\partial h}{\partial T}\right)_p = \left(\frac{\partial u}{\partial T}\right)_p + p\left(\frac{\partial v}{\partial T}\right)_p \cdot$$

Nun gilt aber

$$\left(\frac{\partial u}{\partial T}\right)_p = \left(\frac{\partial u}{\partial T}\right)_v + \left(\frac{\partial u}{\partial v}\right)_T \left(\frac{\partial v}{\partial T}\right)_p = c_v + \left[T\left(\frac{\partial p}{\partial T}\right)_v - p\right]\left(\frac{\partial v}{\partial T}\right)_p,$$

vgl. Gl. (4.9) auf S. 181. Wir erhalten daraus

$$c_p - c_v = T\left(\frac{\partial p}{\partial T}\right)_v \left(\frac{\partial v}{\partial T}\right)_p = -T\frac{(\partial v/\partial T)_p^2}{(\partial v/\partial p)_T},$$

und dies ergibt

$$c_p - c_v = Tv\beta^2/\varkappa. \tag{4.14}$$

Da der Kompressibilitätskoeffizient $\varkappa$ stets positiv ist, gilt $c_p \geqq c_v$. Obwohl der Ausdehnungskoeffizient β bei festen Körpern sehr klein ist, unterscheiden sich c_p und c_v besonders bei höheren Temperaturen schon merklich.

P. Debye[1] hat 1912 eine vereinfachte Theorie gegeben, mit deren Hilfe sich die spez. Wärmekapazität c_v der festen Körper ermitteln läßt. Dabei denkt man sich die Moleküle in einem regelmäßigen Gitter

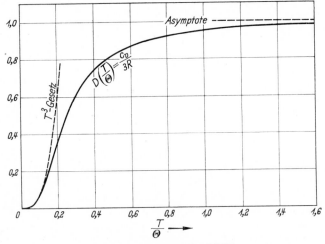

Abb. 4.23. Debye-Funktion $D(T/\Theta)$

---

[1] P. Debye (geb. 1884), holländischer Physiker, studierte zuerst Elektrotechnik und wirkte später als Professor der Physik in Zürich, Utrecht, Göttingen, Berlin und Leipzig. 1940 emigrierte er aus Deutschland und wirkt seitdem an der Cornell-Universität in Ithaka (New York). Seine Arbeiten behandeln vorwiegend den molekularen Aufbau der Materie. Er erhielt 1936 den Nobelpreis für Chemie.

angeordnet, in dem sie begrenzte Schwingungen um ihre Gleichgewichts-
lagen ausführen. Die spez. Wärmekapazität c_v läßt sich nach der
Debyeschen Theorie durch die Temperaturfunktion

$$c_v = 3R \cdot D\left(\frac{T}{\Theta}\right) \tag{4.15}$$

darstellen, in der Θ eine für jeden Stoff charakteristische Temperatur,
die sog. Debye-Temperatur ist. Den Verlauf der Funktion $D(T/\Theta)$, die
sich nicht durch elementare Funktionen ausdrücken läßt[1], zeigt
Abb. 4.23. In Tab. 4.1 sind die Debye-Temperaturen Θ einiger Stoffe
angegeben.

Tabelle 4.1. Debye-Temperaturen Θ einiger Stoffe

Stoff	Θ in K	Stoff	Θ in K
H_2O	315	Ag	229
KCl	218	Al	375
NaCl	300	Au	164
FeS_2	645	Cu	343
Diamant	1 860—2 400	Fe	355

Bei hohen Temperaturen erreicht c_v den Wert $3R$, was schon von
Dulong und Petit 1819 beobachtet worden war. Bei sehr tiefen Temperaturen geht Gl. (4.15) in

$$c_v = \frac{12}{5}\,\pi^4 R \left(\frac{T}{\Theta}\right)^3 \tag{4.16}$$

über (Debyes T^3-Gesetz). Bei Metallen trägt auch die Bewegung der
freien Elektronen zu c_v bei (Theorie von Sommerfeld und Fermi). Dieser Beitrag ist besonders bei tiefen Temperaturen zu berücksichtigen;
hier ist Gl. (4.16) durch ein T proportionales Glied zu ergänzen.

Beispiel 4.6. Man bestimme die Temperaturänderung, die bei isentroper
Kompression von Kupfer bei $T = 300$ K eintritt. Bei dieser Temperatur sind
gegeben: $\varrho = 8,93$ kg/dm³, $\beta = 49,2 \cdot 10^{-6}$ K^{-1} und $\varkappa = 0,776 \cdot 10^{-6}$ bar^{-1}.

Für die Temperaturänderung bei isentroper Druckänderung ist die Ableitung
$(\partial T/\partial p)_s$ maßgebend. Wir erhalten sie, wenn wir das Differential der Entropie,

$$ds = c_p \frac{dT}{T} - \left(\frac{\partial v}{\partial T}\right)_p dp = c_p \frac{dT}{T} - v\,\beta\,dp,$$

vgl. S. 180, gleich Null setzen. Daraus folgt

$$(\partial T/\partial p)_s = Tv\beta/c_p.$$

---

[1] Eine Tabelle der Debye-Funktion $D(T/\theta)$ findet man z. B. in Jahnke-
Emde-Lösch: Tafeln höherer Funktionen. 6. Aufl. S. 293. Stuttgart: Teubner
1960.

Die spez. Wärmekapazität c_p berechnen wir aus c_v unter Benutzung von Gl. (4.14); c_v wiederum bestimmen wir aus der Debye-Funktion:

$$c_v = 3R \cdot D(T/\Theta) = 3(\boldsymbol{R}/M) \cdot D(T/\Theta).$$

Für $T/\Theta = 300/343 = 0,875$ hat die Debye-Funktion den Wert $D = 0,9376$. Mit $M = 63,54$ kg/kmol als der Molmasse von Cu erhalten wir dann

$$c_v = 3 \cdot \frac{8,314 \text{ (kJ/kmol K)}}{63,54 \text{ (kg/kmol)}} \cdot 0,9376 = 0,368 \text{ kJ/kg K}.$$

Nach Gl. (4.14) wird nun

$$c_p - c_v = Tv\beta^2/\varkappa = \frac{300 \text{ K} \cdot 49,2^2 \cdot 10^{-12} \text{ K}^{-2}}{8,93 \text{ (kg/dm}^3) \cdot 0,776 \cdot 10^{-6} \text{ bar}^{-1}} = 0,0105 \text{ kJ/kg K},$$

womit sich $c_p = 0,379$ kJ/kg K ergibt. Damit erhalten wir schließlich

$$\left(\frac{\partial T}{\partial p}\right)_s = \frac{300 \text{ K} \cdot 49,2 \cdot 10^{-6} \text{ K}^{-1}}{8,93 \text{ (kg/dm}^3) \cdot 0,379 \text{ (kJ/kg K)}} = 0,44 \cdot 10^{-3} \frac{\text{K}}{\text{bar}}.$$

Dieser Wert ist erwartungsgemäß sehr klein. Selbst bei einer isentropen Druck-steigerung von 1000 bar erwärmt sich Kupfer nur um 0,44 K.

4.43 Schmelzen und Sublimieren

Der Zustandsbereich des Festkörpers wird im p, T-Diagramm bei tiefen Temperaturen durch die Sublimationsdruckkurve und bei höheren Temperaturen durch die Schmelzdruckkurve gegen die Gasphase bzw. die flüssige Phase abgegrenzt. Den Übergang von der festen in die flüssige Phase bezeichnet man als Schmelzen. Es tritt hier ein Zweiphasengebiet auf, in dem während des Schmelzens bei konstantem Druck auch die Temperatur konstant bleibt. Den Zusammenhang zwischen dem Druck p und der Schmelztemperatur T gibt die Schmelzdruckkurve $p = p(T)$. Die Schmelzenthalpie r_{Sch} können wir wie die Verdampfungsenthalpie aus der Gleichung von Clausius-Clapeyron bestimmen, die hier die Form

$$r_{\text{Sch}} = h_{\text{fl}} - h_{\text{fest}} = T(v_{\text{fl}} - v_{\text{fest}}) \frac{dp}{dT} \qquad (4.17)$$

annimmt. Die Schmelzenthalpie r_{Sch} ist stets positiv, d.h. beim Schmelzen eines festen Körpers muß Wärme zugeführt werden. Das spez. Volumen v_{fl} der sich beim Schmelzen bildenden Flüssigkeit ist nicht bei allen Stoffen größer als das spez. Volumen v_{fest} der schmelzenden festen Phase. Wasser stellt hier die bekannte Ausnahme mit $v_{\text{fest}} > v_{\text{fl}}$ dar. Bei den meisten Stoffen ist dagegen $v_{\text{fl}} > v_{\text{fest}}$; nach Gl. (4.17) steigt dann der Schmelzdruck mit der Temperatur an. Bei Wasser wird jedoch wegen $v_{\text{fest}} > v_{\text{fl}}$ die Ableitung dp/dT negativ. Unter höherem Druck schmilzt also Eis bei niedrigerer Temperatur. Tab. 4.2 gibt einige Werte der Schmelzdruckkurve von Wasser und von CO_2. Danach sind bei Wasser sehr hohe Drücke anzuwenden, um die Schmelztemperatur merklich zu erniedrigen.

Tabelle 4.2. Schmelzdruckkurven von H_2O und CO_2

H_2O:

t	°C	0	—5,0	—10,0	—15,0	—20,0	
p	bar	1	580	1070	1510	1870	

CO_2:

t	°C	—56,6	—37,3	—20,5	+8,5	+33,1	+55,2
p	at	5,28	1000	2000	4000	6000	8000

Die Schmelzdruckkurven zahlreicher Stoffe sind bis zu sehr hohen Drücken gemessen worden. Dabei hat man bisher noch keinen kritischen Punkt wie beim Verdampfungsgleichgewicht feststellen können, wo $v_{fl} = v_{fest}$ und $r_{Sch} = 0$ würden. Ob ein derartiger kritischer Punkt beim Schmelzgleichgewicht überhaupt existiert, ist noch unentschieden.

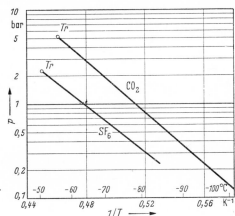

Abb.4.24. Sublimationsdruckkurven von CO_2 und SF_6

Unterhalb des Tripelpunktes ist ein Phasenübergang von der festen Phase in die Gasphase möglich, der als Sublimation bezeichnet wird. Auch für das Sublimationsgleichgewicht gilt die Gleichung von Clausius-Clapeyron, und zwar in der Form

$$r_{Sub} = h_{gas} - h_{fest} = T(v_{gas} - v_{fest})\frac{dp}{dT}.$$

Daraus läßt sich die Sublimationsenthalpie r_{Sub} bei Kenntnis der spez. Volumina v_{gas} und v_{fest} der im Gleichgewicht stehenden gasförmigen und festen Phasen berechnen; dp/dT ist die Steigung der Sublimationsdruckkurve im p,T-Diagramm. Meistens kann man v_{fest} gegen v_{gas} vernachlässigen und für v_{gas} die Zustandsgleichung der idealen Gase heranziehen, weil die Sublimationsdrücke sehr niedrig liegen. Man erhält dann

$$r_{\text{Sub}} = \frac{RT^2}{p} \frac{dp}{dT} = -R \frac{d \ln p}{d(1/T)}.$$

Trägt man den Sublimationsdruck in einem $\ln p$, $1/T$-Diagramm auf, so liegen die Meßpunkte sehr genau auf einer geraden Linie, vgl. Abb. 4.24. Es ist also die Ableitung $d \ln p/d(1/T)$ praktisch konstant und damit auch die Sublimationsenthalpie von der Temperatur nahezu unabhängig.

5. Ideale Gase, Gas- und Gas—Dampf-Gemische

5.1 Ideale Gase

Bei niedrigen Drücken zeigen alle realen Gase ein besonders einfaches Verhalten: die thermische und die kalorische Zustandsgleichung gehen in einfache Grenzgesetze über. Diesen Zustandsbereich nennt man den Bereich des idealen oder vollkommenen Gases. Thermodynamisch ist das ideale Gas durch die beiden Gleichungen

$$pv = RT \tag{5.1}$$

und

$$u = u(T) \tag{5.2}$$

definiert[1]. Jeder Stoff, dessen thermische Zustandsgrößen der einfachen Gl. (5.1) genügen und dessen innere Energie eine reine Temperaturfunktion ist, kann als ideales Gas bezeichnet werden. Das ideale Gas ist jedoch ein hypothetischer Stoff; wirkliche Gase erfüllen die Gl. (5.1) und (5.2) nur für $p \to 0$. Da die Abweichungen von der Zustandsgleichung idealer Gase bei nicht zu hohen Drücken klein bleiben, kann man diese einfachen Beziehungen bei praktischen Rechnungen auch auf reale Gase anwenden. Es ist jedoch wichtig, sich stets vor Augen zu halten, daß diese Gleichungen und die daraus gezogenen Folgerungen nur näherungsweise gelten, wenn sie auch im Rahmen der in der Technik geforderten Genauigkeit vielfach anwendbar sind.

5.11 Thermische und kalorische Zustandsgleichung

Die thermische und die kalorische Zustandsgleichung eines idealen Gases haben wir bereits kennengelernt. In Tab. 5.1 sind diese Beziehungen zusammengestellt. Jedes ideale Gas wird danach durch seine Gaskonstante R und durch die spez. Wärmekapazitäten $c_p^0(T)$ und $c_v^0(T)$ gekennzeichnet. Zwischen diesen drei Größen besteht noch der Zusammenhang (vgl. Abschn. 2.34)

$$c_p^0(T) - c_v^0(T) = R.$$

---

[1] Setzt man voraus, daß in Gl. (5.1) T die thermodynamische Temperatur bedeutet, so läßt sich Gl. (5.2) aus Gl. (5.1) mit Hilfe des 2. Hauptsatzes herleiten. Das ideale Gas ist also bereits durch seine thermische Zustandsgleichung (5.1) definiert, wenn unter T die thermodynamische Temperatur verstanden wird.

Tabelle 5.1. Thermische und kalorische Zustandsgleichung
sowie Entropie idealer Gase

Unabhängige Zustandsgrößen sind	
p und T	v und T
$v = \dfrac{RT}{p}$	$p = \dfrac{RT}{v}$
$h = \int\limits_{T_0}^{T} c_p^0(T)\, dT + h_0$	$u = \int\limits_{T_0}^{T} c_v^0(T)\, dT + u_0$
$s = \int\limits_{T_0}^{T} c_p^0(T)\, \dfrac{dT}{T} - R \ln \dfrac{p}{p_0} + s_0$	$s = \int\limits_{T_0}^{T} c_v^0(T)\, \dfrac{dT}{T} + R \ln \dfrac{v}{v_0} + s_0$

Danach genügt es, neben R entweder c_p^0 *oder* c_v^0 zu kennen. Tab. 10.6
auf S. 425 enthält Werte der Gaskonstanten verschiedener Gase.

Um die begrenzte Gültigkeit der thermischen Zustandsgleichung für
ideale Gase zu zeigen, sind in Abb. 5.1 die Zustandsbereiche abgegrenzt,
in denen sich das spez. Volumen von Luft nach der Zustandsgleichung
idealer Gase berechnen läßt, solange man bestimmte Fehler zuläßt.

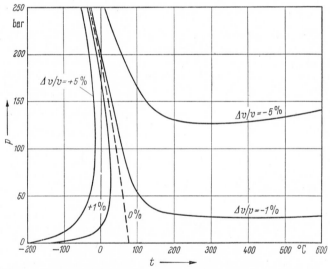

Abb. 5.1. Relative Abweichungen $\Delta v/v = (v - RT/p)/v$ des spez. Volumens der Luft von den Werten
nach der Zustandsgleichung idealer Gase

5.12 Die allgemeine Gaskonstante

In die thermische Zustandsgleichung

$$pV = mRT$$

führen wir an Stelle der Masse m des idealen Gases die Substanzmenge n
ein. Nach Abschn. 10.12 gilt dann mit der Molmasse M die Beziehung

$$m = nM,$$

so daß wir

$$pV = nMRT$$

erhalten. Nach dem Gesetz von Amedeo Avogadro (1811) enthalten alle idealen Gase bei gleichem Druck und gleicher Temperatur in gleich großen Volumina dieselbe Anzahl Moleküle. Da nun die Substanzmenge n unabhängig von der Stoffart stets der Zahl der Moleküle proportional ist, muß nach Avogadro der Quotient

$$\frac{pV}{nT} = MR = \boldsymbol{R}$$

für alle idealen Gase denselben Wert haben. Wir nennen daher $\boldsymbol{R}$ die universelle Gaskonstante, aus der die speziellen Gaskonstanten der einzelnen Gase nach Division mit ihrer Molmasse M erhalten werden:

$$R = \boldsymbol{R}/M.$$

Wir führen nun das Molvolumen

$$\mathfrak{V} = V/n$$

in die Zustandsgleichung ein, womit sie die für alle Gase gleiche Gestalt

$$p\mathfrak{V} = \boldsymbol{R}T$$

erhält. Das Molvolumen aller idealen Gase ist demnach bei gleichem Druck und gleicher Temperatur gleichgroß. Es hat im Normzustand, einem vereinbarten Standardzustand mit $t_n = 0\,°C$ und $p_n = 1,013\,25$ bar $= 1\,$atm, nach den besten Messungen den Wert

$$\mathfrak{V}_n = (22,414 \pm 0,003)\ \text{m}^3/\text{kmol}.$$

Damit erhält man für die universelle Gaskonstante

$$\boldsymbol{R} = p_n \mathfrak{V}_n / T_n = (8,3143 \pm 0,0011)\ \text{J}/\text{mol K}.$$

Sie gehört zu den Grundkonstanten der Physik und tritt auch in zahlreichen Beziehungen auf, die nicht für ideale Gase gelten.

5.13 Die spezifische Wärmekapazität

Die spezifische Wärmekapazität c_p^0 bzw. c_v^0 idealer Gase ist im allgemeinen eine verwickelte Temperaturfunktion. Man kann sie sehr genau aus spektroskopischen Messungen mit Hilfe der Quantenmechanik und der statistischen Thermodynamik berechnen. Die Ergebnisse dieser sehr komplizierten und umfangreichen Berechnungen sind in Tafelwerken zusammengefaßt[1]. In Abb. 5.2 ist das Verhältnis

$$c_v^0/R = (c_p^0/R) - 1$$

für einige Gase dargestellt.

Nur für die (einatomigen) Edelgase He, Ne, Ar, Kr und Xe liefert die Theorie ein einfaches Ergebnis. Hier hängen c_p^0 und c_v^0 von der

---

[1] Baehr, H. D., Hartmann, H., Pohl, H. Ch., Schomäcker, H.: Thermodynamische Funktionen idealer Gase für Temperaturen bis 6 000 °K. Berlin-Heidelberg-New York: Springer 1968.

Temperatur nicht ab; sie haben die konstanten Werte

$$c_p^0 = \frac{5}{2}\,R \qquad \text{und} \qquad c_v^0 = \frac{3}{2}\,R\,.$$

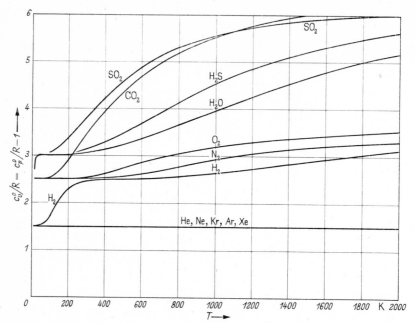

Abb. 5.2. Verhältnis $c_v^0/R = c_p^0/R - 1$ für verschiedene ideale Gase als Funktion der Temperatur T

Die spezifische Enthalpie der Edelgase ist also eine lineare Temperaturfunktion:

$$h(T) = h_0 + c_p^0(T - T_0) = h_0 + \frac{5}{2}\,R(T - T_0)\,.$$

Wie man aus Abb. 5.2 erkennt, ist in der Nähe der Umgebungstemperatur ($T \approx 300\,\mathrm{K}$) auch die spezifische Wärmekapazität der zweiatomigen Gase H_2, N_2, O_2 annähernd konstant und hat hier die Werte

$$c_p^0 \approx \frac{7}{2}\,R \qquad \text{und} \qquad c_v^0 \approx \frac{5}{2}\,R\,,$$

so daß man für die Enthalpie dieser Stoffe im genannten Temperaturbereich

$$h(T) \approx h_0 + c_p^0(T - T_0) = h_0 + \frac{7}{2}\,R(T - T_0)$$

setzen kann.

Will man die Temperaturabhängigkeit von c_p^0 exakt berücksichtigen, so setzt man

$$h_2 - h_1 = \int_{T_1}^{T_2} c_p^0(T)\,dT = [c_p^0]_{T_1}^{T_2}(T_2 - T_1)\,.$$

Mit der mittleren spezifischen Wärmekapazität

$$[c_p^0]_{T_1}^{T_2} = \frac{1}{T_2 - T_1} \int_{T_1}^{T_2} c_p^0(T)\, dT$$

läßt sich also eine Enthalpiedifferenz in der gleichen einfachen Weise berechnen, als wäre c_p^0 konstant. In Tabellen, z.B. in Tab.10.7 auf S. 426 findet man in der Regel mittlere spezifische Wärmekapazitäten für (positive) Celsius-Temperaturen mit $t = 0\,°C$ als unterer Intervallgrenze:

$$[c_p^0]_0^t = \frac{1}{t} \int_0^t c_p^0(t)\, dt .$$

Für die Enthalpiedifferenz zwischen den Celsius-Temperaturen $t = 0\,°C$ und t erhält man

$$h(t) - h(0) = \int_0^t c_p^0(t)\, dt = [c_p^0]_0^t \cdot t .$$

Damit ergibt sich für beliebige Temperaturen t_1 und t_2

$$h(t_2) - h(t_1) = [c_p^0]_0^{t_2} \cdot t_2 - [c_p^0]_0^{t_1} \cdot t_1 .$$

Bezieht man die Enthalpie und die Wärmekapazitäten nicht auf die Masse, sondern auf die Substanzmenge des idealen Gases, so erhält man die molare Enthalpie

$$\mathfrak{H}(T) = \frac{H(T)}{n} = M \cdot h(T)$$

und die Molwärme

$$\mathfrak{C}_p^0(T) = \frac{d\mathfrak{H}}{dT} = M \cdot c_p^0(T) .$$

Diese Größen gehen also durch Multiplikation mit der Molmasse M aus den spezifischen Größen hervor. Da für alle idealen Gase $\boldsymbol{R} = M \cdot R$ gilt, erhält man

$$\mathfrak{C}_p^0(T) - \mathfrak{C}_v^0(T) = \boldsymbol{R}$$

unabhängig von der Gasart. Für die mittlere Molwärme gilt schließlich

$$[\mathfrak{C}_p^0]_{T_1}^{T_2} = M \cdot [c_p^0]_{T_1}^{T_2} .$$

Beispiel 5.1. In einem Lufterhitzer soll ein Luftstrom, dessen Volumenstrom im Normzustand $\dot{V}_n = 1000\ \mathrm{m^3/h}$ beträgt, von $t_1 = 25\,°C$ auf $t_2 = 950\,°C$ erhitzt werden. Die Luft ist als ideales Gas zu behandeln; Änderungen der kinetischen Energie sind zu vernachlässigen. Man berechne den Wärmestrom $\dot{Q}_{12}$, der dem Luftstrom zuzuführen ist.

Nach dem 1.Hauptsatz für stationäre Fließprozesse gilt mit $P_{12} = 0$

$$\dot{Q}_{12} = \dot{m}(h_2 - h_1) = \dot{m}\{[c_p^0]_0^{t_2} t_2 - [c_p^0]_0^{t_1} t_1\} .$$

Für den Massenstrom $\dot{m}$ erhalten wir, vgl. S.203,

$$\dot{m} = \dot{V}_n / v_n = \frac{p_n}{R T_n} \dot{V}_n = \frac{M}{\mathfrak{R}_n} \dot{V}_n$$

und mit $M = 28,96$ kg/kmol als der Molmasse der Luft

$$\dot{m} = \frac{28,96 \text{ kg/kmol}}{22,414 \text{ m}^3/\text{kmol}} \, 1000 \, \frac{\text{m}^3}{\text{h}} \, \frac{1 \text{ h}}{3600 \text{ s}} = 0,3590 \, \frac{\text{kg}}{\text{s}} \, .$$

Die mittleren spez. Wärmekapazitäten entnehmen wir Tab. 10.7 auf S. 426; es folgt dann

$$\dot{Q}_{12} = 0,3590 \, \frac{\text{kg}}{\text{s}} \, (1,085 \cdot 950 - 1,004 \cdot 25) \, \frac{\text{kJ}}{\text{kg}} = 361 \text{ kW.}$$

5.14 Entropie und isentrope Zustandsänderungen idealer Gase

Die spezifische Entropie idealer Gase, also die Funktion

$$s(T, p) = s_0 + \int_{T_0}^{T} c_p^0(T) \, \frac{dT}{T} - R \ln \frac{p}{p_0} \tag{5.3}$$

besteht aus zwei Teilen, aus einer Temperaturfunktion

$$s(T, p_0) = s_0 + \int_{T_0}^{T} c_p^0(T) \, \frac{dT}{T} \, , \tag{5.4}$$

in der die individuellen Eigenschaften der einzelnen Gase zum Ausdruck kommen, und aus dem druckabhängigen Term, der für alle Gase die gleiche Gestalt hat. Tab. 10.8 auf S. 427 gibt Werte der Temperaturfunktion $s(T, p_0)$ für mehrere technisch wichtige Gase, wobei $p_0 = 1$ bar gesetzt wurde.

Mit der Temperaturfunktion $s(T, p_0)$ nach Gl. (5.4) kann man den Zusammenhang zwischen T und p auf einer Isentrope bestimmen. Für zwei Zustände 1 und 2 mit $s_1 = s_2$ gilt

$$s(T_2, p_2) - s(T_1, p_1) = s(T_2, p_0) - s(T_1, p_0) - R \ln (p_2/p_1) = 0,$$

also

$$s(T_2, p_0) = s(T_1, p_0) + R \ln (p_2/p_1) \, . \tag{5.5}$$

Dieser Zusammenhang läßt sich mit Hilfe von Tab. 10.8 leicht auswerten, wobei es übrigens gleichgültig ist, welchen Wert der Bezugsdruck p_0 hat. Sind beispielsweise T_1, p_1 und der Enddruck p_2 gegeben, so berechnet man $s(T_2, p_0)$ nach Gl. (5.5) und bestimmt nach Tab. 10.8 die Temperatur T_2, die zu diesem Entropiewert gehört.

Diese Rechnung wird erleichtert, wenn man die *isentrope Temperaturfunktion*

$$\pi_s(T) \equiv \exp \left[s(T, p_0)/R \right] = \exp \left[\int_{T_0}^{T} \frac{c_p^0(T)}{R} \, \frac{dT}{T} + \frac{s_0}{R} \right]$$

für ein ideales Gas berechnet und vertafelt. Aus Gl. (5.5) folgt nämlich die einfache Beziehung

$$\pi_s(T_2) = \frac{p_2}{p_1} \, \pi_s(T_1) \, . \tag{5.6}$$

Für gegebene Werte von p_1, T_1 und p_2 kann man $\pi_s(T_2)$ nach dieser Gleichung berechnen und die gesuchte Temperatur T_2 durch Interpolation in der Tafel der isentropen Temperaturfunktion $\pi_s(T)$ finden. Tab. 10.9 auf S. 428 enthält Werte von $\pi_s(T)$ für Luft.

Mit Hilfe der vertafelten mittleren spez. Wärmekapazitäten $[c_p^0]_0^t$ und der Entropiefunktion $s(T, p_0)$ bzw. der isentropen Temperaturfunktion $\pi_s(T)$ läßt sich eine in der Praxis häufig gestellte Aufgabe für ideale Gase genau und einfach lösen: die *Berechnung von isentropen Enthalpiedifferenzen*

$$\Delta h_s = h(p_2, s_1) - h(p_1, s_1),$$

vgl. Abschn. 4.34. Der Rechengang besteht aus zwei Schritten. Aus den Daten des Anfangszustands 1 und dem Enddruck p_2 wird zunächst nach Gl. (5.5) oder (5.6) die Endtemperatur T_2 ermittelt. Danach erhält man

$$\Delta h_s = [c_p^0]_0^{t_2} \cdot t_2 - [c_p^0]_0^{t_1} \cdot t_1$$

mittels der in Tab. 10.7 angegebenen Werte von $[c_p^0]_0^t$.

Bildet man das Differential ds der Entropie eines idealen Gases, so ergibt sich hierfür aus Gl. (5.3)

$$ds = c_p^0(T)\,\frac{dT}{T} - R\,\frac{dp}{p} = c_v^0(T)\,\frac{dp}{p} + c_p^0(T)\,\frac{dv}{v},$$

wenn man noch die thermische Zustandsgleichung und die Relation $c_p^0 - c_v^0 = R$ beachtet. Für den in Abschn. 4.34 eingeführten Isentropenexponenten k folgt hieraus mit $ds = 0$

$$k = -\frac{v}{p}\left(\frac{\partial p}{\partial v}\right)_s = c_p^0(T)\,/c_v^0(T) = \varkappa(T)\,\textbf{.}$$

Der Isentropenexponent idealer Gase ist gleich dem Verhältnis ihrer spez. Wärmekapazitäten und damit eine Temperaturfunktion. Wie schon auf S. 193 erwähnt, ist die aus der Annahme $k = \varkappa = \text{const}$ folgenden Isentropengleichung

$$pv^\varkappa = p_1 v_1^\varkappa \tag{5.7}$$

nur eine Näherungsgleichung. Sie gilt exakt nur für die Edelgase, denn diese haben nach Abschn. 5.13 eine konstante spez. Wärmekapazität $c_p^0 = (5/2)\,R$, woraus sich für ihren Isentropenexponenten der ebenfalls konstante Wert $k = \varkappa = 5/3$ ergibt. Häufig vernachlässigt man

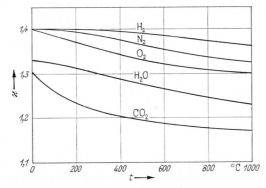

Abb. 5.3. Isentropenexponent $\varkappa(T) = c_p^0(T)/c_v^0(T)$ einiger idealer Gase

bei anderen idealen Gasen die schwache Temperaturabhängigkeit von $\varkappa$, vgl. Abb. 5.3, und benutzt zum Verfolgen isentroper Zustandsänderungen an Stelle der exakten Gl. (5.5) die aus Gl. (5.7) folgende Näherungsgleichung

$$T/T_1 = (p/p_1)^{R/c_p^0} = (p/p_1)^{(\varkappa-1)/\varkappa}. \tag{5.8}$$

Isentrope Enthalpiedifferenzen erhält man dann aus Gl. (4.13) von S. 193, in die man wie in die Gln. (5.7) und (5.8) einen geeigneten Mittelwert von $\varkappa = k$ einzusetzen hat.

Beispiel 5.2. CO_2 expandiert isentrop von $p_1 = 4{,}0$ bar, $t_1 = 750\,°C$ auf den Druck $p_2 = 1{,}0$ bar. Man berechne die dabei auftretende Enthalpieänderung.

Wir bestimmen zuerst die Endtemperatur T_2 bzw. t_2 aus der Bedingung $s = \text{const}$, also aus Gl. (5.5):

$$s(t_2, p_0) = s(t_1, p_0) + R \ln (p_2/p_1).$$

Nach Tab. 10.8 und mit $R = 0{,}18892$ kJ/kg K erhalten wir

$$s(t_2, p_0) = [6{,}1458 + 0{,}18892 \ln (1/4)] \text{ kJ/kg K}$$
$$= (6{,}1458 - 0{,}2619) \text{ kJ/kg K} = 5{,}8839 \text{ kJ/kg K}.$$

Die zu diesem Wert von $s(t_2, p_0)$ gehörende Temperatur finden wir durch (inverse) Interpolation in Tab. 10.8 zu $t_2 = 550{,}8\,°C$. Damit wird unter Benutzung von Tab. 10.7

$$\Delta h_s = [c_p^0]_0^{t_2} \cdot t_2 - [c_p^0]_0^{t_1} \cdot t_1 = (1{,}0154 \cdot 550{,}8 - 1{,}0775 \cdot 750) \text{ kJ/kg}$$
$$= -248{,}8 \text{ kJ/kg}.$$

Diesen exakten Werten, bei deren Berechnung die Temperaturabhängigkeit von $c_p^0(T)$ voll berücksichtigt wurde, stellen wir nun die Ergebnisse einer Näherungsrechnung mit konstantem $k = \varkappa$ gegenüber. Hierzu wählen wir aus Abb. 5.3 den Wert $\varkappa(t_1) = \varkappa(750\,°C) = 1{,}180$. Damit erhalten wir aus Gl. (5.8) für die Endtemperatur

$$T_2 = T_1(p_2/p_1)^{(\varkappa-1)/\varkappa} = 1023 \text{ K } (0{,}25)^{0{,}1525} = 828{,}1 \text{ K},$$

also $t_2 = 555{,}0\,°C$ statt des genauen Wertes $t_2 = 550{,}8\,°C$. Für die isentrope Enthalpiedifferenz ergibt sich aus Gl. (4.13) von S. 193 mit $k = \varkappa$ und $p_1 v_1 = R T_1$

$$\Delta h_s = \frac{\varkappa}{\varkappa - 1} R T_1 [(p_2/p_1)^{(\varkappa-1)/\varkappa} - 1] = -241{,}5 \text{ kJ/kg},$$

ein Wert, der um 3% vom genauen Resultat abweicht.

5.2 Ideale Gasgemische

Bei den Anwendungen der Thermodynamik hat man es nicht nur mit einheitlichen Stoffen, sondern häufig mit Gemischen aus verschiedenen reinen Stoffen zu tun. Wir wollen uns hier auf die Gemische (chemisch nicht reagierender) idealer Gase beschränken. Flüssigkeitsgemische und Gemische aus realen Gasen werden wir nicht behandeln. Zuerst stellen wir jedoch einige Beziehungen zusammen, die allgemein für alle Gemische gelten.

5.21 Masse- und Molanteile. Partialdrücke

Da ein Gemisch aus mehreren reinen Stoffen (Komponenten) besteht, wird sein Zustand nicht allein durch zwei Zustandsgrößen, etwa durch Druck und Temperatur, festgelegt. Wir brauchen außerdem

Größen, welche die Zusammensetzung des Gemisches beschreiben. Hierzu können wir die Masseanteile oder die Molanteile der einzelnen Komponenten an der Gesamtmasse oder der gesamten Substanzmenge benutzen.

Sind m_A, m_B, ... die Massen der einzelnen reinen Stoffe im Gemisch, so ist die Gesamtmasse des Gemisches

$$m = m_A + m_B + \cdots.$$

Als *Masseanteil* des Stoffes „N" definieren wir das Verhältnis

$$\xi_N = \frac{m_N}{m_A + m_B + \cdots} = \frac{m_N}{m}.$$

Kennzeichnen wir die Mengen der einzelnen Komponenten durch ihre Substanzmengen n_A, n_B, ..., so ist die Substanzmenge des Gemisches

$$n = n_A + n_B + \cdots.$$

Der *Molanteil* oder der *Molenbruch* des Stoffes „N" ist dann

$$\psi_N = \frac{n_N}{n_A + n_B + \cdots} = \frac{n_N}{n}.$$

Masseanteile ξ_N und Molanteile ψ_N sind dimensionslose Größen (reine Zahlen). Für sie gilt

$$\xi_A + \xi_B + \cdots = 1$$

und

$$\psi_A + \psi_B + \cdots = 1.$$

Sie lassen sich für alle Stoffe (nicht nur für Gase) ineinander umrechnen, da für jeden reinen Stoff mit M_N als seiner Molmasse die Beziehung

$$m_N = M_N n_N \tag{5.9}$$

gilt. Definieren wir durch die Gleichung

$$m = M_m n \tag{5.10}$$

eine Molmasse M_m des Gemisches, so folgt durch Division von Gl. (5.9) und (5.10)

$$\xi_N = \frac{M_N}{M_m} \psi_N.$$

Damit können wir den Molanteil des Stoffes N leicht in den Masseanteil ξ_N umrechnen, falls die Molmasse M_m des Gemisches bekannt ist. Diese läßt sich aus Gl. (5.10) berechnen. Es ist nämlich

$$M_m = \frac{m}{n} = \frac{m_A + m_B + \cdots}{n} = \frac{M_A n_A + M_B n_B + \cdots}{n},$$

also

$$M_m = M_A \psi_A + M_B \psi_B + M_C \psi_C + \cdots. \tag{5.11}$$

Nach dieser Beziehung erhalten wir die Molmasse des Gemisches, wenn seine Zusammensetzung in Molanteilen gegeben ist. Kennen wir da-

14 Baehr, Thermodynamik, 3. Aufl.

gegen die Zusammensetzung in Masseanteilen, so erhalten wir aus der Definitionsgleichung (5.10) in ähnlicher Weise

$$\frac{1}{M_m} = \frac{\xi_A}{M_A} + \frac{\xi_B}{M_B} + \frac{\xi_C}{M_C} + \cdots.$$

Der *Partialdruck* p_N des Stoffes „N" in einem Gemisch wird durch die Gleichung

$$p_N = \psi_N p$$

definiert, in der ψ_N den Molanteil des Stoffes „N" bedeutet. Mit p bezeichnen wir den Druck des Gemisches; er wird zur Unterscheidung von p_N auch *Gesamtdruck* genannt. Nach dieser Definition ist die Summe der Partialdrücke gleich dem Gesamtdruck

$$p_A + p_B + p_C + \cdots = (\psi_A + \psi_B + \psi_C + \cdots)\, p = p,$$

da die Summe der Molanteile eins ist. Dies gilt für beliebige Gemische unabhängig davon, ob es sich bei den Komponenten um ideale oder reale Gase oder um Flüssigkeiten handelt. Die Zusammensetzung eines Gemisches können wir also auch durch die Partialdrücke der einzelnen Komponenten angeben, was der Angabe der Molanteile gleichwertig ist.

Beispiel 5.3. Ein Gasgemisch besteht aus 2,50 kg N_2, 1,75 kg O_2, 0,85 kg H_2 und 0,20 kg CO_2. Man gebe seine Zusammensetzung in Masseanteilen und Molanteilen sowie die Partialdrücke der einzelnen Gase an, wenn der Gesamtdruck $p = 7,55$ bar beträgt.

Die Masse des Gemisches ist

$$m = m_{N_2} + m_{O_2} + m_{H_2} + m_{CO_2} = 5,30 \text{ kg}.$$

Aus der Definition $\xi_N = m_N/m$ erhalten wir die Masseanteile, die in Spalte 3 der Tab. 5.2 verzeichnet sind. Um die Molanteile nach der Gleichung $\psi_N = (M_m/M_N)\xi_N$ zu erhalten, berechnen wir die Molmasse M_m des Gemisches aus den in Spalte 2 von Tab. 5.2 angegebenen Molmassen der Komponenten:

$$\frac{1}{M_m} = \frac{\xi_{N_2}}{M_{N_2}} + \frac{\xi_{O_2}}{M_{O_2}} + \frac{\xi_{H_2}}{M_{H_2}} + \frac{\xi_{CO_2}}{M_{CO_2}}$$

$$= \left(\frac{0,472}{28,01} + \frac{0,330}{32,00} + \frac{0,160}{2,016} + \frac{0,038}{44,01} \right) \frac{\text{kmol}}{\text{kg}} = 0,1076 \frac{\text{kmol}}{\text{kg}},$$

also $M_m = 9,296$ kg/kmol.

Tabelle 5.2. Zusammensetzung eines Gasgemisches

Stoff	M_N in $\dfrac{\text{kg}}{\text{kmol}}$	ξ_N	ψ_N	p_N in bar
N_2	28,01	0,472	0,156	1,18
O_2	32,00	0,330	0,096	0,72
H_2	2,016	0,160	0,740	5,59
CO_2	44,01	0,038	0,008	0,06

Mit diesem Wert ergeben sich die Molanteile ψ_N der Spalte 4 von Tab. 5.2. Multiplizieren wir diese Werte mit $p = 7,55$ bar, so erhalten wir die Partialdrücke der letzten Spalte.

5.22 Eigenschaften idealer Gasgemische

Wie reine Gase zeigen auch Gasgemische ein einfaches Verhalten, wenn der Druck $p \to 0$ geht. In den Kammern von Abb. 5.4 sollen sich verschiedene reine Gase A, B, C, ... bei einem so niedrigen Druck be-

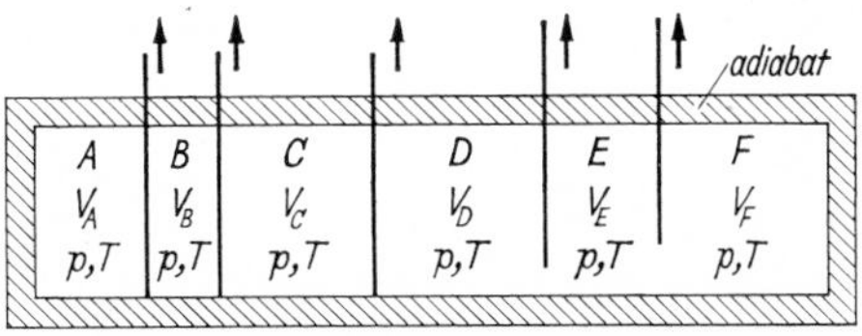

Abb. 5.4. Herstellen eines Gasgemisches aus idealen Gasen A, B, C, ... mit gleichen Temperaturen und Drücken

finden, daß die Zustandsgleichung idealer Gase anwendbar ist. Temperatur und Druck mögen dabei in allen Kammern dieselben Werte haben. Für die Volumina der Gase gilt dann

$$V_A = n_A \frac{\boldsymbol{R}T}{p} = m_A R_A \frac{T}{p} = m_A v_A(T, p)$$

$$V_B = n_B \frac{\boldsymbol{R}T}{p} = m_B R_B \frac{T}{p} = m_B v_B(T, p)$$

$$\cdots\cdots\cdots\cdots\cdots\cdots\cdots\cdots\cdots\cdots\cdots\cdots$$

Mischt man nun die einzelnen Gase durch Entfernen oder Durchstoßen der Trennwände, so beobachtet man, daß sich beim Mischen Druck und Temperatur nicht ändern. Daraus folgt umgekehrt, daß sich beim isothermen und isobaren Vermischen idealer Gase Volumen und innere Energie nicht ändern. Das Volumen V_m und die innere Energie U_m des Gasegemisches ergeben sich also als Summen der Volumina bzw. der inneren Energien, die die einzelnen Gase vor der Mischung bei gleicher Temperatur und gleichem Druck hatten:

$$\begin{aligned} V_m(T, p) &= V_A(T, p) + V_B(T, p) + V_C(T, p) + \cdots \\ &= m_A v_A(T, p) + m_B v_B(T, p) + m_C v_C(T, p) + \cdots \\ &= (n_A + n_B + n_C + \cdots) \frac{\boldsymbol{R}T}{p} = (m_A R_A + m_B R_B + \cdots) \frac{T}{p} \end{aligned}$$

und

$$U_m(T) = U_A(T) + U_B(T) + U_C(T) + \cdots$$

Ein Gasgemisch mit diesen Eigenschaften nennt man ein *ideales Gasgemisch*, denn es verhält sich wie ein ideales Gas mit der Zustandsgleichung

$$V_m(T, p) = n \frac{\boldsymbol{R}T}{p} = m R_m \frac{T}{p}.$$

Hierin sind n die Substanzmenge und m die Masse des Gemisches;

$$R_m = \xi_A R_A + \xi_B R_B + \xi_C R_C + \cdots$$

14*

ist seine Gaskonstante, die man bei gegebener Zusammensetzung des Gemisches in Masseanteilen aus den Gaskonstanten der reinen Komponenten berechnen kann. Ist dagegen die Zusammensetzung in Molanteilen ψ_A, ψ_B, ... gegeben, so bestimmt man zuerst die Molmasse M_m des Gemisches nach Gl.(5.11) auf S.209 aus den Molmassen der reinen Komponenten und erhält dann die Gaskonstante

$$R_m = \mathbf{R}/M_m$$

des idealen Gasgemisches, ohne die Zusammensetzung in Masseanteile umrechnen zu müssen.

Für den Partialdruck p_N eines beliebigen Gases N in einem idealen Gasgemisch erhält man

$$p_N = \psi_N p = n_N \frac{p}{n} = n_N \frac{\mathbf{R}T}{V_m}.$$

In einem idealen Gasgemisch ist also der Partialdruck jeder Komponente gleich dem Druck, den das einzelne Gas bei der Temperatur des Gemisches annimmt, wenn es das ganze Volumen V_m des Gemisches allein ausfüllt. Diese Beziehung ist als das Gesetz von Dalton bekannt.

Die Zusammensetzung eines idealen Gasgemisches gibt man häufig in *Volumen*- oder *Raumanteilen* an, die für jede Komponente durch

$$r_N = \frac{V_N(T, p)}{V_m(T, p)}$$

definiert sind. Da V_N das Volumen des reinen Gases N ist, wird

$$r_N = \frac{V_N}{V_m} = n_N \frac{\mathbf{R}T}{p V_m} = \frac{p_N}{p} = \psi_N.$$

Volumenanteile und Molanteile stimmen bei einem idealen Gasgemisch überein.

Da sich Volumen und innere Energie eines idealen Gasgemisches additiv aus den Anteilen der reinen Gase zusammensetzen, gilt dies auch für die Enthalpie:

$$H_m = U_m + p V_m = U_A + U_B + \cdots + p(V_A + V_B + \cdots)$$
$$= (U_A + p V_A) + (U_B + p V_B) + \cdots,$$

also

$$H_m(T) = H_A(T) + H_B(T) + \cdots.$$

Für die entsprechenden spezifischen Größen erhalten wir

$$u_m(T) = U_m(T)/m = \xi_A u_A(T) + \xi_B u_B(T) + \cdots$$

und

$$h_m(T) = H_m(T)/m = \xi_A h_A(T) + \xi_B h_B(T) + \cdots$$

Die molare innere Energie und die molare Enthalpie wird in gleicher Weise mit den Molanteilen ψ_A, ψ_B, ... aus den molaren Größen der einzelnen Gase gebildet. Für die spez. Wärmekapazität eines idealen Gasgemisches erhalten wir aus

$$c_{p_m}^0 = dh_m/dT$$

die Beziehung

$$c^0_{p_m}(T) = \xi_A c^0_{pA}(T) + \xi_B c^0_{pB}(T) + \cdots.$$

Entsprechende Gleichungen gelten für $c^0_{v_m}$ und mit den Molanteilen auch für die Molwärmen $\mathfrak{C}^0_{p_m}$ und $\mathfrak{C}^0_{v_m}$ eines idealen Gasgemisches.

Beispiel 5.4. Trockene Luft ist ein Gemisch aus 78,09 Vol.-% N_2, 20,95 Vol.-% O_2, 0,93 Vol.-% Ar und 0,03 Vol.-% CO_2, sowie einiger anderer Gase (Ne, He, Kr, H_2, Xe, O_3) in vernachlässigbar kleiner Menge. Man bestimme die Molmasse und die Gaskonstante der Luft sowie die Masseanteile der einzelnen Gase.

Die Molmasse der Luft errechnen wir aus den Molmassen und den Volumen_ anteilen der Komponenten:

$$M_m = r_{N_2} M_{N_2} + r_{O_2} M_{O_2} + r_{Ar} M_{Ar} + r_{CO_2} M_{CO_2}$$
$$= (0,7809 \cdot 28,013 + 0,2095 \cdot 31,999 + 0,0093 \cdot 39,948 + 0,0003 \cdot 44,010)\,\text{kg/kmol}$$
$$= 28,964 \text{ kg/kmol}.$$

Damit erhalten wir für ihre Gaskonstante

$$R_m = \frac{\boldsymbol{R}}{M_m} = \frac{8,3143 \text{ kJ/kmol K}}{28,964 \text{ kg/kmol}} = 0,2871 \text{ kJ/kg K}.$$

Die Masseanteile ξ_N der einzelnen Komponenten ergeben sich aus

$$\xi_N = \frac{M_N}{M_m} r_N$$

zu

$$\xi_{N_2} = 0,7553 \qquad \xi_{Ar} = 0,0128$$
$$\xi_{O_2} = 0,2314 \qquad \xi_{CO_2} = 0,0005.$$

5.23 Die Entropie idealer Gasgemische

Um die Entropie eines idealen Gasgemisches zu berechnen, gehen wir von folgender Überlegung aus. Wenn wir die Einzelgase in einem reversiblen adiabaten Prozeß mischen, so bleibt hierbei nach dem 2. Hauptsatz die Entropie konstant. Die Entropie des so entstehenden Gasgemisches ist dann gleich der Summe der Entropien der einzelnen Komponenten. Zur reversiblen Vermischung und Entmischung wendet man ein besonderes Hilfsmittel an: die *semipermeable Wand*. Diese läßt nur ein bestimmtes Gas eines Gasgemisches durch und hält alle anderen Komponenten zurück. Die semipermeable Wand ist ähnlich wie die diatherme und die adiabate Wand ein begriffliches Hilfsmittel und eine Idealisierung. Es sind bisher nur wenige Wände bekannt, die ein einziges Gas durchlassen und alle anderen Gase zurückhalten. Glühendes Palladium ist das bekannte Beispiel einer semipermeablen Wand, die nur H_2 durchläßt.

Im adiabaten System der Abb. 5.5 ist W_A eine feststehende, nur das Gas A durchlassende semipermeable Wand. Die semipermeable Wand W_B läßt nur das Gas B hindurch; sie ist mit dem verschiebbaren Kolben K fest verbunden. Zu Beginn des reversiblen Mischungsprozesses, Abb. 5.5a, befindet sich das Gas A zwischen dem Kolben K und der Wand W_A. Es nimmt das Volumen V ein und steht unter dem Druck p_A. Unterhalb der Wand W_B steht dem Gas B ein gleichgroßes Volumen V

zur Verfügung; es hat den Druck p_B. Wird der Kolben K mit der fest verbundenen Wand W_B reibungsfrei verschoben, so herrscht stets mechanisches Gleichgewicht: Nach oben wirkt auf K das Gas A mit

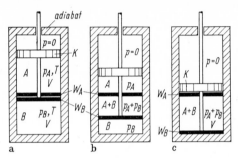

Abb. 5.5. Reversible Mischung zweier idealer Gase A und B. W_A semipermeable Wand, die nur das Gas A durchläßt, W_B semipermeable Wand, die nur das Gas B durchläßt

dem Druck p_A und auf W_B das Gas B mit dem Druck p_B; nach unten wirkt das Gasgemisch $A + B$ zwischen den beiden semipermeablen Wänden mit dem Druck $p = p_A + p_B$, Abb. 5.5 b. Das Verschieben des Kolbens K zusammen mit der Wand W_B ist also ein reversibler Vorgang. Durch Abwärtsbewegen des Kolbens werden die beiden Gase reversibel gemischt, durch Umkehren der Bewegungsrichtung werden sie entmischt.

Am Ende des reversiblen Mischungsprozesses, Abb. 5.5 c, sind die beiden Gase vermischt; das Gemisch nimmt das Volumen V ein und hat den Druck $p = p_A + p_B$. Da das System adiabat ist und wegen des stets vorhandenen mechanischen Gleichgewichts keine Arbeit von außen zugeführt wird, bleibt die innere Energie des ganzen Systems und damit seine Temperatur konstant. Da der Prozeß reversibel ist, ändert sich auch nicht die Entropie des gesamten Systems. Es gilt also für die Entropie des Gemisches

$$S_m(T, V) = S_A(T, V) + S_B(T, V).$$

Dies ist ein Sonderfall des Gesetzes von Gibbs: *Die Entropie eines idealen Gasgemisches ist die Summe der Entropien der Einzelgase, berechnet bei der Temperatur und dem Volumen des Gemisches.*

Da die Einzelgase vor der Vermischung unter ihren Partialdrücken p_A und p_B stehen und nach der Mischung $p = p_A + p_B$ ist, gilt auch

$$m s_m(T, p) = m_A s_A(T, p_A) + m_B s_B(T, p_B). \qquad (5.12)$$

Wir verallgemeinern dies auf beliebig viele Einzelgase und erhalten aus Gl. (5.12) für die spez. Entropie des Gasgemisches

$$s_m = \xi_A s_A(T, p_A) + \xi_B s_B(T, p_B) + \cdots$$

Die spez. Entropie eines idealen Gasgemisches ist gleich der Summe der Entropien der reinen Komponenten, jeweils berechnet bei der Temperatur

des Gemisches und beim Partialdruck der Komponente im Gemisch. Für
die spez. Entropie der einzelnen Komponenten im Gemisch gilt

$$s_N = s_{0N} + \int\limits_{T_0}^{T} c_{pN}^0(T) \frac{dT}{T} - R_N \ln \frac{p_N}{p_0}$$

$$= s_{0N} + \int\limits_{T_0}^{T} c_{pN}^0(T) \frac{dT}{T} - R_N \ln \frac{p}{p_0} - R_N \ln \psi_N,$$

weil der Partialdruck $p_N = \psi_N p$ ist. Die drei ersten Glieder geben die
Entropie des reinen Gases beim Druck p des Gemisches; daher gilt
nach Gl. (5.3) von S.206.

$$s_N(T, p_N) = s_N(T, p_0) - R_N \ln (p/p_0) - R_N \ln \psi_N.$$

Die Entropie des Gemisches ergibt sich nun als die Summe der
Entropien der reinen Komponenten, berechnet bei der Temperatur und
beim Druck p des Gemisches, und vermehrt um ein Zusatzglied:

$$s_m = \sum_N \xi_N s_N(T, p_0) - \sum_N \xi_N R_N \ln (p/p_0) - \sum_N \xi_N R_N \ln \psi_N.$$

Hierfür können wir auch mit der spez. Wärmekapazität c_{pm}^0 und der
Gaskonstante R_m des Gemisches

$$s_m = s_{0m} + \int\limits_{T_0}^{T} c_{pm}^0(T) \frac{dT}{T} - R_m \ln \frac{p}{p_0} + \Delta s_m$$

schreiben. Beachten wir noch, daß

$$R_N = \boldsymbol{R}/M_N = R_m M_m/M_N = R_m \psi_N/\xi_N$$

gilt, so erhalten wir

$$\Delta s_m = - R_m[\psi_A \ln \psi_A + \psi_B \ln \psi_B + \cdots].$$

Dieses Zusatzglied heißt die *Mischungsentropie* des idealen Gasgemisches. Sie hängt weder vom Druck noch von der Temperatur ab,
sondern nur von der Zusammensetzung des Gemisches. Die Mischungsentropie ist stets positiv, $\Delta s_m > 0$, da alle Molanteile $\psi < 1$ sind, ihre
Logarithmen mithin negativ werden. Sofern sich bei einer Zustandsänderung die Zusammensetzung des idealen Gasgemisches nicht ändert,
braucht man auf die Mischungsentropie keine Rücksicht zu nehmen,
denn sie fällt bei der Bildung von Entropiedifferenzen heraus. Man
kann in diesen Fällen so rechnen, als ob ein reines Gas vorläge, das
durch die Größen R_m und c_{pm}^0 gekennzeichnet wird. Die bisherige
Behandlung der Luft als reines ideales Gas ist damit nachträglich
gerechtfertigt.

Die Mischungsentropie Δs_m läßt sich physikalisch leicht deuten.
Für Δs_m gilt nämlich

$$\Delta s_m = s_m(T, p, \psi_A, \psi_B, \ldots) - \sum_N \xi_N s_N(T, p).$$

Der erste Term der rechten Seite dieser Gleichung ist die Entropie des
idealen Gasgemisches, der zweite Term bedeutet die Summe der Entropien der reinen Gase bei der Temperatur und beim Druck des Ge-

misches. Die Summe entspricht also der Entropie der reinen Gase vor der Vermischung im adiabaten System von Abb. 5.4 auf S. 211; s_m ist die Entropie des aus den reinen Gasen entstandenen Gemisches. *Die Mischungsentropie Δs_m ist also die Entropiezunahme bei der adiabaten Herstellung des idealen Gasgemisches aus den reinen Komponenten.* Dieser adiabate Mischungsprozeß verläuft irreversibel unter Entropieerzeugung, denn es ist $\Delta s_m > 0$. Im Gegensatz dazu verlief der am Anfang dieses Abschnitts betrachtete Mischungsprozeß mit Hilfe der semipermeablen Wände reversibel; die reinen Gase hatten schon vor der Vermischung jeweils den Partialdruck, den sie am Ende des Mischungsprozesses im idealen Gasgemisch besitzen. Die irreversible adiabate Vermischung läßt sich dagegen mit einer Drosselung vergleichen, bei der jedes Gas vom vollen Druck p vor der Mischung auf seinen niedrigeren Partialdruck im Gemisch gedrosselt wird; vgl. hierzu auch Abschn. 6.32

Beispiel 5.5. Man bestimme die Mischungsentropie trockener Luft, wobei diese als ideales Gasgemisch mit der Zusammensetzung von Beispiel 5.4 behandelt werden soll.

Nach Beispiel 5.4 haben die Molanteile der einzelnen Komponenten die Werte

$$\psi_{N_2} = 0{,}7809, \quad \psi_{O_2} = 0{,}2095, \quad \psi_{Ar} = 0{,}0093, \quad \psi_{CO_2} = 0{,}0003.$$

Mit $R_m = 0{,}2871\ \text{kJ/kg K}$ ergibt sich für die Mischungsentropie der Luft

$$\Delta s_m = -R_m[\psi_{N_2} \ln \psi_{N_2} + \psi_{O_2} \ln \psi_{O_2} + \psi_{Ar} \ln \psi_{Ar} + \psi_{CO_2} \ln \psi_{CO_2}]$$

$$= 0{,}2871\ (\text{kJ/kg K})\ (0{,}1931 + 0{,}3275 + 0{,}0435 + 0{,}0024),$$

also

$$\Delta s_m = 0{,}1626\ \text{kJ/kg K}.$$

Dies ist die Entropievermehrung, die beim adiabaten Mischen der reinen Komponenten entsteht, wenn alle Komponenten denselben Druck und dieselbe Temperatur haben.

5.3 Gas—Dampf-Gemische. Feuchte Luft

5.31 Allgemeines

Gas—Dampf-Gemische sind ideale Gasgemische mit der Besonderheit, daß im betrachteten Temperaturbereich eine Komponente des Gemisches kondensieren kann, weswegen sie als ,,Dampf" bezeichnet wird. Die anderen, nicht kondensierenden Komponenten faßt man zu einem ,,Gas" zusammen. Derartige Gas—Dampf-Gemische, also ideale Gasgemische mit einer kondensierenden Komponente, treten in der Technik häufig auf. Das wichtigste Beispiel ist die feuchte Luft, ein Gemisch aus trockener Luft und Wasserdampf.

Da die als Dampf bezeichnete Komponente kondensieren kann, unterscheiden wir zwei Fälle bei der Behandlung eines Gas—Dampf-Gemisches:

a) *Das Gas—Dampf-Gemisch ist ungesättigt.* Beide Komponenten liegen als Gase vor, es ist kein Kondensat vorhanden. Wir haben es dann mit einem ,,gewöhnlichen" idealen Gasgemisch zu tun. Dies trifft nur so lange zu, wie der Partialdruck p_D des Dampfes kleiner ist als der Sättigungsdruck p_s des Dampfes im Gemisch.

b) *Das Gas—Dampf-Gemisch ist gesättigt.* In diesem Falle stimmt der Partialdruck des Dampfes mit dem Sättigungsdruck des Dampfes im Gemisch überein:

$$p_D = p_s.$$

Das gesättigte Gas—Dampf-Gemisch besteht aus zwei Phasen: der Gasphase und der kondensierten Phase. Die Gasphase ist das Gemisch aus dem gesättigten Dampf und dem nicht kondensierenden Gas. Die kondensierte Phase besteht aus reiner Flüssigkeit oder aus reinem festen Kondensat. Die Flüssigkeit kann als fein verteilter Nebel oder auch als räumlich zusammenhängende Flüssigkeitsmasse (Bodenkörper) vorhanden sein. Die Gasphase und das Kondensat befinden sich im thermodynamischen Gleichgewicht. Beide Phasen haben dieselbe Temperatur T und denselben Druck p, wobei sich in der Gasphase der Sättigungsdruck p_s des Dampfes und der Partialdruck p_G des Gases zum Gesamtdruck $p = p_s + p_G$ summieren.

5.32 Der Sättigungsdruck des Dampfes

Wäre im gesättigten Gas—Dampf-Gemisch kein Gas vorhanden, $p_G = 0$ und $p_s = p$, so stimmte der Sättigungsdruck des Dampfes mit dem Dampfdruck $p_{Ds}(T)$ des *reinen* Dampfes überein. Infolge der Anwesenheit des nicht kondensierenden Gases wird sich in einem gesättigten Gas—Dampf-Gemisch ein davon abweichender Sättigungsdruck p_s des Dampfes einstellen, der nicht nur von der Temperatur T des Gemisches, sondern auch von p_G und damit vom Gesamtdruck p abhängt:

$$p_s = p_s(T, p).$$

Um diese *Druckabhängigkeit des Sättigungsdruckes* zu berechnen, gehen wir vom Zweiphasengleichgewicht zwischen dem reinen Dampf und dem reinen Kondensat aus. Hier gilt die in Abschn. 4.14 hergeleitete Bedingung zwischen den spez. freien Enthalpien von Dampf und Kondensat,

$$g_D(T, p_{Ds}) = g_K(T, p_{Ds}),$$

aus welcher sich der Dampfdruck p_{Ds} des reinen Dampfes als Funktion der Temperatur ermitteln läßt.

Wir führen nun bei konstanter Temperatur T etwas nicht kondensierendes Gas ein, so daß der Gesamtdruck von $p = p_{Ds}$ auf $p_{Ds} + dp$ steigt. Dabei ändert sich der Partialdruck des gesättigten Dampfes von $p_s = p_{Ds}$ aus um dp_s, und es stellt sich wieder Gleichgewicht ein. Die spez. freien Enthalpien von Dampf und Kondensat ändern sich um dg_D und um dg_K. Da Gleichgewicht herrscht, gilt aber

$$dg_D = dg_K. \tag{5.13}$$

Für das Differential der freien Enthalpie $g = h - Ts$ gilt allgemein

$$dg = dh - T\,ds - s\,dT = v\,dp - s\,dT.$$

Somit folgt aus Gl. (5.13) wegen $T = \text{const} \ (dT = 0)$

$$v_D \, dp_s = v_K \, dp. \tag{5.14}$$

Das spez. Volumen v_K des Kondensats ist stets sehr viel kleiner als das spez. Volumen

$$v_D = R_D T / p_s \tag{5.15}$$

des gesättigten Dampfes. Folglich gilt $dp_s \ll dp$; bei einer isothermen Zunahme des Gesamtdrucks p wächst der Sättigungsdruck p_s sehr viel langsamer als p. Aus Gl. (5.14) und (5.15) folgt

$$\frac{dp_s}{p_s} = \frac{v_K}{R_D T} \, dp. \tag{5.16}$$

Lassen wir nun durch Zugabe des nicht kondensierenden Gases den Gesamtdruck von p_{Ds} auf p steigen, so erhöht sich der Sättigungsdruck von p_{Ds} auf p_s. Wir integrieren Gl. (5.16) zwischen diesen Druckgrenzen, wobei wir das Kondensat als inkompressibel annehmen können, und erhalten

$$\ln \frac{p_s(T, \, p)}{p_{Ds}(T)} = \frac{v_K(T)}{R_D T} \, [p - p_{Ds}(T)]. \tag{5.17}$$

Durch Umformen dieser Gleichung folgt für den Sättigungsdruck

$$p_s(T, \, p) = p_{Ds}(T) \left\{ 1 + \frac{v_K(T)}{R_D T} \, [p - p_{Ds}(T)] + \cdots \right\}.$$

Mit zunehmendem Gesamtdruck steigt also der Sättigungsdruck des Dampfes in einem Gas—Dampf-Gemisch geringfügig an. Der Sättigungsdruck hängt aber nicht von der Art des Gases ab, denn dessen Eigenschaften treten in Gl. (5.17) nicht auf. Für ein Gas—Wasserdampf-Gemisch ist in Tab. 5.3 der Sättigungsdruck des Wasserdampfes berechnet. Bei mäßigen Gesamtdrücken, etwa $p < 10$ bar, ist der Sättigungsdruck p_s um weniger als 1% größer als der Dampfdruck p_{Ds} des reinen Wasserdampfes. *Zur Vereinfachung der folgenden Betrachtungen werden wir daher die Druckabhängigkeit des Sättigungsdruckes vernachlässigen* und

$$p_s(T, \, p) = p_{Ds}(T)$$

setzen. Bei höheren Gesamtdrücken führt dies zu merklichen Fehlern; dann sind aber ohnehin die Voraussetzungen für ein Gas—Dampf-Gemisch nicht mehr erfüllt, weil die Gasphase sich nicht mehr als ideales Gasgemisch ansehen läßt.

Tabelle 5.3. Sättigungsdruck $p_s = p_s(t, p)$ in mbar des Wasserdampfes in einem gesättigten Gas—Wasserdampf-Gemisch, abhängig von der Temperatur t und dem Gesamtdruck p

$t\,^{\circ}\mathrm{C}$	$p = p_{Ds}$	$p = 1$ bar	$p = 5$ bar	$p = 10$ bar	$p = 20$ bar
0	6,107	6,112	6,131	6,156	6,205
20	23,37	23,39	23,46	23,54	23,72
40	73,75	73,80	74,00	74,26	74,78
60	199,2	199,3	199,8	200,5	201,8

5.33 Der Taupunkt

Kühlt man ein ungesättigtes Gas—Dampf-Gemisch bei konstantem Gesamtdruck ab, so bleibt auch der Partialdruck p_D des Dampfes konstant. Bei einer bestimmten Temperatur wird $p_D = p_s$; das Gemisch ist gesättigt, und es bildet sich das erste Kondensat. Dieser Zustand wird der *Taupunkt* des Gemisches genannt; die Temperatur, bei der die Kondensation einsetzt, heißt die *Taupunkttemperatur T_T*. Zu jedem Zustand eines Gas—Dampf-Gemisches gehört eine bestimmte Taupunkttemperatur, welche sich aus der Bedingung

$$p_s(T_T, p) = p_D$$

ergibt.

Nach unserer vereinfachenden Annahme $p_s(T, p) = p_{Ds}(T)$ hängt die Taupunkttemperatur nicht vom Gesamtdruck ab. Verfolgen wir unter dieser Voraussetzung die Zustandsänderung des Dampfes im T, s_D-Diagramm, Abb. 5.6, so ändert sich der Dampfzustand auf der Iso-

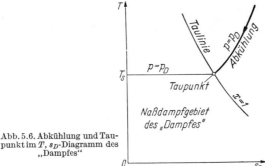

Abb. 5.6. Abkühlung und Taupunkt im T, s_D-Diagramm des „Dampfes"

bare $p = p_D$. Der Taupunkt ist der Schnittpunkt dieser Isobare mit der Taulinie. Die Sättigungstemperatur T_s zum gegebenen Partialdruck p_D ist die gesuchte Taupunkttemperatur T_T. Der Taupunkt eines Gas—Dampf-Gemisches liegt danach bei um so höheren Temperaturen, je höher p_D und damit der Dampfanteil im Gemisch ist.

Beispiel 5.6. Ein Gas—Dampf-Gemisch besteht aus 96,5 Vol.-% H_2 und 3,5 Vol.-% H_2O. Der Gesamtdruck beträgt $p = 1,5$ bar. Man bestimme die Temperatur des Taupunktes und die Zusammensetzung des gasförmig bleibenden Gemischanteiles, wenn das Gas—Dampf-Gemisch auf 20 °C abgekühlt wird.

In diesem Gas—Dampf-Gemisch ist der Wasserstoff das „Gas", der Wasserdampf der „Dampf". Für seinen Partialdruck gilt

$$\frac{p_D}{p} = r_D,$$

also

$$p_D = p\, r_D = 1,5\ \text{bar} \cdot 0,035 = 0,0525\ \text{bar}.$$

Die Temperatur des Taupunktes ist jene Temperatur, bei der der Dampfdruck des H_2O gerade mit dem Partialdruck $p_D = 0,0525$ bar übereinstimmt. Durch Interpolation auf der Dampfdruckkurve von H_2O, vgl. Tab. 10.10 auf S. 429, finden wir die Taupunkttemperatur

$$t_T = t_s(p_D) = t_s\,(0,0525\ \text{bar}) = 33,8\,°C.$$

Bei allen Temperaturen über 33,8°C ist das vorliegende Gas—Dampf-Gemisch-ungesättigt (der Wasserdampf ist gasförmig), bei 33,8°C beginnt der Wasserdampf aus dem Gemisch auszutauen, er kondensiert.

Wird das Gemisch auf 20°C abgekühlt, so besteht es aus H_2, gesättigtem Wasserdampf und flüssigem Wasser. Der Partialdruck des Wasserdampfes ist der Sättigungsdruck bei 20°C, also

$$p_D = p_s(20°C) = 0,023\,4 \text{ bar.}$$

Der Partialdruck des H_2 hat dann den Wert

$$p_G = p - p_D = (1,5 - 0,023\,4) \text{ bar} = 1,476\,6 \text{ bar.}$$

Die Volumenanteile von H_2O und H_2 in der Gasphase des Gemisches sind dann

$$r_D = \frac{p_D}{p} = 0,015\,6 \quad \text{und} \quad r_G = \frac{p_G}{p} = 0,984\,4.$$

5.34 Feuchte Luft

Das wichtigste Beispiel eines Gas—Dampf-Gemisches ist die feuchte Luft. Prozesse mit feuchter Luft spielen eine große Rolle in der Meteorologie, der Klimatechnik und der Trockentechnik. Wir wollen daher die Eigenschaften von Gas—Dampf-Gemischen am Beispiel der feuchten Luft weiter untersuchen. *Feuchte Luft ist ein Gemisch aus trockener Luft und Wasser.* Die trockene Luft bildet hier das „Gas", der Wasserdampf den „Dampf" im Gas—Dampf-Gemisch. Wir prüfen zunächst, ob feuchte Luft als Gas—Dampf-Gemisch behandelt werden kann.

Der Temperaturbereich, der für die Anwendungen feuchter Luft von Bedeutung ist, erstreckt sich von etwa −40°C bis +50°C. In der Trockentechnik treten auch noch höhere Temperaturen von einigen hundert Grad Celsius auf. Die kritische Temperatur der trockenen Luft liegt bei −141°C, also weit unterhalb des in Frage kommenden Temperaturbereichs. Die trockene Luft können wir demnach ohne weiteres als ideales Gas ansehen, solange ihr Partialdruck 10 bis 15 bar nicht übersteigt. Bei den meisten Anwendungen unterscheidet sich der Gesamtdruck feuchter Luft nicht merklich vom Druck der Atmosphäre.

Der Partialdruck des Wasserdampfes wird durch seinen Sättigungsdruck p_s begrenzt. Wie das p, t-Diagramm von Wasser, Abb. 5.7, zeigt, liegt sein Sättigungsdruck bis zu Temperaturen von +50°C sehr niedrig. Es kann daher auch für Wasserdampf mit der Zustandsgleichung idealer Gase gerechnet werden. Die in der Trockentechnik verwendete feuchte Luft hoher Temperatur (100°C bis 300°C) hat nur einen geringen Wasserdampfgehalt und damit einen niedrigen Partialdruck p_W, der den Sättigungsdruck des Wassers bei 50°C kaum überschreiten dürfte.

Der Tripelpunkt des Wassers hat die Temperatur +0,01°C, vgl. Abb. 5.7. Bei der Kondensation von Wasserdampf unterhalb dieser Temperatur bildet sich Eis oder Eisnebel. Der Sättigungsdruck des Wassers ist dann der Druck auf der Sublimationsdruckkurve. Danach muß man bei feuchter Luft drei Zustandsbereiche unterscheiden:

1. *Ungesättigte feuchte Luft* mit $p_W(T) \leqq p_s(T)$. Sie enthält Wasser nur in Form von überhitztem Wasserdampf.

2. *Gesättigte feuchte Luft mit flüssigem Kondensat* ($t > 0,01\,°C$). Sie enthält gesättigten Wasserdampf mit $p_W = p_s$ und Wasser in Form von Nebel oder flüssigem Niederschlag.

3. *Gesättigte feuchte Luft mit festem Kondensat* ($t < 0,01\,°C$). Sie enthält außer gesättigtem Wasserdampf noch Eis, meistens in Form von Reif oder Eisnebel.

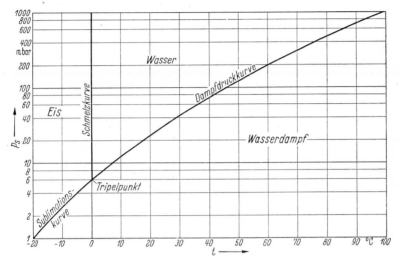

Abb. 5.7. p, t-Diagramm von Wasser

5.35 Der Wassergehalt feuchter Luft

Wählt man den Masseanteil

$$\xi_W = \frac{m_W}{m_W + m_L}$$

des Wassers in der feuchten Luft zur Beschreibung der Zusammensetzung, so hat dies gewisse praktische Nachteile. Da sich bei Zustandsänderungen feuchter Luft im allgemeinen die Masse m_L der trockenen Luft nicht ändert, die Wassermasse m_W jedoch durch Kondensieren und Verdampfen variabel ist, empfiehlt es sich, an Stelle von ξ_W den *Wassergehalt*

$$\boxed{x \equiv m_W/m_L}$$

zur Beschreibung der Zusammensetzung zu benutzen. Hier ist die variable Wassermasse auf die bei fast allen Prozessen konstante Masse der trockenen Luft bezogen. Der Wassergehalt x ist dimensionslos. Er kann Werte zwischen $x = 0$ (trockene Luft) und $x \to \infty$ (reines Wasser oder reiner Wasserdampf) annehmen. Praktisch treten meist nur kleine Werte von x, etwa bis $x = 0,2$ auf. Der Zustand der feuchten Luft ist durch die drei Zustandsgrößen Temperatur T, Gesamtdruck p und Wassergehalt x festgelegt.

Solange der Partialdruck p_W des Wasserdampfes kleiner als der Sättigungsdruck p_s bei der Temperatur der feuchten Luft ist, diese also Wasser nur als überhitzten Wasserdampf enthält, können wir die Partialdrücke des Wasserdampfes und der trockenen Luft nach der Zustandsgleichung idealer Gase berechnen:

$$p_W = m_W R_W \frac{T}{V}$$

$$p_L = m_L R_L \frac{T}{V}.$$

T und V sind hierbei Temperatur und Volumen der feuchten Luft. Aus diesen beiden Gleichungen erhalten wir für den Wassergehalt

$$x = \frac{m_W}{m_L} = \frac{R_L}{R_W} \frac{p_W}{p_L} = \frac{M_W}{M_L} \frac{p_W}{p_L} = 0{,}622 \frac{p_W}{p_L},$$

wenn wir für die Molmassen von Luft und Wasser die Werte

$$M_L = 28{,}96 \text{ kg/kmol} \quad \text{und} \quad M_W = 18{,}016 \text{ kg/kmol}$$

einsetzen. Den Partialdruck p_L der trockenen Luft ersetzen wir durch die Differenz

$$p_L = p - p_W$$

und erhalten

$$x = 0{,}622 \frac{p_W}{p - p_W} \tag{5.18}$$

bzw.

$$p_W = \frac{p \cdot x}{0{,}622 + x}.$$

Die Zusammensetzung *ungesättigter* feuchter Luft können wir also entweder durch den Wassergehalt x oder durch den Partialdruck p_W des Wasserdampfes beschreiben.

Erreicht der Partialdruck p_W des Wasserdampfes den zur Temperatur der feuchten Luft gehörenden Sättigungsdruck p_s, so ist die feuchte Luft gesättigt. Der Zustand des Wasserdampfes hat die Taulinie erreicht, der Wasserdampf ist nicht mehr überhitzt. Den Wassergehalt x_s gesättigter feuchter Luft erhalten wir aus Gl.(5.18) mit $p_W = p_s$ zu

$$x_s = 0{,}622 \frac{p_s}{p - p_s} = x_s(t, p).$$

x_s hängt nur von der Temperatur t und vom Gesamtdruck p ab. In Tab. 5.4 sind der Sättigungsdruck p_s als Funktion der Temperatur sowie x_s für einen Gesamtdruck $p = 1000$ mbar vertafelt.

Übersteigt der Wassergehalt x den zur Temperatur der feuchten Luft gehörenden Sättigungswert x_s, so ist nur die Wassermenge $m_L x_s$ als gesättigter Wasser*dampf*, der Rest, nämlich $m_L(x - x_s)$ als Kondensat in der feuchten Luft enthalten. Ist $t > 0{,}01°C$, so besteht das Kondensat aus flüssigem Wasser (Nebel), bei Temperaturen unter

0,01 °C besteht das Kondensat dagegen aus Eis (Reif). Wenn $x > x_s$ ist, bleibt bei konstanter Temperatur der feuchten Luft der Partialdruck des Wasserdampfes unverändert ($p_W = p_s$), auch wenn sich der

Tabelle 5.4. Sättigungsdruck p_s des Wassers sowie Wassergehalt x_s und absolute Feuchte ϱ_{Ws} gesättigter feuchter Luft für einen Gesamtdruck $p = 1\,000$ mbar

t °C	p_s mbar	x_s g/kg	ϱ_{Ws} g/m³	t °C	p_s mbar	x_s g/kg	ϱ_{Ws} g/m³
−40	0,124	0,077	0,115	20	23,37	14,88	17,27
−30	0,373	0,232	0,332	30	42,42	27,55	30,32
−20	1,029	0,641	0,881	40	73,75	49,52	51,04
−10	2,594	1,618	2,136	50	123,35	87,52	82,72
0	6,107	3,822	4,845	60	199,2	154,7	129,6
10	12,271	7,727	9,391	70	311,6	281,5	196,8

Wassergehalt x ändert. Der Partialdruck p_W eignet sich also nicht, die Zusammensetzung gesättigter Luft zu beschreiben. Er ist nur so lange ein Maß für den Wasseranteil der feuchten Luft, wie diese ungesättigt ist.

5.36 Absolute und relative Feuchte

Der Wasserdampfgehalt ungesättigter feuchter Luft kann auch durch die absolute Feuchte der Luft gekennzeichnet werden, was besonders in der Meteorologie üblich ist. Die *absolute Feuchte* ist definiert als das Verhältnis der in der Luft enthaltenen Wasserdampfmasse m_W zum Volumen V der feuchten Luft:

$$\varrho_W \equiv m_W / V.$$

Wir können die absolute Feuchte auch als die Dichte des Wasserdampfes in der feuchten Luft bezeichnen. Für die Masse des Wasserdampfes gilt

$$m_W = \frac{p_W V}{R_W T},$$

so daß wir den einfachen Zusammenhang

$$\varrho_W = \frac{p_W}{R_W T}$$

zwischen absoluter Feuchte und Partialdruck des Wasserdampfes erhalten.

Bei jeder Temperatur ist die absolute Feuchte am größten, wenn die feuchte Luft gesättigt ist. Mit $p_W = p_s$ wird dann

$$\varrho_{Ws} = \frac{p_s(T)}{R_W T}.$$

Tab. 5.4 enthält Werte von ϱ_{Ws}. Den Quotienten

$$\varphi \equiv \frac{\varrho_W(T)}{\varrho_{Ws}(T)} = \frac{p_W(T)}{p_s(T)}$$

bezeichnet man als *relative Feuchte*. Für ungesättigte Luft ist $\varphi < 1$, für gerade gesättigte Luft gilt $\varphi = 1$. Ist $x > x_s$, so verliert die relative Feuchte ihren Sinn als Maß für den Wassergehalt der feuchten Luft, denn dann kennzeichnet auch der Partialdruck des Wasserdampfes nicht mehr die Zusammensetzung der feuchten Luft.

Kühlen wir ungesättigte feuchte Luft ab, so bleiben Wasserdampfgehalt x und Partialdruck p_W konstant, bis der Taupunkt erreicht ist. In diesem Zustand ist die feuchte Luft gerade gesättigt und der Partialdruck des Wasserdampfes entspricht dem zur Taupunkttemperatur t_T gehörigen Sättigungsdruck $p_s(t_T)$. Wir erhalten damit für die relative Feuchte φ die Darstellung

$$\varphi = \frac{p_s(t_T)}{p_s(t)}.$$

Sie kann also auch als das Verhältnis des Sättigungsdruckes bei der Taupunkttemperatur t_T zum Sättigungsdruck bei der Lufttemperatur $t > t_T$ gedeutet werden.

Ersetzen wir in Gl. (5.18) p_W durch φ und p_s, so erhalten wir

$$x = 0{,}622 \, \frac{p_s(t)}{\dfrac{p}{\varphi} - p_s(t)} \tag{5.19}$$

bzw.

$$\varphi = \frac{x}{0{,}622 + x} \, \frac{p}{p_s(t)}.$$

Beispiel 5.7. Feuchte Luft von $t = 20\,°\text{C}$ und $p = 1{,}020$ bar hat eine Taupunkttemperatur $t_T = 12\,°\text{C}$. Wie groß sind die relative und absolute Feuchte und der Wassergehalt x der feuchten Luft? Auf welchen Druck p' muß die feuchte Luft bei $t = 20\,°\text{C}$ isotherm verdichtet werden, damit sie gerade gesättigt ist?

Da sich die relative Feuchte auch als Quotient der Sättigungspartialdrücke bei den Temperaturen t_T und t ergibt, wird

$$\varphi = p_s(t_T)/p_s(t) = 14{,}0 \text{ mbar}/23{,}4 \text{ mbar} = 0{,}600.$$

Für die absolute Feuchte erhält man daraus

$$\varrho_W = \frac{p_W}{R_W T} = \frac{\varphi \cdot p_s(t)}{R_W T} = \frac{p_s(t_T)}{R_W T}$$

$$= \frac{14{,}0 \text{ mbar}}{461{,}5 \, (\text{J/kg K}) \, 293 \, \text{K}} \cdot \frac{100 \text{ N/m}^2}{\text{mbar}} = 0{,}0104 \text{ kg/m}^3$$

oder $\varrho_W = 10{,}4$ g/m³.

Der Wassergehalt ergibt sich zu

$$x = 0{,}622 \, \frac{p_W}{p - p_W} = 0{,}622 \, \frac{14{,}0}{1020 - 14} = 0{,}00866,$$

also zu $x = 8{,}66$ g/kg.

Durch isotherme Verdichtung steigt der Druck p bei konstantem Wassergehalt x, wobei sich mit p auch der Partialdruck p_W des Wasserdampfes erhöht. Es wird also einen Gesamtdruck $p = p'$ geben, bei dem $p_W = p_s(t)$, die feuchte Luft also gesättigt ist. Um p' zu finden, beachten wir, daß in Gl. (5.19) wegen $x = \text{const}$ auch die rechte Seite konstant bleiben muß. Da t und somit $p_s(t)$

konstant sind, muß bei isothermer Verdichtung auch der Quotient

$$p/\varphi = p'/\varphi' = \text{const}$$

sein. Somit erhalten wir mit $\varphi' = 1$

$$p' = p/\varphi = 1,020 \text{ bar}/0,600 = 1,700 \text{ bar}$$

als Gesamtdruck, bei dem die feuchte Luft gesättigt ist.

5.37 Das spez. Volumen feuchter Luft

Als Bezugsmenge für das spez. Volumen benutzen wir die Masse m_L der trockenen Luft (vgl. die Bemerkungen auf S.221). Wir definieren also ein spez. Volumen

$$v_{1+x} = \frac{V}{m_L} = \frac{\text{Volumen der feuchten Luft}}{\text{Masse der trockenen Luft}}.$$

Dieses spez. Volumen unterscheidet sich von der gewöhnlichen Definition, die auf die Gesamtmasse Bezug nimmt:

$$v = \frac{V}{m_L + m_W} = \frac{\text{Volumen der feuchten Luft}}{\text{Masse der feuchten Luft}}.$$

Zwischen v_{1+x} und v besteht der einfache Zusammenhang

$$v_{1+x} = v(1 + x) = \frac{1 + x}{\varrho},$$

wobei ϱ die Dichte der feuchten Luft bedeutet.

Ist die feuchte Luft ungesättigt ($x \leqq x_s$), so gilt

$$v_{1+x} = \frac{R_L T}{p} + x \frac{R_W T}{p} = \frac{R_W T}{p} \left(\frac{R_L}{R_W} + x \right), \tag{5.20}$$

also

$$v_{1+x} = 461,5 \frac{\text{J}}{\text{kg K}} \frac{T}{p} (0,622 + x).$$

Diese Gleichung können wir auch für gesättigte feuchte Luft verwenden, die Wasser oder Eis enthält, weil das spez. Volumen des Wassers oder Eises gegenüber $(v_{1+x})_s$ zu vernachlässigen ist. Das spez. Volumen $(v_{1+x})_s$ der gerade gesättigten feuchten Luft ist nach Gl.(5.20) mit $x = x_s$ zu berechnen.

5.38 Die spez. Enthalpie feuchter Luft

Die Enthalpie H der feuchten Luft setzt sich additiv aus den Enthalpien der Bestandteile zusammen:

$$H = m_L h_L + m_W h_W.$$

Hierbei bedeuten h_L die spez. Enthalpie der trockenen Luft und h_W die spez. Enthalpie des Wassers. Wir beziehen die Enthalpie feuchter Luft auf die Trockenluftmasse m_L und bezeichnen die so gebildete spezifische Enthalpie mit

$$h_{1+x} = \frac{H}{m_L} = h_L + x h_W.$$

Diese Größe bedeutet also die Enthalpie der feuchten Luft bezogen auf die Masse der darin enthaltenen trockenen Luft.

Die spez. Enthalpie h_L der trockenen Luft können wir nach der einfachen Beziehung

$$h_L = c_{pL}^0 t = 1{,}004 \, \frac{\text{kJ}}{\text{kg K}} \, t \qquad (5.21)$$

berechnen, solange die spez. Wärmekapazität c_{pL}^0 der trockenen Luft nur wenig von der Temperatur abhängt. Dies ist bis etwa 100 °C der Fall. Um bei genauen Rechnungen die Temperaturabhängigkeit von c_{pL}^0 zu berücksichtigen[1], benutzt man die mittlere spez. Wärmekapazität $[c_{pL}^0]_0^t$, vgl. Abschn. 5.13.

In Gl. (5.21) ist keine Konstante erforderlich, wenn wir den Nullpunkt der Enthalpie willkürlich bei $t = 0\,°C$ wählen. Auch die spez. Enthalpie h_W des Wassers soll bei 0 °C Null gesetzt werden, und zwar für *flüssiges* Wasser[2]. Bei der Berechnung von h_W müssen wir dann folgende drei Fälle unterscheiden:

a) *Das Wasser ist dampfförmig, die feuchte Luft ungesättigt:* $x \leqq x_s$. Wir fassen den überhitzten Wasserdampf als ideales Gas auf. Sein Zustand A liegt im T, s-Diagramm, Abb. 5.8, auf der Isobare $p = p_W$ bei

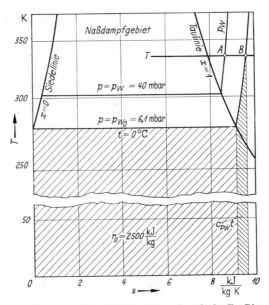

Abb. 5.8. Enthalpie h_W des überhitzten Wasserdampfes im T, s-Diagramm

---

[1] Dies ist ausgeführt bei Baehr, H. D.: Mollier-i, x-Diagramme für feuchte Luft in den Einheiten des Internationalen Einheitensystems. Berlin-Göttingen-Heidelberg: Springer 1961.

[2] Wir vernachlässigen dabei den Umstand, daß der Tripelpunkt des Wassers bei +0,01 °C, nicht bei 0 °C liegt.

der Temperatur T der feuchten Luft. Da der Wasserdampf als ideales Gas behandelt wird, hängt seine Enthalpie vom Druck nicht ab. Der Zustand B auf der zu $t = 0\,°C$ gehörenden Isobare $p_{W0} = 0,00611$ bar hat dann bei der Temperatur T dieselbe Enthalpie wie der Zustand A. Sie wird durch die schraffierte Fläche unter der Isobare p_{W0} dargestellt und setzt sich aus der Verdampfungsenthalpie $r_0 = 2500\,\mathrm{kJ/kg}$ bei $0\,°C$ und der Überhitzungsenthalpie zusammen. Nehmen wir die spez. Wärmekapazität c_{pW} des überhitzten Wasserdampfes als konstant an, so wird

$$h_W = r_0 + c_{pW}^0 t = 2500\,\frac{\mathrm{kJ}}{\mathrm{kg}} + 1,86\,\frac{\mathrm{kJ}}{\mathrm{kg\,K}}\,t.$$

Damit erhalten wir für die *Enthalpie der ungesättigten feuchten Luft*

$$\boxed{h_{1+x} = c_{pL}^0 t + x(r_0 + c_{pW}^0 t)}\,.$$

b) *Die gesättigte feuchte Luft enthält flüssiges Wasser.* Es ist nun $x > x_s$. Die feuchte Luft besteht aus trockener Luft mit der Masse m_L, aus gesättigtem Wasserdampf (Masse $x_s m_L$) und aus flüssigem Wasser mit der Masse $(x - x_s)m_L$. Für ihre Enthalpie gilt daher

$$\boxed{h_{1+x} = c_{pL}^0 t + x_s(r_0 + c_{pW}^0 t) + (x - x_s)\,c_W t}\,.$$

Das letzte Glied dieser Gleichung bedeutet die Enthalpie des Wasseranteils in flüssiger Phase; $c_W = 4,19\,\mathrm{kJ/kg\,K}$ ist die spez. Wärmekapazität des flüssigen Wassers.

c) *Die gesättigte feuchte Luft hat eine Temperatur unter $0\,°C$, sie enthält Eis.* Die spez. Enthalpie h_E des Eises bei der Temperatur $t < 0\,°C$ können wir deuten als die Summe aus der bei der Erstarrung des Wassers abzuführenden Erstarrungswärme $r_e = 333\,\mathrm{kJ/kg}$ und der Wärme, die bei einer der Erstarrung folgenden isobaren Abkühlung des Eises auf $t < 0\,°C$ abzuführen ist. Da der Wasserdampfgehalt x_s, der Eisgehalt $(x - x_s)$ ist, gilt nun für die Enthalpie der gesättigten feuchten Luft

$$\boxed{h_{1+x} = c_{pL}^0 t + x_s(r_0 + c_{pW}^0 t) - (x - x_s)\,(r_e - c_E t)}\,.$$

Hierbei ist $c_E = 2,05\,\mathrm{kJ/kg\,K}$ die spez. Wärmekapazität des Eises.

Beispiel 5.8. In einer Trocknungsanlage wird feuchte Luft, Volumenstrom $\dot V_1 = 500\,\mathrm{m^3/h}$, von $t_1 = 15\,°C$, $\varphi_1 = 0,75$ auf $t_2 = 120\,°C$ erwärmt. Der Prozeß verläuft bei dem konstanten Gesamtdruck $p = 1025$ mbar. Man bestimme den erforderlichen Wärmestrom $\dot Q_{12}$. Änderungen der potentiellen und kinetischen Energie sind zu vernachlässigen.

Nach dem 1. Hauptsatz für stationäre Fließprozesse gilt für den Wärmestrom

$$\dot Q_{12} = \dot m_L[(h_{1+x})_2 - (h_{1+x})_1].$$

Wir bestimmen zuerst den Massenstrom $\dot m_L$ der trockenen Luft. Hierfür gilt

$$\dot m_L = \frac{\dot V_1}{(v_{1+x})_1} = \frac{\dot V_1}{\dfrac{R_W T_1}{p}\left(\dfrac{R_L}{R_W} + x_1\right)}\,.$$

In dieser Gleichung ist der Wassergehalt x_1 noch unbekannt. Wir errechnen ihn aus der relativen Feuchte φ_1:

$$x_1 = 0,622 \frac{p_s(t_1)}{\dfrac{p}{\varphi_1} - p_s(t_1)} = 0,622 \frac{17,04 \text{ mbar}}{\left(\dfrac{1025}{0,75} - 17,0\right) \text{mbar}} = 0,00785.$$

Somit wird

$$\dot{m}_L = \frac{(500 \text{ m}^3/\text{h}) \cdot 1025 \text{ mbar}}{461 \dfrac{\text{Nm}}{\text{kg K}} \, 288 \text{ K} \, (0,622 + 0,008)} \frac{1 \text{ h}}{3600 \text{ s}} \frac{10^2 \text{ N/m}^2}{1 \text{ mbar}} = 0,170 \frac{\text{kg}}{\text{s}}.$$

Bei der Berechnung der Enthalpiedifferenz beachten wir, daß während der Erwärmung der feuchten Luft Wasser weder zugegeben noch entzogen wird. Damit gilt $x_2 = x_1 = x$, und wir erhalten

$$(h_{1+x})_2 - (h_{1+x})_1 = c_{pL}^0(t_2 - t_1) + x c_{pW}^0(t_2 - t_1) = (c_{pL}^0 + x c_{pW}^0)\,(t_2 - t_1)$$

$$= (1,004 + 0,00785 \cdot 1,86) \text{ kJ/kg K} \,(120 - 15) \text{ K} = 107,0 \text{ kJ/kg}.$$

Der zur Erwärmung der Luft zuzuführende Wärmestrom wird damit

$$\dot{Q}_{12} = 0,170 \text{ (kg/s)} \cdot 107,0 \text{ (kJ/kg)} = 18,2 \text{ kW}.$$

Die erwärmte Luft hat eine geringere relative Feuchte φ_2 als im Anfangszustand 1. Hierfür erhalten wir den sehr kleinen Wert

$$\varphi_2 = \frac{x}{0,622 + x} \frac{p}{p_s(t_2)} = \frac{0,00785}{0,630} \frac{1025 \text{ mbar}}{1985 \text{ mbar}} = 0,00644.$$

5.39 Das h, x-Diagramm für feuchte Luft

Um die Zustandsänderungen feuchter Luft übersichtlich darzustellen, hat R. Mollier[1] 1923 ein Diagramm mit der Enthalpie h_{1+x} als Ordinate und mit dem Wassergehalt x als Abszisse vorgeschlagen. Dieses Diagramm, das allerdings nur für einen bestimmten Gesamtdruck p gilt, hat sich für zahlreiche Anwendungen der Verfahrenstechnik als sehr nützlich erwiesen[2]. Es kann für beliebige Gas—Dampf-Gemische entworfen werden. Am Beispiel der feuchten Luft erläutern wir seinen Aufbau und seine Anwendung.

Die spez. Enthalpie h_{1+x} feuchter Luft hängt nach Abschn. 5.38 linear vom Wassergehalt x ab. In einem Diagramm mit der Enthalpie h_{1+x} als Ordinate und dem Wassergehalt x als Abszisse erscheinen daher alle Isothermen $t = $ const als gerade Linien. Da für die Enthalpie gesättigter feuchter Luft andere Gleichungen gelten als für die Enthalpie ungesättigter feuchter Luft, besteht jede Isotherme aus zwei Geradenstücken, die an der Sättigungslinie $\varphi = 1$ mit einem Knick aneinanderstoßen. Um geometrisch günstige Verhältnisse zu schaffen, benutzt man nach Mollier ein schiefwinkliges h, x-Diagramm. Die Koordinatenlinien $h_{1+x} = $ const verlaufen von links oben nach rechts unten, während die Linien $x = $ const senkrecht bleiben.

---

[1] Mollier, R.: Ein neues Diagramm für Dampf—Luft-Gemische. Z. VDI 67 (1923) S. 869 u. 73 (1929) S. 1009.
[2] Vgl. hierzu z. B. Häussler, W.: Das Mollier-i, x-Diagramm für feuchte Luft und seine technischen Anwendungen. Dresden u. Leipzig: Steinkopff 1960.

Abb. 5.9 zeigt die Konstruktion einer Isotherme $t = $ const. Die x-Achse wird im allgemeinen so weit nach unten gedreht, daß die Isotherme $t = 0\,°C$ im Gebiet der ungesättigten Luft horizontal verläuft. Die Gleichung für die Enthalpie der ungesättigten feuchten Luft,

$$h_{1+x} = c_{pL}^0 t + x(r_0 + c_{pW}^0 t),\qquad(5.22)$$

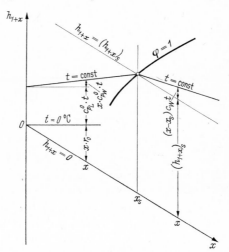

Abb. 5.9. Konstruktion einer Isotherme im h, x-Diagramm für
feuchte Luft

gilt nur für $x \leqq x_s(t, p)$. Die Koordinaten $x = x_s$ und $h_{1+x}(t, x_s)$ bestimmen den Knickpunkt der Isotherme auf der Sättigungslinie $\varphi = 1$. Für $x > x_s$, im sog. *Nebelgebiet*, gilt die Geradengleichung

$$h_{1+x} = (h_{1+x})_s + (x - x_s)c_W t$$

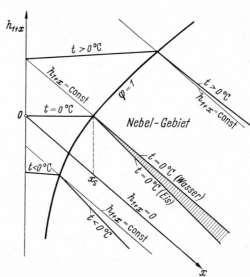

Abb. 5.10. h, x-Diagramm mit
Nebelgebiet

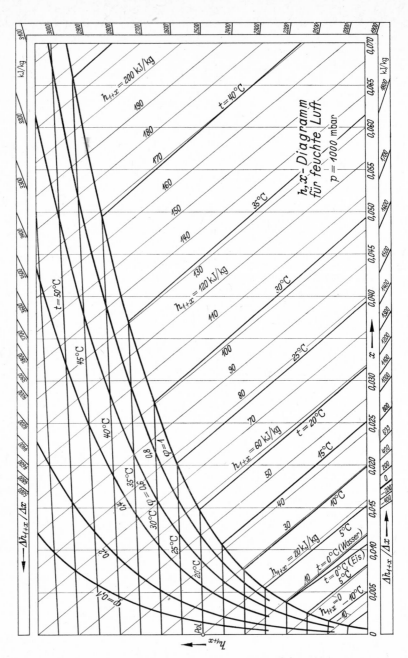

Abb. 5.11. h, x-Diagramm für feuchte Luft. Gesamtdruck $p = 1000$ mbar

bei Temperaturen $t > 0\,°\mathrm{C}$. Ist dagegen $t < 0\,°\mathrm{C}$, so enthält die gesättigte feuchte Luft Eisnebel, und es gilt

$$h_{1+x} = (h_{1+x})_s - (x - x_s^*)\,(r_e - c_E t)$$

als Gleichung des Isothermenstückes. Für $t = 0\,°\mathrm{C}$ gibt es zwei Nebelisothermen; das von ihnen eingeschlossene keilförmige Gebeit im h, x-Diagramm enthält die Zustände, in denen die feuchte Luft ein Gemisch aus trockener Luft, Wasserdampf, Wassernebel und Eisnebel bildet, Abb. 5.10.

Für das Gebiet der ungesättigten feuchten Luft kann man außer den Isothermen auch Linien konstanter relativer Feuchte φ punktweise berechnen und in das Diagramm einzeichnen. Hierzu bestimmt man für vorgegebene Werte von φ und t den Wassergehalt x aus Gl. (5.19) und aus Gl. (5.22) die zugehörige Enthalpie h_{1+x}. Die Lage der Linien $\varphi =$ const und damit die Lage der Sättigungslinie $\varphi = 1$ und der Nebelisothermen hängt vom Druck p ab. Man entwirft daher ein h, x-Diagramm stets für einen konstanten Gesamtdruck, meistens den atmosphärischen Druck. Die üblichen Luftdruckschwankungen kann man bei der in der Technik geforderten Genauigkeit im allgemeinen unberücksichtigt lassen. Ein maßstäbliches h, x-Diagramm für feuchte Luft beim Druck von 1000 mbar zeigt Abb. 5.11.

6. Stationäre Fließprozesse

Maschinen und Apparate in technischen Anlagen, z.B. Turbinen, Verdichter, Wärmeaustauscher und Rohrleitungen werden von einem oder mehreren Stoffströmen meistens stationär durchflossen. Bei ihrer thermodynamischen Untersuchung schließen wir diese Anlagenteile in Kontrollräume ein und wenden die in den Abschn. 1.46, 2.31, 2.32, 3.24 und 3.35 gewonnenen Beziehungen und Bilanzgleichungen für stationäre Fließprozesse an. Im folgenden vertiefen und erweitern wir die in den genannten Abschnitten enthaltenen Überlegungen und zeigen ihre Anwendung auf technisch wichtige Probleme.

6.1 Technische Arbeit, Dissipationsenergie und die Zustandsänderung des strömenden Fluids

Zu den wichtigsten Beziehungen für stationäre Fließprozesse gehört die in Abschn. 2.32 hergeleitete Energiebilanzgleichung

$$q_{12} + w_{t12} = h_2 - h_1 + \frac{1}{2}(c_2^2 - c_1^2) + g(z_2 - z_1) \qquad (6.1)$$

für einen Kontrollraum, der von einem Fluid stationär durchflossen wird. Wärme q_{12} und technische Arbeit w_{t12} werden mit den Änderungen der Zustandsgrößen des Fluids zwischen Eintrittsquerschnitt 1 und Austrittsquerschnitt 2 verknüpft. Alle in Gl. (6.1) auftretenden Größen sind an den Grenzen des Kontrollraums bestimmbar; die Zustandsänderung des Fluids und die Verluste infolge von Reibung und anderen irreversiblen Vorgängen im Inneren des Kontrollraums treten nicht explizit in Erscheinung. In den folgenden Abschnitten wollen wir nun die Zusammenhänge zwischen dem Verlauf der Zustandsänderung, den Verlusten und der technischen Arbeit klären, indem wir von den schon in Abschn. 2.24 hergeleiteten Gleichungen für das Massenelement eines stationär strömenden Fluids ausgehen. Wir ergänzen so die „äußere" Bilanz der Gl. (6.1) durch eine „innere", in welcher die im Kontrollraum ablaufenden Strömungsvorgänge zum Ausdruck kommen.

6.11 Dissipationsenergie in einem stationär strömenden Fluid

Für das Massenelement eines stationär strömenden Fluids hatten wir in Abschn. 2.24 eine Energiebilanzgleichung aufgestellt, vgl. Gl. (2.17) auf S. 64. Danach ändern sich Enthalpie und kinetische

Energie des Elements durch Zufuhr oder Abfuhr von Wärme dq, durch die Schlepparbeit dw^S der Resultierenden der Reibungsspannungen, durch die Gestaltänderungsarbeit dw^G der Reibungsspannungen und durch die Arbeit dw^F von Feldkräften:

$$dq + dw^S + dw^G + dw^F = dh + d(c^2/2). \tag{6.2}$$

Die Arbeit der vom Druck herrührenden Kräfte ergab sich als Änderung der Zustandsgröße pv; sie ist im Enthalpieglied enthalten.

Wie schon auf S.65 gezeigt wurde, läßt sich Gl.(6.2) mit Hilfe des Impulssatzes in zwei Gleichungen aufspalten. Eine Gleichung verknüpft die Änderung der kinetischen Energie mit Druckänderung, Schlepparbeit und Arbeit der Feldkräfte,

$$d(c^2/2) = -v\,dp + dw^S + dw^F, \tag{6.3}$$

die andere verbindet die Änderung der inneren Energie mit der Volumenänderungs- und Gestaltänderungsarbeit und der Wärme,

$$du = -p\,dv + dw^G + dq. \tag{6.4}$$

Da das strömende Fluid ein einfaches System ist, gilt für die Änderung seiner spez. Entropie

$$T\,ds = du + p\,dv.$$

Somit erhalten wir aus Gl.(6.4)

$$T\,ds = dq + dw^G.$$

Wärme und die Gestaltänderungsarbeit der Reibungsspannungen, die das Element verformen, ändern die innere Energie und auch die Entropie des Fluids. Während mit der Wärme dq Entropie über die Grenze des Massenelements transportiert wird, erzeugt die Gestaltänderung Entropie, denn es gilt, vgl. S.119 und 121

$$T\,ds = dq + T\,ds_{\text{irr}}$$

mit ds_{irr} als der (stets positiven) erzeugten Entropie. Wir erhalten also

$$dw^G = T\,ds_{\text{irr}} = d\psi \geqq 0. \tag{6.5}$$

Die von den Reibungsspannungen verrichtete Gestaltänderungsarbeit wird vollständig dissipiert, sie ist gleich der Dissipationsenergie $d\psi$ und somit niemals negativ. Damit haben wir das schon in Abschn.2.14 mit Hilfe des Schubspannungsansatzes gewonnene Resultat über das Vorzeichen von dw^G allgemein als Folge des 2. Hauptsatzes bestätigt. Die Deformation der Massenelemente in einer reibungsbehafteten Strömung ist ein irreversibler Prozeß, der zur Entropieerzeugung und Energiedissipation führt. Die von der Resultierenden der Reibungsspannungen verrichtete Schlepparbeit dw^S wird dagegen nicht dissipiert; ihr Vorzeichen hängt, wie schon auf S.51 gezeigt wurde, von der Strömungsrichtung und der Krümmung des Geschwindigkeitsprofils ab.

Will man die Zustandsänderung des strömenden Mediums aus den Gln. (6.2) bis (6.4) berechnen, so muß man neben anderen Angaben auch die von den Reibungsspannungen herrührenden Arbeiten dw^G und dw^S kennen. Dies ist im allgemeinen nicht der Fall; nur für den reversiblen Prozeß weiß man, daß beide Arbeiten verschwinden. Die weitere allgemeine Behandlung der reibungsbehafteten Strömung ist daher nur durch eine erhebliche Vereinfachung möglich, nämlich durch eine eindimensionale Betrachtungsweise mit Bildung von Mittelwerten der Zustandsgrößen über die Strömungsquerschnitte. Hierauf gehen wir im nächsten Abschnitt ein.

6.12 Dissipationsenergie und technische Arbeit.
Eindimensionale Theorie

Um weitere allgemeine Aussagen über einen stationären Fließprozeß mit reibungsbehafteter Strömung zu erhalten, beschränken wir uns auf eine eindimensionale Betrachtungsweise. Wir berücksichtigen nur die Änderung der Zustandsgrößen des Fluids in Strömungsrichtung und bilden über jeden Querschnitt des Kontrollraums *Mittelwerte* der Zustandsgrößen. Dadurch können wir von ihrer Veränderlichkeit quer zur Strömungsrichtung absehen. Die genaue Vorschrift über die Art der Mittelwertbildung spielt für die folgenden Überlegungen keine Rolle, wir lassen diese Frage daher offen. Die richtige Mittelwertbildung ist jedoch in einer genaueren Theorie der Strömungsmaschinen von Bedeutung[1].

Wir betrachten nun den Kontrollraum von Abb. 6.1, durch den ein kanalartiges Gebilde abgegrenzt wird. Seine Grenzen bestehen aus dem Eintrittsquerschnitt 1, dem Austrittsquerschnitt 2 und im übrigen aus

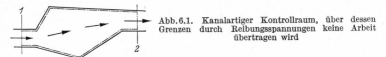

Abb. 6.1. Kanalartiger Kontrollraum, über dessen Grenzen durch Reibungsspannungen keine Arbeit übertragen wird

festen Wänden. Die Querschnittsflächen 1 und 2 mögen ungefähr normal zu den Stromlinien stehen; über diese beiden Flächen findet dann keine wesentliche Arbeitsübertragung durch Reibungsspannungen statt. An den festen Wänden, wo die Strömungsgeschwindigkeit gleich Null ist, können die Schubspannungen ebenfalls keine Arbeit verrichten. Somit wird über die Grenzen des Kontrollraums keine Arbeit durch Reibungsspannungen übertragen.

Die im Inneren des Kontrollraums dissipierte Energie — dies ist die Dissipationsenergie ψ_{12} des stationären Fließprozesses — erhält man als Summe der Gestaltänderungsarbeiten, die an allen Massenelementen des Fluids verrichtet werden. Wir bezeichnen diese Summe mit w_{12}^G, so daß

$$w_{12}^G = \psi_{12} \geqq 0 \tag{6.6}$$

---

[1] Vgl. hierzu z. B. Dzung, L. S.: Konsistente Mittelwerte in der Theorie der Turbomaschinen für kompressible Medien. Brown Boveri Mitteil. 58 (1971) S. 485—492.

gilt; denn nach dem 2. Hauptsatz kann die Dissipationsenergie nicht negativ sein. Da voraussetzungsgemäß über die Grenze des Kontrollraums durch Reibungsspannungen keine Arbeit übertragen wird, muß die *Summe* aller von den Reibungsspannungen an den einzelnen Elementen verrichteten Arbeiten gleich Null sein. Diese Arbeiten bestehen aus Schlepparbeit und Gestaltänderungsarbeit. Nach Gl. (6.6) ist die Summe der Gestaltänderungsarbeiten positiv, und damit ergibt sich für die Summe der Schlepparbeiten

$$w_{12}^S = -w_{12}^G = -\psi_{12}. \tag{6.7}$$

Dieses Ergebnis gilt nur für einen Kontrollraum, über dessen Grenze keine Arbeit durch Reibungsspannungen vom Fluid übertragen wird, dagegen nicht für ein einzelnes Massenelement oder für eine Stromröhre. Hier kann die Schlepparbeit auch positiv sein und braucht die Gestaltänderungsarbeit nicht zu kompensieren.

Wir integrieren nun Gl. (6.2) von S. 233, die den 1. Hauptsatz für ein Massenelement formuliert, über alle Elemente des Kontrollraums von Abb. 6.1. Dies ergibt eine Energiebilanzgleichung für den ganzen Kontrollraum. Durch Integration der linken Seite von Gl. (6.2) erhalten wir die dem Kontrollraum insgesamt zugeführte Wärme q_{12}, die Summe w_{12}^S aller an den Elementen verrichteten Schlepparbeiten, die Summe w_{12}^G aller Gestaltänderungsarbeiten und schließlich die Summe w_{12}^F der Arbeiten, die von den Feldkräften an allen Massenelementen verrichtet werden. Die Integration der rechten Seite von Gl. (6.2) liefert den Unterschied der Querschnittsmittelwerte von Enthalpie und kinetischer Energie des Fluids zwischen Eintritts- und Austrittsquerschnitt. Damit erhalten wir

$$q_{12} + w_{12}^S + w_{12}^G + w_{12}^F = h_2 - h_1 + \frac{1}{2}(c_2^2 - c_1^2).$$

Mit Gl. (6.7) ergibt sich daraus die Energiebilanzgleichung

$$q_{12} + w_{12}^F = h_2 - h_1 + \frac{1}{2}(c_2^2 - c_1^2).$$

Sie verknüpft die (mittlere) Enthalpie und die (mittlere) kinetische Energie des Fluids im Eintritts- und Austrittsquerschnitt mit der Wärme, die es zwischen diesen beiden Querschnitten aufgenommen oder abgegeben hat, und mit der Arbeit, welche die Feldkräfte an allen Massenelementen des Fluids verrichtet haben.

Vergleichen wir nun diese Beziehung, die durch Integration über alle Elemente des Fluids im Kontrollraum gewonnen wurde, mit der Energiegleichung (6.1), die durch Bilanzieren *an der Grenze* des Kontrollraums entstanden ist! Beide Gleichungen bringen den Energieerhaltungssatz für den Kontrollraum zum Ausdruck; sie unterscheiden sich vor allem im Term für die Arbeit. Die technische Arbeit, die als Wellenarbeit an der Grenze des Kontrollraums erscheint, ergibt sich aus den beiden Bilanzgleichungen zu

$$w_{t12} = w_{12}^F + g(z_2 - z_1). \tag{6.8}$$

Sie ist im wesentlichen gleich der Arbeit, die von den Feldkräften an den Elementen des Fluids verrichtet wird. Zu den Feldkräften gehört auch die Schwerkraft $K_S = -g\,\Delta m$, die in der negativen z-Richtung wirkt. Ändert sich die Höhe z eines Elements beim Durchströmen des Kontrollraums um dz, so wird am Element die Arbeit $-g\,\Delta m\,dz$ bzw. die spezifische Arbeit $-g\,dz$ verrichtet. In Gl. (6.8) bedeutet also $g(z_2 - z_1)$ nichts anderes als das Negative der von der Schwerkraft an allen Elementen verrichteten Arbeit. Die rechte Seite von Gl. (6.8) ergibt somit die Arbeit, die von den Feldkräften *mit Ausnahme der Schwerkraft* an den Massenelementen des Fluids verrichtet wird. Diese Arbeit ist gleich der Energie, die als technische Arbeit die Grenze des Kontrollraums überschreitet.

Die sich drehende Beschaufelung einer Strömungsmaschine, durch welche die technische Arbeit zwischen Fluid und Welle übertragen wird, wirkt also auf das Fluid wie ein Kraftfeld. Die einzelnen Massenelemente des Fluids verhalten sich beim Durchströmen eines bewegten Schaufelgitters so, als ob sie in einem Kraftfeld strömen, durch das sie beschleunigt, verzögert oder in ihrer Bahnrichtung beeinflußt werden. Die zwischen dem strömenden Fluid und der rotierenden Beschaufelung wirkenden Kräfte vermitteln die Arbeitsübertragung zwischen Fluid und Schaufeln. Diese hier nur kurz angedeutete grundsätzliche Erklärung der Wirkungsweise einer Strömungsmaschine durch ein auf das Fluid wirkendes Kraftfeld hat W. Traupel[1] ausführlicher diskutiert.

Technische Arbeit und Dissipationsenergie lassen sich durch eine weitere Gleichung verknüpfen, in die auch der Verlauf der Zustandsänderung des strömenden Fluids eingeht. Um diesen für die Berechnung stationärer Fließprozesse wichtigen Zusammenhang zu erhalten, integrieren wir Gl. (6.3) von S. 233, nämlich die aus dem Impulssatz gewonnene Beziehung

$$d(c^2/2) = -v\,dp + dw^S + dw^F$$

über alle Elemente des Fluids im Kontrollraum von Abb. 6.1. Dies ergibt

$$\frac{1}{2}(c_2^2 - c_1^2) = -\int_1^2 v\,dp + w_{12}^S + w_{12}^F.$$

Auf der linken Seite dieser Gleichung steht die Differenz der *mittleren* kinetischen Energien des Fluids im Eintritts- und Austrittsquerschnitt. Zur Auswertung des Integrals auf der rechten Seite muß die quasistatische Zustandsänderung $v = v(p)$ des Fluids im Kontrollraum bekannt sein. Im Sinne unserer eindimensionalen Betrachtungsweise bedeutet hierbei v das über den jeweiligen Querschnitt gemittelte spez. Volumen und p den Querschnittsmittelwert des Drucks.

An Stelle der Arbeit w_{12}^F der Feldkräfte führen wir die technische Arbeit w_{t12} nach Gl. (6.8) ein. Da die Summe aller Schlepparbeiten das

---

[1] Traupel, W.: Thermische Turbomaschinen. Bd. 1, 2. Aufl. S. 209—212. Berlin-Heidelberg-New York: Springer 1966.

Negative der Dissipationsenergie ist, Gl. (6.7), erhalten wir schließlich

$$\int_1^2 v\,dp = w_{t12} - \frac{1}{2}\,(c_2^2 - c_1^2) - g(z_2 - z_1) - \psi_{12}. \qquad (6.9)$$

Diese grundlegende Beziehung gilt nur für einen Kontrollraum, über dessen Grenze durch Reibungsspannungen keine Arbeit übertragen wird. Gl. (6.9) verknüpft technische Arbeit und Dissipationsenergie mit den Querschnittsmittelwerten der Zustandsgrößen des Fluids längs des Strömungsweges. Bemerkenswerterweise enthält Gl. (6.9) keine „kalorischen" Größen, weder die Wärme q_{12} noch die Enthalpie des Fluids. Ist der stationäre Fließprozeß reversibel, die Strömung also reibungsfrei, so gilt $\psi_{12} = 0$. Gl. (6.9) geht dann in die Gleichung für $(w_{t12})_{\text{rev}}$ über, die wir schon auf S. 76 hergeleitet haben.

Der linken Seite von Gl. (6.9) entspricht eine Fläche im p, v-Diagramm, nämlich die Fläche zwischen der p-Achse und der vom Eintrittszustand 1 zum Austrittszustand 2 führenden Zustandslinie des strömenden Fluids. Erfährt das Fluid beim Durchströmen des Kontrollraums eine Drucksteigerung ($dp > 0$), so bedeutet die Fläche die zugeführte technische Arbeit, vermindert um die Dissipationsenergie und die Änderungen von kinetischer und potentieller Energie, Abb. 6.2a.

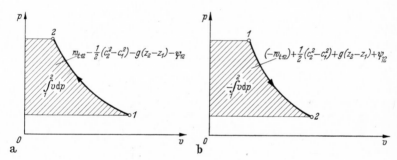

Abb. 6.2. Veranschaulichung von Gl. (6.9) im p, v-Diagramm. a Druckerhöhung, b Druckabnahme bei der Zustandsänderung

Nimmt dagegen der Druck des Fluids ab ($dp < 0$), so stellt die Fläche die Summe aus der abgegebenen technischen Arbeit, der Dissipationsenergie und der Änderungen von kinetischer und potentieller Energie dar, Abb. 6.2 b; denn es gilt

$$-\int_1^2 v\,dp = \int_1^2 v\,(-dp) = (-w_{t12}) + \frac{1}{2}\,(c_2^2 - c_1^2) + g(z_2 - z_1) + \psi_{12}.$$

Für die Dissipationsenergie des stationären Fließprozesses ergibt sich hieraus

$$\psi_{12} = -\int_1^2 v\,dp + w_{t12} - \frac{1}{2}\,(c_2^2 - c_1^2) - g(z_2 - z_1).$$

Aus dem 1. Hauptsatz für stationäre Fließprozesse, Gl. (6.1) auf S. 232, folgt aber

$$w_{t12} - \frac{1}{2}(c_2^2 - c_1^2) - g(z_2 - z_1) = h_2 - h_1 - q_{12},$$

so daß wir

$$\psi_{12} = -\int_1^2 v\,dp + h_2 - h_1 - q_{12} = \int_1^2 T\,ds - q_{12}$$

erhalten. Es gilt also formal dieselbe Beziehung wie für ein geschlossenes System, vgl. Abschn. 3.23. Im Integral

$$\int_1^2 T\,ds = q_{12} + \psi_{12}$$

bedeutet nun jedoch T die über die einzelnen Querschnitte gemittelte Temperatur des Fluids, die sich längs des Strömungsweges in ganz bestimmter, von der Prozeßführung abhängiger Weise zwischen Eintritts- und Austrittsquerschnitt ändert. Ebenso ist ds die Änderung der über den jeweiligen Strömungsquerschnitt gemittelten Entropie des Fluids.

In der Strömungsmechanik macht man gerne von der Vereinfachung Gebrauch, das strömende Fluid als *inkompressibel* anzusehen, also mit $v = $ const zu rechnen. Dies trifft auf Flüssigkeiten recht gut zu, vgl. S. 164, und ist selbst für Gase eine brauchbare Näherung, wenn die Druckunterschiede klein sind. Setzt man in Gl. (6.9) $v = $ const, so wird

$$w_{t12} = v(p_2 - p_1) + \frac{1}{2}(c_2^2 - c_1^2) + g(z_2 - z_1) + \psi_{12}.$$

Betrachtet man außerdem Prozesse, bei denen keine technische Arbeit zugeführt oder entzogen wird, sog. Strömungsprozesse, so erhält man mit $w_{t12} = 0$ und $v = 1/\varrho$

$$\left(p + \frac{\varrho}{2}c^2 + g\varrho z\right)_2 - \left(p + \frac{\varrho}{2}c^2 + g\varrho z\right)_1 = -\varrho\psi_{12}.$$

Diese Gleichung bzw. die nur für reibungsfreie Strömungen geltende Beziehung, bei der $\psi_{12} = 0$ ist, wird *Bernoullische Gleichung* genannt.

Da an einem inkompressiblen Fluid keine Volumenänderungsarbeit verrichtet werden kann, erhält man für die Änderung seiner inneren Energie

$$u_2 - u_1 = u(T_2) - u(T_1) = q_{12} + \psi_{12}.$$

Wie in Beispiel 3.2 auf S. 108 gezeigt wurde, hängt die innere Energie eines inkompressiblen Fluids nur von der Temperatur ab. Erwärmt sich ein solches Fluid bei einem stationären Fließprozeß, so ist dies nur auf eine Wärmezufuhr oder auf Energiedissipation zurückzuführen. Bei einem adiabaten Prozeß ist allein die Reibung für eine Erwärmung verantwortlich, dagegen nicht die Druckerhöhung wie bei einem kompressiblen Fluid, z. B. einem Gas. Da $\psi_{12} > 0$ ist, kann sich ein inkompressibles Fluid bei einem adiabaten Prozeß niemals abkühlen.

Beispiel 6.1. Ein Ventilator mit der Antriebsleistung $P_{12} = 1,60$ kW fördert Luft, Volumenstrom $\dot{V} = 1,25$ m³/s, aus einem großen Raum, in dem der Druck $p_1 = 990$ mbar und die Temperatur $t_1 = 25\,°C$ herrschen, Abb. 6.3. Im Abluftkanal (Querschnittsfläche $A_2 = 0,175$ m²) hinter dem Ventilator ist der Druck um $\Delta p = 8,5$ mbar höher als p_1. Man bestimme die im Ventilator dissipierte Leistung.

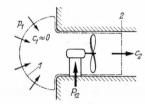

Abb. 6.3.   Kontrollraum
um einen Ventilator

Zur Vereinfachung der folgenden Rechnungen nehmen wir die Luft als inkompressibel an, was angesichts des geringen Druckunterschieds zulässig ist. Wir rechnen also mit der konstanten Dichte

$$\varrho = p_1/RT_1 = \frac{990 \text{ mbar}}{287 \text{ (J/kg K) } 298 \text{ K}} = 1,16 \text{ kg/m}^3.$$

Für die dissipierte Leistung gilt

$$\dot{\Psi}_{12} = \dot{m}\psi_{12} = \dot{V}\varrho\psi_{12}$$

mit

$$\psi_{12} = w_{t12} - \left[v(p_2 - p_1) + \frac{1}{2}(c_2^2 - c_1^2) + g(z_2 - z_1) \right].$$

Der Eintrittsquerschnitt 1 des um den Ventilator gelegten Kontrollraums liege so weit im Raum vor dem Ventilator, daß $c_1 \approx 0$ gesetzt werden kann. Die potentielle Energie ist zu vernachlässigen, so daß

$$\dot{\Psi}_{12} = P_{12} - \dot{V}[p_2 - p_1 + (\varrho/2)\,c_2^2]$$

folgt. Die Austrittsgeschwindigkeit ist

$$c_2 = \dot{V}/A_2 = 1,25 \text{ (m}^3\text{/s)}/0,175 \text{ m}^2 = 7,1 \text{ m/s}.$$

Damit erhalten wir

$$\dot{\Psi}_{12} = 1,60 \text{ kW} - 1,25 \text{ (m}^3\text{/s) } (8,5 \text{ mbar} + 29 \text{ N/m}^2)$$

$$= 1,60 \text{ kW} - 1,25 \, (850 + 29) \text{ W} = 0,50 \text{ kW}.$$

Es werden also $0,50/1,60 = 31\%$ der zugeführten Leistung dissipiert.

6.13 Eigenarbeit. Hydraulischer Wirkungsgrad

Die Energieumwandlung bei einem stationären Fließprozeß wird durch die Bilanzgleichung

$$q_{12} + w_{t12} = h_2 - h_1 + \frac{1}{2}(c_2^2 - c_1^2)$$

beschrieben, in der wir den Term $g(z_2 - z_1)$ für die Änderung der potentiellen Energie fortgelassen haben. Die daraus folgende Gleichung

$$w_{t12} - \frac{1}{2}(c_2^2 - c_1^2) = h_2 - h_1 - q_{12} \tag{6.10}$$

enthält auf der linken Seite nur unbeschränkt umwandelbare mechanische Energien, also Exergien; auf der rechten Seite stehen „thermische" Energieformen, die nur zum Teil aus Exergie bestehen.

Gl.(6.10) beschreibt somit die Umwandlung von mechanischer in thermische Energie (und umgekehrt) bei einem stationären Fließprozeß. Die linke Seite von Gl.(6.10), nämlich

$$w_{12}^e \equiv w_{t12} - \frac{1}{2}\,(c_2^2 - c_1^2) = \left(w_{t12} + \frac{1}{2}\,c_1^2\right) - \frac{1}{2}\,c_2^2,$$

bedeutet gerade den Überschuß der zugeführten mechanischen Energie über die aus dem Kontrollraum abfließende mechanische Energie. Diese Energiedifferenz hat sich in thermische Energie verwandelt, denn sie ist gleich der Zunahme $h_2 - (h_1 + q_{12})$ an thermischer Energie. Nach L. S. Dzung[1] bezeichnen wir w_{12}^e als die *Eigenarbeit* des stationären Fließprozesses. Ist $w_{12}^e > 0$, so bedeutet die Eigenarbeit den Teil der zugeführten mechanischen Energie, der beim stationären Fließprozeß in thermische Energie umgewandelt wurde. Ist dagegen w_{12}^e negativ, so gibt die Eigenarbeit gerade den Teil der zugeführten thermischen Energie an, der in mechanische Energie umgewandelt werden konnte.

Die Umwandlung von mechanischer in thermische Energie ($w_{12}^e > 0$) vollzieht sich technisch in einem Verdichter, dem technische Arbeit zugeführt wird, oder auch in einem Diffusor, einem geeignet geformten Strömungskanal, in dem sich die hohe kinetische Energie des einströmenden Fluids in Enthalpie verwandelt, ohne daß technische Arbeit zugeführt wird. Die Umwandlung thermischer Energie in mechanische ($w_{12}^e < 0$) findet in einer Turbine statt; diese gibt die mechanische Energie (Eigenarbeit) als technische Arbeit ab, wobei sich die Enthalpie des strömenden Fluids verringert. In einer Düse vergrößert sich die kinetische Energie des Fluids auf Kosten der Enthalpie, ohne daß technische Arbeit abgegeben wird.

Wir bezeichnen Prozesse, bei denen $w_{t12} = 0$ ist, als *Strömungsprozesse*. Hier ist keine Einrichtung zur Zufuhr oder Entnahme von technischer Arbeit im Kontrollraum vorhanden. Die Eigenarbeit eines Strömungsprozesses reduziert sich damit auf die Änderung der kinetischen Energie des strömenden Fluids, denn diese ist, abgesehen von der vernachlässigten potentiellen Energie, die einzige mechanische Energieform. Bei *Arbeitsprozessen* ist dagegen $w_{t12} \neq 0$. Meistens kann man nun die Änderung der kinetischen Energie vernachlässigen, so daß die Eigenarbeit mit der technischen Arbeit übereinstimmt. Bei genaueren Rechnungen muß man jedoch neben w_{t12} auch die kinetische Energie berücksichtigen. Durch den Begriff der Eigenarbeit werden beide Prozeßarten, Strömungs- und Arbeitsprozesse in gleicher Weise erfaßt, so daß die folgenden Beziehungen allgemein anwendbar sind. Strömungsprozesse werden wir dann in Abschn. 6.2, Arbeitsprozesse in Abschn. 6.4 einzeln und ausführlicher untersuchen.

---

[1] Dzung, L. S.: vgl. Fußnote 1 auf S.234.

Die Umwandlung von thermischer in mechanische Energie wird durch den 2. Hauptsatz begrenzt, vgl. Abschn. 3.31. Es ergeben sich daher auch für die Eigenarbeit aus dem 2. Hauptsatz bestimmte Beschränkungen. Um sie zu bestimmen, führen wir in Gl. (6.9) von S. 237 die Eigenarbeit ein und erhalten

$$w_{12}^e = \int_1^2 v \, dp + \psi_{12}.$$

Bei einem reversiblen Prozeß verschwindet die Dissipationsenergie, und die Eigenarbeit ist aus dem Verlauf der Zustandsänderung berechenbar:

$$(w_{12}^e)_{\mathrm{rev}} = \int_1^2 v \, dp.$$

Vergleicht man nun einen irreversiblen stationären Fließprozeß mit einem reversiblen, der *dieselbe Zustandsänderung* des Fluids aufweist, so wird

$$w_{12}^e = (w_{12}^e)_{\mathrm{rev}} + \psi_{12} \geqq \int_1^2 v \, dp;$$

denn nach dem 2. Hauptsatz gilt $\psi_{12} \geqq 0$. Die beim irreversiblen Prozeß aufgewendete Eigenarbeit ist um die Dissipationsenergie größer als beim reversiblen Prozeß. Um eine bestimmte Zustandsänderung des Fluids zu erreichen, beispielsweise um ein Fluid in einem Verdichter oder Diffusor auf einen höheren Druck zu bringen, muß bei reversibler Prozeßführung ein Mindestbetrag an mechanischer Energie in thermische Energie umgewandelt werden, nämlich $(w_{12}^e)_{\mathrm{rev}}$. Dieser Mindestbetrag erhöht sich bei irreversibler Prozeßführung um die dissipierte und damit ebenfalls in thermische Energie umgewandelte mechanische Energie.

Für die aus thermischer Energie *gewonnene* mechanische Energie gilt

$$-w_{12}^e = (-w_{12}^e)_{\mathrm{rev}} - \psi_{12} \leqq - \int_1^2 v \, dp.$$

Damit diese Energieumwandlung überhaupt möglich ist, muß der Druck des Strömungsmediums abnehmen; denn das nur bei $dp < 0$ positive Integral $- \int_1^2 v \, dp$ gibt die beim reversiblen Prozeß bestenfalls gewinnbare Eigenarbeit an. Bei einem irreversiblen Prozeß mit derselben Zustandsänderung des Fluids wird die gewinnbare Eigenarbeit um die Dissipationsenergie verringert: Es wandelt sich weniger thermische Energie in mechanische um als beim reversiblen Prozeß mit gleicher Zustandsänderung. Der 2. Hauptsatz setzt also eine obere Grenze für die Umwandlung von thermischer Energie in mechanische, während für die Umwandlung in der Gegenrichtung keine derartige Grenze besteht. Die in Abschn. 3.31 erwähnte Unsymmetrie in der Richtung von Energieumwandlungen erkennen wir hiermit wieder.

16   Baehr, Thermodynamik, 3. Aufl.

Um die Größe der bei einem stationären Fließprozeß auftretenden Dissipationsenergie anzugeben, benutzt man häufig den *hydraulischen Wirkungsgrad*. Man definiert ihn für den Abschnitt eines Kompressionsprozesses ($dp > 0$) durch

$$\eta_{hk} \equiv \frac{dw_{\text{rev}}^e}{dw^e} = \frac{v\,dp}{v\,dp + d\psi}$$

und analog für einen Expansionsprozeß ($dp < 0$)

$$\eta_{he} \equiv \frac{-dw^e}{-dw_{\text{rev}}^e} = \frac{-v\,dp - d\psi}{-v\,dp} = 1 - \frac{d\psi}{-v\,dp}.$$

Man vergleicht also die Eigenarbeit des irreversiblen Prozesses mit der Eigenarbeit eines reversiblen Prozesses mit gleicher Zustandsänderung des Fluids. Der hydraulische Wirkungsgrad soll jedoch weniger die Abweichungen von diesem idealisierten Prozeß erfassen als vielmehr die Eigenarbeit und die dissipierte Energie über einen Zahlenfaktor mit dem Verlauf der Zustandsänderung verknüpfen. Aus den Definitionen von η_{hk} und η_{he} folgt nämlich für Kompressionsprozesse

$$dw^e = (1/\eta_{hk})\, v\,dp$$

und

$$d\psi = [(1/\eta_{hk}) - 1]\, v\,dp$$

sowie für Expansionsprozesse

$$-dw^e = \eta_{he}(-v\,dp)$$

und

$$d\psi = (1 - \eta_{he})\,(-v\,dp).$$

Kennt man den Verlauf der Zustandsänderung $v = v(p)$, so erhält man die Eigenarbeit und die Dissipationsenergie durch Integration dieser Gleichungen. Hierbei nimmt man den hydraulischen Wirkungsgrad meistens als konstant an oder rechnet mit einem passend gewählten Mittelwert, den man aus Versuchsergebnissen oder anderem Erfahrungsmaterial erhält. Der Verlauf der Zustandsänderung wird allerdings nur selten bekannt sein. Man approximiert ihn dann häufig durch eine *Polytrope*

$$p v^n = p_1 v_1^n$$

mit konstant angenommenem Polytropenexponenten n. In diesem Zusammenhang wird der hydraulische Wirkungsgrad als polytroper Wirkungsgrad bezeichnet.

Beispiel 6.2. Der adiabate Verdichter einer Gasturbinenanlage[1] saugt Luft vom Zustand $p_1 = 0{,}96916$ bar, $t_1 = 25{,}3\,°C$ an und verdichtet sie auf $p_2 = 4{,}253$ bar, wobei eine Luftaustrittstemperatur $t_2 = 202{,}8\,°C$ gemessen wird. Man bestimme die Eigenarbeit w_{12}^e, die Dissipationsenergie und den mittleren hydraulischen Wirkungsgrad $\bar{\eta}_{hk}$ der Verdichtung. Die kinetischen Energien sind vernachlässigbar klein.

Da die kinetischen Energien keine Rolle spielen, erhalten wir für die Eigenarbeit wegen $q_{12} = 0$

$$w_{12}^e = w_{t12} = h_2 - h_1 = [c_p^0]_0^{t_2} \cdot t_2 - [c_p^0]_0^{t_1} \cdot t_1,$$

wenn wir die Luft als ideales Gas annehmen. Mit den mittleren spez. Wärmekapazitäten nach Tab.10.7 ergibt sich

$$w_{12}^e = (1{,}011 \cdot 202{,}8 - 1{,}004 \cdot 25{,}3)\ \text{kJ/kg} = 179{,}6\ \text{kJ/kg}.$$

---

[1] Die Daten sind Versuchsergebnisse, die 1939 am Verdichter der ersten Gasturbinenanlage zur Stromerzeugung gewonnen wurden (4000 kW-Notstromanlage der Stadt Neuchâtel, Schweiz). Vgl. J. Kruschik: Die Gasturbine. 2. Aufl. S. 569—574, Wien: Springer 1960.

Dies ist die mechanische Energie, die bei der Verdichtung in thermische Energie, nämlich in Enthalpie der Luft umgewandelt wird.

Der mittlere hydraulische Wirkungsgrad der Kompression ist durch

$$\overline{\eta}_{hk} = \left(\int\limits_1^2 v\,dp \right) \Big/ w_{12}^e$$

gegeben. Da wir den Verlauf der Zustandsänderung 12 nicht kennen, nehmen wir hierfür eine Polytrope

$$pv^n = p_1 v_1^n = p_2 v_2^n$$

an. Um ihren Exponenten n zu bestimmen, führen wir an Stelle des spez. Volumens die Temperatur über die Zustandsgleichung idealer Gase ein. Dies ergibt

$$T_2/T_1 = (p_2/p_1)^{(n-1)/n},$$

woraus wir mit den gemessenen Werten von T und p den Polytropenexponenten $n = 1,461$ finden. Damit läßt sich das längs der Zustandsänderung zu bildende Integral berechnen:

$$\int\limits_1^2 v\,dp = p_1 v_1 \int\limits_1^2 (p/p_1)^{-1/n}\,d(p/p_1) = \frac{n}{n-1} p_1 v_1 [(p_2/p_1)^{(n-1)/n} - 1]$$

$$= \frac{n}{n-1} R(T_2 - T_1) = 161,8\ \text{kJ/kg}.$$

Dies ist die aufzuwendende Eigenarbeit eines *reversiblen* Prozesses, bei dem die Luft „polytrop" verdichtet wird. Dieser Prozeß läßt sich in einem adiabaten Verdichter nicht ausführen, denn es müßte hierbei die Wärme

$$(q_{12})_{\text{rev}} = h_2 - h_1 - \int\limits_1^2 v\,dp = (179,6 - 161,8)\ \text{kJ/kg} = 17,8\ \text{kJ/kg}$$

zugeführt werden. Beim wirklichen Prozeß wird diese Energie dissipiert,

$$\psi_{12} = \int\limits_1^2 T\,ds = 17,8\ \text{kJ/kg};$$

sie wird als technische Arbeit zugeführt und wandelt sich in thermische Energie, nämlich in die Enthalpie der Luft um. Der hydraulische Wirkungsgrad, der jetzt als polytroper Wirkungsgrad zu bezeichnen ist, ergibt sich schließlich zu

$$\overline{\eta}_{hk} = \overline{\eta}_{\text{pol}} = 161,8/179,6 = 0,901.$$

6.2 Strömungsprozesse

Stationäre Fließprozesse, bei denen die technische Arbeit $w_{t12} = 0$ ist, haben wir als Strömungsprozesse bezeichnet. Diese Prozesse laufen in kanalartigen Kontrollräumen ab, die keine Einrichtungen zur Zufuhr oder Entnahme technischer Arbeit enthalten, z.B. in Rohrleitungen, Düsen, Wärmeaustauschern und anderen Apparaten. Wie schon in Abschn. 6.13 lassen wir auch in den folgenden Abschnitten die Änderung $g(z_2 - z_1)$ der potentiellen Energie in den Energiegleichungen fort.

Strömungsprozesse mit kompressiblen Medien, also Prozesse, bei denen erhebliche Dichteänderungen des Fluids auftreten, werden im Rahmen der Strömungslehre in der *Gasdynamik* behandelt. Die folgenden Abschnitte können auch als eine Einführung in die Gasdynamik

dienen, wobei die grundlegenden thermodynamischen Zusammenhänge im Vordergrund stehen[1].

6.21 Strömungsprozesse mit Wärmezufuhr

Wird einem Fluid bei einem stationären Strömungsprozeß Wärme
zugeführt oder entzogen, so gilt hierfür

$$q_{12} = h_2 - h_1 + \frac{1}{2}\,(c_2^2 - c_1^2). \qquad (6.11)$$

Diese Beziehung dient zur Berechnung von Prozessen, die in geheizten
oder gekühlten Apparaten wie Dampferzeugern, Lufterhitzern, Küh-
lern oder Kondensatoren ablaufen. Man faßt manchmal Enthalpie und
kinetische Energie des Fluids zur (spezifischen) *Totalenthalpie*

$$h^+ \equiv h + c^2/2$$

zusammen. Aus Gl. (6.11) erhält man dann

$$q_{12} = h_2^+ - h_1^+ .$$

*Die bei einem Strömungsprozeß zu- oder abgeführte Wärme ist gleich der
Änderung der Totalenthalpie des strömenden Fluids.*

Für die Änderung der kinetischen Energie des Fluids erhalten wir
aus Gl. (6.9) von S. 237

$$\frac{1}{2}\,(c_2^2 - c_1^2) = -\int\limits_1^2 v\,dp - \psi_{12}.$$

Da $\psi_{12} \geqq 0$ ist, kann das strömende Fluid nur dann beschleunigt werden ($c_2 > c_1$), wenn der Druck in Strömungsrichtung sinkt ($dp < 0$).
Bei den meisten Strömungsprozessen mit Wärmezufuhr oder Wärmeentzug kann man die Änderung der kinetischen Energie gegenüber der
Wärme bzw. der Enthalpieänderung vernachlässigen. Diese Annahme
trifft für die meisten Wärmeübertragungsapparate zu. Der in diesen
Apparaten auftretende Druckabfall bewirkt keine nennenswerte Beschleunigung des Fluids, sondern dient nur dazu, die Reibungswider-
stände zu überwinden. Es gilt dann

$$\psi_{12} = -\int\limits_1^2 v\,dp \geqq 0, \qquad (6.12)$$

also $dp \leqq 0$.

Der *Exergieverlust* eines reibungsbehafteten Strömungsprozesses
hängt mit der Dissipationsenergie zusammen. Nach Abschn. 6.12 ist
die Dissipationsenergie

$$d\psi = T\,ds - dq = T\,ds_{\mathrm{irr}}$$

---

[1] Von den ausführlichen Darstellungen der Gasdynamik seien die folgenden
Werke erwähnt: Shapiro, A. H.: The Dynamics and Thermodynamics of Com-
pressible Fluid Flow. Vol. I + II, The Ronald Press Comp. New York 1953 —
Becker, E.: Gasdynamik. Stuttgart: Teubner 1966 — R. Sauer: Einführung in
die theoretische Gasdynamik. 3. Aufl. Berlin-Göttingen-Heidelberg: Springer
1960.

der erzeugten Entropie proportional. Somit ergibt sich für den Exergieverlust

$$de_v = T_u \, ds_{\mathrm{irr}} = (T_u/T) \, d\psi \, .$$

Dissipation führt also zu einem um so größeren Exergieverlust, je niedriger die Temperatur T des mit Reibung strömenden Fluids ist. Bei einem Strömungsprozeß mit vernachlässigbar kleiner Änderung der kinetischen Energie erhält man aus Gl. (6.12)

$$d\psi = -v \, dp$$

und daraus für den Exergieverlust

$$de_v = T_u \left(-\frac{v}{T} \right) dp = T_u \frac{v}{T} \, (-dp) \, .$$

Der mit dem Druckabfall $(-dp)$ zusammenhängende Exergieverlust ist um so größer, je größer das spez. Volumen des Fluids und je niedriger seine Temperatur ist. Bei gleichen Temperaturen verursacht ein gleichgroßer Druckabfall bei einem strömenden Gas einen weitaus größeren Exergieverlust als bei einer strömenden Flüssigkeit.

6.22 Die Schallgeschwindigkeit

In einem kompressiblen Fluid treten Dichteänderungen auf, die meistens durch Druckunterschiede hervorgerufen werden. Der Druck-Dichte-Gradient ist daher ein wichtiger Parameter bei der Behandlung von Strömungsprozessen kompressibler Medien; er hängt mit der Schallgeschwindigkeit des Mediums zusammen, deren Berechnung wir uns nun zuwenden.

Eine Schallwelle ist eine (periodische) Druck- und Dichteschwankung geringer Amplitude, die sich in einem kompressiblen Medium mit einer bestimmten Geschwindigkeit, nämlich mit Schallgeschwindigkeit fortbewegt. Solch eine Druckwelle kann z.B. durch eine kleine Bewegung des in Abb. 6.4 gezeigten Kolbens hervorgerufen werden. Die Wellenfront bewege sich mit der Geschwindigkeit u in das ruhende Fluid hinein, dessen Druck p und dessen Dichte ϱ ist. Das bewegte Fluid links von der Wellenfront habe die Geschwindigkeit c, den Druck $p' > p$ und die Dichte ϱ'.

Um die Geschwindigkeit u der Welle als Funktion der Zustandsgrößen des Fluids zu bestimmen, wählen wir ein Bezugssystem, das sich mit der Welle fortbewegt. In diesem Koordinatensystem ruht dann die Wellenfront, das Fluid kommt von rechts mit der Geschwindigkeit u an und strömt nach links mit der Geschwindigkeit $u - c$ weiter, Abb. 6.5. Wir wenden nun die Kontinuitätsgleichung und den Impulssatz auf einen Kontrollraum an, der das Fluid zwischen zwei Querschnitten unmittelbar vor und hinter der stehenden Wellenfront umschließt. Für diese Querschnitte ist die Massenstromdichte konstant:

$$\varrho u = \varrho'(u - c) \, . \tag{6.13}$$

Nach dem Impulssatz ist die zeitliche Änderung des Impulses gleich der Resultierenden der auf ein System wirkenden Kräfte. Für einen stationär durchströmten Kontrollraum ergibt sich die Impulsänderung als Differenz zwischen aus- und eintretendem Impulsstrom

$$\dot{m}(u - c) - \dot{m}u = A\varrho'(u - c)^2 - A\varrho u^2,$$

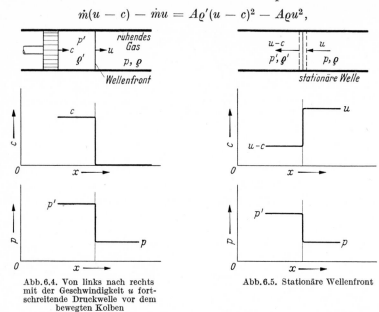

Abb.6.4. Von links nach rechts mit der Geschwindigkeit u fort-schreitende Druckwelle vor dem bewegten Kolben

Abb.6.5. Stationäre Wellenfront

wobei A die Querschnittsfläche bedeutet. Die Dicke des um die Wellen-front abgegrenzten Kontrollraumes ist so klein, daß wir die Reibungs-kräfte am Umfang vernachlässigen können. Es sind dann nur die vom Druck in den beiden Querschnitten herrührenden Kräfte zu berück-sichtigen, deren Resultierende $A(p - p')$ ist. Damit ergibt sich aus dem Impulssatz

$$\varrho'(u - c)^2 - \varrho u^2 = p - p'. \qquad (6.14)$$

Wir eliminieren aus den Gl. (6.13) und (6.14) die Geschwindigkeit c und erhalten

$$u = \left(\frac{\varrho'}{\varrho} \frac{p - p'}{\varrho - \varrho'}\right)^{1/2}$$

für die gesuchte Geschwindigkeit u, mit der sich die Druckwelle fort-bewegt.

Nun beachten wir, daß Schallwellen nur kleine Amplituden be-sitzen, und führen den Grenzübergang $p' \to p$ und $\varrho' \to \varrho$ aus. Dann wird das Verhältnis $\varrho'/\varrho = 1$, und der zweite Faktor geht in die Ab-leitung $(\partial p/\partial \varrho)_s$ über. Wie Laplace zuerst erkannte, verläuft nämlich die Druck- und Dichteänderung in der Schallwelle adiabat; wegen der geringen Amplituden kann man (wenigstens für kleine Frequenzen) einen reversiblen Prozeß und damit eine isentrope Zustandsänderung

annehmen. Unter diesen Voraussetzungen wird die Schallgeschwindigkeit, die wir mit a bezeichnen, zu einer Zustandsgröße des Fluids:

$$a = \sqrt{(\partial p / \partial \varrho)_s} = v \sqrt{-(\partial p / \partial v)_s}.$$

Sie hängt mit dem Anstieg der Isentropen im p, ϱ- oder p, v-Diagramm
zusammen und somit auch mit dem auf S.191 eingeführten Isentropenexponenten k:

$$a = \sqrt{p\, v\, k}.$$

Ebenso wie k läßt sich die Schallgeschwindigkeit aus der thermischen
Zustandsgleichung des Fluids und aus $c_p^0(T)$ berechnen, vgl. S.191.

Für *ideale Gase* ergeben sich wieder besonders einfache Zusammenhänge. Da hier $k = \varkappa(T) = c_p^0(T)/c_v^0(T)$ ist, wird

$$a = \sqrt{\varkappa(T)\, RT} = \sqrt{\varkappa(T)\, (R/M)\, T}$$

eine reine Temperaturfunktion. Da $\varkappa(T)$ sich nur schwach mit der
Temperatur ändert, wächst die Schallgeschwindigkeit etwa mit der
Wurzel aus der thermodynamischen Temperatur. Sie ist für diejenigen
idealen Gase am größten, deren Molmasse M klein ist, insbesondere
für H_2 und He.

Tabelle 6.1. Schallgeschwindigkeit idealer Gase bei 0 °C

Gas	He	Ar	H_2	N_2	O_2	Luft	CO_2	H_2O
$a \quad \dfrac{m}{s}$	970	307	1234	337	315	333	259	410

Das Verhältnis der Strömungsgeschwindigkeit c zur Schallgeschwindigkeit a, die zum selben Zustand gehört, bezeichnet man als *Mach-
Zahl*[1] $Ma = c/a$. Strömungen mit $Ma < 1$ werden als Unterschallströmungen, Strömungen mit $Ma > 1$ als Überschallströmungen bezeichnet.

6.23 Der gerade Verdichtungsstoß

Wir betrachten eine Störungsfront, die relativ zum strömenden
Fluid mit Überschallgeschwindigkeit fortschreitet. Eine solche Stoßwelle bildet sich z.B. vor einem rasch fliegenden Körper aus oder unter
bestimmten Bedingungen in einem Kanal, der von einem Fluid mit
Überschallgeschwindigkeit durchströmt wird. Die Breite dieser Stö-
rungszone, in der sich Druck, Dichte, Temperatur und Geschwindigkeit
stark ändern, ist außerordentlich klein; sie liegt in der Größenordnung
der freien Weglänge der Moleküle. Makroskopisch liegt somit eine
regelrechte Unstetigkeit vor, eine Front, an der sich die Zustands-

---

[1] Ernst Mach (1838—1916) war ein österreichischer Physiker. Er wurde
besonders durch seine Beiträge zur Geschichte und Philosophie der Naturwissenschaften bekannt. Vgl. insbes. Mach, E.: Die Prinzipien der Wärmelehre. 2. Aufl.
Leipzig: Barth 1900.

größen spunghaft ändern. Wir untersuchen hier nur den Fall, daß die Störungsfront eben ist und in Richtung ihres Lotes in das Fluid eindringt. Man spricht dann von einem *geraden* oder *senkrechten Verdichtungsstoß*.

Der Verdichtungsstoß läßt sich am einfachsten behandeln, wenn wir wie im letzten Abschnitt ein Bezugssystem benutzen, das sich mit dem Stoß mitbewegt. In diesem Koordinatensystem bewege sich das Fluid mit Überschallgeschwindigkeit c_x auf den (ruhenden) Verdichtungsstoß zu und ströme nach Durchlaufen der Stoßfront mit der Geschwindigkeit c_y ab, Abb. 6.6. Auch alle anderen Zustandsgrößen vor dem Stoß werden mit dem Index x gekennzeichnet; die Größen nach dem Stoß erhalten den Index y.

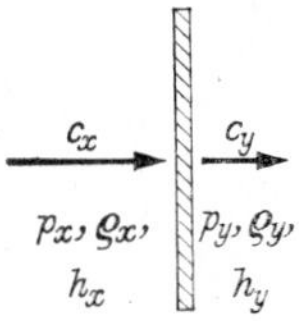

Abb. 6.6. Zustandsgrößen vor und hinter einem senkrechten Verdichtungsstoß

Ohne über die Vorgänge in der Stoßzone Genaueres zu wissen, können wir die Zustandsgrößen vor und nach dem Stoß miteinander verknüpfen, wenn wir die Bilanzgleichungen für Masse, Energie und Impuls heranziehen. Nach der Kontinuitätsgleichung bleibt die Massenstromdichte konstant:

$$c_x \varrho_x = c_y \varrho_y. \tag{6.15}$$

Da die Stoßzone adiabat ist, bleibt nach dem 1. Hauptsatz die Totalenthalpie $h + c^2/2$ konstant. Somit gilt

$$h_x + c_x^2/2 = h_y + c_y^2/2. \tag{6.16}$$

Nach dem Impulssatz ist die Änderung des Impulsstromes, die das Fluid beim Durchströmen der Stoßfront erfährt, gleich der Resultierenden der Druckkräfte, vgl. S. 246. Aus

$$\dot{m}(c_y - c_x) = A(p_x - p_y)$$

ergibt sich dann mit

$$\dot{m} = A c_x \varrho_x = A c_y \varrho_y$$

die Beziehung

$$p_x + \varrho_x c_x^2 = p_y + \varrho_y c_y^2. \tag{6.17}$$

Mit der thermischen und kalorischen Zustandsgleichung des Fluids, also mit

$$v = v(T, p) \quad \text{und} \quad h = h(T, p)$$

stehen nun fünf Gleichungen zur Verfügung, mit denen die Größen c_y, $\varrho_y = 1/v_y$, p_y, T_y und h_y aus den Zustandsgrößen vor dem Stoß (Index x) berechnet werden können.

Wir nehmen nun einen festen Zustand x vor dem Verdichtungsstoß an und untersuchen, welche allgemeinen Aussagen über den Zustand y möglich sind. Dazu bedienen wir uns zur Veranschaulichung des h, s-

Diagramms und nehmen an, auch die Entropiefunktion $s = s(T, p)$ des Fluids wäre gegeben. Zuerst eliminieren wir die unbekannte Geschwindigkeit c_y aus der Energiegleichung mit Hilfe der Kontinuitätsgleichung. Dies ergibt

$$h_y = h_x + \frac{c_x^2}{2} \left[1 - (v_y/v_x)^2 \right]. \tag{6.18}$$

Zu jedem angenommenen Wert von v_y liefert diese Gleichung eine bestimmte Enthalpie h_y, wozu man über die Zustandsgleichungen für das Fluid auch die zugehörige Entropie s_y berechnen kann. Im h, s-Diagramm bilden alle diese Zustände (h_y, s_y) eine Kurve, die auch durch den Zustand x läuft, und die als *Fanno-Kurve* bezeichnet wird[1], Abb. 6.7. Die Fanno-Kurve verbindet somit alle Zustände, die dieselbe

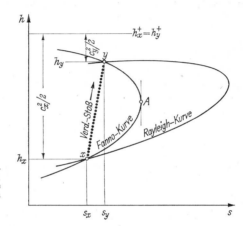

Abb. 6.7. Fanno-Kurve und Rayleigh-Kurve bestimmen durch ihre Schnittpunkte die Zustände vor und hinter einem geraden Verdichtungsstoß

Massenstromdichte und zugleich dieselbe Totalenthalpie aufweisen. Da dies Bedingungen sind, die die beiden Zustände x und y erfüllen müssen, ist die durch x laufende Fanno-Linie ein geometrischer Ort für den gesuchten Zustand y nach dem Stoß.

Den zweiten geometrischen Ort liefert uns die Verbindung der Gln. (6.15) und (6.17). Eliminieren wir wieder c_y, so erhalten wir

$$p_y = p_x + \frac{c_x^2}{v_x} (1 - v_y/v_x) \tag{6.19}$$

und damit zu jedem angenommenen Wert von v_y einen Druck p_y. Über die Zustandsgleichungen erhält man aus v_y und p_y auch h_y und s_y, so daß man eine zweite Kurve in das h, s-Diagramm einzeichnen kann: die *Rayleigh-Kurve*[2]. Sie verbindet alle Zustände, die dieselbe

---

[1] Nach G. Fanno, der diese Kurven erstmals 1904 in seiner Diplomarbeit an der ETH Zürich angegeben hat.

[2] Lord Rayleigh (1842—1919) war ein englischer Physiker, dessen Arbeiten auf dem Gebiet der Akustik besonders bekannt geworden sind. Er entdeckte 1894 das Element Argon und erhielt 1904 den Nobelpreis für Physik.

Massenstromdichte haben und die durch reibungsfreie Strömung auseinander hervorgehen. Bei der Anwendung des Impulssatzes, die zu Gl.(6.17) führte, wurden nämlich wegen der infinitesimal kleinen Dicke des Verdichtungsstoßes die Reibungskräfte fortgelassen.

Fanno-Kurve und Rayleigh-Kurve bestimmen durch ihre beiden Schnittpunkte die Zustände x und y vor bzw. hinter dem geraden Verdichtungsstoß, Abb.6.7. Wie das h, s-Diagramm zeigt, gilt $h_y > h_x$; auch der Druck p_y und die Entropie s_y nach dem Stoß sind größer als vorher. Da die Entropie in einem adiabaten Prozeß nicht abnehmen kann, gibt es keinen Verdünnungsstoß, der eine sprunghafte Änderung vom Zustand y zum Zustand x bewirkt; dies widerspräche dem 2. Hauptsatz. Um schließlich die Geschwindigkeitsänderung beim geraden Verdichtungsstoß zu untersuchen, betrachten wir zunächst den Zustand A auf der Fanno-Kurve, der im h, s-Diagramm eine senkrechte Tangente hat. An dieser Stelle gilt

$$T \, ds = dh - v \, dp = 0$$

und außerdem

$$dh + c \, dc = 0,$$

weil auf der Fanno-Kurve die Totalenthalpie konstant ist, sowie

$$d\left(\frac{c}{v}\right) = \frac{dc}{v} - \frac{c}{v^2} \, dv = 0$$

als Kontinuitätsgleichung. Wir eliminieren aus diesen drei Gleichungen dh und dc und erhalten für die an der Stelle A auftretende Geschwindigkeit

$$c^2 = -v^2 (\partial p / \partial v)_s = (\partial p / \partial \varrho)_s = a^2.$$

Hier wird also die Schallgeschwindigkeit erreicht. Da auf der Fanno-Kurve die Totalenthalpie $h + c^2/2$ konstant bleibt, entspricht der untere Ast der Fanno-Kurve, wo $h < h_A$ ist, Zuständen mit Überschallgeschwindigkeit $c > a$ bzw. Mach-Zahlen $\mathrm{Ma} > 1$. Dementsprechend gehören zum oberen Ast Zustände mit Unterschallgeschwindigkeit. Für den Verdichtungsstoß bedeutet dies, daß stets $c_x > a > c_y$ gilt. Durch den Verdichtungsstoß erreicht das mit Überschallgeschwindigkeit anströmende Fluid sprunghaft Unterschallgeschwindigkeit. Der umgekehrte Übergang (Verdünnungsstoß) ist nicht möglich, da er zu einer Entropieabnahme im adiabaten System führen würde.

Beispiel 6.3. Vor einem schnell fliegenden Flugkörper bildet sich eine Stoßwelle nach Abb.6.8 aus. Relativ zum Flugkörper gerechnet, ströme die Luft mit $p_x = 0{,}265$ bar, $t_x = -50\,°C$ und mit einer Machzahl $\mathrm{Ma}_x = 2{,}50$. Man bestimme den Zustand y hinter dem Stoß sowie den Druck p_{oy} und die Temperatur t_{oy} an der Oberfläche des Flugkörpers, wo die Relativgeschwindigkeit $c_{oy} = 0$ ist. Die Zustandsänderung der Luft hinter dem Stoß kann dabei als isentrop ($s_{oy} = s_y$) angenommen werden.

Die drei Zustände x, y und $0y$ sind im T, s-Diagramm, Abb.6.9, dargestellt. Zur Berechnung der Zustandsgrößen behandeln wir die Luft als ideales Gas mit *konstantem* c_p^0, bzw. konstantem $\varkappa = c_p^0/c_v^0 = 1,400$. Aus Gl. (6.18) für die Fanno-Kurve ergibt sich dann

$$T_y = T_x + \frac{c_x^2}{2c_p^0}\,[1 - (v_y/v_x)^2].$$

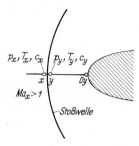

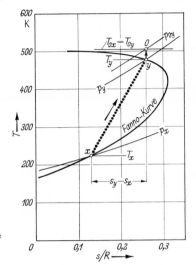

Abb. 6.8. Stoßwelle vor einem schnell fliegenden Flugkörper

Abb. 6.9. T,s-Diagramm mit Fanno-Kurve und Verdichtungsstoß

Wir führen nun die Mach-Zahl ein und setzen

$$c_x^2 = \mathrm{Ma}_x^2 \cdot a_x^2 = \mathrm{Ma}_x^2 \varkappa \cdot R \cdot T_x.$$

Damit ergibt sich

$$T_y/T_x = 1 + \frac{\varkappa - 1}{2}\,\mathrm{Ma}_x^2\,[1 - (v_y/v_x)^2] \tag{6.20a}$$

und in gleicher Weise aus der Gl. (6.19) der Rayleigh-Kurve

$$p_y/p_x = 1 + \varkappa\,\mathrm{Ma}_x^2\,(1 - v_y/v_x). \tag{6.20b}$$

Aus der Zustandsgleichung idealer Gase folgt schließlich

$$v_y/v_x = (T_y/T_x)/(p_y/p_x). \tag{6.20c}$$

Damit stehen uns drei Gleichungen für das Temperatur-, Druck- und Volumenverhältnis zu Verfügung, die wir iterativ lösen. Wir schätzen einen Wert von v_y/v_x, berechnen damit T_y/T_x und p_y/p_x aus den Gln. (6.20a) und (6.20b). Diese beiden Werte bestimmen durch Gl. (6.20c) einen neuen Wert von v_y/v_x, mit dem das Iterationsverfahren fortgesetzt wird. Diese Rechnung konvergiert ziemlich rasch und liefert die Größen

$$v_y/v_x = 0,3000, \quad T_y/T_x = 2,1375 \quad \text{und} \quad p_y/p_x = 7,125.$$

Damit ergeben sich $T_y = 477\,\mathrm{K}$ ($t_y = 204\,°\mathrm{C}$) und $p_y = 1,888$ bar. Druck und Temperatur steigen durch den Verdichtungsstoß erheblich an. Für die Geschwindigkeit folgt aus der Kontinuitätsgleichung

$$c_y = (v_y/v_x)\,c_c,$$

was mit der Schallgeschwindigkeit $a_x = 299,5$ m/s und mit $c_x = 2,50 \cdot a_x = 749$ m/s schließlich $c_y = 225$ m/s als Relativgeschwindigkeit der Luft nach dem Stoß ergibt.

Wird die Luftströmung von dieser Geschwindigkeit adiabat auf $c_{oy} = 0$ abgebremst, so folgt hierfür aus dem 1. Hauptsatz

$$h_y + c_y^2/2 = h_{oy}$$

oder

$$T_{oy} = T_y + c_y^2/2c_p^0 = 477\ \mathrm{K} + \frac{225^2\ \mathrm{m^2/s^2}}{2 \cdot 1{,}004\ \mathrm{kJ/kg\ K}} = 502\ \mathrm{K}.$$

Unter der Annahme isentroper Strömung finden wir für den Druck (den Staudruck oder Stagnationsdruck)

$$p_{oy} = p_y(T_{oy}/T_y)^{c_p^0/R} = 2{,}26\ \mathrm{bar}.$$

Durch den Verdichtungsstoß und den adiabaten Aufstau nimmt die Temperatur der Luft erheblich zu. Die Annahme $c_p^0 = \mathrm{const}$, auf der die vorstehende Rechnung basiert, ist somit nur annähernd gültig. Berücksichtigt man in der Gl. (6.18) für die Fanno-Kurve die richtige Temperaturabhängigkeit der Enthalpie über die mittleren spez. Wärmekapazitäten von Tab. 10.7, so erhält man $t_y = 202{,}6\,^\circ\mathrm{C}$ und $p_y = 1{,}890$ bar als Zustandsgrößen nach dem Stoß. Sie weichen nur wenig von den Werten ab, die wir unter der Annahme $c_p^0 = \mathrm{const}$ erhalten haben. Diese Annahme, die bei gasdynamischen Rechnungen meistens gemacht wird, ist somit im vorliegenden Falle gerechtfertigt.

6.24 Adiabate Strömungsprozesse

Adiabate Strömungsprozesse treten in der Technik häufig auf. Durchströmte Rohre, Düsen, Diffusoren, Drosselorgane (Blenden, Ventile) können meistens als adiabate Systeme angesehen werden. Die trotz Isolierung auftretenden Wärmeströme sind im allgemeinen vernachlässigbar klein. Mit $q_{12} = 0$ ergibt sich aus den Gleichungen des Abschnitts 6.21

$$h_2 - h_1 + \frac{1}{2}(c_2^2 - c_1^2) = 0 \qquad\qquad (6.21)$$

oder

$$h_2^+ = h_2 + \frac{1}{2}c_2^2 = h_1 + \frac{1}{2}c_1^2 = h_1^+.$$

Bei adiabaten Strömungsprozessen bleibt die Totalenthalpie $h^+ = h + c^2/2$ *konstant; die Zunahme der kinetischen Energie ist gleich der Abnahme der Enthalpie des Fluids*, vgl. Abb. 6.10. Für die Austrittsgeschwindigkeit c_2 erhält man aus Gl. (6.21)

$$c_2 = \sqrt{2(h_1 - h_2) + c_1^2}.$$

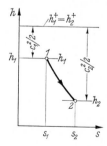

Abb. 6.10. Bei adiabaten Strömungsprozessen bleibt die Totalenthalpie $h^+ = h + c^2/2$ erhalten

Diese Gleichungen gelten für reversible und irreversible Prozesse, also auch für Strömungen mit Reibung, denn sie drücken nur den Energieerhaltungssatz aus.

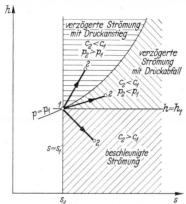

Abb.6.11. Bereiche der Endzustände 2 verschiedener vom Anfangszustand 1 ausgehender adiabater Strömungsprozesse

Einen Überblick über die nach dem 2.Hauptsatz möglichen adiabaten Strömungsprozesse erhalten wir mit dem h,s-Diagramm von Abb. 6.11. Vom (willkürlich festgelegten) Anfangszustand 1 aus lassen sich nur solche Endzustände erreichen, für die

$$s_2 \geqq s_1$$

gilt. Außerdem muß die für alle Strömungsprozesse geltende Gleichung

$$\frac{1}{2}\,(c_2^2 - c_1^2) = -\int_1^2 v\,dp - \psi_{12} \tag{6.22}$$

erfüllt sein. Wir unterscheiden nun die folgenden drei Fälle.

Das Fluid wird beschleunigt, $c_2 > c_1$, wenn nach Gl.(6.21) seine Enthalpie abnimmt. Die Endzustände dieser adiabaten Strömungsprozesse liegen im h,s-Diagramm zwischen der Isentrope $s = s_1$ und den Isenthalpe $h = h_1$; in diesem Bereich nimmt nach Gl. (6.22) auch der Druck stets ab. Erreicht man Zustände, die rechts von der Isobare $p = p_1$ und oberhalb der Isenthalpe $h = h_1$ liegen, so wird das Fluid trotz eines Druckabfalls verzögert. Bei diesen Prozessen ist die Dissipationsenergie ψ_{12} so groß, daß sie in Gl.(6.22) das (positive) Integral überwiegt; damit wird $c_2 < c_1$, obwohl $dp < 0$ gilt. Ein Druckanstieg bei verzögerter Strömung stellt sich erst ein, wenn die Abnahme der kinetischen Energie so groß ist, daß sie die Dissipationsenergie überwiegt und

$$\int_1^2 v\,dp = \frac{1}{2}\,(c_1^2 - c_2^2) - \psi_{12} > 0$$

wird. Das Fluid erreicht dann Zustände, die im h,s-Diagramm oberhalb der Isobare $p = p_1$ und rechts der Isentrope $s = s_1$ liegen. Dies ist der Bereich der Diffusorströmungen, auf die wir in Abschn. 6.25 genauer eingehen.

Als ein wichtiges Beispiel eines adiabaten Strömungsprozesses behandeln wir nun die *reibungsbehaftete Strömung in einem adiabaten Rohr mit konstantem Querschnitt*. In allen Querschnitten eines solchen Rohres sind die Massenstromdichte

$$\dot{m}/A = c/v = c\varrho = c_1 \varrho_1$$

und die Totalenthalpie

$$h^+ = h + \frac{1}{2}c^2 = h_1 + \frac{1}{2}c_1^2 = h_1^+$$

konstant. Daraus folgt nach Abschn. 6.23, daß alle Zustände des strömenden Fluids auf der Fanno-Kurve

$$h + \frac{v^2}{2}\left(\frac{c_1}{v_1}\right)^2 = h + \frac{v^2}{2}\left(\frac{\dot{m}}{A}\right)^2 = h_1^+$$

liegen. Zu jedem (statischen) Anfangszustand (h_1, s_1) bzw. (h_1, v_1) gehören mehrere Fanno-Kurven, die zu verschiedenen Werten der Anfangsgeschwindigkeit c_1 bzw. der Massenstromdichte $\dot{m}/A$ gehören, Abb. 6.12.

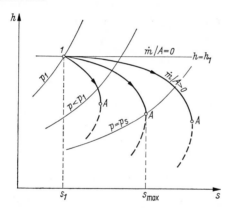

Abb. 6.12. Fanno-Kurven für verschiedene konstante Massenstromdichten $\dot{m}/A$ (Unterschallströmungen)

Bei den in Abb. 6.12 gezeigten Fanno-Kurven nimmt die Geschwindigkeit des im Rohr strömenden Fluids zu, bis in den durch A gekennzeichneten Zuständen mit senkrechter Tangente die Schallgeschwindigkeit als maximal mögliche Geschwindigkeit erreicht wird. Eine weitere Geschwindigkeitssteigerung und eine damit verbundene Druckabnahme ist nicht möglich, denn es müßte dann die Entropie des adiabat strömenden Fluids abnehmen, was dem 2. Hauptsatz widerspricht. Als Schalldruck p_s bezeichnet man jenen Druck im Austrittsquerschnitt eines adiabaten Rohrs, der gerade auf die Schallgeschwindigkeit als Austrittsgeschwindigkeit führt. Sinkt der Druck im Raum außerhalb des Rohres unter den Schalldruck p_s, so ändert sich der Strömungszustand im Rohr nicht. Im Austrittsquerschnitt bleiben der Schalldruck und die Schallgeschwindigkeit unverändert erhalten, und das Fluid expandiert außerhalb des Rohres irreversibel unter Wirbelbildung auf den niedrigeren Druck.

Die Zustände vor und hinter einer *Drosselstelle*, vgl. S.83, liegen ebenfalls auf einer Fanno-Kurve, wenn die Kanalquerschnitte gleich groß sind. Wie der Verlauf der Fanno-Kurven im h, s-Diagramm zeigt, bleibt nur für $\dot m/A = 0$ die Enthalpie konstant. Die Beziehung $h_2 = h_1$ gilt also nur näherungsweise, doch hinreichend genau, solange die Massenstromdichte nicht sehr groß ist und der Druckabfall $p_1 - p_2$ in der Drosselstelle klein bleibt.

Tritt das Fluid mit Überschallgeschwindigkeit $c_1 > a$ in das adiabate Rohr, so liegt der Eintrittszustand 1 auf dem unteren Ast der Fanno-Kurve im h, s-Diagramm, Abb. 6.13. Längs des Rohres nimmt nun die Geschwindigkeit ab, während sich Enthalpie und Druck vergrößern. Im Punkt A, wo die Fanno-Kurve eine senkrechte Tangente

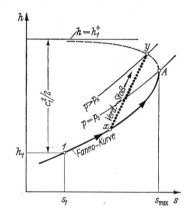

Abb. 6.13. Fanno-Kurve für Überschallströmung im adiabaten Rohr konstanten Querschnitts mit Verdichtungsstoß

hat, erreicht das Fluid die Schallgeschwindigkeit und den Schalldruck $p_s > p_1$. Höhere Austrittsdrücke $p_2 > p_s$ und damit Geschwindigkeiten unterhalb der Schallgeschwindigkeit werden durch einen geraden Verdichtungsstoß erreicht, der im Rohr auftritt. Wie in Abschn. 6.23 ausführlich gezeigt wurde, „springt" der Zustand des Fluids vom unteren Teil der Fanno-Kurve unter Entropiezunahme zum oberen Teil, wodurch sich Enthalpie und Druck unstetig erhöhen und die Geschwindigkeit vom Überschallbereich in den Unterschallbereich abfällt.

Beispiel 6.4. In einer Kälteanlage wird siedendes CF_2Cl_2 von $p_1 = 7,481$ bar, $t_1 = 30,0\,°C$ dadurch gedrosselt, daß es durch ein Kapillarrohr von $d = 1,5$ mm Druckmesser strömt[1]. Der Massenstrom beträgt $\dot m = 12,0$ kg/h. Man bestimme den kleinsten erreichbaren Druck p_s (Schalldruck) und die Austrittsgeschwindigkeit (Schallgeschwindigkeit a).

Schalldruck und Schallgeschwindigkeit werden in jenem Punkt der Fanno-Kurve erreicht, dessen Tangente im h, s-Diagramm senkrecht verläuft. Wir verfolgen daher die Fanno-Kurve ausgehend vom Zustand 1 auf der Siedelinie bis zu jenem Punkt A im Naßdampfgebiet, in dem die Entropie ihr Maximum erreicht. Da die Zustandsänderung im Naßdampfgebiet verläuft, setzen wir in die

---

[1] Vgl. hierzu Bäckström, M.: Zur Berechnung des Kapillarrohres als Drosselvorrichtung. Kältetechnik 10 (1958) S. 283—289.

Gleichung der Fanno-Linie,

$$h + \frac{v^2}{2}\left(\frac{\dot{m}}{A}\right)^2 = h_1 + \frac{v_1^2}{2}\left(\frac{\dot{m}}{A}\right)^2,$$

für h und v die Ausdrücke

$$h = h' + x(h'' - h') \qquad \text{und} \qquad v = v' + x(v'' - v')$$

ein. Daraus erhalten wir eine quadratische Gleichung für den Dampfgehalt x:

$$x^2 + 2x\left[\frac{v'}{v'' - v'} + \left(\frac{A}{\dot{m}}\right)^2 \frac{h'' - h'}{(v'' - v')^2}\right] + \frac{v'^2 - v_1^2 + 2(A/\dot{m})^2\,(h' - h_1)}{(v'' - v')^2} = 0.$$

Ihre Koeffizienten hängen von der Temperatur ab. Aus der Dampftafel[1] von CF_2Cl_2 entnehmen wir für verschiedene Temperaturen v', v'', h' und h'', berechnen die Koeffizienten der quadratischen Gleichung und bestimmen den Dampfgehalt x. Damit lassen sich die Enthalpie h und die Entropie s auf der Fanno-Kurve berechnen, Tab. 6.2. Die Geschwindigkeit wurde aus der Kontinuitätsgleichung

$$c = (\dot{m}/A)\,v = (\dot{m}/A)\,[v' + x\,(v'' - v')]$$

Tabelle 6.2. Fanno-Kurve für die Drosselung von siedendem CF_2Cl_2

t °C	p bar	x —	h kJ/kg	s kJ/kg K	v dm³/kg	c m/s
30	7,481	0,0000	163,64	1,8815	0,7739	1,46
20	5,691	0,0692	163,63	1,8825	2,8469	5,37
10	4,242	0,1306	163,58	1,8844	6,029	11,37
0	3,089	0,1857	163,42	1,8873	10,958	20,67
−10	2,192	0,2347	163,02	1,8906	18,68	35,2
−15	1,826	0,2565	162,61	1,8920	24,05	45,4
−20	1,509	0,2761	161,95	1,8927	30,79	58,1
−25	1,237	0,2923	160,83	1,8920	39,06	73,7
−30	1,005	0,3055	159,29	1,8900	49,44	93,3

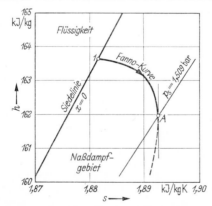

Abb. 6.14. Fanno-Kurve bei der Drosselung von siedendem CF_2Cl_2

mit $\dot{m}/A = 1886$ kg/m²s bestimmt. Wie Abb. 6.14 und Tab. 6.2 zeigen, tritt das Entropiemaximum bei $t = -20{,}0\,°C$, entsprechend einem Dampfdruck $p_s = 1{,}509$ bar auf. Hier erreicht das CF_2Cl_2 seine höchste Geschwindigkeit, nämlich die Schallgeschwindigkeit $a = 58{,}1$ m/s in diesem Zustand.

---

[1] Nach H. D. Baehr, Hicken, E.: Die thermodynamischen Eigenschaften von CF_2Cl_2 (R 12) im kältetechnisch wichtigen Zustandsbereich. Kältetechnik 17 (1965) S. 143—150.

Bei der Berechnung der Zustandsänderung im Naßdampfgebiet wurde vorausgesetzt, daß sich stets das thermodynamische Gleichgewicht zwischen den beiden Phasen Gas und Flüssigkeit einstellt, daß also kein Siedeverzug auftritt. Die berechneten Geschwindigkeiten sind Mittelwerte, die eigentlich nur für eine homogene Mischung der beiden Phasen des nassen Dampfes physikalisch sinnvoll sind, etwa für eine Verteilung der siedenden Flüssigkeit als Nebel in der Gasphase.

6.25 Adiabate Düsen- und Diffusor-Strömung

Eine Düse ist ein geeignet geformter Strömungskanal, in dem ein Fluid beschleunigt werden soll[1]. Nach Abschn. 6.13 wandelt sich hierbei thermische Energie in Eigenarbeit um, die wegen $w_{t12} = 0$ allein aus einer Zunahme der kinetischen Energie besteht. Nach Gl. (6.22) von S. 253 muß dabei der Druck des Fluids in der Düse sinken.

Wir betrachten nun eine adiabate Düse ($q_{12} = 0$, $s_2 \geqq s_1$), in der das Fluid vom Eintrittszustand 1 aus auf einen gegebenen Gegendruck $p_2 < p_1$ expandiert. Nach dem 1. Hauptsatz bleibt die Totalenthalpie des Fluids konstant, und es gilt daher

$$c_2^2/2 = c_1^2/2 + h_1 - h_2.$$

Wie Abb. 6.15 zeigt, erhält man die größte Zunahme der kinetischen Energie und somit die höchste Endgeschwindigkeit, wenn die Expansion reversibel und damit isentrop ($s = s_1$) verläuft. Der Austrittszustand 2′ ist dann durch die Bedingungen

$$p_{2'} = p_2 \quad \text{und} \quad s_{2'} = s_1$$

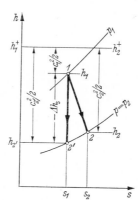

Abb. 6.15. Adiabate Düsenströmung mit gegebenen Drücken p_1 und $p_2 < p_1$

bestimmt. Die Enthalpieabnahme $h_1 - h_2$ des Fluids erreicht dabei ihren nach dem 2. Hauptsatz größtmöglichen Wert

$$h_1 - h_{2'} = h_1 - h(p_2, s_1) = - \int\limits_{p_1}^{p_2} v\,(p, s_1)\,dp = -\Delta h_s.$$

Hierin ist Δh_s die isentrope Enthalpiedifferenz, deren Bestimmung in Abschn. 4.34 ausführlich erläutert wurde.

---

[1] Auf die Berechnung der Düsenform gehen wir in Abschn. 6.26 ein.

Die mit einer adiabaten Düse erreichte kinetische Energie $c_2^2/2$ vergleicht man mit der bei reversibler Expansion bestenfalls erreichbaren Energie $c_{2'}^2/2$, indem man den *isentropen Strömungs-* oder *Düsenwirkungsgrad*

$$\eta_{sS} = \frac{c_2^2/2}{c_{2'}^2/2} = \frac{c_2^2/2}{(c_1^2/2) - \Delta h_s}$$

definiert. Man beachte, daß hier $\Delta h_s < 0$ ist. Gut entworfene Düsen erreichen isentrope Wirkungsgrade $\eta_{sS} > 0,95$. An Stelle des isentropen Strömungswirkungsgrades benutzt man gelegentlich den Geschwindigkeitsbeiwert

$$\varphi = c_2/c_{2'} = \sqrt{\eta_{sS}}.$$

In einem *Diffusor* soll ein strömendes Fluid einen höheren Druck erreichen. Es wird dabei Eigenarbeit in Enthalpie umgewandelt, so daß sich die kinetische Energie des Fluids beim Durchströmen eines Diffusors verringert. Der Diffusor wirkt also umgekehrt wie eine Düse. Wie die für Strömungsprozesse gültige Gleichung

$$\int_1^2 v\, dp = \frac{1}{2}(c_1^2 - c_2^2) - \psi_{12}$$

zeigt, muß die Abnahme der kinetischen Energie die Dissipationsenergie überwiegen, damit ein Druckanstieg ($dp > 0$) erzielt wird. Bei zu großen Reibungsverlusten und entsprechend großer Entropieerzeugung sinkt der Druck trotz einer Abnahme der kinetischen Energie, vgl. Abb. 6.11 auf S. 253.

Wie in einer adiabaten Düse bleibt auch in einem adiabaten Diffusor die Totalenthalpie konstant. Die Enthalpiezunahme des Fluids ist gleich der Abnahme seiner kinetischen Energie:

$$h_2 - h_1 = \frac{1}{2}(c_1^2 - c_2^2).$$

Unter allen nach dem 2. Hauptsatz möglichen Prozessen, die von einem Zustand 1 aus auf einen vorgeschriebenen Enddruck $p_2 > p_1$ führen, zeichnet sich der reversible Prozeß mit isentroper Zustandsänderung ($s = s_1$) durch die kleinste Abnahme der kinetischen Energie aus, Abb. 6.16. Diese ist durch die isentrope Enthalpiedifferenz gegeben:

$$\frac{1}{2}(c_1^2 - c_{2'}^2) = h_{2'} - h_1 = \Delta h_s.$$

Das Verhältnis

$$\eta_{sD} = \frac{\Delta h_s}{h_2 - h_1} = \frac{\Delta h_s}{(c_1^2 - c_2^2)/2}$$

wird als isentroper Wirkungsgrad oder als *Diffusorwirkungsgrad* bezeichnet. Er kennzeichnet die Güte des irreversiblen Prozesses. Neben η_{sD} gibt es weitere sinnvolle Definitionen eines Wirkungsgrades für verzögerte Strömungen. W. Traupel[1] hat sie zusammengestellt und miteinander verglichen.

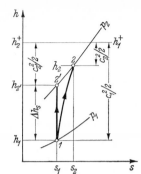

Abb. 6.16. Adiabate Diffusorströmung mit gegebenen Drücken p_1 und $p_2 > p_1$

Wird ein mit der Geschwindigkeit c_1 strömendes Fluid *adiabat und reversibel* auf die Geschwindigkeit $c_0 = 0$ abgebremst, so erreicht es einen Zustand, der als *Stagnationszustand*, Ruhezustand oder Totalzustand bezeichnet wird, Abb. 6.17. Der Stagnationszustand wird dabei durch den Ausgangszustand 1 mit den Zustandsgrößen h_1, s_1 und c_1 eindeutig bestimmt. Er hat die Entropie $s_0 = s_1$ und die Enthalpie

$$h_0 = h_1 + c_1^2/2 = h_1^+,$$

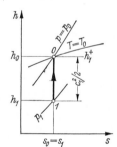

Abb. 6.17. Zustand 1 und zugehöriger Stagnationszustand 0

die als Stagnationsenthalpie oder Ruheenthalpie bezeichnet wird. Sie stimmt mit der Totalenthalpie h_1^+ des Zustands 1 überein, weswegen man Totalenthalpien auch als Stagnationsenthalpien bezeichnet. Durch h_0, s_0 und $c_0 = 0$ ist der Stagnationszustand eindeutig festgelegt. Die Stagnations-, Ruhe- oder Totaltemperatur T_0 und den Stagnations-, Ruhe- oder Totaldruck p_0 erhält man aus der Zustandsgleichung des betreffenden Fluids, nämlich aus den Bedingungen

$$h_0 = h(T_0, p_0) \quad \text{und} \quad s_0 = s(T_0, p_0).$$

In Beispiel 6.3 auf S. 250 hatten wir den Stagnationszustand für Luft berechnet, die nach einem Verdichtungsstoß isentrop zur Ruhe kommt.

---

[1] Traupel, W.: Thermische Turbomaschinen. 1. Bd., 2. Aufl. S. 169—174, Berlin-Heidelberg-New York: Springer 1966.

17*

Die Zustandsgrößen des Stagnationszustandes dienen bei gasdynamischen Untersuchungen häufig als Bezugsgrößen und zur Vereinfachung der Schreibweise von Gleichungen.

Beispiel 6.5. In einen adiabaten Diffusor mit dem isentropen Wirkungsgrad
$\eta_{sD} = 0,757$ strömt Wasserdampf. Sein Eintrittszustand ist durch die Werte
$p_1 = 45,0$ bar, $t_1 = 260\,°C$ und $c_1 = 440$ m/s festgelegt. Man bestimme den
Druck p_2, der durch Verzögern des Wasserdampfes auf $c_2 = 0$ gerade erreicht
werden kann.

Nach Abb. 6.18 findet man den Austrittsdruck p_2 bei der irreversiblen Verdichtung auch als den Enddruck einer *isentropen* Verdichtung 12′ mit der isentropen Enthalpiedifferenz

$$\Delta h_s = h_{2'} - h_1 = \eta_{sD}(h_2 - h_1) = \eta_{sD} \cdot (c_1^2/2)$$

$$= 0,757 \cdot \frac{1}{2} \cdot 440^2 \text{ m}^2/\text{s}^2 = 73,3 \text{ kJ/kg}.$$

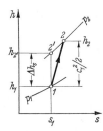

Abb. 6.18. Zur Bestimmung des
Austrittsdruckes p_2 bei einem
Diffusor

Zur Bestimmung von p_2 aus Δh_s stehen nun zwei Wege offen: Man kann einmal
durch Interpolation in der Dampftafel oder in den Zustandsgleichungen von H_2O
jenen Druck p_2 suchen, welcher der Bedingung

$$h(p_2, s_1) = h_1 + \Delta h_s = h_1 + \eta_{sD}(c_1^2/2)$$

genügt. Dies bedingt einen umfangreichen Interpolations- und Iterations-Auf-
wand. Einfacher führt der Ersatz der Isentrope 12′ durch eine Potenzfunktion
mit konstantem Isentropenexponenten k zum Ziel. Aus Gl. (4.13) von S. 193 erhält man dann

$$(p_2/p_1)^{(k-1)/k} = 1 + \frac{k-1}{k} \frac{\Delta h_s}{p_1 v_1}.$$

Abb. 4.21 von S. 192 entnehmen wir $k = 1,27$ als anzuwendenden Wert des Isentropenexponenten. Mit dem spez. Volumen $v_1 = 44,54$ dm³/kg, entnommen aus
der Dampftafel[1], erhalten wir

$$(p_2/p_1)^{0,2126} = 1 + \frac{0,27}{1,27} \frac{73,3 \text{ kJ/kg}}{45,0 \text{ bar} \cdot 44,54 \text{ dm}^3/\text{kg}} = 1,0778$$

und daraus $p_2/p_1 = 1,422$, womit sich

$$p_2 = 1,422 \cdot 45,0 \text{ bar} = 64,0 \text{ bar}$$

als gesuchter Druck ergibt.

Nachdem der Druck p_2 bekannt ist, können wir dieses Ergebnis an Hand
der Wasserdampftafel[1] leicht überprüfen. Für $s_{2'} = s_1 = 6,0382$ kJ/kg K findet
man durch Interpolation auf der Isobare $p_2 = 64,0$ bar die Enthalpie $h_{2'}$
$= 2881,2$ kJ/kg. Damit wird

$$\Delta h_s = h_{2'} - h_1 = (2881,2 - 2807,9) \text{ kJ/kg} = 73,3 \text{ kJ/kg}$$

in bester Übereinstimmung mit dem sich aus dem 1. Hauptsatz und aus η_{sD}
ergebenden Wert für Δh_s.

---

[1] Vgl. Fußnote 1 auf S. 183

6.26 Querschnittsflächen und Massenstromdichte bei isentroper Düsen- und Diffusor-Strömung

Nachdem wir im letzten Abschnitt den Energieumsatz bei der Strömung in Düsen und Diffusoren behandelt haben, untersuchen wir nun, welche Querschnittsflächen diese Kanäle haben müssen, damit sie für vorgegebene Drücke am Eintritt und Austritt einen bestimmten Massenstrom $\dot{m}$ des Fluids hindurchlassen. Massenstrom $\dot{m}$ und Querschnittsfläche A sind durch die Kontinuitätsgleichung

$$\dot{m} = c\varrho A$$

miteinander verknüpft, die auf jeden Querschnitt anzuwenden ist. Da $\dot{m}$ konstant ist, wird die Querschnittsfläche A um so größer, je kleiner die Massenstromdichte $c\varrho$ ist. Diese ergibt sich aus der Zustandsänderung des Fluids. Hier betrachten wir nun den reversiblen Grenzfall; wir setzen also die Zustandsänderung als *isentrop* voraus.

Aus Gl.(6.22) von S.253 erhalten wir unter dieser Annahme mit $\psi_{12} = 0$

$$d(c^2/2) = c\,dc = -v\,dp\,. \tag{6.23}$$

Durch Differenzieren der Kontinuitätsgleichung ergibt sich für die Querschnittsfläche

$$\frac{dA}{A} = -\frac{d(c\varrho)}{c\varrho} = -\frac{d\varrho}{\varrho} - \frac{c\,dc}{c^2}\,,$$

also folgt mit Gl.(6.23)

$$\frac{dA}{A} = -\frac{d\varrho}{\varrho} + \frac{v\,dp}{c^2}\,.$$

Da die Zustandsänderung des Strömungsmediums isentrop ist, gehört zu jeder Änderung der Dichte eine bestimmte Druckänderung

$$dp = \left(\frac{\partial p}{\partial \varrho}\right)_s d\varrho = a^2\,d\varrho\,,$$

wobei a die Schallgeschwindigkeit bedeutet. Es wird dann

$$\frac{d\varrho}{\varrho} = v\,d\varrho = \frac{v\,dp}{a^2}\,,$$

womit wir für die Querschnittsfläche

$$\frac{dA}{A} = \left(\frac{1}{c^2} - \frac{1}{a^2}\right)v\,dp \tag{6.24}$$

erhalten. Nun unterscheiden wir zwei Fälle:

1. *Beschleunigte Strömung* ($dc > 0$). Nach Gl.(6.23) ist $dp < 0$; der Druck sinkt in Strömungsrichtung. Solange $c < a$ ist (Unterschallströmung), muß nach Gl.(6.24) $dA < 0$ sein. Der Querschnitt des Kanals muß sich bei beschleunigter Unterschallströmung verengen. Wir erhalten damit die *konvergente* oder *nicht erweiterte Düse*, vgl. Abb.6.19. Bei Strömungsgeschwindigkeiten oberhalb der Schall-

geschwindigkeit a muß $dA > 0$ sein; die Querschnittsfläche muß sich also erweitern. Eine Düse mit zuerst abnehmendem und danach wieder zunehmendem Querschnitt wurde zuerst von E. Körting (1878) für Dampfstrahlapparate und von de Laval[1] (1883) für Dampfturbinen verwendet, sie wird als *Laval-Düse* bezeichnet. In ihr kann eine Unterschallströmung auf Überschallgeschwindigkeit beschleunigt werden.

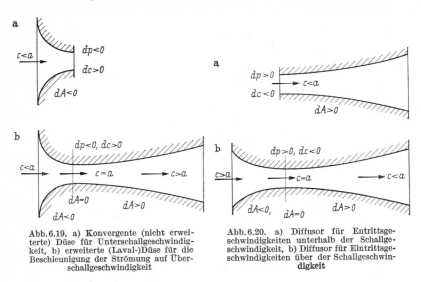

Abb. 6.19. a) Konvergente (nicht erweiterte) Düse für Unterschallgeschwindigkeit, b) erweiterte (Laval-)Düse für die Beschleunigung der Strömung auf Überschallgeschwindigkeit

Abb. 6.20. a) Diffusor für Entrittsgeschwindigkeiten unterhalb der Schallgeschwindigkeit, b) Diffusor für Eintrittsgeschwindigkeiten über der Schallgeschwindigkeit

Im engsten Querschnitt der Laval-Düse gilt $dA = 0$; nach der Kontinuitätsgleichung ist dann auch

$$d(c\varrho) = 0.$$

Die Massenstromdichte $(c\varrho)$ erreicht somit im engsten Querschnitt ein Maximum. Bei reibungsfreier Strömung ist hier nach Gl. (6.24) auch $c = a$, so daß das Maximum der Massenstromdichte mit dem Auftreten der Schallgeschwindigkeit zusammenfällt. In einer konvergenten adiabaten Düse läßt sich keine höhere Geschwindigkeit erreichen als die Schallgeschwindigkeit. Um auf Überschallgeschwindigkeiten zu kommen, muß die Düse erweitert werden.

2. *Verzögerte Strömung* $(dc < 0)$. Bei abnehmender Geschwindigkeit steigt nach Gl. (6.23) der Druck p an. Durch Verzögern der Strömung wird das Strömungsmedium verdichtet. Diese Strömungsform finden wir in einem Diffusor. Sein Querschnitt muß in Strömungsrichtung zunehmen, wenn $c < a$ ist, Abb. 6.20. Dagegen muß sich der Diffusorquerschnitt im Bereich der Überschallgeschwindigkeiten verengen, bis die Schallgeschwindigkeit a erreicht wird. Das weitere Ab-

---

[1] Carl Gustav Patrik de Laval (1845—1913), schwedischer Ingenieur, wurde bekannt als Erfinder der Milchzentrifuge und der nach ihm benannten Laval-Turbine.

bremsen der Strömung erfordert dann eine Querschnittserweiterung. Ein Diffusor, den das Strömungsmedium mit Überschallgeschwindigkeit betritt und den es mit Unterschallgeschwindigkeit verläßt, ist also die genaue Umkehrung einer (erweiterten) Laval-Düse.

Bei bekannter Isentropengleichung kann man zu jedem Druck die Dichte und die Geschwindigkeit des Fluids berechnen und daraus für einen gegebenen Massenstrom auch die Querschnittsfläche als Funktion des Druckes festlegen. Den Verlauf dieser Größen zeigt Abb. 6.21. Der Druck ist hierbei von rechts ($p = 0$) nach links ansteigend angenommen worden. Als größtmöglicher Druck tritt der Stagnationsdruck p_0 auf, bei dem $c = 0$ wird, was $A \to \infty$ verlangt. Bei einer Düse (Expansionsströmung) werden die in Abb. 6.21 dargestellten Zustände von links nach rechts, bei einem Diffusor (Kompressionsströmung) werden die-

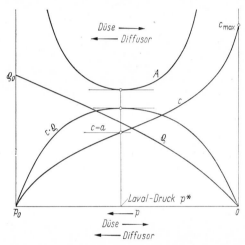

Abb. 6.21. Geschwindigkeit c, Dichte ϱ, Massenstromdichte $c\varrho$ und Querschnittsfläche A als Funktion des Druckes bei isentroper Strömung

selben Zustände von rechts nach links durchlaufen, falls reibungsfreie Strömung vorliegt. Über die Baulänge einer Düse oder eines Diffusors, etwa über den Abstand des engsten Querschnitts vom Eintrittsquerschnitt, kann die Thermodynamik keine Aussagen machen. Dies ist Aufgabe der Strömungsmechanik. Die thermodynamischen Beziehungen verknüpfen nur die zusammengehörigen Werte der Zustandsgrößen, die in den einzelnen Querschnitten auftreten.

Der Druck p^*, der bei isentroper Strömung im engsten Querschnitt auftritt, wird kritischer Druck oder nach einem Vorschlag von E. Schmidt[1] *Laval-Druck* genannt. Das Verhältnis p^*/p_0 mit p_0 als dem Stagnationsdruck heißt das kritische oder Laval-Druckverhältnis. Liegt der Gegendruck p_2 höher als der Laval-Druck p^*, so braucht

---

[1] Schmidt, E.: „Laval-Druckverhältnis" statt „kritisches Druckverhältnis". Forschung Ing. Wes. 16 (1949/50) S. 154.

die Düse nicht erweitert zu werden; in ihr treten nur Geschwindigkeiten $c < a$ auf. Soll dagegen die Expansion auf Drücke unter dem Laval-Druck p^* führen, so muß die Düse erweitert werden, und es treten auch Überschallgeschwindigkeiten auf. Das Laval-Druckverhältnis hängt wie der Verlauf der Kurven in Abb. 6.21 von den Eigenschaften des Fluids ab, denn diese bestimmen die Gestalt der Isentropen. Für die bisher untersuchten Fluide hat man $p^*/p_0 \simeq 0,5$ gefunden.

Beispiel 6.6. Aus einem großen Behälter, in dem der Stagnationszustand $p_0 = 3,00$ bar, $T_0 = 400$ K herrscht, strömt Luft reibungsfrei durch eine adiabate Düse und erreicht am Düsenaustritt den Druck $p_2 = 0,900$ bar. Man bestimme die Zustandsgrößen im engsten Querschnitt und im Austrittsquerschnitt sowie die Flächen dieser Querschnitte für einen Massenstrom $\dot{m} = 65,0$ kg/s.

Wir behandeln die Luft als ideales Gas mit konstantem $\varkappa = 1,400$, was nach den Ergebnissen von Beispiel 6.3, S.252, gerechtfertigt ist. Temperatur und Dichte ergeben sich für jeden Querschnitt aus der Isentropengleichung

$$T = T_0(p/p_0)^{(\varkappa-1)/\varkappa} \tag{6.25a}$$

bzw.

$$\varrho = \varrho_0(p/p_0)^{1/\varkappa} = \frac{p_0}{RT_0}\,(p/p_0)^{1/\varkappa}. \tag{6.25b}$$

Die Geschwindigkeit erhalten wir nach dem 1. Hauptsatz zu

$$c = \sqrt{2(h_0 - h)} = \sqrt{2c_p^0 T_0}\,(1 - T/T_0)^{1/2},$$

was mit Gl. (6.25a) und $c_p^0 = R\varkappa/(\varkappa - 1)$

$$c = \left(\frac{2\varkappa}{\varkappa - 1}\,RT_0\right)^{1/2}[1 - (p/p_0)^{(\varkappa-1)/\varkappa}]^{1/2} \tag{6.26}$$

ergibt. Diese Gleichungen erlauben es, für jeden Druck p die übrigen Zustandsgrößen zu berechnen.

Um den im *engsten Querschnitt* auftretenden Laval-Druck p^* zu bestimmen, beachten wir, daß hier die Schallgeschwindigkeit

$$c^* = a = \sqrt{\varkappa RT^*} = \sqrt{\varkappa p^*/\varrho^*}$$

auftritt. Setzen wir auch in Gl. (6.26) $p = p^*$ ein, so ergibt sich eine weitere Gleichung für die Geschwindigkeit c^*, so daß man aus diesen beiden Gleichungen c^* und das Laval-Druckverhältnis erhält. Es wird

$$p^*/p_0 = \left(\frac{2}{\varkappa + 1}\right)^{\varkappa/(\varkappa-1)} = 0,5283,$$

also $p^* = 1,585$ bar und

$$c^* = a = \left(\frac{2\varkappa}{\varkappa + 1}\,RT_0\right)^{1/2} = 366 \text{ m/s}.$$

Aus Gl. (6.25a) und (6.25b) erhalten wir schließlich $T^* = 333$ K und $\varrho^* = 1,656$ kg/m³.

Im *Austrittsquerschnitt* herrscht der Druck $p_2 = 0,900$ bar. Aus den Gln. (6.25a) bis (6.26) erhalten wir für diesen Wert von p die Größen $T_2 = 284$ K, $\varrho_2 = 1,105$ kg/m³ und $c_2 = 484$ m/s. Die Luft kühlt sich bei der isentropen Entspannung ab und erreicht Überschallgeschwindigkeiten, weswegen die Düse nach dem engsten Querschnitt erweitert werden muß. Die Fläche des Austrittsquerschnitts ergibt sich aus der Kontinuitätsgleichung zu

$$A_2 = \dot{m}/(c_2\varrho_2) = 0,122 \text{ m}^2.$$

Für den engsten Querschnitt findet man ebenso

$$A^* = \dot{m}/(c^*\varrho^*) = 0,107 \text{ m}^2.$$

Das Erweiterungsverhältnis $A_2/A^* = (c^*\varrho^*)/(c_2\varrho_2) = 1{,}14$ ist im vorliegenden Fall nicht besonders groß, weil das Druckverhältnis p_2/p_0 nur wenig unter dem Laval-Druckverhältnis liegt. Bei Expansion zu sehr kleinen Drücken muß die Laval-Düse jedoch stark erweitert werden, was häufig technisch nicht mehr ausführbar ist und so der Expansion Grenzen setzt.

6.27 Strömungszustand in einer Laval-Düse bei verändertem Gegendruck

Im letzten Abschnitt haben wir die Beziehungen kennengelernt, mit denen die Querschnittsflächen einer Düse zu bestimmen sind, wenn der Stagnationszustand vor der Düse und der Druck p_2 im Austrittsquerschnitt bekannt sind. Es sei nun eine Laval-Düse gegeben, deren Querschnittsflächen für ein bestimmtes Druckverhältnis p_2/p_0 unter der Annahme reibungsfreier Strömung ($s = \text{const}$) bestimmt worden sind. An Hand von Abb. 6.22 diskutieren wir die Strömungszustände, die sich in der Düse einstellen, wenn der Gegendruck p' im Raum hinter der Düse geändert wird, so daß er nicht mehr mit dem Auslegungsdruck p_2 übereinstimmt.

In Abb. 6.22 ist der Druck über der Koordinate x in Strömungsrichtung aufgetragen. Die Linie $0\,e\,2$ stellt die isentrope Zustandsänderung für das Auslegungsdruckverhältnis p_2/p_0 dar. Außer diesem

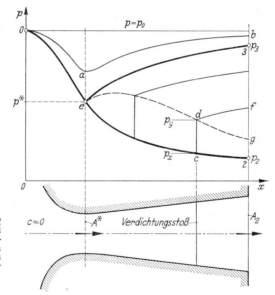

Abb. 6.22. Druckverlauf in einer Laval-Düse bei verschiedenen Gegendrücken: nur die Linien $0\,e\,2$ und $0\,e\,3$ entsprechen einer isentropen Strömung

Druckverhältnis existiert noch ein zweites, für das eine isentrope Zustandsänderung, nämlich die Linie $0\,e\,3$ möglich ist. Hierbei wird jedoch nicht Überschallgeschwindigkeit erreicht; der sich erweiternde Teil der Laval-Düse wirkt vielmehr als Diffusor, der das Fluid verzögert und einen Druckanstieg auf $p = p_3$ herbeiführt. Der Massenstrom ist in beiden Fällen gleich groß; denn zu jedem Druckverhältnis p_2/p_0, das kleiner als das Laval-Druckverhältnis p^*/p_0 ist, gibt es ein zweites Druckverhältnis $p_3/p_0 > p^*/p_0$, bei dem die Massenstromdichte $c\varrho$ denselben Wert hat, vgl. Abb. 6.21 auf S.263.

Bei Gegendrücken $p' > p_3$ arbeitet die Düse als sog. *Venturi-Rohr*. Im konvergenten Teil wird die Strömung beschleunigt, im divergenten Teil wieder verzögert, Kurve $0\,a\,b$ in Abb. 6.22. Es wird jedoch im engsten Querschnitt die Schallgeschwindigkeit nicht erreicht; der Massenstrom $\dot{m}$ ist daher kleiner als der Durchsatz, für den die Düse ausgelegt wurde.

Senkt man den Gegendruck p' unter den Druck p_3 ab, wobei aber noch $p_3 > p' > p_2$ gelten soll, so folgt die Zustandsänderung des Fluids im konvergenten Teil der Düse der Linie $0\,e$. Im engsten Querschnitt wird stets die Schallgeschwindigkeit erreicht, womit der Massenstrom konstant bleibt und den nur vom Ruhezustand und von A^* abhängigen Wert

$$\dot{m} = A^* c^* \varrho^* = A^* a \varrho^*$$

annimmt unabhängig davon, was im divergenten Teil der Düse ge schieht. Hier erhöht sich nun zunächst die Geschwindigkeit bis zu einem bestimmten Querschnitt über die Schallgeschwindigkeit hinaus, wobei der Druck weiter sinkt (Linie $e\,c$ in Abb. 6.22). Da sich die Querschnittsfläche in Strömungsrichtung vergrößert, müßte das Fluid unter Druckabfall auch weiter beschleunigt werden. Der Gegendruck p' am Ende der Düse (Punkt f) ist aber bereits unterschritten: trotz Erweiterung und der dadurch bedingten Drucksenkung bei Überschallströmung muß der Druck wieder ansteigen. Es ist der Strömung nicht mehr möglich, Kontinuitätsgleichung, Energiesatz und die Bedingung $s =$ const gleichzeitig zu erfüllen. Sie muß daher eine dieser drei Bedingungen verletzen. Das geschieht durch einen *geraden Verdichtungsstoß cd*, bei dem die Entropie wächst, vgl. Abschn. 6.23. Nach dem Stoß hat die Strömung Unterschallgeschwindigkeit erreicht; der weitere Druckanstieg ist jetzt bei Querschnittserweiterung möglich. Je tiefer der Gegendruck p' absinkt, desto weiter rückt der Querschnitt, in dem der gerade Verdichtungsstoß auftritt, an das Düsenende. Sinkt der Gegendruck unter den Wert von Punkt g in Abb. 6.22, so reicht er nicht aus, um einen geraden Verdichtungsstoß aufzubauen. Es tritt dann ein *schiefer Verdichtungsstoß* auf, wobei sich der Strahl von der Wand ablöst. Diese verwickelten Verhältnisse lassen sich nicht mehr als eindimensionale Vorgänge beschreiben. Die Theorie des schiefen Verdichtungsstoßes behandelt E. Schmidt[1] in ausführlicher Weise.

Wird schließlich der Auslegungsdruck p_2 erreicht, so tritt in der Düse kein Verdichtungsstoß mehr auf. Sinkt der Gegendruck p' unter den Auslegungsdruck, ändert sich der Strömungszustand innerhalb der Düse nicht mehr. Im Austrittsquerschnitt tritt genau der Auslegungs-

---

[1] Schmidt, E.: Einführung in die technische Thermodynamik, 9. Aufl. S. 294 — 301. Berlin-Göttingen-Heidelberg: Springer 1962.

druck p_2 auf; die weitere Expansion auf den Gegendruck findet außerhalb der Düse in irreversibler Weise statt.

Beispiel 6.7. Für die in Beispiel 6.6 behandelte Düse berechne man den Massenstrom als Funktion des Druckverhältnisses p'/p_0, wobei p' der Gegendruck im Raum hinter der Düse ist.

Die Querschnittsflächen der Düse sind für den Massenstrom $\dot{m} = 65{,}0$ kg/s berechnet worden. Er stellt sich nicht nur beim Auslegungsdruckverhältnis $p_2/p_0 = 0{,}300$ ein, sondern auch bei allen Druckverhältnissen $p'/p_0 \leqq p_3/p_0$, für die die Luft im engsten Querschnitt die Schallgeschwindigkeit $c^* = 366$ m/s erreicht. Das Grenzdruckverhältnis p_3/p_0 ergibt sich aus der Bedingung

$$c_3 \varrho_3 = c_2 \varrho_2 = 484 \text{ (m/s)} \cdot 1{,}105 \text{ kg/m}^3 = 535 \text{ kg/m}^2\text{s}.$$

Nach den Gln. (6.25b) und (6.26) von S. 264 gilt für die Massenstromdichte bei isentroper Strömung

$$c\varrho = \left(\frac{2\varkappa}{\varkappa - 1} \frac{p_0^2}{RT_0}\right)^{1/2} (p/p_0)^{1/\varkappa} [1 - (p/p_0)^{(\varkappa-1)/\varkappa}]^{1/2}, \qquad (6.27)$$

woraus man für $c\varrho = c_3 \varrho_3$ das Druckverhältnis $p_3/p_0 = 0{,}752$ erhält. Der Massenstrom ist damit nach den folgenden Beziehungen zu bestimmen. Für $p'/p_0 \leqq 0{,}752$ hat $\dot{m}$ unabhängig von p'/p_0 den konstanten Wert

$$\dot{m} = A_2 \cdot c_2 \varrho_2 = A_2 \cdot c_3 \varrho_3 = A^* c^* \varrho^* = 65{,}0 \text{ kg/s}.$$

Für $p'/p_0 \geqq p_3/p_0 = 0{,}752$ wird

$$\dot{m} = A_2 c\varrho = 0{,}122 \text{ m}^2 \cdot c\varrho,$$

wobei $c\varrho$ nach Gl. (6.27) mit $p/p_0 = p'/p_0$ zu berechnen ist. In diesem Bereich sinkt $\dot{m}$ mit steigendem Druckverhältnis rasch ab. Abb. 6.23 zeigt die so erhaltenen Ergebnisse.

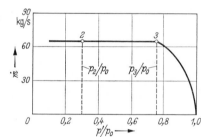

Abb. 6.23. Massenstrom bei isentroper Düsenströmung für verschiedene Druckverhältnisse p'/p_0

6.3 Mischungsprozesse

Strömungsprozesse, bei denen sich zwei oder mehrere Stoffströme im Inneren eines offenen Systems (Kontrollraums) vermischen, bezeichnen wir als Mischungsprozesse. Diese Prozesse sind irreversibel, es sei denn, die sich mischenden Stoffströme hätten beim Eintritt in den Kontrollraum denselben intensiven Zustand und dieselbe chemische Zusammensetzung.

6.31 Masse-, Energie- und Entropie-Bilanzen

Wir betrachten den Kontrollraum von Abb. 6.24, in dem sich die eintretenden Stoffströme vermischen, so daß das abströmende Gemisch entsteht. Die Zustandsgrößen der eintretenden Stoffströme unterscheiden wir durch die Indices 1, 2, 3, ...; den Zustand des abströmenden Gemisches kennzeichnen wir durch den Index m. Wir setzen stationäre Verhältnisse voraus. Dann gilt die Bilanz der Massenströme

$$\dot m_m = \dot m_1 + \dot m_2 + \dot m_3 + \cdots.$$

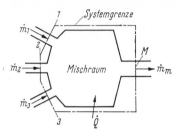

Abb.6.24. Schematische Darstellung eines Mischungsprozesses

Aus dem 1. Hauptsatz für stationäre Fließprozesse, vgl. S.75, ergibt sich die Gleichung

$$\dot Q = \dot m_m h_m^+ - (\dot m_1 h_1^+ + \dot m_2 h_2^+ + \cdots)$$

für den Wärmestrom, der dem Kontrollraum zugeführt oder entzogen wird. Hierin ist

$$h^+ = h + c^2/2$$

die spez. Totalenthalpie der einzelnen Stoffströme. Häufig findet die Vermischung in einem *adiabaten* Kontrollraum statt; dann gilt $\dot Q = 0$, und der Strom der austretenden Totalenthalpie ist gleich der Summe aller eintretenden Totalenthalpieströme.

In Abschn. 3.24, S.126, hatten wir schon die Entropiebilanz für einen von mehreren Stoffströmen durchflossenen Kontrollraum aufgestellt. Speziell für einen adiabaten Mischungsprozeß ergibt sich daraus

$$\dot m_m s_m - (\dot m_1 s_1 + \dot m_2 s_2 + \cdots) = \dot S_{\mathrm{irr}} = \dot m_m s_{\mathrm{irr}} \geqq 0.$$

Der Strom $\dot S_{\mathrm{irr}}$ der durch den Mischungsprozeß erzeugten Entropie verschwindet nur im Grenzfall des reversiblen Prozesses. Als Folge der irreversiblen Vermischung tritt der Exergieverluststrom

$$\dot E_v = T_u \dot S_{\mathrm{irr}} = \dot m_m T_u s_{\mathrm{irr}}$$

auf. Die Exergie des austretenden Gemisches ist kleiner als die Summe der Exergien der eintretenden Stoffströme.

Beispiel 6.8. Ein Dampfstrahlapparat, Abb.6.25, besteht aus der Düse, dem Mischraum und dem Diffusor. Ein solcher Dampfstrahlapparat dient z.B. als Verdichter in Dampfstrahl-Kälteanlagen[1], wo der unter dem Druck p_0 eintretende Niederdruckdampf durch den Treibdampf auf den höheren Druck p_m gebracht werden soll. Der Treibdampf trifft nach der Expansion in der Düse auf den praktisch ruhenden Niederdruckdampf, mit dem er sich vermischt und den er in den Diffusor mitreißt. Hier wird das Gemisch verzögert und auf den Druck $p_m > p_0$ verdichtet.

[1] Vgl. hierzu z.B. Plank, R.: Thermodynamische Grundlagen. Handb. d. Kältetechnik, Bd.2, S.363—375. Berlin-Göttingen-Heidelberg: Springer 1953.

Für einen mit Wasserdampf betriebenen Dampfstrahlapparat, in dem $\dot{m}_0 = 1{,}00$ kg/s gesättigter Dampf von $p_0 = 0{,}015$ bar $(t_0 = 13{,}0\,°\mathrm{C})$ auf $p_m = 0{,}05$ bar verdichtet werden soll, berechne man den Massenstrom $\dot{m}_1$ des Treibdampfes. Dieser steht bei $p_1 = 3{,}0$ bar und $t_1 = 150\,°\mathrm{C}$ zur Verfügung. Für die irreversible Expansion in der Düse gelte $\eta_{ss} = 0{,}90$, für die irreversible Verdichtung im Diffusor sei $\eta_{sD} = 0{,}70$.

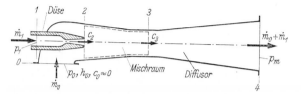

Abb.6.25. Schema eines Dampfstrahlapparates

Wir betrachten zunächst den Idealfall des reversiblen Dampfstrahlapparates. In den Querschnitten 0, 1 und 4 vernachlässigen wir die kinetischen Energien gegenüber den Enthalpien der Stoffströme, setzen also $c_0 = c_1 = c_4 = c_m = 0$. Für den Dampfstrahlapparat gelten nun die beiden Bilanzgleichungen

$$\dot{m}_0 h_0 + (\dot{m}_1)_{\mathrm{rev}}\, h_1 = [\dot{m}_0 + (\dot{m}_1)_{\mathrm{rev}}]\, h_{4*}$$

und

$$\dot{m}_0 s_0 + (\dot{m}_1)_{\mathrm{rev}}\, s_1 = [\dot{m}_0 + (\dot{m}_1)_{\mathrm{rev}}]\, s_{4*},$$

denn beim hypothetischen reversiblen Prozeß bleibt auch die Entropie erhalten $(s_{\mathrm{irr}} = 0)$. Der hypothetische Mischzustand 4* liegt im h,s-Diagramm auf der geraden Verbindungslinie zwischen den Zuständen 0 und 1, und zwar auf der Isobare $p = p_m$, Abb.6.26. Aus den Bilanzgleichungen folgt für das Verhältnis der Massenströme

$$\mu_{\mathrm{rev}} = \dot{m}_0/(\dot{m}_1)_{\mathrm{rev}} = \frac{h_1 - h_{4*}}{h_{4*} - h_0} = \frac{s_1 - s_{4*}}{s_{4*} - s_0}.$$

Diese Doppelgleichung dient einmal dazu, mit der zusätzlichen Bedingung $h_{4*} = h(p_m, s_{4*})$ den Zustand 4* festzulegen und außerdem μ_{rev} zu bestimmen. Man findet unter Benutzung der Wasserdampftafeln (vgl. Fußnote 1 auf S.183) $h_{4*} = 2576{,}9$ kJ/kg und $s_{4*} = 8{,}4454$ kJ/kg K. Damit wird

$$\mu_{\mathrm{rev}} = \frac{2760{,}4 - 2576{,}9 \ \mathrm{kJ/kg}}{2576{,}9 - 2525{,}5 \ \mathrm{kJ/kg}} = 3{,}57.$$

Will man im wirklichen, irreversibel arbeitenden Dampfstrahlapparat denselben Enddruck p_m erreichen, so muß ein wesentlich größerer Treibdampfmassenstrom $\dot{m}_1 > (\dot{m}_1)_{\mathrm{rev}}$ zugeführt werden. Er expandiert in der Treibdüse auf den Druck p_0 (Endzustand 2 in Abb.6.26) und erreicht die Geschwindigkeit

$$c_2 = \sqrt{2(h_1 - h_2)} = \sqrt{\eta_{ss} 2(h_1 - h_{2'})}.$$

Zur Berechnung der Geschwindigkeit c_3 nach der irreversiblen Vermischung mit dem praktisch ruhenden Niederdruckdampf wenden wir den Impulssatz auf den in Abb.6.25 hervorgehobenen Mischraum an. Die Änderung des Impulsstromes

$$(\dot{m}_0 + \dot{m}_1)\, c_3 - \dot{m}_0 c_0 - \dot{m}_1 c_2 = K$$

ist gleich der resultierenden Kraft K aller Kräfte, die an den Grenzen des Mischraums angreifen. Dies sind die vom Druck herrührenden Kräfte in den beiden Strömungsquerschnitten und die Schubkräfte an den Wänden. Wir machen nun die stark vereinfachenden Annahmen $K = 0$ und $p_3 = p_0$, die keineswegs genau zutreffen[1]. Damit und mit $c_0 = 0$ ergibt sich aus dem Impulssatz

$$\dot{m}_0/\dot{m}_1 = (c_2/c_3) - 1. \tag{6.28}$$

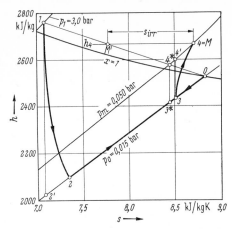

Abb. 6.26. Zustandsänderungen des Wasserdampfes im Dampfstrahlapparat

Die Geschwindigkeit c_3 muß nun so groß sein, daß der aus dem Diffusor austretende Mischdampf den Zustand $4 = M$ auf der Isobare $p = p_m$ mit $c_4 \approx 0$ erreicht. Es muß dann

$$c_3 = \sqrt{2(h_4 - h_3)} = \sqrt{\frac{2}{\eta_{sD}}(h_{4'} - h_3)}$$

gelten, vgl. S.258. Wir setzen nun die Ausdrücke für c_2 und c_3 in Gl.(6.28) ein und erhalten

$$\mu = \dot{m}_0/\dot{m}_1 = \sqrt{\eta_{ss}\eta_{sD}\frac{h_1 - h_{2'}}{h_{4'} - h_3}} - 1.$$

Wir können nun, vgl. Abb. 6.26, in guter Näherung

$$h_{4'} - h_3 = h_{4*} - h_{3*}$$

setzen, weil die Isobaren $p = p_0$ und $p = p_m$ im h, s-Diagramm nur schwach divergieren. Außerdem lesen wir aus dem h, s-Diagramm die folgende Beziehung ab:

$$\frac{h_1 - h_{2'}}{h_{4*} - h_{3*}} = \frac{h_1 - h_0}{h_{4*} - h_0} = 1 + \mu_{\text{rev}}.$$

Damit ergibt sich schließlich

$$\mu = \sqrt{\eta_{ss}\,\eta_{sD}\frac{h_1 - h_0}{h_{4*} - h_0}} - 1 = \sqrt{\eta_{ss}\eta_{sD}(1 + \mu_{\text{rev}})} - 1.$$

Mit den gegebenen Werten der Wirkungsgrade erhalten wir

$$\mu = \dot{m}_0/\dot{m}_1 = \sqrt{0{,}90 \cdot 0{,}70\,(1 + 3{,}57)} - 1 = 0{,}6968.$$

Es sind also $\dot{m}_1 = 1{,}435$ kg/s Treibdampf erforderlich an Stelle von $(\dot{m}_1)_{\text{rev}}$ $= 0{,}280$ kg/s im reversiblen Idealfall.

Beispiel 6.9. Man berechne die Exergieverluste, die in dem irreversibel arbeitenden Dampfstrahlapparat von Beispiel 6.8 auftreten, und bestimme

---

[1] Vgl. hierzu Bauer, B.: Theoretische und experimentelle Untersuchungen an Strahlapparaten für kompressible Strömungsmittel (Strahlverdichter). VDI-Forschungsheft Nr. 514 (1966).

seinen exergetischen Wirkungsgrad ζ. Die Exergie des Wasserdampfes ist Null im Umgebungszustand $t_u = 20\,°C$, $p_u = 1,0$ bar (flüssiges Wasser).

Wir stellen zunächst für die einzelnen Zustände in Tab. 6.3 die Zustandsgrößen h, s, c, die spez. Exergie der Enthalpie $e = h - h_u - T_u(s - s_u)$ und die Exergie der kinetischen Energie $e_{kin} = c^2/2$ zusammen. Diese Werte wurden mit Hilfe der Wasserdampftafeln (vgl. Fußnote 1 auf S.183) und der in Beispiel 6.8 gegebenen Beziehungen berechnet. Die Exergien e_0, e_2 und e_3, sämtlich beim Druck $p_0 = 0,015$ bar, sind negativ. Dies bedeutet, daß ruhender Wasserdampf in diesen Zuständen keine Nutzarbeit liefert, wenn er in einem reversiblen stationären Fließprozeß in den Umgebungszustand gebracht wird. Es ist hierbei vielmehr Arbeit aufzuwenden, was auf den niedrigen Druck zurückzuführen ist.

Tabelle 6.3. h, s, c, e und e_{kin} für Wasserdampf

Zustand	h kJ/kg	s kJ/kg K	c m/s	e kJ/kg	e_{kin} kJ/kg
0	2 525,5	8,8288	0	−59,8	0
1	2 760,4	7,0771	0	688,6	0
2	2 097,7	7,3345	1 151	−49,5	662,4
3	2 433,9	8,5093	678,3	−57,7	230,0
4	2 664,0	8,7038	0	115,3	0
U	84,0	0,2963	0	0	0

Die Exergieströme in den verschiedenen Querschnitten des Dampfstrahlapparates sind in Abb. 6.27 schematisch dargestellt. Seinen exergetischen Wirkungsgrad ζ definieren wir durch

$$\zeta = \frac{\text{abfließender Exergiestrom}}{\text{eingebrachte Exergieströme}} = \frac{(\dot{m}_0 + \dot{m}_1)\,e_4}{\dot{m}_0 e_0 + \dot{m}_1 e_1}$$

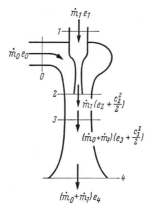

Abb. 6.27. Schema der Exergieströme im Dampfstrahlapparat

und erhalten

$$\zeta = \frac{2,435 \cdot 115,3}{1,0\,(-59,8) + 1,435 \cdot 688,6}\,\frac{\text{kJ/s}}{\text{kJ/s}} = \frac{281\ \text{kW}}{928\ \text{kW}} = 0,302.$$

Beinahe 70 % der eingebrachten Exergie werden durch die Irreversibilitäten in Anergie verwandelt! Der Exergieverluststrom beträgt insgesamt

$$\dot{E}_v = (1 - \zeta)\,[\dot{m}_0 e_0 + \dot{m}_1 e_1] = (\dot{m}_0 + \dot{m}_1)\,T_u s_{irr} = 648\ \text{kW}.$$

Hiervon werden in der Düse

$$\dot{E}_{v12} = \dot{m}_1 T_u(s_2 - s_1) = \dot{m}_1\left[e_1 - \left(e_2 + \frac{c_2^2}{2}\right)\right] = 109\ \text{kW}$$

und im Diffusor

$$\dot{E}_{v34} = (\dot{m}_0 + \dot{m}_1)\,T_u(s_4 - s_3) = (\dot{m}_0 + \dot{m}_1)\left(e_3 + \frac{c_3^2}{2} - e_4\right) = 139\ \text{kW}$$

in Anergie umgewandelt. Der größte Exergieverlust tritt jedoch bei der Vermischung auf. Hier gilt

$$(\dot{E}_v)_{\text{misch}} = \dot{m}_0 e_0 + \dot{m}_1\left(e_2 + \frac{c_2^2}{2}\right) - (\dot{m}_0 + \dot{m}_1)\left(e_3 + \frac{c_3^2}{2}\right) = 400\ \text{kW}.$$

Die Prozesse in einem Dampfstrahlapparat sind also stark irreversibel. Die hohen Exergieverluste kann man hier wirtschaftlich nur deswegen in Kauf nehmen, weil der Dampfstrahlapparat sehr einfach gebaut ist (er enthält keine bewegten Teile) und weil er bei sehr kleinen Drücken und großen Massenströmen die einzige Verdichterbauart darstellt, welche die großen Volumina der zu fördernden Stoffströme bewältigen kann.

6.32 Isobar-isotherme Mischung idealer Gase

Werden Stoffströme mit dem gleichen intensiven Zustand, also mit gleichen Werten von T, p und c gemischt, so tritt keine Entropieerzeugung und damit auch kein Exergieverlust auf, sofern die Stoffströme auch gleiche chemische Zusammensetzung haben. Ist dies nicht der Fall, werden vielmehr Stoffe unterschiedlicher chemischer Zusammensetzung, z. B. N_2 und H_2O, miteinander gemischt, so verläuft dieser Prozeß selbst dann irreversibel, wenn keine Temperatur-, Druck- und Geschwindigkeitsunterschiede auftreten. Wir zeigen diese „chemische" Irreversibilität am Beispiel der Mischung verschiedener idealer Gase.

In die Mischkammer von Abb. 6.28 sollen mehrere reine ideale Gase A, B, C, ... jeweils mit derselben Temperatur T und mit demselben Druck p einströmen. Ihre Geschwindigkeiten seien so klein, daß

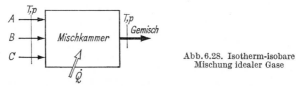

Abb. 6.28. Isotherm-isobare
Mischung idealer Gase

Änderungen der kinetischen Energie vernachlässigt werden können. Das in der Kammer entstehende ideale Gasgemisch soll mit derselben Temperatur T und demselben Druck p abströmen, mit dem die reinen Gase zuströmen. Aus dem 1. Hauptsatz folgt die Bilanzgleichung

$$\dot{Q} = \dot{m}_m h_m(T) - [\dot{m}_A h_A(T) + \dot{m}_B h_B(T) + \cdots].$$

Für die Massenanteile der einzelnen Komponenten im abströmenden Gemisch gilt

$$\xi_A = m_A/m_m = \dot{m}_A/\dot{m}_m,$$

so daß

$$\dot{Q} = \dot{m}_m\{h_m(T) - [\xi_A h_A(T) + \xi_B h_B(T) + \cdots]\} = 0$$

wird; denn der Ausdruck in der eckigen Klammer stimmt mit der spez. Enthalpie eines idealen Gasgemisches überein, vgl. S.212, er ist also gleich $h_m(T)$. *Die isotherme Mischung idealer Gase ist auch adiabat.* Wir nehmen daher für die folgenden Überlegungen den Mischraum als adiabat an.

Die Entropieänderung beim isotherm-isobaren und damit adiabaten Mischen idealer Gase ergibt sich aus der Bilanzgleichung von S.268 zu

$$\dot m_m s_m(T,\,p) - [\dot m_A s_A(T,\,p) + \dot m_B s_B(T,\,p) + \cdots] = \dot m_m s_{\mathrm{irr}} \geqq 0$$

bzw. zu

$$s_{\mathrm{irr}} = s_m(T,\,p) - [\xi_A s_A(T,\,p) + \xi_B s_B(T,\,p) + \cdots].$$

Das ist die beim Mischungsprozeß erzeugte Entropie. Nach den Ausführungen von Abschn. 5.23 bedeutet die rechte Seite dieser Gleichung die Mischungsentropie Δs_m des idealen Gasgemisches. Somit finden wir

$$s_{\mathrm{irr}} = \Delta s_m > 0$$

und bestätigen damit nochmals die auf S.216 gegebene Deutung der Mischungsentropie. Für sie gilt, vgl. S.215,

$$\Delta s_m = -R_m(\psi_A \ln \psi_A + \psi_B \ln \psi_B + \cdots)$$
$$= \xi_A R_A \ln (p/p_A) + \xi_B R_B \ln (p/p_B) + \cdots.$$

Jede Komponente trägt also zur Entropieerzeugung in gleicher Weise bei, nämlich so, als würde sie vom anfänglich vorhandenen Druck p auf den Partialdruck p_N, den sie nach der Mischung im abströmenden Gemisch einnimmt, gedrosselt.

Da der Mischungsprozeß irreversibel ist, hat er den Exergieverlust

$$e_v = T_u s_{\mathrm{irr}} = T_u \Delta s_m$$

zur Folge. Die ungemischten reinen Gase haben also eine höhere Exergie als das ideale Gasgemisch. Bei *reversibler* Herstellung des idealen Gasgemisches könnte somit Exergie z.B. in Form technischer Arbeit gewonnen werden. Das ist prinzipiell mit Hilfe von semipermeablen Wänden möglich, die jeweils nur für ein bestimmtes Gas durchlässig sind, vgl. S.213. Die einzelnen Gase könnten dann zunächst reversibel und isotherm in einer Turbine vom Druck p auf den jeweiligen Partialdruck p_N expandieren. Dabei geben sie technische Arbeit ab und nehmen Wärme aus der Umgebung auf, vgl. Abb. 6.29. Die semipermeablen Wände erlauben dann die reversible Mischung der nach der Expansion unter den verschiedenen Teildrücken stehenden Gase ohne einen Arbeitsaufwand. Die bei der reversiblen Mischung in den Turbinen gewinnbare Arbeit ist somit gerade gleich dem Exergieüberschuß der reinen Gase gegenüber dem Gemisch. Der Betrag der gewonnenen Arbeit entspricht also dem Exergieverlust e_v, der bei irreversibler Vermischung auftritt, wo man auf die Möglichkeit des Arbeitsgewinns verzichtet.

Will man umgekehrt ein ideales Gasgemisch, das bei der Umgebungstemperatur T_u vorliegt, wieder in seine Komponenten zerlegen, so ist

$$(w_t)_{\min} = e_v = T_u \,\Delta s_m$$

die mindestens aufzuwendende *Entmischungsarbeit*. Sie wird dabei nicht für die reversible Entmischung selbst benötigt, denn dieser Prozeß verläuft nach Abschn. 5.23 mit Hilfe der semipermeablen Wände ohne

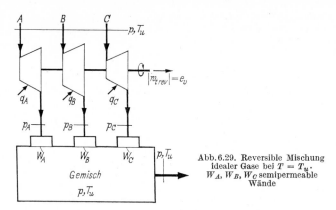

Abb. 6.29. Reversible Mischung idealer Gase bei $T = T_u$. W_A, W_B, W_C semipermeable Wände

jeden Energieaufwand. Die Entmischungsarbeit dient vielmehr nur dazu, die nach der reversiblen Entmischung unter ihren Partialdrücken p_A, p_B, ... vorliegenden Gase isotherm und reversibel auf den Druck $p = p_A + p_B + \cdots$ zu verdichten. In wirklich ausgeführten Anlagen zur Trennung von Gasgemischen stehen im allgemeinen keine semipermeablen Wände zur Verfügung. Die Trennung des Gemisches wird meistens durch Kondensation und anschließende Rektifikation bewirkt[1]. Wegen der dabei auftretenden Irreversibilitäten ist der Arbeits- oder Exergieaufwand ein Vielfaches von $(w_t)_{\min}$.

Beispiel 6.10. Es soll der Mindestarbeitsaufwand für die Zerlegung von trokkener Luft in ihre Komponenten bestimmt werden. Die Zusammensetzung der Luft ist in Beispiel 5.4 auf S. 213 angegeben. Die Exergie der Luft ist im Umgebungszustand ($t_u = 15\,°\mathrm{C}$, $p_u = 1{,}0$ bar) Null. Man bestimme die Exergien der einzelnen Komponenten für $t = t_u$ und $p = p_u$ durch eine Exergiebilanz für den Zerlegungsprozeß.

Bei der reversiblen Entmischung der Luft erhalten wir alle Komponenten einzeln bei Umgebungstemperatur $T = T_u$ und beim vollen Umgebungsdruck $p = p_u$. Die hierbei zuzuführende, auf die Masse des Gemisches bezogene technische Arbeit ist

$$(w_t)_{\min} = T_u[\xi_{N_2} R_{N_2} \ln (p_u/p_{N_2}) + \xi_{O_2} R_{O_2} \ln (p_u/p_{O_2})$$
$$+ \xi_{Ar} R_{Ar} \ln (p_u/p_{Ar}) + \xi_{CO_2} R_{CO_2} \ln (p_u/p_{CO_2})].$$

Die Masseanteile der einzelnen Gase sind aus Beispiel 5.4 bekannt; ihre Partialdrücke sind entsprechend der dort in Volumenanteilen angegebenen Zusammensetzung: $p_{N_2} = 0{,}7809$ bar, $p_{O_2} = 0{,}2095$ bar, $p_{Ar} = 0{,}0093$ bar und $p_{CO_2} =$

---

[1] Vgl. hierzu Hausen, H.: Erzeugung sehr tiefer Temperaturen. Gasverflüssigung u. Zerlegung von Gasgemischen. Handb. d. Kältetechnik, Bd. 8, insbes. S. 162—231. Berlin-Göttingen-Heidelberg: Springer 1957.

0,0003 bar. Mit den Gaskonstanten nach Tab. 10.6 erhalten wir dann

$$(w_t)_{\min} = 288,15 \text{ K } [55,4 + 94,0 + 12,5 + 0,8] \frac{\text{J}}{\text{kg K}} = 46,9 \frac{\text{kJ}}{\text{kg}}.$$

Diese Entmischungsarbeit dient, was nochmals hervorgehoben sei, nur dazu, jede Komponente isotherm bei $T = T_u$ von ihrem jeweiligen Partialdruck im Gemisch (Luft) auf den vollen Druck p_u zu verdichten; denn die reversible Entmischung selbst vollzieht sich ohne Arbeitsaufwand. Jeder Komponente N des Gemisches wird also bei der Verdichtung von ihrem Partialdruck p_N auf den Umgebungsdruck p_u Exergie in Form technischer Arbeit zugeführt. Jede der entmischten Komponenten hat somit die Exergie

$$\xi_N e_N(T_u, p_u) = \xi_N T_u R_N \ln \frac{p_u}{p_N},$$

vgl. die in Abb. 6.30 dargestellte Exergiebilanz, wonach gilt

$$(w_t)_{\min} = \xi_{\text{N}_2} e_{\text{N}_2}(T_u, p_u) + \xi_{\text{O}_2} e_{\text{O}_2}(T_u, p_u)$$
$$+ \xi_{\text{Ar}} e_{\text{Ar}}(T_u, p_u) + \xi_{\text{CO}_2} e_{\text{CO}_2}(T_u, p_u).$$

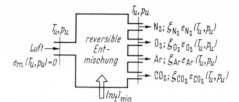

Abb. 6.30. Exergiebilanz für die reversible Entmischung von Luft

Wenn wir dem Gemisch, nämlich der Luft im Umgebungszustand (T_u, p_u) die Exergie Null zuordnen, so ist die spez. Exergie der einzelnen Bestandteile der Luft bei T_u und p_u nicht gleich Null, sondern hat die Werte

$$e_{\text{N}_2}(T_u, p_u) = T_u R_{\text{N}_2} \ln \frac{p_u}{p_{\text{N}_2}} = 288,15 \text{ K} \cdot 296,8 \text{ (J/kg K)} \ln\left(\frac{1}{0,7809}\right)$$
$$= 21,15 \text{ kJ/kg}$$

und entsprechend

$$e_{\text{O}_2} = 117,0 \text{ kJ/kg}, \quad e_{\text{Ar}} = 281 \text{ kJ/kg}, \quad e_{\text{CO}_2} = 441 \text{ kJ/kg}.$$

Dadurch, daß wir den Exergienullpunkt des Gemisches festgelegt haben, sind auch die Exergienullpunkte der einzelnen Komponenten des Gemisches bestimmt. Die Exergien der einzelnen Komponenten der Luft sind nicht bei $p = p_u$ Null, sondern bei den jeweiligen Partialdrücken, die sie in der Luft haben, wenn diese exergielos ist.

6.33 Mischung zweier Ströme feuchter Luft

Werden zwei Ströme feuchter Luft adiabat gemischt, vgl. Abb. 6.31, so gilt die Mengenbilanz

$$\dot{m}_{L1}(1 + x_1) + \dot{m}_{L2}(1 + x_2) = (\dot{m}_{L1} + \dot{m}_{L2})(1 + x_m)$$

oder die sog. Wasserbilanz

$$\dot{m}_{L1} x_1 + \dot{m}_{L2} x_2 = (\dot{m}_{L1} + \dot{m}_{L2}) x_m.$$

Hierbei sind $\dot{m}_{L1}$ und $\dot{m}_{L2}$ die Massenströme trockener Luft mit den Wassergehalten x_1 und x_2, vgl. Abschn. 5.35. Daraus erhalten wir den

18*

Wassergehalt der entstehenden Mischluft

$$x_m = \frac{\dot{m}_{L1} x_1 + \dot{m}_{L2} x_2}{\dot{m}_{L1} + \dot{m}_{L2}}.$$

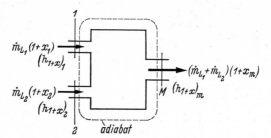

Abb. 6.31. Adiabate Mischung zweier Luft-ströme

Nach dem 1. Hauptsatz muß bei der adiabaten Mischung unter Vernachlässigung der kinetischen Energie die Enthalpie vor und nach der Mischung die gleiche sein, vgl. Abschn. 6.31. Daraus erhalten wir die Bilanz

$$\dot{m}_{L1}(h_{1+x})_1 + \dot{m}_{L2}(h_{1+x})_2 = (\dot{m}_{L1} + \dot{m}_{L2})\,(h_{1+x})_m,$$

also die Enthalpie der Mischluft zu

$$(h_{1+x})_m = \frac{\dot{m}_{L1}(h_{1+x})_1 + \dot{m}_{L2}(h_{1+x})_2}{\dot{m}_{L1} + \dot{m}_{L2}}.$$

Eliminieren wir aus den beiden Bilanzgleichungen die Massenströme, so ergibt sich die Beziehung

$$\frac{(h_{1+x})_1 - (h_{1+x})_m}{(h_{1+x})_m - (h_{1+x})_2} = \frac{x_1 - x_m}{x_m - x_2}.$$

Nach dieser Gleichung liegt der Mischzustand M auf der geraden Verbindungslinie zwischen den Punkten 1 und 2 des h, x-Diagramms, Abb. 6.32. Aus der Wasserbilanz oder aus

$$\frac{\dot{m}_{L2}}{\dot{m}_{L1}} = \frac{x_1 - x_m}{x_m - x_2}$$

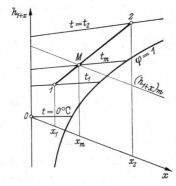

Abb. 6.32. Mischzustand M im h, x-Diagramm

erkennen wir, daß der Mischpunkt M die Strecke 12 im Verhältnis
der Massenströme teilt. Der Mischpunkt liegt immer in der Nähe des
Endpunktes, zu dem der größere Massenstrom gehört.

Mischt man zwei Ströme *gesättigter* feuchter Luft, so bildet sich
stets Nebel, weil die Linie $\varphi = 1$ nach unten hohl ist. Mischt man
zwei Luftmengen mit gleicher Temperatur $t_1 = t_2$, so ist die Temperatur t_m des entstehenden Gemisches nur dann gleich der Ausgangstemperatur t_1 oder t_2, wenn beide Zustände 1 und 2 entweder im ungesättigten Gebiet oder im Nebelgebiet liegen. Mischt man nebelhaltige Luft mit ungesättigter Luft gleicher Temperatur, so liegt die
Temperatur des Gemisches niedriger. Ein Teil des flüssigen Wassers
verdampft nämlich, wodurch sich die Temperatur erniedrigt, da nach
Voraussetzung keine Wärme zugeführt wird.

Beispiel 6.11. In der Mischkammer eines Klimagerätes mischen sich der
Volumenstrom $\dot V_1 = 2000 \, \text{m}^3/\text{h}$ feuchte Luft mit $t_1 = 25°\text{C}$, $\varphi_1 = 0,55$ und der
Volumenstrom $\dot V_2 = 6000 \, \text{m}^3/\text{h}$ feuchte Luft mit dem Zustand $t_2 = 8°\text{C}$,
$\varphi_2 = 0,75$. Der Gesamtdruck beträgt $p = 1000 \, \text{mbar}$. Man bestimme den Zustand der Mischluft.

Aus dem h, x-Diagramm, Abb. 6.33, entnehmen wir zunächst die Wassergehalte der beiden Luftströme:
$$x_1 = 0,0110 \quad \text{und} \quad x_2 = 0,0050.$$
Mittels der Gleichung
$$\dot m_L = \frac{\dot V}{v_{1+x}} = \frac{\dot V p}{R_W T(0,622 + x)}$$
berechnen wir die Trockenluft-Massenströme
$$\dot m_{L1} = 0,638 \, \text{kg/s} \quad \text{und} \quad \dot m_{L2} = 2,05 \, \text{kg/s}.$$
Im h, x-Diagramm, Abb. 6.33, teilt nun der Mischzustand M die Strecke 12 im
Verhältnis
$$\frac{x_1 - x_m}{x_m - x_2} = \frac{\dot m_{L2}}{\dot m_{L1}} = 3,21.$$
Wir lesen ab:
$$x_m = 0,00646; \quad t_m = 12,1°\text{C} \quad \text{und} \quad \varphi_m = 0,731.$$

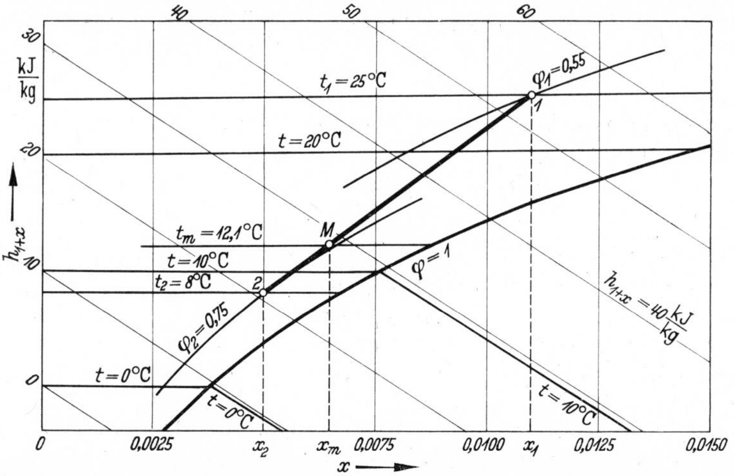

Abb. 6.33. Bestimmung des Mischzustandes in der Mischkammer eines Klimagerätes

6.34 Zusatz von Wasser und Wasserdampf zu feuchter Luft

Die Zumischung von reinem Wasser oder von Wasserdampf zu feuchter Luft läßt sich nicht unmittelbar nach den Beziehungen des letzten Abschnittes behandeln, weil die Zustandspunkte, die reines Wasser darstellen, im h, x-Diagramm wegen $x \to \infty$ nicht zugänglich sind.

Wird zu einem Massenstrom $\dot{m}_L(1 + x_1)$ feuchter Luft der Massenstrom $\Delta \dot{m}_W$ an reinem Wasser oder Wasserdampf zugegeben, so folgt aus der Massenbilanz

$$\dot{m}_L(1 + x_1) + \Delta \dot{m}_W = \dot{m}_L(1 + x_2),$$

daß sich der Wassergehalt der feuchten Luft um

$$x_2 - x_1 = \frac{\Delta \dot{m}_W}{\dot{m}_L}$$

vergrößert. Da die Mischung wieder adiabat und ohne Arbeitsverrichtung vor sich geht, vgl. Abb. 6.34, führt die Energiebilanz auf

$$\dot{m}_L(h_{1+x})_1 + \Delta \dot{m}_W h_W = \dot{m}_L(h_{1+x})_2,$$

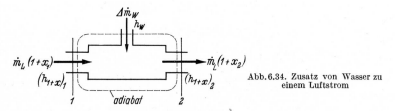

Abb. 6.34. Zusatz von Wasser zu einem Luftstrom

wobei h_W die spez. Enthalpie des zugefügten Wassers ist. Die Enthalpie der feuchten Luft nimmt also um den Betrag

$$(h_{1+x})_2 - (h_{1+x})_1 = \frac{\Delta \dot{m}_W}{\dot{m}_L} h_W$$

zu.

Aus den beiden Bilanzgleichungen folgt, daß der Endzustand 2 im h, x-Diagramm gefunden wird, wenn man vom Anfangszustand 1 aus in der Richtung

$$\frac{\Delta h_{1+x}}{\Delta x} = \frac{(h_{1+x})_2 - (h_{1+x})_1}{x_2 - x_1} = h_W$$

fortschreitet. Zeichnen wir durch den Punkt 1 eine Gerade mit der Richtung h_W, so erhalten wir auf ihr den Zustand 2, wenn wir von x_1 aus waagerecht die Strecke $\Delta \dot{m}_W / \dot{m}_L$ abtragen, wie es Abb. 6.35 zeigt.

Wird der feuchten Luft flüssiges Wasser mit der Temperatur t_W zugemischt, so ist $h_W = c_W t_W$. Die Neigung der Zustandsänderung ist dann gleich der Neigung der Nebelisotherme, die zur Wassertemperatur t_W gehört. Bei niedrigen Wassertemperaturen t_W stimmt die Neigung der Nebelisothermen praktisch mit der Neigung der Isenthalpen überein. Ist die Ausgangsluft im Zustand 1 relativ trocken, so lassen sich durch Wasserbeimischung sogar Temperaturen unterhalb der Wassertemperatur t_W erzielen.

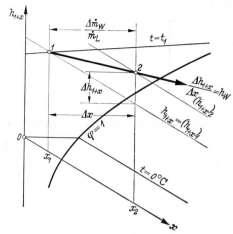

Abb. 6.35. Bestimmung
des Endzustandes 2 beim
Zufügen von Wasser oder
Wasserdampf

6.4 Arbeitsprozesse

In den folgenden Abschnitten behandeln wir Maschinen, die von einem Fluid als Arbeitsmedium durchstr\"omt werden. Wir setzen dabei stationäre Verhältnisse voraus und beschränken uns darauf, die Maschinen als Ganzes zu untersuchen. Wir gehen also nicht auf die Energieumwandlungen in den einzelnen Stufen ein. Wegen dieser für die Berechnung und Konstruktion von Strömungsmaschinen wichtigen Einzelheiten sei auf die einschlägige Literatur verwiesen.

6.41 Adiabate Expansion in Turbinen

Wie schon in Abschn. 6.13 erläutert, wird in einer Turbine thermische Energie in mechanische Energie umgesetzt. Für die Eigenarbeit, nämlich für die in mechanische Energie umgewandelte thermische Energie gilt

$$w^e_{12} = w_{t12} - \frac{1}{2}(c^2_2 - c^2_1) = \int\limits_1^2 v\,dp + \psi_{12},$$

vgl. S. 241. Damit nun technische Arbeit gewonnen werden kann, muß $w^e_{12} < 0$ und somit auch $dp < 0$ sein, denn die Dissipationsenergie ψ_{12} ist stets positiv. In einer Turbine findet also stets eine Expansion des Arbeitsmittels statt.

Wir betrachten nun eine *adiabate* Turbine, Abb. 6.36, der ein Fluid im Zustand 1 (p_1, h_1, s_1) mit der Geschwindigkeit c_1 zuströmt. Der Austrittszustand des Fluids liegt bei einem Druck $p_2 < p_1$ und hat nach dem 2. Hauptsatz eine größere Entropie, $s_2 \geqq s_1$. Aus dem 1. Hauptsatz für stationäre Fließprozesse erhalten wir für die gewonnene technische Arbeit

$$-w_{t12} = h_1 - h_2 + \frac{1}{2}(c_1^2 - c_2^2) = h_1^+ - h_2^+ \,.$$

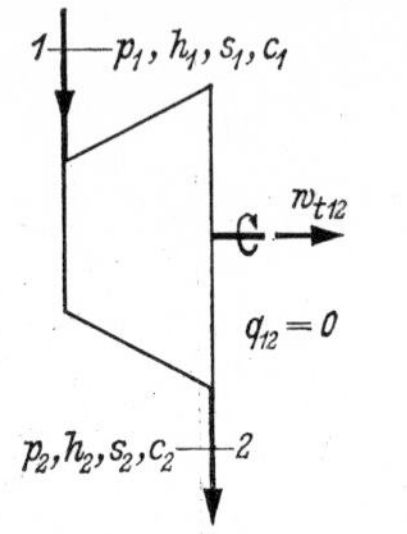

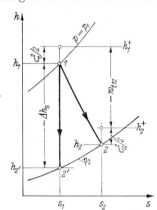

Abb. 6.36. Adiabate Turbine

Sie ist gleich der Abnahme der Totalenthalpie des Fluids, und zwar unabhängig davon, ob der Prozeß reversibel oder irreversibel verläuft. Mit $\dot{m}$ als dem Massenstrom des Fluids ergibt sich die abgegebene Turbinenleistung zu

$$-P_{12} = \dot{m}(-w_{t12})\,.$$

Dies ist die Leistung, die das Fluid an den Rotor abgibt (sog. innere Leistung); die an der Welle verfügbare Leistung verringert sich durch die Lagerreibung, was man häufig durch einen mechanischen Wirkungsgrad berücksichtigt. Hierauf gehen wir nicht ein, denn bei der thermodynamischen Betrachtungsweise steht die Energieabgabe vom Fluid an den Rotor der Turbine im Vordergrund.

Im h, s-Diagramm, Abb. 6.37, sind die Zustände 1 und 2 des Fluids eingezeichnet, und es ist auch die Abnahme der Totalenthalpie als Strecke dargestellt. Unter allen adiabaten Prozessen, die vom Zustand 1

Abb. 6.37. Irreversible adiabate Expansion 12 und reversible, isentrope Expansion 12' im h, s-Diagramm

auf den Druck p_2 führen, liefert der reversible Prozeß mit der isentropen Zustandsänderung 12' die größte Arbeit

$$(-w_{t12'})_{\mathrm{rev}} = h_1 + \frac{1}{2}c_1^2 - h_{2'} = -\Delta h_s + \frac{1}{2}c_1^2\,.$$

Da die kinetische Energie des austretenden Fluids die gewinnbare technische Arbeit verkleinert, strebt man $c_2 = 0$ an; für den reversiblen Idealprozeß haben wir daher $c_{2'} = 0$ gesetzt. Die größtmögliche technische Arbeit ergibt sich somit als Summe aus dem isentropen Enthalpiegefälle $(-\Delta h_s)$ und der kinetischen Energie des eintretenden Fluids. Die Berechnung der isentropen Enthalpiedifferenz Δh_s haben wir in Abschn. 4.34 ausführlich behandelt.

Als *inneren Turbinenwirkungsgrad* definiert man das Verhältnis

$$\eta_{iT} \equiv \frac{-w_{t12}}{(-w_{t12'})_{\mathrm{rev}}} = \frac{h_1^+ - h_2^+}{-\Delta h_s + (c_1^2/2)}.$$

Hier wird die tatsächlich vom Fluid abgegebene technische Arbeit mit der Arbeit einer reversiblen isentropen Entspannung verglichen, die vom selben Anfangszustand 1 zum gleichen Enddruck p_2 führt. Man beachte, daß $\Delta h_s < 0$ ist. In Dampfturbinen bleibt der Massenstrom des expandierenden Wasserdampfes häufig nicht konstant, weil man an bestimmten Stellen Dampf entnimmt, um das Speisewasser vorzuwärmen. Auf die Schwierigkeiten, einen sinnvollen Wirkungsgrad für Turbinen mit Anzapfung zu definieren, können wir hier nicht eingehen. Diese Frage hat W. Traupel[1] ausführlich behandelt.

Bei vielen Untersuchungen, insbesondere bei der Berechnung von Kreisprozessen, ist es nicht nötig, die kinetischen Energien, die gegenüber dem Enthalpiegefälle sehr klein sind, explizit zu berücksichtigen. Die Güte der Turbine kennzeichnet dann auch der *isentrope Turbinenwirkungsgrad*

$$\eta_{sT} \equiv \frac{h_1 - h_2}{h_1 - h_{2'}} = \frac{-\Delta h}{-\Delta h_s} \approx \frac{-w_{t12}}{(-w_{t12'})_{\mathrm{rev}}} = \eta_{iT},$$

der sich vom inneren Wirkungsgrad nur geringfügig unterscheidet[2]. Mit Dampfturbinen erreicht man isentrope Wirkungsgrade um 0,8. Mit Gasturbinen hat man Wirkungsgrade zwischen 0,85 und 0,92 erzielt; allerdings erreichen nur gut konstruierte größere Maschinen die höheren Werte.

Beispiel 6.12. In einer adiabaten Dampfturbine expandiert Wasserdampf vom Zustand 1 mit $p_1 = 35,0$ bar, $t_1 = 520\,°C$, $h_1 = 3\,495,6$ kJ/kg, $s_1 = 7,2155$ kJ/kg K auf den Druck $p_2 = 0,05622$ bar. Wie groß muß der Massenstrom $\dot{m}$ des Wasserdampfes sein, damit die Turbine bei einem isentropen Wirkungsgrad $\eta_{sT} = 0,828$ die Leistung $(-P_{12}) = 32,5$ MW abgibt? Mit welchem Dampfgehalt x_2 verläßt der Abdampf die Turbine?

Für den Massenstrom erhalten wir auf Grund der Definitionen von Leistung und isentropem Wirkungsgrad

$$\dot{m} = \frac{-P_{12}}{-w_{t12}} = \frac{-P_{12}}{\eta_{sT}(-\Delta h_s)} = \frac{-P_{12}}{\eta_{sT}(h_1 - h_{2'})}.$$

---

[1] Traupel, W.: Thermische Turbomaschinen, Bd. 1, 2. Aufl. S. 31—34. Berlin-Heidelberg-New York: Springer 1966.

[2] Der isentrope Turbinenwirkungsgrad ergibt sich auch als das Verhältnis der Eigenarbeiten der beiden Prozesse 12 und 12': $\eta_{sT} = (-w_{12}^e)/(-w_{12'}^e)_{\mathrm{rev}}$. Bei Vernachlässigung der kinetischen Energie stimmt die Eigenarbeit mit der technischen Arbeit überein.

Der Endzustand $2'$ der isentropen Expansion liegt im Naßdampfgebiet, vgl. Abb. 6.38. Daher gilt, vgl. S. 172,

$$h_{2'} = h_2' + T_2(s_{2'} - s_2') = h_2' + T_2(s_1 - s_2').$$

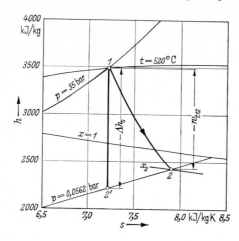

Abb. 6.38. Adiabate Expansion in einer Dampfturbine, dargestellt im h, s-Diagramm für Wasserdampf

Mit den Werten von Tab. 10.10 ergibt sich daraus

$$h_{2'} = 146,6 \ (\text{kJ/kg}) + 308,15 \ \text{K} \ (7,2155 - 0,5049) \ (\text{kJ/kg K}) = 2\,214,5 \ \text{kJ/kg}$$

und damit

$$\dot{m} = \frac{32,5 \ \text{MW}}{0,828 \ (3\,495,6 - 2\,214,5) \ \text{kJ/kg}} = 30,6 \ \text{kg/s}.$$

Der Austrittszustand 2 des Wasserdampfes liegt auf der Isobare $p = p_{2'}$, aber bei einer größeren Entropie $s_2 > s_{2'} = s_1$ und einer Enthalpie $h_2 > h_{2'}$. Der gesuchte Dampfgehalt am Ende der Expansion läßt sich aus

$$x_2 = \frac{h_2 - h_2'}{h_2'' - h_2'}$$

mit

$$h_2 = h_1 + w_{t12} = h_1 - \eta_{sT}(h_1 - h_{2'}) = 2\,437,8 \ \text{kJ/kg}$$

zu

$$x_2 = \frac{2\,437,8 - 146,6}{2\,565,4 - 146,6} = 0,947$$

berechnen.

6.42 Adiabate Verdichtung

Turboverdichter sind im Gegensatz zu den Kolbenverdichtern, auf die wir in Abschn. 6.44 eingehen, ungekühlt und damit als adiabate Maschinen zu behandeln. Die Verdichtung eines Fluids erfordert nach Abschn. 6.13 die Umwandlung von mechanischer Energie in thermische Energie. Dem Fluid muß Eigenarbeit in Form technischer Arbeit zugeführt werden. Hierfür gilt, vgl. Abb. 6.39 und 6.40,

$$w_{t12} = h_2 - h_1 + \frac{1}{2} (c_2^2 - c_1^2) = h_2^+ - h_1^+.$$

Die Verdichterleistung ergibt sich mit $\dot{m}$ als dem Massenstrom des Fluids zu

$$P_{12} = \dot{m}\, w_{t12};$$

sie bedeutet wie bei der Turbine die vom Rotor an das Fluid übergehende Leistung. Die Antriebsleistung ist wegen der Lagerreibung und anderer mechanischer Verluste geringfügig größer.

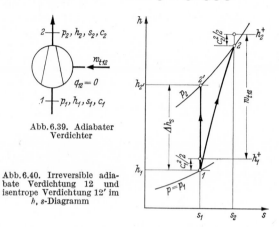

Abb. 6.39. Adiabater Verdichter

Abb. 6.40. Irreversible adiabate Verdichtung 12 und isentrope Verdichtung 12′ im h, s-Diagramm

Unter allen adiabaten Verdichtungsprozessen, die vom Zustand 1 aus auf den Druck p_2 führen, weist der reversible Prozeß die kleinste technische Arbeit auf. Er bringt das Fluid isentrop in den Zustand 2′, für den man $c_{2'} = 0$ annimmt, denn die meist nicht ausnutzbare kinetische Energie des austretenden verdichteten Fluids vergrößert die Verdichterarbeit. Die kleinste Verdichterarbeit wird damit

$$(w_{t12'})_{\mathrm{rev}} = h_{2'} - h_1 - c_1^2/2 = \Delta h_s - c_1^2/2.$$

Hier tritt wieder die isentrope Enthalpiedifferenz Δh_s auf, wegen deren Berechnung auf Abschn. 4.34 verwiesen sei.

Zur Beurteilung eines adiabaten Verdichters benutzt man den durch

$$\eta_{iV} \equiv \frac{(w_{t12'})_{\mathrm{rev}}}{w_{t12}} = \frac{\Delta h_s - c_1^2/2}{h_2^+ - h_1^+}$$

definierten inneren Wirkungsgrad. Damit $\eta_{iV} \leqq 1$ ist, steht die technische Arbeit der reversiblen Verdichtung im Zähler des Quotienten. Auch bei Verdichtern sind die kinetischen Energien meistens zu vernachlässigen. Der *isentrope Verdichterwirkungsgrad*

$$\eta_{sV} = \frac{h_{2'} - h_1}{h_2 - h_1} = \frac{\Delta h_s}{\Delta h} \simeq \frac{(w_{t12'})_{\mathrm{rev}}}{w_{t12}} = \eta_{iV}$$

kann daher für fast alle praktischen Zwecke an Stelle von η_{iV} verwendet werden. Turboverdichter erreichen isentrope Wirkungsgrade, die über 0,8 liegen und bei großen, gut konstruierten Maschinen fast an 0,9 heranreichen.

6.43 Dissipationsenergie, Arbeitsverlust und Exergieverlust bei der adiabaten Expansion und Kompression

Die Verluste bei der irreversiblen Entspannung oder Verdichtung in einer adiabaten Strömungsmaschine (Turbine, Verdichter) werden im wesentlichen durch die Reibung des strömenden Fluids verursacht. Um sie quantitativ zu erfassen, stehen uns drei Größen zur Verfügung: die Dissipationsenergie, der Arbeitsverlust bzw. Arbeitsmehraufwand gegenüber dem reversiblen Prozeß mit isentroper Zustandsänderung und schließlich der Exergieverlust des irreversiblen Prozesses. Wir behandeln im folgenden die Zusammenhänge zwischen diesen Größen. Dabei lassen wir die kinetische Energie unberücksichtigt[1].

Für die durch Reibung in einer adiabaten Maschine dissipierte Energie gilt nach Abschn. 6.12

$$\psi_{12} = \int_1^2 T \, ds_{\mathrm{irr}} = \int_1^2 T \, ds, \qquad (6.29)$$

weil bei adiabaten Prozessen die Entropiezunahme des Fluids allein durch Entropieerzeugung zustande kommt. Mit T ist hier die über die jeweiligen Strömungsquerschnitte gemittelte Temperatur des Fluids bezeichnet. Stellt man seine Zustandsänderung in einem T, s-Diagramm dar, Abb. 6.41, so bedeutet die Fläche unter der Zustandslinie 12 die Dissipationsenergie.

Bei Vernachlässigung der kinetischen Energien erhalten wir für die technische Arbeit, die das Fluid in einer adiabaten Turbine abgibt oder in einem adiabaten Verdichter aufnimmt,

$$w_{t12} = h_2 - h_1.$$

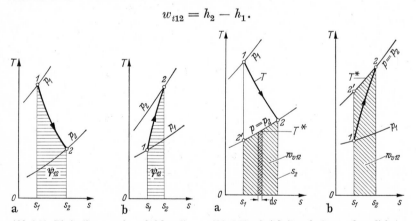

Abb. 6.41. Dissipationsenergie ψ_{12} bei der adiabaten Entspannung (a) und bei adiabater Verdichtung (b)

Abb. 6.42. a) Arbeitsverlust w_{v12} der adiabaten Expansion und b) Arbeitsmehraufwand w_{v12} der adiabaten Verdichtung

---

[1] Die folgenden Überlegungen lassen sich in einfacher Weise so verallgemeinern, daß sie die Änderungen der kinetischen Energie einschließen und sogar die adiabaten Strömungsprozesse umfassen. Man braucht dazu im folgenden nur an die Stelle der technischen Arbeit w_{t12} die Eigenarbeit w_{12}^e des adiabaten Prozesses zu setzen und den Arbeitsverlust als Verlust an Eigenarbeit zu deuten.

Bei *isentroper* Entspannung oder Verdichtung auf denselben Enddruck p_2 ergibt sich

$$(w_{t12'})_{rev} = h_{2'} - h_1 = \Delta h_s.$$

Wir bezeichnen nun die stets positive Enthalpiedifferenz

$$w_{v12} \equiv h_2 - h_{2'} = h(p_2, s_2) - h(p_2, s_1) = \int_{2'}^{2} T(s, p_2)\, ds \quad (6.30)$$

$$= \int_{2'}^{2} T^*\, ds = \int_{s_1}^{s_2} T^*\, ds$$

als den *Arbeitsverlust* des adiabaten Prozesses, vgl. Abb. 6.42. Bei adiabater Entspannung ist

$$w_{v12} = (-w_{t12'})_{rev} - (-w_{t12}) = (1 - \eta_{sT})\,(-\Delta h_s)$$

gleich dem Arbeitsverlust gegenüber der maximal gewinnbaren Arbeit
bei der isentropen Expansion. Für die irreversible adiabate Verdichtung bedeutet

$$w_{v12} = w_{t12} - (w_{t12'})_{rev} = [(1/\eta_{sV}) - 1]\,\Delta h_s$$

den Arbeitsmehraufwand gegenüber der mindestens zuzuführenden
technischen Arbeit bei isentroper Verdichtung.

Vergleicht man nun die Dissipationsenergie und den Arbeitsverlust
eines adiabaten Prozesses, so findet man für ihre Differenz aus Gl. (6.29)
und (6.30)

$$\psi_{12} - w_{v12} = \int_{1}^{2} T\, ds - \int_{2'}^{2} T^*\, ds = \int_{s_1}^{s_2} (T - T^*)\, ds$$

mit T als der Temperatur des Fluids und T^* als der Temperatur auf
der Isobare $p = p_2$. Bei der *adiabaten Expansion* in der Turbine gilt
stets $T \geq T^*$. Deshalb ist hier der Arbeitsverlust kleiner als die dissipierte Energie:

$$w_{v12} < \psi_{12}.$$

Man bezeichnet daher $(\psi_{12} - w_{v12})$ als den *Rückgewinn* der adiabaten
Expansion. Er kommt dadurch zustande, daß ein Teil der zu Beginn
des Prozesses dissipierten Energie in den folgenden Prozeßabschnitten
in Arbeit umgewandelt wird. Die Dissipationsenergie erhöht nämlich
die Enthalpie des Fluids im Vergleich zur isentropen Entspannung,
und diese „zusätzliche" Enthalpie kann bei der weiteren Entspannung
ausgenutzt werden. Wie Abb. 6.43 zeigt, ist der Rückgewinn am Anfang
der Expansion groß und wird an ihrem Ende zu Null. Jede Irreversibilität, durch die Entropie erzeugt und Energie dissipiert wird, z.B. auch
eine Drosselung durch ein Regelorgan, wirkt sich somit in den Anfangsstufen einer Turbine weniger schädlich aus als in den Endstufen. Diese
müssen besonders gut ausgebildet werden, denn die Dissipationsenergie
erscheint hier fast in voller Größe als Arbeitsverlust.

Bei der *adiabaten Kompression* gilt $T^* \geq T$; somit wird der Arbeitsmehraufwand w_{v12} größer als die Dissipationsenergie:

$$w_{v12} > \psi_{12}.$$

An die Stelle eines **Rückgewinns** tritt hier der *Erhitzungsverlust*

$$w_{v12} - \psi_{12} = \int_{s_1}^{s_2} (T^* - T)\, ds,$$

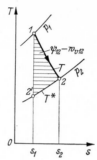

Abb. 6.43. Rückgewinn $\psi_{12} - w_{v12}$
bei der adiabaten Expansion

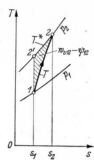

Abb. 6.44.   Erhitzungsverlust
$w_{v12} - \psi_{12}$ bei der adiabaten Verdichtung

Abb. 6.44. Die Dissipation bewirkt eine nun unerwünschte zusätzliche Enthalpieerhöhung, was einen zusätzlichen Volumen- und Temperaturanstieg zur Folge hat. Dies verursacht in den anschließenden Kompressionsabschnitten eine Vergrößerung der aufzuwendenden Arbeit. Der Erhitzungsverlust ist am Anfang der Verdichtung am größten. Man sollte daher der Ausbildung der Anfangsstufen eines Verdichters besondere Aufmerksamkeit widmen. Eine Entropieerzeugung durch Reibung oder Drosselung zieht hier einen Arbeitsmehraufwand nach sich, der erheblich größer ist als die dabei dissipierte Energie.

Infolge des Rückgewinns ist der isentrope Turbinenwirkungsgrad η_{sT} stets größer als der hydraulische Wirkungsgrad der Expansion, der die Dissipationsenergie kennzeichnet, vgl. S.242. Der isentrope Verdichterwirkungsgrad η_{sV} liegt dagegen wegen des Erhitzungsverlustes stets unter dem hydraulischen Wirkungsgrad der Kompression. Die hier bestehenden quantitativen Beziehungen leiten wir im folgenden für die adiabate Verdichtung her.

Die Eigenarbeit eines adiabaten Prozesses ist nach Abschn. 6.13 und S.283

$$w_{12}^e = w_{t12} - \frac{1}{2}(c_2^2 - c_1^2) = h_2 - h_1 = \frac{1}{\eta_{sV}} \Delta h_s.$$

Andererseits gilt mit einem mittleren hydraulischen Wirkungsgrad $\bar{\eta}_{hk}$ der Kompression

$$w_{12}^e = \frac{1}{\bar{\eta}_{hk}} \int_1^2 v\, dp = \frac{1}{\bar{\eta}_{hk}} \left(h_2 - h_1 - \int_1^2 T\, ds \right)$$

und mit

$$h_2 - h_1 = \Delta h_s + w_{v12}$$

auch

$$w_{12}^e = \frac{1}{\bar{\eta}_{hk}} (\Delta h_s + w_{v12} - \psi_{12}).$$

Durch Gleichsetzen der beiden Ausdrücke für w_{12}^e folgt der gesuchte Zusammenhang

$$\eta_{sV} = \bar{\eta}_{hk} \frac{\Delta h_s}{\Delta h_s + w_{v12} - \psi_{12}} < \bar{\eta}_{hk}$$

zwischen den beiden Wirkungsgraden. Im Nenner dieses Ausdrucks steht neben Δh_s der (positive) Erhitzungsverlust $(w_{v12} - \psi_{12})$, so daß tatsächlich $\eta_{sv} < \bar{\eta}_{hk}$ ist.

Nimmt man für die Zustandsänderung 12 eine Polytrope mit konstantem Exponenten n an, so ist $\bar{\eta}_{hk}$ durch den *polytropen Wirkungsgrad* $\bar{\eta}_{pol}$ zu ersetzen, vgl. Beispiel 6.2 auf S.242. Man kann außerdem für die Isentrope 12' eine Zustandsänderung mit konstantem Isentropenexponenten k annehmen und Δh_s nach Gl. (4.13) von S.193 berechnen. Daraus ergibt sich

$$\eta_{sv} = \bar{\eta}_{pol} \frac{k}{k-1} \frac{n-1}{n} \frac{(p_2/p_1)^{(k-1)/k} - 1}{(p_2/p_1)^{(n-1)/n} - 1}. \tag{6.31}$$

Beim Vergleich von Verdichtern, die bei verschiedenen Druckverhältnissen arbeiten, ist es häufig gerechtfertigt, den polytropen Wirkungsgrad als konstant, d.h. als von (p_2/p_1) unabhängig anzunehmen. Wie Gl. (6.31) zeigt, verringert sich der isentrope Wirkungsgrad η_{sv} mit wachsendem Druckverhältnis, vgl. auch Abb. 6.45, was auf den Erhitzungsverlust zurückzuführen ist. Gl. (6.31) gilt unter

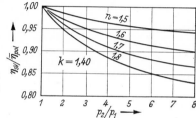

Abb. 6.45. Wirkungsgradverhältnis $\eta_{sv}/\bar{\eta}_{pol}$ nach Gl. (6.31) für $k = 1{,}40$

den getroffenen Annahmen für beliebige Fluide. Ist das zu verdichtende Fluid ein *ideales Gas* mit *konstanter* spez. Wärmekapazität c_p^0, so besteht zwischen $\bar{\eta}_{pol}$, n und $k = \varkappa$ ein Zusammenhang, weil

$$(p_2/p_1)^{(n-1)/n} = T_2/T_1$$

und

$$(p_2/p_1)^{(\varkappa-1)/\varkappa} = T_{2'}/T_1$$

gilt. Damit erhält man aus Gl. (6.31)

$$\eta_{sv} = \bar{\eta}_{pol} \frac{\varkappa}{\varkappa-1} \frac{n-1}{n} \frac{T_{2'} - T_1}{T_2 - T_1} = \bar{\eta}_{pol} \frac{\varkappa}{\varkappa-1} \frac{n-1}{n} \eta_{sv},$$

also

$$\bar{\eta}_{pol} = \frac{n}{n-1} \frac{\varkappa-1}{\varkappa}.$$

Zu jedem Polytropenexponenten gehört nun ein bestimmter polytroper Wirkungsgrad, und an die Stelle von Gl. (6.31) tritt

$$\eta_{sv} = \frac{(p_2/p_1)^{(\varkappa-1)/\varkappa} - 1}{(p_2/p_1)^{(\varkappa-1)/\varkappa\bar{\eta}_{pol}} - 1}.$$

Betrachtet man eine Turbine oder einen Verdichter als Teile einer größeren Anlage und will man die Verluste dieser Maschinen in ihrer Auswirkung auf die gesamte Anlage untersuchen, so ist es sinnvoll, hierfür den *Exergieverlust* heranzuziehen. Bei der irreversiblen adiabaten Verdichtung verläßt das verdichtete Fluid die Maschine mit einer höheren Enthalpie und mit einer höheren Temperatur als bei reversibler Verdichtung. Dieser Effekt braucht in einer Anlage, in der das Fluid noch weitere Prozesse durchläuft, nicht immer unerwünscht zu sein. Soll das verdichtete Fluid beispielsweise auf eine bestimmte Temperatur erwärmt werden, so verringert sich die zuzuführende Wärme um so mehr, je höher die Endtemperatur der Verdichtung liegt. Eine irreversible Verdichtung kann sich also für einen daran anschließenden Prozeß günstig auswirken. Um diese Verhältnisse thermodynamisch gerecht zu beurteilen, legt man jedem Teilprozeß den durch ihn verursachten Exergieverlust zur Last und verzichtet darauf, für jeden Prozeß besonders definierte reversible Vergleichsprozesse heranzuziehen.

Der Exergieverlust einer irreversiblen adiabaten Expansion oder Verdichtung ergibt sich nach Abschn. 3.36 zu

$$e_{v12} = T_u(s_2 - s_1).$$

Er ist der erzeugten Entropie proportional. Exergieverlust, Arbeitsverlust und Dissipationsenergie hängen über diese Größe voneinander ab. Für einen Abschnitt des adiabaten Prozesses, in dem die Entropie des Fluids um ds zunimmt, ergibt sich

$$de_v = T_u\, ds = \frac{T_u}{T}\, d\psi = \frac{T_u}{T^*}\, dw_v,$$

Abb. 6.46. Liegt die Umgebungstemperatur T_u tiefer als die Temperatur T des Fluids und die Temperatur T^* auf der Isobare des Austrittsdrucks p_2, so ist der Exergieverlust kleiner als die Dissipationsenergie

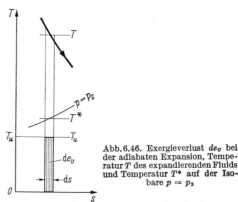

Abb. 6.46. Exergieverlust de_v bei der adiabaten Expansion, Temperatur T des expandierenden Fluids und Temperatur T^* auf der Isobare $p = p_2$

und auch kleiner als der Arbeitsverlust. Dies bedeutet keinen Widerspruch, sondern ist in der unterschiedlichen Definition der Verlustgrößen begründet. Bei Prozessen, die unterhalb der Umgebungstemperatur ablaufen, z.B. in Kälteanlagen, hat dagegen eine Energiedissipation wegen $(T_u/T) > 1$ große Exergieverluste zur Folge. Allgemein verursacht die Dissipation einen um so größeren Exergieverlust, je niedriger die Temperatur des Fluids ist, das an dem irreversiblen Prozeß beteiligt ist. Daraus folgt ebenso wie aus der Betrachtung des

Arbeitsverlustes, daß der Konstruktion der Endstufen einer Turbine und der Anfangsstufen eines Verdichters besondere Sorgfalt gewidmet werden muß.

Beispiel 6.13. Für den in Beispiel 6.2 auf S. 242 behandelten Verdichter berechne man den Arbeitsmehraufwand, den Erhitzungsverlust und den isentropen Wirkungsgrad η_{sV}.

Um den Arbeitsmehraufwand w_{v12} gegenüber der isentropen Verdichtung zu erhalten, müssen wir den Zustand $2'$ auf der Isentrope $s_{2'} = s_1$ beim Verdichtungsenddruck $p_2 = 4{,}253$ bar bestimmen. Da das Fluid Luft ist, verfolgen wir die isentrope Zustandsänderung mit Hilfe der in Tab. 10.9 vertafelten isentropen Temperaturfunktion, vgl. S. 206. Hier gilt

$$\pi_s(t_{2'}) = \frac{p_2}{p_1}\,\pi_s(t_1) = \frac{4{,}253 \text{ bar}}{0{,}969\,16 \text{ bar}} \cdot 1{,}3630 = 5{,}9814\,,$$

woraus wir durch (inverse) Interpolation in Tab. 10.9 die Temperatur $t_{2'} = 181{,}2\,^\circ\text{C}$ erhalten. Damit ergibt sich für den Arbeitsmehraufwand

$$w_{v12} = h_2 - h_{2'} = [c_p^0]_0^{t_2} \cdot t_2 - [c_p^0]_0^{t_{2'}} \cdot t_{2'}$$
$$= (1{,}0112 \cdot 202{,}8 - 1{,}0099 \cdot 181{,}2)\ \text{kJ/kg} = 22{,}1\ \text{kJ/kg}\,,$$

wobei wir Tab. 10.7 für die mittleren spez. Wärmekapazitäten herangezogen haben.

Der Arbeitsmehraufwand ist größer als die in Beispiel 6.2 berechnete Dissipationsenergie. Für den Erhitzungsverlust erhalten wir

$$w_{v12} - \psi_{12} = (22{,}1 - 17{,}3)\ \text{kJ/kg} = 4{,}3\ \text{kJ/kg}\,.$$

Der isentrope Verdichterwirkungsgrad wird nun

$$\eta_{sV} = \frac{h_{2'} - h_1}{h_2 - h_1} = 1 - \frac{w_{v12}}{w_{t12}} = 1 - \frac{22{,}1}{179{,}6} = 0{,}877\,.$$

Er ist wegen des Erhitzungsverlustes kleiner als der in Beispiel 6.2 berechnete polytrope Wirkungsgrad $\overline{\eta}_{\text{pol}} = 0{,}901$.

6.44 Nichtadiabate Verdichtung

Die technische Arbeit, die zur Verdichtung eines Fluids mindestens aufgewendet werden muß, ist

$$(w_{t12})_{\text{rev}} = \int\limits_1^2 v\,dp\,, \tag{6.32}$$

wenn man die kinetischen Energien vernachlässigt. Für einen gegebenen Anfangszustand 1 und einen bestimmten Enddruck $p_2 > p_1$ wird die aufzuwendende Arbeit um so kleiner, je kleiner in Gl. (6.32) der Integrand, also das spez. Volumen des Fluids bei der Verdichtung ist. Die isentrope Verdichtung, die wir in Abschn. 6.42 als günstigsten Prozeß eines *adiabaten* Verdichters behandelt haben, liefert also gar nicht die kleinstmögliche Verdichterarbeit. Kühlt man nämlich das Fluid während der Verdichtung, so nimmt v stärker ab als bei isentroper Verdichtung; man kann also durch Kühlung des Verdichters den Arbeitsaufwand verringern.

Der günstigste Prozeß ist damit die reversible isotherme Verdichtung, $T = T_1 = T_{2*}$. Die hierbei aufzuwendende technische Arbeit wird

$$(w_{t12*})_{\text{rev}} = \int\limits_{p_1}^{p_2} v(p,\,T_1)\,dp = h_{2*} - h_1 - T_1(s_{2*} - s_1)\,,$$

und es ist dabei die Wärme

$$(q_{12*})_{\text{rev}} = T_1(s_{2*} - s_1)$$

abzuführen ($s_{2*} < s_1$!). Der Endzustand 2* wird durch die Bedingungen $T_{2*} = T_1$ und $p_{2*} = p_2$ gekennzeichnet, Abb. 6.47. Ist das zu verdichtende Fluid ein ideales Gas, so gilt $h_{2*} = h_1$ und es wird

$$(w_{t12*})_{\text{rev}} = RT_1 \ln (p_2/p_1) = -(q_{12*})_{\text{rev}}.$$

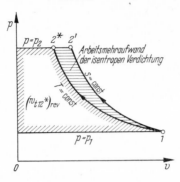

Abb. 6.47. Verdichterarbeit bei reversibler isothermer Verdichtung und reversibler adiabater Verdichtung

Für die technische Arbeit eines irreversibel arbeitenden, gekühlten Verdichters erhalten wir aus dem 1. Hauptsatz

$$w_{t12} = h_2 - h_1 - q_{12} = h_2 - h_1 + |q_{12}|.$$

Wir vergleichen diesen Arbeitsaufwand mit der Arbeit der reversiblen isothermen Verdichtung und definieren einen *isothermen Wirkungsgrad* des Verdichters

$$\eta_{tV} \equiv \frac{(w_{t12*})_{\text{rev}}}{w_{t12}}.$$

Dieses Verhältnis ist kein unmittelbares Maß für die Güte der strömungstechnischen Konstruktion des gekühlten Verdichters, denn w_{t12} und η_{tV} werden auch wesentlich durch die Wirksamkeit der Kühlung bestimmt.

Der isotherme Wirkungsgrad wird vor allem zur Beurteilung von gekühlten *Kolbenverdichtern* herangezogen[1]. Die Prozesse, die in Kolbenverdichtern ablaufen, lassen sich in guter Näherung als stationäre Fließprozesse behandeln, womit die Beziehungen dieses Abschnitts und der vorangehenden Abschnitte anwendbar sind. Man muß hierzu den für die Gleichungen maßgebenden Eintrittszustand 1 und Austrittszustand 2 so weit von der Maschine entfernt annehmen, daß die periodischen Druck- und Mengenschwankungen infolge der Kolbenbewegung weitgehend abgeklungen sind. Saugt der Verdichter z. B. Luft aus der Atmosphäre an, so wird man den Kontrollraum so verlegen, daß der Eintrittsquerschnitt nicht im Ansaugstutzen, sondern davor in der Atmosphäre liegt.

---

[1] Vgl. hierzu auch Fröhlich, F.: Kolbenverdichter. Berlin-Göttingen-Heidelberg: Springer 1961.

Bei mehrstufigen Kolbenverdichtern kühlt man das Fluid nach jeder Stufe in einem besonderen *Zwischenkühler* möglichst weit ab und verdichtet es erst dann mit niedrigerer Anfangstemperatur und einem entsprechend kleineren spez. Volumen in der nächsten Stufe. Hierdurch nähert man sich dem Idealfall der isothermen Verdichtung und erzielt eine Verringerung des Arbeitsaufwandes. In Turboverdichtern läßt sich eine direkte Kühlung des Fluids in der Maschine praktisch nicht verwirklichen. Hier ist die abschnittsweise adiabate Verdichtung mit Zwischenkühlung ein wichtiges Verfahren zur Senkung des Arbeitsaufwandes. Abb. 6.48 zeigt die Ersparnis an Verdichterarbeit gegenüber

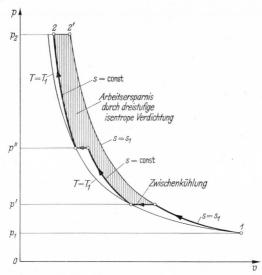

Abb. 6.48. Arbeitsersparnis bei dreistufiger isentroper Verdichtung mit Zwischenkühlung (Zustandsänderung 12) gegenüber der einstufigen isentropen Verdichtung 12′, dargestellt im p, v-Diagramm

der isentropen Verdichtung, wenn man eine mehrstufige, reversible adiabate Verdichtung mit isobarer Zwischenkühlung auf die Anfangstemperatur T_1 annimmt. Ein wirklicher Verdichter arbeitet natürlich nicht reversibel; bei der Zwischenkühlung tritt ein Druckabfall in jedem Zwischenkühler auf, und bei der Abkühlung wird auch die Anfangstemperatur T_1 nicht ganz erreicht werden. Diese Irreversibilitäten verringern die unter idealen Bedingungen erzielbare Arbeitsersparnis von Abb. 6.48.

Bei der mehrstufigen Verdichtung mit Zwischenkühlung kann man die Zahl der Stufen und der Zwischenkühler sowie die Zwischendrücke prinzipiell frei wählen. Mit Erhöhung der Stufenzahl steigt der bauliche Aufwand, während die Arbeitsersparnis, die eine zusätzliche Stufe bringt, um so geringer ausfällt, je größer die Zahl der vorhandenen Stufen bereits ist. Man sieht daher selten mehr als vier oder fünf Stufen vor. Die Zwischendrücke wird man so wählen, daß die technische Arbeit des ganzen Verdichters möglichst klein wird. Bei idealen

Gasen führt dies auf die Vorschrift, das Druckverhältnis in jeder Stufe gleich groß zu wählen.

Beispiel 6.14. In einer Luftverflüssigungsanlage arbeitet ein fünfstufiger, gekühlter Kolbenverdichter mit der Leistung $P_{12} = 373$ kW, die aus den Indikatordiagrammen der fünf Stufen ermittelt wurde. Es wird Luft mit dem Volumenstrom im Normzustand $\dot{V}_n = 1500$ m³/h aus der Atmosphäre ($p_1 = 1,0$ bar, $t_1 = 15,0\,°\text{C}$) angesaugt und auf $p_2 = 240$ bar verdichtet, wobei die Luft beim Austritt aus dem letzten Kühler die Temperatur $t_2 = 30,0\,°\text{C}$ hat. Man bestimme den isothermen Verdichterwirkungsgrad η_{tV} und den Massenstrom $\dot{m}_W$ des Kühlwassers, das sich um $\varDelta t_W = 11,5$ K erwärmt.

Bei den hier auftretenden hohen Drücken kann die Luft nicht als ideales Gas behandelt werden. Die Arbeit der reversiblen isothermen Verdichtung bestimmen wir daher aus der allgemein gültigen Beziehung

$$(w_{t12*})_{\text{rev}} = h_{2*} - h_1 - T_1(s_{2*} - s_1).$$

Mit den Enthalpien und Entropien des *realen* Gases Luft[1] erhalten wir

$$(w_{t12*})_{\text{rev}} = (246,68 - 288,50)\ (\text{kJ/kg}) - 288,15\ \text{K}\ (5,1190 - 6,8312)\ \text{kJ/kg K}$$
$$= 451,6\ \text{kJ/kg}.$$

Die spez. technische Arbeit der wirklichen Verdichtung ergibt sich aus der (indizierten) Leistung P_{12} zu

$$w_{t12} = P_{12}/\dot{m} = (v_n/\dot{V}_n)\,P_{12}.$$

Hierin ist $v_n = 0,7738$ m³/kg das spez. Volumen der Luft im Normzustand, vgl. Abschn. 10.13, so daß wir

$$w_{t12} = \frac{0,7738\ \text{m}^3/\text{kg}}{1500\ \text{m}^3/\text{h}}\ 373\ \text{kW} = 693\ \text{kJ/kg}$$

und

$$\eta_{tV} = (w_{t12*})_{\text{rev}}/w_{t12} = 451,6/693 = 0,652$$

als isothermen Wirkungsgrad erhalten.

Nach dem 1. Hauptsatz für stationäre Fließprozesse, angewendet auf den Luftverdichter, ergibt sich für den durch Kühlung abzuführenden Wärmestrom

$$\dot{Q}_{12} = \dot{m}(h_2 - h_1) - P_{12} = (\dot{V}_n/v_n)\,(h_2 - h_1) - P_{12}.$$

Hierbei ist $h_2 = 266,50$ kJ/kg die spez. Enthalpie der mit 240 bar und 30°C austretenden Luft. Wir erhalten

$$\dot{Q}_{12} = \frac{1500\ \text{m}^3/\text{h}}{0,7738\ \text{m}^3/\text{kg}}\ (266,50 - 288,50)\ \text{kJ/kg} - 373\ \text{kW}$$

$$= -(11,8 + 373)\ \text{kW} = -385\ \text{kW}.$$

Da die Enthalpie der Luft mit steigendem Druck abnimmt, ist der abzuführende Wärmestrom dem Betrag nach größer als die zugeführte Verdichterleistung. Der Massenstrom des Kühlwassers ergibt sich schließlich zu

$$\dot{m}_W = \frac{|\dot{Q}_{12}|}{c_W \varDelta t_W} = \frac{385\ \text{kW}}{4,19\ (\text{kJ/kg K})\ 11,5\ \text{K}} = 7,99\ \text{kg/s}.$$

Bei reversibler isothermer Verdichtung ist der kleinere Wärmestrom

$$(\dot{Q}_{12*})_{\text{rev}} = (\dot{V}_n/v_n)\,(q_{12*})_{\text{rev}} = (\dot{V}_n/v_n)\,T_1(s_{2*} - s_1) = -266\ \text{kW}$$

durch Kühlung an die Umgebung abzuführen. Die Differenz von $(385 - 266)$ kW $= 119$ kW entspricht der in der Verdichteranlage erzeugten Anergie, also dem Exergieverluststrom, der durch die reibungsbehaftete Verdichtung und den irreversiblen Wärmeübergang verursacht wird.

---

[1] Nach Baehr, H. D., Schwier, K.: Die thermodynamischen Eigenschaften der Luft. S. 42 u. 60. Berlin-Göttingen-Heidelberg: Springer 1961.

7. Thermodynamik der Kälteerzeugung

7.1 Heizen und Kühlen als thermodynamische Grundaufgaben

Heizen und Kühlen sind Prozesse, bei denen einem System Energie als Wärme zugeführt oder entzogen wird, um seine Temperatur zu erhöhen, zu erniedrigen oder auf einem konstanten Wert zu halten. Es sind dies die Prozesse, welche der Heiztechnik, der Kältetechnik und der Klimatechnik zugrundeliegen. Zur Untersuchung dieser Prozesse wenden wir insbesondere den 2. Hauptsatz an, um die thermodynamischen Grundlagen der Heiz-, Klima- und Kältetechnik zu verstehen. Die Aussagen des 2. Hauptsatzes lassen sich dabei besonders klar formulieren, wenn wir die in Abschn. 3.33 eingeführten Größen Exergie und Anergie verwenden[1].

7.11 Exergie und Anergie bei der Wärmeübertragung

Wir beginnen damit, das Verhalten von Exergie und Anergie bei der Wärmeübertragung zu untersuchen. Wird zwischen zwei Systemen mit den Temperaturen T_A und $T_B < T_A$ Energie als Wärme übertragen, so fließt mit dem Wärmestrom

$$\dot{Q} = \dot{E}_Q + \dot{B}_Q$$

ein Exergiestrom

$$\dot{E}_Q = \left(1 - \frac{T_u}{T}\right)\dot{Q} = \eta_C \dot{Q}$$

und ein Anergiestrom

$$\dot{B}_Q = \frac{T_u}{T}\,\dot{Q}\;.$$

Diese Energieströme werden positiv gerechnet, wenn sie vom System A zum System B fließen. Hier sind nun zwei Fälle zu unterscheiden, vgl. Abb. 7.1.

Bei Temperaturen T_A und T_B *oberhalb* der Umgebungstemperatur T_u fließen Exergie und Anergie in gleicher Richtung, nämlich mit dem Wärmestrom $\dot{Q}$ in Richtung fallender Temperatur vom System A zum System B, Abb. 7.1a. Dabei verwandelt sich ein Teil des vom System A ausgehenden Exergiestroms in Anergie; dies ist der schon in Ab-

---

[1] Vgl. hierzu Rant, Z.: Die Heiztechnik und der zweite Hauptsatz der Thermodynamik. Gaswärme 12 (1963) 297—304. — Baehr, H. D.: Exergie und Anergie und ihre Anwendung in der Kältetechnik. Kältetechnik 17 (1965) 14—22.

schnitt 3.36 berechnete Exergieverluststrom

$$\dot{E}_v = T_u \frac{T_A - T_B}{T_A T_B} \dot{Q}.$$

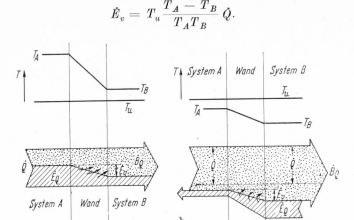

Abb. 7.1. Exergie- und Anergiefluß bei der Wärmeübertragung. a) Wärmeübertragung bei Temperaturen oberhalb der Umgebungstemperatur T_u, b) Wärmeübertragung bei Temperaturen unterhalb T_u

Liegen die Temperaturen T_A und T_B *unterhalb* der Umgebungstemperatur, so wird der Carnot-Faktor η_C negativ und damit auch $\dot{E}_Q$. Das heißt aber, daß die Exergie in zum Wärmestrom entgegengesetzter Richtung vom kälteren zum wärmeren System fließt, wobei sie sich zum Teil in Anergie verwandelt. Abb. 7.1b. Der Anergiestrom $\dot{B}_Q$ ist wegen $T < T_u$ größer als der Wärmestrom, er fließt aber in derselben Richtung wie dieser. Es gilt auch jetzt (ebenso wie bei Temperaturen oberhalb T_u) die Bilanz

$$\dot{Q} = \dot{E}_Q + \dot{B}_Q = \dot{B}_Q - |\dot{E}_Q|.$$

Dieses (bei Temperaturen unterhalb der Umgebungstemperatur überraschende) Verhalten von Exergie und Anergie bei der Wärmeübertragung fassen wir in folgenden Sätzen zusammen:

Bei der Wärmeübertragung strömt die Anergie der Wärme stets in Richtung fallender Temperatur. Die Exergie der Wärme fließt stets in Richtung auf die Umgebungstemperatur und verwandelt sich dabei zum Teil in Anergie.

Diese Aussagen des 2. Hauptsatzes können der bekannten Formulierung von R. Clausius, vgl. S. 33, zur Seite gestellt werden. Sie bilden den Schlüssel zum Verständnis der Grundaufgabe der Heiztechnik und der Kältetechnik.

7.12 Die Grundaufgabe der Heiztechnik und der Kältetechnik

Um das Wesentliche zu zeigen, beschränken wir uns auf einen Sonderfall: Ein System soll auf einer *konstanten* Temperatur gehalten werden, die sich von der Umgebungstemperatur T_u unterscheidet. Das betrachtete System, nämlich der geheizte oder gekühlte Raum, hat diatherme Wände, so daß Energie als Wärme zwischen dem System und der Umgebung „von selbst" übergeht. Durch das Heizen bzw. Kühlen sollen die Folgen dieses irreversiblen Wärmeübergangs für das System verhindert werden: seine Temperatur soll durch Wärmezufuhr (Heizen) oder Wärmeentzug (Kühlen) konstant gehalten werden.

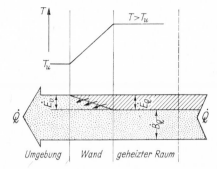

Abb.7.2. Der Heizwärmestrom $\dot{Q}$, bestehend aus dem Exergiestrom $\dot{E}_Q$ und dem Anergiestrom $\dot{B}_Q$, muß dem geheizten Raum zugeführt werden, um den Wärmeverlust an die Umgebung verbunden mit dem Exergieverluststrom $\dot{E}_v$ zu kompensieren

Beim *Heizen* ist die Systemtemperatur $T > T_u$. Ein Wärmestrom verläßt das System als „Wärmeverlust" durch die Wand und muß als Heizleistung $\dot{Q}$ kontinuierlich ersetzt werden, Abb.7.2. Beim irreversiblen Wärmeübergang in der Wand verwandelt sich Exergie in Anergie. Der dabei auftretende Exergieverluststrom

$$\dot{E}_v = T_u \frac{T - T_u}{T \cdot T_u} \, \dot{Q} = \left(1 - \frac{T_u}{T}\right)\dot{Q}$$

muß durch den mit der Heizleistung $\dot{Q}$ zuzuführenden Exergiestrom

$$\dot{E}_Q = \left(1 - \frac{T_u}{T}\right)\dot{Q}$$

ersetzt werden. Beim Heizen wird also Exergie benötigt, weil sich als Folge des irreversiblen Wärmeübergangs Exergie in Anergie verwandelt. Da außerdem Anergie an die Umgebung abfließt, wird zur Heizung neben dem Exergiestrom auch der Anergiestrom

$$\dot{B}_Q = \frac{T_u}{T} \, \dot{Q}$$

verlangt. Die dem geheizten Raum zuzuführende Heizleistung $\dot{Q}$ muß sich also in bestimmter Weise aus Exergie und Anergie zusammensetzen. Dieses „Mischungsverhältnis" ist durch das Verhältnis von Umgebungstemperatur und Raumtemperatur eindeutig festgelegt.

Beim *Kühlen* ist die Temperatur T_0 des gekühlten Raumes kleiner als die Umgebungstemperatur T_u. Durch die nicht adiabate Wand dringt auf Grund des Temperaturgefälles $T_u - T_0$ ein Wärmestrom $\dot{Q}_0$ in den Kühlraum ein; er muß kontinuierlich entfernt werden, damit die Temperatur T_0 konstant bleibt, Abb.7.3. Man bezeichnet diesen abzuführenden Wärmestrom $\dot{Q}_0$ als *Kälteleistung* in Analogie zur zuzuführenden Heizleistung $\dot{Q}$. Für den gekühlten Raum als System ist $\dot{Q}_0$

als abgeführter Wärmestrom negativ zu rechnen. Der aus der Umgebung in die Wand des Kühlraums eindringende Wärmestrom besteht bei $T = T_u$ nur aus Anergie. Dieser Anergiestrom wird durch den Exergieverluststrom

$$\dot{E}_v = T_u \frac{T_u - T_0}{T_u \cdot T_0} \, |\dot{Q}_0| = \left(\frac{T_u}{T_0} - 1\right) |\dot{Q}_0|$$

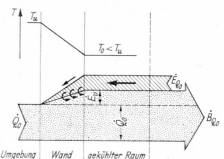

Abb. 7.3. Die Kälteleistung $\dot{Q}_0$, bestehend aus dem *abzuführenden* Anergiestrom $\dot{B}_{Q_0}$ und dem *zuzuführenden* Exergiestrom $\dot{E}_{Q_0}$, muß dem gekühlten Raum entzogen werden. Beim Wärmeübergang in der Wand tritt der Exergieverluststrom $\dot{E}_v$ auf

vergrößert, der in der Wand als Folge des irreversiblen Wärmeübergangs entsteht. In den Kühlraum dringt also der Anergiestrom

$$|\dot{Q}_0| + \dot{E}_v = \frac{T_u}{T_0} \, |\dot{Q}_0|$$

ein, der kontinuierlich entfernt werden muß. Außerdem muß ein Exergiestrom zugeführt werden, um den Exergieverluststrom $\dot{E}_v$ in der Wand zu kompensieren, durch welchen dem Kühlraum kontinuierlich Exergie entzogen wird.

Die bei der Kühlung *ab*zuführende Kälteleistung $\dot{Q}_0$ besteht also aus einem *zu*zuführenden Exergiestrom

$$\dot{E}_{Q_0} = \left(\frac{T_u}{T_0} - 1\right) |\dot{Q}_0| = \left(1 - \frac{T_u}{T_0}\right)\dot{Q}_0$$

und aus einem *ab*zuführenden Anergiestrom

$$\dot{B}_{Q_0} = \frac{T_u}{T_0} \, \dot{Q}_0.$$

Obwohl dem Kühlraum Energie entzogen wird, muß ihm Exergie zugeführt werden. Dieses auf den ersten Blick paradox erscheinende und allein aus dem 1. Hauptsatz nicht zu verstehende Ergebnis wird erst durch die Analyse auf Grund des 2. Hauptsatzes verständlich: Der bei der Kälteerzeugung zuzuführende Exergiestrom dient genauso wie der Exergiestrom beim Heizen dazu, den Exergieverlust der Wärmeübertragung durch die Wand zu decken[1].

---

[1] Wie diese Überlegungen zeigen, hat der Laie nicht ganz Unrecht, für den Kälteerzeugung stets mit der Vorstellung verbunden ist, dem zu kühlenden System werde etwas zugeführt — nämlich „Kälte"! —, während nach dem 1. Hauptsatz das Gegenteil geschieht.

Sowohl zum Heizen als auch zum Kühlen wird also Exergie benötigt. Dieser Exergiebedarf hängt von der Temperatur des geheizten bzw. gekühlten Systems ab und ist um so größer, je mehr sich diese Temperatur von der Umgebungstemperatur unterscheidet. Der zuzuführende Exergiestrom ist in Abb. 7.4 dargestellt. Der zum Heizen benötigte Exergiestrom $\dot{E}_Q$ ist stets kleiner als der Heizwärmestrom. Der Exergiebedarf der Kälteerzeugung wächst sehr rasch mit sinkender Temperatur t_0 des Kühlraums; er wird bei tiefen Temperaturen größer als der Betrag der Kälteleistung $\dot{Q}_0$.

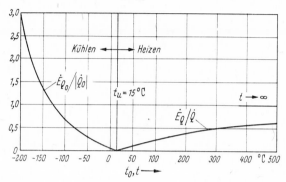

Abb. 7.4. Der beim Heizen und Kühlen zuzuführende Exergiestrom in Abhängigkeit von der Temperatur t des geheizten Raumes bzw. von der Temperatur t_0 des Kühlraumes; gültig für $t_u = 15\,°C$

Zur Heizung wird aber auch ein ganz bestimmter Anergiestrom verlangt. Diese Anergie ist für die Ausführung von Heizprozessen genauso notwendig und bedeutungsvoll wie die zuzuführende Heizexergie. Auch beim Kühlen ist die Anergie von entscheidender Bedeutung: ein durch die Temperatur des Kühlraums genau vorgeschriebener Anergiestrom muß aus dem Kühlraum entfernt und an die Umgebung abgeführt werden. Hierzu werden Apparate und Maschinen benötigt.

7.13 Reversible und irreversible Heizung. Wärmepumpe

Um das zum Heizen benötigte „Gemisch" aus Exergie und Anergie herzustellen, gibt es zwei grundsätzlich verschiedene Möglichkeiten: Man kann den Heizwärmestrom durch Mischung der vorgeschriebenen Anteile reversibel herstellen, indem man zu der aus der Umgebung „kostenlos" zu entnehmenden Anergie die zugehörige Exergie als mechanische oder elektrische Energie hinzufügt. Die andere Möglichkeit besteht darin, von einem Energiestrom auszugehen, der mehr Exergie enthält als zur Heizung erforderlich ist; diese überschüssige Exergie wird durch einen irreversiblen Prozeß in Anergie verwandelt, so daß die benötigte Heizanergie aus Exergie „hergestellt" wird.

Die zuerst genannte Möglichkeit der reversiblen Heizung läßt sich durch die *Wärmepumpe* verwirklichen, deren Konzept schon auf W. Thomson (Lord Kelvin) zurückgeht. In der reversibel arbeitenden Wärmepumpe durchläuft ein Medium einen „linksläufigen" Kreisprozeß, dem eine Nutzleistung P_{rev} zugeführt wird, Abb. 7.5. Die Wärmepumpe nimmt aus der Umgebung den Wärmestrom $(\dot{Q}_u)_{\text{rev}}$ auf und gibt an den beheizten Raum den Wärmestrom

$$\dot{Q} = (\dot{Q}_u)_{\text{rev}} + P_{\text{rev}}$$

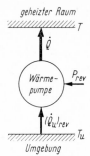

Abb. 7.5. Schema der reversibel arbeitenden Wärmepumpe

ab. Der Wärmestrom $(\dot{Q}_u)_{\text{rev}}$, der der Umgebung entnommen wird, besteht nur aus Anergie, und es gilt

$$(\dot{Q}_u)_{\text{rev}} = \dot{B}_Q = \frac{T_u}{T}\,\dot{Q}.$$

Mit der zugeführten Antriebsleistung wird der zur Heizung erforderliche Exergiestrom $\dot{E}_Q$ aufgebracht:

$$P_{\text{rev}} = \dot{E}_Q = \left(1 - \frac{T_u}{T}\right)\dot{Q}.$$

Der von der Wärmepumpe gelieferte Heizwärmestrom $\dot{Q}$ ist dann genau das vorgeschriebene Gemisch aus $\dot{E}_Q$ und $\dot{B}_Q$, Abb. 7.6a.

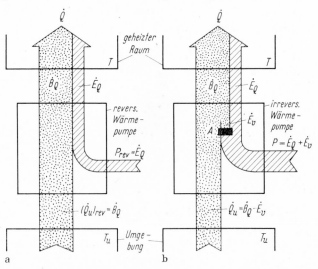

Abb. 7.6. Exergie-Anergie-Flußbilder für Wärmepumpen. a) reversibel, b) irreversibel arbeitende Wärmepumpe

Die Wärmepumpe kann als eine Umkehrung der Wärmekraftmaschine angesehen werden. Die Wärmekraftmaschine *trennt* die mit der zugeführten Wärme aufgenommene Exergie von der in der Wärme enthaltenen Anergie. Sie gibt die Exergie der Wärme als Nutzarbeit ab, die Anergie der Wärme wird als Abwärme an die Umgebung abgeführt. Die Wärmepumpe *vereinigt* die als Nutzarbeit zugeführte Exergie mit der aus der Umgebung als Wärme aufgenommenen Anergie zur Wärme, die bei $T > T_u$ dem geheizten Raum zugeführt wird. Auch in der Wärmepumpe durchläuft ein Arbeitsmedium einen Kreisprozeß. Während dieser bei der Wärmekraftmaschine „rechtsläufig" ist, vgl. z. B. Abb. 2.35 auf S. 87, wird er bei der Wärmepumpe im entgegengesetzten Sinne durchlaufen. Auch in dieser Hinsicht kann man die Wärmepumpe als Umkehrung der Wärmekraftmaschine ansehen.

Die Heizung durch eine reversibel arbeitende Wärmepumpe ist die thermodynamisch günstigste Lösung des Problems, denn nur die Heizexergie muß als mechanische oder elektrische Energie zugeführt werden, während die besonders bei niedrigen Heiztemperaturen große Anergie „kostenlos" der Umgebung entnommen wird. Wirklich ausgeführte Wärmepumpen arbeiten irreversibel, Abb. 7.6 b. Hier muß eine größere elektrische oder mechanische Antriebsleistung $P > \dot{E}_Q$ zugeführt werden, um auch den Exergieverluststrom (Leistungsverlust) $\dot{E}_v$ der Wärmepumpe zu decken. Die zusätzlich benötigte Antriebsleistung

$$P - P_{\text{rev}} = P - \dot{E}_Q = \dot{E}_v$$

verwandelt sich in Anergie. Der aus der Umgebung als Wärme entnommene Anergiestrom

$$\dot{Q}_u = (\dot{Q}_u)_{\text{rev}} - \dot{E}_v = \dot{B}_Q - \dot{E}_v$$

ist nun kleiner. Somit wird ein Teil der im geheizten Raum benötigten Anergie irreversibel aus Exergie erzeugt:

$$\dot{B}_Q = \dot{Q}_u + \dot{E}_v = \dot{Q}_u + P - P_{\text{rev}}.$$

Der exergetische Wirkungsgrad der irreversiblen Wärmepumpe

$$\zeta = \frac{\dot{E}_Q}{P} = \frac{\dot{E}_Q}{P_{\text{rev}} + \dot{E}_v} = \frac{\dot{E}_Q}{\dot{E}_Q + \dot{E}_v}$$

ist kleiner als eins, wobei in praktisch ausgeführten Anlagen nur etwa $\zeta \approx 0{,}45$ erreicht wird. Da der Bau einer Wärmepumpe außerdem mit ziemlich hohen Anlagekosten verbunden ist, konnte sie sich zu Heizzwecken aus wirtschaftlichen Gründen nur in bescheidenem Umfang durchsetzen[1].

Die elektrische Widerstandsheizung ist ein typisches Beispiel für die zweite Möglichkeit: die irreversible Heizung. Hier wird reine Exergie angeboten, aus der die ganze Heizanergie durch irreversible Prozesse erzeugt wird, Abb. 7.7. Dies ist die thermodynamisch ungün-

---

[1] Vgl. hierzu auch Cube, von H. L.: Die Wärmepumpe. In Handb. d. Kältetechnik Bd. 6 A S. 467—553. Berlin-Heidelberg-New York: Springer 1969.

stigste Methode der Heizung. Ihr exergetischer Wirkungsgrad

$$\zeta = \frac{\dot{E}_Q}{P_{el}} = \frac{\dot{E}_Q}{\dot{Q}} = 1 - \frac{T_u}{T}$$

ist um so niedriger, je näher die Heiztemperatur T an der Umgebungstemperatur T_u liegt. Eine solche Heizung wäre thermodynamisch nur bei hohen Heiztemperaturen vertretbar. Die elektrische Widerstandsheizung hat jedoch praktische Vorteile: ihr Aufbau ist einfach, und

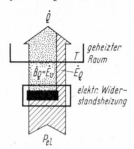

Abb. 7.7. Exergie-Anergie-Flußbild für die elektrische Widerstandsheizung

die Anlagekosten sind viel niedriger als bei der Wärmepumpe. Die Umwandlung von Exergie in Anergie durch irreversible Prozesse erfordert nämlich ganz allgemein keinen besonderen technischen Aufwand, denn irreversible Prozesse laufen von selbst ab. Viel schwieriger ist es dagegen, mit der Exergie sparsam umzugehen.

Auch der exergetische Wirkungsgrad der direkten Feuerheizung (Ofen) ist nicht größer als der Wirkungsgrad der elektrischen Widerstandsheizung. Die chemische Energie, die durch den Verbrennungsprozeß als Wärme frei gemacht wird, besteht nämlich fast ganz aus Exergie, vgl. Abschn. 8.44. Auch bei der Feuerheizung, einem stark irreversiblen Prozeß, wird die ganze Heizanergie aus Exergie erzeugt. Z. Rant[1] hat dies näher untersucht und die verschiedenen Methoden der Heizung hinsichtlich ihres Exergiebedarfs quantitativ miteinander verglichen. Die direkten Heizungen (elektrische Widerstandsheizung und Feuerheizung) sind thermodynamisch sehr unvorteilhaft; da sie jedoch einfach auszuführen sind, wurden sie von der komplizierten und damit teuren Wärmepumpe noch nicht verdrängt.

Beispiel 7.1. Eine Wärmepumpe dient zur Heizung eines Gebäudes. Zu ihrem Antrieb wird elektrische Energie benutzt, die in einem Wärmekraftwerk aus der chemischen Energie eines Brennstoffs gewonnen wird. Man berechne den exergetischen Wirkungsgrad ζ, den die Wärmepumpe mindestens haben muß, damit zu ihrem Betrieb nicht mehr Brennstoff (im Wärmekraftwerk) verbraucht wird als bei direkter Feuerheizung (Ofenheizung) mit dem gleichen Brennstoff.

Wir bezeichnen den Massenstrom des verbrauchten Brennstoffs mit $\dot{m}_B$ und die bei seiner Verbrennung als Wärme frei werdende Energie, bezogen auf die Brennstoffmasse, als spez. Heizwert Δh des Brennstoffs, vgl. hierzu Abschn. 8.32. Bei der direkten Ofenheizung läßt sich nur ein Teil der Verbrennungswärme zur Heizung ausnutzen („Schornsteinverlust"); es gilt daher für den Heizwärmestrom

$$\dot{Q} = \eta_F \dot{m}_B \Delta h$$

----

[1] Vgl. Fußnote 1 auf S. 293.

mit $\eta_F < 1$, dem Wirkungsgrad der Feuerung. Bei der direkten Feuerheizung wird also der Brennstoffmassenstrom

$$(\dot{m}_B)_{FH} = \frac{\dot{Q}}{\eta_F \Delta h}$$

verbraucht.

In einem Wärmekraftwerk läßt sich nur ein Teil der Verbrennungswärme in elektrische Energie umwandeln, vgl. Abschn. 9.2. Für die elektrische Leistung des Wärmekraftwerks gilt daher

$$P = \eta \dot{m}_B \Delta h$$

mit $\eta < 1$, dem Wirkungsgrad des Kraftwerks. Um den Heizwärmestrom $\dot{Q}$ bei der Heiztemperatur T zu liefern, braucht die Wärmepumpe die Antriebsleistung

$$P = \frac{\dot{E}_Q}{\zeta} = \frac{\dot{Q}}{\zeta}\left(1 - \frac{T_u}{T}\right).$$

Wird diese Antriebsleistung als elektrische Leistung vom Wärmekraftwerk geliefert, so gilt

$$\frac{\dot{Q}}{\zeta}\left(1 - \frac{T_u}{T}\right) = \eta \dot{m}_B \Delta h.$$

Zum Betrieb der Wärmepumpe wird also der Brennstoffmassenstrom

$$(\dot{m}_B)_{WP} = \left(1 - \frac{T_u}{T}\right)\frac{\dot{Q}}{\zeta\eta\,\Delta h}$$

verbraucht.

Nun soll die Bedingung $(\dot{m}_B)_{WP} \leqq (\dot{m}_B)_{FH}$ gelten, also

$$\left(1 - \frac{T_u}{T}\right)\frac{\dot{Q}}{\zeta\eta\,\Delta h} \leqq \frac{\dot{Q}}{\eta_F\,\Delta h}$$

sein. Daraus folgt für den exergetischen Wirkungsgrad der Wärmepumpe

$$\zeta \geqq \left(1 - \frac{T_u}{T}\right)\frac{\eta_F}{\eta}.$$

Diese Bedingung muß die Wärmepumpe erfüllen, soll sie allein hinsichtlich des Energieverbrauchs mit der direkten Heizung konkurrieren können. Diese Bedingung ist um so eher erfüllt, je weniger sich die Heiztemperatur von der Umgebungstemperatur unterscheidet, je größer der Kraftwerkswirkungsgrad η und je schlechter der Wirkungsgrad η_F der Feuerung ist.

Typische Werte der Wirkungsgrade sind $\eta = 0{,}35$ und $\eta_F = 0{,}75$. Nehmen wir ferner für die Raumheizung $t = 20°C$ ($T = 293$ K) und $t_u = -15°C$ ($T_u = 258$ K) an, so wird

$$\zeta \geqq \left(1 - \frac{258}{293}\right)\frac{0{,}75}{0{,}35} = 0{,}26.$$

Dieser Grenzwert liegt relativ niedrig. Praktisch ausgeführte Wärmepumpen erreichen Wirkungsgrade $\zeta \approx 0{,}45$. Bei der direkten Heizung wird also fast die doppelte Brennstoffmenge verbraucht im Vergleich zu einer Wärmepumpenheizung. Trotzdem wird die Wärmepumpe nur bei besonders hohen Brennstoffpreisen der Feuerheizung wirtschaftlich überlegen sein, denn die Anlagekosten der Wärmepumpe sind wesentlich größer als die der einfachen Ofenheizung.

7.14 Die Kältemaschine

Auch die Grundaufgabe der Kältetechnik wird durch die Wärmepumpe gelöst. Sie arbeitet nun zwischen der Temperatur T_0 des Kühlraums und der Temperatur T_u der Umgebung. Eine derart eingesetzte Wärmepumpe wird Kältemaschine oder Kälteanlage genannt. Ihre Aufgabe besteht darin, den im Kühlraum benötigten Exergiestrom zu liefern und den Anergiestrom aus dem Kühlraum zur Umgebung zu transportieren, Abb. 7.8. Das Arbeitsmedium der Kältemaschine durchläuft einen „linksläufigen" Kreisprozeß, bei dem es aus dem Kühlraum die Kälteleistung $\dot{Q}_0$ aufnimmt. Der Kältemaschine wird die Antriebsleistung P zugeführt, an die Umgebung gibt sie den Wärmestrom $\dot{Q} < 0$ ab, für den nach dem 1. Hauptsatz

$$|\dot{Q}| = \dot{Q}_0 + P$$

gilt. Da die Kälteleistung $\dot{Q}_0$ der Kältemaschine zugeführt wird, ist dieser Wärmestrom hier positiv zu rechnen.

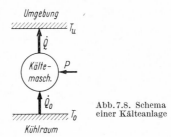

Abb. 7.8. Schema einer Kälteanlage

In Abb. 7.9 ist der Exergie- und Anergiefluß in einer reversiblen und einer irreversiblen Kälteanlage schematisch dargestellt[1]. Der in den Kühlraum zu liefernde Exergiestrom $\dot{E}_{Q_0}$ und der aus dem Kühlraum abzuführende Anergiestrom $\dot{B}_{Q_0}$ sind in beiden Fällen gleich. Der reversibel arbeitenden Kältemaschine wird die Antriebsleistung

$$P_{\mathrm{rev}} = \dot{E}_{Q_0} = \left(\frac{T_u}{T_0} - 1\right)\dot{Q}_0$$

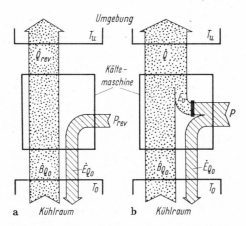

Abb. 7.9. Schematische Darstellung des Exergie- und Anergie-Flusses in einer Kälteanlage. a) reversibel arbeitende, b) irreversibel arbeitende Kältemaschine

---

[1] Abb. 7.9 und auch das Exergie-Anergie-Flußbild Abb. 7.11 sind nur schematische Gesamtbilanzen; sie geben nicht den innerhalb der Kältemaschine komplizierten Exergie- und Anergiefluß wieder. Vgl. hierzu Abb. 7.17 auf S. 312

zugeführt, die genau den Exergiebedarf des Kühlraumes deckt. Der irreversibel arbeitenden Kältemaschine muß jedoch eine größere Antriebsleistung

$$P = \dot{E}_{Q_0} + \dot{E}_v = P_{\mathrm{rev}} + \dot{E}_v$$

zugeführt werden, um auch den Leistungsverlust $\dot{E}_v$ infolge der Irreversibilitäten zu bestreiten. Diese zusätzlich zugeführte Leistung $P - P_{\mathrm{rev}}$ verwandelt sich in Anergie. Sie vergrößert den an die Umgebung als Wärme abzuführenden Anergiestrom

$$|\dot{Q}| = \dot{B}_{Q_0} + \dot{E}_v = |\dot{Q}_{\mathrm{rev}}| + \dot{E}_v.$$

Die Irreversibilitäten der Kältemaschine wirken sich in zweifacher Hinsicht ungünstig aus: Der Leistungsbedarf gegenüber dem reversiblen Idealfall wird erhöht, und außerdem vergrößert sich der abzuführende Anergiestrom, was höhere Anlagekosten verursacht, weil z.B. die Wärmeübertragungsapparate größer bemessen werden müssen.

Die thermodynamische Vollkommenheit der Kälteanlage bewerten wir durch ihren *exergetischen Wirkungsgrad*

$$\zeta \equiv \frac{\dot{E}_{Q_0}}{P} = \frac{\dot{E}_{Q_0}}{\dot{E}_{Q_0} + \dot{E}_v} \leqq 1.$$

Er nimmt im reversiblen Idealfall den Wert eins an; die Abweichungen von diesem Grenzwert sind ein Maß für die grundsätzlich vermeidbaren Exergieverluste, die durch günstigere Prozeßführung, bessere Gestaltung der Anlage und durch einen größeren maschinellen und apparativen Aufwand vermindert werden können.

Zur Bewertung einer Kälteanlage wird in der Kältetechnik häufig die *Leistungszahl*

$$\varepsilon \equiv \dot{Q}_0/P$$

verwendet. Dieser Quotient ist ohne Berücksichtigung des 2. Hauptsatzes definiert worden; er kann Werte annehmen, die größer und kleiner als eins sind. Die Leistungszahl ist ähnlich wie der thermische Wirkungsgrad einer Wärmekraftmaschine keine sinnvolle Bewertungsgröße, weil sie nicht die thermodynamischen Verluste erkennen läßt. Zwischen dem exergetischen Wirkungsgrad ζ und der Leistungszahl ε besteht der Zusammenhang

$$\varepsilon = \frac{\dot{Q}_0}{P} = \frac{\dot{Q}_0}{\dot{E}_{Q_0}} \frac{\dot{E}_{Q_0}}{P} = \frac{T_0}{T_u - T_0} \zeta.$$

Bei gegebenen Temperaturen T_0 und T_u kann die Leistungszahl höchstens den Wert

$$\varepsilon_{\mathrm{rev}} = \frac{T_0}{T_u - T_0}$$

erreichen, nämlich für die reversible Kälteanlage mit $\zeta = 1$. Wir erkennen hieraus, daß nicht die Größe von ε, sondern das Verhältnis

$$\varepsilon/\varepsilon_{\mathrm{rev}} = \zeta$$

ein Maß für die Güte der Kälteanlage ist.

Wir haben bisher angenommen, daß die im Kühlraum benötigte und die zur Deckung der Verluste verbrauchte Exergie der Kältemaschine in reiner Form als mechanische oder elektrische Antriebsleistung zugeführt wird. Dies ist bei den meisten Kältemaschinen der Fall, vor allem bei den *Kompressionskältemaschinen*, auf die wir ausführlicher in den Abschn. 7.21 und 7.22 eingehen. Auch bei der *elektrothermischen Kälteerzeugung*, die auf dem 1834 entdeckten Peltier-Effekt beruht, wird reine Exergie als elektrische Energie zugeführt. Hierbei wird ein aus zwei verschiedenen Werkstoffen bestehender elektrischer Leiterkreis von elektrischem Strom durchflossen; die beiden Lötstellen nehmen dabei verschiedene Temperaturen an, und es ist möglich, Wärme an der kalten Lötstelle im Kühlraum aufzunehmen und zur warmen Lötstelle (Umgebung) zu transportieren. Auch auf eine solche rein elektrisch (ohne bewegte Teile) arbeitende Kältemaschine treffen unsere bisher durchgeführten grundsätzlichen Überlegungen zu[1].

Anstatt einer Kältemaschine reine Exergie in Form mechanischer oder elektrischer Antriebsleistung anzubieten, kann man die Exergie auch als Wärme zuführen; sie ist dann bereits mit Anergie gemischt. Hier gibt es zwei verschiedene Verfahren, Kältemaschinen durch Zufuhr eines Heizwärmestromes zu betreiben: die *Dampfstrahl-Kältemaschine* und die *Absorptionskältemaschine*. Auf die Funktion und den Aufbau dieser Maschinen wollen wir hier nicht eingehen, sondern uns mit einer grundsätzlichen Betrachtung des Exergie- und Anergieflusses begnügen[2].

Einer Dampfstrahl- oder einer Absorptionskältemaschine wird der Heizwärmestrom $\dot{Q}_h$ von einem Energieträger zugeführt, dessen Temperatur $T_h > T_u$ wir als konstant annehmen, Abb. 7.10. An die Umgebung wird dann der Wärmestrom

$$|\dot{Q}| = \dot{Q}_0 + \dot{Q}_h$$

abgeführt, der sich aus der Kälteleistung und dem Heizwärmestrom zusammensetzt. Der Heizwärmestrom besteht aus Exergie und Anergie:

$$\dot{Q}_h = \dot{E}_h + \dot{B}_h.$$

Der in ihm enthaltene Exergiestrom

$$\dot{E}_h = \left(1 - \frac{T_u}{T_h}\right)\dot{Q}_h = \dot{E}_{Q_0} + \dot{E}_v$$

muß so groß sein wie die Summe aus dem im Kühlraum benötigten Exergiestrom $\dot{E}_{Q_0}$ und dem Exergieverluststrom $\dot{E}_v$. Dazu muß die

[1] Auf nähere Einzelheiten gehen wir hier nicht ein. Vgl. hierzu: Plank, R.: Die Verfahren der Kälteerzeugung. S. 52—81 in Bd. 3 des Handb. d. Kältetechnik. Berlin-Göttingen-Heidelberg: Springer 1959.

[2] Die Dampfstrahl-Kältemaschine wird von L. Váhl in Bd. 5 des Handb. d. Kältetechnik, S. 393—432, (Berlin-Heidelberg-New York: Springer-Verlag 1966) behandelt. Eine ausführliche Darstellung aller mit Absorptionskältemaschinen zusammenhängenden Fragen gibt W. Niebergall: Sorptions-Kältemaschinen. Handb. d. Kältetechnik Bd. 7, Berlin-Göttingen-Heidelberg: Springer 1960.

Heiztemperatur T_h entsprechend hoch liegen, oder bei gegebenem T_h muß $\dot{Q}_h$ genügend groß gewählt werden. Wie das Exergie-Anergie-Flußbild, Abb. 7.11, zeigt, durchläuft ein Anergiestrom die Absorp-

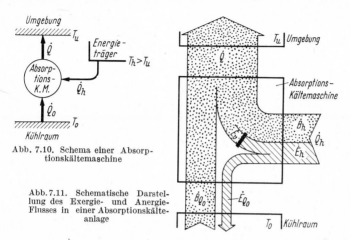

Abb. 7.10. Schema einer Absorptionskältemaschine

Abb. 7.11. Schematische Darstellung des Exergie- und Anergie-Flusses in einer Absorptionskälteanlage

tionskältemaschine, der wesentlich größer ist als bei einer Kältemaschine mit elektrischer oder mechanischer Antriebsleistung. Dieser Nachteil der Absorptions- und Dampfstrahl-Kältemaschine, der sich in einem größeren Anlagenaufwand und auch in einem hohen Kühlwasserverbrauch bemerkbar macht, wird dadurch wieder ausgeglichen, daß die benötigte Exergie wirtschaftlich wenig wertvoller thermischer Energie entnommen werden kann.

Zur thermodynamischen Bewertung der Absorptions- und Dampfstrahl-Kältemaschinen benutzen wir wieder den exergetischen Wirkungsgrad

$$\zeta \equiv \frac{\dot{E}_{Q_0}}{\dot{E}_h} = \frac{\dot{E}_{Q_0}}{\dot{E}_{Q_0} + \dot{E}_v} \le 1.$$

Er ist analog zum exergetischen Wirkungsgrad der Kompressionskältemaschine definiert als Verhältnis zweier Exergieströme: des in den Kühlraum gelieferten Exergiestromes $\dot{E}_{Q_0}$ und des aufgewendeten Exergiestromes $\dot{E}_h$. Allein auf Grund des 1. Hauptsatzes wird das *Wärmeverhältnis*

$$\xi \equiv \dot{Q}_0/\dot{Q}_h$$

gebildet, das keine Rücksicht auf die thermodynamische Wertigkeit der Energien nimmt. Auch das Wärmeverhältnis kann, ebenso wie die Leistungszahl ε, Werte größer und kleiner als eins annehmen. Es gilt

$$\xi = \frac{\dot{Q}_0}{\dot{Q}_h} = \frac{\dot{Q}_0}{\dot{E}_{Q_0}} \frac{\dot{E}_h}{\dot{Q}_h} \frac{\dot{E}_{Q_0}}{\dot{E}_h} = \frac{T_0}{T_u - T_0} \frac{T_h - T_u}{T_h} \zeta.$$

Für gegebene Temperaturen T_0, T_h und T_u kann ξ jedoch höchstens den Wert

$$\xi_{\mathrm{rev}} = \frac{T_0}{T_u - T_0} \frac{T_h - T_u}{T_h}$$

im reversiblen Grenzfall ($\zeta = 1$) erreichen.

Beispiel 7.2. Eine Absorptionskältemaschine soll einem Kühlraum bei $t_0 = -15{,}0°C$ die Kälteleistung $\dot{Q}_0 = 365\ \mathrm{kW}$ entziehen. Als Wärmequelle steht kondensierender Wasserdampf bei $t_h = 100{,}0°C$ zur Verfügung. Das Wärmeverhältnis hat den Wert $\xi = 0{,}395$; die Umgebungstemperatur ist $t_u = 15{,}0°C$. Man bestimme den Heizwärmestrom $\dot{Q}_h$ und seinen Exergiegehalt, den exergetischen Wirkungsgrad ζ und den in der Anlage auftretenden Exergieverluststrom $\dot{E}_v$ sowie den an die Umgebung abzuführenden Wärmestrom $\dot{Q}$.

Der Heizwärmestrom $\dot{Q}_h$ ergibt sich aus der Definition des Wärmeverhältnisses ξ zu

$$\dot{Q}_h = \dot{Q}_0/\xi = 365\ \mathrm{kW}/0{,}395 = 924\ \mathrm{kW}\,.$$

Sein Exergiegehalt ist durch den Carnot-Faktor gegeben:

$$\dot{E}_{Q_h} = \left(1 - \frac{T_u}{T_h}\right) \dot{Q}_h = 0{,}228 \cdot \dot{Q}_h = 210\ \mathrm{kW}\,.$$

Wegen der niedrigen Heiztemperatur besteht der Heizwärmestrom weitgehend aus Anergie.

Für die Kälteerzeugung bei $T_0 = 258{,}15\ \mathrm{K}$ wird der Exergiestrom

$$\dot{E}_{Q_0} = \left(\frac{T_u}{T_0} - 1\right) \dot{Q}_0 = 0{,}116 \cdot \dot{Q}_0 = 42{,}4\ \mathrm{kW}$$

dem Kühlraum zugeführt. Der exergetische Wirkungsgrad der Absorptionskältemaschine wird also

$$\zeta = \dot{E}_{Q_0}/\dot{E}_{Q_h} = 42{,}4/210 = 0{,}202\,.$$

Fast 80% der mit dem Heizwärmestrom zugeführten Exergie, nämlich

$$\dot{E}_v = \dot{E}_{Q_h} - \dot{E}_{Q_0} = (210 - 42{,}4)\ \mathrm{kW} = 168\ \mathrm{kW}$$

werden in der irreversibel arbeitenden Anlage in Anergie verwandelt. Dieser Exergieverluststrom vergrößert den an die Umgebung abzuführenden Anergiestrom $|\dot{Q}_{\mathrm{rev}}|$ der unter den gleichen äußeren Bedingungen *reversibel* arbeitenden Absorptionskältemaschine. Hierfür gilt

$$|\dot{Q}_{\mathrm{rev}}| = B_{Q_0} + B_{Q_h} = \frac{T_u}{T_0}\dot{Q}_0 + \frac{T_u}{T_h}\dot{Q}_h = (407 + 714)\ \mathrm{kW} = 1121\ \mathrm{kW}\,,$$

so daß sich für den tatsächlichen Abwärmestrom

$$|\dot{Q}| = |\dot{Q}_{\mathrm{rev}}| + \dot{E}_v = (1121 + 168)\ \mathrm{kW} = 1289\ \mathrm{kW}$$

ergibt in Übereinstimmung mit der Bilanzgleichung des 1. Hauptsatzes,

$$|\dot{Q}| = \dot{Q}_0 + \dot{Q}_h = (365 + 924)\ \mathrm{kW} = 1289\ \mathrm{kW}\,.$$

7.2 Einige Verfahren zur Kälteerzeugung

In Kältemaschinen werden ebenso wie in Wärmekraftmaschinen Gase oder Dämpfe als Arbeitsmittel verwendet. Man bezeichnet sie als *Kältemittel*[1]. Um Kälte bei mäßig tiefen Temperaturen, etwa bis

---

[1] Die Eigenschaften der Kältemittel behandeln J. Kuprianoff, R. Plank und H. Steinle in Bd. 4 des Handbuchs der Kältetechnik. Berlin-Göttingen-Heidelberg: Springer 1956.

−100 °C zu erzeugen, benutzt man überwiegend *Kaltdampf-Kompres-sionskältemaschinen*. In diesen verlaufen die Zustandsänderungen des Kältemittels im Naßdampfgebiet und in dessen Nähe. *Gaskältemaschinen* werden für Sonderaufgaben eingesetzt, z. B. für die Klimatisierung schnell fliegender Flugzeuge. Sie dienen auch zur Erzeugung sehr tiefer Temperaturen, worauf wir in Abschn. 7.23 eingehen.

7.21 Die Kaltdampf-Kompressionskältemaschine

Das Schaltbild einer Kaltdampf-Kompressionskältemaschine zeigt Abb. 7.12. Die Zustandsänderungen des Kältemittels sind im T,s-Diagramm, Abb. 7.13, dargestellt. Der Verdichter saugt gesättigten Dampf beim Verdampferdruck p_0 an und verdichtet ihn adiabat bis zum Kondensatordruck p. Der überhitzte Dampf vom Zustand 2 kühlt sich im Kondensator isobar ab und kondensiert dann vollständig. Die siedende Flüssigkeit (Zustand 3) wird auf den Verdampferdruck p_0 gedrosselt. Der bei der Drosselung entstehende nasse Dampf verdampft im Verdampfer unter Aufnahme der Kälteleistung aus dem Kühlraum.

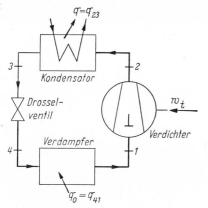

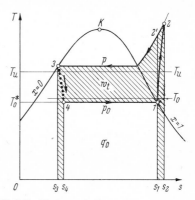

Abb. 7.12. Schaltbild einer Kaltdampf-Kälte-maschine

Abb. 7.13. Kreisprozeß des Kältemittels einer Kaltdampf-Kältemaschine im T, s-Diagramm

Da zur Wärmeübertragung stets ein endliches Temperaturgefälle erforderlich ist, muß die zum Kondensatordruck p gehörige Kondensationstemperatur T größer als die Umgebungstemperatur T_u sein. Die zum Verdampferdruck p_0 gehörige Verdampfungstemperatur bezeichnen wir mit T_0^*; sie muß niedriger liegen als die Temperatur T_0 des Kühlraums. Mit $\dot{m}$ als Massenstrom des umlaufenden Kältemittels gilt für die Kälteleistung

$$\dot{Q}_0 = \dot{m}q_0 = \dot{m}(h_1 - h_4) = \dot{m}(h_0'' - h'),$$

weil $h_4 = h_3 = h'$ ist (Drosselung!). Für die Antriebsleistung des Verdichters folgt

$$P = \dot{m}w_t = \dot{m}(h_2 - h_1) = \frac{\dot{m}}{\eta_{sV}}(h_{2'} - h_0''),$$

20*

wobei η_{sV} sein isentroper Wirkungsgrad ist. Die in diesen Gleichungen auftretenden Enthalpien sind der Dampftafel oder dem p, h-Diagramm des Kältemittels zu entnehmen. Im p, h-Diagramm, Abb. 7.14, läßt sich der Kreisprozeß besonders übersichtlich verfolgen.

Für den an das Kühlwasser (Umgebung) abzuführenden Wärmestrom erhalten wir

$$|\dot{Q}| = \dot{m}\,|q| = \dot{m}(h_2 - h_3) = \dot{m}(h_2 - h').$$

Es gilt ferner die Bilanz

$$w_t = |q| - q_0.$$

Da die abzuführende Wärme q im T, s-Diagramm, Abb. 7.13, als Fläche unter der Isobare des Kondensatordrucks erscheint, wird die technische Arbeit w_t durch die in Abb. 7.13 schräg schraffierte Fläche dargestellt.

Da der Kreisprozeß innerlich (Drosselung und nicht-isentrope Verdichtung) und äußerlich (Wärmeübertragung) irreversibel ist, treten Exergieverluste auf, und der exergetische Wirkungsgrad der Kaltdampf-Kältemaschine ist erheblich kleiner als eins. Hierfür gilt

$$\zeta = \frac{\dot{E}_{Q_0}}{P} = \frac{e_{q_0}}{w_t} = \frac{e_{q_0}}{q_0}\frac{q_0}{w_t} = \frac{T_u - T_0}{T_0}\,\varepsilon$$

mit der Leistungszahl

$$\varepsilon = \frac{q_0}{w_t} = \eta_{sV}\frac{h_0'' - h'}{h_{2'} - h_0''} = \eta_{sV}f(p,p_0).$$

Diese hängt außer von η_{sV} nur von den beiden Drücken p und p_0 ab.

Der gesamte *Exergieverlust* e_v der Kälteanlage ist

$$e_v = w_t - e_{q_0} = w_t - \frac{T_u - T_0}{T_0}\,q_0;$$

er läßt sich im T, s-Diagramm, Abb. 7.15, als Fläche veranschaulichen. Der Exergieverlust e_v setzt sich aus den Verlusten in den vier Anlagen-

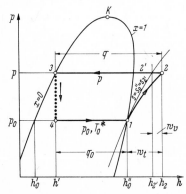

Abb. 7.14. Kreisprozeß des Kältemittels einer Kaltdampf-Kältemaschine im p, h-Diagramm

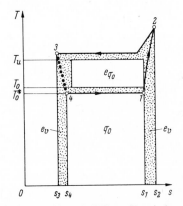

Abb. 7.15. Erzeugte Kälte q_0, Exergie der Kälte e_{q_0} und gesamter Exergieverlust e_v einer Kaltdampf-Kältemaschine

teilen zusammen. Wir berechnen sie einzeln und stellen sie im T, s-Diagramm als Flächen dar, wo wir ihre Größe vergleichen können und Hinweise zu ihrer Verkleinerung erhalten.

Bei der irreversiblen adiabaten *Verdichtung* nimmt die Entropie des Kältemittels von s_1 auf s_2 zu. Der Exergieverlust des Verdichters ist daher

$$e_{v12} = T_u(s_2 - s_1),$$

vgl. Abb. 7.16. Im *Kondensator* entsteht ein weiterer Exergieverlust durch die Wärmeübertragung an das Kühlwasser. Dieses erwärmt sich nur so geringfügig, daß seine Exergie nicht ausnutzbar ist. Wir wollen daher die Exergieabnahme $e_2 - e_3$ des Kältemittels ganz als Exergieverlust ansehen:

$$e_{v23} = e_2 - e_3 = h_2 - h_3 - T_u(s_2 - s_3) = |q| - T_u(s_2 - s_3).$$

Dieser Exergieverlust wird im T, s-Diagramm, Abb. 7.16, durch die Fläche zwischen der Isobare des Kondensatordrucks p und der Isotherme $T = T_u$, begrenzt durch die Abszissen s_2 und s_3, dargestellt.

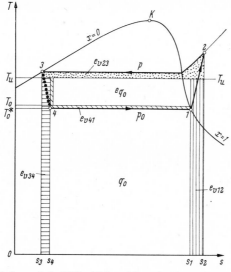

Abb. 7.16. Kreisprozeß des Kältemittels und Exergieverluste der vier Teilprozesse

Bei der adiabaten *Drosselung* vergrößert sich die Entropie von s_3 auf s_4. Dementsprechend gilt für den Exergieverlust bei der Drosselung

$$e_{v34} = T_u(s_4 - s_3).$$

Auch im *Verdampfer* verwandelt sich Exergie in Anergie als Folge des irreversiblen Übergangs der Wärme q_0 von der Kühlraumtemperatur T_0 auf die Verdampfungstemperatur T_0^*. Hierfür gilt

$$e_{v41} = e_4 - e_1 - e_{q_0},$$

denn die Exergieabnahme des verdampfenden Kältemittels ist größer als die Exergie e_{q_0}, die der Kühlraum aufnimmt. Da

$$e_4 - e_1 = h_4 - h_1 - T_u(s_4 - s_1) = T_u(s_1 - s_4) - q_0$$

ist, wird e_{v41} durch die in Abb. 7.16 schräg schraffierte Fläche dargestellt.

Im T,s-Diagramm lassen sich die Exergieverluste anschaulich übersehen und miteinander vergleichen. Man kann dabei leicht erkennen, welcher Teil der Kälteanlage besonders große Verluste verursacht, und überlegen, wie diese Verluste verringert werden können. Hierauf gehen wir im nächsten Abschnitt ein.

Beispiel 7.3. Bei der Kühlraumtemperatur $t_0 = -30\,°C$ soll die Kälteleistung $\dot{Q}_0 = 100\,kW$ erzeugt werden. Für eine mit dem Kältemittel CF_2Cl_2 arbeitende Kälteanlage bestimme man die Antriebsleistung des Verdichters ($\eta_{sV} = 0,73$) und den im Kondensator abzuführenden Wärmestrom. Als Verdampfungstemperatur des Kältemittels werde $t_0^* = -35\,°C$, als Kondensationstemperatur $t = +25\,°C$ gewählt. Man bestimme ferner die Leistungszahl ε und den exergetischen Wirkungsgrad ζ für die Umgebungstemperatur $t_u = 15\,°C$. Zur Berechnung steht der als Tab. 7.1 angegebene Ausschnitt der Dampftafel von CF_2Cl_2 zur Verfügung[1].

Tabelle 7.1. Zustandsgrößen des Kältemittels CF_2Cl_2

Im Naßdampfgebiet:

t °C	p bar	h' kJ/kg	h'' kJ/kg	s' kJ/kg K	s'' kJ/kg K
-35	0,8080	104,29	272,19	1,6636	2,3686
$+25$	6,5406	158,64	298,75	1,8651	2,3350

In der Gasphase bei $p = 6,5406$ bar:

t	°C	35	40	45	50	55	60
h	kJ/kg	305,64	309,07	312,51	315,94	319,38	322,82
s	kJ/kg K	2,3577	2,3688	2,3797	2,3904	2,4009	2,4113

Wir berechnen zuerst den Massenstrom des umlaufenden Kältemittels, für den aus

$$\dot{Q}_0 = \dot{m}(h_1 - h_4) = \dot{m}(h_0'' - h')$$

sofort

$$\dot{m} = \frac{\dot{Q}_0}{h_0'' - h'} = \frac{100\,kW}{(272,19 - 158,64)\,kJ/kg} = 0,880\,7\,kg/s$$

folgt. Die Antriebsleistung des Verdichters wird

$$P = \dot{m}(h_2 - h_1) = \frac{\dot{m}}{\eta_{sV}}(h_{2'} - h_0'').$$

In dieser Gleichung ist die Enthalpie $h_{2'}$ am Ende der isentropen ($s_{2'} = s_1 = s_0''$) Verdichtung noch unbekannt. Der Zustand $2'$ wird durch die Bedingungen $p_2 = p$

---

[1] Nach Baehr, H. D., Hicken, E.: Die thermodynamischen Eigenschaften von CF_2Cl_2 (R 12) im kältetechnisch wichtigen Zustandsbereich. Kältetechnik 17 (1965) 143—150.

$= 6,5406$ bar und $s_{2'} = s_0'' = 2,3686$ kJ/kg K festgelegt. Durch lineare Interpolation in Tab. 7.1 finden wir $t_{,'} = 39,9\,°\mathrm{C}$ und $h_{2'} = 309,01$ kJ/kg. Damit erhalten wir

$$P = \frac{0,8807 \text{ kg/s}}{0,73}\,(309,01 - 272,19)\,\frac{\text{kJ}}{\text{kg}} = 44,4 \text{ kW}.$$

Der im Kondensator abzuführende Wärmestrom ergibt sich am einfachsten aus der Leistungsbilanz der ganzen Anlage zu

$$\dot{Q} = -P - \dot{Q}_0 = -44,4 \text{ kW} - 100 \text{ kW} = -144,4 \text{ kW}.$$

Für die Leistungszahl der Kälteanlage folgt nun

$$\varepsilon = \frac{\dot{Q}_0}{P} = \frac{100 \text{ kW}}{44,4 \text{ kW}} = 2,251.$$

Der exergetische Wirkungsgrad ist

$$\zeta = \frac{T_u - T_0}{T_0}\,\varepsilon = \frac{45 \text{ K}}{243,15 \text{ K}}\,2,251 = 0,4165.$$

In einer reversiblen Kälteanlage würde die verlangte Kälteleistung mit dem wesentlich geringeren Leistungsaufwand

$$P_{\text{rev}} = \dot{E}_{Q_0} = \frac{T_u - T_0}{T_0}\,\dot{Q}_0 = \zeta\,P = 18,5 \text{ kW}$$

erzeugt werden können. Der Leistungsmehrbedarf der hier behandelten Anlage,

$$\dot{E}_v = P - P_{\text{rev}} = 25,9 \text{ kW},$$

wird durch die Irreversibilitäten in Anergie verwandelt. Er könnte durch einen größeren maschinellen und apparativen Aufwand verkleinert werden.

Beispiel 7.4. Die in Beispiel 7.3 behandelte Kälteanlage soll mit Hilfe der Exergie untersucht werden. Es ist ein Exergie-Anergie-Flußbild zu entwerfen, und es sind die Exergieverluste der einzelnen Anlagenteile zu bestimmen.

Wir berechnen zuerst die spez. Exergie

$$e = h - h_u - T_u(s - s_u)$$

und die spez. Anergie

$$b = T_u(s - s_u) + h_u$$

des Kältemittels in den vier Zuständen 1, 2, 3, 4. Hierzu müssen wir noch Enthalpie und Entropie der Zustände 2 und 4 bestimmen. Für den Endzustand 2 der nichtisentropen Verdichtung gilt nach der Definition des isentropen Verdichterwirkungsgrades

$$h_2 = h_0'' + \frac{h_{2'} - h_0''}{\eta_{sV}} = 272,19\,\frac{\text{kJ}}{\text{kg}} + \frac{309,01 - 272,19}{0,73}\,\frac{\text{kJ}}{\text{kg}} = 322,63 \text{ kJ/kg}.$$

Durch Interpolation in Tab. 7.1 erhalten wir hieraus für die Verdichtungsendtemperatur $t_2 = 59,7\,°\mathrm{C}$ sowie $s_2 = 2,4107$ kJ/kg K.

Für die spez. Enthalpie h_4 nach der Drosselung gilt $h_4 = h' = 158,64$ kJ/kg. Die spez. Entropie ergibt sich zu

$$s_4 = s_0' + x_4(s_0'' - s_0') = s_0' + \frac{h' - h_0'}{h_0'' - h_0'}\,(s_0'' - s_0') = s_0' + \frac{h' - h_0'}{T_0^*}$$

$$= \left(1,6636 + \frac{158,64 - 104,29}{238,15}\right)\frac{\text{kJ}}{\text{kg K}} = 1,8918\,\frac{\text{kJ}}{\text{kg K}}.$$

Da bei den folgenden Rechnungen nur Exergie- und Anergiedifferenzen benötigt werden, verfügen wir über die Größen h_u und s_u willkürlich so, daß $e_1 = 0$ und

$b_3 = 0$ werden. Wir können nun alle Exergien und Anergien berechnen und erhalten die Ergebnisse von Tab. 7.2.

Tabelle 7.2. Spez. Exergie e und spez. Anergie b des Kältemittels in vier Zuständen

Zustand	p bar	t °C	e kJ/kg	b kJ/kg
1	0,8080	−35,0	0	145,08
2	6,5406	+59,7	38,31	157,21
3	6,5406	+25,0	31,53	0
4	0,8080	−35,0	23,84	7,69

Dem Kühlraum wird die auf die Masse des Kältemittels bezogene Exergie

$$e_{q_0} = \left(\frac{T_u}{T_0} - 1\right)\frac{\dot{Q}_0}{\dot{m}} = \left(\frac{288{,}15}{243{,}15} - 1\right)\frac{100\ \text{kW}}{0{,}8807\ \text{kg/s}} = 21{,}01\ \frac{\text{kJ}}{\text{kg}}$$

zugeführt und die spez Anergie

$$b_{q_0} = \frac{T_u}{T_0}\frac{\dot{Q}_0}{\dot{m}} = 134{,}56\ \text{kJ/kg}$$

entzogen. Dem Verdichter wird die Exergie

$$w_t = h_2 - h_0'' = 50{,}44\ \text{kJ/kg}$$

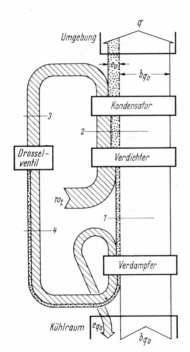

Abb. 7.17. Exergie-Anergie-Flußbild einer Kaltdampf-Kältemaschine

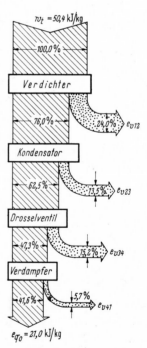

Abb. 7.18. Exergie-Flußbild einer Kaltdampf-Kältemaschine mit Darstellung der einzelnen Exergieverluste

als technische Arbeit zugeführt. An die Umgebung wird die Anergie

$$|q| = q_0 + w_t = 163{,}99 \text{ kJ/kg}$$

als Wärme abgegeben. Der gesamte Exergieverlust beträgt

$$e_v = |q| - b_{q_\bullet} = 29{,}43 \text{ kJ/kg}.$$

Mit diesen Angaben läßt sich das Exergie-Anergie-Flußbild, Abb. 7.17, zeichnen. Es veranschaulicht die thermodynamischen Zusammenhänge und zeigt besonders deutlich die Aufgabe der Kältemaschine: Exergie in den Kühlraum zu liefern und Anergie aus dem Kühlraum zur Umgebung zu schaffen. Bedingt durch diese Aufgabenstellung ist der Anergiefluß beträchtlich, und die Exergieverluste der einzelnen Anlagenteile treten nicht besonders deutlich in Erscheinung. Deswegen ist in Abb. 7.18 ein Exergie-Flußbild der Kälteanlage dargestellt.

Der größte Exergieverlust tritt im Verdichter auf. Er könnte durch eine aufwendigere Maschine verkleinert werden. Wegen des großen Druckverhältnisses $p/p_0 = 6{,}54/0{,}808 = 8{,}09$ wäre auch eine zweistufige Verdichtung zu erwägen, um dadurch den Exergieverlust e_{v12} zu verkleinern, vgl. Abschn. 7.22. Der Exergieverlust e_{v23} im Kondensator könnte durch Verminderung des Kondensatordrucks p und damit der Kondensationstemperatur t verringert werden. Hierzu müßte aber der Kondensator vergrößert werden, weil dann zum Wärmeübergang kleinere Temperaturdifferenzen zwischen Kältemittel und Kühlwasser vorhanden sind. Auf die Möglichkeiten zur Verringerung des erheblichen Exergieverlustes e_{v34} bei der Drosselung gehen wir im nächsten Abschnitt ein.

7.22 Prozeßverbesserungen. Mehrstufige Kompressionskälteanlagen

Die im letzten Abschnitt behandelten Exergieverluste der Kaltdampf-Kälteanlage können durch einen Verdichter mit höherem isentropen Wirkungsgrad η_{sV} und durch Wärmeübertragungsapparate mit größer bemessenen Flächen vermindert werden. Dies trifft jedoch nicht auf den Exergieverlust bei der Drosselung zu; hier führt nur eine Änderung des Prozesses eine Verbesserung herbei.

Steht Kühlwasser in reichlicher Menge zur Verfügung, so kann man das im Kondensator verflüssigte Kältemittel weiter abkühlen. Es verläßt den Kondensator mit einer Temperatur t_{3*}, die unter der Kondensationstemperatur $t_3 = t(p)$ liegt. Im Grenzfall könnte t_{3*} die Umgebungstemperatur t_u erreichen. Wie das p, h-Diagramm, Abb. 7.19 zeigt, wird durch die Unterkühlung die erzeugte Kälte q_0 um $\Delta h = h_3 - h_{3*}$ vermehrt, ohne daß eine größere Verdichterarbeit erforderlich wäre.

Diese Prozeßverbesserung kommt durch die Verringerung des Exergieverlustes

$$e_{v34} = T_u (s_4 - s_3)$$

zustande. Beginnt nämlich die Drosselung auf der Isobare des Kondensatordrucks p, die im T, s-Diagramm, Abb. 7.20, praktisch mit der Siedelinie zusammenfällt, bei einer tieferen Temperatur $t_{3*} < t_3$, so ist die Entropievermehrung bei der Drosselung um so kleiner, je niedriger t_{3*} liegt. Damit verringert sich der Exergieverlust, was zu einer entsprechenden Vergrößerung der in den Kühlraum abgegebenen Exergie e_{q_0} führt. Man muß jedoch prüfen, ob es bei den gegebenen Kühlwasserverhältnissen günstiger ist, den Kondensatordruck p zu senken

und auf die Unterkühlung zu verzichten. Eine Senkung des Kondensatordrucks verkleinert die Verdichterarbeit, den Exergieverlust der
Verdichtung und auch den Exergieverlust bei der Kondensation. Dies
erkennt man aus dem T,s-Diagramm, Abb. 7.16, in dem dann die Isobare des Kondensatordrucks p näher an die Isotherme $T = T_u$ heran-
rückt.

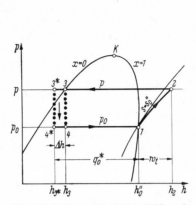

Abb. 7.19. Kreisprozeß mit Unterkühlung des
kondensierten Kältemittels

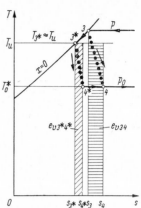

Abb. 7.20. Verminderung des Exergieverlustes bei der Drosselung
durch Unterkühlung des kondensierten Kältemittels

Eine erhebliche Verringerung des Exergieverlustes bei der Drosselung läßt
sich durch den Einbau eines zusätzlichen Wärmeaustauschers erreichen, in dem
das kondensierte Kältemittel durch den Kältemitteldampf abgekühlt wird, der
aus dem Verdampfer kommt. Abb. 7.21 zeigt das Schaltbild einer solchen Kälteanlage, Abb. 7.22 den Prozeß im T, s-Diagramm. Durch diesen „inneren" oder

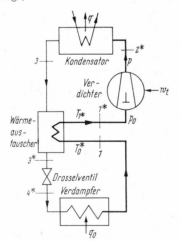

Abb. 7.21. Schaltbild einer Kaltdampf-
Kältemaschine mit „innerem" Wärme-
austausch zwischen dem kondensierten
Kältemittel und dem Kältemitteldampf

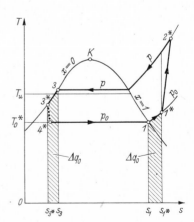

Abb. 7.22. Zustandsänderungen des Kältemittels beim Kreisprozeß mit „innerem"
Wärmeaustausch

„*regenerativen*" *Wärmeaustausch* zwischen dem flüssigen Kältemittel und dem überhitzten Dampf kann jetzt das flüssige Kältemittel erheblich, auch unter die Umgebungstemperatur, abgekühlt werden. Dadurch vergrößert sich die erzeugte Kälte q_0 um den Betrag

$$\Delta q_0 = h_4 - h_{4*} = h_3 - h_{3*} = h_{1*} - h_0'',$$

also gerade um die Energie, die als Wärme beim regenerativen Wärmeaustausch vom flüssigen Kältemittel auf den Dampf übertragen wird. Da jetzt aber der Verdichter überhitzten Dampf vom Zustand 1* ansaugt, vergrößert sich die aufzuwendende Verdichterarbeit, denn das Volumen v_{1*} des zu fördernden Dampfes ist größer als das Volumen $v_1 = v_0''$ beim Ansaugen von gesättigtem Dampf. Wie K. Linge[1] gezeigt hat, bringt der innere Wärmeaustausch keineswegs bei allen Kältemitteln eine Prozeßverbesserung. Bei NH_3 verringern sich Leistungszahl und exergetischer Wirkungsgrad, weil hier die zusätzlichen Exergieverluste bei der Verdichtung und der Wärmeabgabe an die Umgebung ($T_{2*} > T_2$!) den Exergiegewinn bei der Drosselung überwiegen. Bei einigen der häufig als Kältemittel verwendeten Halogenderivate des Methan und Äthan wie z.B. bei CF_2Cl_2 ergibt sich eine geringfügige Verbesserung des exergetischen Wirkungsgrades gegenüber dem Prozeß ohne inneren Wärmeaustausch. In diesen Kältemitteln ist außerdem das Schmieröl des Kompressors leicht löslich, so daß man hier den inneren Wärmeaustausch und das Ansaugen überhitzten Kältemitteldampfes aus Gründen der besseren Ölabscheidung vorsieht und weniger, um den Wirkungsgrad zu verbessern.

Soll eine Kaltdampf-Kältemaschine Kälte bei tiefen Temperaturen T_0 erzeugen, so bedingt dies ein großes Druckverhältnis p/p_0. Damit vergrößern sich auch die Exergieverluste im Kompressor, bei der Wärmeabfuhr und bei der Drosselung. Hier empfiehlt es sich, die Kältemaschine zwei- oder mehrstufig zu betreiben, wodurch sich die zuzuführende Verdichterleistung gegenüber der einstufigen Verdichtung verringert. Das Schaltbild einer *zweistufigen Kaltdampf-Kältemaschine* zeigt Abb. 7.23, die Zustandsänderungen des Kältemittels Abb. 7.24. Der Niederdruckverdichter fördert den Dampf in einen Zwischenbehälter, in dem er sich mit Kältemitteldampf mischt, der aus dem Hochdruckkreislauf kommt. Der Hochdruckverdichter saugt gesättigten Kältemitteldampf beim Zwischendruck p_z an und verdichtet ihn auf den Kondensatordruck p. Im Kondensator wird der Dampf (nahezu) isobar abgekühlt, kondensiert und möglicherweise unterkühlt. Das flüssige Kältemittel wird im ersten Drosselventil auf den Zwischendruck p_z gedrosselt, so daß nasser Kältemitteldampf in den Zwischenbehälter gelangt. Durch das zweite Drosselventil strömt flüssiges Kältemittel (Zustand 3) vom Zwischenbehälter in den Verdampfer, wo es die Kälteleistung aus dem Kühlraum aufnimmt. Die zweistufige Kältemaschine läßt sich als die Kombination zweier einstufiger Kältemaschinen ansehen, die über einen Mischkondensator, den Zwischenbehälter, gekoppelt sind.

Die Kälteleistung der zweistufigen Maschine ist nach Vorgabe der drei Drücke p_0, p_z und p durch

$$\dot{Q}_0 = \dot{m}_N(h_1 - h_4) = \dot{m}_N(h_0'' - h_z')$$

---

[1] Linge, K.: Der Einfluß des Ansaugezustandes auf die volumetrische und die spezifische Kälteleistung. Kältetechnik 8 (1956) S. 75—79.

gegeben. Hierbei ist $\dot{m}_N$ der Massenstrom des Kältemittels im Niederdruckteil; der Index „0" weist wieder auf den Verdampferdruck, der Index „z" auf den Zwischendruck hin. Die aufzuwendende Verdichterleistung wird, vgl. Abb. 7.24,

$$P = \dot{m}_N(h_2 - h_1) + \dot{m}_H(h_6 - h_5)$$

$$= \frac{\dot{m}_N}{\eta_{sV}^N}(h_{2'} - h_0'') + \frac{\dot{m}_H}{\eta_{sV}^H}(h_{6'} - h_z'')\ .$$

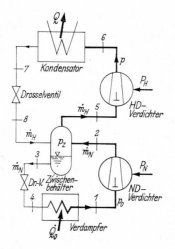

Abb. 7.23. Schaltbild einer zweistufigen Kaltdampf-Kältemaschine mit Zwischenbehälter

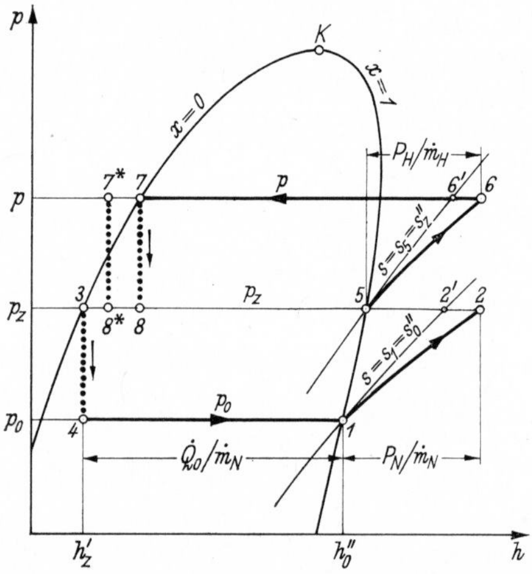

Abb. 7.24. Zustandsänderungen des Kältemittels einer zweistufigen Kaltdampf-Kältemaschine, dargestellt im p, h-Diagramm. Bei Unterkühlung des Kältemittels beginnt die Drosselung im Hochdruckkreislauf mit dem Zustand 7* (statt mit Zustand 7) und endet im Zustand 8* (statt 8)

mit η_{sV}^N und η_{sV}^H als den isentropen Wirkungsgraden des Niederdruck- und des Hochdruckverdichters. Der Massenstrom $\dot{m}_H$ im Hochdruckteil ist nicht frei wählbar. Aus der Leistungsbilanz des als adiabat angenommenen Zwischenbehälters,

$$\dot{m}_H(h_5 - h_8) = \dot{m}_N(h_2 - h_3)$$

oder

$$\dot{m}_H(h_z'' - h_7) = \dot{m}_N(h_2 - h_z'),$$

folgt

$$\frac{\dot{m}_H}{\dot{m}_N} = \frac{h_2 - h_z'}{h_z'' - h_7} > 1\ .$$

Der Hochdruckverdichter hat also stets einen größeren Massenstrom zu fördern als der Niederdruckverdichter.

Mit den angegebenen Beziehungen sind $\dot{Q}_0$ und P und damit auch ε und ζ leicht zu berechnen. Es muß dazu jedoch der Zwischendruck p_z bekannt sein. Diesen wird man so bestimmen, daß die Leistungszahl ε

bzw. der exergetische Wirkungsgrad ζ bei sonst gleichen Bedingungen möglichst groß wird. Wie verschiedene Untersuchungen zeigen[1], wird das Maximum von ε in guter Näherung erreicht, wenn man

$$p_z = \sqrt{p \cdot p_0}$$

wählt.

Bei besonders großen Spannen zwischen Kühlraumtemperatur T_0 und Umgebungstemperatur T_u und dementsprechend großen Druckverhältnissen p/p_0 wird man zu dreistufigen Kältemaschinen übergehen. Das Druckverhältnis p/p_0 kann jedoch nicht beliebig gesteigert werden, weil die Eigenschaften des Kältemittels (Nähe des Tripelpunktes oder des kritischen Punktes) eine Grenze setzen. Man geht dann zur *Kaskadenschaltung* über, bei der zwei Kreisläufe mit verschiedenen Kältemitteln miteinander gekoppelt sind.

Beispiel 7.5. Eine zweistufige Kälteanlage mit CF_2Cl_2 als Kältemittel arbeitet bei folgenden Bedingungen: Verdampfungstemperatur $t_0^* = -55°C$, Kondensationstemperatur $t = 30°C$, Unterkühlungstemperatur $t_{7*} = 25°C$, Zwischendruck $p_z = 1{,}509$ bar, isentrope Wirkungsgrade der Verdichter $\eta_{sV}^N = \eta_{sV}^H = \eta_{sV} = 0{,}815$. Die Kälteleistung bei einer Kühlraumtemperatur $t_0 = -50°C$ beträgt $\dot{Q}_0 = 100$ kW. Man bestimme den Leistungsbedarf der beiden Verdichter, die Leistungszahl ε und den exergetischen Wirkungsgrad ζ für die Umgebungstemperatur $t_u = 15°C$. Zur Berechnung steht der als Tab. 7.3 gegebene Ausschnitt der Dampftafel von CF_2Cl_2 nach H. D. Baehr und E. Hicken[2] zur Verfügung.

Tabelle 7.3. Zustandsgrößen des Kältemittels CF_2Cl_2

Im Naßdampfgebiet:

t °C	p bar	h' kJ/kg	h'' kJ/kg	s' kJ/kg K	s'' kJ/kg K
−55	0,3013	87,04	262,66	1,5881	2,3931
−20	1,5093	117,21	279,25	1,7160	2,3561
+25	6,5406	158,64	298,75	1,8651	2,3350
+30	7,4806	163,64	300,65	1,8815	2,3334

In der Gasphase:

$p = 1{,}5093$ bar			$p = 7{,}4806$ bar		
t °C	h kJ/kg	s kJ/kg K	t °C	h kJ/kg	s kJ/kg K
−5	288,03	2,3898	+35	304,18	2,3450
0	290,99	2,4007	+40	307,70	2,3563

Die Druckverhältnisse für die beiden Verdichter haben bei dem hier gewählten Zwischendruck praktisch übereinstimmende Werte:

$$p/p_z = 7{,}4806 \text{ bar}/1{,}5093 \text{ bar} = 4{,}956$$

---

[1] Vgl. z. B. Baumann, K., Blass, E.: Beitrag zu Ermittlung des optimalen Mitteldrucks bei zweistufigen Kaltdampf-Verdichter-Kältemaschinen. Kältetechnik 13 (1961) S. 210—261.

[2] Vgl. Fußnote 1 auf S. 310.

und

$$p_z/p_0 = 1{,}5093 \text{ bar}/0{,}3013 \text{ bar} = 5{,}009.$$

Dies bedeutet, daß $p_z \approx \sqrt{p \cdot p_0}$ ist, also optimal gewählt wurde. Wir bestimmen zuerst den Massenstrom $\dot{m}_N$, den der Niederdruckverdichter zu fördern hat, aus der verlangten Kälteleistung $\dot{Q}_0$:

$$\dot{m}_N = \frac{\dot{Q}_0}{h_0'' - h_z'} = \frac{100 \text{ kW}}{(262{,}66 - 117{,}21) \text{ kJ/kg}} = 0{,}6875 \frac{\text{kg}}{\text{s}}.$$

Für die Leistung des Niederdruckverdichters gilt

$$P_N = \frac{\dot{m}_N}{\eta_{sv}}(h_{2'} - h_0'').$$

Die noch unbekannte Enthalpie h_2' am Ende der isentropen Verdichtung finden wir aus der Bedingung $s_{2'} = s_0'' = 2{,}3931 \text{ kJ/kg K}$ durch Interpolation in Tab. 7.3 bei $p = p_z = 1{,}5093 \text{ bar}$ zu $h_{2'} = 288{,}93 \text{ kJ/kg}$. Damit wird

$$P_N = \frac{0{,}6875}{0{,}815} \frac{\text{kg}}{\text{s}}(288{,}93 - 262{,}66)\frac{\text{kJ}}{\text{kg}} = 22{,}16 \text{ kW}.$$

Der Massenstrom $\dot{m}_H$, den der Hochdruckverdichter zu verdichten hat, ergibt sich aus der Energiebilanz des als adiabat angenommenen Zwischenbehälters zu

$$\dot{m}_H = \dot{m}_N \frac{h_2 - h_z'}{h_z'' - h_{7*}}.$$

Hierin ist

$$h_2 = h_0'' + \frac{1}{\eta_{sv}}(h_{2'} - h_0'') = 294{,}89 \text{ kJ/kg}$$

die spez. Enthalpie des Dampfes, der bei $p = p_z$ aus dem Niederdruckverdichter kommt. h_{7*} ist die Enthalpie des auf $t_{7*} = 25\,^\circ\text{C}$ unterkühlten flüssigen Kältemittels beim Kondensatordruck. Wir setzen $h_{7*} = h'\,(25\,^\circ\text{C})$ und erhalten

$$\dot{m}_H = 0{,}6875 \frac{\text{kg}}{\text{s}} \frac{294{,}89 - 117{,}21}{279{,}25 - 158{,}64} = 1{,}013 \text{ kg/s}.$$

Nun ergibt sich die Leistung des Hochdruckverdichters zu

$$P_H = \frac{\dot{m}_H}{\eta_{sv}}(h_{6'} - h_z'') = \frac{1{,}013}{0{,}815}\frac{\text{kg}}{\text{s}}(307{,}64 - 279{,}25)\frac{\text{kJ}}{\text{kg}} = 35{,}28 \text{ kW}.$$

Hierbei wurde die Enthalpie $h_{6'}$ beim Kondensatordruck am Ende der isentropen Verdichtung wieder aus der Bedingung $s_{6'} = s_z'' = 2{,}3561 \text{ kJ/kg K}$ durch Interpolation in Tab. 7.3 bestimmt.

Die Leistungszahl der zweistufigen Kältemaschine ergibt sich nun zu

$$\varepsilon = \frac{\dot{Q}_0}{P_N + P_H} = \frac{\dot{Q}_0}{P} = 1{,}741.$$

Ihr exergetischer Wirkungsgrad wird

$$\zeta = \left(\frac{T_u}{T_0} - 1\right)\frac{\dot{Q}_0}{P} = \left(\frac{288{,}15}{223{,}15} - 1\right)\varepsilon = 0{,}507.$$

Dieser Wert von ζ ist größer als der exergetische Wirkungsgrad der in Beispiel 7.3 und 7.4 behandelten einstufigen Kälteanlage. Dies liegt vor allem daran, daß bei der zweistufigen Verdichtung das Druckverhältnis der Stufen kleiner und damit η_{sv} größer als bei einstufiger Verdichtung ist.

7.23 Die Gaskältemaschine mit adiabater Entspannung

Sehr tiefe Temperaturen werden in der Technik besonders zur Gasverflüssigung und Gaszerlegung, beispielsweise zur Luftverflüssigung und zur Gewinnung von O_2 und N_2 aus der Luft benötigt. Man muß

immer mehr Exergie aufwenden, je tiefer die Temperatur der Kälteerzeugung liegt, vgl. Abb. 7.4 auf S. 297. Auch der bauliche Aufwand
für die Kälteanlage steigt merklich mit sinkenden Temperaturen. Die
Kaltdampf-Kältemaschine muß mehrstufig oder in Kaskadenschaltung
ausgeführt werden, wobei der Verdampfer der einen Stufe als Kondensator der nächst tiefer liegenden Stufe dient. Selbst bei mehrstufigen
Anlagen erreicht die Kaltdampf-Kältemaschine bei etwa $-100\,°C$ die
Grenze ihrer Anwendbarkeit. Hier bieten dann Gase als Kältemittel
Vorteile.

Das Schaltbild einer Gaskältemaschine ist in Abb. 7.25 dargestellt.
Das Gas wird im adiabaten Kompressor vom Druck p_0 auf den höheren
Druck p verdichtet; im daran anschließenden Kühler wird es durch
Kühlwasser möglichst bis zur Umgebungstemperatur ($T_3 \approx T_u$) abgekühlt. Es strömt nun in einen Wärmeaustauscher, der in der Tief-
temperaturtechnik als *Gegenströmer* bezeichnet wird. In diesem Apparat
kühlt sich das Hochdruckgas annähernd isobar ab, indem es Energie
als Wärme an das vom Kühlraum kommende kalte Niederdruckgas
abgibt. Beim Austritt aus dem Gegenströmer hat das Hochdruckgas
eine tiefe Temperatur T_4 erreicht, die noch weiter sinkt, wenn es in der
adiabaten Turbine auf den Druck p_0 entspannt wird. Das entspannte
Gas strömt nun in einen Wärmeaustauscher, in dem es die Wärme q_0
aus dem Kühlraum aufnimmt und sich dabei auf T_6 erwärmt. Diese
Temperatur T_6, mit der das Niederdruckgas in den Gegenströmer eintritt, liegt noch sehr tief, so daß es sich im Gegenströmer weiter erwärmt und in der Lage ist, das Hochdruckgas abzukühlen. Das aus
dem Gegenströmer kommende Niederdruckgas wird vom Kompressor
angesaugt, womit der Kreisprozeß geschlossen ist. Wesentliches Element dieses Prozesses und anderer Kreisprozesse der Tieftemperatur-
technik ist der innere oder regenerative Wärmeaustausch zwischen

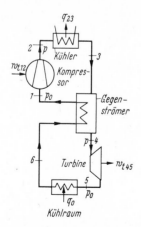

Abb. 7.25. Schaltbild einer
Gaskältemaschine

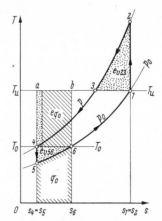

Abb. 7.26. Zustandsänderungen
des Gases beim innerlich reversiblen Kreisprozeß der Gaskältemaschine

Hochdruck- und Niederdruckgas im Gegenströmer. Diese Maßnahme hat erstmals C. v. Linde[1] bei seinem berühmten Verfahren zur Luftverflüssigung verwirklicht, das wir in Abschn. 7.24 behandeln.

Zur thermodynamischen Analyse des Gaskälteprozesses nehmen wir das Kältemittel als ideales Gas mit konstantem c_p^0 an und vernachlässigen seinen Druckabfall beim Durchströmen der Wärmeübertragungsapparate und Leitungen. Wir nehmen ferner den Kreisprozeß zunächst als *innerlich reversibel* an, setzen also isentrope Verdichtung und Entspannung sowie Wärmeübertragung bei verschwindend kleinen Temperaturdifferenzen zwischen dem Hochdruck- und dem Niederdruckgas im Gegenströmer voraus. Die Zustandsänderungen des Gases unter diesen Annahmen zeigt Abb. 7.26: zwei Isobaren und zwei Isentropen. Der Kreisprozeß ist jedoch nicht äußerlich reversibel, denn bei der Abkühlung 23 hat das Gas eine weit höhere Temperatur als das Kühlwasser, so daß der in Abb. 7.26 dargestellte Exergieverlust $e_{v23} = e_2 - e_3$ auftritt. Auch die Aufnahme der Wärme q_0 aus dem Kühlraum ist ein irreversibler Prozeß, wenn wir als Aufgabe der Gaskältemaschine die Kälteerzeugung bei der *konstanten* Temperatur $T_0 = T_6$ vorschreiben. Nach der isentropen Expansion 45 erreicht nämlich das Gas die Temperatur $T_5 < T_0$, so daß auch bei der Aufnahme der Wärme q_0 infolge der endlichen Temperaturdifferenzen zwischen Gas und Kühlraum ein Exergieverlust, nämlich

$$e_{v56} = (e_5 - e_6) - e_{q_0} = T_u(s_6 - s_5) - q_0 - e_{q_0}$$

auftritt, vgl. Abb. 7.26. Deshalb erreicht der exergetische Wirkungsgrad

$$\zeta = \frac{e_{q_0}}{w_t} = \frac{T_u - T_0}{T_0} \frac{q_0}{w_t}$$

der Gaskältemaschine nicht den Höchstwert eins, obwohl wir den Kreisprozeß als innerlich reversibel angenommen haben.

Die erzeugte Kälte q_0 ist gleich der abgegebenen Turbinenarbeit $(-w_{t45})$, denn es gilt

$$q_0 = h_6 - h_5 = c_p^0(T_6 - T_5) = c_p^0(T_0 - T_5) = h_4 - h_5 = -w_{t45}.$$

Für die technische Arbeit des Verdichters erhalten wir

$$w_{t12} = h_2 - h_1 = c_p^0(T_2 - T_1) = c_p^0(T_2 - T_u).$$

Die der Gaskältemaschine zuzuführende Arbeit ist dann

$$w_t = w_{t12} - \eta_m(-w_{t45}),$$

wenn wir beachten, daß bei der Übertragung der Turbinenarbeit auf den Verdichter mechanische Verluste auftreten, die wir durch den mechanischen Wirkungsgrad $\eta_m \leqq 1$ kennzeichnen. Aus wirtschaft-

---

[1] Carl Ritter von Linde (1842—1934) war einer der bedeutendsten Kältetechniker. Er lehrte von 1868 bis 1910 an der Techn. Hochschule München. Durch theoretische und praktische Untersuchungen förderte er den Bau von Kältemaschinen. Weltberühmt wurde er durch sein Verfahren zur Luftverflüssigung, mit dem um 1895 erstmals größere Mengen flüssiger Luft gewonnen werden konnten.

lichen Gründen und praktischen Erwägungen wird man sogar auf die Ausnutzung der Turbinenarbeit ganz verzichten ($\eta_m = 0$) und w_{t45} durch Abbremsen der Turbine irreversibel in Anergie verwandeln.

Für den exergetischen Wirkungsgrad erhalten wir nun

$$\zeta = \frac{T_u - T_0}{T_0}\frac{q_0}{w_t} = \frac{T_u - T_0}{T_0}\frac{T_0 - T_5}{T_2 - T_u - \eta_m(T_0 - T_5)}.$$

Für die Temperaturen T_2 und T_5 gilt weiter

$$T_2 = T_u\left(\frac{p}{p_0}\right)^{\frac{\varkappa - 1}{\varkappa}} = T_u\lambda$$

und

$$T_5 = T_0\left(\frac{p_0}{p}\right)^{\frac{\varkappa - 1}{\varkappa}} = \frac{T_0}{\lambda}$$

mit $\varkappa = c_p^0/c_v^0$ und $\lambda = (p/p_0)^{(\varkappa - 1)/\varkappa}$. Daraus ergibt sich

$$\zeta = \frac{T_u - T_0}{\lambda T_u - \eta_m T_0}$$

als exergetischer Wirkungsgrad des innerlich reversiblen, aber äußerlich irreversiblen Gaskälteprozesses. In Abb. 7.27 ist ζ für $T_u = 288{,}15\,\mathrm{K}$ und $\varkappa = 1{,}40$ (z.B. Luft als Kältemittel) über der Temperatur t_0 des Kühlraums dargestellt. Da ζ für $T_0 = T_u$ Null wird, erreicht der exergetische Wirkungsgrad nur bei sehr tiefen Temperaturen höhere Werte. Der Einsatz einer Gaskältemaschine ist also nur in diesem Temperaturgebiet sinnvoll. Mit steigendem Druckverhältnis p/p_0 sinkt ζ; man wird daher ein möglichst kleines Druckverhältnis wählen, doch dann wird auch die spez. Kälteleistung q_0 klein. Wie die für $\eta_m = 0$ eingezeichneten Kurven zeigen, kann es bei tiefen Temperaturen t_0 durchaus sinnvoll sein, auf die Ausnutzung der Turbinenarbeit zu verzichten.

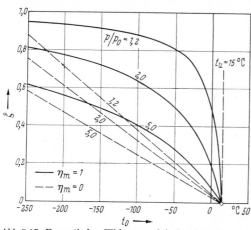

Abb. 7.27. Exergetischer Wirkungsgrad ζ des innerlich reversiblen Gaskältemaschinenprozesses für $t_u = 15\,^\circ\mathrm{C}$ und $\varkappa = 1{,}40$

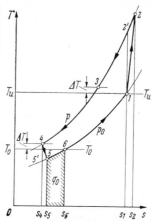

Abb. 7.28. Zustandsänderungen des Gases beim irreversiblen Kreisprozeß der Gaskältemaschine

21 Baehr, Thermodynamik, 3. Aufl.

Wir berücksichtigen nun auch die inneren Irreversibilitäten, nämlich die nichtisentrope Verdichtung und Expansion sowie einen Temperatursprung ΔT zwischen dem Hochdruckgas und dem Niederdruckgas im Gegenströmer. Die Zustandsänderungen des Gases zeigt das T, s-Diagramm, Abb. 7.28. Für die technische Arbeit des Verdichters gilt nun

$$w_{t12} = h_2 - h_1 = c_p^0(T_2 - T_u) = \frac{c_p^0 T_u}{\eta_{sV}}(\lambda - 1).$$

Die Turbinenarbeit wird

$$-w_{t45} = h_4 - h_5 = c_p^0(T_0 + \Delta T - T_5) = c_p^0 \eta_{sT}(T_0 + \Delta T)\left(1 - \frac{1}{\lambda}\right).$$

Die aus dem Kühlraum aufgenommene Wärme ist

$$q_0 = h_6 - h_5 = c_p^0(T_0 - T_5) = c_p^0(T_0 + \Delta T - T_5 - \Delta T)$$

$$= c_p^0\left[\eta_{sT}(T_0 + \Delta T)\left(1 - \frac{1}{\lambda}\right) - \Delta T\right].$$

Damit erhalten wir für den exergetischen Wirkungsgrad

$$\zeta = \frac{T_u - T_0}{T_0} \frac{1 - A\dfrac{\lambda}{\lambda - 1}}{B\lambda - \eta_m}$$

mit den Abkürzungen

$$A = \frac{\Delta T}{\eta_{sT}(T_0 + \Delta T)}$$

und

$$B = \frac{T_u}{\eta_{sV}\eta_{sT}(T_0 + \Delta T)}.$$

Bei gegebenen Temperaturen T_u, T_0 und ΔT und gegebenen Maschinenwirkungsgraden η_{sV}, η_{sT} und η_m gibt es ein bestimmtes Druckverhältnis p/p_0 bzw. einen bestimmten Wert λ, für den ζ ein Maximum annimmt. In Abb. 7.29 sind über der Temperatur des Kühlraums dieses optimale Druckverhältnis $(p/p_0)_{opt}$ und der sich daraus ergebende günstigste exergetische Wirkungsgrad ζ dargestellt für $\eta_{sT} = 0,80$, $\eta_{sV} = 0,75$, $\Delta T = 5$ K und $T_u = 288,15$ K. Der exergetische Wirkungs-

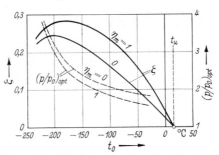

Abb. 7.29. Optimales Druckverhältnis $(p/p_0)_{opt}$ und zugehörige exergetische Wirkungsgrade des irreversiblen Gaskälteprozesses. Annahmen: $t_u = 15\,°C$, $\eta_{sT} = 0,80$, $\eta_{sV} = 0,75$, $\Delta T = 5$ K, $\varkappa = 1,40$

grad ζ erreicht bei Temperaturen der Kälteerzeugung unter $-150\,°C$ auch bei Berücksichtigung der inneren Irreversibilitäten Werte, die den Einsatz der Gaskältemaschine in diesem Temperaturgebiet vorteilhaft erscheinen lassen.

Wie Abb. 7.29 zeigt, unterscheiden sich die Werte des exergetischen Wirkungsgrades ζ für $\eta_m = 1$ und $\eta_m = 0$ nicht erheblich: die Aufgabe der Entspannungsturbine besteht also weniger darin, Arbeit zu liefern; sie soll vielmehr das verdichtete Gas so tief abkühlen, daß es aus dem Kühlraum die Wärme

$$q_0 = c_p^0(T_0 - T_5)$$

aufnehmen kann. Man kann daher die adiabate Expansion mit Arbeitsverrichtung durch eine Entspannung ohne Arbeitsabgabe ersetzen, statt der aufwendigen Turbine also eine einfache Drosselvorrichtung benutzen. Der zuletzt behandelte Prozeß liefert dann jedoch die Kälteleistung $q_0 = 0$, weil bei der Drosselung eines idealen Gases die Temperatur konstant bleibt. Alle *realen* Gase kühlen sich aber in der Nähe ihres Zweiphasengebietes bei der Drosselung ab, und zwar um so stärker, je tiefer die Temperatur bei Beginn der Drosselung liegt. Geht man also zu höheren Drücken über ($p \approx 200\,\text{bar}$, $p_0 \approx 50\,\text{bar}$), so erhält man eine merkliche Abkühlung bei der Drosselung und damit auch bei der Verwendung eines einfachen Drosselventils als Entspannungsorgan eine Kälteleistung. Dieser *Gaskälteprozeß mit Drosselung* hat zwar einen geringeren exergetischen Wirkungsgrad ζ als der oben behandelte Prozeß mit Entspannung in einer Turbine, er bietet jedoch manche betriebliche Vorteile, worauf wir hier nicht eingehen[1].

7.24 Das Linde-Verfahren zur Luftverflüssigung

Die im letzten Abschnitt erwähnte Eigenschaft realer Gase, sich bei der Drosselung abzukühlen (Joule-Thomson-Effekt), hat zuerst C. v. Linde bei seinem Verfahren zur Luftverflüssigung ausgenutzt. Das Schaltbild einer solchen Luftverflüssigungsanlage zeigt Abb. 7.30. Es handelt sich dabei um ein offenes System: Aus der Umgebung wird Luft angesaugt, ein Teil wird als flüssige Luft entnommen, der nicht verflüssigte Anteil wird wieder in die Umgebung entlassen. Die Zustandsänderungen der Luft zeigt das h, T-Diagramm, Abb. 7.31.

Der Verdichter saugt aus der Umgebung Luft an und verdichtet sie auf einen hohen Druck p_2. Diese Verdichtung geschieht in mehreren Stufen mit Zwischenkühlung, vgl. S. 291, so daß wir eine *isotherme* Verdichtung als Idealfall annehmen. Die verdichtete Luft kühlt sich im Gegenströmer ab und wird dann gedrosselt. Bei der Abkühlung im Gegenströmer muß die Hochdruckluft eine Endtemperatur T_3 erreichen, die so tief liegt, daß die Drosselung 34 im Naßdampfgebiet endet. Nach der Drosselung wird der verflüssigte Anteil der Anlage entnommen, während sich die nicht verflüssigte Luft im Gegenströmer

---

[1] Vgl. hierzu: Linge, K.: Kaltluftmaschinenprozesse für tiefe Temperaturen. Kältetechnik 13 (1961) 95—98, und Baehr, H. D.: On the thermodynamics of the cold air cycle with throttling. Proc. of the XI. Int. Congr. Refrig. 1963, 319—328.

erwärmt. Eine Energiebilanz für den Gegenströmer und den Verflüssiger ergibt, vgl. den in Abb. 7.30 gezeichneten Bilanzkreis,

$$\dot{m}h_2 = (1 - y)\, \dot{m}h_1 + y\dot{m}h_0.$$

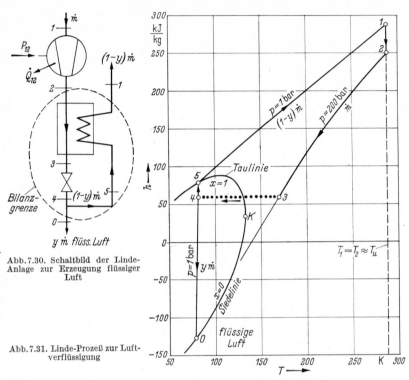

Abb. 7.30. Schaltbild der Linde-Anlage zur Erzeugung flüssiger Luft

Abb. 7.31. Linde-Prozeß zur Luftverflüssigung

Hierbei ist $\dot{m}$ der Massenstrom der vom Verdichter geförderten Luft und y der Anteil, der verflüssigt wird. Aus der Bilanzgleichung erhält man den Anteil der verflüssigten Luft zu

$$y = \frac{h_1 - h_2}{h_1 - h_0}.$$

Zur isothermen Verdichtung der Luft ist im reversiblen Idealfall die spez. technische Arbeit

$$(w_{t12})_{\text{rev}} = h_2 - h_1 - (q_{12})_{\text{rev}} = h_2 - h_1 - T_1(s_2 - s_1)$$

aufzuwenden. Da der Zustand 1 mit dem Umgebungszustand übereinstimmt, wird

$$(w_{t12})_{\text{rev}} = h_2 - h_u - T_u(s_2 - s_u) = e_2,$$

also gleich der Exergie der verdichteten Luft. Für die wirkliche Verdichtung setzen wir

$$w_{t12} = \frac{1}{\eta_{tV}}\, (w_{t12})_{\text{rev}} = e_2/\eta_{tV}$$

mit η_{tV} als dem isothermen Verdichterwirkungsgrad, vgl. S. 290. Beziehen wir die Verdichterarbeit auf die Masse der verflüssigten Luft, so wird

$$w_t' = \frac{w_{t12}}{y} = \frac{e_2}{\eta_{tV}} \frac{h_1 - h_0}{h_1 - h_2}.$$

Diesen Wert des Arbeitsaufwandes zur Erzeugung flüssiger Luft vergleichen wir nun mit dem nach dem 2. Hauptsatz mindestens erforderlichen Arbeitsaufwand. Dieser ist durch die Exergie e_0 der verflüssigten Luft gegeben:

$$(w_t')_{\min} = e_0 = h_0 - h_u - T_u(s_0 - s_u).$$

Damit erhalten wir für den exergetischen Wirkungsgrad des Linde-Prozesses

$$\zeta = \frac{(w_t')_{\min}}{w_t'} = \eta_{tV} \frac{e_0}{e_2} \frac{h_1 - h_2}{h_1 - h_0}.$$

Er hängt von η_{tV}, von $T_u = T_1$ und den beiden Drücken $p_1 = p_0 = p_u$ und $p_2 = p$ ab. Da große Exergieverluste im Verdichter, Gegenströmer und vor allem bei der Drosselung auftreten, erreicht der exergetische Wirkungsgrad nur bescheidene Werte, die meistens kleiner als 10% sind. Linde hat zwei wirksame Mittel gefunden, um den Arbeitsaufwand des Verfahrens zu verringern: den zusätzlichen Hochdruckkreislauf und die Vorkühlung der Luft. Hierauf und auf andere Verfahren zur Luft- und Gasverflüssigung gehen wir nicht ein; es sei auf die ausführliche Darstellung von H. Hausen[1] verwiesen.

Beispiel 7.6. Für einen Linde-Prozeß zur Luftverflüssigung sind die folgenden Daten gegeben. Umgebungszustand der Luft: $t_u = t_1 = 15\,°C$, $p_u = p_1 = 1$ bar, Verdichterenddruck $p_2 = 200$ bar, isothermer Verdichterwirkungsgrad $\eta_{tV} = 0,625$. Man bestimme den Arbeitsaufwand w_t' und den exergetischen Wirkungsgrad ζ des Prozesses.

Die für die folgenden Rechnungen benötigten Zustandsgrößen der Luft entnehmen wir den Tafeln von Baehr und Schwier[2]; hier findet man auch Werte der spez. Exergie e für den in unserem Beispiel gewählten Umgebungszustand. — Der Anteil der verflüssigten Luft ergibt sich zu

$$y = \frac{h_1 - h_2}{h_1 - h_0} = \frac{288,5 - 250,6}{288,5 + 127,0} = 0,0912.$$

Damit erhalten wir für die Verdichterarbeit, bezogen auf die Masse der *verflüssigten* Luft,

$$w_t' = \frac{e_2}{\eta_{tV} y} = \frac{435,9 \text{ kJ/kg}}{0,625 \cdot 0,0912} = 7647 \text{ kJ/kg}.$$

Die Exergie der flüssigen Luft hat den Wert $e_0 = 693,3$ kJ/kg, so daß sich für den exergetischen Wirkungsgrad der niedrige Wert

$$\zeta = e_0/w_t' = 693,3/7647 = 0,0907$$

ergibt.

---

[1] Hausen, H.: Erzeugung sehr tiefer Temperaturen. Gasverflüssigung und Zerlegung von Gasgemischen. Handb. d. Kältetechnik, Bd. 8. Herausgeg. v. R. Plank, Berlin-Göttingen-Heidelberg: Springer 1957.

[2] Vgl. Fußnote 5 auf S. 163.

Abb. 7.32 zeigt ein Exergieflußbild des Prozesses. Hier sind alle Exergien auf die technische Arbeit w_t' bezogen. Neben dem großen Exergieverlust des Verdichters ist besonders der Exergieverlust bei der Drosselung bemerkenswert. Dieser Exergieverlust ist deswegen so groß, weil ein Gas mit relativ großem spez.

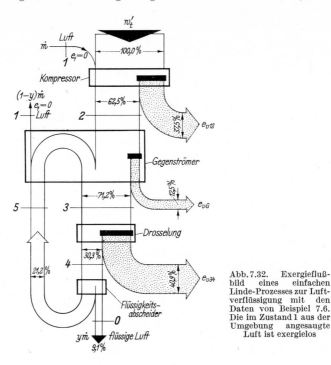

Abb. 7.32. Exergiefluß-bild eines einfachen Linde-Prozesses zur Luft-verflüssigung mit den Daten von Beispiel 7.6. Die im Zustand 1 aus der Umgebung angesaugte Luft ist exergielos

Volumen bei tiefen Temperaturen gedrosselt wird, vgl. Abschn. 6.21, S. 245. Der Exergieverlust im Gegenströmer ist in Wirklichkeit noch größer als in Abb. 7.32, denn auch am „warmen Ende" bei $t = t_u$ muß eine Temperaturdifferenz zur Wärmeübertragung vorhanden sein, die hier zu Null angenommen wurde. Außerdem haben wir alle „Kälteverluste" vernachlässigt, da wir den Gegenströmer, das Drosselventil und den Flüssigkeitsabscheider als adiabate Systeme angenommen haben.

8. Verbrennungsprozesse

8.1 Allgemeines

Wir haben bisher nur Systeme behandelt, die aus reinen Stoffen bestehen, oder Gemische, deren Komponenten miteinander chemisch nicht reagieren. Wir wollen nun auch Prozesse untersuchen, bei denen sich die Stoffe chemisch verändern. Von diesen chemischen Reaktionen sind die Verbrennungsprozesse für den Ingenieur von besonderer Bedeutung, denn sie liefern die Energie für die Wärme- und Verbrennungskraftmaschinen. In den drei folgenden Abschnitten werden wir drei Grundgesetze der Thermodynamik auf die Verbrennungsprozesse anwenden:

1. *Das Gesetz von der Erhaltung der Masse.* Es dient dazu, aus der gegebenen Brennstoffmenge die zur Verbrennung nötige Luftmenge und die Menge der entstehenden Abgase zu bestimmen.

2. *Der 1. Hauptsatz.* Chemische Reaktionen, insbesondere die Verbrennungsprozesse sind stets mit Energieumwandlungen verbunden. Die „chemische" Energie, nämlich die bei einer chemischen Reaktion meistens als Wärme frei werdende chemische Bindungsenergie, stellt eine der wichtigsten Energiequellen dar, aus welcher der Bedarf an mechanischer oder elektrischer Energie gedeckt wird.

3. *Der 2. Hauptsatz.* Die thermodynamische Vollkommenheit der Energieumwandlung wird auch bei einer chemischen Reaktion durch den 2. Hauptsatz beurteilt. Wir werden erkennen, daß die Verbrennungsprozesse in technischen Feuerungen oder in Verbrennungskraftmaschinen irreversible Prozesse sind, die große Exergieverluste nach sich ziehen.

Mit Hilfe des 2. Hauptsatzes kann man ferner entscheiden, in welche Richtung und in welchem Ausmaß eine chemische Reaktion abläuft. Hierauf werden wir jedoch nicht eingehen, obwohl diese Frage des sog. chemischen Gleichgewichts auch bei Verbrennungsprozessen z. B. für die Dissoziation der Verbrennungsgase eine Rolle spielt. Auch die Kinetik chemischer Reaktionen, also die Frage, wie schnell eine Reaktion abläuft, behandeln wir nicht, da dies nicht zu den Aufgaben der Thermodynamik gehört.

Verbrennungsprozesse sind Reaktionen verschiedener Stoffe (meistens C und H_2) mit Sauerstoff. In den meisten Fällen wird als Sauerstoffträger die atmosphärische Luft benutzt, deren molarer Sauerstoffgehalt $\psi_{O_2} = 0,21$ ist. Der Stickstoff und die übrigen Bestandteile der Luft reagieren mit dem Brennstoff nicht und können daher bei vielen Rechnungen unberücksichtigt bleiben. Das Schema einer technischen Feuerung zeigt Abb. 8.1. Die Reaktionsteilnehmer sind der Brennstoff und die Verbrennungsluft; die Reaktionsprodukte werden als Abgas

Abb. 8.1. Schema einer technischen Feuerung

oder Verbrennungsgas bezeichnet. Hinzu kommt noch die Asche, die aus unverbrannten oder nicht brennbaren Bestandteilen des Brennstoffes besteht. Ohne Luftzufuhr verbrennen Sprengstoffe und Treibmittel, die den zur Reaktion benötigten Sauerstoff chemisch gebunden oder in reiner Form (z.B. flüssiger Sauerstoff in Raketen) mit sich führen.

Die Verbrennung heißt *vollständig*, wenn alle brennbaren Bestandteile des Brennstoffs völlig zu CO_2, H_2O, SO_2 usw. oxidieren. Bei *unvollständiger* Verbrennung enthalten die Verbrennungsprodukte noch brennbare Stoffe, z.B. CO, das noch zu CO_2 oxidieren kann. Unvollständige Verbrennung tritt bei Luftmangel ein oder in den Teilen der Feuerung, zu denen die Luft nicht genügend Zutritt hat. Die unvollständige Verbrennung sucht man zu vermeiden, weil sie mit Energie-,,verlusten'' verbunden ist: die im unverbrannten Brennstoff und die in den noch brennbaren Bestandteilen der Rauchgase enthaltene chemische Energie bleibt ungenutzt.

8.2 Mengenberechnungen bei vollständiger Verbrennung

Mengenberechnungen werden ausgeführt, um die zur Verbrennung benötigten Sauerstoff- und Luftmengen zu bestimmen. Von Interesse sind ferner die Menge und die Zusammensetzung der Abgase. Aus der Abgaszusammensetzung kann man auch auf den Ablauf der Verbrennung schließen. Eine Analyse der Abgase dient somit zur Feuerungskontrolle, insbesondere um zu prüfen, ob die Verbrennung vollständig ist.

8.21 Die Verbrennungsgleichungen

Brennstoffe enthalten als brennbare Bestandteile Kohlenstoff, Wasserstoff und in geringerer Menge Schwefel. Die Mengenberechnungen lassen sich mit Hilfe weniger Grundgleichungen, den Reaktionsgleichungen dieser Stoffe mit Sauerstoff, ausführen. Da alle chemischen Symbole in einer Reaktionsgleichung auch gleichgroße Substanzmengen der betreffenden Stoffe bedeuten, liefern die als Verbrennungsgleichungen bezeichneten Reaktionsgleichungen eine Mengenbilanz der an der Reaktion beteiligten Stoffe.

Die Reaktionsgleichung für die Kohlenstoffverbrennung lautet:

$$C + O_2 = CO_2.$$

Dies ist gleichbedeutend mit der Mengenbilanz[1]

$$1 \text{ kmol C} + 1 \text{ kmol O}_2 = 1 \text{ kmol CO}_2$$

oder, wenn man die Molmassen der einzelnen Stoffe einsetzt,

$$12{,}011 \text{ kg C} + 31{,}999 \text{ kg O}_2 = 44{,}01 \text{ kg CO}_2,$$

also

$$1 \text{ kg C} + 2{,}664 \text{ kg O}_2 = 3{,}664 \text{ kg CO}_2.$$

Tabelle 8.1. Die Verbrennungsgleichungen der vollständigen Verbrennung

Reaktions- gleichung	$C + O_2 = CO_2$	$H_2 + 1/2\,O_2 = H_2O$	$S + O_2 = SO_2$
Bilanz der Substanz- mengen	1 kmol C + 1 kmol O$_2$ = 1 kmol CO$_2$	1 kmol H$_2$ + 1/2 kmol O$_2$ = 1 kmol H$_2$O	1 kmol S + 1 kmol O$_2$ = 1 kmol SO$_2$
Bilanz der Massen	1 kg C + 2,664 kg O$_2$ = 3,664 kg CO$_2$	1 kg H$_2$ + 7,937 kg O$_2$ = 8,937 kg H$_2$O	1 kg S + 0,998 kg O$_2$ = 1,998 kg SO$_2$

Tab. 8.1 enthält die drei grundlegenden Verbrennungsgleichungen und die daraus zu gewinnenden Mengenbeziehungen. Diese Gleichungen lassen sich auch auf Gemische und chemische Verbindungen anwenden, da sie nur die Erhaltung der Elemente C, H, S und O sowie das Gesetz von der Erhaltung der Masse zum Ausdruck bringen. So gilt z.B. für die Verbrennung von CH_4 nach der Reaktionsgleichung

$$CH_4 + 2\,O_2 = CO_2 + 2\,H_2O$$

auch

$$1 \text{ kmol CH}_4 + 2 \text{ kmol O}_2 = 1 \text{ kmol CO}_2 + 2 \text{ kmol H}_2O.$$

Daraus ergibt sich nach Einsetzen der Molmassen und nach Division mit M_{CH_4} die Massenbilanz

$$1 \text{ kg CH}_4 + 3{,}990 \text{ kg O}_2 = 2{,}774 \text{ kg CO}_2 + 2{,}216 \text{ kg H}_2O.$$

Alle Mengenberechnungen lassen sich auf zwei Fälle zurückführen: 1. Der Brennstoff ist eine chemische Verbindung, also ein reiner Stoff, z.B. CH_4, oder ein Gemisch chemisch einheitlicher Stoffe, z.B. ein Gemisch brennbarer Gase. 2. Der meist feste oder flüssige Brennstoff, wie z.B. Braunkohle oder Heizöl, ist ein Gemisch verschiedener Bestandteile, dessen Zusammensetzung durch eine chemische Analyse des Brennstoffs ermittelt werden muß.

---

[1] Man beachte: Da die Substanzmenge ein stoffspezifisches Mengenmaß ist, stimmt die Anzahl der kmol auf der einen Seite der Gleichung im allgemeinen nicht mit der Zahl der kmol auf der anderen Seite überein. Die Substanzmenge ist proportional der Molekülzahl, die sich bei der chemischen Reaktion ändert. Dagegen bleibt die Masse aller Stoffe bei der Reaktion konstant.

8.22 Gemische chemisch einheitlicher Stoffe

Ist der Brennstoff ein chemisch einheitlicher Stoff, z. B. C_6H_6 (Benzol), oder ein Gemisch chemisch einheitlicher Stoffe wie das im Haushalt verwendete Stadtgas, so lassen sich die Mengenberechnungen besonders einfach ausführen, wenn wir mit den Substanzmengen n_i der an der Reaktion beteiligten Stoffe und nicht mit ihren Massen m_i rechnen. Zwischen n_i und m_i besteht bekanntlich der Zusammenhang

$$m_i = M_i n_i,$$

in dem M_i die Molmasse des Stoffes i bedeutet, vgl. Tab. 10.6 auf S. 425.

Da die Mengenberechnungen bei Verbrennungsprozessen nur eine einfache Anwendung des Gesetzes von der Erhaltung der Masse darstellen, wollen wir ihre Durchführung nur an einigen Beispielen zeigen. Dabei empfiehlt es sich, in Tabellen zu rechnen, um die Rechnungen übersichtlich zu gestalten.

Beispiel 8.1. Stadtgas ist ein Gemisch verschiedener reiner Gase. Seine Zusammensetzung ist in Molanteilen gegeben: 10% CO, 45% H_2, 35% CH_4, 4% C_2H_4, 2% O_2, 2% N_2 und 2% CO_2. Man bestimme die zur Verbrennung erforderliche Luftmenge sowie die Menge des Abgases und seine Zusammensetzung.

Wir führen alle Rechnungen in der folgenden Tab. 8.2 aus. Zur Bestimmung der Luftmenge berechnen wir zuerst den *Sauerstoffbedarf* auf Grund der Reaktionsgleichungen. Summieren wir den Sauerstoffbedarf der Einzelgase, so erhalten wir den *molaren Mindestsauerstoffbedarf des Stadtgases*

$$o_{min} = 1,075 \text{ kmol } O_2/\text{kmol Stadtgas}.$$

Dies ist die Substanzmenge Sauerstoff, die zur vollständigen Verbrennung von 1 kmol Stadtgas gerade ausreicht. Da der molare Sauerstoffgehalt der Luft[1] 0,210 ist, erhalten wir daraus den *molaren Mindestluftbedarf*

$$l_{min} = \frac{o_{min}}{0,210} = \frac{1,075 \text{ kmol } O_2/\text{kmol Stadtgas}}{0,210 \text{ kmol } O_2/\text{kmol Luft}} = 5,12 \frac{\text{kmol Luft}}{\text{kmol Stadtgas}}.$$

Wie die Erfahrung lehrt, erreicht man mit dieser Mindestluftmenge noch keine vollständige Verbrennung. Deswegen betreibt man eine Feuerung mit Luftüberschuß und setzt für die tatsächlich zugeführte Luftmenge

$$l = \lambda l_{min},$$

wobei λ als *Luftverhältnis* bezeichnet wird. Für unser Beispiel nehmen wir $\lambda = 1,20$ an und erhalten dann

$$l = 1,20 \cdot 5,12 \frac{\text{kmol Luft}}{\text{kmol Stadtgas}} = 6,14 \frac{\text{kmol Luft}}{\text{kmol Stadtgas}}.$$

Das Abgas enthält CO_2 und H_2O, die bei der Verbrennung entstehen, sowie O_2 und N_2, die aus der Luft stammen. Hinzu kommen noch die N_2- und CO_2-Bestandteile des Stadtgases, die an der Reaktion nicht teilnehmen. Der Stickstoffgehalt der Luft ist 79 Mol-%, so daß die Abgase $0,79 \, l = 4,85 \text{ kmol } N_2/\text{kmol}$ Stadtgas aus der Luft enthalten. Sauerstoff finden wir nur dann in den Abgasen, wenn die Verbrennung mit Luftüberschuß ($\lambda > 1$) durchgeführt wird. Die Sauerstoffmenge ist $0,21 \, (\lambda - 1)l_{min} = 0,22 \text{ kmol } O_2/\text{kmol}$ Stadtgas. Die Zusammensetzung des Abgases erhalten wir nach Tab. 8.3, wenn wir die Menge der einzelnen Abgasbestandteile durch die Gesamtmenge des Abgases dividieren. Bemerkenswert ist hierbei der große Stickstoffanteil des Abgases. Dieser ist stets zu erwarten, wenn mit Luft und nicht mit reinem Sauerstoff verbrannt wird.

---

[1] Wir sehen die Luft als trocken an und vereinfachen die Rechnungen, indem wir ihre Zusammensetzung zu 21 Mol-% O_2 und 79 Mol-% N_2 annehmen.

Tabelle 8.2. Verbrennung eines Stadtgases

Reaktanten	Molanteil am Stadtgas	Reaktionsgleichung	Sauerstoffbedarf in $\dfrac{\text{kmol } O_2}{\text{kmol Stadtgas}}$	Abgasbestandteile in kmol/kmol Stadtgas			
				CO_2	H_2O	O_2	N_2
CO	0,10	$CO + \frac{1}{2} O_2 = CO_2$	$0,10 \cdot \frac{1}{2} = 0,050$	0,10	—	—	—
H_2	0,45	$H_2 + \frac{1}{2} O_2 = H_2O$	$0,45 \cdot \frac{1}{2} = 0,225$	—	0,45	—	—
CH_4	0,35	$CH_4 + 2O_2 = CO_2 + 2H_2O$	$0,35 \cdot 2 = 0,700$	0,35	0,70	—	—
C_2H_4	0,04	$C_2H_4 + 3O_2 = 2CO_2 + 2H_2O$	$0,04 \cdot 3 = 0,120$	0,08	0,08	—	—
CO_2	0,02	—	—	0,02	—	—	—
O_2	0,02	—	$0,02\,(-1) = -0,020$	—	—	—	—
N_2	0,02	—	—	—	—	—	0,02
						Aus der Luft: $0,79 \cdot l_{min} = 4,04$	
Summe	1,00		1,075	0,55	1,23	—	—
		Bei Mindestluftmenge:	1,075	0,55	1,23	—	4,06
		Bei $\lambda = 1,2$ zusätzlich $O_2 + N_2$:				0,22	0,81
		Summe bei $\lambda = 1,2$:		0,55	1,23	0,22	4,87

Können wir alle Stoffe als ideale Gase ansehen, so bedeuten nach Abschn. 5.22 alle Zusammensetzungen in Molanteilen auch Volumenanteile. Wünscht man die Zusammensetzung in Masseanteilen anzugeben, so muß man nach den Beziehungen von Abschn. 5.21 umrechnen.

Tabelle 8.3. Abgaszusammensetzung

Stoff	Abgasanteile in kmol/kmol Stadtgas	kmol/kmol Abgas
CO_2	0,55	0,080
H_2O	1,23	0,179
O_2	0,22	0,032
N_2	4,87	0,709
Summe	6,87	1,000

8.23 Feste und flüssige Brennstoffe

Feste und flüssige Brennstoffe sind Gemische und zum Teil Verbindungen der brennbaren Anteile und der nicht brennbaren Bestandteile wie Stickstoff, Wasser und Asche. Bei festen Brennstoffen benutzt man als Mengeneinheit üblicherweise 1 kg, obwohl alle Rechnungen wesentlich erleichtert würden, wenn man auch hier mit der stoffspezifischen Mengeneinheit kmol rechnete. Als Mengenmaß wird jetzt also die Masse und nicht die Substanzmenge benutzt.

Für jede Verbrennungsrechnung muß zunächst die sog. *Elementaranalyse* des festen oder flüssigen Brennstoffs bekannt sein. Dies sind die Masseanteile ξ der einzelnen Stoffe im Brennstoff, die wir hier jedoch mit kleinen lateinischen Buchstaben bezeichnen. So bedeuten c den Kohlenstoff-, h den Wasserstoff-, s den Schwefel-, o den Sauerstoff-, n den Stickstoff-, w den Wasser- und a den Ascheanteil des Brennstoffs. Die Elementaranalyse

$$c + h + s + o + n + w + a = 1$$

setzen wir als gegeben voraus. Jede dieser Größen ist als Massenverhältnis eine dimensionslose Zahl. So ist die Einheit von c beispielsweise $[c] = \text{kg C}/\text{kg Brennstoff} = \text{kg/kg} = 1$.

Kohlenstoff, Wasserstoff und Schwefel brauchen zur vollständigen Verbrennung Sauerstoff, dessen Masse aus den Verbrennungsgleichungen, Tab. 8.1, entnommen werden kann. So werden für die vollständige Verbrennung von 1 kg C nach Tab. 8.1 gerade 2,664 kg O_2 benötigt. Den *spez. Sauerstoffbedarf*, das ist die Mindest-Sauerstoffmasse (in kg) bezogen auf die Brennstoffmasse (in kg) erhalten wir dann zu

$$o_{\min} = 2,664\,c + 7,937\,h + 0,998\,s - o.$$

Da der Sauerstoffanteil der Verbrennungsluft $\xi_{O_2} = 0,232$ ist, folgt für den *spez. Mindestluftbedarf*

$$l_{\min} = \frac{o_{\min}}{0,232}.$$

$l_{\min}$ gibt die Mindestluftmasse (in kg) bezogen auf die Brennstoffmasse (in kg) an. Mit dem Luftverhältnis λ wird dann die wirklich zugeführte *spez. Luftmenge*

$$l \equiv m_L/m_B = \lambda\, l_{\min}.$$

Die *spez. Abgas-* oder *Verbrennungsgasmenge* $m_V^* = m_V/m_B$ mit der Einheit $[m_V^*] = \text{kg Abgas}/\text{kg Brennstoff} = \text{kg}/\text{kg} = 1$ erhalten wir aus der in Abb. 8.2 veranschaulichten Massenbilanz:

$$m_V^* = 1 - a + \lambda\, l_{\min}.$$

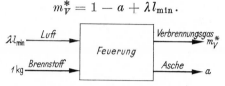

Abb. 8.2. Massenbilanz bei der Verbrennung eines festen Brennstoffes

Das Verbrennungsgas besteht aus CO_2, H_2O und SO_2, die bei der Verbrennung entstehen, ferner aus dem Stickstoff, der in der Luft und im Brennstoff enthalten ist, sowie aus dem überschüssigen Sauerstoff, wenn die Verbrennung mit $\lambda > 1$ erfolgt. Das im Brennstoff selbst enthaltene H_2O (Wasseranteil w) ist ebenfalls im Abgas zu finden. Tab. 8.4 gibt die auf die Brennstoffmasse bezogenen Massen m_i^* der einzelnen Abgasbestandteile. Summieren wir diese spez. Massen auf, so ergibt sich wieder die spez. Verbrennungsgasmenge m_V^*.

Tabelle 8.4. Spez. Massen m_i^* der Abgasanteile in kg/kg Brennstoff bei der Verbrennung eines festen oder flüssigen Brennstoffs mit gegebener Elementaranalyse

Stoff	Es entsteht durch Verbrennung	Im Brennstoff enthalten	Aus der Verbrennungsluft
CO_2	$3{,}664\,\dfrac{\text{kg } CO_2}{\text{kg C}} \cdot c$	—	—
H_2O	$8{,}937\,\dfrac{\text{kg } H_2O}{\text{kg } H_2} \cdot h$	w	trocken
SO_2	$1{,}998\,\dfrac{\text{kg } SO_2}{\text{kg S}} \cdot s$	—	—
O_2	—	— [1]	$0{,}232\,\dfrac{\text{kg } O_2}{\text{kg Luft}}\,(\lambda - 1)\, l_{\min}$
N_2	—	n	$0{,}768\,\dfrac{\text{kg } N_2}{\text{kg Luft}}\,\lambda\, l_{\min}$

Beispiel 8.2. Braunkohlenbriketts mit der Elementaranalyse $c = 0{,}517$; $h = 0{,}040$; $s = 0{,}006$; $o = 0{,}207$; $n = 0{,}010$; $w = 0{,}160$ und $a = 0{,}060$ werden verbrannt, wobei das Luftverhältnis $\lambda = 1{,}30$ ist. Man bestimme den Luftbedarf, die Abgasmenge und die Zusammensetzung des Abgases.

[1] Der im Brennstoff enthaltene Sauerstoff wird bei der Bestimmung von $l_{\min}$ berücksichtigt; er erscheint daher nicht an dieser Stelle.

Wir berechnen den spez. Mindestsauerstoffbedarf

$$o_{\min} = 2{,}664\,c + 7{,}937\,h + 0{,}998\,s - o$$
$$= 2{,}664 \cdot 0{,}517 + 7{,}937 \cdot 0{,}040 + 0{,}998 \cdot 0{,}006 - 0{,}207$$
$$= 1{,}493 \text{ kg O}_2/\text{kg Brennstoff}.$$

Daraus folgt der spez. Mindestluftbedarf

$$l_{\min} = \frac{o_{\min}}{0{,}232} = \frac{1{,}493 \text{ kg O}_2/\text{kg Brennstoff}}{0{,}232 \text{ kg O}_2/\text{kg Luft}} = 6{,}435 \; \frac{\text{kg Luft}}{\text{kg Brennstoff}}$$

und die spez. Luftmenge

$$l = \lambda\, l_{\min} = 1{,}30 \cdot 6{,}435 \; \frac{\text{kg Luft}}{\text{kg Brennstoff}} = 8{,}366 \; \frac{\text{kg Luft}}{\text{kg Brennstoff}}.$$

Für die spez. Verbrennungsgasmasse erhalten wir

$$m_V^* = 1 - a + \lambda\, l_{\min} = 1 - 0{,}060 + 8{,}366 = 9{,}306 \; \frac{\text{kg Abgas}}{\text{kg Brennstoff}}.$$

Nun bestimmen wir die Abgaszusammensetzung unter Benutzung von Tab. 8.4. Danach ergeben sich die spez. Massen m_i^* der einzelnen Abgasbestandteile in der dritten Spalte von Tab. 8.5. Daraus erhalten wir die Massenanteile $\xi_i = m_i^*/m_V^*$, die in der vierten Spalte der Tabelle verzeichnet sind. Um schließlich die Zusammensetzung des Abgases (Verbrennungsgases) in Molanteilen zu erhalten, berechnen wir nach S. 210 die Molmasse M_m des Abgases aus den in der zweiten Spalte aufgeführten Molmassen und aus den Massenanteilen ξ_i der einzelnen Abgaskomponenten. Es ergibt sich $M_m = 29{,}48$ kg/kmol und damit lassen sich die in der letzten Spalte von Tab. 8.5. aufgeführten Molanteile

$$\psi_i = (M_m/M_i)\,\xi_i$$

berechnen.

Tabelle 8.5. Abgaszusammensetzung bei der Verbrennung
von Braunkohlenbriketts

Stoff	Molmasse kg/kmol	Spez. Masse m_i^* kg/kg Brennstoff		Masseanteil am Abgas	Molanteil am Abgas
CO_2	44,01	$3{,}664 \cdot c$	$= 1{,}894$	0,2035	0,1363
H_2O	18,02	$8{,}937 \cdot h + w$	$= 0{,}517$	0,0556	0,0910
SO_2	64,06	$1{,}998\,s$	$= 0{,}012$	0,0013	0,0006
O_2	32,00	$0{,}232\,(\lambda - 1)\,l_{\min}$	$= 0{,}448$	0,0481	0,0443
N_2	28,01	$0{,}768\,\lambda l_{\min} + n$	$= 6{,}435$	0,6915	0,7278
Summe	—	m_V^*	$= 9{,}306$	1,0000	1,0000

8.24 Feuerungskontrolle durch Abgasanalyse

In einer technischen Feuerung soll im allgemeinen vollständige Verbrennung erreicht werden. Andererseits wünscht man die zugeführte Luftmenge so niedrig zu halten wie möglich, um eine geringe Abgasmenge zu erhalten. Die Abgase verlassen nämlich die Feuerung (z. B. einen Dampfkessel) mit einer Temperatur, die meistens zwischen 150 °C und 300 °C, also weit oberhalb der Umgebungstemperatur liegt. Ihre Exergie geht verloren, und dieser Exergieverlust ist um so größer, je größer die Abgasmenge ist. Außerdem wächst der Exergieverlust der Verbrennung mit steigendem λ, was wir in Abschn. 8.45 erläutern werden. Es ist also wichtig, ein bestimmtes Luftverhältnis λ beim Betrieb der Feuerung einzuhalten.

Nun ist es jedoch schwierig, die Luftmenge oder die Abgasmenge zu messen, so daß man versucht, das Luftverhältnis auf andere Weise indirekt zu bestimmen. Hierzu dient die chemische Analyse der Abgase, die z.B. mit dem Orsat-Apparat[1] ausgeführt werden kann. Bei der chemischen Analyse kondensiert praktisch der ganze in den Abgasen enthaltene Wasserdampf, so daß sich das Analysenergebnis nur auf die trockenen Abgase bezieht, die aus CO_2, N_2, O_2 und bei unvollständiger Verbrennung auch aus CO, H_2 und CH_4 bestehen. Im allgemeinen wird man aber H_2 und CH_4 in den Abgasen nicht antreffen. Die chemische Analyse liefert die Zusammensetzung des trockenen Abgases in Volumen- oder Molanteilen. Wie man mit Hilfe von Mengenbilanzen vom Analysenergebnis auf die Luftmenge schließt, wird in dem folgenden Beispiel gezeigt.

Beispiel 8.3. Ein Brenngas hat die folgende Zusammensetzung in Mol- oder Volumenanteilen: H_2: 0,40; CH_4: 0,30; C_2H_6: 0,20; N_2: 0,10. Die Orsat-Analyse der trockenen Abgase ergibt in Mol- oder Volumenanteilen: CO_2: 0,082; CO: 0,006; O_2: 0,041 und N_2: 0,871. Man bestimme die auf die Substanzmenge des Brenngases bezogene Luftmenge l und den Taupunkt der feuchten Abgase bei einem Druck von 1050 mbar.

Wir bezeichnen die auf die Substanzmenge des Brennstoffes bezogene Substanzmenge der trockenen Abgase mit n_{tr}. Dann können wir folgende auf die Substanzmenge des Brennstoffs bezogene Bilanz für die Feuerung aufstellen:

$$0,40\ H_2 + 0,30\ CH_4 + 0,20\ C_2H_6 + 0,10\ N_2 + 0,21\ l\ O_2 + 0,79\ l\ N_2$$
$$= 0,082\ n_{tr}\ CO_2 + 0,006\ n_{tr}\ CO + 0,041\ n_{tr}\ O_2 + 0,871\ n_{tr}\ N_2$$
$$+ (0,40 + 2 \cdot 0,30 + 3 \cdot 0,20)\ H_2O.$$

Auf der linken Seite der Gleichung stehen die mit dem Brennstoff und der (trockenen) Verbrennungsluft zugeführten Stoffe, auf der rechten Seite finden wir die in den trockenen Abgasen enthaltenen Stoffe — nur auf diese bezieht sich die Orsat-Analyse! — und den entstehenden Wasserdampf. Die beiden Unbekannten l und n_{tr} finden wir durch eine Bilanz des Kohlenstoffs und eine Bilanz des Sauerstoffs:

C-Bilanz: $0,30 + 2 \cdot 0,20 = (0,082 + 0,006)\ n_{tr}$,

$$\text{also} \qquad n_{tr} = \frac{0,70}{0,088} = 7,96\ \frac{\text{kmol trockn. Abgas}}{\text{kmol Brennstoff}}\ .$$

O_2-*Bilanz:* $0,21\ l = (0,082 + \frac{1}{2}\ 0,006 + 0,041)\ n_{tr} + 1,60/2$

oder $l = 0,600\ n_{tr} + 3,81$,

also $l = 8,59\ \text{kmol Luft/kmol Brennstoff}.$

Zur Kontrolle ziehen wir noch die Stickstoff-Bilanz heran. Sie ergibt

$$0,10 + 0,79\ l = 0,871\ n_{tr} = 0,871 \cdot 7,96$$

---

[1] Zum Orsat-Apparat und anderen Analysengeräten für Abgase vgl. man z.B. Gramberg, A.: Technische Messungen bei Maschinenuntersuchungen und zur Betriebskontrolle. 7. Aufl., S. 368—399. Berlin-Göttingen-Heidelberg: Springer 1959.

und

$$1 = 8,65 \text{ kmol Luft/kmol Brennstoff}.$$

Eine bessere Übereinstimmung ist kaum zu erwarten, weil bei Gasanalysen die Messungen stets mit gewissen Fehlern behaftet sind.

Der Taupunkt der feuchten Abgase ist jene Temperatur t_τ, bei der der in den Abgasen enthaltene Wasserdampf zu kondensieren beginnt, vgl. Abschn. 5.33 und 5.36. Sein Partialdruck stimmt dann mit dem zur Taupunkt-Temperatur gehörigen Sättigungsdruck des Wassers überein. Der Partialdruck p_{H_2O} des Wasserdampfes in den feuchten Abgasen ist nach Abschn. 5.21

$$p_{H_2O} = \psi_{H_2O} p$$

mit

$$\psi_{H_2O} = \frac{n_{H_2O}}{n_{tr} + n_{H_2O}} = \frac{1,60}{7,96 + 1,60} = 0,167,$$

dem Molanteil des Wasserdampfes im feuchten Abgas. Hieraus folgt

$$p_{H_2O} = 0,167 \cdot 1050 \text{ mbar} = 176 \text{ mbar}.$$

Zu diesem Druck gehört auf der Dampfdruckkurve des Wassers die Temperatur $t_\tau = 57,3°C$, die gesuchte Taupunkt-Temperatur.

8.3 Energetik der Verbrennungsprozesse

8.31 Die Anwendung des 1. Hauptsatzes

Wir betrachten eine technische Feuerung, in der ein Verbrennungsprozeß abläuft, Abb. 8.3. Dabei sollen folgende Annahmen zutreffen: Es liege ein stationärer Fließprozeß vor, bei dem kinetische und potentielle Energien vernachlässigt werden können; technische Arbeit wird nicht verrichtet; die Verbrennung sei vollständig; der Energieinhalt

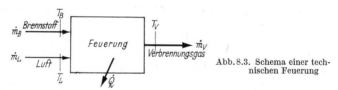

Abb. 8.3. Schema einer technischen Feuerung

etwa auftretender Asche werde vernachlässigt. Der Brennstoff wird der Feuerung mit der Temperatur T_B, die Verbrennungsluft mit der Temperatur T_L zugeführt. Die Verbrennungsprodukte, das Abgas oder Verbrennungsgas, verlassen die Feuerung mit der Temperatur T_V. Nach dem 1. Hauptsatz für stationäre Fließprozesse gilt dann die Bilanzgleichung

$$\dot{Q} = \dot{m}_V h_V(T_V) - [\dot{m}_B h_B(T_B) + \dot{m}_L h_L(T_L)].$$

Die Druckabhängigkeit der spez. Enthalpien h_V (Verbrennungsgas), h_B (Brennstoff) und h_L (Luft) braucht nicht berücksichtigt zu werden, wenn man alle gasförmigen Stoffe als ideale Gase betrachtet; die Enthalpie von festem oder flüssigem Brennstoff hängt ohnehin nicht merklich vom Druck ab.

Wir beziehen nun alle Energieströme auf den Massenstrom $\dot{m}_B$ des Brennstoffs und erhalten mit

$$q = \dot{Q}/\dot{m}_B$$

und den schon in Abschn. 8.2 benutzten Verhältnisgrößen

$$m_V^* = \dot{m}_V/\dot{m}_B$$

und

$$l = \lambda\, l_{\min} = \dot{m}_L/\dot{m}_B$$

die Energiebilanz

$$q = m_V^* h_V(T_V) - [h_B(T_B) + \lambda l_{\min} h_L(T_L)]. \tag{8.1}$$

Versucht man nun, die Wärme q, die bei der Verbrennung frei wird, nach dieser Beziehung zu berechnen, so stößt man auf eine besondere Schwierigkeit: Da sich die spez. Enthalpien des Verbrennungsgases, des Brennstoffs und der Luft auf verschiedene Stoffe beziehen, heben sich die Enthalpiekonstanten nicht heraus. Die bei der Verbrennung frei werdende Wärme läßt sich auf diese Weise nicht berechnen; wir müssen zuerst die Enthalpiekonstanten der an der Verbrennung beteiligten Stoffe aufeinander abstimmen.

Hierzu führen wir einen willkürlich gewählten Bezugszustand mit der Temperatur T_0 ein und formen Gl. (8.1) um:

$$q = m_V^*[h_V(T_V) - h_V(T_0)] - [h_B(T_B) - h_B(T_0)]$$
$$- \lambda \cdot l_{\min}[h_L(T_L) - h_L(T_0)] - [h_B(T_0) + \lambda \cdot l_{\min} h_L(T_0) - m_V^* h_V(T_0)].$$

Die in den drei ersten eckigen Klammern stehenden Enthalpiedifferenzen des jeweils gleichen Stoffes bei unterschiedlichen Temperaturen enthalten keine unbestimmten Konstanten. Diese Enthalpiedifferenzen lassen sich in gewohnter Weise berechnen. Nur das letzte Glied enthält die Enthalpien der verschiedenen Stoffe, jedoch bei derselben Temperatur. Wir schreiben hierfür

$$\Delta h(T_0) = h_B(T_0) + \lambda \cdot l_{\min} h_L(T_0) - m_V^* h_V(T_0) \tag{8.2}$$

und nennen diese Größe den (auf die Masse des Brennstoffs bezogenen) *spez. Heizwert des Brennstoffs* bei der Temperatur T_0.

Die physikalische Bedeutung dieser neu eingeführten Größe erkennen wir, wenn wir in der Energiebilanzgleichung für die Feuerung,

$$-q = \Delta h(T_0) + [h_B(T_B) - h_B(T_0)] + \lambda l_{\min}[h_L(T_L) - h_L(T_0)]$$
$$- m_V^*[h_V(T_V) - h_V(T_0)], \tag{8.3}$$

die Temperaturen T_B, T_L und T_V gleich der Bezugstemperatur T_0 setzen. Es ergibt sich dann für die abgeführte Wärme

$$-q = \Delta h(T_0).$$

Der Heizwert bedeutet danach die bei der Verbrennung frei werdende Wärme, wenn die Verbrennungsgase bis auf die Temperatur abgekühlt werden, mit der Brennstoff und Luft der Feuerung zugeführt werden.

Der Heizwert ist demnach eine meßbare Größe. Nach ihrer Bestimmung ist die Auswertung der Energiebilanzgleichung (8.3) möglich, weil durch den Heizwert die Enthalpien von Brennstoff, Luft und Verbrennungsgas aufeinander abgestimmt sind.

Die Temperaturabhängigkeit der Enthalpien läßt sich vorteilhaft durch die mittleren spez. Wärmekapazitäten beschreiben, die wir in Abschn. 5.13 eingeführt haben und in Tab. 10.7 vertafelt finden. Geht man zu Celsiustemperaturen über und setzt man für die Bezugstemperatur $t_0 = 0\,°\text{C}$, so erhält man

$$-q = \Delta h(0\,°\text{C}) + [c_{pB}]_0^{t_B} \cdot t_B + \lambda l_{\min}[c_{pL}^0]_0^{t_L} \cdot t_L - m_V^*[c_{pV}^0]_0^{t_V} \cdot t_V. \qquad (8.4)$$

Die mittlere spez. Wärmekapazität des Verbrennungsgases ergibt sich dabei zu

$$[c_{pV}^0]_0^{t_V} = \sum_i \xi_i [c_{pi}^0]_0^{t_V}.$$

Hierin bedeuten ξ_i die Massenanteile der einzelnen Komponenten des Verbrennungsgases (CO_2, H_2O, SO_2, N_2, O_2), deren Berechnung im letzten Abschnitt gezeigt wurde, und $[c_{pi}^0]_0^{t_V}$ ihre mittleren Wärmekapazitäten, die man aus Tab. 10.7 entnehmen kann. Bei bekanntem Heizwert, auf dessen Bestimmung wir im nächsten Abschnitt eingehen, läßt sich Gl. (8.4) ohne Schwierigkeiten auswerten.

Beispiel 8.4. Der (untere) Heizwert der in Beispiel 8.2 behandelten Braunkohlenbriketts hat bei $0\,°\text{C}$ den Wert $\Delta h = 20,0\,\text{MJ/kg}$. Man bestimme die auf die Masse des Brennstoffs bezogene, in einer Feuerung abgegebene Wärme $(-q)$, wenn $t_B = t_L = 20\,°\text{C}$ und $t_V = 300\,°\text{C}$ gegeben sind und im übrigen die Daten von Beispiel 8.2 gelten.

Um Gl. (8.4) anwenden zu können, berechnen wir zuerst die mittlere spez. Wärmekapazität des Verbrennungsgases:

$$[c_{pV}^0]_0^{t_V} = \xi_{CO_2}[c_{pCO_2}^0]_0^{t_V} + \xi_{H_2O}[c_{pH_2O}^0]_0^{t_V} + \xi_{SO_2}[c_{pSO_2}^0]_0^{t_V} + \xi_{O_2}[c_{pO_2}^0]_0^{t_V} + \xi_{N_2}[c_{pN_2}^0]_0^{t_V}.$$

Die Massenanteile entnehmen wir Tab. 8.5 auf S. 334, die mittleren spez. Wärmekapazitäten Tab. 10.7 für $t_V = 300\,°\text{C}$. Damit ergibt sich

$$\begin{aligned}
[c_{pV}^0]_0^{300\,°\text{C}} &= (0,2035 \cdot 0,9509 + 0,0556 \cdot 1,9177 + 0,0013 \cdot 0,6878 \\
&\quad + 0,0481 \cdot 0,9499 + 0,6915 \cdot 1,0480)\ \text{kJ/kg K} \\
&= (0,1935 + 0,1066 + 0,0009 + 0,0457 + 0,7247)\ \text{kJ/kg K} \\
&= 1,014\ \text{kJ/kg K}.
\end{aligned}$$

Wir vernachlässigen den Enthalpieunterschied des Brennstoffs zwischen $0\,°\text{C}$ und $20\,°\text{C}$. Mit $\lambda \cdot l_{\min} = 8,366$ und $m_V^* = 9,306$ nach Beispiel 8.2 erhalten wir aus Gl. (8.4)

$$\begin{aligned}
-q &= 20,0\ \text{MJ/kg} + 8,366 \cdot 1,004 \cdot 20\ \text{kJ/kg} - 9,306 \cdot 1,072 \cdot 300\ \text{kJ/kg} \\
&= (20,0 + 0,17 - 2,99)\ \text{MJ/kg} = 17,2\ \text{MJ/kg}.
\end{aligned}$$

Im vorliegenden Falle werden der Feuerung je kg Brennstoff 17,2 MJ, entsprechend 86% des Heizwertes, als Wärme entzogen.

8.32 Der spez. Heizwert des Brennstoffs

Nach Gl. (8.2) auf S. 337 ist der spez. Heizwert Δh eines Brennstoffs definiert als der auf die Masse des Brennstoffs bezogene Enthalpieunterschied zwischen dem Brennstoff-Luft-Gemisch und den Verbrennungsgasen bei derselben Temperatur:

$$\Delta h(T) = h_B(T) + \lambda \cdot l_{min} h_L(T) - m_V^* h_V(T). \qquad (8.5)$$

Durch den Heizwert werden die Enthalpien der Verbrennungsteilnehmer und der Verbrennungsprodukte so aufeinander abgestimmt, daß die Bilanzgleichungen des 1. Hauptsatzes erfüllt sind und sich auswerten lassen. Aus der Definitionsgleichung für den Heizwert folgt, daß er eine Eigenschaft des Brennstoffs ist und nicht davon abhängt, ob die Verbrennung mit reinem Sauerstoff, mit Luft oder mit hohem oder niedrigem Luftüberschuß durchgeführt wird, wenn sie nur vollständig ist. Da in Gl. (8.5) alle Enthalpien bei derselben Temperatur zu bestimmen sind, heben sich nämlich die Enthalpien aller an der Verbrennung nicht beteiligten Stoffe, z. B. N_2 oder überschüssiges O_2, heraus.

Bei der Messung des Heizwertes[1] müssen Brennstoff und Verbrennungsluft einem Reaktionsraum (Kalorimeter) bei derselben Temperatur zugeführt werden, und die Verbrennungsprodukte müssen genau auf diese Temperatur abgekühlt werden. Nach Gl. (8.3) ist die bei diesem Prozeß abgeführte Wärme, bezogen auf die Brennstoffmasse, gleich dem Heizwert. Bei diesem Versuch ist jedoch noch zu beachten, daß das H_2O in den Verbrennungsprodukten flüssig oder gasförmig (als Wasserdampf) auftreten kann. Da sich die Enthalpien von gasförmigem und flüssigem Wasser um die Verdampfungsenthalpie unterscheiden, erhält man auch unterschiedliche Heizwerte je nachdem, ob das H_2O in den Verbrennungsprodukten gasförmig oder flüssig auftritt. Ist das H_2O flüssig, so hat es eine kleinere Enthalpie, als wenn es als Wasserdampf vorhanden ist; damit wird in Gl. (8.5) $h_V(T)$ kleiner und der Heizwert Δh größer als bei gasförmigem H_2O in den Verbrennungsprodukten.

Bei fast allen Anwendungen, z. B. bei der Berechnung von Feuerungen oder Brennkammern, ist das H_2O in den Verbrennungsprodukten gasförmig, weil der Taupunkt des Verbrennungsgases nicht unterschritten wird. In diesem Falle kommt also der kleinere Wert von Δh zur Anwendung, den man auch als *unteren Heizwert* Δh_u bezeichnet. Wir wollen Δh_u weiterhin (in Übereinstimmung mit der DIN - Norm) einfach als Heizwert bezeichnen. Er gibt also den Enthalpieunterschied zwischen dem Brennstoff-Luft-Gemisch und dem Verbrennungsgas mit gasförmigem H_2O an. Demgegenüber laufen die Versuche zur Messung von Δh so ab, daß das H_2O in den Verbrennungsprodukten kondensiert. Diese Enthalpiedifferenz bezeichnet man als *Brennwert* oder (früher) als *oberen Heizwert* des Brennstoffs mit dem Formelzeichen Δh_o. Der Brennwert gibt somit den Enthalpieunterschied zwischen dem Brennstoff-Luft-Gemisch und den Verbrennungsprodukten mit flüssigem H_2O an.

---

[1] Vgl. hierzu Normblatt DIN 51900: Bestimmung des Brennwertes und des Heizwertes, Ausgabe April 1966.

Um aus dem experimentell bestimmbaren Brennwert Δh_0 den für die Anwendungen benötigten Heizwert Δh_u zu erhalten, hat man von Δh_0 die Verdampfungsenthalpie des in den Verbrennungsprodukten enthaltenen Wassers zu subtrahieren. Mit

$$m^*_{H_2O} = m^*_V \xi_{H_2O} = m_{H_2O}/m_B = \dot{m}_{H_2O}/\dot{m}_B$$

als dem Verhältnis der Masse von H_2O in den Verbrennungsgasen zur Masse des Brennstoffs ergibt sich

$$\Delta h_u(T) = \Delta h_0 - m^*_{H_2O} \cdot r(T),$$

wo $r(T)$ die von der Temperatur abhängige spezifische Verdampfungsenthalpie des Wassers ist. Liegt ein fester oder flüssiger Brennstoff vor, dessen Elementaranalyse den Wasserstoffgehalt h und den Wassergehalt w aufweist, so ist der Heizwert nach

$$\Delta h_u(T) = \Delta h_0(T) - (8{,}937\, h + w) \cdot r(T)$$

aus dem Brennwert zu berechnen. Für die Normtemperatur $t_n = 0\,°C$ hat r den Wert $r(0\,°C) = 2500\ kJ/kg$; bei der häufig benutzten Standardtemperatur $t_0 = 25\,°C$ ist $r(25\,°C) = 2442\ kJ/kg$.

Brennwerte werden meistens bei $25\,°C$, der für thermochemische Messungen international vereinbarten Standardtemperatur, experimentell bestimmt. Um aus dem daraus berechneten Heizwert bei $25\,°C$ Heizwerte bei anderen Temperaturen, z.B. bei $0\,°C$ wie in Gl.(8.4), zu erhalten, muß man die *Temperaturabhängigkeit des Heizwerts* kennen. Nach Gl.(8.5) gilt für die Differenz der Heizwerte bei verschiedenen Temperaturen

$$\Delta h_u(T) - \Delta h_u(T_0) = h_B(T) - h_B(T_0) + \lambda\, l_{min}[h_L(T) - h_L(T_0)]$$
$$- m^*_V[h_V(T) - h_V(T_0)].$$

Diese Gleichung läßt sich über die mittleren spez. Wärmekapazitäten leicht auswerten. Man kann dabei, um die Rechnung abzukürzen, mit reinem O_2 statt mit Luft und dementsprechend mit einem Verbrennungsgas rechnen, das keinen Stickstoff und keinen Sauerstoff enthält. Es zeigt sich, daß die Temperaturabhängigkeit des Heizwerts sehr gering ist; man kann sie für Temperaturen zwischen $0\,°C$ und $100\,°C$ im Rahmen der Genauigkeit vernachlässigen, mit der Brennwerte experimentell bestimmt und Heizwerte sinnvoll angegeben werden können.

In den Tab.10.12 und 10.13 sind Brennwerte und Heizwerte von Brennstoffen angegeben. Die Heizwerte können für alle Temperaturen zwischen $0\,°C$ und $100\,°C$ benutzt werden.

Beispiel 8.5. Heizöl mit der Elementaranalyse $c = 0{,}86$, $h = 0{,}14$ (die Stickstoff-, Sauerstoff- und Schwefelanteile werden vernachlässigt) hat bei $t = 0\,°C$ den Heizwert $\Delta h_u = 42{,}6\ MJ/kg$. Man bestimme die Temperaturabhängigkeit des Heizwertes bis $t = 100\,°C$. Die spez. Wärmekapazität des Heizöls hat in diesem Temperaturbereich den konstanten Wert $c_B = 2{,}07\ kJ/kg\,K$.

Wird das Heizöl mit reinem Sauerstoff verbrannt, so ist der spez. Sauerstoffbedarf nach S.332

$$o_{min} = 2{,}664\, c + 7{,}937\, h = 3{,}40.$$

Das hierbei entstehende Verbrennungsgas besteht nur aus CO_2 und H_2O. Hierfür gilt nach Tab.8.4

$$m^*_{CO_2} = m_{CO_2}/m_B = 3{,}664 \cdot c = 3{,}15$$

und

$$m_{H_2O}^* = m_{H_2O}/m_B = 8{,}937 \cdot h = 1{,}25.$$

Damit erhalten wir für den Heizwert bei einer beliebigen Celsius-Temperatur

$$\Delta h_u(t) = \Delta h_u(0\,°C) + c_B \cdot t + o_{min}[c_{pO_2}^0]_0^t \cdot t - m_{CO_2}^*[c_{pCO_2}^0]_0^t \cdot t - m_{H_2O}^*[c_{pH_2O}^0]_p^t \cdot t$$

$$= \Delta h_u(0\,°C) + F(t) \cdot t.$$

Die Funktion $F(t)$ läßt sich mit Hilfe der auf S. 426 tabellierten mittleren spez. Wärmekapazitäten leicht berechnen. Tab. 8.6 zeigt für verschiedene Werte von t die Funktion $F(t)$ und die Differenz $\Delta h_u(t) - \Delta h_u(0\,°C)$. Der Heizwert nimmt mit wachsender Temperatur zu. Diese Änderung ist jedoch vernachlässigbar klein gegenüber $\Delta h_u(0\,°C) = 42{,}6$ MJ/kg.

Tabelle 8.6. Temperaturabhängigkeit des Heizwerts von Heizöl

t	25	50	75	100	°C
$F(t)$	0,25	0,20	0,17	0,14	kJ/kg K
$\Delta h_u(t) - \Delta h_u(0\,°C)$	0,006	0,010	0,013	0,014	MJ/kg

8.33 Das h, t-Diagramm der Verbrennung

Die bei Verbrennungsprozessen auftretenden Energieumwandlungen lassen sich in einem Diagramm mit der spez. Enthalpie h als Ordinate und der Celsiustemperatur t als Abszisse veranschaulichen[1]. Dieses Diagramm gilt für einen bestimmten Brennstoff und enthält für ein gegebenes Luftverhältnis λ zwei Kurven: die auf die Masse des Brennstoffs bezogene Enthalpie $h' = h'(t)$ des Brennstoff-Luft-Gemisches und die ebenfalls auf m_B bezogene Enthalpie $h'' = h''(t)$ des Verbrennungsgases.

Es sei h_0 eine willkürlich wählbare Konstante; dann gilt für das Brennstoff-Luft-Gemisch

$$h'(t, t_B) = h_0 + \Delta h_u(0\,°C) + [c_{pB}]_0^{t_B} \cdot t_B + \lambda l_{min} [c_{pL}^0]_0^t \cdot t.$$

Hierbei wurde angenommen, daß der Brennstoff bei einer festen Temperatur t_B, die Luft bei der (variablen) Temperatur t zugeführt werden. Die Enthalpieänderung des Brennstoffs zwischen $t = 0\,°C$ und $t = t_B$, gegeben durch das Glied $[c_{pB}]_0^{t_B} \cdot t_B$ wird man im allgemeinen vernachlässigen dürfen. Für die Enthalpie des Verbrennungsgases ergibt sich

$$h''(t) = h_0 + m_V^* \cdot [c_{pV}^0]_0^t \cdot t$$

mit $m_V^* = \dot{m}_V/\dot{m}_B$ und $[c_{pV}^0]_0^t$ als der mittleren spez. Wärmekapazität des Verbrennungsgasgemisches. Diese kann entweder über die Massenanteile ξ_i oder mit Hilfe der Massenverhältnisse $m_i^* = m_i/m_B = \dot{m}_i/\dot{m}_B$ der einzelnen Bestandteile des Verbrennungsgases berechnet werden:

$$m_V^*[c_{pV}^0]_0^t = m_V^* \sum_i \xi_i[c_{pi}^0]_0^t = \sum_i m_i^*[c_{pi}^0]_0^t.$$

---

[1] Ein derartiges Diagramm wurde erstmals von W. Schüle, Z. VDI 60 (1916) S. 63, vorgeschlagen.

Die Bilanzgleichung des 1. Hauptsatzes, nämlich Gl. (8.4) auf S. 338, läßt sich mit den Funktionen $h'(t)$ und $h''(t)$ in der einfachen Form

$$-q = h'(t_L, t_B) - h''(t_V)$$

schreiben und im h, t-Diagramm, Abb. 8.4, veranschaulichen. Die einer Feuerung entzogene Wärme $(-q)$ kann man als Strecke dem Diagramm entnehmen. Die beiden in Abb. 8.4 eingezeichneten Kurven gelten für

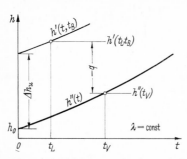

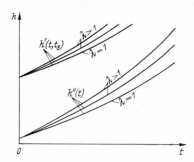

Abb. 8.4. h, t-Diagramm mit den auf die Brennstoffmasse bezogenen Enthalpien $h'(t, t_B)$ des Brennstoff-Luft-Gemisches und $h''(t)$ des Verbrennungsgases

Abb. 8.5. h, t-Diagramm mit Enthalpien für drei verschiedene Luftverhältnisse λ

ein bestimmtes Luftverhältnis λ. Bei Variation von λ ändern sich h' und h'', was in Abb. 8.5 dargestellt ist. Wir behandeln nun einige Anwendungen des h, t-Diagramms, nämlich die Bestimmung der adiabaten Verbrennungstemperatur, des Abgasverlustes und des Wirkungsgrades einer Feuerung.

Wir betrachten zunächst eine adiabate Feuerung, beispielsweise die (nahezu adiabate) Brennkammer einer Gasturbinenanlage. Die Verbrennungsgase erreichen in einer solchen Feuerung eine sehr hohe Temperatur $t_V = t_{ad}$, die wir als *adiabate Verbrennungstemperatur* bezeichnen. Mit $q = 0$ ergibt sich aus der Bilanzgleichung des 1. Hauptsatzes

$$h''(t_{ad}) = h'(t_L, t_B). \tag{8.6}$$

An Hand dieser Bedingung findet man t_{ad}, indem man im h, t-Diagramm von $h'(t_L)$ aus waagerecht zur Kurve $h''(t)$ hinübergeht und an der Abszisse t_{ad} abliest, Abb. 8.6. Aus dem h, t-Diagramm erkennt man

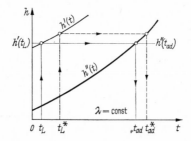

Abb. 8.6. Bestimmung der adiabaten Verbrennungstemperatur t_{ad}

weiter, daß t_{ad} mit steigender Lufttemperatur t_L zunimmt, daß also Verbrennung mit vorgewärmter Verbrennungsluft zu höheren Temperaturen in der Feuerung führt. Ein zunehmendes Luftverhältnis λ bewirkt dagegen ein Absinken von t_{ad}. Da die Masse des Verbrennungsgases mit steigendem λ größer wird, kann es mehr Energie aufnehmen; da sich die Masse des Brennstoffs und damit die bei der Verbrennung frei werdende Energie nicht vergrößern, muß t_{ad} mit zunehmendem λ sinken. Am Beispiel von n-Heptan als Brennstoff zeigt Abb. 8.7, wie t_{ad} vom Luftverhältnis λ und von der Lufttemperatur t_L abhängt.

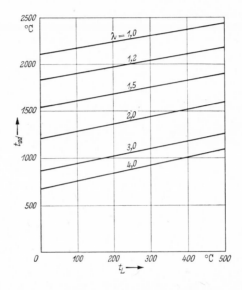

Abb. 8.7. Die adiabate Verbrennungstemperatur t_{ad} für n-Heptan in Abhängigkeit von der Lufttemperatur t_L und vom Luftverhältnis λ

Auch die Berechnung von t_{ad} geht von Gl. (8.6) aus. Man setzt dann die für h'' und h' hergeleiteten Ausdrücke ein. Diese enthalten in den mittleren spez. Wärmekapazitäten die gesuchte adiabate Verbrennungstemperatur t_{ad} implizit. Man muß daher Gl. (8.6) durch sukzessives Probieren lösen, was jedoch keine besonderen Schwierigkeiten macht. Die so ermittelte adiabate Verbrennungstemperatur wird jedoch in Wirklichkeit nicht erreicht, weil wir bei der Berechnung die *Dissoziation des Verbrennungsgases* nicht berücksichtigt haben. Bei Temperaturen über 1500 °C spalten sich die mehratomigen Moleküle, insbesondere CO_2 und H_2O in Atome und Radikale, so daß das Verbrennungsgas nicht mehr nur aus CO_2, H_2O, SO_2, N_2 und O_2 besteht, sondern außerdem auch CO, CN, HO, H_2, O, N und weitere Schwefelverbindungen enthält. Die Enthalpie dieses dissoziierten Verbrennungsgases ist bei gleicher Temperatur größer als die des hier angenommenen nichtdissoziierten. Das hat eine niedrigere Verbrennungstemperatur t_{ad} zur Folge, Abb. 8.8.

Auch in einer gekühlten Feuerung ($q < 0$), beispielsweise in einem Dampferzeuger, tritt die adiabate Verbrennungstemperatur als höchste

Temperatur unmittelbar in der Reaktionszone auf. Die heißen Verbrennungsgase werden jedoch auf eine möglichst niedrige Temperatur, die Abgastemperatur t_A, abgekühlt, mit der sie die Feuerung über den

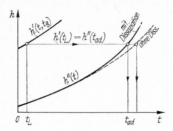

Abb. 8.8. Der Einfluß der Dissoziation des Verbrennungsgases auf die adiabate Verbrennungstemperatur

Schornstein verlassen. Die der Feuerung entzogene und z.B. zur Dampferzeugung genutzte Wärme ist, vgl. Abb. 8.9,

$$-q = h'(t_L, t_B) - h''(t_A).$$

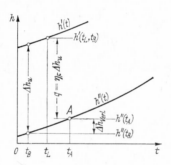

Abb. 8.9. Veranschaulichung des Abgasverlustes Δh_{Verl} und des Feuerungswirkungsgrades η_F im h, t-Diagramm

Sie ist ein Bruchteil des Heizwertes, und man definiert das Verhältnis

$$\eta_F = \frac{-q}{\Delta h_u} = \frac{h'(t_L, t_B) - h''(t_A)}{\Delta h_u}$$

als den *Wirkungsgrad der Feuerung*. Den nicht genutzten Teil des Heizwertes, nämlich die Enthalpiedifferenz

$$\Delta h_{\mathrm{Verl}} = h''(t_A) - h''(t_B)$$

bezeichnet man als *Abgasverlust*. Dieser würde Null werden, wenn es gelänge, das Abgas bis auf die Temperatur des Brennstoffs, also bis auf die Umgebungstemperatur abzukühlen. Dies ist jedoch praktisch nicht möglich und überdies nicht sinnvoll, weil bei zu weitgehender Abkühlung der Taupunkt des Abgases unterschritten wird. Im Kondensat bilden sich dann Säuren, die Korrosionsschäden an der Feuerung und am Schornstein hervorrufen.

Beispiel 8.6. In der Brennkammer einer offenen Gasturbinenanlage wird Öl mit der Elementaranalyse $c = 0{,}849$, $h = 0{,}108$, $o = 0{,}005$, $n = 0{,}004$, $s = 0{,}034$ und dem Heizwert $\Delta h_u = 41{,}2$ MJ/kg verbrannt. Die Verbrennungsluftmenge ist so zu wählen, daß die adiabate Verbrennungstemperatur im Hinblick auf die

Werkstoffestigkeit den Wert $t_{ad} = 850\,°C$ nicht überschreitet. Die Lufttemperatur hat den Wert $t_L = 180\,°C$, die Brennstofftemperatur werde näherungsweise gleich $t_B = 0\,°C$ gesetzt. Man bestimmte das Luftverhältnis λ und die spez. Luftmenge l.

Wir berechnen zunächst die zur vollständigen Verbrennung erforderliche Mindestluftmenge

$$l_{min} = \frac{o_{min}}{0,232} = \frac{l}{0,232}(2,664\,c + 7,937\,h + 0,998\,s - o) = 13,57.$$

Für die auf die Brennstoffmasse bezogenen Massen der Verbrennungsgasbestandteile ergibt sich

$$m_{CO_2}^* = 3,664\,c = 3,111,$$

$$m_{H_2O}^* = 8,937\,h = 0,965,$$

$$m_{SO_2}^* = 1,998\,s = 0,068,$$

$$m_{N_2}^* = 0,768\,\lambda l_{min} + n = 10,425 + (\lambda - 1) \cdot 10,421,$$

$$m_{O_2}^* = 0,232\,(\lambda - 1)\,l_{min} = (\lambda - 1) \cdot 3,148.$$

Das noch unbekannte Luftverhältnis finden wir aus der Bilanzgleichung des 1. Hauptsatzes,

$$h'(t_L) = h''(t_{ad}) = h_V''(t_{ad}) + (\lambda - 1)\,h_L''(t_{ad}).$$

Hierbei haben wir die Enthalpie h'' des Verbrennungsgases in die Enthalpie h_V'' des sich bei $\lambda = 1$ ergebenden, sog. stöchiometrischen Verbrennungsgases und in die Enthalpie h_L'' der überschüssigen Luft aufgeteilt. Hierfür erhalten wir

$$h_V''(t_{ad}) = \{m_{CO_2}^* \cdot [c_{pCO_2}^0]_0^{t_{ad}} + m_{H_2O}^* \cdot [c_{pH_2O}^0]_0^{t_{ad}}$$
$$+ m_{SO_2}^*[c_{pSO_2}^0]_0^{t_{ad}} + (0,768\,l_{min} + n)\,[c_{pN_2}^0]_0^{t_{ad}}\}\,t_{ad}$$

und

$$h_L''(t_{ad}) = \{0,768\,l_{min}[c_{pN_2}^0]_0^{t_{ad}} + 0,232\,[c_{pO_2}^0]_0^{t_{ad}}\}\,t_{ad}.$$

Daraus ergibt sich mit den Werten von Tab. 10.7

$$h_V''(850\,°C) = [3,111 \cdot 1,0981 + 0,965 \cdot 2,0901 + 0,068 \cdot 0,7747$$
$$+ 10,425 \cdot 1,1011]\,\frac{kJ}{kg\,K}\,850\,K = 14,42\,MJ/kg$$

sowie

$$h_L''(850\,°C) = (10,421 \cdot 1,1011 + 3,148 \cdot 1,0209)\,\frac{kJ}{kg\,K} \cdot 850\,K = 12,49\,MJ/kg.$$

Die Enthalpie des Brennstoff-Luft-Gemisches wird

$$h'(t_L) = \Delta h_u + \lambda\,l_{min}[c_{pL}^0]_0^{t_L} \cdot t_L$$

und mit $t_L = 180\,°C$

$$h'(180\,°C) = 41,2\,(MJ/kg) + \lambda \cdot 13,57 \cdot 1,0098\,\frac{kJ}{kg\,K} \cdot 180\,K$$

$$= 41,2\,(MJ/kg) + \lambda \cdot 2,467\,(MJ/kg).$$

Die Energiebilanzgleichung lautet nun

$$41,2\,\frac{MJ}{kg} + \lambda \cdot 2,467\,\frac{MJ}{kg} = 14,42\,\frac{MJ}{kg} + (\lambda - 1) \cdot 12,49\,\frac{MJ}{kg}.$$

Dies ist eine lineare Gleichung für das gesuchte Luftverhältnis mit der Lösung $\lambda = 3,918$. Damit ergibt sich weiter

$$l = \lambda \cdot l_{min} = 53,16.$$

Um die relativ niedrige Temperatur $t_{ad} = 850\,°C$ einzuhalten, muß die Brennkammer mit hohem Luftüberschuß betrieben werden. Die Brennstoffmasse ist kleiner als 2% der Luftmasse.

8.34 Chemisch einheitliche Stoffe. Reaktionsenthalpie

Die in den letzten drei Abschnitten dargestellten Beziehungen des 1. Hauptsatzes sind besonders vorteilhaft auf feste oder flüssige Brennstoffe anzuwenden, deren Zusammensetzung aus der Elementaranalyse bekannt ist. Wir haben dabei mit den Massen der an der Verbrennung beteiligten Stoffe gerechnet und dementsprechend spezifische Größen benutzt. Bei chemisch einheitlichen Stoffen ist dagegen die Substanzmenge ein besser geeignetes Mengenmaß, weil sie wegen der Proportionalität zur Teilchenzahl unmittelbar an die Reaktionsgleichungen anknüpft. Wir wollen daher die Aussagen des 1. Hauptsatzes nochmals mit der Substanzmenge als Mengenmaß und mit molaren Größen formulieren und zugleich eine Verbindung zum Begriff der Reaktionsenthalpie herstellen, der in der chemischen Thermodynamik gebräuchlich ist.

Wendet man den 1. Hauptsatz für stationäre Fließprozesse auf den Reaktionsraum von Abb. 8.10 an, so erhält man für den auf den Substanzmengenstrom des Brennstoffs bezogenen Wärmestrom

$$- \mathfrak{Q} = - \dot{Q}/\dot{n}_B = \mathfrak{H}'(T_L,\, T_B) - \mathfrak{H}''(T_V).$$

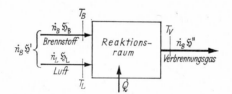

Abb. 8.10. Energiebilanz für einen Reaktionsraum

Für die ebenfalls auf $\dot{n}_B$ bezogene (molare) Enthalpie von Brennstoff und Luft gilt analog zu Abschn. 8.33

$$\mathfrak{H}'(T_L,\, T_B) = \mathfrak{H}_0 + \Delta\mathfrak{H}_u(T_0) + [\mathfrak{H}_B(T_B) - \mathfrak{H}_B(T_0)]$$
$$+ \lambda l_{min}[\mathfrak{H}_L(T_L) - \mathfrak{H}_L(T_0)].$$

Hierin ist $\mathfrak{H}_0$ eine willkürlich wählbare Konstante; mit

$$\Delta\mathfrak{H}_u(T_0) = M_B \cdot \Delta h_u(T_0)$$

ist der *molare Heizwert* des Brennstoffs bezeichnet, der über seine Molmasse M_B mit dem spezifischen Heizwert zusammenhängt. $\mathfrak{H}_B$ und $\mathfrak{H}_L$ bedeuten die molaren Enthalpien von Brennstoff und Luft. Für die auf die Substanzmenge $\dot{n}_B$ bezogene Enthalpie des Verbrennungsgases erhält man

$$\mathfrak{H}''(T_V) = \mathfrak{H}_0 + \sum_i \mathfrak{n}_i''[\mathfrak{H}_i(T_V) - \mathfrak{H}_i(T_0)].$$

In der über alle Bestandteile des Verbrennungsgases zu erstreckenden Summe bedeuten die dimensionslosen Verhältnisgrößen $\mathfrak{n}_i''$ die Quo tienten

$$\mathfrak{n}_i'' = n_i/n_B = \dot{n}_i/\dot{n}_B,$$

die schon in Abschn. 8.22 über die Reaktionsgleichung bestimmt wurden.

Die molaren Enthalpien von Brennstoff (Index B), Luft (Index L) und der Bestandteile des Verbrennungsgases ($i = CO_2$, H_2O, SO_2, N_2, O_2) kann man entweder direkt aus Tafeln entnehmen[1] oder über die mittleren Molwärmen nach

$$\mathfrak{H}_i(T) - \mathfrak{H}_i(T_0) = [\mathfrak{C}_{pi}^c]_{T_0}^T(T - T_0) = M_i[c_{pi}^0]_{T_0}^T(T - T_0)$$

berechnen. Durch den molaren Heizwert

$$\varDelta\mathfrak{H}_u(T_0) = \mathfrak{H}_B(T_0) + \lambda\,\mathfrak{l}_{\min}\mathfrak{H}_L(T_0) - \sum_i \mathfrak{n}_i''\mathfrak{H}_i(T_0)$$

werden wieder die Enthalpien der Verbrennungsteilnehmer und der Verbrennungsprodukte aufeinander abgestimmt. Da sich die Enthalpien aller an der Reaktion nicht beteiligten Stoffe herausheben, gilt für den Heizwert auch

$$\varDelta\mathfrak{H}_u(T_0) = \mathfrak{H}_B(T_0) + \mathfrak{o}_{\min}\mathfrak{H}_{O_2}(T_0) - \mathfrak{n}_{CO_2}''\mathfrak{H}_{CO_2}(T_0)$$
$$- \mathfrak{n}_{H_2O}''\mathfrak{H}_{H_2O}^g(T_0) - \mathfrak{n}_{SO_2}''\mathfrak{H}_{SO_2}(T_0).$$

Die Größen $\mathfrak{o}_{\min}$, $\mathfrak{n}_{CO_2}''$, ... lassen sich dabei direkt aus der Reaktionsgleichung ableiten. So gilt beispielsweise für die Verbrennung von Äthan

$$C_2H_6 + \frac{7}{2}\,O_2 = 2\,CO_2 + 3\,H_2O$$

und damit

$$\mathfrak{o}_{\min} = \frac{7}{2}\,, \mathfrak{n}_{CO_2}'' = 2,\, \mathfrak{n}_{H_2O}'' = 3,\, \mathfrak{n}_{SO_2}'' = 0.$$

In der chemischen Thermodynamik bezeichnet man als *Reaktionsenthalpie* die Differenz der Enthalpien der Reaktionsprodukte und der Reaktionsteilnehmer für dieselbe Temperatur und denselben Druck. Die Reaktionsenthalpie $\varDelta^R\mathfrak{H}$ ist eine Eigenschaft der Reaktion, genauer des reagierenden Gemisches, die von der Temperatur und in meist zu vernachlässigender Weise vom Druck abhängt. Für die eben genannte Verbrennungsreaktion gilt danach

$$\varDelta^R\mathfrak{H} = 2\mathfrak{H}_{CO_2} + 3\mathfrak{H}_{H_2O}^g - (\mathfrak{H}_{C_2H_6} + \frac{7}{2}\,\mathfrak{H}_{O_2}).$$

Der molare Heizwert $\varDelta\mathfrak{H}_u$ stimmt also mit der negativen Reaktionsenthalpie der Oxidationsreaktion des Brennstoffs überein:

$$\varDelta\mathfrak{H}_u(T_0) = -\varDelta^R\mathfrak{H}(T_0).$$

Bezüglich der molaren Enthalpie des H_2O ist wiederum zu beachten, daß in die Gleichungen für den Heizwert die Enthalpie von gas-

---

[1] Baehr, H. D., Hartmann, H., Pohl, H.-Chr., Schomäcker, H.: Thermodynamische Funktionen idealer Gase für Temperaturen bis 6000°K. Berlin-Heidelberg-New York: Springer 1968.

förmigem H_2O eingesetzt werden muß, die wir durch $\mathfrak{H}_{H_2O}^g$ gekennzeichnet haben. Benutzt man dagegen die molare Enthalpie $\mathfrak{H}_{H_2O}^{fl}$ des
flüssigen H_2O, so erhält man den Brennwert $\varDelta\mathfrak{H}_o$ des Brennstoffes,
der um die Verdampfungsenthalpie des in den Produkten enthaltenen
H_2O größer ist als der Heizwert. Wir haben also den Zusammenhang

$$\varDelta\mathfrak{H}_o(T_0) - \varDelta\mathfrak{H}_u(T_0) = \mathfrak{n}''_{H_2O}[\mathfrak{H}^{fl}_{H_2O}(T_0) - \mathfrak{H}^g_{H_2O}(T_0)]$$
$$= \mathfrak{n}''_{H_2O} \cdot M_{H_2O} \cdot r(T_0).$$

Für den thermodynamischen Standardzustand mit $T_0 = 298{,}15$ K
($t_0 = 25\,°C$) kann man Reaktionsenthalpien und damit Heiz- und
Brennwerte chemisch einheitlicher Stoffe sehr leicht mit Hilfe von
Tabellen berechnen, welche sog. *Bildungsenthalpien* enthalten[1]. Die
Bildungsenthalpien der Elemente und der chemischen Verbindungen
sind so aufeinander abgestimmt, daß sich die Reaktionsenthalpien
aller chemischen Reaktionen als Differenz der Bildungsenthalpien
der Produkte gegenüber den Ausgangsstoffen ergeben. Tab. 10.6 auf
S. 425 gibt für ausgewählte Stoffe Werte der Bildungsenthalpie im
Standardzustand. Daraus kann man z.B. die Reaktionsenthalpie der
Äthanoxidation berechnen:

$$\varDelta^R\mathfrak{H}(T_0) = 2 \cdot \mathfrak{H}^0_{CO_2} + 3 \cdot \mathfrak{H}^{0,g}_{H_2O} - \left(\mathfrak{H}^0_{C_2H_6} + \frac{7}{2}\,\mathfrak{H}^0_{O_2}\right)$$

$$= \left[2 \cdot (-393{,}51) + 3 \cdot (-241{,}82) - \left(-84{,}68 + \frac{7}{2} \cdot 0\right)\right] \text{kJ/mol}$$

$$= -1\,427{,}8 \text{ kJ/mol}.$$

Der molare Heizwert des Äthans ergibt sich somit zu

$$\varDelta\mathfrak{H}_u = -\varDelta^R\mathfrak{H} = 1\,427{,}8 \text{ kJ/mol}.$$

In gleicher Weise kann man für andere chemisch einheitliche Stoffe
den Heizwert und bei Benutzung der Bildungsenthalpie des flüssigen
Wassers auch den Brennwert aus den Bildungsenthalpien berechnen.
Da Verbrennungsreaktionen nur Sonderfälle allgemeiner chemischer
Reaktionen sind, lassen sich die Begriffsbildungen der chemischen
Thermodynamik ohne weiteres auf diese Reaktion übertragen, was wir
auch im nächsten Abschnitt bei der Anwendung des 2. Hauptsatzes
sehen werden.

Beispiel 8.7. Man bestimme den Heizwert und den Brennwert des in Beispiel 8.1 behandelten Stadtgases unter Benutzung der Bildungsenthalpien von
Tab. 10.6.
Wir fassen die in Tab. 8.2 auf S. 331 verzeichneten Oxidationsreaktionen der
vier brennbaren Bestandteile des Stadtgases zu einer Summen-Reaktionsglei-
chung zusammen, wobei wir zugleich die Molanteile der vier Reaktanten berück-

---

[1] Wagman, D. D., Evans, W. H., Parker, V. B., Halow, I., Bailey S. M.,
Schumm, R. H.: Selected Values of Chemical Thermodynamic Properties. Natl.
Bur. of Standards, Techn. Note 270—3, 1968.

sichtigen:

$$0{,}10 \left(CO + \frac{1}{2}\, O_2 \right) = 0{,}10 \cdot CO_2$$

$$0{,}45 \left(H_2 + \frac{1}{2}\, O_2 \right) = 0{,}45 \cdot H_2O$$

$$0{,}35\, (CH_4 + 2\, O_2) = 0{,}35\, (CO_2 + 2\, H_2O)$$

$$0{,}04\, (C_2H_4 + 3\, O_2) = 0{,}04\, (2\, CO_2 + 2\, H_2O)$$

$$0{,}10\, CO + 0{,}45\, H_2 + 0{,}35\, CH_4$$
$$+\, 0{,}04\, C_2H_4 + 1{,}095\, O_2 = 0{,}53\, CO_2 + 1{,}23\, H_2O.$$

Da der Heizwert gleich der *negativen* Reaktionsenthalpie ist, erhalten wir

$$\Delta \mathfrak{H}_u = 0{,}10\, \mathfrak{H}^0_{CO} + 0{,}45\, \mathfrak{H}^0_{H_2} + 0{,}35\, \mathfrak{H}^0_{CH_4} + 0{,}04\, \mathfrak{H}^0_{C_2H_4}$$

$$+\, 1{,}095\, \mathfrak{H}^0_{O_2} - (0{,}53\, \mathfrak{H}^0_{CO_2} + 1{,}23\, \mathfrak{H}^{0,g}_{H_2O}).$$

Mit den Werten von Tab. 10.6 ergibt dies

$$\Delta \mathfrak{H}_u = [0{,}10\, (-110{,}5) + 0{,}45 \cdot 0 + 0{,}35 \cdot (-74{,}81) + 0{,}04 \cdot 52{,}26$$

$$+\, 1{,}095 \cdot 0 - 0{,}53 \cdot (-393{,}5) - 1{,}23\, (-241{,}8)]\ kJ/mol$$

$$=\, 470{,}8\ kJ/mol.$$

Dies ist der (untere) Heizwert des Stadtgases, denn wir haben die Bildungsenthalpie von gasförmigem H_2O benutzt. Den Brennwert erhalten wir durch Addition der Verdampfungsenthalpie des bei der Oxidation entstehenden H_2O. Es wird also

$$\Delta \mathfrak{H}_o = \Delta \mathfrak{H}_u + \mathfrak{n}''_{H_2O} M_{H_2O}\, r(T_0) = 470{,}8\, \frac{kJ}{mol} + 1{,}23 \cdot 18{,}015\, \frac{kg}{kmol}\, 2\,442\, \frac{kJ}{kg}$$

$$=\, (470{,}8 + 54{,}1)\ kJ/mol = 524{,}9\ kJ/mol.$$

8.4 Die Anwendung des 2. Hauptsatzes auf Verbrennungsprozesse

In jeder Feuerung wird die durch die Verbrennung freigesetzte chemische Bindungsenergie als Wärme oder als Enthalpie heißer Verbrennungsgase genutzt. Die Gewinnung von technischer Arbeit bei der Verbrennung haben wir noch nicht in Betracht gezogen. Durch Anwenden des 2. Hauptsatzes wollen wir im folgenden klären, welche Irreversibilitäten bei einem Verbrennungsprozeß auftreten und welche Nutzarbeit aus der chemischen Bindungsenergie günstigstenfalls gewonnen werden kann. Unser Ziel wird also die Berechnung der Exergie sein, die in einem Brennstoff enthalten ist und die durch den Verbrennungsprozeß in Exergie anderer Energieformen (Wärme, Enthalpie der Verbrennungsgase) umgewandelt wird. Die Irreversibilität des Verbrennungsprozesses werden wir durch seinen Exergieverlust quantitativ erfassen.

8.41 Die reversible chemische Reaktion

Um zu untersuchen, welche technische Arbeit günstigstenfalls bei einem Verbrennungsprozeß gewonnen werden kann, betrachten wir den Idealfall der *reversiblen* Oxidation des Brennstoffs. Bei dieser Art der

Reaktionsführung werden wir nicht nur Energie als Wärme, sondern auch als technische Arbeit gewinnen, und zwar das nach dem 2. Hauptsatz überhaupt mögliche Maximum an technischer Arbeit. Diese maximal gewinnbare Arbeit soll *reversible Reaktionsarbeit* $(\mathfrak{W}_t)_{\mathrm{rev}}$ genannt werden, wenn folgende Bedingungen für den Reaktionsablauf gelten: Die Reaktionsteilnehmer (Brennstoff, Sauerstoff) werden dem Reaktionsraum beim Druck p und bei der Temperatur T *unvermischt* zugeführt, vgl. Abb. 8.11. Die Reaktionsprodukte (Abgase) verlassen den

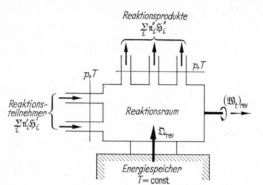

Abb. 8.11. Zur Bestimmung der reversiblen Reaktionsarbeit

Reaktionsraum ebenfalls *unvermischt*, wobei jeder Stoff unter demselben Druck p und bei derselben Temperatur T abgeführt wird. Die Reaktion soll reversibel laufen, wobei ein Wärmeaustausch nur mit einem Energiespeicher der konstanten Temperatur T zugelassen ist.

Es ist nun ein spezifischer Vorteil der thermodynamischen Betrachtungsweise, daß wir im einzelnen nicht zu überlegen brauchen, wie der Ablauf einer chemischen Reaktion reversibel gestaltet werden kann. Wir dürfen daher den Reaktionsraum als ein offenes thermodynamisches System behandeln, dessen Inneres uns unbekannt bleiben darf. Auf dieses System wenden wir den 1. Hauptsatz an, wobei wir alle Größen auf die Substanzmenge des Brennstoffs beziehen:

$$\mathfrak{Q}_{\mathrm{rev}} + (\mathfrak{W}_t)_{\mathrm{rev}} = \sum_i \mathfrak{n}_i'' \mathfrak{H}_i''(T, p) - \sum_i \mathfrak{n}_i' \mathfrak{H}_i'(T, p).$$

Hierbei ist $\mathfrak{Q}_{\mathrm{rev}}$ die Wärme, die während der Reaktion aus dem Energiespeicher entnommen oder an diesen abgeführt wird. Die rechte Seite der Gleichung bedeutet die Reaktionsenthalpie der Verbrennungsreaktion. Fällt das H_2O in den Produkten gasförmig an, so stimmt $\Delta^R \mathfrak{H}(T, p)$ mit dem negativen Heizwert des Brennstoffs überein; bei flüssigem H_2O ist die Reaktionsenthalpie gleich dem negativen Brennwert.

Nun wenden wir den 2. Hauptsatz an. Der Reaktionsraum und der Energiespeicher bilden ein *adiabates Gesamtsystem*. Da die Reaktion reversibel verlaufen soll, muß die Summe der Entropieänderungen in diesem adiabaten System verschwinden. Es gilt somit

$$\sum_i \mathfrak{n}_i'' \mathfrak{S}_i''(p, T) - \sum_i \mathfrak{n}_i' \mathfrak{S}_i'(p, T) - \frac{\mathfrak{Q}_{\mathrm{rev}}}{T} = 0. \tag{8.7}$$

Die beiden ersten Glieder bedeuten die auf die Substanzmenge des Brennstoffs bezogenen Entropien der Reaktionsteilnehmer und der Reaktionsprodukte. Das letzte Glied gibt die Entropieänderung des Energiespeichers an, dessen Entropie wächst, wenn aus dem Reaktionsraum Wärme abgeführt wird ($\mathfrak{Q}_{\mathrm{rev}} < 0$). Wird dem Energiespeicher Wärme entzogen und bei der Reaktion in Arbeit verwandelt, so nimmt seine Entropie ab, was durch eine entsprechende Entropiezunahme der Reaktionsprodukte kompensiert wird.

Die Differenz der Entropien der Reaktionsprodukte gegenüber der Entropie der Reaktionsteilnehmer bezeichnet man in der chemischen Thermodynamik als *Reaktionsentropie*

$$\Delta^R\mathfrak{S}(T,\,p) = \sum_i \mathfrak{n}''_i \mathfrak{S}''_i(T,\,p) - \sum_i \mathfrak{n}'_i \mathfrak{S}'_i(T,\,p).$$

Diese Größe ist analog zur Reaktionsenthalpie gebildet.

Eliminieren wir $\mathfrak{Q}_{\mathrm{rev}}$ aus den Bilanzgleichungen des 1. und 2. Hauptsatzes, so erhalten wir für die reversible Reaktionsarbeit

$$(\mathfrak{W}_t)_{\mathrm{rev}} = \Delta^R\mathfrak{H}(T,\,p) - T\,\Delta^R\mathfrak{S}(T,\,p). \tag{8.8}$$

Sie ist damit durch Zustandsgrößen der Reaktionsteilnehmer und der Reaktionsprodukte gegeben. Da für alle diese Stoffe in Gl. (8.8) Glieder der Form

$$\mathfrak{n}_i[\mathfrak{H}_i(T,\,p) - T\mathfrak{S}_i(T,\,p)] = \mathfrak{n}_i\mathfrak{G}_i(T,\,p)$$

mit $\mathfrak{G}_i$ als der molaren freien Enthalpie des Stoffes i auftreten, kann man Reaktionsenthalpie und Reaktionsentropie zur *freien Reaktionsenthalpie*

$$\Delta^R\mathfrak{G}(T,\,p) = \Delta^R\mathfrak{H}(T,\,p) - T\cdot\Delta^R\mathfrak{S}(T,\,p)$$

zusammenfassen, so daß sich

$$(\mathfrak{W}_t)_{\mathrm{rev}} = \Delta^R\mathfrak{G}(T,\,p)$$

ergibt. Für die Verbrennungsreaktionen erwarten wir eine negative freie Reaktionsenthalpie und eine negative, also abgeführte reversible Reaktionsarbeit. Die Reaktionsenthalpie dieser Reaktionen ist tatsächlich stets negativ. Es hängt dann von der Größe und vom Vorzeichen der Reaktionsentropie ab, wie weit sich der Betrag der reversiblen Reaktionsarbeit und der Heizwert unterscheiden. Wie wir im nächsten Abschnitt sehen werden, unterscheiden sich freie Reaktionsenthalpie $\Delta^R\mathfrak{G}$ und Reaktionsenthalpie $\Delta^R\mathfrak{H}$ nur wenig. Die durch den Heizwert oder Brennwert gekennzeichnete chemische Bindungsenergie ist damit weitgehend als in Nutzarbeit umwandelbare Energie, also als Exergie anzusehen.

8.42 Absolute Entropien. Nernstsches Wärmetheorem

Bei der Berechnung der reversiblen Reaktionsarbeit tritt in Gl. (8.8) die Reaktionsentropie auf. Für die Oxidation des Kohlenstoffs nach der Reaktionsgleichung

$$C + O_2 = CO_2$$

hat man als Reaktionsentropie die Entropiedifferenz

$$\Delta^R \mathfrak{S}(p,\, T) = \mathfrak{S}_{CO_2}(p,\, T) - [\mathfrak{S}_C(p,\, T) + \mathfrak{S}_{O_2}(p,\, T)]$$

zu berechnen. Jede der hier auftretenden molaren Entropien enthält eine unbestimmte Konstante. So gilt z.B. für das ideale Gas CO_2

$$\mathfrak{S}_{CO_2}(T,\, p) = \int\limits_{T_0}^{T} \mathfrak{C}^0_{pCO_2}(T)\, \frac{dT}{T} - R \ln \frac{p}{p_0} + (\mathfrak{S}_0)_{CO_2},$$

wobei $(\mathfrak{S}_0)_{CO_2}$ die Entropie des CO_2 im willkürlich wählbaren Zustand $(T_0,\, p_0)$ bedeutet. Diese Entropiekonstante hat uns bisher nicht interessiert, weil wir stets Entropiedifferenzen eines Stoffes in verschiedenen Zuständen berechnet haben, so daß sich die Entropiekonstante weghob. Jetzt müssen wir aber Entropiedifferenzen *verschiedener* Stoffe im selben Zustand bilden; die Entropiekonstanten dieser verschiedenen Stoffe heben sich nicht fort. Eine Berechnung derartiger Entropiedifferenzen ist also nur dann möglich, wenn es gelingt, einen für alle Stoffe gleichen Bezugszustand zu finden, in dem ihre Entropien einen bestimmten Wert haben.

Ein ähnliches Problem begegnete uns schon bei der Bestimmung des Heizwertes. Hier waren die *Enthalpie*konstanten verschiedener Stoffe aufeinander abzustimmen, was bereits durch eine kalorische Messung bei einer Temperatur gelöst wurde, vgl. S. 339. Eine ähnliche Abstimmung der *Entropie*konstanten ist jedoch schwieriger, denn hierzu müßten wir die Arbeit messen, die wir bei der reversiblen chemischen Reaktion erhalten. Bisher lassen sich jedoch nur sehr wenige Reaktionen annähernd reversibel durchführen, so daß dieser Weg zur Bestimmung der Entropiekonstanten im allgemeinen nicht zum Ziele führt.

Hier ermöglicht nun ein neuer Erfahrungssatz, das von W. Nernst 1906 ausgesprochene Wärmetheorem, die Entropiekonstanten verschiedener Stoffe so festzulegen, daß ihre Entropien vergleichbar sind, weswegen sie dann häufig als *absolute Entropien* bezeichnet werden. In einer von M. Planck angegebenen, über die ursprüngliche Formulierung von Nernst hinausgehenden Fassung lautet das Wärmetheorem:

> *Die Entropie eines jeden reinen Stoffes mit endlicher Dichte, der sich im inneren Gleichgewicht befindet, nimmt bei $T = 0$ ihren kleinsten Wert an; dieser kann zu Null normiert werden.*

Nach diesem auch manchmal als *3. Hauptsatz der Thermodynamik* bezeichneten Satz verschwindet also die Entropie bei $T = 0$, und wir haben hier den gesuchten gemeinsamen Bezugszustand, von dem aus wir die Entropiezählung aller Stoffe beginnen können. Eine zweite Möglichkeit, absolute Entropien zu berechnen, eröffnet die statistische Thermodynamik auf der Grundlage der Quantentheorie, worauf wir nicht weiter eingehen können. Die Ergebnisse beider Methoden stimmen überein bis auf wenige Ausnahmen, bei denen jedoch die Ursache der Abweichung in der fehlenden Einstellung des Gleichgewichts bei der Annäherung an $T \to 0$ gefunden wurde.

Die absolute Entropie in einem beliebigen Zustand (p, T) erhalten wir, wenn wir das Entropiedifferential

$$d\mathfrak{S} = \frac{d\mathfrak{H} - \mathfrak{B}\,dp}{T}$$

beginnend mit $T = 0\,\mathrm{K}$ beim Zustand des festen Körpers bis zum Zustand (p, T) integrieren. Diese Integration ist meist recht umständlich auszuführen, und es müssen auch zahlreiche thermische und kalorische Daten des Stoffes bekannt sein. Für praktische Zwecke gibt man die so gewonnenen absoluten Entropien als sog. *Standardentropien* im thermochemischen Standardzustand mit $t_0 = 25\,°\mathrm{C}$ und $p_0 = 1\,\mathrm{atm}$ $= 1,013\,25\,\mathrm{bar}$ an. Absolute Entropien in anderen Zuständen erhält man aus der Standardentropie durch Umrechnungen, zu denen man im allgemeinen nur die Molwärmen in kleinen Temperaturbereichen braucht. Tab. 10.6 enthält die molaren Standardentropien $\mathfrak{S}^0$ für zahlreiche Stoffe. In dieser Zusammenstellung beziehen sich die Standardentropien von gasförmigen Stoffen stets auf den *idealen* Gaszustand bei $t = 25\,°\mathrm{C}$ und $p = 1\,\mathrm{atm}$.

Mit Hilfe des Nernstschen Wärmetheorems wird die Berechnung von Entropieänderungen bei chemischen Reaktionen möglich. Insbesondere läßt sich nunmehr auch die reversible Reaktionsarbeit $(\mathfrak{W}_t)_{\mathrm{rev}}$ berechnen. Besonders einfach wird diese Rechnung, wenn wir für die reversible Reaktion den Druck $p = 1\,\mathrm{atm}$ und die Temperatur $T = 298,15\,\mathrm{K}$ wählen; wir können dann unmittelbar von den in Tab. 10.6 vertafelten Standardentropien Gebrauch machen. Es gilt dann für die abgegebene reversible Reaktionsarbeit

$$-(\mathfrak{W}_t)_{\mathrm{rev}} = -\varDelta^R\mathfrak{H}\,(298,15\,\mathrm{K}) + 298,15\,\mathrm{K}\left[\sum_i \mathfrak{n}_i''(\mathfrak{S}_i^0)'' - \sum_i \mathfrak{n}_i'(\mathfrak{S}_i^0)'\right].$$

Für die reversible Oxydation des Kohlenstoffs und des Wasserstoffs erhalten wir folgende Ergebnisse:

Kohlenstoff (Graphit):

$$-(\mathfrak{W}_t)_{\mathrm{rev}}^0 = -[\mathfrak{H}_{CO_2}^0 - (\mathfrak{H}_C^0 + \mathfrak{H}_{O_2}^0)] + 298,15\,\mathrm{K}\,[\mathfrak{S}_{CO_2}^0 - (\mathfrak{S}_C^0 + \mathfrak{S}_{O_2}^0)]$$

$$= 393,5\,\frac{\mathrm{kJ}}{\mathrm{mol}} + 298,15\,\mathrm{K}\,[213,6 - (5,74 + 205,0)]\,\frac{\mathrm{kJ}}{\mathrm{kmol\,K}}$$

$$= (393,5 + 0,87)\,\mathrm{kJ/mol} = 394,4\,\mathrm{kJ/mol}.$$

Wasserstoff:

$$-(\mathfrak{W}_t)_{\mathrm{rev}}^0 = -\left[\mathfrak{H}_{H_2O}^{0,\mathrm{fl}} - \left(\mathfrak{H}_{H_2}^0 + \frac{1}{2}\,\mathfrak{H}_{O_2}^0\right)\right]$$

$$\qquad + 298,15\,\mathrm{K}\left[\mathfrak{S}_{H_2O}^{0,\mathrm{fl}} - \left(\mathfrak{S}_{H_2}^0 + \frac{1}{2}\,\mathfrak{S}_{O_2}^0\right)\right]$$

$$= 285,9\,\frac{\mathrm{kJ}}{\mathrm{mol}} + 298,15\,\mathrm{K}\left[69,95 - \left(130,6 + \frac{1}{2}\,205,0\right)\right]\frac{\mathrm{kJ}}{\mathrm{kmol\,K}}$$

$$= (285,9 - 48,6)\,\mathrm{kJ/mol} = 237,3\,\mathrm{kJ/mol}.$$

Da das entstehende H_2O bei 1 atm und 25 °C flüssig ist, haben wir für die Wasserstoffoxidation die Bildungsenthalpie und die Standardentropie von flüssigem H_2O eingesetzt.

Bei der reversiblen Kohlenstoffoxidation ist $-(\mathfrak{W}_t)^0_{rev} = 1{,}002\,\Delta\mathfrak{H}$, es könnte also noch mehr Arbeit gewonnen werden als der Heizwert angibt. Diese Mehrarbeit ist ebenso groß wie die Wärme, die dem Energiespeicher mit der Temperatur 25 °C entzogen wird, unter dem wir uns die Umgebung vorstellen können. Bei der Wasserstoffoxidation ist dagegen Wärme an die Umgebung abzuführen, nur 83% des Brennwerts lassen sich in Arbeit verwandeln. Diese Unterschiede sind durch das Vorzeichen des Entropiegliedes bedingt.

In ähnlicher Weise lassen sich die reversiblen Reaktionsarbeiten anderer Verbrennungsreaktionen berechnen. Wie die in Tab. 8.7 aufgeführten Beispiele zeigen, unterscheiden sich $(\mathfrak{W}_t)_{rev}$ und $\Delta\mathfrak{H}_0$ nur wenig. Die im Heizwert erfaßte chemische Energie ist demnach weitgehend als umwandelbare Energie anzusehen. *Alle technischen Verbrennungsprozesse, die chemische Energie in Wärme oder innere Energie umwandeln, sind irreversibel und mit großen Verlusten im Sinne des 2. Hauptsatzes, d. h. mit einer Energieentwertung verbunden.*

Tabelle 8.7. Brennwerte und reversible Reaktionsarbeiten in kJ/mol für verschiedene Verbrennungsreaktionen bei $p = 1$ atm und $t = 25$ °C

Reaktion	$\Delta\mathfrak{H}_0$	$-(\mathfrak{W}_t)_{rev}$	$-(\mathfrak{W}_t)_{rev}/\Delta\mathfrak{H}_0$
$C + O_2 = CO_2$	393,5	394,4	1,002
$S + O_2 = SO_2$	296,9	300,2	1,011
$H_2 + \dfrac{1}{2}\,O_2 = H_2O$	285,9	237,3	0,830
$CO + \dfrac{1}{2}\,O_2 = CO_2$	283,0	257,3	0,909
$CH_4 + 2\,O_2 = CO_2 + 2\,H_2O$	890,4	818,0	0,919
$C_6H_6 + \dfrac{15}{2}\,O_2 = 6\,CO_2 + 3\,H_2O$	3268	3202	0,980

8.43 Die Brennstoffzelle

Bevor wir auf die Berechnung der Irreversibilitäten wirklicher Verbrennungsprozesse eingehen, wollen wir zeigen, wie man die in den beiden letzten Abschnitten als reversibel angenommenen Oxidationsreaktionen wenigstens näherungsweise verwirklichen kann. Dies geschieht in prinzipiell anderer Weise als bei der Verbrennung, nämlich auf elektrochemischem Wege in der Brennstoffzelle. Während ein Verbrennungsprozeß grundsätzlich irreversibel ist, läßt sich die Oxidation eines Brennstoffs in der Brennstoffzelle prinzipiell reversibel durchführen; praktisch ausgeführte Brennstoffzellen arbeiten natürlich irreversibel.

Jede Brennstoffzelle enthält zwei Elektroden, die Brennstoffelektrode (Anode), an der der Brennstoff zugeführt wird, und die Sauerstoffelektrode (Kathode). Abb. 8.12 zeigt schematisch den Aufbau einer

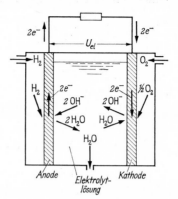

Abb. 8.12. Schema einer Brennstoffzelle (Wasserstoff-Sauerstoff-Zelle)

Wasserstoff-Sauerstoff-Zelle, die wir als instruktives Beispiel näher behandeln wollen. Zwischen den Elektroden befindet sich ein Elektrolyt, z. B. eine wäßrige KOH-Lösung. Der Zelle werden gasförmiger Wasserstoff und Sauerstoff in stetigem Strom etwa bei Umgebungstemperatur und Umgebungsdruck zugeführt, so daß wir einen stationären Fließprozeß annehmen können. Die Reaktionsarbeit wird als elektrische Arbeit gewonnen. Elektronen als Ladungsträger wandern von der Anode über den äußeren Teil des Stromkreises zur Kathode; Ionen wandern im Elektrolyten von der Kathode zur Anode. Zwischen den beiden Elektroden besteht eine elektrische Potentialdifferenz, die im reversiblen Grenzfall als reversible Klemmenspannung bezeichnet wird.

An der Brennstoffelektrode läuft die Anodenreaktion

$$H_2 + 2\,OH^- = 2\,H_2O + 2\,e^-$$

ab, an der Sauerstoffelektrode die Kathodenreaktion

$$\frac{1}{2}\,O_2 + H_2O + 2\,e^- = 2\,OH^-.$$

Die Summe der beiden Reaktionen ergibt die Gesamtreaktion

$$H_2 + \frac{1}{2}\,O_2 = H_2O,$$

die „gewöhnliche" Wasserstoffoxidation. Die reversible Reaktionsarbeit dieser Reaktion ist gleich der elektrischen Arbeit, die von der reversibel arbeitenden Brennstoffzelle abgegeben wird, wenn H_2, O_2 und das H_2O jeweils bei derselben Temperatur und beim gleichen Druck zu- bzw. abgeführt werden. Wählen wir $T = T_0 = 298{,}15$ K und $p = p_0 = 1$ atm, die Daten des Standardzustands, so wird nach S. 353

$$(\mathfrak{W}_t)_{\mathrm{rev}}^0 = \varDelta^R\mathfrak{G}(T_0, p_0) = -237{,}3 \text{ kJ/mol}.$$

23*

Wir berechnen nun noch die reversible Klemmenspannung $(U_{el})_{rev}$. Für die elektrische Leistung gilt

$$P_{rev} = I_{el}(U_{el})_{rev} = \dot{n}_{H_2}(\mathfrak{W}_t)_{rev} = \dot{n}_{H_2}\,\Delta^R\mathfrak{G}(T,p).$$

Die elektrische Stromstärke I_{el} ergibt sich als Produkt des Substanzmengenstroms $\dot{n}_{el}$ der Elektronen, der Ladung eines Elektrons und der Avogadro-Konstante:

$$I_{el} = \dot{n}_{el}(-e)\,N_A.$$

Das Produkt aus der elektrischen Elementarladung $e = 1,6022 \cdot 10^{-19}$C und der Avogadro-Konstante $N_A = 6,022 \cdot 10^{23}$ mol^{-1} bezeichnet man als die Faraday-Konstante

$$F = e\,N_A = 96\,487\;\text{C/mol} = 96\,487\;\text{A s/mol}.$$

Mit

$$I_{el} = -\dot{n}_{el}F$$

erhält man also für die reversible Klemmenspannung

$$(U_{el})_{rev} = -\frac{\dot{n}_{H_2}}{\dot{n}_{el}}\frac{\Delta^R\mathfrak{G}(T,p)}{F}.$$

Wie man aus der Gleichung für die Anodenreaktion erkennt, gilt

$$\dot{n}_{el} = 2\dot{n}_{H_2},$$

somit wird

$$(U_{el})_{rev} = -\frac{\Delta^R\mathfrak{G}(T,p)}{2F}.$$

Die reversible Klemmenspannung hängt von T und p und von der in der Brennstoffzelle ablaufenden Reaktion ab.

Für die Wasserstoff-Sauerstoff-Zelle bei $T = T_0 = 298,15$ K und $p = p_0 = 1$ atm erhalten wir

$$(U_{el})_{rev} = -\frac{-237,3\;\text{kJ/mol}}{2\cdot 96\,487\;\text{A s/mol}} = 1,23\;\text{V}$$

als reversible Klemmenspannung. Diese geringe Spannung ist ein erheblicher Nachteil für den praktischen Einsatz der Brennstoffzelle. Auch alle anderen Brennstoffzellen haben wie die H_2—O_2-Zelle Klemmenspannungen in der Größenordnung von 1 V.

Als Folge der im Inneren der Brennstoffzelle ablaufenden irreversiblen Prozesse ist die Klemmenspannung niedriger als der hier berechnete Höchstwert $(U_{el})_{rev}$. Dieser stellt sich im allgemeinen nicht einmal im stromlosen Zustand ein; wird Strom entnommen, so sinkt die Spannung weiter ab, vgl. Abb. 8.13. Die wirklich abgegebene elektrische Leistung einer Brennstoffzelle ist geringer als die durch die reversible Reaktionsarbeit gegebene Leistung P_{rev}. Für die tatsächliche Leistung erhalten wir

$$P = U_{el}I_{el} = U_{el}(-F)\,\dot{n}_{el}.$$

Der Substanzmengenstrom der Elektronen ist dem Substanzmengenstrom des tatsächlich umgesetzten Brennstoffs proportional. Hierfür gilt

$$\dot{n}_{el} = (\dot{n}_B)_U \frac{\varDelta^R\mathfrak{G}(T, p)}{(-F)\,(U_{el})_{rev}},$$

so daß sich für die Leistung

$$P = (\dot{n}_B)_U \frac{U_{el}}{(U_{el})_{rev}}\,\varDelta^R\mathfrak{G}(T, p)$$

ergibt.

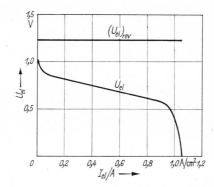

Abb. 8.13. Klemmenspannung U_{el} einer typischen Wasserstoff-Sauerstoff-Zelle als Funktion der Stromdichte I_{el}/A mit A als Fläche der Elektroden

Der Substanzmengenstrom $(\dot{n}_B)_U$ des *umgesetzten* Brennstoffs ist kleiner als der Substanzmengenstrom $\dot{n}_B$ des *zugeführten* Brennstoffs; denn bei gasförmigem Brennstoff kann ein Teil des Gases durch die Elektrode ungenutzt in den Elektrolyten eindringen, bei flüssigen Brennstoffen ist es schwierig, einen vollständigen Umsatz zu erzielen. Das Verhältnis

$$\eta_U = (\dot{n}_B)_U/\dot{n}_B$$

bezeichnet man als *Umsatzwirkungsgrad*. Hiermit erhalten wir für die Leistung

$$P = \eta_U \frac{U_{el}}{(U_{el})_{rev}}\,\dot{n}_B\,\varDelta^R\mathfrak{G}(T, p) = \eta_U \frac{U_{el}}{(U_{el})_{rev}}\,P_{rev} \qquad (8.9)$$

mit

$$P_{rev} = \dot{n}_B\,\varDelta^R\mathfrak{G}(T, p) = \dot{n}_B(\mathfrak{W}_t)_{rev}$$

als der maximal möglichen Leistung der Brennstoffzelle. Wie Gl. (8.9) zeigt, gibt das aus der Strom-Spannungs-Kennlinie abzulesende Verhältnis der Klemmenspannungen die Leistungsminderung infolge der Irreversibilitäten an. Man kennzeichnet dieses Verhalten auch durch den (Gesamt-)Wirkungsgrad

$$\eta = \frac{P}{P_{rev}} = \eta_U \frac{U_{el}}{(U_{el})_{rev}},$$

der sich vor allem mit der Belastung der Zelle, d.h. mit der Stromstärke ändert.

In den letzten Jahrzehnten wurde an der Entwicklung leistungs-
fähiger Brennstoffzellen intensiv gearbeitet.[1] Trotz dieser Bemühungen
und trotz der bestechenden Möglichkeit, chemische Bindungsenergie
direkt in elektrische Energie zu verwandeln, ist der praktische
Nutzen der Brennstoffzelle gering geblieben. Aus technischen und
vor allem wirtschaftlichen Gründen ist sie nicht geeignet, als Energiequelle hoher Leistung zu dienen. Die Brennstoffzelle läßt sich daher
nur in Sonderfällen, z. B. in der Raumfahrt, als Energiequelle beschei-
dener Leistung einsetzen, wenn wirtschaftliche Überlegungen keine
wesentliche Rolle spielen.

Beispiel 8.8. Eine Wasserstoff-Sauerstoff-Zelle arbeitet bei $t = 25\,°C$. Die
Klemmenspannung beträgt $U_{el} = 0,712\ V$, die Stromstärke $I_{el} = 1,175\ A$. Der
Brennstoffelektrode wird bei $p = 1,05$ bar Wasserstoff mit dem Volumenstrom
$\dot{V}_B = 9,56\ cm^3/min$ zugeführt. Man bestimme die Wirkungsgrade η und η_U sowie
den an die Umgebung abzuführenden Wärmestrom $\dot{Q}$.

Die von der Brennstoffzelle tatsächlich abgegebene Leistung ergibt sich als
Produkt aus Spannung und Stromstärke:

$$-P = U_{el} I_{el} = 0,712\ V \cdot 1,175\ A = 0,837\ W.$$

Die bestenfalls zu gewinnende Leistung ist

$$-P_{rev} = -\dot{n}_B\, \Delta^R\mathfrak{G}(T, p).$$

Da die Arbeitsbedingungen praktisch mit denen des Standardzustands übereinstimmen, können wir für die freie Reaktionsenthalpie den schon benutzten Wert
$\Delta^R\mathfrak{G}(T_0, p_0) = -237,3\ kJ/mol$ verwenden. Für den Substanzmengenstrom des
zugeführten H_2 erhalten wir

$$\dot{n}_B = \frac{p}{RT}\, \dot{V}_B = \frac{1,05\ bar \cdot kmol \cdot K}{8,314 \cdot kJ \cdot 298,15\ K}\, 9,56\, \frac{cm^3}{min} = 6,75 \cdot 10^{-6}\ mol/s.$$

Damit ergibt sich

$$-P_{rev} = 6,75 \cdot 10^{-6}\, \frac{mol}{s}\, 237,3\, \frac{kJ}{mol} = 1,602\ W,$$

und der Wirkungsgrad der Zelle ist

$$\eta = (-P)/(-P_{rev}) = 0,522.$$

Da andererseits

$$\eta = \eta_U U_{el}/(U_{el})_{rev}$$

ist, erhalten wir für den Umsatzwirkungsgrad

$$\eta_U = \eta(U_{el})_{rev}/U_{el} = 0,522\, \frac{1,23\ V}{0,712\ V} = 0,903.$$

Etwa 10% des zugeführten Brennstoffs wird nicht umgesetzt.

Den an die Umgebung abzuführenden Wärmestrom $\dot{Q}$ finden wir durch
Anwenden des 1. Hauptsatzes:

$$\dot{Q} + P = \dot{n}_{H_2O}\mathfrak{H}_{H_2O}(T) - \dot{n}_B\mathfrak{H}_{H_2}(T) - \dot{n}_{O_2}\mathfrak{H}_{O_2}(T).$$

Da alle Stoffströme bei derselben Temperatur zu- bzw. abgeführt werden, heben
sich die Enthalpien aller an der Reaktion nicht beteiligten Stoffe heraus. Die

---

[1] Als ausführliche Darstellungen der Probleme und des Forschungsstandes
seien genannt: H. A. Liebhafsky u. E. J. Cairns: Fuel Cells and Fuel Batteries.
New York, London, Sydney, Toronto: J. Wiley & Sons 1968. — W. Vielstich:
Brennstoffelemente. Verlag Chemie, Weinheim 1965.

Substanzmengenströme beziehen sich also eigentlich nur auf die tatsächlich umgesetzten Stoffmengen. Hierfür gilt aber

$$\dot{Q} + P = \eta_U \dot{n}_B \, \varDelta^R \mathfrak{H}(T) = -\eta_U \dot{n}_B \, \varDelta \mathfrak{H}_o(T)$$

mit $\varDelta \mathfrak{H}_0$ als dem Brennwert des Wasserstoffs. Wir erhalten nun

$$\dot{Q} = -P - \eta_U \dot{n}_B \, \varDelta \mathfrak{H}_o$$

$$= 0{,}837 \text{ W} - 0{,}903 \cdot 6{,}75 \cdot 10^{-6} \, \frac{\text{mol}}{\text{s}} \, 285{,}9 \, \frac{\text{kJ}}{\text{mol}}$$

$$= (0{,}837 - 1{,}742) \text{ W} = -0{,}905 \text{ W}.$$

Die Brennstoffzelle gibt also mehr Wärme als elektrische Arbeit ab. Dies ist einmal darauf zurückzuführen, daß der Betrag der reversiblen Reaktionsarbeit bei der Wasserstoffoxidation nur 83% des Brennwerts ausmacht; zum anderen äußern sich hierin die Verluste der irreversiblen Vorgänge in der Zelle.

8.44 Die Exergie der Brennstoffe

Die thermodynamischen Verluste bei der Verbrennung erfassen wir durch die exergetische Untersuchung dieses Prozesses. Hierzu müssen wir zunächst den Begriff der *Brennstoffexergie* klären. Liegt ein Brennstoff bei $T = T_u$ und $p = p_u$ vor, so befindet er sich zwar im thermischen und mechanischen Gleichgewicht mit der Umgebung, jedoch nicht im chemischen Gleichgewicht. Durch die Reaktion mit dem Sauerstoff der Umgebungsluft läßt sich nämlich seine chemische Bindungsenergie frei machen und, wie wir gesehen haben, durch geeignete Reaktionsführung auch in Arbeit, also in Exergie umwandeln. Der Brennstoff ist also bei T_u und p_u keineswegs exergielos, denn er steht noch nicht im vollständigen thermodynamischen Gleichgewicht mit der Umgebung, weil chemische Umwandlungen möglich sind.

Als Exergie des Brennstoffs wollen wir im folgenden allein den durch Oxidation in Exergie, z.B. in technische Arbeit, umwandelbaren Teil seiner Enthalpie bezeichnen, wobei sich der Brennstoff bereits im thermischen ($T = T_u$) und mechanischen ($p = p_u$) Gleichgewicht mit der Umgebung befindet. Die Brennstoffexergie erfaßt also nur die Exergie der chemischen Energie. Wir erhalten die Brennstoffexergie als technische Arbeit, wenn wir den Brennstoff durch reversible Oxidation in Substanzen verwandeln, die exergielos sind, die somit auch im chemischen Gleichgewicht mit der Umgebung stehen. Liegt der Brennstoff bei einem Druck $p \neq p_u$ und einer von T_u abweichenden Temperatur vor, so besteht seine Exergie aus zwei Teilen: der Exergieänderung zwischen dem Zustand (p, T) und dem Zustand (p_u, T_u), die wir nach den schon bekannten Beziehungen von Abschn. 3.35 berechnen können, und aus der (chemischen) Brennstoffexergie, die wir nun bestimmen wollen.

Hierzu gehen wir von der in Abschn. 8.41 behandelten reversiblen Reaktion aus. Die Reaktionsteilnehmer — Brennstoff und Sauerstoff — werden dem Reaktionsraum getrennt beim Druck p_u der Umgebung mit $T = T_u$ zugeführt. Die Reaktionsprodukte (Abgase) verlassen den Reaktionsraum unvermischt, und zwar wird jeder Stoff bei Umgebungstemperatur T_u unter dem vollen Umgebungsdruck p_u abgeführt,

Abb. 8.14. Ein Wärmeaustausch findet nur mit der Umgebung statt. Da bei der reversiblen Reaktion die Exergie erhalten bleibt, gilt die Exergiebilanz

$$\mathfrak{E}'(T_u,\, p_u) = \mathfrak{E}''(T_u,\, p_u) - [(\mathfrak{W}_t)_{\mathrm{rev}}]_{p_u,T_u}.$$

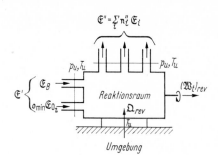

Abb. 8.14. Zur Bestimmung der Brennstoffexergie

Die als Wärme $\mathfrak{Q}_{\mathrm{rev}}$ aus der Umgebung kommende Energie ist reine Anergie; sie tritt in der Exergiebilanz nicht auf.

Für die auf die Substanzmenge des Brennstoffs bezogene Exergie der Reaktionsteilnehmer gilt

$$\mathfrak{E}'(T_u,\, p_u) = \mathfrak{E}_B(T_u,\, p_u) + \mathfrak{o}_{\min}\mathfrak{E}_{O_2}(T_u,\, p_u),$$

für die ebenfalls auf die Substanzmenge des Brennstoffs bezogene Exergie der Abgase

$$\mathfrak{E}''(T_u,\, p_u) = \sum_i \mathfrak{n}_i''\mathfrak{E}_i(T_u,\, p_u).$$

Hierin bedeuten $\mathfrak{E}_B$, $\mathfrak{E}_{O_2}$ und die $\mathfrak{E}_i$ die molaren Exergien (der Enthalpie) des Brennstoffs, des Sauerstoffs und der einzelnen Reaktionsprodukte. Wir erhalten damit für die Brennstoffexergie

$$\mathfrak{E}_B(T_u,\, p_u) = -[(\mathfrak{W}_t)_{\mathrm{rev}}]_{T_u,p_u} + \sum_i \mathfrak{n}_i''\mathfrak{E}_i(T_u,\, p_u) - \mathfrak{o}_{\min}\mathfrak{E}_{O_2}(T_u,\, p_u).$$

$$(8.10)$$

Bei der reversiblen Oxidation des Kohlenstoffs gilt z. B. für $T_u = 298{,}15\ \mathrm{K}$ und $p_u = 1\ \mathrm{atm}$

$$\mathfrak{E}_C = 394{,}4\ \mathrm{kJ/mol} + \mathfrak{E}_{CO_2}(T_u,\, p_u) - \mathfrak{E}_{O_2}(T_u,\, p_u).$$

Gl. (8.10) verknüpft die gesuchte Brennstoffexergie mit der reversiblen Reaktionsarbeit und mit den Exergien der Reaktionsprodukte und des Sauerstoffs. Hier wäre es nun falsch, die Exergien des O_2 und der Produkte (CO_2, H_2O, SO_2) für (T_u, p_u) einfach gleich Null zu setzen. Diese Stoffe haben beim vollen Umgebungsdruck p_u noch eine bestimmte Exergie, denn sie treten in diesem Zustand nicht in der Umgebung auf. Will man etwa reinen Sauerstoff aus der Umgebungsluft gewinnen, so muß man hierfür mindestens die in Abschn. 6.32 berechnete reversible Entmischungsarbeit aufwenden. Umgekehrt läßt sich durch reversible Vermischung von O_2 mit der Umgebungsluft Arbeit gewinnen, denn der Partialdruck des O_2 in der Luft ist kleiner als der volle Umgebungsdruck p_u. Sauerstoff und auch die Reaktionsprodukte haben daher bei p_u und T_u noch eine positive Exergie.

Diese Exergien legen wir nun durch folgende Vereinbarung fest. Die Luft als „normaler" Bestandteil der Umgebung soll bei $T = T_u$ und $p = p_u$ exergielos sein. Außerdem sehen wir flüssiges H_2O bei $T = T_u$ und $p = p_u$ als im Gleichgewicht mit der Umgebung stehend an und setzen daher seine Exergie in diesem Zustand gleich Null. Damit liegen die Exergienullpunkte aller Komponenten der Umgebungsluft fest: die Exergie der in der Luft enthaltenen Stoffe ist bei $T = T_u$ und bei ihrem jeweiligen Partialdruck p_i^u in der Luft gleich Null, vgl. Beispiel 6.10 auf S. 274. Mit Ausnahme des SO_2 kommen alle Abgaskomponenten als Bestandteile der Umgebungsluft vor[1], wenn wir diese als feuchte (H_2O-haltige) Luft ansehen. Durch unsere zusätzliche Forderung, flüssiges H_2O bei T_u und p_u als exergielos anzusehen, ist auch der Wasserdampfgehalt der feuchten Luft festgelegt. Feuchte Luft und flüssiges Wasser sind bei p_u und T_u nur dann gleichzeitig exergielos, wenn sie miteinander im thermodynamischen Gleichgewicht stehen. Nach Abschn. 5.32 ist dies der Fall, wenn die feuchte Luft gesättigt ist. Der Partialdruck $p_{H_2O}^u$, bei dem Wasserdampf exergielos ist, stimmt also mit dem Sättigungsdruck des H_2O bei Umgebungstemperatur überein[2]. Unsere Festlegung, daß gesättigte feuchte Luft und reines flüssiges H_2O bei (p_u, T_u) exergielos sind, bietet für die Berechnung der Brennstoffexergie auch einen praktischen Vorteil: wir brauchen uns nicht darum zu kümmern, ob das bei der Oxidation entstehende Wasser flüssig oder gasförmig anfällt. Flüssiges Wasser bei $T = T_u$ und $p = p_u$ und Wasserdampf bei $T = T_u$ und $p_{H_2O}^u = p_s(T_u)$ haben dieselbe Exergie, nämlich die Exergie Null.

Für unsere weiteren Rechnungen nehmen wir $T_u = 298,15$ K, $p_u = 1$ atm $= 1,01325$ bar an. Die Partialdrücke der Komponenten gesättigter feuchter Luft haben dann die in Tab. 8.8 angegebenen Werte. Die in Gl. (8.10) auf der rechten Seite stehenden Exergien lassen sich nun berechnen. Für jede Komponente, die wir als ideales Gas behandeln, gilt

$$\mathfrak{E}_i(T_u, p_u) = RT_u \ln (p_u/p_i^u),$$

so daß wir für die Berechnung der Brennstoffexergie die Beziehung

$$\mathfrak{E}_B(T_u, p_u) = -[(\mathfrak{W}_t)_{\mathrm{rev}}]_{T_u, p_u} + RT_u \left[\sum_i \mathfrak{n}_i'' \ln \frac{p_u}{p_i^u} - \mathfrak{o}_{\min} \ln \frac{p_u}{p_{O_2}^u} \right] \quad (8.11)$$

erhalten.

---

[1] Der Exergienullpunkt des SO_2 muß durch eine zusätzliche Festlegung bestimmt werden. Wir sehen hiervon ab und behandeln nur schwefelfreie Brennstoffe. Der Schwefelgehalt wird berücksichtigt bei J. Szargut u. T. Styrylska: Angenäherte Bestimmung der Exergie von Brennstoffen. Brennst.-Wärme-Kraft 16 (1964) 589—596.

[2] Der Sättigungsdruck des H_2O in feuchter Luft hängt nach S. 218 geringfügig vom Gesamtdruck $p = p_u$ ab. Wir vernachlässigen dies auch hier und rechnen mit dem Dampfdruck des reinen H_2O, der den Wasserdampftafeln, z.B. Tab. 10.10 entnommen werden kann.

Nach Gl.(8.11) und Tab.8.8 läßt sich die Exergie aller schwefelfreien Brennstoffe (kein SO_2 in den Produkten) bestimmen. Allerdings muß die reversible Reaktionsarbeit der Verbrennungsreaktion berechenbar sein. Hierfür gilt

$$-[(\mathfrak{W}_t)_{rev}]_{T_u, p_u} = -\varDelta^R\mathfrak{G}(T_u, p_u) = \varDelta\mathfrak{H}(T_u) + T_u\varDelta^R\mathfrak{S}(T_u, p_u).$$

$$(8.12)$$

Der Heizwert ist für praktisch alle Brennstoffe bekannt oder durch kalorimetrische Messung bestimmbar. Die absolute Entropie $\mathfrak{S}_B$ des Brennstoffs und damit die Reaktionsentropie $\varDelta^R\mathfrak{S}$ kennt man bisher jedoch nur für chemisch einheitliche Stoffe, dagegen nicht für Kohle, Öl und andere Brennstoffe, deren chemische Zusammensetzung noch weitgehend unbekannt ist.

Wir müssen uns also darauf beschränken, die *Exergie schwefelfreier, chemisch einheitlicher Stoffe* zu berechnen. Die Ergebnisse enthält Tab.10.11 auf S.431. Die Exergie des Kohlenstoffs ist 4,3% größer

Tabelle 8.8. Partialdrücke der Komponenten der Umgebungsluft bei $p_u = 1$ atm $= 1,01325$ bar und $T_u = 298,15$ K

Stoff	p_i^u atm	p_i^u bar
N_2	0,7565	0,7665
O_2	0,2030	0,2056
Ar	0,0090	0,0091
H_2O	0,0312	0,0317
CO_2	0,0003	0,0003

als der Heizwert, die Exergie flüssiger Brennstoffe stimmt praktisch mit dem Brennwert überein. Die Exergie gasförmiger Brennstoffe ist um einige Prozent kleiner als der Brennwert mit H_2 als bemerkenswerter Ausnahme ($\mathfrak{E}_B/\varDelta\mathfrak{H}_o = 0,823$). Man macht sicher keinen großen Fehler, wenn man für feste und flüssige Brennstoffe allgemein, also auch für Kohle, Öl usw. die Näherung

$$\mathfrak{E}_B(T_u, p_u) \approx \varDelta\mathfrak{H}_o(T_u)$$

bzw.

$$e_B(T_u, p_u) \approx \varDelta h_o(T_u)$$

benutzt. Die Exergie weiterer Brennstoffe, auch solcher, die Schwefel enthalten, wurde von J. Szargut und T. Styrylska[1] berechnet.

Die Brennstoffexergie hängt wie jede Exergie auch vom Zustand der Umgebung ab. Wie H. D. Baehr und E. F. Schmidt[2] gezeigt haben, ist diese Abhängigkeit vernachlässigbar klein, wenn T_u um einige Kelvin von $T_u = 298,15$ K

---

[1] Szargut, J., Styrylska, T.: Angenäherte Bestimmung der Exergie von Brennstoffen. Brennst.-Wärme-Kraft 16 (1964) 589—596.
[2] Baehr, H. D., u. Schmidt, E. F.: Definition und Berechnung von Brennstoffexergien. Brennst.-Wärme-Kraft 15 (1963) 375—381.

und p_u um einige Zehntel bar von $p_u = 1$ atm $= 1{,}01325$ bar abweichen. Auch wenn man die Zusammensetzung der Luft verändert, also ungesättigte Umgebungsluft mit einer bestimmten relativen Feuchte φ als exergielos ansieht, ändert sich $\mathfrak{E}_B$ nur geringfügig. Schließlich haben Baehr und Schmidt gezeigt, daß man dieselbe Berechnungsgleichung für $\mathfrak{E}_B$ erhält, wenn man von der reversiblen Reaktion mit Umgebungsluft ausgeht und nicht wie hier von der Reaktion mit reinem Sauerstoff.

Beispiel 8.9. Man berechne die molare Brennstoffexergie von Methan (CH_4) für die Umgebungsbedingungen nach Tab.8.8. Wie groß ist die Exergie des CH_4 bei $T = T_u$ und $p = 3{,}0$ bar?

Für die molare Brennstoffexergie des CH_4 gilt nach Gl.(8.11) und (8.12)

$$\mathfrak{E}(T_u, p_u) = \Delta\mathfrak{H}_o(T_u) + T_u[\mathfrak{S}_{CO_2}(T_u, p_u) + 2\mathfrak{S}^{fl}_{H_2O}(T_u, p_u)$$

$$- \mathfrak{S}_{CH_4}(T_u, p_u) - 2\mathfrak{S}_{O_2}(T_u, p_u)] + RT_u\left[\ln\frac{p_u}{p^u_{CO_2}} - 2\ln\frac{p_u}{p^u_{O_2}}\right].$$

Wir haben hier den Brennwert von Methan und dementsprechend die absolute Entropie von flüssigem H_2O benutzt. In der letzten Klammer entfällt dann das Glied für die Exergie des gasförmigen H_2O. Nach Tab.8.7 ist $\Delta\mathfrak{H}_o(T_u) = 890{,}4$ kJ/mol. Da $T_u = 298{,}15$ K und $p_u = 1$ atm mit Druck und Temperatur des thermochemischen Standardzustandes übereinstimmen, können die absoluten Entropien Tab.10.6 entnommen werden. Wir erhalten damit

$$\mathfrak{E}(T_u, p_u) = 890{,}4\,\frac{\text{kJ}}{\text{mol}} + 298{,}15\text{ K }[213{,}6 + 2 \cdot 69{,}95 - 186{,}19$$

$$- 2 \cdot 205{,}0]\frac{\text{kJ}}{\text{kmol K}} + 8{,}314 \cdot 298{,}15\,\frac{\text{kJ}}{\text{kmol}}\left[\ln\frac{1}{0{,}0003} - 2\ln\frac{1}{0{,}2030}\right]$$

$$= (890{,}4 - 72{,}4 + 12{,}3)\,\frac{\text{kJ}}{\text{mol}} = 830{,}3\,\frac{\text{kJ}}{\text{mol}}.$$

Die reversible Reaktionsarbeit $-(\mathfrak{W}_t)_{rev} = (890{,}4 - 72{,}4)\,\dfrac{\text{kJ}}{\text{mol}} = 818{,}0\,\dfrac{\text{kJ}}{\text{mol}}$ ist kleiner als der Brennwert, weil die Entropie der Reaktionsprodukte kleiner als die Entropie des CH_4 und des Sauerstoffs ist. Die Brennstoffexergie ist jedoch größer als die reversible Reaktionsarbeit, denn beim vollen Umgebungsdruck p_u ist die Exergie des CO_2 wesentlich größer als die Exergie des O_2.

Um die Exergie des CH_4 beim höheren Druck $p = 3{,}0$ bar zu erhalten, müssen wir zur Brennstoffexergie die Exergiedifferenz

$$\Delta\mathfrak{E} = \mathfrak{E}(T_u, p) - \mathfrak{E}(T_u, p_u) = \mathfrak{H}(T_u, p) - \mathfrak{H}(T_u, p_u) - T_u[\mathfrak{S}(T_u, p) - \mathfrak{S}(T_u, p_u)]$$

hinzufügen. Wir behandeln CH_4 als ideales Gas; dann gilt

$$\Delta\mathfrak{E} = RT_u\ln\frac{p}{p_u} = 8{,}314 \cdot 298{,}15\,\frac{\text{kJ}}{\text{kmol}}\ln\left(\frac{3{,}0\text{ bar}}{1{,}01325\text{ bar}}\right) = 2{,}69\text{ MJ/kmol}.$$

Wir erhalten damit

$$\mathfrak{E}(T_u, p) = (830{,}3 + 2{,}7)\text{ kJ/mol} = 833{,}0\text{ kJ/mol},$$

also einen nur wenig größeren Wert.

8.45 Der Exergieverlust der adiabaten Verbrennung

Der in einer Feuerung auftretende Exergieverlust setzt sich aus zwei Teilen zusammen: aus dem Exergieverlust eines als adiabat angenommenen Verbrennungsprozesses und aus dem Exergieverlust bei der Abkühlung des Verbrennungsgases. Der zweite Anteil, nämlich ein Exergieverlust bei der Wärmeübertragung, läßt sich nach den uns bekannten Methoden von Abschn. 3.36 bestimmen. Wir gehen daher nur auf die Berechnung des Exergieverlustes der adiabaten Verbrennung ein.

Für einen adiabaten Prozeß erhält man den Exergieverlust aus der Entropiezunahme aller am Prozeß beteiligten Systeme bzw. Stoffströme. Diese Entropiebilanz ist in Abb. 8.15 veranschaulicht. Beziehen

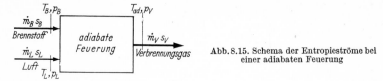

Abb. 8.15. Schema der Entropieströme bei einer adiabaten Feuerung

wir alle Größen auf die Masse bzw. den Massenstrom des Brennstoffs, so erhalten wir für den Exergieverlust

$$e_v = T_u \cdot s_{\mathrm{irr}} = T_u[m_V^* s_V(T_{\mathrm{ad}}, p_V) - s_B(T_B, p_B) - \lambda l_{\mathrm{min}} s_L(T_L, p_L)]. \tag{8.13}$$

In dieser Gleichung sind ausschließlich absolute Entropien zu verwenden. Die spez. Entropien der Luft und der verschiedenen Bestandteile des Verbrennungsgases kann man für den Bezugsdruck $p_0 = 1$ bar aus Tab. 10.8 auf S. 427 entnehmen. Für die Entropie der Luft gilt dann

$$s_L(T_L, p_L) = s_L(T_L, p_0) - R_L \ln (p_L/p_0).$$

Die spez. Entropie des Verbrennungsgases bei der adiabaten Verbrennungstemperatur T_{ad} und beim Druck p_V, mit dem das Gasgemisch die Feuerung verläßt, ergibt sich nach Abschn. 5.23 zu

$$s_V(T_{\mathrm{ad}}, p_V) = \sum_i \xi_i s_i(T_{\mathrm{ad}}, p_0) - R_V \ln (p_V/p_0) + \Delta s_m.$$

Die absoluten Entropien $s_i(T_{\mathrm{ad}}, p_0)$ sind Tab. 10.8 zu entnehmen. Mit

$$R_V = \sum_i \xi_i R_i$$

wurde die Gaskonstante und mit

$$\Delta s_m = - R_V \sum_i \psi_i \ln \psi_i$$

die Mischungsentropie des Verbrennungsgases bezeichnet. Die Massenanteile ξ_i und die Molanteile ψ_i seiner Komponenten sind nach den Beziehungen der Abschn. 8.22 und 8.23 zu berechnen.

Die spez. Entropie s_B des Brennstoffs ist nur für chemisch einheitliche Stoffe oder für Gemische aus bekannten Komponenten angebbar, dagegen nicht für Brennstoffe wie Kohle, Öl oder Holz. Man muß daher s_B für diese Brennstoffe unbekannter chemischer Zusammensetzung abschätzen. Die Standardentropie der meisten flüssigen Brennstoffe bekannter chemischer Zusammensetzung hat Werte zwischen 3,0 und 3,5 kJ/kg K. Man wird daher für Öl und andere flüssige Brennstoffe

$$s_B \approx 3{,}0 \div 3{,}5 \,\mathrm{kJ/kg\ K}$$

einsetzen können. Für feste Brennstoffe ergibt eine ähnliche Abschätzung $s_B \approx 1,0$ kJ/kg K. Von den drei Termen in Gl. (8.13) liefert s_B den kleinsten Beitrag, so daß durch diese Abschätzungen kein allzu großer Fehler verursacht wird.

Der Exergieverlust e_v der adiabaten Verbrennung wird durch zwei Parameter beeinflußt: durch das Luftverhältnis λ und die Temperatur T_L der Luft. Mit zunehmendem Luftverhältnis vergrößert sich der Exergieverlust, während er mit wachsendem T_L, also bei Verbrennung mit vorgewärmter Luft, kleiner wird. Die spez. Entropie $s_V(T_{ad}, p_V)$ des Verbrennungsgases bei der adiabaten Verbrennungstemperatur T_{ad} ist nämlich stets erheblich größer als die spez. Entropie $s_L(T_L, p_L)$ der Luft, weil $T_{ad} > T_L$ ist. Da außerdem die spez. Abgasmenge

$$m_V^* = 1 + \lambda l_{min} - a,$$

vgl. S. 333, genauso mit λ wächst wie die spez. Luftmenge $l = \lambda l_{min}$, nimmt die Entropie des Verbrennungsgases mit wachsendem Luftverhältnis stärker zu als die Entropie der Luft: s_{irr} und damit e_v werden größer.

Luftvorwärmung (bei konstantem λ) bewirkt ein Ansteigen der adiabaten Verbrennungstemperatur T_{ad} und damit eine Zunahme von s_V. Es nimmt aber die spez. Entropie s_L der Luft viel stärker zu als die spez. Entropie s_V des Verbrennungsgases. Da allgemein

$$\left(\frac{\partial s}{\partial T}\right)_p = \frac{c_p}{T}$$

gilt, wächst die Entropie der Luft proportional $(1/T_L)$, die Entropie s_V jedoch nur proportional $(1/T_{ad})$. Die spez. Wärmekapazitäten von Luft und Verbrennungsgas, die hier die jeweiligen Proportionalitätsfaktoren sind, stimmen dabei annähernd überein. Luftvorwärmung erweist sich damit als ein wirksames Mittel, um den Exergieverlust bei der Verbrennung zu verringern.

Dies erkennen wir auch, wenn wir den *exergetischen Wirkungsgrad der Verbrennung* betrachten. Da der adiabaten Feuerung nach Abb. 8.16 zwei Exergieströme zugeführt werden und ein Exergiestrom die Feue-

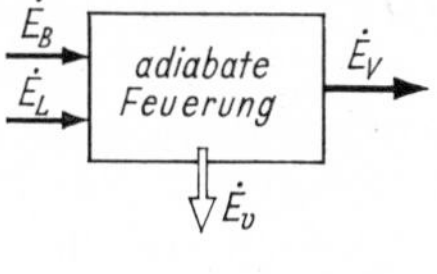

Abb. 8.16. Exergieströme in einer adiabaten Feuerung

rung verläßt, kann man grundsätzlich zwei exergetische Wirkungsgrade[1] definieren:

$$\zeta = \frac{\dot{E}_V - \dot{E}_L}{\dot{E}_B} = 1 - \frac{\dot{E}_v}{\dot{E}_B} = 1 - \frac{e_v}{e_B}$$

[1] Baehr, H. D.: Zur Definition exergetischer Wirkungsgrade. Eine systematische Untersuchung. Brennst.-Wärme-Kraft 20 (1968) S. 197—200.

und

$$\zeta^* = \frac{\dot{E}_V}{\dot{E}_B + \dot{E}_L} = 1 - \frac{\dot{E}_v}{\dot{E}_B + \dot{E}_L} = 1 - \frac{e_v}{e_B + \lambda l_{\min} e_L}.$$

Sie erreichen beide für $e_v = 0$ ihren Höchstwert $\zeta = \zeta^* = 1$. Durch ζ wird der Prozeß jedoch strenger beurteilt als durch ζ^*, weil bei Luftvorwärmung wegen $T_L > T_u$ auch $e_L > 0$ ist, somit immer $\zeta^* \geqq \zeta$ gilt. Im folgenden betrachten wir nur den Wirkungsgrad ζ.

Abb. 8.17 zeigt am Beispiel der adiabaten Verbrennung von n-Heptan, wie sich der exergetische Wirkungsgrad ζ mit dem Luftverhältnis und der Temperatur der vorgewärmten Luft ändert. Wie

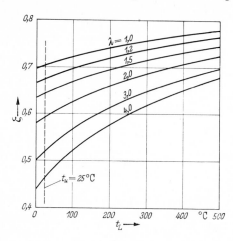

Abb. 8.17. Exergetischer Wirkungsgrad ζ der adiabaten Verbrennung von n-Heptan in Abhängigkeit von der Lufttemperatur t_L und vom Luftverhältnis λ

man erkennt, tritt ohne Luftvorwärmung ein Exergieverlust von etwa 30% der eingebrachten Brennstoffexergie auf, der sich mit steigendem Luftverhältnis bis auf etwa 50% vergrößert. Die Luftvorwärmung verringert dagegen den Exergieverlust merklich, was zu höheren Werten von ζ führt.

Beispiel 8.10. Man berechne den Exergieverlust, der in der adiabaten Brennkammer einer offenen Gasturbinenanlage auftritt, wobei die Daten von Beispiel 8.6 auf S. 344 gelten. Zusätzlich sind noch der Druck $p_L = 4{,}0$ bar der eintretenden Luft und der Druck $p_V = 3{,}95$ bar des austretenden Verbrennungsgases gegeben. Die Umgebungstemperatur hat den Wert $t_u = 15\,°C$.

Wir bestimmen zuerst die Zusammensetzung des Verbrennungsgases auf Grund der Ergebnisse von Beispiel 8.6. Mit dem dort gefundenen Wert $\lambda = 3{,}918$ erhalten wir, vgl. S. 345,

$$m^*_{CO_2} = 3{,}111, \quad m^*_{H_2O} = 0{,}965, \quad m^*_{SO_2} = 0{,}068$$

$$m^*_{N_2} = 40{,}833, \quad m^*_{O_2} = 9{,}186$$

und daraus $m^*_V = 54{,}163$ sowie nach

$$\xi_i = m^*_i / m^*_V$$

die Massenanteile der einzelnen Komponenten:

$$\xi_{CO_2} = 0,0574, \quad \xi_{H_2O} = 0,0178, \quad \xi_{SO_2} = 0,0013$$

$$\xi_{N_2} = 0,7539, \quad \xi_{O_2} = 0,1696.$$

Wir können nun die spez. Entropie des Verbrennungsgases,

$$s_V(t_{ad}, p_V) = \sum_i \xi_i s_i(t_{ad}, p_0) - R_V \ln(p_V/p_0) + \Delta s_m$$

berechnen. Seine Gaskonstante ergibt sich mit den Werten von Tab.10.6 auf S. 425 zu

$$R_V = \sum_i \xi_i R_i = 0,2871 \text{ kJ/kg K}.$$

Sie stimmt mit der Gaskonstante von trockener Luft überein, vgl. Beispiel 5.4 auf S. 213, weil das Verbrennungsgas wegen des hohen Luftüberschusses in seinen thermodynamischen Eigenschaften der Luft recht ähnlich ist. Um die Mischungsentropie zu erhalten, müssen wir noch die Zusammensetzung in Molanteilen kennen. Mit

$$\psi_i = (M_V/M_i)\,\xi_i$$

und

$$M_V = \mathbf{R}/R_V = 28,96 \text{ kg/kmol},$$

der Molmasse des Verbrennungsgases, erhalten wir

$$\psi_{CO_2} = 0,0378, \quad \psi_{H_2O} = 0,0286, \quad \psi_{SO_2} = 0,0006,$$

$$\psi_{N_2} = 0,7794 \quad \text{und} \quad \psi_{O_2} = 0,1535.$$

Damit wird die Mischungsentropie

$$\Delta s_m = -R_V \sum_i \psi_i \ln \psi_i = 0,2044 \text{ kJ/kg K}.$$

Wir entnehmen nun noch die absoluten Entropien $s_i(t_{ad}, p_0) = s_i$ (850°C, 1 bar) der Tab.10.8 und erhalten für die spez. Entropie des Verbrennungsgases

$$s_V(t_{ad}, p_V) = 8,1548 \frac{\text{kJ}}{\text{kg K}} - 0,287 \frac{\text{kJ}}{\text{kg K}} \ln \frac{3,95}{1,00} + 0,2044 \frac{\text{kJ}}{\text{kg K}}$$

$$= 7,9646 \text{ kJ/kg K}.$$

Die spez. Entropie der zugeführten Luft ist

$$s_L(t_L, p_L) = s_L(t_L, p_0) - R_L \ln(p_L/p_0);$$

mit $t_L = 180°C$ ergibt dies nach Tab.10.8

$$s_L(t_L, p_L) = [7,2865 - 0,2871 \cdot \ln 4,00] \text{ kJ/kg K} = 6,8886 \text{ kJ/kg K}.$$

Nunmehr erhalten wir für den gesuchten Exergieverlust mit einem *geschätzten* Wert $s_B = 3,25$ kJ/kg K der absoluten Brennstoffentropie aus

$$e_v = T_u[m_V^* s_V(t_{ad}, p_V) - s_B - \lambda l_{min} s_L(t_L, p_L)]$$

den Wert

$$e_v = 288,15 \text{ K } [431,40 - 3,25 - 366,22] \text{ kJ/kg K}$$

$$= 288,15 \text{ K} \cdot 61,93 \text{ kJ/kg K} = 17,8 \text{ MJ/kg}.$$

Vergleicht man diesen (auf die Masse des Brennstoffs bezogenen) Exergieverlust der Brennkammer mit der Exergie des Brennstoffs, die wir nach S. 362 durch den Brennwert abschätzen, so wird mit

$$e_B = \Delta h_0 = 43,6 \text{ MJ/kg}$$

der exergetische Wirkungsgrad

$$\zeta = 1 - (e_v/e_B) = 0{,}592\,.$$

Mehr als 40% der eingebrachten Brennstoffexergie werden durch die Irreversibilitäten der Verbrennung in Anergie verwandelt. Obwohl die Luft auf $t_L = 180\,°\mathrm{C}$ vorgewärmt ist, ergibt sich dieser große Exergieverlust als Folge des hohen Luftverhältnisses, das wegen der niedrigen adiabaten Verbrennungstemperatur von nur 850°C zu $\lambda = 3{,}918$ gewählt werden mußte[1].

---

[1] Vgl. hierzu auch Baehr, H. D.: Der exergetische Wirkungsgrad von Brennkammern in Gasturbinenanlagen. Brennst.-Wärme-Kraft 20 (1968) S. 319/321.

9. Thermodynamik
der Wärme- und Verbrennungs-Kraftanlagen

9.1 Die Umwandlung chemischer und nuklearer Energie in Nutzarbeit und elektrische Energie

Wir wir schon in Abschn. 3.33 auf S.138 ausführten, ist es Aufgabe der Energietechnik, die zur Durchführung technischer Verfahren benötigte Exergie als mechanische Nutzarbeit oder als elektrische Energie bereitzustellen. Diese Exergie stammt aus den auf der Erde vorhandenen Exergiequellen; dies sind vor allem die fossilen und nuklearen Brennstoffe, deren chemische Bindungsenergie bzw. deren nukleare Energie in mechanische und elektrische Energie umzuwandeln ist. Weitere Exergiequellen sind die Wasserkräfte, deren potentielle Energie ausgenutzt wird, und in geringerem Maße die kinetische Energie des Windes sowie die der Erde zugestrahlte Sonnenenergie. Im folgenden beschränken wir uns darauf, die Umwandlung chemischer und nuklearer Energie in mechanische und elektrische Energie zu behandeln, denn chemische und nukleare Energie sind heute und in der nahen Zukunft die wichtigsten Quellen der Nutzenergie.

9.11 Übersicht über die Umwandlungsverfahren

Abb. 9.1 gibt einen Überblick über die heute bekannten Verfahren zur Umwandlung chemischer und nuklearer Energie in elektrische Energie. Wie wir wissen, besteht die chemische Energie der Brennstoffe weitgehend aus Exergie; durch reversible Prozesse könnte sie also fast vollständig in elektrische Energie verwandelt werden. Nach einer Untersuchung von R. Pruschek[1] besteht auch die bei Kernprozessen frei werdende nukleare Energie praktisch vollständig aus Exergie. Für den Ingenieur der Energietechnik ergibt sich daraus die Forderung, die Umwandlungsprozesse, die von der chemischen und nuklearen Energie zur elektrischen Energie führen, möglichst reversibel zu führen, um den hohen Exergiegehalt der Ausgangsenergien zu erhalten. Dabei werden von vornherein jene Verfahren im Vorteil sein, die möglichst direkt verlaufen, also Zwischenstufen von Energieumwandlungen und Ener-

---

[1] Pruschek, R.: Die Exergie der Kernbrennstoffe. Brennst.-Wärme-Kraft 22 (1970) S.429—434.

gieübertragungen vermeiden, bei denen aus technischen und wirtschaftlichen Gründen unvermeidbare Exergieverluste auftreten.

Die *direkte Umwandlung* von chemischer in elektrische Energie ist mit Hilfe von *Brennstoffzellen* möglich, in denen die Oxidation des Brennstoffs prinzipiell reversibel verlaufen kann, vgl. Abschn. 8.43. Diese Möglichkeit hatte schon 1894 Wilhelm Ostwald erkannt und theoretisch untersucht. Seitdem wurde an der Verwirklichung dieser thermodynamisch günstigen Energieumwandlung intensiv gearbeitet. Heute existieren Brennstoffzellen kleiner Leistung (unter 1 kW), die für besondere Zwecke, z. B. in der Raumfahrttechnik, Anwendung finden können. Es ist jedoch bisher nicht möglich, diese direkte Energieumwandlung in größerem Maße auf wirtschaftlich vertretbare Weise auszuführen.

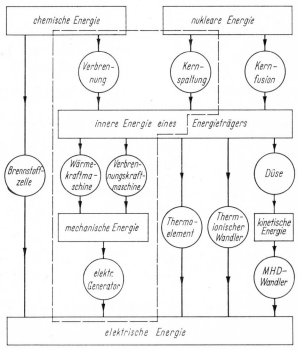

Abb. 9.1. Umwandlung chemischer und nuklearer Energie in mechanische und elektrische Energie. Innerhalb der gestrichelten Linien: „konventionelle" Umwandlungsverfahren

Die chemische Energie wird daher heute und in der Zukunft vornehmlich durch den in Abschn. 8 behandelten *Verbrennungsprozeß* frei gemacht und in innere Energie der dabei entstehenden Verbrennungsgase umgewandelt. Wie in Abschn. 8.45 gezeigt wurde, ist die Verbrennung ein irreversibler Prozeß mit hohen Exergieverlusten. Auch bei der *Kernspaltung* wird die nukleare Energie in innere Energie eines Energieträgers verwandelt; dieser ist das zur „Kühlung" des Kernreaktors verwendete Medium. Auf der in Abb. 9.1 als „innere Energie eines Energieträgers" bezeichneten Zwischenstufe ist somit in jedem Falle die Exergie merklich kleiner als der Exergiegehalt der chemischen oder nuklearen Energie.

Zur *Umwandlung der inneren Energie in elektrische Energie* bestehen mehrere Möglichkeiten. Die „konventionellen" Verfahren, die innere Energie eines Energieträgers durch Wärmekraftmaschinen und Verbrennungskraftmaschinen in mechanische Energie zu verwandeln, werden wir in den nächsten Abschnitten ausführlich untersuchen. Diese Verfahren gehören zum gesicherten Bestand der Energietechnik, sie sind heute die wichtigsten und wirtschaftlich günstigsten Verfahren zur Gewinnung mechanischer und elektrischer Energie; sie werden es auch für längere Zeit bleiben.

In Abb. 9.1 sind noch drei Verfahren angegeben, um die innere Energie eines hoch erhitzten Energieträgers direkt in elektrische Energie zu verwandeln. Bei der *thermoelektrischen Stromerzeugung* werden die beiden Lötstellen eines Thermoelements auf verschiedenen Temperaturen — auf der hohen des Energieträgers und auf der niedrigeren Umgebungstemperatur — gehalten. Im Thermoelement entsteht eine elektrische Spannung, und es fließt ein elektrischer Strom, so daß ein Teil der vom Energieträger zugeführten Energie in elektrische Energie verwandelt wird und der Rest als Anergie an die Umgebung fließt. Die grundlegenden thermoelektrischen Effekte wurden schon 1822 von Th. Seebeck, 1834 von J. C. Peltier und 1856 von W. Thomson (Lord Kelvin) entdeckt. Die thermodynamische Theorie der Thermoelektrizität können wir hier nicht behandeln, vgl. hierzu z. B. H. B. Callen[1] und R. Heikes[2]. Über den technischen Stand der thermoelektrischen Stromerzeugung berichtet H. Hesse[3].

Die Wirkungsweise des *thermionischen Wandlers* beruht darauf, daß eine beheizte Kathode Elektronen emittiert, die von einer gekühlten Anode aufgefangen werden. Zwischen Kathode und Anode entsteht eine Spannung, und es fließt ein elektrischer Strom. Ähnlich wie bei einem Thermoelement wird ein Teil der thermischen Energie, die der Kathode zugeführt wird, in elektrische Energie verwandelt.

Beim *magneto-hydrodynamischen Wandler* (MHD-Wandler) strömt ein sehr heißes, teilweise ionisiertes Gas (*Plasma*) durch ein Magnetfeld. In diesem werden die positiven und negativen Ladungsträger (Ionen) nach entgegengesetzten Seiten senkrecht zum Magnetfeld abgelenkt; die ungeladenen Teilchen strömen in der ursprünglichen Richtung weiter. Mit zwei Elektroden lassen sich die positiven und negativen Ladungen sammeln und als Gleichstrom abführen.

Bei allen drei genannten Verfahren wird thermische (innere) Energie zum Teil in elektrische Energie verwandelt. Nach dem 2. Hauptsatz gelingt diese Umwandlung niemals vollständig, denn die innere Energie des heißen Energieträgers besteht nur zu einem Teil aus Exergie. Bei gegebenen Temperaturen des Energieträgers sind somit diese Verfahren thermodynamisch nicht günstiger als die „konventionellen" Energieumwandlungen. Ebenso wie diese weisen sie grundsätzliche, im physikalischen Prinzip der Verfahren liegende Nachteile auf. Abgesehen von Sonderfällen haben sie noch keine praktische Bedeutung erlangt. An der Weiterentwicklung und Verbesserung der Verfahren wird jedoch gearbeitet. Wegen weiterer Einzelheiten sei auf die Literatur verwiesen[4].

---

[1] Callen, H. B.: Thermodynamics, S. 283—308. New York-London-Sidney: J. Wiley & Sons 1960.

[2] Heikes, R., Ure, R. W.: Thermoelectricity. Science and Engineering. Interscience Publ. New York 1961.

[3] Hesse, J.: Thermoelektrische Stromerzeugung. Brennst.-Wärme-Kraft 22 (1970) S. 590—596.

[4] Euler, J. (Herausgeber): Energie-Direktumwandlung. Thiemig-Taschenbücher, Bd. 10. München: Verlag K. Thiemig 1967.

24*

9.12 Wärme- und Verbrennungs-Kraftanlagen

Wärme- und Verbrennungs-Kraftanlagen haben die Aufgabe, die mit dem fossilen Brennstoff (Kohle, Öl, Gas) zugeführte chemische Energie in mechanische Arbeit umzuwandeln. Die chemische Energie wird dabei zunächst in die innere Energie der bei der Verbrennung entstehenden Gase verwandelt. In der *Wärmekraftanlage* wird von den Verbrennungsgasen Energie als Wärme an das Arbeitsmedium einer Wärmekraftmaschine übertragen. Dieses durchläuft einen Kreisprozeß; die Nutzarbeit des Kreisprozesses kann in einem elektrischen Generator in elektrische Energie verwandelt werden. In der *Verbrennungskraftanlage* dient das Verbrennungsgas selbst als Arbeitsmedium. Es durchläuft keinen Kreisprozeß, sondern wird an die Umgebung als Abgas abgeführt, nachdem es in einer Turbine oder in einem Kolbenmotor Arbeit verrichtet hat. In Abb. 9.2 ist der Energiefluß in einer Wärmekraftanlage und in einer Verbrennungskraftanlage schematisch dargestellt. Als Arbeitsmedium in Wärmekraftanlagen wird vor allem

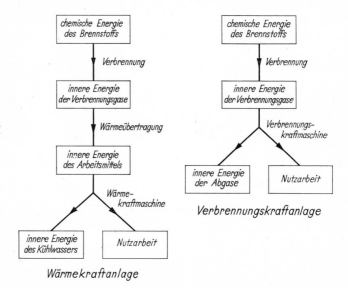

Abb. 9.2. Schema der Energieumwandlungen in einer Wärmekraftanlage und in einer Verbrennungskraftanlage

Wasser bzw. Wasserdampf benutzt. Das Schaltbild einer einfachen Dampfkraftanlage zeigt Abb. 9.3. In Sonderfällen wird als Arbeitsmedium ein Gas benutzt, und zwar in den „geschlossenen" Gasturbinenanlagen, auf die wir in Abschn. 9.41 eingehen. Zu den Verbrennungskraftanlagen gehören die Verbrennungsmotoren (Otto-, Diesel- und Wankel-Motor) und die „offenen" Gasturbinenanlagen, deren Schaltbild Abb. 9.4 zeigt.

Wärmekraftanlagen, die mit nuklearem „Brenn"stoff beschickt werden, bringen thermodynamisch nur wenig Neues. An die Stelle der

Verbrennung tritt die Kernspaltung und die Übertragung der bei der Spaltung frei werdenden Energie an ein Medium, das den Kernreaktor „kühlt". Dieses Medium kann direkt das Arbeitsmittel der Wärmekraftmaschine sein, es kann aber auch in einem besonderen Kühlkreislauf (Primärkreis) umlaufen: im Reaktor nimmt es die bei der Spaltung

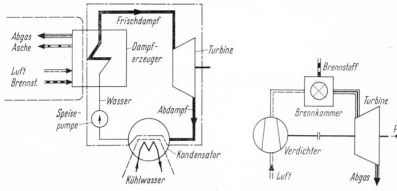

Abb. 9.3. Schaltbild einer einfachen Dampfkraftanlage   Abb. 9.4. Schaltbild einer offenen Gasturbinenanlage als Beispiel einer Verbrennungskraftanlage

frei werdende Energie als Wärme auf und gibt sie in einem Wärmeaustauscher als Wärme an das Arbeitsmittel der Wärmekraftmaschine ab, z.B. an den Wasserdampf im Sekundärkreislauf.

Zur Kennzeichnung der Energieumwandlung in einer Wärme- oder Verbrennungs-Kraftanlage benutzt man üblicherweise den (energetischen) Gesamtwirkungsgrad

$$\eta = \frac{-P}{\dot{m}_B \Delta h_u}.$$

Hierin ist P die Nutzleistung der Anlage, $\dot{m}_B$ der Massenstrom des zugeführten Brennstoffs mit dem spez. (unteren) Heizwert Δh_u. Dieser energetische Wirkungsgrad berücksichtigt nicht den 2. Hauptsatz, denn in Zähler und Nenner von η stehen thermodynamisch nicht gleichwertige Energien. Im Gegensatz hierzu wird durch den *exergetischen Gesamtwirkungsgrad*

$$\zeta = \frac{-P}{\dot{m}_B e_B}$$

ausgesagt, welcher Teil des mit dem Brennstoff zugeführten Exergiestroms in Nutzleistung umgewandelt wird. Im Nenner von ζ steht die Exergie e_B des Brennstoffs, nämlich der Teil seiner chemischen Energie, dessen Umwandlung in jede andere Energieform nach dem 2. Hauptsatz möglich ist. Der exergetische Gesamtwirkungsgrad nimmt daher im reversiblen Grenzfall den Wert eins an, was für η nicht zutrifft.

Da die spez. Brennstoffexergie e_B nur um wenige Prozent größer ist als der Heizwert, unterscheiden sich ζ und η numerisch nur geringfügig. Trotzdem ist die physikalische Bedeutung beider Größen ver-

schieden. Als Anhaltswerte von η und damit auch von ζ seien genannt:
ältere Dampfkraftanlagen 20% bis 30%, moderne Dampfkraftwerke
bis zu 40%, Automobilmotoren etwa 25%, Großmotoren (Diesel-
motoren) bis etwa 42%, offene Gasturbinenanlagen 20% bis 30%, bei
besonders aufwendig gebauten Anlagen auch höhere Werte. Es wird
also in jedem Falle nur ein recht geringer Teil der mit dem Brennstoff
zugeführten Exergie als Nutzarbeit erhalten; der größere Teil wird
durch die Irreversibilitäten in Anergie verwandelt und muß als wert-
lose Abwärme an die Umgebung abgeführt werden.

9.2 Die einfache Dampfkraftanlage

Um die thermodynamische Untersuchung möglichst übersichtlich
zu gestalten, betrachten wir noch nicht ein modernes, aus vielen
Anlageteilen zusammengesetztes Dampfkraftwerk, sondern beginnen
unsere Überlegungen am Modell einer einfachen Dampfkraftanlage, wie
sie in Abb. 9.3 schematisch dargestellt ist. Wir können hier drei getrennte Stoffkreisläufe unterscheiden: den zur Umgebung offenen
Brennstoff—Luft—Abgas—Asche-Kreislauf, den geschlossenen Wasser—Dampf-Kreislauf und den wiederum zur Umgebung offenen Kühl-
wasser-Kreislauf. Unsere thermodynamische Untersuchung beginnt mit
dem Dampferzeuger, in dem die Energieübertragung vom Brennstoff—
Luft—Abgas-Kreislauf zum Dampfkreislauf stattfindet. Wir behandeln
dann den Kreisprozeß des Wasserdampfes und schließlich die Energieübertragung an das Kühlwasser. Unsere Überlegungen fassen wir in
einer exergetischen Gesamtbilanz der einfachen Dampfkraftanlage zusammen.

9.21 Der Dampferzeuger

In Abb. 9.5 sind die Stoffströme, die den Dampferzeuger durchlaufen, mit ihren Zustandsgrößen am Eintritt und Austritt schematisch

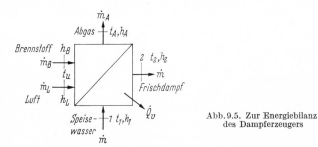

Abb. 9.5. Zur Energiebilanz
des Dampferzeugers

dargestellt. Der Dampferzeuger ist ein offenes System, in dem ein
stationärer Fließprozeß abläuft. Nach dem 1. Hauptsatz gilt die
Leistungsbilanz, vgl. S. 75,

$$\dot{Q}_v + P = \sum_{\text{Austritt}} \dot{m}_i h_i - \sum_{\text{Eintritt}} \dot{m}_j h_j,$$

wenn wir die Änderungen von kinetischer und potentieller Energie vernachlässigen. Da es sich um einen reinen Strömungsprozeß handelt, ist die mechanische Leistung $P = 0$, und wir erhalten für den Wärmeverluststrom durch Abstrahlung an die Umgebung

$$|\dot{Q}_v| = -\dot{Q}_v = \dot{m}_B h_B(t_u) + \dot{m}_L h_L(t_u) + \dot{m}h_1 - [\dot{m}_A h_A(t_A) + \dot{m}h_2].$$

Die Bedeutung der Formelzeichen geht aus Abb. 9.5 hervor. Nun gilt nach der Definition des Heizwertes Δh_u

$$\dot{m}_B \Delta h_u = \dot{m}_B h_B(t_u) + \dot{m}_L h_L(t_u) - \dot{m}_A h_A(t_u),$$

wenn wir das H_2O im Abgas auch bei $t = t_u$ als gasförmig annehmen. Setzen wir diesen Ausdruck in die Leistungsbilanz des Dampferzeugers ein, so folgt

$$|\dot{Q}_v| = \dot{m}_B \Delta h_u - \dot{m}_A[h_A(t_A) - h_A(t_u)] - \dot{m}(h_2 - h_1)$$

oder

$$\dot{m}_B \Delta h_u = \dot{m}(h_2 - h_1) + \dot{m}_A[h_A(t_A) - h_A(t_u)] + |\dot{Q}_v|. \qquad (9.1)$$

In dieser Gestalt ist die *Bilanz des 1. Hauptsatzes* besonders anschaulich zu deuten: die mit dem Brennstoff eingebrachte Leistung dient zur Erhöhung des Enthalpiestromes des Wassers, d.h. zur Erwärmung, Verdampfung und Überhitzung des Dampfes; ein Teil findet sich in der Enthalpie der mit $t_A > t_u$ abströmenden Abgase wieder, ein Teil wird an die Umgebung abgestrahlt. Die beiden letzten Terme in Gl. (9.1), der Abgasverlust $\dot{m}_A[h_A(t_A) - h_A(t_u)]$ und der Wärmeverluststrom $|\dot{Q}_v|$, werden als Energieverlust angesehen; denn der Zweck des Dampferzeugers besteht darin, den Enthalpiestrom des Wasserdampfes zu erhöhen. In der Kraftwerkstechnik ist es daher üblich, den Quotienten

$$\eta_K \equiv \frac{\dot{m}(h_2 - h_1)}{\dot{m}_B \Delta h_u} = 1 - \frac{\dot{m}_A[h_A(t_A) - h_A(t_u)] + |\dot{Q}_v|}{\dot{m}_B \Delta h_u} \qquad (9.2)$$

als (energetischen) *Kesselwirkungsgrad* zu bezeichnen. Diese Größe sagt noch nichts über die thermodynamische Vollkommenheit der Energieumwandlung im Sinne des 2. Hauptsatzes aus. Der Kesselwirkungsgrad η_K gibt nur an, welcher Teil der mit dem Brennstoff eingebrachten Leistung $\dot{m}_B \Delta h_u$ ihren Bestimmungszweck, nämlich den Wasserdampf erreicht. Bei modernen Dampfkraftwerken hat η_K Werte, die über 0,9 liegen, meist etwa $\eta_K = 0,92$ betragen.

Um einen hohen Kesselwirkungsgrad zu erreichen, wird man die Abgastemperatur t_A möglichst weit zu senken suchen. Um jedoch Schornsteinkorrosionen durch Bildung von Schwefelsäure zu vermeiden, muß t_A noch über dem sog. Säuretaupunkt liegen. Deswegen hat t_A Werte, die zwischen 100 °C und 150 °C liegen: ein „Schornsteinverlust" $\dot{m}_A[h_A(t_A) - h_A(t_u)]$ ist also unvermeidlich.

Wir wenden nun den 2. Hauptsatz in Form einer *Exergiebilanz* an, die in Abb. 9.6 veranschaulicht ist. Der Exergieverluststrom (Leistungsverlust) des Dampferzeugers ergibt sich als Differenz aus den zugeführten und den abgeführten Exergieströmen:

$$\dot{E}_v = \dot{m}_B e_B + \dot{m}_L e_L + \dot{m} e_1 - (\dot{m} e_2 + \dot{m}_A e_A).$$

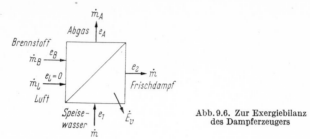

Abb. 9.6. Zur Exergiebilanz des Dampferzeugers

Da die Luft mit $t = t_u$ aus der Umgebung zugeführt wird, ist $e_L = 0$, und wir erhalten

$$\dot{m}_B e_B = \dot{m}(e_2 - e_1) + \dot{m}_A e_A + \dot{E}_v.$$

Diese Bilanz der Exergieströme ist analog zur Bilanz der Energieströme, Gl. (9.1), aufgebaut: die mit dem Brennstoff eingebrachte Exergie dient zur Erhöhung der Exergie des Wasserdampfes; ein Teil zieht mit dem Abgas ab, und außerdem tritt ein Exergieverlust durch die Irreversibilitäten der Verbrennung, der Wärmeübertragung vom Verbrennungsgas auf den Wasserdampf sowie in geringem Maße durch den Wärmeverlust an die Umgebung auf.

Die Exergie des abziehenden Abgases wird praktisch nicht ausgenutzt, es vermischt sich irreversibel mit der Umgebung, so daß der Term $\dot{m}_A e_A$ ebenfalls als Exergieverlust anzusehen ist. In Analogie zum energetischen Kesselwirkungsgrad definieren wir den *exergetischen Kesselwirkungsgrad*

$$\zeta_K \equiv \frac{\dot{m}(e_2 - e_1)}{\dot{m}_B e_B} = 1 - \frac{\dot{m}_A e_A + \dot{E}_v}{\dot{m}_B e_B}. \tag{9.3}$$

Er gibt an, welcher Teil der zugeführten Brennstoffexergie sich als gewollte Exergieerhöhung des Wasserdampfes wiederfindet. Dieser exergetische Kesselwirkungsgrad bewertet im Gegensatz zu η_K die im Dampferzeuger stattfindende Energieumwandlung. Verliefen alle Prozesse im Dampferzeuger reversibel, ließe sich ferner das Abgas reversibel ins Gleichgewicht mit der Umgebung bringen und träte schließlich kein Exergieverlust durch Wärmeabstrahlung an die Umgebung auf, so wäre $\zeta_K = 1$.

Aus der Definition des energetischen Kesselwirkungsgrades η_K nach Gl. (9.2) folgt für das Verhältnis der Massenströme

$$\frac{\dot{m}}{\dot{m}_B} = \eta_K \frac{\Delta h_u}{h_2 - h_1}.$$

Setzen wir dies in die Definitionsgleichung von ζ_K ein, so ergibt sich

$$\zeta_K = \frac{\Delta h_u}{e_B} \eta_K \frac{e_2 - e_1}{h_2 - h_1}.$$

Für die Exergie der Enthalpie des Wasserdampfes gilt

$$e_2 - e_1 = h_2 - h_1 - T_u(s_2 - s_1)$$

und damit folgt

$$\zeta_K = \left(\frac{\Delta h_u}{e_B}\, \eta_K\right)\left(1 - T_u\, \frac{s_2 - s_1}{h_2 - h_1}\right).$$

Der exergetische Kesselwirkungsgrad hängt somit im wesentlichen von zwei Faktoren ab. Der erste Faktor ($\eta_K\, \Delta h_u/e_B$) enthält Eigenschaften des Brennstoffs und den Kesselwirkungsgrad η_K. Hierdurch werden im wesentlichen die Abgas- und Abstrahlungsverluste erfaßt. Der zweite Faktor läßt sich aus den Zustandsgrößen des Speisewassers beim Eintritt in den Dampferzeuger (Zustand 1) und des austretenden Frischdampfes (Zustand 2) berechnen. Dieser Faktor enthält implizit die erheblichen Verluste durch die irreversible Verbrennung und den Wärmeübergang zwischen Verbrennungsgas und Wasserdampf.

Zur Vereinfachung der folgenden Überlegungen vernachlässigen wir den Druckabfall des Wassers beim Durchströmen des Dampferzeugers; wir setzen also $p_1 = p_2 = p$ und bezeichnen p als Kesseldruck. Die Zustandsänderung des Wassers ist dann die in Abb. 9.7 eingezeichnete

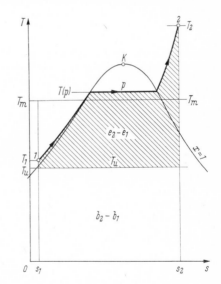

Abb. 9.7. Isobare Zustandsänderung des Wassers im Dampferzeuger. Exergiezunahme $e_2 - e_1$ und Anergiezunahme $b_2 - b_1$. Es gilt $q_{12} = h_2 - h_1 = (e_2 - e_1)$ $+ (b_2 - b_1)$

Isobare. Das mit $T = T_1$ eintretende Wasser wird zunächst bis zur Siedetemperatur $T = T(p)$ erwärmt, dann verdampft und auf die Frischdampftemperatur T_2 überhitzt. Die Fläche unterhalb der Isobare des Kesseldrucks stellt die Enthalpiezunahme

$$h_2 - h_1 = q_{12}$$

des Wassers dar; sie ist die Wärme q_{12}, die das Wasser im Dampferzeuger aufnimmt. Die Fläche zwischen der Isobare des Kesseldrucks und der Isotherme $T = T_u$ der Umgebungstemperatur bedeutet die Exergiezunahme $e_2 - e_1$ des Wassers. Durch die Definition

$$T_m = \frac{h_2 - h_1}{s_2 - s_1}$$

führen wir die sog. *thermodynamische Mitteltemperatur der Wärmeaufnahme* ein. Für den exergetischen Kesselwirkungsgrad erhalten wir dann

$$\zeta_K = \eta_K \frac{\Delta h_u}{e_B} \left(1 - \frac{T_u}{T_m} \right).$$

Um einen hohen exergetischen Kesselwirkungsgrad ζ_K zu erreichen, muß die thermodynamische Mitteltemperatur T_m möglichst hoch liegen. Da die Speisewassertemperatur T_1 festliegt — sie ist nur wenig größer als die Kondensationstemperatur $T_0 \approx T_u$ —, gibt es zwei Maßnahmen, um T_m zu vergrößern: Steigerung der Frischdampftemperatur T_2 und Anheben des ganzen Temperaturniveaus durch Erhöhen des Kesseldrucks p.

Die Frischdampftemperatur T_2 wird durch die Werkstoffe des Dampferzeugers begrenzt. Bei Verwendung von ferritischem Stahl liegt die obere Grenze bei $t_2 = 565\,°C$. Setzt man den wesentlich teureren austenitischen Stahl ein, so läßt sich t_2 auf $600\,°C$ und auch darüber steigern. Dieser Weg wurde in verschiedenen Anlagen beschritten, doch haben sich dabei auch betriebliche Schwierigkeiten ergeben, so daß man heute meistens höchste Frischdampftemperaturen um $550\,°C$ antrifft. Bei festen Werten von T_1 und T_2 läßt sich T_m durch Erhöhen des Kesseldrucks p steigern, Abb. 9.8. Für jede Frischdampftemperatur T_2 findet man einen Maximalwert von T_m bei einem optimalen Kesseldruck p_{opt}, der mit größer werdendem T_2 rasch ansteigt. In Tab. 9.1 sind diese Optimalwerte und die sich dabei ergebenden Carnot-Faktoren $\eta_C = 1 - (T_u/T_m)$ zusammengestellt.

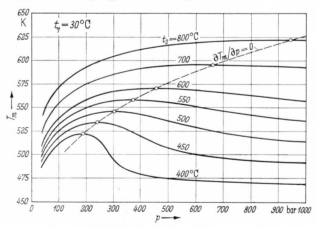

Abb. 9.8. Thermodynamische Mitteltemperatur T_m der Wärmeaufnahme für $t_1 = 30\,°C$ und verschiedene Frischdampftemperaturen t_2 als Funktion des Kesseldrucks p

Tabelle 9.1. Optimale Frischdampfdrücke p_{opt}, bei
denen die thermodynamische Mitteltemperatur T_m
und der Carnot-Faktor $\eta_C = 1 - (T_u/T_m)$ maximale
Werte annehmen, in Abhängigkeit von der Frischdampftemperatur t_2 ($t_1 = 30\,°C$, $t_u = 15\,°C$)

t_2 °C	p_{opt} bar	T_m K	η_C
400	187,4	522,2	0,448
450	241,9	534,1	0,461
500	303,4	546,0	0,472
550	373,5	558,1	0,484
600	454,7	570,4	0,495
650	549,4	582,9	0,506
700	660,4	595,8	0,516
750	790,8	608,9	0,527
800	942,4	622,1	0,537

Selbst bei diesen hohen Kesseldrücken nehmen der Carnot-Faktor
und damit ζ_K überraschend niedrige Werte an. Mit $\eta_K = 0,92$ und
$\Delta h_u/e_B = 0,95$ ergibt sich z.B. bei $t_2 = 550\,°C$

$$\zeta_K = \eta_K \frac{\Delta h_u}{e_B} \eta_C = 0,92 \cdot 0,95 \cdot 0,484 = 0,42\,.$$

In diesem niedrigen exergetischen Wirkungsgrad kommen die hohen
Exergieverluste des Dampferzeugers zum Ausdruck:

1. der Exergieverlust der Verbrennung (etwa 30%),
2. der Exergieverlust der Wärmeübertragung (etwa 25%),
3. der Exergieverlust durch das Abgas und die Abstrahlung (etwa
   5%).

Der Dampferzeuger erweist sich somit als Quelle großer Exergieverluste, was im energetischen Kesselwirkungsgrad η_K überhaupt nicht
zum Ausdruck kommt. Nicht die in η_K erfaßten „fehlgeleiteten" Energien machen den wesentlichen Verlust aus, sondern die irreversiblen
Prozesse der Verbrennung und der Wärmeübertragung verwandeln
etwa die Hälfte der eingebrachten Brennstoffexergie in Anergie, die
für die weiteren Energieumwandlungen nicht nur verloren geht, sondern sogar einen Ballast darstellt, der schließlich an die Umgebung
abgeführt werden muß. Alle Maßnahmen zur Verbesserung der einfachen Dampfkraftanlage sollten also vor allem die großen Exergieverluste im Dampferzeuger bekämpfen. Der Erfolg dieser Maßnahmen
wird in einer Erhöhung der thermodynamischen Mitteltemperatur T_m
anschaulich sichtbar. Hierauf gehen wir in Abschn. 9.3 ein.

Beispiel 9.1. In einen Dampferzeuger tritt Wasser mit $p = 100$ bar,
$t_1 = 30{,}05\,°C$ ($h_1 = 135$ kJ/kg, $s_1 = 0,434$ kJ/kg K) ein; es wird isobar erwärmt,
verdampft und auf $t_2 = 530\,°C$ überhitzt ($h_2 = 3450$ kJ/kg, $s_2 = 6,695$ kJ/kg K).
Der Massenstrom des Wassers ist $\dot{m} = 60$ t/h. Der Brennstoff ist Öl mit
$\Delta h_u = 40,5$ MJ/kg und $e_B = 43,0$ MJ/kg. Der energetische Kesselwirkungsgrad
ist $\eta_K = 0,90$. Man berechne den Massenstrom $\dot{m}_B$ des Öls und den exergetischen
Wirkungsgrad ζ_K (Umgebungstemperatur $t_u = 12\,°C$).

Für den Massenstrom des Brennstoffs folgt aus der Definition des energetischen Kesselwirkungsgrades

$$\dot{m}_B = \frac{\dot{m}(h_2 - h_1)}{\eta_K \, \Delta h_u} = 60 \, \frac{t}{h} \, \frac{(3450 - 135) \, \text{kJ/kg}}{0,90 \cdot 40,5 \, \text{MJ/kg}} = 5,46 \, \frac{t}{h} \, .$$

Die thermodynamische Mitteltemperatur der Wärmeaufnahme des Wassers ist

$$T_m = \frac{h_2 - h_1}{s_2 - s_1} = \frac{3450 - 135}{6,695 - 0,434} \, \frac{\text{kJ/kg}}{\text{kJ/kg K}} = 529,5 \, \text{K}$$

oder $t_m = 256\,°\text{C}$. Damit erhalten wir für den exergetischen Wirkungsgrad

$$\zeta_K = \frac{\Delta h_u}{e_B} \, \eta_K \left(1 - \frac{T_u}{T_m}\right) = \frac{40,5}{43,0} \, 0,90 \left(1 - \frac{285,15}{529,5}\right) = 0,391 \, .$$

Im Exergie-Anergie-Flußbild des Dampferzeugers, Abb. 9.9, sind die Verluste im einzelnen zu erkennen. Zur Berechnung von Abb. 9.9 haben wir folgende Annahmen gemacht: Der Abstrahlungsverlust wurde vernachlässigt (adiabater

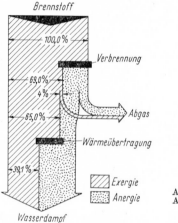

Abb. 9.9.   Exergie-Anergie-Flußbild des Dampferzeugers

Dampferzeuger), der exergetische Wirkungsgrad der Verbrennung wurde zu 0,69 und die Exergie des Abgases zu 4% der Brennstoffexergie angenommen. Diese Annahmen treffen für die adiabate Verbrennung ohne Luftvorwärmung und für eine Abgastemperatur von etwa 150 °C zu. Wie Abb. 9.9 zeigt, wird nur ein kleiner Teil der Brennstoffexergie auf den Wasserdampf übertragen; die vom Wasserdampf als Wärme aufgenommene Energie besteht nicht einmal zur Hälfte aus Exergie.

9.22 Der Kreisprozeß des Wassers

In der Dampfkraftanlage durchläuft das Wasser bzw. der Wasserdampf einen Kreisprozeß, bei dem der Wasserdampf die im Dampferzeuger aufgenommene Exergie möglichst weitgehend als Nutzarbeit abgeben soll. Abb. 9.10 zeigt das Schaltbild der einfachen Dampfkraftanlage und Abb. 9.11 die Zustandsänderungen des Wasserdampfes in einem h,s-Diagramm. Der Frischdampf tritt im Zustand 2 in die adiabate Dampfturbine ein, expandiert auf den Kondensatordruck p_0 (Zustand 3) und wird dann isobar verflüssigt bis zum Erreichen der Siedelinie (Zustand 0). Die adiabate Speisepumpe bringt das Kondensat auf den Kesseldruck p (Zustand 1). Wir vernachlässigen nun zur Vereinfachung den Druckabfall im Dampferzeuger ($p_2 = p_1 = p$) und den

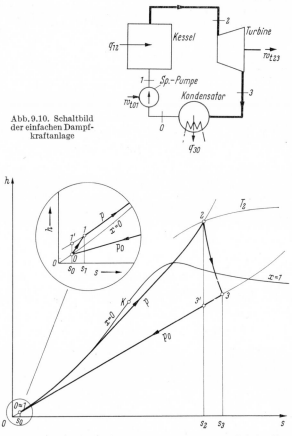

Abb. 9.10. Schaltbild der einfachen Dampfkraftanlage

Abb. 9.11. Zustandsänderungen des Wasserdampfes beim Kreisprozeß der einfachen Dampfkraftanlage

Druckabfall im Kondensator ($p_3 = p_0$), berücksichtigen jedoch die Irreversibilitäten der Turbine und der Speisepumpe. Die Expansion 23 ist also nicht isentrop ($s_3 > s_2$); das gleiche gilt für die Verdichtung 01 ($s_1 > s_0$). Der reversible Kreisprozeß $01'23'0$, dessen Zustandslinien zwei Isobaren und zwei Isentropen sind, wird Clausius-Rankine-Prozeß genannt.

Auf den Kreisprozeß des stationär umlaufenden Wassers wenden wir den 1. Hauptsatz an. Für die abgegebene Nutzarbeit gilt nach S. 86

$$-w_t = \frac{-P}{\dot{m}} = -(w_{t01} + w_{t23}) = q_{12} + q_{30}$$

mit P als Nutzleistung und $\dot{m}$ als Massenstrom des umlaufenden Wassers. Berücksichtigen wir die Richtung der Energieströme, so folgt

$$-w_t = |w_{t23}| - w_{t01} = q_{12} - |q_{30}|\,;$$

die gewonnene Nutzarbeit ergibt sich als Differenz aus der Turbinenarbeit und der (zuzuführenden) Arbeit der Speisepumpe bzw. als Überschuß der im Kessel zugeführten Wärme q_{12} über die im Kondensator abgeführte Wärme q_{30}.

Um diese Größen zu berechnen, wenden wir den 1. Hauptsatz für offene Systeme auf die vier Teilprozesse an, wobei wir die Änderungen von kinetischer und potentieller Energie vernachlässigen. Der adiabaten *Speisepumpe* muß wegen $q_{01} = 0$ die spez. technische Arbeit

$$w_{t01} = h_1 - h_0 = \frac{h_1 - h_0}{\eta_{sV}} \approx \frac{v_0'}{\eta_{sV}}\,(p - p_0)$$

zugeführt werden, wobei $\eta_{sV} \approx 0{,}75$ der isentrope Wirkungsgrad der Pumpe ist. Diese Arbeit ist klein, denn das flüssige Wasser hat ein geringes spez. Volumen, so daß die Isobaren im Flüssigkeitsgebiet des h,s-Diagramms sehr dicht beieinander liegen.

Für die Wärmeaufnahme im *Dampferzeuger* gilt

$$q_{12} = h_2 - h_1\,,$$

da dies ein reiner Strömungsprozeß ist. Die technische Arbeit der adiabaten *Turbine* ($q_{23} = 0$) wird

$$-w_{t23} = h_2 - h_3 = \eta_{sT}(h_2 - h_{3'})$$

mit η_{sT}, dem isentropen Turbinenwirkungsgrad. Schließlich erhalten wir für die im *Kondensator* abgeführte Wärme

$$|q_{30}| = h_3 - h_0\,.$$

Sind die isentropen Wirkungsgrade η_{sT} und η_{sV} gegeben, so lassen sich alle Größen mit Hilfe des h,s-Diagramms oder der Wasserdampftafeln berechnen.

Die gewonnene *Nutzarbeit* des Kreisprozesses,

$$-w_t = (-w_{t23}) - w_{t01} = h_2 - h_3 - (h_1 - h_0)$$
$$= \eta_{sT}(h_2 - h_{3'}) - \frac{h_{1'} - h_0}{\eta_{sV}}\,,$$

unterscheidet sich nur geringfügig von der technischen Arbeit der Turbine, weil der Arbeitsbedarf der Speisepumpe sehr klein ist. Der *thermische Wirkungsgrad* des Kreisprozesses ist

$$\eta_{\text{th}} = \frac{-w_t}{q_{12}} = \frac{(h_2 - h_3) - (h_1 - h_0)}{h_2 - h_1}\,;$$

er kann den Wert eins nie erreichen, denn die aufgenommene Wärme q_{12} kann auch in einem reversiblen Kreisprozeß nicht vollständig in Nutzarbeit verwandelt werden, weil sie nur zu einem Teil aus Exergie besteht, vgl. S.142.

Um die Energieumwandlung beim Kreisprozeß zu bewerten, definieren wir den *exergetischen Wirkungsgrad*

$$\zeta_P \equiv \frac{-P}{\dot{m}(e_2 - e_1)} = \frac{-w_t}{e_2 - e_1}.$$

Er gibt an, welcher Teil der im Dampferzeuger aufgenommenen Exergie als Nutzarbeit abgegeben wird. Ist der Kreisprozeß reversibel, so wird $\zeta_P = 1$; die Abweichungen von diesem Idealwert kennzeichnen die thermodynamischen Verluste. Um diese aufzuschlüsseln, schreiben wir für die Nutzarbeit

$$-w_t = h_2 - h_3 - (h_1 - h_0) = e_2 - e_3 - (e_1 - e_0) + T_u[(s_2 - s_3) -$$
$$- (s_1 - s_0)] = e_2 - e_1 - (e_3 - e_0) - T_u[(s_3 - s_2) + (s_1 - s_0)]$$

oder

$$-w_t = (e_2 - e_1) - (e_3 - e_0) - e_{v23} - e_{v01}. \qquad (9.4)$$

Diese Gleichung ist die *Exergiebilanz des Kreisprozesses:* Die gewonnene Nutzarbeit ist die im Dampferzeuger aufgenommene Exergie ($e_2 - e_1$), vermindert um die im Kondensator abgegebene Exergie ($e_3 - e_0$) und vermindert um die Exergieverluste der Turbine und der Speisepumpe, vgl. Abb. 9.12. Für den exergetischen Wirkungsgrad des Kreisprozesses erhalten wir mit Gl. (9.4)

$$\zeta_P = 1 - \frac{e_3 - e_0}{e_2 - e_1} - \frac{e_{v01} + e_{v23}}{e_2 - e_1}.$$

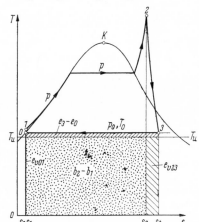

Abb. 9.12. Exergieverluste der einfachen Dampfkraftanlage

Wie Abb. 9.12 zeigt, ist der Exergieverlust e_{v01} der Speisepumpe bedeutungslos gegenüber dem Exergieverlust e_{v23} der Dampfturbine. Dieser wird mit kleiner werdendem Wirkungsgrad η_{sT} rasch größer. Die im Kondensator vom kondensierenden Naßdampf abgegebene Exergie ist

$$e_3 - e_0 = (T_0 - T_u)(s_3 - s_0) = \frac{T_0 - T_u}{T_0} |q_{30}| = \frac{T_0 - T_u}{T_0} x_3 r_0.$$
$$(9.5)$$

Hierbei ist q_{30} die im Kondensator abgeführte Wärme; sie läßt sich auch als Produkt aus dem Dampfgehalt x_3 am Ende der Expansion und der Verdampfungsenthalpie r_0 bei der Kondensationstemperatur T_0 schreiben. Die Exergie $e_3 - e_0$ wird zum Teil an das Kühlwasser übertragen, zum Teil verwandelt sie sich bei dieser irreversiblen Wärmeübertragung in Anergie. Da nun das wenig erwärmte Kühlwasser in die Umgebung fließt, ohne daß seine (sehr kleine) Exergie ausgenutzt wird, müssen wir die ganze im Kondensator abgegebene Exergie $(e_3 - e_0)$ als Exergieverlust ansehen. Nach Gl. (9.5) läßt sich dieser Exergieverlust dadurch verringern, daß man die Kondensationstemperatur T_0 der Umgebungstemperatur T_u so weit wie möglich annähert. Dies läßt sich durch eine große Wärmeübertragungsfläche im Kondensator und einen großen Kühlwasserstrom erreichen.

Im T,s-Diagramm, Abb. 9.12, bedeutet die Rechteckfläche unter der Isobare 30 die vom kondensierenden Dampf als Wärme q_{30} abgegebene bzw. die vom Kühlwasser aufgenommene Energie. Diese besteht nur aus Anergie:

$$|q_{30}| = b_2 - b_1 + e_v = b_2 - b_1 + (e_3 - e_0) + e_{v01} + e_{v23},$$

und zwar aus der Anergie $(b_2 - b_1)$, die das Wasser im Dampferzeuger mit der Wärme q_{12} aufnimmt, und aus den Exergieverlusten des Kreisprozesses, nämlich aus der durch Irreversibilitäten aus Exergie erzeugten Anergie. Im Kondensator muß also der gesamte Anergie-Ballast an die Umgebung abgeführt werden. Je mehr Anergie in der Dampfkraftanlage durch Irreversibilitäten erzeugt wird, desto größer muß der Kondensator bemessen werden und desto mehr Kühlwasser ist erforderlich.

Beispiel 9.2. Für den Kreisprozeß einer einfachen Dampfkraftanlage sind folgende Parameter gegeben: Kesseldruck $p = 100$ bar, Kondensatordruck $p_0 = 0,04$ bar, Frischdampftemperatur $t_2 = 530°C$, isentroper Turbinenwirkungsgrad $\eta_{sT} = 0,80$, Wirkungsgrad der Speisewasserpumpe $\eta_{sV} = 0,75$. Man berechne: die technischen Arbeiten der Turbine und der Pumpe, die als Wärme zu- und abgeführten Energien und den thermischen Wirkungsgrad des Kreisprozesses.

Tabelle 9.2. Aus der Dampftafel für Wasser

$p_0 = 0,04$ bar $t_0 = 28,98°C$ $h_0' = 121,4$ kJ/kg $h_0'' = 2554,5$ kJ/kg $s_0' = 0,423$ kJ/kg K $s_0'' = 8,476$ kJ/kg K	t °C	$p = 100$ bar h kJ/kg	s kJ/kg K
	20	93,2	0,294
	30	134,7	0,433
	40	176,3	0,568
	530	3450	6,695

Wir beginnen damit, den Arbeitsbedarf der Speisepumpe zu bestimmen:

$$w_{t01} = h_1 - h_0 = \frac{h_{1'} - h_0}{\eta_{sV}}.$$

Die Enthalpie $h_{1'}$ finden wir auf der Isobare $p_1 = p = 100$ bar aus der Bedingung $s_{1'} = s_0 = 0,423$ kJ/kg K. Interpolation in Tab. 9.2 ergibt $h_{1'} = 131,5$ kJ/kg und damit wird

$$w_{t01} = \frac{131,5 - 121,4}{0,75} \frac{\text{kJ}}{\text{kg}} = 13,5 \frac{\text{kJ}}{\text{kg}}.$$

Im Zustand 1 hinter der Speisepumpe und vor dem Eintritt in den Dampferzeuger hat das Wasser die Enthalpie

$$h_1 = h_0 + w_{t01} = (121{,}4 + 13{,}5)\frac{\text{kJ}}{\text{kg}} = 134{,}9\,\frac{\text{kJ}}{\text{kg}}\,.$$

Aus Tab. 9.2 finden wir außerdem $t_1 = 30{,}05\,°\text{C}$ und $s_1 = 0{,}434$ kJ/kg K.

Für die im Dampferzeuger als Wärme aufgenommene Energie gilt

$$q_{12} = h_2 - h_1 = (3450 - 135)\frac{\text{kJ}}{\text{kg}} = 3315\,\frac{\text{kJ}}{\text{kg}}\,.$$

Die technische Arbeit der Turbine ergibt sich aus

$$-w_{t23} = h_2 - h_3 = \eta_{sT}(h_2 - h_{3'})\,.$$

Der Endzustand $3'$ der isentropen Expansion ($s_{3'} = s_2$) auf den Kondensatordruck p_0 liegt im Naßdampfgebiet. Es gilt daher, vgl. S.172,

$$h_{3'} = h_0' + (s_{3'} - s_0')\,T_0 = h_0' + (s_2 - s_0')\,T_0$$
$$= 121\,\frac{\text{kJ}}{\text{kg}} + (6{,}695 - 0{,}423)\frac{\text{kJ}}{\text{kg K}}\,302{,}13\text{ K} = 2016\,\frac{\text{kJ}}{\text{kg}}\,.$$

Somit wird

$$-w_{t23} = \eta_{sT}(h_2 - h_{3'}) = 0{,}80\,(3450 - 2016)\,\frac{\text{kJ}}{\text{kg}} = 1147\,\frac{\text{kJ}}{\text{kg}}\,.$$

Die Enthalpie im Zustand 3 am Ende der irreversiblen Expansion ist

$$h_3 = h_2 + w_{t23} = (3450 - 1147)\frac{\text{kJ}}{\text{kg}} = 2303\,\frac{\text{kJ}}{\text{kg}}\,.$$

Auch dieser Zustand liegt im Naßdampfgebiet; der Dampfgehalt ist

$$x_3 = \frac{h_3 - h_0'}{h_0'' - h_0'} = \frac{2303 - 121}{2554 - 121} = 0{,}8968\,,$$

die Entropie

$$s_3 = s_0' + x_3(s_0'' - s_0') = 7{,}645 \text{ kJ/kg K}\,.$$

Für die im Kondensator abgeführte Wärme finden wir schließlich

$$|q_{30}| = h_3 - h_0 = (2303 - 121)\frac{\text{kJ}}{\text{kg}} = 2182\,\frac{\text{kJ}}{\text{kg}}\,.$$

Die abgegebene Nutzarbeit des Kreisprozesses ist

$$-w_t = (-w_{t23}) - w_{t01} = (1147 - 13{,}5)\frac{\text{kJ}}{\text{kg}} = 1133\,\frac{\text{kJ}}{\text{kg}}\,,$$

also nur wenig kleiner als die Turbinenarbeit. Daraus folgt für den thermischen Wirkungsgrad

$$\eta_{\text{th}} = \frac{-w_t}{q_{12}} = 0{,}342\,.$$

Dieser Quotient ist kein Maß für die thermodynamische Vollkommenheit des Kreisprozesses, denn die Wärme q_{12} ist grundsätzlich nicht vollständig in Arbeit umwandelbar. Die thermodynamischen Verluste deckt erst die auch auf dem 2. Hauptsatz basierende exergetische Untersuchung auf, der wir uns nun zuwenden.

Beispiel 9.3. Die in den Beispielen 9.1 und 9.2 behandelte Dampfkraftanlage ist mit Hilfe der Exergie zu untersuchen. Es sollen die Exergieverluste berechnet und ein Exergie-Anergie-Flußbild gezeichnet werden. Der Umgebungszustand ist durch $t_u = 12{,}0\,°\text{C}$ und $p_u = 1{,}0$ bar gekennzeichnet.

Tabelle 9.3. Zustandsgrößen von Wasser und Wasserdampf

Zustand	t °C	p bar	h kJ/kg	s kJ/kg K	e kJ/kg	b kJ/kg
U	12,0	1,0	50,5	0,180	0	50,5
0	28,98	0,04	121,4	0,423	1,6	119,8
1	30,05	100,0	134,9	0,434	12,0	122,9
2	530,00	100,0	3450	6,695	1542	1908
3	28,98	0,04	2303	7,645	124	2179

Wir stellen zuerst die Zustandsgrößen des Wasserdampfes im Umgebungs-zustand und in den vier „Eckpunkten" des Kreisprozesses zusammen, Tab. 9.3. Für die spez. Exergie und die spez. Anergie b gilt dabei

$$e = h - h_u - T_u(s - s_u) = h - b,$$
$$b = T_u(s - s_u) + h_u = h - e.$$

Der exergetische Wirkungsgrad des Kreisprozesses ist

$$\zeta_P = \frac{-w_t}{e_2 - e_1} = \frac{1133 \text{ kJ/kg}}{(1542 - 12,0) \text{ kJ/kg}} = 0,740.$$

Danach werden 26% der Exergie, die der Wasserdampf im Dampferzeuger aufnimmt, in Anergie verwandelt. Der Exergieverlust des ganzen Kreisprozesses ist

$$e_v = (e_2 - e_1) + w_t = (1530 - 1133)\frac{\text{kJ}}{\text{kg}} = 397 \text{ kJ/kg}.$$

Er setzt sich aus drei Einzelverlusten zusammen, dem Exergieverlust der Speisepumpe

$$e_{v01} = w_{t01} + e_0 - e_1 = T_u(s_1 - s_0) = 3,5\frac{\text{kJ}}{\text{kg}} = 0,009 \, e_v,$$

dem Exergieverlust der Turbine

$$e_{v23} = e_2 - e_3 + w_{t23} = T_u(s_3 - s_2) = 271\frac{\text{kJ}}{\text{kg}} = 0,683 \, e_v$$

und dem Exergieverlust des Kondensators

$$e_{v30} = e_3 - e_0 = 122\frac{\text{kJ}}{\text{kg}} = 0,307 \, e_v.$$

Wie man auch hier sieht, ist der Exergieverlust e_{v10} der Speisepumpe bedeutungslos.

Mit den Werten von Tab. 9.3 und den Angaben in Beispiel 9.1 läßt sich nun das Exergie-Anergie-Flußbild der ganzen Dampfkraftanlage zeichnen, Abb. 9.13. Hierin sind alle Energien, Exergien und Anergien auf die Masse des Wasserdampfes bezogen. Der exergetische Gesamtwirkungsgrad der Anlage ist

$$\zeta = \frac{\dot{m}(-w_t)}{\dot{m}_B e_B} = \frac{\dot{m}(e_2 - e_1)}{\dot{m}_B e_B} \frac{-w_t}{e_2 - e_1} = \zeta_K \zeta_P = 0,391 \cdot 0,740 = 0,289.$$

Mehr als 70% der mit dem Brennstoff zugeführten Exergie werden in Anergie verwandelt. Die Größe und Verteilung der Exergieverluste ist aus Abb. 9.13 zu erkennen. Setzt man die mit dem Brennstoff zugeführte Exergie gleich 100%, so ergeben sich die in Tab. 9.4 zusammengestellten anteiligen Exergieverluste. Auch diese Tabelle zeigt deutlich, daß die großen Exergieverluste im Dampferzeuger auftreten. Hier ist eine Verbesserung der einfachen Dampfkraftanlage lohnend und notwendig.

Tabelle 9.4. Exergieverluste einer einfachen Dampfkraftanlage

Zeichen in Abb. 9.13	Exergieverlust durch die Irreversibilitäten bei:	Exergieverlust bezogen auf die Brennstoffexergie
A	Verbrennung	31,0%
B	Abgas	4,0%
C	Wärmeübertragung	25,9%
D	Turbine	7,0%
E	Kondensator	3,1%
F	Speisepumpe	0,1%

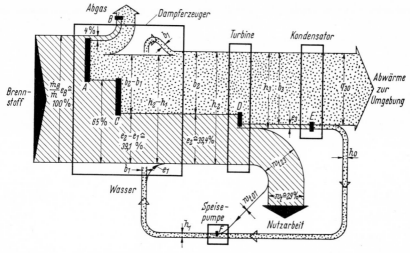

Abb. 9.13. Exergie-Anergie-Flußbild einer einfachen Dampfkraftanlage. Irreversible Umwandlung von Exergie in Anergie: *A* Verbrennung, *B* Abgas, *C* Wärmeübertragung an den Wasserdampf, *D* Turbine, *E* Kondensator, *F* Speisepumpe

9.23 Der exergetische Gesamtwirkungsgrad und seine Begrenzung durch die Endnässe

Für die thermodynamische Bewertung der einfachen Dampfkraft-anlage auf Grund des 2. Hauptsatzes ist der exergetische Gesamt-wirkungsgrad

$$\zeta = \frac{-P}{\dot{m}_B e_B} = \frac{\dot{m}(-w_t)}{\dot{m}_B e_B} = \frac{\dot{m}(e_2 - e_1)}{\dot{m}_B e_B} \frac{-w_t}{e_2 - e_1} = \zeta_K \zeta_P$$

maßgebend. Wir haben ihn in zwei Faktoren aufgeteilt, in den exer-getischen Wirkungsgrad des Dampferzeugers (Kessels)

$$\zeta_K = \frac{\dot{m}}{\dot{m}_B} \frac{e_2 - e_1}{e_B} = \eta_K \frac{\Delta h_u}{e_B} \left(1 - \frac{T_u}{T_m}\right)$$

und in den exergetischen Wirkungsgrad des Kreisprozesses

$$\zeta_P = \frac{-w_t}{e_2 - e_1} = 1 - \frac{T_0 - T_u}{T_0} \frac{|q_{30}|}{e_2 - e_1} - \frac{e_{v01} + e_{v23}}{e_2 - e_1}.$$

Dabei liegt $\zeta_P \approx 0{,}8$ recht günstig, aber $\zeta_K \approx 0{,}4$ sehr niedrig, worin die großen Exergieverluste im Dampferzeuger zum Ausdruck kommen. Um einen hohen Wirkungsgrad zu erreichen, muß man nach diesen Gleichungen folgende Forderungen zu erfüllen suchen:

1. Die thermodynamische Mitteltemperatur T'_m des Wasserdampfes bei der Wärmeaufnahme muß möglichst hoch liegen.

2. Die Kondensationstemperatur T_0 muß der Umgebungstemperatur so weit wie möglich angenähert werden.

3. Der Exergieverlust e_{v23} der Turbine muß durch einen hohen Turbinenwirkungsgrad η_{sT} möglichst klein gehalten werden; der Exergieverlust e_{v01} der Speisepumpe ist dagegen von geringer Bedeutung.

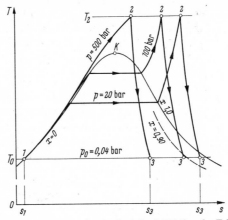

Abb. 9.14. Verschiebung des Abdampfzustandes 3 durch Erhöhen des Frischdampfdruckes p

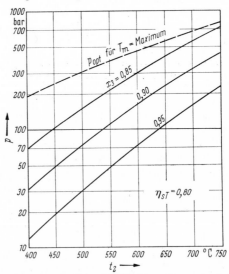

Abb. 9.15. Frischdampfdruck p als Funktion der Frischdampftemperatur t_2 für verschiedene Enddampfgehalte x_3. Annahme: konstantes $\eta_{sT} = 0{,}80$, $p_0 = 0{,}04$ bar

Die Frischdampftemperatur T_2 ist durch die Festigkeit der Werkstoffe begrenzt; bei gegebenem T_2 läßt sich T_m nur durch Erhöhen des Frischdampfdruckes p steigern, vgl. S.378. Wie das T, s-Diagramm, Abb. 9.14 zeigt, rückt dabei der Frischdampfzustand 2 zu kleineren Entropien und dementsprechend wandert auch der Abdampfzustand 3 nach links zu kleineren Dampfgehalten x_3. Hier gibt es nun eine Grenze, die aus technischen Gründen nicht unterschritten werden darf: Die Dampfnässe am Ende der Expansion, die sog. *Endnässe* $(1 - x_3)$, darf Werte von $(1 - x_3) = 0,10$ bis $0,12$ nicht überschreiten. Bei zu hoher Endnässe tritt nämlich in den Endstufen der Turbine Tropfenschlag auf, der zu einem strömungstechnisch ungünstigen Verhalten des Dampfes (dadurch kleineres η_{sT}) und vor allem zu Erosionen der Turbinenbeschaufelung führt.

Der Enddampfgehalt x_3 hängt vom Frischdampfzustand (T_2, p), von der Kondensationstemperatur T_0 und von η_{sT} ab:

$$x_3 = x_3(T_2, p, T_0, \eta_{sT}).$$

Will man nun einen hohen exergetischen Wirkungsgrad erreichen und wählt man daher im Sinne der Forderungen 1 bis 3 den Frischdampfdruck p möglichst hoch, T_0 möglichst niedrig und η_{sT} groß, so wird x_3 unzulässig klein. Ist umgekehrt bei gegebenen Temperaturen T_2 und T_0 ein Mindestwert von x_3, z.B. $x_3 = 0,90$, vorgeschrieben, so wird dadurch der Frischdampfdruck p empfindlich begrenzt. In Abb. 9.15 ist über der Frischdampftemperatur t_2 der Druck p aufgetragen, der zu bestimmten Werten von x_3 führt. Wie man sieht, führt die Einhaltung eines bestimmten Enddampfgehalts x_3 zu wesentlich niedrigeren Frischdampfdrücken, als es die Optimalwerte von Tab. 9.1 sind, die einen Höchstwert von T_m ergeben.

Der Frischdampfdruck p ist also keine frei wählbare Variable, er richtet sich vielmehr nach den ,,äußeren'' Parametern: der durch die Werkstoffwahl bestimmten Frischdampftemperatur t_2, dem zulässigen Enddampfgehalt x_3 und nach dem erreichbaren Turbinenwirkungsgrad η_{sT}. Durch seine Abhängigkeit von x_3 wird der Frischdampfdruck nach oben begrenzt, was zu einer einschneidenden Beschränkung von T_m und damit von ζ_K und ζ führt. Abb. 9.16 zeigt diese Zusammenhänge für $x_3 = 0,90$, $\eta_{sT} = 0,85$, $\eta_{sV} = 0,75$ und $p_0 = 0,04$ bar. Selbst eine erhebliche Steigerung der Frischdampftemperatur t_2 läßt den exergetischen Wirkungsgrad nur langsam steigen. Wie Abb. 9.16 zeigt, lassen sich mit der einfachen Dampfkraftanlage selbst bei sehr hohen Frischdampftemperaturen t_2 nur Gesamtwirkungsgrade ζ erreichen, die 30% kaum übersteigen. Auch eine Erhöhung des Turbinenwirkungsgrades η_{sT} bringt keine merkliche Verbesserung, wenn ein bestimmter Enddampfgehalt x_3 vorgeschrieben ist. Dies zeigt Abb. 9.17: Bei Steigerung von η_{sT} erhöht sich zwar der Prozeßwirkungsgrad ζ_P, es sinkt aber der Frischdampfdruck p und damit ζ_K, so daß das Produkt $\zeta = \zeta_K \zeta_P$ praktisch konstant bleibt. Dieses Ergebnis zeigt wiederum, daß die einfache Dampfkraftanlage nicht durch die Verbesserung der

Turbine, wo der Exergieverlust ohnehin nicht erheblich ist, wesentlich verbessert werden kann, sondern nur durch Maßnahmen, welche die großen Exergieverluste im Dampferzeuger bekämpfen.

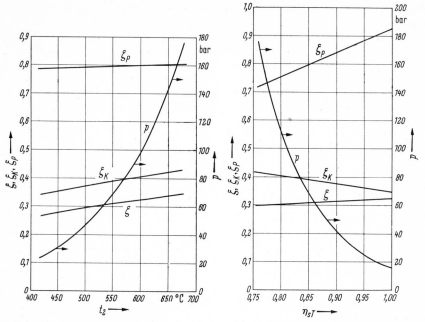

Abb. 9.16. Exergetische Wirkungsgrade ζ, ζ_K und ζ_P sowie Frischdampfdruck p in Abhängigkeit von t_2 für konstante Werte von $x_3 = 0{,}90$, $p_0 = 0{,}04$ bar, $\eta_{sT} = 0{,}85$ und $\eta_{sV} = 0{,}75$

Abb. 9.17. Exergetische Wirkungsgrade ζ, ζ_K und ζ_P sowie Frischdampfdruck p in Abhängigkeit vom isentropen Turbinenwirkungsgrad η_{sT} für konstante Werte $t_2 = 550\,°C$, $x_3 = 0{,}90$, $p_0 = 0{,}04$ bar, $\eta_{sV} = 0{,}75$

9.3 Verbesserungen der einfachen Dampfkraftanlage

Um die großen Exergieverluste zu verringern, die im Dampferzeuger bei der Verbrennung und beim Wärmeübergang vom Verbrennungsgas auf den Wasserdampf entstehen, gibt es zwei wirksame Maßnahmen: die Zwischenüberhitzung des Dampfes und die kombinierte Luft- und Speisewasservorwärmung. Beide Prozeßverbesserungen führen zu einer Erhöhung der thermodynamischen Mitteltemperatur T_m der Wärmeaufnahme und damit zu einer Steigerung des exergetischen Kesselwirkungsgrades ζ_K.

9.31 Zwischenüberhitzung

Wie wir in Abschn. 9.23 auf S. 389 gesehen haben, begrenzt der am Ende der Expansion einzuhaltende Mindest-Dampfgehalt x_3 den Frischdampfdruck p so, daß dieser erheblich unter dem optimalen Frischdampfdruck liegt, der zu einem Maximum von T_m führt. Von dieser Begrenzung kann man sich durch die Anwendung der Zwischenüber-

hitzung befreien. Hierbei expandiert der aus dem Dampferzeuger
kommende Dampf in einer Hochdruck-Turbine bis auf einen Zwischendruck $p_3 = p_Z$; er wird dann erneut in den Dampferzeuger geleitet
und auf die Temperatur T_4 überhitzt, die meistens mit der Temperatur
T_2 übereinstimmt. Nun erst expandiert der Dampf in einer zweiten
(Niederdruck-)Turbine auf den Kondensatordruck p_0, vgl. Abb. 9.18
und 9.19. Im Zustand 5 am Ende der Expansion hat jetzt der Dampf
eine größere Entropie s_5 und dementsprechend einen hohen Dampfgehalt x_5, so daß keine Gefahr eines Tropfenschlages und einer Schaufel-
erosion in den Endstufen der Niederdruck-Turbine besteht.

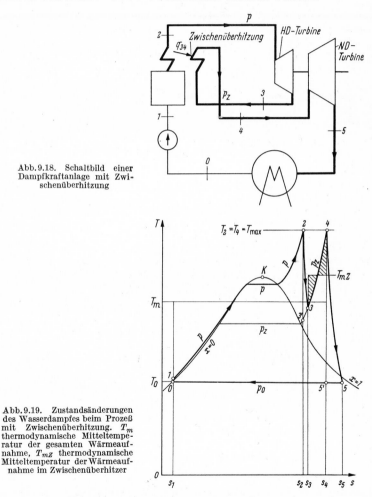

Abb. 9.18. Schaltbild einer
Dampfkraftanlage mit Zwi-
schenüberhitzung

Abb. 9.19. Zustandsänderungen
des Wasserdampfes beim Prozeß
mit Zwischenüberhitzung. T_m
thermodynamische Mitteltemperatur der gesamten Wärmeaufnahme, T_{mZ} thermodynamische
Mitteltemperatur der Wärmeaufnahme im Zwischenüberhitzer

Bei Anwendung der Zwischenüberhitzung kann der Kesseldruck p
ohne Rücksicht auf die Endnässe erhöht werden. Dadurch wird das
Temperaturniveau des Dampfes im Kessel angehoben, und es verringert

sich der Exergieverlust bei der Wärmeübertragung vom Verbrennungs-gas auf den Dampf. Diese Verbesserung äußert sich in einem höheren Wert der thermodynamischen Mitteltemperatur T_m im Vergleich zu einem Prozeß ohne Zwischenüberhitzung, der bei einem wesentlich niedrigeren Kesseldruck ablaufen muß, um eine zu große Endnässe zu vermeiden. Die Steigerung von T_m durch Zwischenüberhitzung hat eigentlich zwei Ursachen: die Erhöhung des Kesseldrucks p und die zusätzliche Wärmeaufnahme im Zwischenüberhitzer bei der besonders hohen Mitteltemperatur

$$T_{mZ} = \frac{h_4 - h_3}{s_4 - s_3},$$

vgl. Abb. 9.19.

Bei Dampfkraftanlagen mit Zwischenüberhitzung läßt man häufig nur noch Endnässen $(1 - x_5)$ von etwa 5% zu, um jede Gefahr von Schaufelerosionen in den Endstufen der Niederdruckturbine auszu-schließen. Bei sehr hohen Kesseldrücken, z.B. bei überkritischen Drücken, wendet man deshalb eine zweimalige Zwischenüberhitzung an. Bei einer genaueren Rechnung muß man den Druckabfall des Dampfes im Kessel und im Zwischenüberhitzer berücksichtigen; zur Vereinfachung unserer grundsätzlichen Überlegungen haben wir dies vernachlässigt und die Zustandsänderungen $\overline{12}$ und $\overline{34}$ als isobar an-genommen.

Beispiel 9.4.. Die in den Beispielen 9.1 bis 9.3 behandelte einfache Dampf-kraftanlage soll durch Zwischenüberhitzung verbessert werden. Als Kesseldruck wird nun $p = 180$ bar (statt 100 bar) gewählt. Der Zwischendruck sei $p_z = 28$ bar. Die höchste Frischdampftemperatur ist wie bisher $t_2 = t_4 = 530\,°C$. Die Hoch-druckturbine hat den isentropen Wirkungsgrad $\eta_{sT}^{HD} = 0,79$, der Niederdruckteil den Wirkungsgrad $\eta_{sT}^{ND} = 0,84$. Der Wirkungsgrad der Speisepumpe ist $\eta_{sV} = 0,75$; der Kondensatordruck beträgt $p_0 = 0,04$ bar. Die Zustandsgrößen des Wassers können Tab. 9.2 auf S. 384 und der Tab. 9.5 entnommen werden.

Tabelle 9.5. Aus der Dampftafel für Wasser

$p = 28$ bar			$p = 180$ bar		
t °C	h kJ/kg	s kJ/kg K	t °C	h kJ/kg	s kJ/kg K
230	2834	6,2738	20	100,7	0,292
240	2865	6,3331	30	142,0	0,431
280	2950	6,4903	40	183,3	0,565
290	2976	6,5374	530	3359	6,337
530	3525	7,3533			

Die Berechnung des Kreisprozesses beginnen wir bei der Speisepumpe, für deren Arbeitsbedarf

$$w_{t01} = \frac{h_{1'} - h_0}{\eta_{sV}} = \frac{139,2 - 121,4}{0,75} \frac{\text{kJ}}{\text{kg}} = 23,7\, \frac{\text{kJ}}{\text{kg}}$$

folgt. Die Zustandsgrößen des Wassers nach der Speisepumpe ($p_1 = p = 180$ bar) ergeben sich daraus zu

$$h_1 = h_0' + w_{t01} = (121{,}4 + 23{,}7)\,\frac{kJ}{kg} = 145{,}1\,\frac{kJ}{kg}$$

und zu $s_1 = 0{,}441$ kJ/kg K.

Für die technische Arbeit der Hochdruckturbine gilt

$$-w_{t23} = \eta_{sT}^{HD}(h_2 - h_{3'}) = 0{,}79\,(3359 - 2867)\,\frac{kJ}{kg} = 389\,\frac{kJ}{kg}.$$

Dabei findet man die Enthalpie $h_{3'}$ des Zustandes 3' auf der Isobare $p_z = 28$ bar aus der Bedingung $s_{3'} = s_2 = 6{,}337$ kJ/kg K. Der Austrittszustand 3 des Dampfes auf derselben Isobare hat die Zustandsgrößen

$$h_3 = h_2 + w_{t23} = 2970 \text{ kJ/kg},$$

$s_3 = 6{,}527$ kJ/kg K und $t_3 = 287{,}9\,°C$. Analog hierzu erhalten wir für die Niederdruckturbine

$$-w_{t45} = \eta_{sT}^{ND}(h_4 - h_{5'}) = \eta_{sT}^{ND}[h_4 - (h_0' + T_0(s_4 - s_0'))]$$

$$= 0{,}84\left[3525\,\frac{kJ}{kg} - 121\,\frac{kJ}{kg} - 302{,}13\text{ K}\,(7{,}353 - 0{,}423)\,\frac{kJ}{kg\text{ K}}\right]$$

$$= 1100 \text{ kJ/kg}.$$

Die Endnässe $(1 - x_5)$ ist gering, denn es wird

$$x_5 = \frac{h_5 - h_0'}{h_0'' - h_0'} = \frac{h_4 + w_{t45} - h_0'}{h_0'' - h_0'} = \frac{3525 - 1100 - 121}{2554 - 121} = 0{,}947.$$

Die Nutzarbeit des Kreisprozesses ist

$$-w_t = (-w_{t23}) + (-w_{t45}) - w_{t01} = 1465 \text{ kJ/kg}.$$

Der Dampf nimmt beim Kesseldruck $p = 180$ bar die Energie

$$q_{12} = h_2 - h_1 = (3359 - 145)\,\frac{kJ}{kg} = 3214\,\frac{kJ}{kg}$$

als Wärme auf und ebenso im Zwischenüberhitzer die Wärme

$$q_{34} = h_4 - h_3 = (3525 - 2970)\,\frac{kJ}{kg} = 555\,\frac{kJ}{kg}.$$

Da der Kesseldruck gegenüber Beispiel 9.1 gesteigert wurde, liegt bereits die thermodynamische Mitteltemperatur

$$T_{mK} = \frac{h_2 - h_1}{s_2 - s_1} = \frac{3214}{6{,}337 - 0{,}441}\text{ K} = 545{,}1\text{ K}$$

($t_{mK} = 272\,°C$) der Wärmeaufnahme im Kessel über dem Wert $t_m = 257\,°C$ von Beispiel 9.1. Dadurch, daß die Wärme q_{34} im Zwischenüberhitzer bei der hohen Mitteltemperatur

$$T_{mZ} = \frac{h_4 - h_3}{s_4 - s_3} = \frac{555}{7{,}353 - 6{,}527}\text{ K} = 671{,}9\text{ K}$$

($t_{mZ} = 398{,}8\,°C$) aufgenommen wird, liegt die thermodynamische Mitteltemperatur T_m der gesamten Wärmeaufnahme (Kessel und Zwischenüberhitzer) noch höher als T_{mK}. Hierfür gilt nun

$$T_m = \frac{(h_2 - h_1) + (h_4 - h_3)}{(s_2 - s_1) + (s_4 - s_3)} = 564{,}7\text{ K} \qquad (9.6)$$

oder $t_m = 291{,}6\,°C$.

Der exergetische Wirkungsgrad des Dampferzeugers,

$$\zeta_K = \frac{\Delta h_u}{e_B}\, \eta_K \left(1 - \frac{T_u}{T_m}\right) = 0{,}942 \cdot 0{,}90 \left(1 - \frac{285{,}15}{564{,}7}\right) = 0{,}420,$$

ist gegenüber Beispiel 9.1 ($\zeta_K = 0{,}391$) gestiegen. Diese Verbesserung ist auf die Verringerung des Exergieverlustes bei der Wärmeübertragung im Dampferzeuger zurückzuführen. Für den exergetischen Wirkungsgrad des Kreisprozesses erhalten wir

$$\zeta_P = \frac{-w_t}{(e_2 - e_1) + (e_4 - e_3)} = \frac{1465}{1533 + 319} = 0{,}791,$$

und damit wird der Gesamtwirkungsgrad

$$\zeta = \zeta_P \zeta_K = 0{,}332.$$

Bei gegebenem Kesseldruck p und zulässigen höchsten Temperaturen $T_2 = T_4$ hängt die Mitteltemperatur T_m nach Gl.(9.6) noch von der Wahl des Zwischendrucks p_Z ab, der hier zu $p_Z = 28$ bar festgelegt war. Um eine möglichst hohe Mitteltemperatur T_m zu erhalten, soll nach Traupel[1] der Zwischendruck p_Z so gewählt werden, daß für die Temperatur T_3 beim Beginn der Zwischenüberhitzung

$$T_3 = T_m$$

gilt. In diesem Beispiel war $t_m = 291{,}6\,°C$ und $t_3 = 287{,}9\,°C$; die genannte Forderung ist also recht gut erfüllt.

9.32 Kombinierte Luft- und Speisewasservorwärmung

Die im letzten Abschnitt behandelte Zwischenüberhitzung befreit den Kesseldruck aus der engen Bindung an den Enddampfgehalt am Turbinenaustritt und macht den Weg zu höheren Drücken frei. Die damit verbundene Anhebung der thermodynamischen Mitteltemperatur T_m verringert das Temperaturgefälle zwischen dem Verbrennungsgas und dem Wasserdampf und verkleinert den dadurch verursachten Exergieverlust der Wärmeübertragung. Um auch den Exergieverlust der Verbrennung zu vermindern, wendet man die schon in Abschn. 8.45 behandelte *Luftvorwärmung* an. Die aus der Umgebung kommende Verbrennungsluft wird durch das Abgas vorgewärmt, vgl. hierzu Abb.9.20.

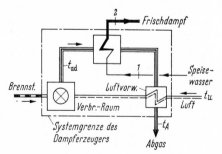

Abb.9.20. Schema der regenerativen Luftvorwärmung durch das Abgas

Die zur Vorwärmung benötigte Energie wird also durch innere oder regenerative Wärmeübertragung dem Abgas entnommen und der Luft zugeführt.

---

[1] Traupel, W.: Thermische Turbomaschinen, Bd.1, 2.Aufl. S.46—47. Berlin-Göttingen-Heidelberg: Springer 1966.

Da die Luftvorwärmung den Exergieverlust bei der adiabaten Verbrennung erheblich verkleinert, hat das entstehende Verbrennungsgas eine höhere Exergie als bei der Verbrennung ohne Luftvorwärmung. Es steht somit mehr Exergie zur Übertragung auf den Wasserdampf zur Verfügung. Läßt man nun den Eintrittszustand 1 des Speisewassers und den Austrittszustand 2 des Frischdampfes unverändert, so bleibt auch der exergetische Wirkungsgrad

$$\zeta_K = \eta_K \frac{\Delta h_u}{e_B} \frac{e_2 - e_1}{h_2 - h_1} = \eta_K \frac{\Delta h_u}{e_B} \left(1 - \frac{T_u}{T_m} \right)$$

trotz Luftvorwärmung unverändert, denn die Exergieaufnahme $(e_2 - e_1)$ des Wassers bleibt gleich. Die zusätzlich vom Verbrennungsgas angebotene Exergie kommt also dem Wasser nicht zugute; der Exergieverlust bei der Wärmeübertragung zehrt den Exergiegewinn bei der Verbrennung auf, weil sich die Temperaturdifferenz zwischen dem nun heißeren Verbrennungsgas und der gleich gebliebenen Wassertemperatur vergrößert hat. Die Luftvorwärmung verfehlt also ihren Zweck, wenn nicht zugleich auch das Temperaturniveau des Wassers im Dampferzeuger angehoben wird.

Da der Frischdampfzustand 2 aus den schon in Abschn. 9.21 geschilderten Gründen festliegt, läßt sich T_m nur durch Anheben der Speisewassertemperatur t_1 erhöhen. Das Speisewasser muß also vor dem Eintritt in den Dampferzeuger vorgewärmt werden. Hierzu steht als Energiequelle nur noch der Wasserdampf zur Verfügung, denn der Energieinhalt des Abgases wird zur Luftvorwärmung herangezogen. Man wendet daher eine weitere innere Wärmeübertragung an, und zwar zwischen einem Teilstrom des Dampfes, der aus der Turbine entnommen wird, und dem aufzuwärmenden Speisewasser. Diese *regenerative Speisewasservorwärmung* durch Entnahmedampf muß stets mit der Luftvorwärmung kombiniert werden; denn Luftvorwärmung ohne Speisewasservorwärmung ist, wie eben gezeigt wurde, zwecklos.

Um das Prinzip der regenerativen Speisewasservorwärmung zu erläutern, betrachten wir das Modell einer Dampfkraftanlage nach Abb. 9.21. In die Turbine tritt der Frischdampf mit dem Massenstrom $\dot{m}$

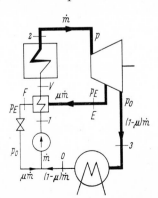

Abb. 9.21. Modell einer Dampfkraftanlage mit einem Speisewasservorwärmer

ein, der vom Frischdampfdruck p auf einen Zwischendruck, den sog. Entnahmedruck p_E, expandiert. Nun wird ein Teil des Dampfstromes, nämlich der Massenstrom $\mu\dot{m}$ aus der Turbine entnommen und dem Speisewasservorwärmer zugeführt, während der verbleibende Dampfstrom $(1 - \mu)\dot{m}$ auf den Kondensatordruck p_0 expandiert. Der Entnahmedampf tritt mit dem Zustand E in den Speisewasservorwärmer ein und gibt dort einen Teil seines Energieinhalts als Wärme an das Speisewasser ab, das dadurch von der Temperatur t_1 auf die Vorwärmtemperatur t_V erwärmt wird. Der Entnahmedampf kondensiert im Vorwärmer und kühlt sich bis auf die Temperatur t_F ab, die nur wenig über t_1 liegt. Das Kondensat wird gedrosselt und dem Speisewasserstrom zugemischt, der aus dem Kondensator kommt. Abb. 9.22 zeigt den Temperaturverlauf des Entnahmedampfes und des Speisewassers im Vorwärmer, aufgetragen über der spez. Enthalpie des Speisewassers. Aus der Energiebilanz des adiabaten Vorwärmers,

$$\dot{m}(h_V - h_1) = \mu\dot{m}(h_E - h_F),$$

kann der Anteil μ des Entnahmedampfes am gesamten Massenstrom bestimmt werden.

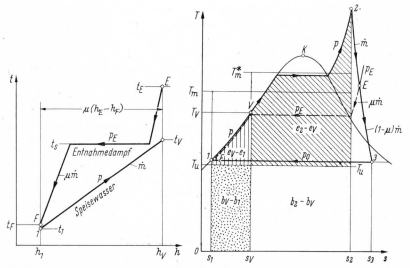

Abb. 9.22. Temperaturverlauf des Entnahmedampfes und des Speisewassers im Vorwärmer, aufgetragen über der spez. Enthalpie des Speisewassers

Abb. 9.23. Zustandsänderungen des Wassers und des Entnahmedampfes (gestrichelt) sowie Exergieerhöhung $(e_V - e_1)$ des Speisewassers im Vorwärmer und Exergieaufnahme $(e_2 - e_V)$ im Dampferzeuger

Durch die Speisewasservorwärmung erhöht sich das Temperaturniveau des Dampfes im Dampferzeuger. Der Exergieverlust bei der Wärmeübertragung wird kleiner, und der Exergiegewinn bei der Verbrennung mit vorgewärmter Luft kann so dem Wasserdampf zugute kommen: Die vom Wasserdampf als Wärme aufgenommene Energie $(h_2 - h_V)$ hat einen hohen Exergiegehalt, während die Energie $(h_V - h_1)$ mit dem geringen Exergiegehalt $(e_V - e_1)$ und dem großen Anergiegehalt

$(b_V - b_1)$ vom Entnahmedampf geliefert wird, vgl. Abb. 9.23. Mit steigender Vorwärmtemperatur t_V (und entsprechend wachsender Enthalpie h_V) erhöht sich der exergetische Wirkungsgrad des Dampferzeugers:

$$\zeta_K = \eta_K \frac{\Delta h_u}{e_B} \frac{e_2 - e_V}{h_2 - h_V} = \eta_K \frac{\Delta h_u}{e_B} \left(1 - \frac{T_u}{T_m^*}\right)$$

mit

$$T_m^* = \frac{h_2 - h_V}{s_2 - s_V} > \frac{h_2 - h_1}{s_2 - s_1} = T_m.$$

Da andererseits im Vorwärmer Wärme bei endlichen Temperaturdifferenzen übertragen wird, vgl. Abb. 9.22, tritt hier ein neuer Exergieverlust auf, der mit steigender Vorwärmtemperatur t_V größer wird. Dadurch nimmt der exergetische Wirkungsgrad

$$\zeta_P = \frac{-w_t}{e_2 - e_V}$$

des Kreisprozesses mit steigendem t_V ab. Es verringert sich nämlich die Nutzarbeit

$$-w_t = (-w_{t23}) - w_{t01} = h_2 - h_E + (1 - \mu)(h_E - h_3) - (h_1 - h_0)$$

stärker als die Exergiedifferenz $(e_2 - e_V)$. Somit erreicht der Gesamtwirkungsgrad

$$\zeta = \zeta_K \zeta_P$$

bei einer bestimmten Vorwärmtemperatur ein Maximum, vgl. Abb. 9.24. Ein Überschreiten dieser *optimalen Vorwärmtemperatur* ist sinnlos, denn die Verringerung des Exergieverlustes im Dampferzeuger wird dann

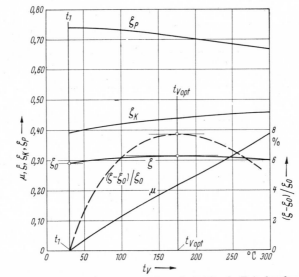

Abb. 9.24. Exergetische Wirkungsgrade ζ, ζ_K und ζ_P sowie Anteil μ des Entnahmedampfes in Abhängigkeit von der Vorwärmtemperatur bei einem Speisewasservorwärmer. Gestrichelt: relative Vergrößerung $(\zeta - \zeta_0)/\zeta_0$ des exergetischen Gesamtwirkungsgrades durch die Speisewasservorwärmung

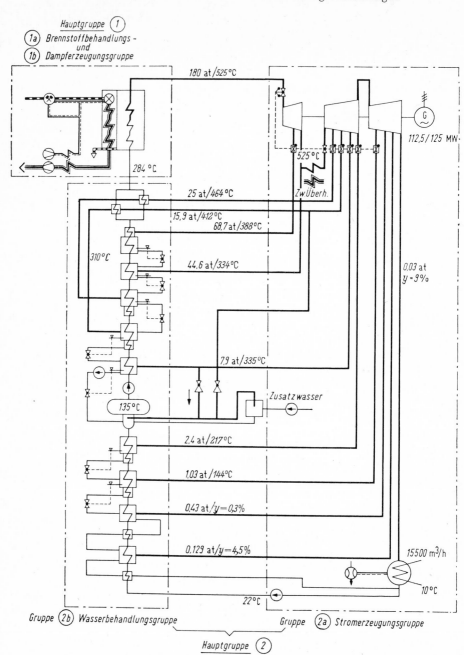

Abb. 9.25. Wärmegrundschaltplan eines modernen Dampfkraftwerkes (nach K. Schröder[2]).
Es bedeutet y = 1 − x die Dampfnässe, ferner gilt 1 at ≈ 0,981 bar.

durch die Zunahme des Exergieverlustes bei der Wärmeübertragung im Vorwärmer aufgezehrt.

Der Exergieverlust bei der Wärmeübertragung im Vorwärmer läßt sich dadurch verringern, daß man nicht einen Vorwärmer, sondern mehrere Vorwärmer mit entsprechend vielen Entnahmen in der Turbine vorsieht. Dadurch läßt sich der Temperaturverlauf der verschiedenen Entnahme-Dampfströme dem Temperaturverlauf des vorzuwärmenden Speisewassers besser anpassen. Mit wachsender Zahl der Vorwärmstufen steigt die optimale Vorwärmtemperatur und auch der exergetische Gesamtwirkungsgrad; dieses geschieht jedoch immer langsamer, je größer die Zahl der bereits vorhandenen Vorwärmer ist. Es gibt dann eine Höchstzahl von Vorwärmern und Entnahmen, deren Überschreitung aus wirtschaftlichen Gründen nicht mehr gerechtfertigt ist. Die Wahl der einzelnen Entnahmedrücke und die optimale Abstufung der Vorwärmer ist ein Problem, auf das wir hier nicht eingehen können[1].

9.33 Das moderne Dampfkraftwerk

Die in den beiden letzten Abschnitten erörterten Maßnahmen zur Verbesserung der Dampfkraftanlage werden in einem modernen Dampfkraftwerk gleichzeitig angewendet. Es entsteht ein hoch entwickeltes, kompliziertes technisches Gebilde. Abb. 9.25 zeigt das Schaltbild, den sog. Wärmegrundschaltplan, eines modernen Dampfkraftwerkes. Es wird einmalige Zwischenüberhitzung angewendet, und es sind neun Entnahmen zur Speisewasservorwärmung vorhanden. Auf weitere Einzelheiten können wir hier nicht eingehen; es sei auf das umfassende Werk von K. Schröder[2] verwiesen, das über den Stand der Kraftwerkstechnik und über die zukünftigen Entwicklungsrichtungen ausführlich unterrichtet.

9.4 Gaskraftanlagen

Als Gaskraftanlagen bezeichnen wir Wärme- und Verbrennungskraftanlagen, deren Arbeitsmedium nur Zustandsänderungen im Gasgebiet erfährt; hierzu gehören die Gasturbinenanlagen und die Verbrennungsmotoren. Wir beschränken uns im folgenden auf die thermodynamische Untersuchung der *Gasturbinenanlagen*; hier unterscheidet man zwischen offenen und geschlossenen Anlagen, vgl. Abb. 9.26. Die geschlossene Gasturbinenanlage ist eine Wärmekraftmaschine, denn das Arbeitsmedium durchläuft einen Kreisprozeß. Die offene Gas-

---

[1] Vgl. hierzu z.B. Traupel, W.: Thermische Turbomaschinen, Bd. 1, 2.Aufl. S. 42—46. Berlin-Göttingen-Heidelberg: Springer 1966; Lier, van, J. J. C.: Der Exergiebegriff im Kraftwerksbetrieb, und Bergmann, E., Schmidt, K. R.: Zur kostenwirtschaftlichen Optimierung der Wärmeaustauscher für die regenerative Speisewasservorwärmung, beide Arbeiten in: Energie und Exergie. Düsseldorf: VDI-Verlag 1965.
[2] Schröder, K.: Große Dampfkraftwerke, 2. Bd.: Die Lehre vom Kraftwerksbau. Berlin-Göttingen-Heidelberg: Springer 1962.

turbinenanlage ist dagegen eine Verbrennungskraftmaschine. Hier findet keine Wärmeübertragung zwischen dem Verbrennungsgas und einem weiteren Arbeitsmedium statt; das Verbrennungsgas selbst ist das Arbeitsmedium der Turbine.

Die offene Gasturbinenanlage bietet gegenüber der geschlossenen Bauart den Vorteil geringeren Bauaufwandes. Nachteilig ist, daß die Turbine durch die Verunreinigungen des Verbrennungsgases verschmutzen kann. Bei der geschlossenen Gasturbinenanlage ist die Wahl des Arbeitsmittels frei, es kann den Kreisprozeß auch bei einem höheren Druckniveau durchlaufen, denn der Ansaugdruck p_0 des Verdichters braucht nicht mit dem Atmosphärendruck übereinzustimmen. Durch Erhöhen des Druckpegels lassen sich größere Nutzleistungen als bei der offenen Gasturbinenanlage erzielen, durch Ändern des Druckniveaus ist eine einfache Leistungsregelung möglich. Die bis heute

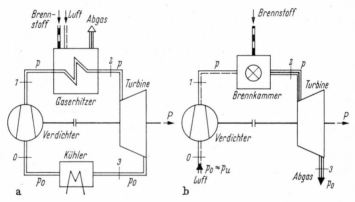

Abb. 9.26. Schaltbild einfacher Gasturbinenanlagen: a geschlossene, b offene Bauart

gebauten Gasturbinenanlagen arbeiten überwiegend nach dem technisch einfacheren offenen Prozeß. Sie dienen als schnell in Betrieb zu setzende Anlagen kleiner Leistung meistens zur Notstromversorgung und zur Deckung von Spitzenbelastungen. Die geschlossene Gasturbinenanlage wird möglicherweise in Verbindung mit einem Kernreaktor als Energiequelle an Bedeutung gewinnen, wobei man an Helium als Arbeitsmittel denkt.

9.41 Die geschlossene Gasturbinenanlage

Die geschlossene Gasturbinenanlage ähnelt in ihrem Aufbau der einfachen Dampfkraftanlage. Ihre vier wesentlichen Komponenten: Verdichter, Gaserhitzer, Gasturbine und Kühler entsprechen der Speisepumpe, dem Dampferzeuger, der Dampfturbine und dem Kondensator der Dampfkraftanlage. Die thermodynamische Analyse der geschlossenen Gasturbinenanlage verläuft daher in gleicher Weise wie bei der einfachen Dampfkraftanlage. Hierzu nehmen wir nun das umlaufende Gas als ideales Gas mit konstantem c_p^0 an. Diese Annahme ist z. B. für das einatomige Gas Helium zulässig; sie führt zu einfachen Beziehungen, die die wesentlichen Zusammenhänge klar erkennen lassen. Wir vernachlässigen den Druckabfall des Gases beim Durchströmen des Gaserhitzers und des Kühlers; wir berücksichtigen jedoch die nichtisentrope Verdichtung im adiabaten Verdichter und die nichtisentrope Entspannung in der adiabaten Turbine. Abb. 9.27 zeigt die Zustandsänderungen des Gases unter diesen Voraussetzungen. Der innerlich reversible Kreisprozeß $01'23'0$, der aus zwei Isobaren und zwei Isentropen besteht, wird Joule-Prozeß genannt.

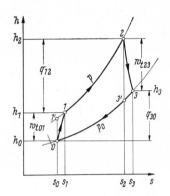

Abb. 9.27. Zustandsänderungen des Gases beim Kreisprozeß der geschlossenen Gasturbinenanlage

Die *Nutzarbeit* $(-w_t)$ des Kreisprozesses ist die Differenz zwischen der Turbinenarbeit w_{t23} und der Arbeit w_{t01}, die zum Antrieb des Verdichters erforderlich ist. Bei der Übertragung der Arbeit w_{t01} von der Turbine auf den Verdichter treten mechanische Reibungsverluste auf; wir berücksichtigen sie dadurch, daß wir nur den Anteil $\eta_m w_{t23}$ der Turbinenarbeit als nutzbar ansehen:

$$-w_t = \eta_m(-w_{t23}) - w_{t01}$$

mit η_m als mechanischem Wirkungsgrad. Da Verdichter und Turbine offene adiabate Systeme sind, folgt aus dem 1. Hauptsatz für stationäre Fließprozesse, vgl. Abb. 9.27,

$$-w_t = \eta_m(h_2 - h_3) - (h_1 - h_0) = \eta_m \eta_{sT}(h_2 - h_{3'}) - \frac{h_{1'} - h_0}{\eta_{sV}}.$$

Die in dieser Gleichung auftretenden isentropen Enthalpiedifferenzen ergeben sich für ein ideales Gas mit konstantem c_p^0 zu

$$h_2 - h_{3'} = c_p^0(T_2 - T_{3'}) = c_p^0 T_2\left(1 - \frac{1}{\lambda}\right)$$

und

$$h_{1'} - h_0 = c_p^0(T_{1'} - T_0) = c_p^0 T_0(\lambda - 1)$$

mit der Abkürzung

$$\lambda = (p/p_0)^{(\varkappa-1)/\varkappa} = (p/p_0)^{R/c_p^0}.$$

Es folgt damit

$$-w_t = c_p^0 T_0 \left[\eta_m \eta_{sT} \frac{T_2}{T_0} \left(1 - \frac{1}{\lambda}\right) - \frac{\lambda - 1}{\eta_{sV}} \right] \qquad (9.7)$$

für die Nutzarbeit.

Mit wachsendem Druckverhältnis p/p_0, also mit wachsendem λ, werden die Turbinenarbeit und die davon abzuziehende Arbeit des Verdichters größer. Es wächst aber die Verdichterarbeit stärker als die Turbinenarbeit, so daß es ein *optimales Druckverhältnis* gibt, bei dem die Nutzarbeit ein Maximum erreicht. Aus der Bedingung

$$(\partial w_t / \partial \lambda) = 0$$

finden wir dieses günstigste Druckverhältnis zu

$$\lambda_{\text{opt}} = \left(\frac{p}{p_0}\right)_{\text{opt}}^{\frac{\varkappa - 1}{\varkappa}} = \sqrt{\eta_m \eta_{sT} \eta_{sV}(T_2/T_0)}.$$

Setzen wir diesen Wert in Gl. (9.7) ein, so erhalten wir die maximale Nutzarbeit

$$(-w_t)_{\text{max}} = \frac{c_p^0 T_0}{\eta_{sV}} (\lambda_{\text{opt}} - 1)^2. \qquad (9.8)$$

Im Gegensatz zur Dampfkraftanlage, bei der der Arbeitsbedarf der Speisepumpe sehr klein ist, muß ein erheblicher Teil der Turbinenarbeit zum Antrieb des Verdichters aufgewendet werden. Es gilt

$$\frac{w_{t01}}{(-w_{t23})} = \frac{\eta_m}{\lambda_{\text{opt}}} = \sqrt{\frac{\eta_m}{\eta_{sV}\eta_{sT}} \frac{T_0}{T_2}},$$

vgl. Abb. 9.28. Die Nutzleistung einer Gasturbinenanlage ist daher nur ein kleiner Bruchteil der insgesamt installierten Turbinen- und Verdichterleistung. Dieses Verhältnis

$$\frac{-P}{P_{01} + (-P_{23})} = \frac{(-w_t)_{\text{max}}}{w_{t01} + (-w_{t23})} = \frac{\lambda_{\text{opt}} - 1}{(\lambda_{\text{opt}}/\eta_m) + 1}$$

ist ebenfalls in Abb. 9.28 dargestellt. Mehr als die Hälfte der Turbinenleistung wird zum Antrieb des Verdichters benötigt, so daß die ins-

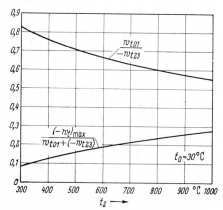

Abb. 9.28. Verhältnis $w_{t01}/(-w_{t23})$ von Verdichterarbeit zu Turbinenarbeit und Verhältnis $(-w_t)_{\text{max}}/(w_{t01} + (-w_{t23}))$ in Abhängigkeit von der höchsten Gastemperatur t_2 für $t_0 = 30°\text{C}$, $\eta_{sV} = 0{,}85$, $\eta_{sT} = 0{,}90$, $\eta_m = 0{,}985$

gesamt installierte Leistung das vier- bis sechsfache der Nutzleistung erreicht. Bei einem Dampfkraftwerk ist dagegen die Nutzleistung nur wenige Prozent kleiner als die Turbinenleistung.

Den *exergetischen Gesamtwirkungsgrad* der geschlossenen Gasturbinenanlage definieren wir in gleicher Weise wie für die Dampfkraftanlage:

$$\zeta = \frac{-P}{\dot{m}_B e_B} = \frac{\dot{m}(-w_t)}{\dot{m}_B e_B}.$$

Nun ist

$$\eta_K = \frac{\dot{m}(h_2 - h_1)}{\dot{m}_B \, \Delta h_u}$$

der *energetische* Wirkungsgrad des Gaserhitzers, und es folgt

$$\zeta = \eta_K \frac{\Delta h_u}{e_B} \frac{(-w_t)}{h_2 - h_1} = \eta_K \frac{\Delta h_u}{e_B} \eta_{\text{th}}$$

mit

$$\eta_{\text{th}} = \frac{-w_t}{q_{12}} = \frac{-w_t}{h_2 - h_1} = \frac{-w_t}{c_p^0(T_2 - T_1)},$$

dem *thermischen Wirkungsgrad* des Kreisprozesses. Setzen wir $w_t = (w_t)_{\max}$ nach Gl. (9.8) und

$$T_1 = T_0 + \frac{1}{\eta_{sV}} (T_{1'} - T_0) = T_0 \left[1 + \frac{\lambda_{\text{opt}} - 1}{\eta_{sV}} \right]$$

für die Temperatur T_1 am Ende der Verdichtung ein, so erhalten wir

$$\zeta = \eta_K \frac{\Delta h_u}{e_B} \frac{(\lambda_{\text{opt}} - 1)^2}{\eta_{sV}[(T_2/T_0) - 1] - (\lambda_{\text{opt}} - 1)}.$$

Für $\eta_K = 0{,}90$, $\Delta h_u/e_B = 0{,}95$, $\eta_m = 0{,}985$, $T_0 = 303{,}15 \text{ K}$ ist $\zeta = 0{,}855\, \eta_{\text{th}}$ in Abb. 9.29 dargestellt. Selbst bei hohen Gastemperaturen t_2 erreicht ζ nur kleine Werte, die sich rasch vermindern, wenn die Wirkungsgrade η_{sV} und η_{sT} der Maschinen absinken. Diese starke Abhängigkeit des Gesamtwirkungsgrades von den Maschinenwirkungsgraden weist darauf hin, daß — anders als beim Dampfkraftprozeß — große Exergieverluste beim Kreisprozeß des Gases auftreten.

Dies erkennen wir deutlich im T,s-Diagramm, Abb. 9.30. Die vom Gas im Gaserhitzer aufgenommene Exergie $e_2 - e_1$ ist als stark umrandete Fläche, die Exergieverluste sind als schraffierte Flächen dargestellt. Im Gegensatz zur Dampfkraftanlage ist nicht nur der Exergieverlust

$$e_{v23} = T_u(s_3 - s_2)$$

der adiabaten Turbine, sondern auch der Exergieverlust

$$e_{v01} = T_u(s_1 - s_0)$$

des Verdichters erheblich. Daneben führt die thermodynamisch ungünstige Wärmeabfuhr zu einem weiteren großen Exergieverlust

$$e_{v30} = e_3 - e_0 = h_3 - h_0 - T_u(s_3 - s_0) = |q_{30}| - T_u(s_3 - s_0);$$

26*

denn das aus der Turbine austretende Gas hat eine noch hohe Temperatur t_3 und damit eine erhebliche Exergie e_3, die nicht zur Gewinnung von Nutzarbeit herangezogen wird. Die isotherme Wärmeabfuhr der

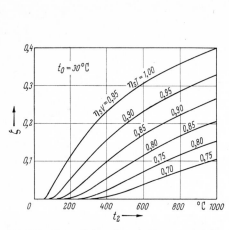

Abb. 9.29. Exergetischer Gesamtwirkungsgrad ζ der geschlossenen Gasturbinenanlage als Funktion der höchsten Gastemperatur t_2 für verschiedene Maschinenwirkungsgrade. Annahmen: $\eta_K = 0{,}90$, $\Delta h_u/e_B = 0{,}95$, $\eta_m = 0{,}985$, $t_0 = 30\,°C$, $t_u = 15\,°C$

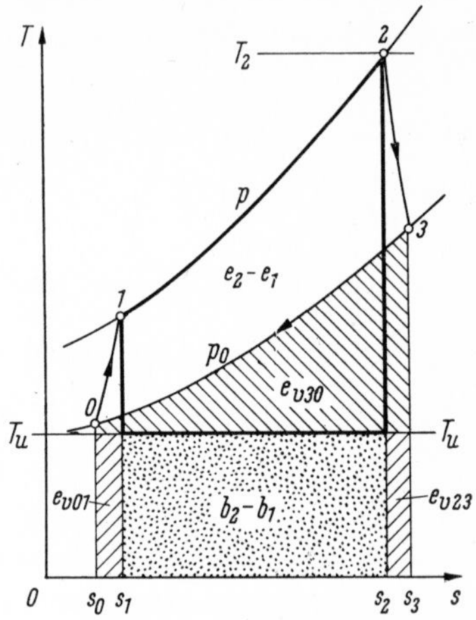

Abb. 9.30. Zur Exergiebilanz des Kreisprozesses der geschlossenen Gasturbinenanlage

Dampfkraftanlage ist dagegen viel günstiger, denn die Kondensationstemperatur liegt nur wenig über der Umgebungstemperatur, so daß der Exergieverlust im Kondensator klein bleibt. Der exergetische Prozeßwirkungsgrad

$$\zeta_P = \frac{-w_t}{e_2 - e_1} = 1 - \frac{e_{v01} + e_{v23} + e_{v30}}{e_2 - e_1}$$

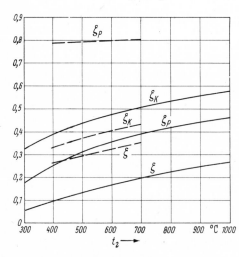

Abb. 9.31. Vergleich der exergetischen Wirkungsgrade ζ, ζ_K und ζ_P der geschlossenen Gasturbinenanlage mit den Werten der einfachen Dampfkraftanlage. Ausgezogene Kurven: Gasturbinenanlage mit den Daten von Abb. 9.28; gestrichelte Kurven: Dampfkraftanlage mit den Daten von Abb. 9.16

der geschlossenen Gasturbinenanlage ist daher sehr viel kleiner als der Prozeßwirkungsgrad der einfachen Dampfkraftanlage, vgl. Abb. 9.31. Dagegen erreicht der exergetische Wirkungsgrad des Gaserhitzers,

$$\zeta_K = \eta_K \frac{\Delta h_u}{e_B} \left(1 - \frac{T_u}{T_m} \right)$$

mit

$$T_m = \frac{h_2 - h_1}{s_2 - s_1} = \frac{c_p^0 (T_2 - T_1)}{c_p^0 \ln (T_2/T_1)} = \frac{T_2 - T_1}{\ln (T_2/T_1)} \,,$$

höhere Werte als bei der einfachen Dampfkraftanlage, weil die thermodynamische Mitteltemperatur T_m größer ist. Es lassen sich nämlich höchste Gastemperaturen t_2 zwischen 650°C und 850°C erreichen (Dampfkraftanlage um 550°C); außerdem liegt die Gastemperatur t_1 nach der adiabaten Verdichtung bereits zwischen 150°C und 250°C. Diese günstigen Verhältnisse bei der Wärmeaufnahme vermögen jedoch nicht die großen Exergieverluste des Kreisprozesses zu kompensieren: der Gesamtwirkungsgrad

$$\zeta = \zeta_K \zeta_P$$

ist niedriger als bei der einfachen Dampfkraftanlage, vgl. die Kurven von Abb. 9.31, die unter keineswegs ungünstigen Annahmen berechnet wurden.

Entgegen einer weit verbreiteten Meinung ist die geschlossene (und auch die offene) Gasturbinenanlage der Dampfkraftanlage thermodynamisch unterlegen. Dies dürfte auch die Tatsache erklären, daß sich Gasturbinenanlagen gegenüber Dampfkraftanlagen bisher nur in bescheidenem Maße durchsetzen konnten.

Beispiel 9.5. Eine geschlossene Gasturbinenanlage mit Helium als Arbeitsmedium ($c_p^0 = 5{,}193$ kJ/kg K, $\varkappa = 5/3$) wird mit einem Kernreaktor als Energiequelle betrieben. Im Reaktor erwärmt sich das Helium auf $t_2 = 800$°C; die tiefste Gastemperatur ist $t_0 = 30$°C. Die Wirkungsgrade der Anlagekomponenten haben die Werte: $\eta_{sV} = 0{,}815$, $\eta_{sT} = 0{,}860$, $\eta_m = 0{,}975$. Im Reaktor nimmt das Helium 99% der durch Spaltung freigesetzten Energie als Wärme auf, der Rest geht durch Abstrahlung an die Umgebung über (Wärmeverlust): $\eta_K = 0{,}99$. Es ist der durch Kernspaltung freizusetzende Energiestrom, die sog. Reaktorleistung $\dot{E}_R$, zu bestimmen für eine Nutzleistung $(-P) = 12{,}5$ MW.

Aus der Leistungsbilanz des Kernreaktors folgt für die gesuchte Reaktorleistung

$$\dot{E}_R = \frac{\dot{m}}{\eta_K} (h_2 - h_1) = \frac{\dot{m}}{\eta_K} c_p^0 (t_2 - t_1) \,.$$

In dieser Gleichung sind der Massenstrom $\dot{m}$ des Heliums und seine Temperatur t_1 beim Eintritt in den Reaktor unbekannt. Diese Größen bestimmen wir aus den Parametern des Kreisprozesses. Soll die Anlage eine maximale Nutzleistung abgeben, so gilt für das Druckverhältnis

$$\lambda_{opt} = \sqrt{\eta_m \eta_{sV} \eta_{sT} (T_2/T_0)}$$

$$= \left[0{,}975 \cdot 0{,}815 \cdot 0{,}860 \cdot \frac{1\,073{,}15}{303{,}15} \right]^{1/2} = 1{,}5554,$$

also

$$\frac{p}{p_0} = (\lambda_{\mathrm{opt}})^{\varkappa/(\varkappa-1)} = (1{,}5554)^{2{,}5} = 3{,}02.$$

Nach Gl. (9.8) erhalten wir die maximale Nutzarbeit

$$(-w_t)_{\mathrm{max}} = \frac{c_p^0 T_0}{\eta_{sv}}(\lambda_{\mathrm{opt}} - 1)^2 = 5{,}193\,\frac{\mathrm{kJ}}{\mathrm{kg\,K}}\,303{,}15\,\mathrm{K}\,\frac{(0{,}5554)^2}{0{,}815} = 595{,}8\,\mathrm{kJ/kg}$$

und daraus den Massenstrom

$$\dot{m} = \frac{-P}{(-w_t)_{\mathrm{max}}} = \frac{12{,}5\,\mathrm{MW}}{595{,}8\,\mathrm{kJ/kg}} = \frac{12{,}5 \cdot 10^3\,\mathrm{kJ/s}}{595{,}8\,\mathrm{kJ/kg}} = 21{,}0\,\frac{\mathrm{kg}}{\mathrm{s}}.$$

Da die Eintrittstemperatur t_1 des Heliums die Endtemperatur der adiabaten Verdichtung ist, gilt nach S. 403

$$T_1 = T_0\left[1 + \frac{\lambda_{\mathrm{opt}} - 1}{\eta_{sv}}\right] = 303{,}15\,\mathrm{K}\left(1 + \frac{0{,}5554}{0{,}815}\right) = 509{,}74\,\mathrm{K}$$

oder $t_1 = 236{,}6\,^\circ\mathrm{C}$. Damit erhalten wir für die Reaktorleistung

$$\dot{E}_R = \frac{\dot{m}}{\eta_K}c_p^0(t_2 - t_1) = \frac{21{,}0\,\mathrm{kg/s}}{0{,}99}\,5{,}193\,\frac{\mathrm{kJ}}{\mathrm{kg\,K}}\,(800 - 236{,}6)\,\mathrm{K} = 62{,}1\,\mathrm{MW}.$$

Sehen wir, entsprechend den Bemerkungen auf S. 369, die nukleare Energie als Exergie an, so ist der exergetische Wirkungsgrad dieser mit einem Kernreaktor verbundenen Gasturbinenanlage

$$\zeta = \frac{-P}{\dot{E}_R} = \frac{12{,}5\,\mathrm{MW}}{62{,}1\,\mathrm{MW}} = 0{,}201.$$

9.42 Die offene Gasturbinenanlage

Die offene Gasturbinenanlage ist eine Verbrennungskraftanlage. Vernachlässigen wir die Wärmeverluste durch Abstrahlung an die Umgebung, so können wir die Anlage in drei offene adiabate Systeme einteilen: den Verdichter, die Brennkammer und die Turbine, vgl.

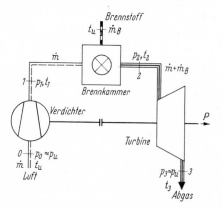

Abb. 9.32. Schaltbild einer offenen Gasturbinenanlage

Abb. 9.32. Der adiabate *Verdichter* fördert die zur Verbrennung benötigte Luft aus der Umgebung in die Brennkammer. Seine Leistung ist

$$P_V = \dot{m}[h(t_1, p_1) - h(t_0, p_0)]$$

mit $\dot{m}$, dem Massenstrom der Luft, die man für diesen Prozeß als ideales Gas mit konstantem c_p^0 annehmen kann; denn Enddruck p_1 und Endtemperatur t_1 liegen so niedrig, daß diese Vereinfachung zulässig ist.

Der Brennstoff wird bei der Umgebungstemperatur t_u in die adiabate *Brennkammer* gefördert und verbrennt dort mit der verdichteten und zugleich auf t_1 „vorgewärmten" Luft. Das dabei entstehende Verbrennungsgas verläßt die Brennkammer mit dem Druck p_2, der wegen des dort auftretenden Druckabfalls etwas kleiner als p_1 ist. Die Austrittstemperatur t_2 muß durch ein genügend großes Verhältnis ($\dot{m}/\dot{m}_B$) von Luftmenge zu Brennstoffmenge so klein gehalten werden, daß die Werkstoffe der Brennkammer und der Eintrittsstufen der Turbine noch genügende Festigkeit besitzen. Diese Temperatur t_2 liegt zwischen 650°C und 850°C; sie ist als eine durch die Werkstoffwahl festgelegte Größe zu betrachten. Zur Berechnung des Brennstoff—Luft-Verhältnisses dient die Bilanzgleichung des 1. Hauptsatzes für die adiabate Brennkammer:

$$\dot{m}_B h_B(t_u) + \dot{m}h(t_1) = (\dot{m} + \dot{m}_B)\, h_V(t_2),$$

wobei der Index B den Brennstoff, der Index V das Verbrennungsgas kennzeichnet. Die Enthalpie des Brennstoffs ersetzen wir durch seinen (unteren) Heizwert gemäß der Definitionsgleichung[1]

$$\dot{m}_B\, \Delta h_u(t_u) = \dot{m}_B h_B(t_u) + \dot{m}h(t_u) - (\dot{m} + \dot{m}_B)\, h_V(t_u)$$

und erhalten

$$\dot{m}_B\, \Delta h_u(t_u) = (\dot{m} + \dot{m}_B)\, [h_V(t_2) - h_V(t_u)] - \dot{m}[h(t_1) - h(t_u)].$$

Da das Verbrennungsgas ein Gasgemisch ist, dessen Zusammensetzung nicht nur von der Art des Brennstoffs, sondern auch vom Brennstoff—Luft-Verhältnis abhängt, ist die Enthalpie h_V des Verbrennungsgases nicht sofort bekannt, sondern hängt vom Verhältnis ($\dot{m}_B/\dot{m}$) ab. Die Bestimmung dieses Verhältnisses für eine vorgegebene Temperatur t_2 erfordert daher eine umfangreiche Rechnung, vgl. auch Beispiel 8.6 auf S.344.

Das Verbrennungsgas expandiert in der *Turbine* vom Druck p_2 auf den Druck p_3, der praktisch mit dem Umgebungsdruck p_u zusammenfällt. Die dabei abgegebene Leistung ist

$$-P_T = (\dot{m} + \dot{m}_B)[h_V(t_2,\, p_2) - h_V(t_3,\, p_3)]$$
$$= (\dot{m} + \dot{m}_B)\, \eta_{sT}[h_V(t_2,\, p_2) - h_V(t_{3'},\, p_3)] = (\dot{m} + \dot{m}_B)\, \eta_{sT}\, \Delta h_{Vs}.$$

Hierbei ist t_3 die wirkliche Austrittstemperatur des Gases, $t_{3'}$ die Temperatur, die sich bei isentroper Entspannung einstellen würde, vgl. Abb. 9.33. Diese Temperatur ist aus der Bedingung

$$s_V(t_2,\, p_2) = s_V(t_{3'},\, p_3)$$

---

[1] Das H_2O im Verbrennungsgas wird hier auch bei $t = t_u$ als gasförmig angenommen.

zu bestimmen. Die Nutzleistung der Anlage wird dann

$$-P = \eta_m(-P_T) - P_V$$

mit η_m als mechanischem Wirkungsgrad der Energieübertragung von der Turbine zum Verdichter, vgl. S.401.

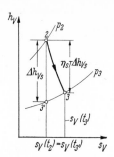

Abb.9.33. Adiabate Expansion des Verbrennungsgases in der Gasturbine, dargestellt im h_V, s_V-Diagramm des Verbrennungsgases

Da das Verbrennungsgas ein Gasgemisch ist, dessen Eigenschaften von der Zusammensetzung des Brennstoffs und vom Brennstoff—Luft-Verhältnis abhängen, ist die Berechnung des Gasturbinenprozesses auf Grund der hier angegebenen Gleichungen sehr umständlich. Um den damit verbundenen Rechenaufwand zu verringern, legt man der Berechnung ein Modell-Verbrennungsgas mit bekannten thermodynamischen Eigenschaften zugrunde. Ein besonders vorteilhaftes Berechnungsverfahren mit Hilfe eines h, s-Diagramms hat W. Traupel[1] angegeben. Es wurde von H. D. Baehr[2] weiterentwickelt, so daß eine einfache Berechnung unter Benutzung von Tabellen oder mit Hilfe elektronischer Rechenanlagen möglich ist. Wir erörtern diese Möglichkeiten einer sehr genauen Berechnung des Gasturbinenprozesses hier nicht weiter, sondern erwähnen eine noch weitergehende Rechnungsvereinfachung, die für orientierende Untersuchungen genügend genau ist.

Da die höchste Temperatur t_2 des Verbrennungsgases mit Rücksicht auf die Werkstoffe relativ niedrig gehalten werden muß, liegt das Verhältnis $\dot{m}_B/\dot{m}$ zwischen 0,01 und 0,02. Die Verbrennung wird also mit großem Luftüberschuß durchgeführt (Luftverhältnis $\lambda \approx 3{,}5$ bis 6), so daß sich die Eigenschaften des Verbrennungsgases von denen der Luft nur wenig unterscheiden. Es dürften daher für eine näherungsweise gültige Analyse des Gasturbinenprozesses die folgenden *vereinfachenden Annahmen* zulässig sein:

1. Das Arbeitsmedium wird einheitlich als Luft angenommen, und zwar als ideales Gas mit temperaturabhängigem $c_p^0 = c_p^0(t)$.

2. Die Verbrennung wird gedanklich durch eine äußere Wärmezufuhr ersetzt.

[1] Traupel, W.: Thermische Turbomaschinen, Bd.1, 2.Aufl. S.52—67. Berlin-Heidelberg-New York: Springer 1966.
[2] Baehr, H. D.: Gleichungen und Tafeln der thermodynamischen Funktionen von Luft und einem Modell-Verbrennungsgas zur Berechnung von Gasturbinenprozessen. Fortschritt-Ber. VDI-Z. Reihe 6, Nr.13. Düsseldorf: VDI-Verlag 1967.

Als Berechnungsunterlagen können wir dann die in Tab. 10.9 vertafelten Zustandsgrößen der Luft benutzen, insbesondere auch die in Abschn. 5.14 eingeführte Funktion $\pi_s(T)$ zum Verfolgen isentroper Zustandsänderungen. Die Berechnung eines Gasturbinenprozesses unter diesen vereinfachenden Annahmen zeigt das folgende Beispiel.

Beispiel 9.6. Für eine offene Gasturbinenanlage sind folgende Daten gegeben: Umgebungsdruck $p_u = p_0 = p_3 = 1{,}0$ bar, Enddruck der Verdichtung $p_1 = 4{,}1$ bar, Druck vor der Turbine $p_2 = 4{,}0$ bar; höchste Temperatur $t_2 = 700\,°\mathrm{C}$, Umgebungstemperatur $t_u = t_0 = 10\,°\mathrm{C}$. Die Wirkungsgrade sind $\eta_{sV} = 0{,}84$, $\eta_{sT} = 0{,}88$, $\eta_m = 0{,}98$. Der untere Heizwert des Brennstoffs ist $\Delta h_u = 40{,}5\,\mathrm{MJ/kg}$, seine Exergie $e_B = 42{,}8\,\mathrm{MJ/kg}$. Man berechne die Leistungen von Turbine und Verdichter, den Brennstoffverbrauch und den exergetischen Wirkungsgrad der Anlage für eine Nutzleistung $(-P) = 10{,}0\,\mathrm{MW}$.

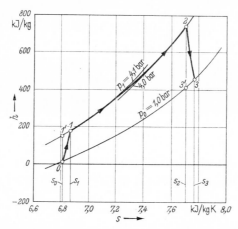

Abb. 9.34. Zustandsänderungen der Luft beim Gasturbinenprozeß von Beispiel 9.6

Abb. 9.34 zeigt die Zustandsänderungen der Luft im h, s-Diagramm. Die Endtemperatur $t_{1'}$ der vom Zustand 0 ausgehenden isentropen Verdichtung finden wir aus

$$\pi_s(t_{1'}) = \frac{p_1}{p_0}\,\pi_s(t_0) = \frac{4{,}1\ \mathrm{bar}}{1{,}0\ \mathrm{bar}}\,1{,}1339 = 4{,}6490$$

mit Hilfe von Tab. 10.9 zu $t_{1'} = 150{,}0\,°\mathrm{C}$ und damit

$$w_{t01} = \frac{1}{\eta_{sV}}\,(h_{1'} - h_0) = \frac{1}{0{,}84}\,(151{,}2 - 10{,}0)\,\frac{\mathrm{kJ}}{\mathrm{kg}} = 168{,}1\,\frac{\mathrm{kJ}}{\mathrm{kg}}.$$

Daraus folgt

$$h_1 = h_0 + w_{t01} = 178{,}1\ \mathrm{kJ/kg}$$

und $t_1 = 176{,}4\,°\mathrm{C}$ als Endtemperatur der Verdichtung. Für die isentrope Expansion gilt

$$\pi_s(t_{3'}) = \frac{p_3}{p_2}\,\pi_s(t_2) = \frac{1{,}0\ \mathrm{bar}}{4{,}0\ \mathrm{bar}}\,102{,}17 = 25{,}543.$$

Nach Tab. 10.9 ergibt dies $t_{3'} = 404{,}7\,°\mathrm{C}$ und für die technische Arbeit der Turbine

$$-w_{t23} = \eta_{sT}(h_2 - h_{3'}) = 0{,}88\,(741{,}7 - 418{,}7)\ \mathrm{kJ/kg} = 284{,}2\ \mathrm{kJ/kg}.$$

Damit erhalten wir die spez. Nutzarbeit der Anlage zu

$$-w_t = \eta_m(-w_{t23}) - w_{t01} = (0{,}98 \cdot 284{,}2 - 168{,}1)\ \mathrm{kJ/kg} = 110{,}5\ \mathrm{kJ/kg}$$

und den Massenstrom der Luft zu

$$\dot{m} = \frac{-P}{-w_t} = \frac{10,0 \text{ MW}}{110,5 \text{ kJ/kg}} = 90,5 \text{ kg/s}.$$

Die Leistungen von Verdichter und Turbine ergeben sich daraus zu

$$P_V = \dot{m}w_{t01} = 15,2 \text{ MW}, \quad -P_T = \dot{m}(-w_{t23}) = 25,7 \text{ MW}.$$

Die gesamte installierte Maschinenleistung ist also mehr als viermal so groß wie die Nutzleistung der Anlage.

Der zur Erwärmung der Luft von t_1 auf t_2 zuzuführende Wärmestrom soll durch Verbrennen des Brennstoffs freigesetzt werden. Für diesen „Ersatzprozeß" gilt daher

$$\dot{Q}_{12} = \dot{m}(h_2 - h_1) = \dot{m}_B \, \Delta h_u;$$

daraus folgt

$$\dot{m}_B = \frac{h_2 - h_1}{\Delta h_u} \dot{m} = \frac{(741,7 - 178,1) \text{ kJ/kg}}{40,5 \text{ MJ/kg}} \dot{m} = 0,01392 \, \dot{m} = 1,260 \text{ kg/s}$$

als Brennstoffverbrauch. Der exergetische Wirkungsgrad der Anlage ist

$$\zeta = \frac{-P}{\dot{m}_B e_B} = \frac{10,0 \text{ MW}}{1,260 \cdot 42,8 \text{ MW}} = 0,185.$$

Dieser niedrige Wert von ζ weist auf das Auftreten großer Exergieverluste hin, die im Exergie-Flußbild, Abb. 9.35, im einzelnen zu erkennen sind. Die Exergieströme sind hier auf den Exergiestrom

$$\dot{E}_B = \dot{m}_B e_B = 53,9 \text{ MW}$$

bezogen, der mit dem Brennstoff zugeführt wird und der zu 100% normiert wurde. Wie Abb. 9.35 zeigt, treten zwei große Verlustquellen auf: die Brennkammer, in der 45% der zugeführten Brennstoffexergie in Anergie verwandelt werden, und das aus der Turbine austretende Abgas, das fast 30% der Brennstoffexergie enthält.

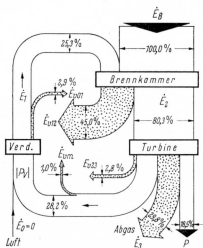

Abb. 9.35. Exergie-Fluß-bild einer offenen Gasturbinenanlage

Der große Exergieverlust in der Brennkammer entsteht bei der Verbrennung, die bei sehr hohem Luftüberschuß abläuft, damit die Temperatur des Verbrennungsgases mit Rücksicht auf die Werkstoffe 700 °C nicht überschreitet. Wie Abb. 8.17 auf S. 366 zeigt, sinkt der exergetische Wirkungsgrad der adiabaten Verbrennung mit steigendem Luftverhältnis λ sehr rasch ab. Obwohl in der Brennkammer einer Gasturbinenanlage der Brennstoff mit vorgewärmter Luft ($t_L = t_1$)

verbrannt wird und obwohl der Wärmeübergang vom Verbrennungsgas auf ein weiteres Arbeitsmedium entfällt, tritt wegen des hohen Luftüberschusses ein großer Exergieverlust auf, der in der Größenordnung des Exergieverlustes im Dampferzeuger einer einfachen Dampfkraftanlage liegt. Dieser Exergieverlust läßt sich nur durch eine erhebliche Steigerung der Verbrennungstemperatur verkleinern.

Das aus der Turbine austretende Abgas hat noch eine hohe Temperatur (hier $t_3 = 443\,^\circ\mathrm{C}$). Wird seine Exergie nicht weiter genutzt, so ist diese Exergie als Verlust zu werten, denn sie verwandelt sich in Anergie, wenn sich das Abgas mit der Umgebungsluft irreversibel vermischt. Eine wesentliche Prozeßverbesserung wird sich also ergeben, wenn es gelingt, die Exergie des Abgases zu nutzen.

9.43 Verbesserungen des Gasturbinenprozesses

Ein wesentlicher Nachteil des Gasturbinenprozesses besteht darin, daß die noch hohe Exergie des aus der Turbine austretenden Gases bei den bisher behandelten einfachen Gasturbinenanlagen nicht ausgenutzt wird. Diese Exergie verwandelt sich bei der Wärmeabfuhr im Kühler der geschlossenen Anlage in Anergie, vgl. S.404; bei der offenen Bauart entweicht das Abgas in die Umgebung, wo sich seine Exergie durch die irreversible Abkühlung und Vermischung mit der Umgebungsluft in Anergie verwandelt. Bei unveränderter Führung des Gasturbinenprozesses läßt sich die Exergie des Abgases nutzen, wenn der Gasturbinenprozeß mit einem Prozeß gekoppelt werden kann, bei dem Energie als Wärme benötigt wird, z.B. zu Heizzwecken (Fernheizung) oder bei einem Prozeß der chemischen Industrie. Ist diese Koppelung mit einem ,,Wärmeverbraucher'' nicht möglich, so läßt sich der Gasturbinenprozeß durch eine innere oder regenerative Wärmeübertragung innerhalb der Gasturbinenanlage wesentlich verbessern.

Abb. 9.36 zeigt das Schaltbild einer offenen Gasturbinenanlage mit einem zusätzlichen Wärmeaustauscher, dem *Rekuperator*, in dem sich das aus der Turbine kommende Abgas weiter abkühlt und Energie als Wärme an die verdichtete Luft abgibt. Die in die Brennkammer eintretende Luft erwärmt sich von T_1 auf T_{1*}; hierdurch verringern sich der Brennstoffbedarf und auch der Exergieverlust der Verbrennung. Vor allem aber hat das mit der niedrigeren Temperatur $T_{3*} < T_3$ abströmende Abgas eine geringere Exergie als bei der einfachen Anlage ohne Rekuperator.

In Abb. 9.37 sind die Zustandsänderungen des Gasturbinenprozesses mit Rekuperator dargestellt, wobei zur Vereinfachung die chemische Veränderung des Arbeitsmittels vernachlässigt ist. Hätte der Rekuperator eine unendlich große Wärmeübertragungsfläche, so könnte die Luftaustrittstemperatur T_{1*} die Abgaseintrittstemperatur T_3 erreichen. Die Luft würde dann die Wärme $h(T_3) - h(T_1)$ aufnehmen. Die wirkliche Energieaufnahme ist jedoch kleiner: $h(T_{1*}) - h(T_1)$; denn zur Wärmeübertragung müssen endliche Temperaturdifferenzen vorhanden sein. Die Wirksamkeit des Rekuperators kennzeichnet man daher durch das Verhältnis

$$\eta_R = \frac{h(T_{1*}) - h(T_1)}{h(T_3) - h(T_1)} \approx \frac{T_{1*} - T_1}{T_3 - T_1} = 1 - \frac{\Delta T}{T_3 - T_1},$$

den *Rekuperator-Wirkungsgrad*. Praktisch lassen sich höhere Werte als $\eta_R = 0{,}75$ bis $0{,}8$ nicht erreichen, weil sonst der Rekuperator unwirtschaftlich groß werden würde.

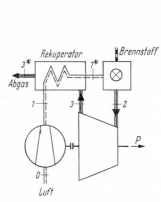

Abb.9.36. Schaltbild einer offenen Gasturbinenanlage mit Rekuperator

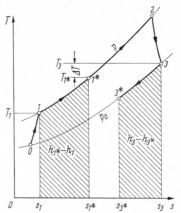

Abb. 9.37. Zustandsänderungen des Arbeitsmediums (chemische Veränderung vernachlässigt) beim Gasturbinenprozeß mit Rekuperator. Schraffiert: die im Rekuperator als Wärme übertragene Energie

Durch die Anwendung des hier beschriebenen regenerativen Wärmeaustausches läßt sich der Wirkungsgrad der Gasturbinenanlage erheblich steigern. Eine weitere Prozeßverbesserung bringt die *mehrstufige Luftverdichtung mit Zwischenkühlung* und die Expansion in zwei Turbinen mit *Zwischenerhitzung* des Gases in einer zusätzlichen Brennkammer. Das Schaltbild einer solchen Gasturbinenanlage zeigt Abb. 9.38. Durch Anwendung dieser Prozeßverbesserungen erreicht der

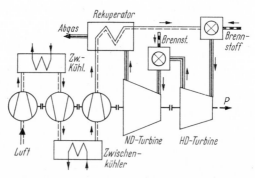

Abb.9.38 Schaltbild einer offenen Gasturbinenanlage mit dreistufiger Luftverdichtung und Zwischenkühlung, mit Rekuperator, mit Expansion in zwei Turbinen und mit Zwischenerhitzung

exergetische Wirkungsgrad Werte über 30%. Es geht jedoch damit der Vorteil des einfachen Aufbaus verloren, weswegen man bei vielen der bis heute gebauten Anlagen diese komplizierten Schaltungen vermeidet und sich mit bescheidenen Wirkungsgraden zufrieden gibt.

10. Anhang: Einheiten. Tabellen

10.1 Die Stoffmenge und ihre Maße

In der Thermodynamik tritt der Begriff der Stoffmenge häufig auf. Wir sprechen dabei von Stoffmengen, wenn wir allgemein eine bestimmte oder auch unbestimmte Menge von Materie kennzeichnen wollen. Beispiele sind die Brennstoffmenge, die einer Feuerung zugeführt wird, oder die Menge des Fluids, das als Arbeitsmittel einer Wärmekraftmaschine einen Kreisprozeß vollführt. Wir fassen dabei die Stoffmenge nicht als eine physikalische Größe auf, sondern als ein Objekt, dessen Eigenschaften durch physikalische Größen bestimmt werden. Eine Stoffmenge hat daher z. B. eine bestimmte Masse m, sie nimmt einen Raum mit einem bestimmten Volumen V ein und sie steht unter einem bestimmten Druck p. Im folgenden wollen wir die Eigenschaften behandeln, welche die Größe einer Stoffmenge quantitativ kennzeichnen. Wir nennen diese Eigenschaften der Stoffmenge ihre Maße. Diese physikalischen Größen sind: die Masse m (das Gewicht) der Stoffmenge, die Teilchenzahl N, die Substanzmenge n sowie das Volumen V_n der Stoffmenge im Normzustand.

10.11 Masse, Gewicht und Gewichtskraft

Als Maß für Stoffmengen, bei der Wahl der dritten in der Mechanik erforderlichen Grundgrößenart (Masse oder Kraft) und bei der Frage nach dem zweckmäßigsten Einheitensystem spielt eine Größe eine besondere Rolle: das Gewicht. Dieser allen Menschen aus dem täglichen Leben geläufige Begriff hat zu großen Meinungsverschiedenheiten Anlaß gegeben, und auch heute trifft man immer noch falsche Vorstellungen über diese Größe an. Es soll daher auf die hiermit zusammenhängenden Probleme kurz eingegangen werden. Wegen weitergehender Erörterungen sei auf die Literatur verwiesen[1].

Im täglichen Leben, in Handel und Wirtschaft bedeutet das Wort Gewicht das Ergebnis der Wägung. Die physikalische Größe, die mit der Waage, einem der am häufigsten benutzten Meßinstrumente bestimmt wird, ist das Gewicht, ein bestimmtes Merkmal, eine bestimmte Eigenschaft der gewogenen Stoffmenge. Um welche physikalische Größe

---

[1] Baehr, H. D.: Gewicht und Masse in den Größengleichungen der Technik. Konstruktion 12 (1960) S. 203—207. In diesem Aufsatz findet man zahlreiche Literaturangaben.

handelt es sich nun, die im täglichen Leben als Gewicht bezeichnet wird? Hierzu betrachten wir die in Abb. 10.1 schematisch dargestellte Hebelwaage[1], deren Hebelarme die bekannten Längen l_1 und l_2 haben. Auf die eine Seite der Waage wird der Körper gelegt, dessen Gewicht bestimmt werden soll, sodann belastet man die andere Seite der Waage

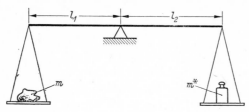

Abb. 10.1. Hebelwaage (schematisch)

durch sog. Gewichtsstücke mit bekannter Masse m^*, bis „Gleichgewicht" herrscht. Der Waagebalken ruht dann, und es gilt die Momentengleichung

$$\underbrace{\text{Kraft} \times \text{Hebelarm}}_{\text{links}} = \underbrace{\text{Kraft} \times \text{Hebelarm}}_{\text{rechts}}.$$

Mit der Masse m des zu wiegenden Körpers und der Schwerefeldstärke oder Fallbeschleunigung g gilt

$$mgl_1 = m^*gl_2.$$

Da sich die Fallbeschleunigung weghebt, folgt für die Masse des zu wiegenden Körpers

$$m = m^* \frac{l_2}{l_1}.$$

Die Masse ist also die (einzige) Eigenschaft des gewogenen Körpers, die durch die Wägung bestimmt wird. Es gilt daher: *Gewicht als Ergebnis der Wägung ist die Masse des gewogenen Körpers.* Die Waage mißt die Masse durch Vergleich mit den bekannten (geeichten) Massen der Gewichtsstücke.

Dieses Ergebnis wurde zu Unrecht wiederholt angezweifelt, und es wurde behauptet, die Waage liefere eine Kraft als Meßergebnis. Dies ist ein Irrtum; die Masse ist die einzige Eigenschaft des gewogenen Körpers, die bei der Wägung auftritt, die Fallbeschleunigung g am Ort der Wägung läßt sich mittels der Waage nicht bestimmen. Die Waage reagiert zwar auf Kräfte oder auf Momente; diese sind aber nicht Gegenstand der Messung, sie lassen sich mit der Waage nicht bestimmen. Waagen sind keine Kraftmeßgeräte (Dynamometer) sondern Massenmeßgeräte. Auf der falschen Auffassung, mit der Waage würden Kräfte gemessen, beruht auch die Behauptung, die Masse wäre eine unanschauliche „Rechengröße", die man aus der Kraft erst durch Division mit der Beschleunigung erhielte.

---

[1] Federwaagen sind zum Abmessen von Stoffmengen gesetzlich nicht zugelassen; sie werden gelegentlich von hausierenden Lumpenhändlern benutzt und existieren im wesentlichen nur in Physikbüchern.

Seit Newton gibt es jedoch eine *zweite Definition des Gewichts*. Danach ist es die *Kraft*

$$G = m \cdot g.$$

Mit dieser Kraft sucht z.B. ein Körper, der an die Feder einer Feder-„waage" gehängt wird, die Feder zu verlängern. Wir wollen G als *Gewichtskraft* bezeichnen, um Verwechslungen mit dem Gewicht (= Ergebnis der Wägung = Masse des gewogenen Körpers) zu vermeiden.[1] *Die Gewichtskraft G ist eine spezielle, ortsveränderliche Kraft, die auf den Körper mit der Masse m wirkt. Seine Masse m (Gewicht) ist dagegen eine ortsunabhängige, im Gültigkeitsbereich der klassischen (nicht relativistischen) Mechanik unveränderliche Eigenschaft des Körpers.*

Die Gewichtskraft G braucht nur dann berücksichtigt zu werden, wenn Gravitationserscheinungen eine Rolle spielen. Dies ist in der Thermodynamik nur selten der Fall. Die Gewichtskraft tritt also in der Thermodynamik praktisch nicht auf. Um außerdem jede Möglichkeit einer Verwechslung zu vermeiden, haben wir den Ausdruck Gewicht für die Masse eines Körpers *nicht* benutzt, sondern stets die Bezeichnung Masse verwendet.

Die Masse m ist eine als Mengenmaß geeignete Eigenschaft der Stoffmenge. Sie ist von Zeit und Ort ihrer Messung unabhängig und läßt sich außerdem sehr genau und einfach messen, nämlich durch Wägen der Stoffmenge auf der (Hebel-)Waage. So ist in Handel und Wirtschaft die Masse das bevorzugte Maß für Stoffmengen, nur wird die Masse im täglichen Leben als „Gewicht" bezeichnet. In Wissenschaft und Technik besteht kein Anlaß, Stoffmengen nicht ebenfalls durch ihre Masse zu messen. Wir benutzen daher auch in der Thermodynamik die Masse zu diesem Zweck. Die auf die Masse bezogenen Größen haben wir spezifische Größen genannt, vgl. Abschn. 1.23; Beispiele sind das spez. Volumen v, spez. Energien wie u, h, e und die spez. Entropie s.

In der Technik war es lange Zeit üblich — dieser Brauch oder besser Mißbrauch ist auch heute noch vorhanden —, Stoffmengen durch die Gewichtskraft

$$G = mg$$

zu messen. Dies ist nicht richtig, denn die Fallbeschleunigung ist ortsveränderlich. Die Gewichtskraft ist keine Eigenschaft der Stoffmenge: an verschiedenen Orten hat dieselbe Stoffmenge stets dieselbe Masse, sie übt aber eine verschieden große Gewichtskraft aus, vgl. Beispiel 10.1. Dieser Mißbrauch geht auf die falsche Auffassung von der Funktion der Waage zurück, wonach das Ergebnis der Wägung die Gewichtskraft G und nicht das Gewicht (= Masse) sein soll.

Man hat nun durch einen Kunstgriff versucht, diese falsche Auffassung beizubehalten, aber zugleich ihre ärgsten Mängel zu vermeiden. Zu diesem Zweck wurde 1901 das *Normgewicht* (die Normgewichtskraft)

$$G_n = m \cdot g_n$$

---

[1] Diesem schon in der ersten Auflage dieses Buches 1962 veröffentlichten Vorschlag hat sich inzwischen auch der Deutsche Normen-Ausschuß (DNA) angeschlossen, vgl. Normblatt DIN 1305: Masse, Gewicht, Gewichtskraft, Fallbeschleunigung. Begriffe. Ausgabe Juni 1968.

definiert, indem man einen bestimmten Wert von g, nämlich die *Normfall-beschleunigung* $g_n = 9,80665$ m/s^2 per definitionem festlegte. Das Normgewicht ist damit der Masse streng proportional, bleibt aber eine Kraft, die durch diesen Kunstgriff als Mengenmaß angesehen werden kann.

Dieses Vorgehen ist jedoch abzulehnen. Abgesehen davon, daß diese Definition der überflüssigen Größe G_n eine unnötige Komplizierung der Größengleichungen hervorruft, stellt dieses Verfahren die meßtechnischen Gegebenheiten auf den Kopf. Das Normgewicht ist nämlich überhaupt nicht direkt meßbar. Niemand kann den Ort auf der Erde genau angeben, an dem gerade die Normfallbeschleunigung g_n auftritt. Selbst wenn das möglich wäre, könnte man die Kraft G_n nur mit der kümmerlichen relativen Genauigkeit von höchstens 10^{-3} messen und dann die Masse m errechnen. Sehr viel einfacher und genauer ist es aber, die Masse m direkt zu messen, nämlich auf der Waage, wie es im täglichen Leben auch geschieht. Diese Massenmessung (Wägung) ist außerdem um ein Vielfaches genauer als es eine Kraftmessung jemals sein kann. Der Begriff des Normgewichts ist daher überflüssig und als Mengenmaß unzweckmäßig. Wir haben ihn deswegen nicht benutzt.

Beispiel 10.1. Ein Stahlblock mit der Masse $m = 1000,0$ kg wird von Berlin auf den Kilimandscharo transportiert. Wie groß ist sein Gewicht in Berlin und auf dem Kilimandscharo, wie groß ist die Gewichtskraft an diesen Orten?

Da das *Gewicht* eines Körpers gleich seiner Masse ist, ändert sich das Gewicht des Stahlblocks nicht, wenn er von Berlin nach dem Kilimandscharo gebracht wird. Eine Wägung hätte an beiden Orten dasselbe Ergebnis: $1000,0$ kg.

Um die *Gewichtskraft* zu bestimmen, muß die Fallbeschleunigung g bekannt sein. Diese kann durch Pendelversuche oder durch Gravimeter mit einer relativen Genauigkeit von etwa 10^{-5} bis 10^{-6} bestimmt werden. So findet man in Berlin $g = 9,8127$ m/s^2 und auf dem Kilimandscharo $g = 9,7703$ m/s^2. Damit übt der Stahlblock folgende Gewichtskräfte aus:

Berlin: $G = m \cdot g = 1000,0 \text{ kg} \cdot 9,8127 \dfrac{\text{m}}{\text{s}^2} = 9812,7 \text{ N} = 1000,6 \text{ kp}$

Kilimandscharo: $G = 1000,0 \text{ kg} \cdot 9,7703 \dfrac{\text{m}}{\text{s}^2} = 9770,3 \text{ N} = 996,3 \text{ kp}.$

Dieser Unterschied der Gewichtskräfte und der Unterschied der örtlichen Fallbeschleunigungen ließen sich durch Dynamometer auch direkt messen. Allerdings würde die geringe Meßgenauigkeit dieser Geräte (etwa 10^{-3}) die Unterschiede weitgehend verwischen.

10.12 Teilchenzahl und Substanzmenge

Das begrifflich einfachste Maß für Stoffmengen ist die Zahl der Teilchen (Moleküle, Atome, Ionen usw.), aus denen die Stoffmenge besteht. Die Teilchenzahl N tritt immer dann auf, wenn man auf den Aufbau der Materie aus diskreten Teilchen eingeht; sie ist daher z.B. in der statistischen Thermodynamik eine bevorzugte Variable. Die Teilchenzahl einer Stoffmenge makroskopischer Abmessungen ist immer sehr groß ($N \approx 10^{25}$), so daß sich diese Größe direkt, nämlich durch Abzählen nicht messen läßt.

Man hat daher eine neue Größenart eingeführt, die der Zahl der Teilchen proportional ist, die aber grundsätzlich durch makroskopische Messungen bestimmbar ist.[1] Wir bezeichnen dieses Stoffmengenmaß

---

[1] Vgl. die ausführliche Darstellung von U. Stille: Messen und Rechnen in der Physik. 2. Aufl. S. 364—374, Braunschweig: Fr. Vieweg & Sohn 1961. Hier werden auch die Zusammenhänge zu dem in der Chemie gebräuchlichen Begriff der „Molzahl" und älteren, nun aufgegebenen Auffassungen des Molbegriffs behandelt.

als *Substanzmenge*, was genau der Übersetzung der englischen Bezeichnung „amount of substance" entspricht. Im deutschen Schrifttum wird die Substanzmenge n meistens als Stoffmenge, manchmal auch als Teilchenmenge oder Molmenge bezeichnet.[1]

Die Substanzmenge n wird der Teilchenzahl N streng proportional gesetzt; gleich große Substanzmengen enthalten stets gleich viele Teilchen. Es gilt daher

$$n = N / N_A$$

mit N_A als einer *universellen* Konstante; sie wird Avogadro-Konstante genannt. Da die Einheit der Teilchenzahl die Zähleinheit „Eins" ist, wird die Einheit der Avogadro-Konstante durch die Einheit der Substanzmenge festgelegt. Diese kann man als Basiseinheit einer Grund- oder Basis-Größenart willkürlich fixieren. Die Einheit der Substanzmenge ist das Mol (Kurzzeichen: mol) mit der folgenden Definition: 1 Mol ist die Substanzmenge eines Systems bestimmter Zusammensetzung, das aus ebenso vielen Teilchen besteht, wie Atome in genau 12 g des Nuklids ^{12}C enthalten sind. Damit liegt auch der Wert der Avogadro-Konstante fest; er muß experimentell bestimmt werden. Bezeichnet man mit $[n]$ die Einheit der Substanzmenge, z. B. $[n] = 1$ mol, so gilt

$$N_A = N / n = N^* / [n].$$

N^* ist dabei die Teilchenzahl, welche in einer Stoffmenge enthalten ist, deren Substanzmenge gerade gleich der Substanzmengeneinheit, z. B. gleich 1 mol, ist. Die Bestimmung der Avogadro-Konstante läuft also darauf hinaus festzustellen, aus wieviel Teilchen eine Stoffmenge von der Größe der Substanzmengeneinheit besteht. Der neueste Bestwert[2] für N_A ist

$$N_A = (6,022\,17 \pm 0,000\,12) \cdot 10^{23}\ \text{mol}^{-1},$$

wobei die Unsicherheit gleich der dreifachen Standardabweichung gesetzt wurde.

Ebenso wie zwischen den Stoffmengenmaßen Substanzmenge und Teilchenzahl eine Proportionalität besteht, so trifft dies auch für die Stoffmengenmaße Substanzmenge und Masse zu. Man setzt hier

$$m = M \cdot n,$$

wobei sich Masse m und Substanzmenge n auf dieselbe Stoffmenge beziehen, und definiert dadurch die *Molmasse M*. Während die Avogadro-Konstante definitionsgemäß eine universelle Konstante ist, vari-

---

[1] Die Bezeichnung „Stoffmenge", die z. B. im „Gesetz über Einheiten im Meßwesen", Bundesgesetzblatt 1969, I, Nr. 55, S. 709—712, benutzt wird, haben wir in Anlehnung an den allgemeinen Sprachgebrauch zur Benennung des allgemeinen Begriffs verwendet, vgl. S. 411. Für die physikalische Größe n als Eigenschaft und Maß für Stoffmengen dürfte das hier verwendete Wort „Substanzmenge" geeigneter sein, das außerdem in der Alltagssprache ungebräuchlich ist.

[2] Taylor, B. N., Parker, W. H., Langenberg, D. N.: Determination of e/h, Using Macroscopic Quantum Phase Coherence in Superconductors: Implications for Quantum Electrodynamics and the Fundamental Physical Constants. Reviews of Mod. Phys. 41 (1969) S. 375—496.

iert die Molmasse von Stoff zu Stoff, denn die Teilchen verschiedener Stoffe haben auch unterschiedlich große Massen. Die Molmasse ist also eine für jede Teilchenart spezifische Konstante. Werte der Molmassen für eine Reihe wichtiger Stoffe findet man in Tab. 10.6 auf S. 425. Die Molmasse

$$M = m/n$$

ist ein Beispiel einer molaren oder substanzmengenbezogenen Größe. Diese Größen, Quotienten aus einer extensiven Größe und der Substanzmenge eines Systems, haben wir schon in Abschn. 1.23 eingeführt.

Beispiel 10.2. Wie groß sind die Substanzmenge n und die Teilchenzahl N einer Stickstoffmenge mit der Masse $m = 1,00$ g? Wie groß ist die Masse eines Stickstoffmoleküls?
Mit der Molmasse von N_2 nach Tab. 10.6 ergibt sich für die Substanzmenge

$$n = \frac{m}{M} = \frac{1,00 \text{ g}}{28,013 \text{ g/mol}} = 0,03570 \text{ mol}.$$

Die Zahl der Teilchen wird

$$N = n \cdot N_A = 0,03570 \text{ mol} \cdot 6,0222 \cdot 10^{23} \text{ mol}^{-1} = 2,150 \cdot 10^{22}.$$

Damit erhält man für die Masse eines Stickstoffmoleküls

$$\frac{m}{N} = \frac{1,00 \text{ g}}{2,150 \cdot 10^{22}} = 4,652 \cdot 10^{-23} \text{ g}.$$

10.13 Normzustand und Normvolumen

Neben den schon behandelten Stoffmengenmaßen Masse (Gewicht), Teilchenzahl und Substanzmenge gibt es eine weitere Größe, die besonders bei Gasen als Stoffmengenmaß geeignet ist: das Normvolumen[1]. Das Volumen eines einfachen Systems, z. B. eines Fluids, hängt von Druck und Temperatur ab und ist als extensive Größe der Masse und der Substanzmenge des Systems proportional. Es gilt daher

$$V = m \cdot v(T, p) = n \cdot \mathfrak{V}(T, p),$$

wobei das spez. Volumen v und das Molvolumen $\mathfrak{V}$ nur von T und p abhängen. In einem bestimmten Standardzustand mit vereinbarten Werten $T = T_0$ und $p = p_0$ haben das spez. Volumen und das Molvolumen eines jeden Stoffes feste Werte, die von Stoff zu Stoff verschieden sind. Das Volumen

$$V_0 = m \cdot v(T_0, p_0) = n \cdot \mathfrak{V}(T_0, p_0)$$

des Systems im Standardzustand ist damit für jeden Stoff durch einen *festen* Faktor mit der Masse und der Substanzmenge verknüpft, kann also als ein Maß für die Größe der Stoffmenge dienen.

Ein solches Standardvolumen, brauchbar als Stoffmengenmaß, ist insbesondere das *Normvolumen* V_n nach DIN 1343[2]. Es ist das Volumen

$$V_n = m \cdot v(T_n, p_n) = n \cdot \mathfrak{V}(T_n, p_n)$$

---

[1] Vgl. hierzu auch Grigull, U.: Normvolumen und Normkubikmeter. Brennst.-Wärme-Kraft 19 (1967) S. 561—563.
[2] DIN 1343: Normzustand, Normvolumen. Ausgabe Mai 1964.

im *Normzustand* mit der Normtemperatur $T_n = 273,15$ K $(t_n = 0\,°\mathrm{C})$ und dem Normdruck $p_n = 1,01325$ bar $= 1$ atm. Die Einheit des Normvolumens ist m³, denn V_n gehört zur Größenart Volumen. In der technischen Praxis wird die Einheit des Normvolumens häufig als Normkubikmeter mit dem Kurzzeichen m³$_n$ bezeichnet, um schon durch die Einheit die besondere Größe V_n zu kennzeichnen. Statt von einem Normvolumen von z.B. 3,5 m³ spricht man nicht ganz korrekt, aber kürzer von 3,5 m³$_n$.

Besonders einfache Beziehungen zwischen den Stoffmengenmaßen V_n, m und n bestehen für *ideale Gase*. Nach Abschn. 5.12 hat das Molvolumen

$$\mathfrak{V}_n = RT_n/p_n = (22,414 \pm 0,003) \text{ m}^3/\text{kmol},$$

aller idealen Gase denselben Wert, so daß wegen

$$V_n = m \cdot \frac{\mathfrak{V}_n}{M} = n \cdot \mathfrak{V}_n$$

Mengen idealer Gase mit gleichgroßem Normvolumen ohne Rücksicht auf die Art des idealen Gases stets gleich große Substanzmengen enthalten; und zwar enthält ein Gas mit dem Normvolumen $V_n = 1$ m³ die Substanzmenge

$$n = V_n/\mathfrak{V}_n = 1 \text{ m}^3/\mathfrak{V}_n = 44,615 \text{ mol}.$$

Die Massen m idealer Gase, die das gleiche Normvolumen haben, unterscheiden sich dagegen durch ihre Molmassen. Man erhält

$$m = MV_n/\mathfrak{V}_n = M \cdot 1 \text{ m}^3/\mathfrak{V}_n = M \cdot 44,615 \text{ mol}$$

als Masse eines idealen Gases, welches gerade das Normvolumen $V_n = 1$ m³ hat.

Um das *Normvolumen realer Gase* (und Flüssigkeiten) mit ihrer Masse und ihrer Substanzmenge zu verknüpfen, muß man das Molvolumen $\mathfrak{V}_n$ dieser Stoffe im Normzustand und gegebenenfalls ihre Molmasse M kennen. Beschränkt man sich auf Fluide, die im Normzustand gasförmig sind, so kann man in erster Näherung den für ideale Gase gültigen Wert von $\mathfrak{V}_n$ benutzen. Da der Normdruck $p_n = 1$ atm relativ niedrig ist, verhalten sich nämlich reale Gase im Normzustand noch annähernd wie ideale Gase.

Beispiel 10.3. Wie groß ist das Normvolumen einer Sauerstoffmenge, deren Masse $m = 1,0000$ kg ist?

Wir nehmen zunächst an, Sauerstoff verhielte sich im Normzustand wie ein ideales Gas. Dann gilt für das Normvolumen

$$V_n = m \cdot \mathfrak{V}_n/M = 1,0000 \text{ kg} \frac{22,414 \text{ m}^3/\text{kmol}}{31,9988 \text{ kg}/\text{kmol}} = 0,7005 \text{ m}^3$$

mit M als der Molmasse von O_2 nach Tab. 10.6. Das reale Gas Sauerstoff hat nach Präzisionsmessungen im Normzustand die Dichte $\varrho_n = 1,4290$ kg/m³. Damit ergibt sich der richtige Wert des Normvolumens zu

$$V_n = m \cdot v_n = \frac{m}{\varrho_n} = \frac{1,0000 \text{ kg}}{1,4290 \text{ kg/m}^3} = 0,6998 \text{ m}^3.$$

10.2 Einheiten

Zur numerischen Auswertung von Größengleichungen und zur Angabe von Größenwerten haben wir in diesem Buch die Einheiten des Internationalen Einheitensystems (SI-Einheiten, SI-units) und ihre dezimalen Vielfache benutzt. Diese Einheiten sind in der Bundesrepublik Deutschland außerdem die gesetzlich[1] vorgeschriebenen Einheiten „im geschäftlichen und amtlichen Verkehr". In den folgenden Abschnitten stellen wir die Definitionen dieser Einheiten zusammen und geben eine Übersicht über die Umrechnungsfaktoren zwischen älteren, aber noch häufig benutzten Einheiten und den Einheiten des Internationalen Einheitensystems.

10.21 Die Einheiten des Internationalen Einheitensystems

Das Internationale Einheitensystem umfaßt sieben *Basiseinheiten* für sieben Basisgrößenarten, auf deren Grundlage sich alle Gebiete der Naturwissenschaften und der Technik durch Größen und Größengleichungen[2] beschreiben lassen. Tab. 10.1 enthält die Basisgrößenarten, die Basiseinheiten mit ihren Kurzzeichen (Einheitenzeichen) und ihren Definitionen, die auf Beschlüsse des hierfür zuständigen höchsten internationalen Gremiums, der Generalkonferenz für Maß und Gewicht zurückgehen. In der Thermodynamik ist die Basisgrößenart elektrische Stromstärke nur von untergeordneter Bedeutung; die Basisgrößenart der Lichttechnik, die Lichtstärke kommt in der Thermodynamik praktisch nicht vor.

Aus den Basiseinheiten lassen sich durch Produkt- oder Quotientenbildung weitere Einheiten, die *abgeleiteten Einheiten* bilden. Kommt bei der Bildung abgeleiteter Einheiten nur der Zahlenfaktor eins vor, z. B.

$$1\ \text{Newton} = 1\ \text{N} = \frac{1\ \text{kg} \cdot 1\ \text{m}}{1\ \text{s}^2} = 1\ \frac{\text{kg m}}{\text{s}^2},$$

so hat man ein *kohärentes* Einheitensystem. Die abgeleiteten Einheiten des Internationalen Einheitensystems bilden mit den sieben Basiseinheiten ein durchgehend kohärentes Einheitensystem, in dem es also keine (von eins verschiedenen) Umrechnungsfaktoren gibt. Zahl-

---

[1] Gesetz über Einheiten im Meßwesen. Bundesgesetzblatt 1969, Teil I, Nr. 55, S. 709 und Ausführungsverordnung zum Gesetz über Einheiten im Meßwesen. Bundesgesetzblatt 1970, Teil I, Nr. 62, S. 981. — Vgl. hierzu auch Haeder, W., Gärtner, E.: Die gesetzlichen Einheiten in der Technik. Berlin, Köln, Frankfurt/M.: Beuth-Vertrieb 1970.

[2] Das Rechnen mit Größen und Größengleichungen, das in den früheren Auflagen dieses Buches noch ausführlich behandelt wurde, sollte inzwischen zum selbstverständlichen Handwerkszeug aller Ingenieure geworden sein. Vgl. hierzu z. B. DIN Taschenbuch 22: Normen für Größen und Einheiten in Naturwissenschaft und Technik, 3. Aufl. Berlin, Köln, Frankfurt/M.: Beuth-Vertrieb 1972. Stille, U.: Messen und Rechnen in der Physik. 2. Aufl. Braunschweig: Fr. Vieweg u. Sohn 1961 sowie Westphal, W. H.: Die Grundlagen des physikalischen Begriffssystems. Braunschweig: Fr. Vieweg u. Sohn 1965.

reiche abgeleitete Einheiten haben einen eigenen Namen und ein eigenes Einheitenzeichen. Tab. 10.2 gibt eine Übersicht über derartige Einheiten, soweit sie für die Thermodynamik von Bedeutung sind.

Tabelle 10.1. Die Basiseinheiten des Internationalen Einheitensystems

Größenart	Einheit	Definition[1]
Länge	Meter m	1 m ist das 1 650 763,73fache der Wellenlänge der von Atomen des Nuklids ^{86}Kr beim Übergang vom Zustand 5d$_5$ zum Zustand 2p$_{10}$ ausgesandten, sich im Vakuum ausbreitenden Strahlung. (11. Generalkonferenz für Maß und Gewicht 1960.)
Masse	Kilogramm kg	1 kg ist die Masse des Internationalen Kilogrammprototyps. (1. und 3. Generalkonferenz für Maß und Gewicht, 1889 und 1901.)
Zeit	Sekunde s	1 s ist das 9 192 631 770fache der Periodendauer der dem Übergang zwischen den beiden Hyperfeinstrukturniveaus des Grundzustands von Atomen des Nuklids ^{133}Cs entsprechenden Strahlung. (13. Generalkonferenz für Maß und Gewicht, 1967).
Substanzmenge (Stoffmenge)	Mol mol	1 mol ist die Substanzmenge (Stoffmenge) eines Systems bestimmter Zusammensetzung, das aus ebenso vielen Teilchen besteht, wie Atome in $(^{12}/_{1000})$ kg des Nuklids ^{12}C enthalten sind. (14. Generalkonferenz für Maß und Gewicht, 1971.)
Temperatur	Kelvin K	1 K ist der 273,16te Teil der thermodynamischen Temperatur des Tripelpunktes des Wassers[2]. (13. Generalkonferenz für Maß und Gewicht, 1967.)
Elektrische Stromstärke	Ampere A	1 A ist die Stärke eines zeitlich unveränderlichen elektrischen Stromes, der, durch zwei im Vakuum parallel im Abstand 1 m voneinander angeordnete, geradlinige, unendlich lange Leiter von vernachlässigbar kleinem, kreisförmigem Querschnitt fließend, zwischen diesen Leitern je 1 m Leiterlänge elektrodynamisch die Kraft $2 \cdot 10^{-7}$ kg m s^{-2} hervorrufen würde. (9. Generalkonferenz für Maß und Gewicht, 1948.)
Lichtstärke	Candela cd	1 cd ist die Lichtstärke, mit der $(^1/_6) \cdot 10^{-5}$ m^2 der Oberfläche eines Schwarzen Strahlers bei der Temperatur des beim Druck 101 325 kg m^{-1} s^{-2} erstarrenden Platins senkrecht zu seiner Oberfläche leuchtet. (13. Generalkonferenz für Maß und Gewicht, 1967.)

[1] Nach dem „Gesetz über Einheiten im Meßwesen", vgl. Fußnote 1 auf S. 420.
[2] Besonderer Name für das Kelvin bei der Angabe von Celsius-Temperaturen ist der Grad Celsius (°C), vgl. S. 23.

Tabelle 10.2. Einige abgeleitete Einheiten des Internationalen Einheitensystems mit besonderer Benennung

Größenart	Einheit		Definitionsgleichung
Kraft	Newton	N	$1\ \text{N} = 1\ \text{kg m s}^{-2}$
Druck	Pascal	Pa	$1\ \text{Pa} = 1\ \text{N m}^{-2} = 1\ \text{kg m}^{-1}\ \text{s}^{-2}$
Energie	Joule	J	$1\ \text{J} = 1\ \text{N m} = 1\ \text{kg m}^2\ \text{s}^{-2}$
Leistung	Watt	W	$1\ \text{W} = 1\ \text{J s}^{-1} = 1\ \text{kg m}^2\ \text{s}^{-3}$
el. Spannung	Volt	V	$1\ \text{V} = 1\ \text{W A}^{-1} = 1\ \text{J A}^{-1}\ \text{s}^{-1}$
el. Widerstand	Ohm	Ω	$1\ \Omega = 1\ \text{V A}^{-1}$
el. Ladung	Coulomb	C	$1\ \text{C} = 1\ \text{A s}$

Ein kohärentes Einheitensystem hat meistens den Nachteil, daß abgeleitete Einheiten sich bei ihrer Anwendung als unpraktisch groß oder klein erweisen. Als typisches Beispiel sei die Druckeinheit Pascal (Pa) genannt; 1 Pa ist etwa das 10^{-5}fache des atmosphärischen Luftdrucks, also eine für die Vakuumtechnik sehr geeignete Einheit, die jedoch für die meisten Anwendungen unpraktisch klein ist. Es ist dann zweckmäßig, *dezimale* Vielfache der ursprünglichen kohärenten Einheiten zu benutzen. Man bezeichnet dezimale Teile und Vielfache von Einheiten durch Vorsetzen von Vorsilben vor den Namen der Einheit und entsprechend durch Vorsetzen von Kurzzeichen vor die Einheitenzeichen. So bezeichnet man 10^{-3} Meter als Millimeter, und entsprechend gilt

$$10^{-3}\ \text{m} = 1\ \text{mm}.$$

Die international vereinbarten und gesetzlich vorgeschriebenen Vorsilben mit ihren Kurzzeichen enthält Tab. 10.3. Bei der Anwendung der Vorsilben und Kurzzeichen ist zu beachten, daß Einheit und Vor-

Tabelle 10.3. Vorsilben und Kurzzeichen für dezimale Vielfache und Teile von Einheiten

Vorsilbe	Kurz-zeichen	Zehner-potenz	Vorsilbe	Kurz-zeichen	Zehner-potenz
Tera-	T	10^{12}	Zenti-	c	10^{-2}
Giga-	G	10^{9}	Milli-	m	10^{-3}
Mega-	M	10^{6}	Mikro-	μ	10^{-6}
Kilo-	k	10^{3}	Nano-	n	10^{-9}
Hekto-	h	10^{2}	Piko-	p	10^{-12}
Deka-	da	10^{1}	Femto-	f	10^{-15}
Dezi-	d	10^{-1}	Atto-	a	10^{-18}

silbe ein Ganzes bilden. Es ist also

$$1\ \text{cm}^2 = (1\ \text{cm})\ (1\ \text{cm}) = 10^{-4}\ \text{m}^2$$

und *nicht* $10^{-2}\ \text{m}^2$.

Einige häufig verwendete dezimale Vielfache von SI-Einheiten führen besondere Namen mit besonderen Einheitenzeichen. Es sind dies die Volumeneinheit Liter mit dem Einheitenzeichen l, für die

$$1\ \text{l} = 10^{-3}\ \text{m}^3 = 1\ \text{dm}^3$$

gilt, die Masseneinheit Tonne (t), für die

$$1\,t = 10^3\,kg = 1\,Mg$$

gilt, sowie schließlich die Druckeinheit Bar (bar), für die

$$1\,bar = 10^5\,Pa = 10^5\,N/m^2$$

gilt. Da 1 bar etwa die Größe des atmosphärischen Luftdrucks hat, ist diese Einheit sehr anschaulich. Wir haben deswegen in diesem Buch als Druckeinheit das Bar gegenüber dem Pascal bevorzugt, das außerdem unpraktisch klein ist.

Beispiel 10.4. Das in der Thermodynamik häufig vorkommende Produkt aus einem Volumen und einem Druck ergibt eine Energie. Als Energieeinheit tritt daher bei zahlreichen Rechnungen das Produkt aus einer Volumen- und einer Druckeinheit auf. Für die gern benutzten Einheiten Liter und Bar ergeben sich daher die folgenden Zusammenhänge:

$$1\,m^3 \cdot bar = 10^5\,m^3\,Pa = 10^5\,J = 100\,kJ,$$
$$1\,dm^3 \cdot bar = 1\,l \cdot bar = 10^{-3}\,m^3 \cdot 10^5\,Pa = 100\,J = 0{,}1\,kJ.$$

10.22 Einheiten anderer Einheitensysteme. Umrechnungsfaktoren

Das kohärente System der SI-Einheiten hat sich erst im Verlauf des letzten Jahrzehnts in größerem Umfang durchgesetzt, obwohl einige seiner Einheiten in Deutschland schon seit 100 Jahren gesetzlich vorgeschrieben sind. Es werden daher noch zahlreiche Einheiten benutzt, die zu den Einheiten des Internationalen Einheitensystems nicht kohärent sind. Um die Benutzung älteren Schrifttums zu erleichtern, geben wir im folgenden eine Übersicht solcher Einheiten mit ihren Umrechnungsfaktoren an, soweit die Einheiten für die Thermodynamik von Bedeutung sind.

Zeiteinheiten:

$1\,Minute = 1\,min = 60\,s$
$1\,Stunde = 1\,h = 60\,min = 3600\,s$

Krafteinheiten:

$1\,Dyn = 1\,dyn = 10^{-5}\,N = 1\,g\,cm/s^2$
$1\,Kilopond = 1\,kp = 10^3\,p = 9{,}80665\,N$

Druckeinheiten:

$1\,techn.\,Atmosphäre = 1\,at = 1\,kp/cm^2 = 98066{,}5\,Pa$
$\quad = 0{,}980665\,bar$

$1\,phys.\,Atmosphäre = 1\,atm = 101325\,Pa = 1{,}01325\,bar$

$1\,Torr = \dfrac{1}{760}\,atm \approx 133{,}3224\,Pa = 1{,}333224\,mbar$

1 (konventionelle) Meter-Wassersäule $= 1\,mWS = 0{,}1\,at$
$\quad = 9\,806{,}65\,Pa$

1 (konventionelle) Millimeter-Quecksilbersäule $= 1\,mm\,Hg$
$\quad = 133{,}322\,Pa$

Energieeinheiten:

$1\,Erg = 1\,erg = 10^{-7}\,J$
$1\,m\,kp = 9{,}80665\,J$

$$1\,\text{kWh} = 3{,}6 \cdot 10^6\,\text{J} = 3{,}6\,\text{MJ}$$
$$1\,\text{Kalorie}^1 = 1\,\text{cal} = 4{,}1868\,\text{J}$$

Leistungseinheiten:

$$1\,\text{Pferdestärke} = 1\,\text{PS} = 75\,\text{m kp/s} = 735{,}49875\,\text{W}$$
$$1\,\text{kcal/h} = 1{,}163\,\text{W}.$$

Angelsächsische Einheiten. Die folgende Tabelle enthält die Beziehungen, die zwischen den wichtigsten in England und in den USA gebrauchten Einheiten und den Einheiten des Internationalen Einheitensystems bestehen. Genauere und ausführliche Angaben über diese Zusammenhänge macht z. B. U. Stille[2].

Tabelle 10.4. Umrechnung wichtiger angelsächsischer Einheiten

Größenart	Angelsächsische Einheit	Umrechnung		
Länge	inch	1 inch	=	25,400 mm
	foot	1 ft	=	0,30480 m
	yard	1 yd	=	0,91440 m
Fläche	square inch	1 sq. in.	=	6,4516 cm²
	square foot	1 sq. ft.	=	0,09290 m²
Volumen	cubic foot	1 cu. ft.	=	28,317 dm³
Masse	ounce	1 ounce	=	28,35 g
	pound (mass)	1 lb	=	0,45359 kg
	short ton	1 sh ton	=	907,18 kg
	long ton	1 lg ton	=	1016,05 kg
Kraft	pound (force)	1 Lb	=	4,4482 N
spez. Volumen	cubic foot/pound	1 cft./lb	=	0,062429 m³/kg
Druck	pound/square inch	1 Lb/sq. in.	=	0,068948 bar
Energie	British thermal unit	1 B. th. u.	=	1,05506 kJ
Leistung	horse-power	1 h. p.	=	0,74567 kW

Angaben über die Temperatureinheiten Rankine und Fahrenheit findet man auf S.23.

10.3 Tabellen

Tabelle 10.5. Werte universeller Konstanten[3]

Avogadro-Konstante	N_A	$= (6{,}02217 \pm 0{,}00012)\,10^{23}\,\text{mol}^{-1}$
Universelle Gaskonstante	R	$= (8{,}3143 \pm 0{,}0011)\,\text{J/(mol K)}$
Boltzmann-Konstante	k	$= (1{,}38062 \pm 0{,}00018)\,10^{-23}\,\text{J/K}$
Elektr. Elementarladung	e	$= (1{,}60219 \pm 0{,}00002)\,10^{-19}\,\text{C}$
Faraday-Konstante	F	$= (96486{,}7 \pm 1{,}6)\,\text{C/mol}$
Planck-Konstante	h	$= (6{,}62620 \pm 0{,}00015)\,10^{-34}\,\text{J} \cdot \text{s}$

Die angegebenen Unsicherheiten entsprechen der dreifachen Standardabweichung.

---

[1] Für die Energieeinheit Kalorie (cal) wurden im Laufe der Zeit mehrere unterschiedliche Definitionen gegeben, die sich numerisch nur wenig unterscheiden, vgl. hierzu U. Stille (Fußnote 2 auf S.420) S.107—115 u. 357—358. Bei der Benutzung älterer, sehr genauer Zahlenwerte vergewissere man sich, um welche Definition der Kalorie es sich jeweils handelt.

[2] Vgl. Fußnote 2 auf S.420.

[3] Nach B. N. Taylor, W. H. Parker und D. N. Langenberg, vgl. Fußnote 2 auf S. 417.

Tabelle 10.6. Molmasse M, Gaskonstante R sowie molare Bildungsenthalpie $\mathfrak{H}^0$ und molare absolute Entropie $\mathfrak{S}^0$ im Standardzustand [1]
$(T_0 = 298{,}15 \text{ K}, \ p_0 = 1 \text{ atm})$

Stoff	M kg/kmol	R J/kg K	$\mathfrak{H}^0$ kJ/mol	$\mathfrak{S}^0$ J/mol K	Formart im Standard-zustand
He	4,0026	2077,2	0	126,04	g
Ne	20,183	411,9	0	146,22	g
Ar	39,948	208,13	0	154,73	g
Kr	83,80	99,22	0	163,97	g
Xe	131,30	63,32	0	169,57	g
H_2	2,0159	4124,4	0	130,57	g
O_2	31,9988	259,83	0	205,03	g
H_2O	18,0153	461,51	−285,83	69,91	fl
			−241,82	188,72	g
F_2	37,9968	218,82	0	202,7	g
Cl_2	70,906	117,26	0	222,96	g
HCl	36,461	228,03	−93,31	186,80	g
S	32,064	259,30	0	31,8	f., rhomb.
SO_2	64,0628	129,78	−296,83	248,1	g
H_2S	34,0799	243,96	−20,6	205,7	g
N_2	28,0134	296,80	0	191,5	g
Luft	28,964	287,06	—	198,5	g
NH_3	17,0306	488,20	−46,11	192,3	g
NO_2	46,0055	180,72	33,2	240,0	g
N_2O	44,0128	188,91	82,05	219,7	g
C	12,0112	692,21	0	5,740	f., Graphit
			1,895	2,377	f., Diamant
CO	28,0106	296,83	−110,52	197,56	g
CO_2	44,0100	188,92	−393,51	213,6	g
CH_4	16,0430	518,25	−74,81	186,15	g
CH_3OH	32,0424	259,48	−238,7	128	fl
CCl_4	153,823	54,05	−135,4	216,4	fl
$CHCl_3$	119,378	69,65	−134,5	202	fl
CF_2Cl_2	120,914	68,76	−477	300,7	g
$CFCl_3$	137,369	60,53	−301,3	255,4	fl
C_2H_2	26,0382	319,31	226,7	200,8	g
C_2H_4	28,0542	296,37	52,26	219,5	g
C_2H_6	30,0701	276,50	−84,68	229,5	g
C_2H_5OH	46,0695	180,47	−277,7	160,7	fl
C_3H_8	44,097	188,55	−103,9	269,9	g
n-C_4H_{10}	58,124	143,04	−124,7	310,0	g
n-C_5H_{12}	72,151	115,23	−173,1	262,7	fl
n-C_6H_{14}	86,179	96,48	−198,8	296,0	fl
C_6H_6	78,115	106,44	−49,0	173,2	fl
n-C_7H_{16}	100,206	82,97	−224,4	328,0	fl
n-C_8H_{18}	114,233	72,78	−250,0	361,2	fl

[1] Werte nach Wagman, D. D., Evans, W. H. u. a.: Selected Values of Chemical Thermodynamic Properties. Natl. Bur. Stand. Techn. Note 270−3, Washington 1968, sowie nach Landolt-Börnstein: Zahlenwerte u. Funktionen, 6. Aufl. Bd. II/4, Tab. 2413, Berlin-Göttingen-Heidelberg: Springer 1961. Dort auch Angaben für zahlreiche weitere Stoffe.

Tabelle 10.7. Mittlere spez. Wärmekapazität $[c_p^0]_0^t$ idealer Gase in kJ/kg K als Funktion der Celsius-Temperatur[1]

$\dfrac{t}{°C}$	Luft	N_2	O_2	CO	H_2O	CO_2	SO_2
0	1,0033	1,0387	0,9148	1,0397	1,8584	0,8165	0,6083
25	1,0036	1,0387	0,9164	1,0399	1,8608	0,8299	0,6153
50	1,0042	1,0389	0,9182	1,0403	1,8640	0,8429	0,6224
100	1,0059	1,0396	0,9230	1,0416	1,8718	0,8677	0,6365
150	1,0081	1,0408	0,9288	1,0435	1,8814	0,8907	0,6503
200	1,0111	1,0426	0,9354	1,0462	1,8924	0,9122	0,6634
250	1,0145	1,0450	0,9425	1,0496	1,9046	0,9321	0,6700
300	1,0185	1,0480	0,9499	1,0537	1,9177	0,9509	0,6878
350	1,0229	1,0516	0,9574	1,0583	1,9316	0,9685	0,6988
400	1,0278	1,0556	0,9649	1,0634	1,9460	0,9850	0,7090
450	1,0328	1,0601	0,9721	1,0688	1,9608	1,0005	0,7186
500	1,0380	1,0648	0,9792	1,0745	1,9760	1,0152	0,7274
550	1,0434	1,0698	0,9860	1,0803	1,9915	1,0291	0,7357
600	1,0488	1,0750	0,9925	1,0862	2,0074	1,0422	0,7434
650	1,0542	1,0802	0,9987	1,0921	2,0236	1,0546	0,7505
700	1,0595	1,0855	1,0047	1,0979	2,0400	1,0663	0,7572
750	1,0648	1,0907	1,0103	1,1036	2,0566	1,0775	0,7634
800	1,0700	1,0960	1,0157	1,1092	2,0733	1,0880	0,7692
850	1,0751	1,1011	1,0209	1,1148	2,0901	1,0981	0,7747
900	1,0800	1,1062	1,0258	1,1201	2,1070	1,1076	0,7798
950	1,0848	1,1112	1,0305	1,1254	2,1239	1,1167	0,7846
1000	1,0895	1,1160	1,0350	1,1304	2,1408	1,1253	0,7891
1100	1,0985	1,1254	1,0434	1,1402	2,1744	1,1413	0,7975
1200	1,1069	1,1343	1,0511	1,1492	2,2075	1,1560	0,8050
1300		1,1426	1,0583	1,1577	2,2399	1,1693	0,8117
1400		1,1504	1,0651	1,1656	2,2716	1,1816	0,8179
1500		1,1578	1,0715	1,1730	2,3024	1,1928	0,8235
1600		1,1647	1,0775	1,1799	2,3322	1,2032	0,8286
1700		1,1711	1,0832	1,1863	2,3610	1,2128	0,8334
1800		1,1772	1,0888	1,1924	2,3889	1,2217	0,8378
1900		1,1829	1,0941	1,1980	2,4157	1,2299	0,8419
2000		1,1883	1,0993	1,2034	2,4416	1,2376	0,8457
2100		1,1934	1,1043	1,2084	2,4666	1,2449	0,8493
2200		1,1981	1,1092	1,2131	2,4906	1,2516	0,8527
2300		1,2026	1,1140	1,2175	2,5138	1,2580	0,8559
2400		1,2069	1,1186	1,2217	2,5362	1,2640	0,8590
2500		1,2109	1,1232	1,2257	2,5577	1,2696	0,8619
2600		1,2147	1,1276	1,2295	2,5785	1,2750	0,8647
2700		1,2184	1,1320	1,2331	2,5986	1,2800	0,8673
2800		1,2218	1,1363	1,2365	2,6180	1,2848	0,8699
2900		1,2251	1,1405	1,2398	2,6368	1,2894	0,8723
3000		1,2282	1,1446	1,2429	2,6549	1,2938	0,8747

[1] Nach Baehr, H. D., Hartmann, H., Pohl, H.-Chr., Schomäcker, H.: Thermodynamische Funktionen idealer Gase für Temperaturen bis 6000 °K. Berlin-Heidelberg-New York: Springer 1968. — Die Werte für Luft wurden aus den in Tab. 10.9 angegebenen spez. Enthalpien berechnet.

Tabelle 10.8. Spez. absolute Entropie $s(t, p_0)$ idealer Gase für $p_0 = 1$ bar in kJ/kg K als Funktion der Celsius-Temperatur[1]

$\dfrac{t}{°\mathrm{C}}$	Ar	Luft	N_2	O_2	CO	H_2O	CO_2	SO_2
0	3,8304	6,7757	6,7482	6,3307	6,9652	10,318	4,7840	3,8206
25	3,8760	6,8635	6,8392	6,4109	7,0563	10,481	4,8566	3,8744
50	3,9179	6,9445	6,9229	6,4850	7,1401	10,631	4,9256	3,9251
100	3,9928	7,0894	7,0726	6,6184	7,2901	10,902	5,0538	4,0187
150	4,0582	7,2168	7,2037	6,7367	7,4218	11,141	5,1716	4,1039
200	4,1163	7,3306	7,3207	6,8434	7,5396	11,356	5,2806	4,1823
250	4,1687	7,4339	7,4267	6,9409	7,6464	11,552	5,3823	4,2553
300	4,2162	7,5287	7,5237	7,0310	7,7444	11,733	5,4776	4,3234
350	4,2597	7,6165	7,6135	7,1148	7,8352	11,901	5,5674	4,3874
400	4,2999	7,6984	7,6971	7,1933	7,9201	12,059	5,6523	4,4476
450	4,3370	7,7753	7,7756	7,2671	7,9998	12,208	5,7329	4,5046
500	4,3718	7,8478	7,8497	7,3368	8,0750	12,350	5,8096	4,5585
550	4,4045	7,9166	7,9199	7,4028	8,1463	12,484	5,8828	4,6098
600	4,4351	7,9819	7,9866	7,4656	8,2142	12,613	5,9527	4,6586
650	4,4641	8,0442	8,0502	7,5253	8,2789	12,736	6,0197	4,7052
700	4,4916	8,1038	8,1111	7,5824	8,3408	12,855	6,0840	4,7497
750	4,5178	8,1609	8,1694	7,6370	8,4001	12,970	6,1458	4,7923
800	4,5426	8,2156	8,2254	7,6894	8,4571	13,081	6,2053	4,8332
850	4,5661	8,2683	8,2793	7,7396	8,5119	13,188	6,2626	4,8724
900	4,5887	8,3190	8,3313	7,7879	8,5646	13,292	6,3179	4,9102
950	4,6105	8,3679	8,3814	7,8344	8,6155	13,394	6,3713	4,9465
1000	4,6314	8,4152	8,4298	7,8793	8,6647	13,492	6,4230	4,9816
1100	4,6708	8,5051	8,5220	7,9646	8,7582	13,682	6,5214	5,0482
1200	4,7073	8,5894	8,6086	8,0444	8,8460	13,863	6,6140	5,1106
1300	4,7415		8,6901	8,1196	8,9287	14,036	6,7013	5,1692
1400	4,7735		8,7673	8,1907	9,0069	14,201	6,7839	5,2245
1500	4,8037		8,8405	8,2580	9,0810	14,360	6,8623	5,2769
1600	4,8323		8,9101	8,3221	9,1514	14,512	6,9308	5,3266
1700	4,8593		8,9764	8,3832	9,2185	14,658	7,0079	5,3739
1800	4,8850		9,0397	8,4417	9,2825	14,800	7,0758	5,4190
1900	4,9096		9,1002	8,4978	9,3437	14,937	7,1407	5,4622
2000	4,9331		9,1583	8,5517	9,4024	15,069	7,2030	5,5035
2100	4,9554		9,2140	8,6035	9,4587	15,197	7,2628	5,5432
2200	4,9768		9,2676	8,6535	9,5129	15,320	7,3203	5,5813
2300	4,9974		9,3192	8,7018	9,5650	15,440	7,3757	5,6180
2400	5,0174		9,369	8,7486	9,6153	15,556	7,4292	5,6534
2500	5,0365		9,417	8,7939	9,6638	15,669	7,4808	5,6877
2600	5,0548		9,463	8,8378	9,7107	15,779	7,5307	5,7207
2700	5,0726		9,508	8,8804	9,7561	15,886	7,5790	5,7528
2800	5,0899		9,552	8,9218	9,8001	15,990	7,6258	5,7838
2900	5,1065		9,594	8,9621	9,8427	16,091	7,6711	5,8140
3000	5,1226		9,635	9,0013	9,8841	16,190	7,7152	5,8432

[1] Nach Baehr, H. D., Hartmann, H. u. a., vgl. Fußnote auf S. 426. Die Werte für Luft nach Baehr, H. D.: Gleichungen und Tafeln der thermodynamischen Funktionen von Luft und einem Modell-Verbrennungsgas zur Berechnung von Gasturbinenprozessen. Fortschr.-Ber. VDI-Z. Reihe 6, Nr. 13. Düsseldorf: VDI-Verlag 1967.

Tabelle 10.9. Spez. Enthalpie h in kJ/kg und isentrope Temperaturfunktion $\pi_s(t)$, vgl. S. 206, von trockener Luft als Funktionen der Celsius-Temperatur[1]

t °C	h kJ/kg	π_s	t °C	h kJ/kg	π_s	t °C	h kJ/kg	π_s
−40	−40,11	0,5752	310	316,01	14,677	660	696,46	86,605
−30	−30,09	0,6660	320	326,48	15,616	670	707,73	90,307
−20	−20,06	0,7667	330	336,97	16,601	680	719,03	94,133
−10	−10,03	0,8778	340	347,49	17,632	690	730,34	98,085
0	0	1,0000	350	358,03	18,711	700	741,67	102,17
10	10,03	1,1339	360	368,60	19,840	710	753,02	106,38
20	20,07	1,2802	370	379,19	21,021	720	764,39	110,73
30	30,11	1,4396	380	389,80	22,254	730	775,78	115,22
40	40,16	1,6128	390	400,44	23,543	740	787,18	119,86
50	50,21	1,8005	400	411,10	24,889	750	798,61	124,64
60	60,27	2,0034	410	421,78	26,293	760	810,05	129,56
70	70,34	2,2223	420	432,49	27,758	770	821,51	134,64
80	80,41	2,4580	430	443,22	29,284	780	832,99	139,88
90	90,50	2,7114	440	453,98	30,876	790	844,48	145,28
100	100,59	2,9831	450	464,76	32,533	800	856,00	150,84
110	110,69	3,2741	460	475,56	34,259	810	867,53	156,56
120	120,81	3,5852	470	486,39	36,055	820	879,07	162,46
130	130,93	3,9174	480	497,24	37,924	830	890,64	168,53
140	141,07	4,2715	490	508,11	39,867	840	902,22	174,78
150	151,22	4,6485	500	519,01	41,887	850	913,81	181,21
160	161,39	5,0493	510	529,93	43,986	860	925,42	187,83
170	171,57	5,4751	520	540,88	46,167	870	937,05	194,63
180	181,77	5,9267	530	551,85	48,431	880	948,69	201,63
190	191,98	6,4053	540	562,84	50,781	890	960,35	208,83
200	202,21	6,9120	550	573,85	53,219	900	972,02	216,23
210	212,46	7,4477	560	584,89	55,749	910	983,71	223,84
220	222,72	8,0138	570	595,95	58,371	920	995,41	231,65
230	233,01	8,6114	580	607,03	61,090	930	1007,1	239,68
240	243,31	9,2417	590	618,14	63,906	940	1018,9	247,93
250	253,63	9,9058	600	629,26	66,824	950	1030,6	256,41
260	263,97	10,605	610	640,41	69,846	960	1042,4	265,11
270	274,34	11,341	620	651,58	72,974	970	1054,1	274,04
280	284,72	12,115	630	662,77	76,211	980	1065,9	283,21
290	295,13	12,928	640	673,98	79,560	990	1077,7	292,62
300	305,56	13,781	650	685,21	83,024	1000	1089,5	302,28

[1] Nach Baehr, H. D.: Gleichungen und Tafeln..., vgl. Fußnote 1 auf S. 427.

Tabelle 10.10. Dampftafel[1] für das Naßdampfgebiet von H_2O

t °C	p bar	v' dm³/kg	v'' m³/kg	h' kJ/kg	h'' kJ/kg	r kJ/kg	s' kJ/kg K	s'' kJ/kg K
0,01	0,006112	1,0002	206,2	0,00	2501,6	2501,6	0,0000	9,1575
5	0,008718	1,0000	147,2	21,01	2510,7	2489,7	0,0762	9,0269
10	0,01227	1,0003	106,4	41,99	2519,9	2477,9	0,1510	8,9020
15	0,01704	1,0008	77,98	62,94	2529,1	2466,1	0,2243	8,7826
20	0,02337	1,0017	57,84	83,86	2538,2	2454,3	0,2963	8,6684
25	0,03166	1,0029	43,40	104,77	2547,3	2442,5	0,3670	8,5592
30	0,04241	1,0043	32,93	125,66	2556,4	2430,7	0,4365	8,4546
35	0,05622	1,0060	25,24	146,56	2565,4	2418,8	0,5049	8,3543
40	0,07375	1,0078	19,55	167,45	2574,4	2406,9	0,5721	8,2583
45	0,09582	1,0099	15,28	188,35	2583,3	2394,9	0,6383	8,1661
50	0,12335	1,0121	12,05	209,26	2592,2	2382,9	0,7035	8,0776
55	0,1574	1,0145	9,579	230,17	2601,0	2370,8	0,7677	7,9926
60	0,1992	1,0171	7,679	251,09	2609,7	2358,6	0,8310	7,9108
65	0,2501	1,0199	6,202	272,02	2618,4	2346,3	0,8933	7,8322
70	0,3116	1,0228	5,046	292,97	2626,9	2334,0	0,9548	7,7565
75	0,3855	1,0259	4,134	313,94	2635,4	2321,5	1,0154	7,6835
80	0,4736	1,0292	3,409	334,92	2643,8	2308,8	1,0753	7,6132
85	0,5780	1,0326	2,829	355,92	2652,0	2296,5	1,1343	7,5454
90	0,7011	1,0361	2,361	376,94	2660,1	2283,2	1,1925	7,4799
95	0,8453	1,0399	1,982	397,99	2668,1	2270,2	1,2501	7,4166
100	1,0133	1,0437	1,673	419,1	2676,0	2256,9	1,3069	7,3354
110	1,4327	1,0519	1,210	461,3	2691,3	2230,0	1,4185	7,2388
120	1,9854	1,0606	0,8915	503,7	2706,0	2202,3	1,5276	7,1293
130	2,701	1,0700	0,6681	546,3	2719,9	2173,6	1,6344	7,0261
140	3,614	1,0801	0,5085	589,1	2733,1	2144,0	1,7390	6,9284

Fortsetzung Tabelle 10.10. s. S. 430

Tabelle 10.10. (Fortsetzung)

t	p	v'	v''	h'	h''	r	s'	s''
150	4,760	1,0908	0,3924	632,2	2745,4	2113,2	1,8416	6,8358
160	6,181	1,1022	0,3068	675,5	2756,7	2081,2	1,9425	6,7475
170	7,920	1,1145	0,2426	719,1	2767,1	2048,0	2,0416	6,6630
180	10,027	1,1275	0,1938	763,1	2776,3	2013,2	2,1393	6,5819
190	12,551	1,1415	0,1563	807,5	2784,3	1976,8	2,2356	6,5036
200	15,549	1,1565	0,1272	852,4	2790,9	1938,5	2,3307	6,4278
210	19,077	1,173	0,1042	897,5	2796,2	1898,7	2,4247	6,3539
220	23,198	1,190	0,08604	943,7	2799,9	1856,2	2,5178	6,2817
230	27,976	1,209	0,07145	990,3	2802,0	1811,7	2,6102	6,2107
240	33,478	1,229	0,05965	1037,6	2802,2	1764,6	2,7020	6,1406
250	39,776	1,251	0,05004	1085,8	2800,4	1714,6	2,7935	6,0708
260	46,943	1,276	0,04213	1134,3	2796,4	1661,5	2,8848	6,0010
270	55,058	1,303	0,03559	1185,2	2789,9	1604,6	2,9763	5,9304
280	64,202	1,332	0,03013	1236,8	2780,4	1543,6	3,0683	5,8586
290	74,461	1,366	0,02554	1290,0	2767,6	1477,6	3,1611	5,7848
300	85,927	1,404	0,02165	1345,0	2751,0	1406,0	3,2552	5,7081
310	98,700	1,448	0,01833	1402,4	2730,0	1327,6	3,3512	5,6278
320	112,89	1,500	0,01548	1462,6	2703,7	1241,1	3,4500	5,5423
330	128,63	1,562	0,01299	1526,5	2670,2	1143,6	3,5528	5,4490
340	146,05	1,639	0,01078	1595,5	2626,2	1030,7	3,6616	5,3427
350	165,35	1,741	0,00880	1671,9	2567,7	895,7	3,7800	5,2177
360	186,75	1,896	0,00694	1764,2	2485,4	721,3	3,9210	5,0600
370	210,54	2,214	0,00497	1890,2	2342,8	452,6	4,1108	4,8144
374,15	221,20	3,17	0,00317	2107,4	2107,4	0,0	4,4429	4,4429

[1] Diese Tabelle ist ein Auszug aus der entsprechenden Tafel in Properties of Water and Steam in SI-Units (Zustandsgrößen von Wasser und Wasserdampf), herausgegeben von E. Schmidt. Berlin-Heidelberg-New York: Springer 1969 und München: Verlag R. Oldenbourg 1969.

Tabelle 10.11. Molarer Brennwert $\Delta\mathfrak{H}_o$, molarer Heizwert $\Delta\mathfrak{H}_u$, reversible Reaktionsarbeit $(\mathfrak{W}_t)_{\text{rev}}$ und molare Exergie $\mathfrak{E}_B$ chemisch einheitlicher Brennstoffe für $t = t_u = 25\,°\text{C}$, $p = p_u = 1\,\text{atm} = 1{,}01325\,\text{bar}$ und Umgebungsluft mit den Partialdrücken nach Tab. 8.8 auf S. 362

Feste und gasförmige Brennstoffe				
Brennstoff	$\Delta\mathfrak{H}_o$ kJ/mol	$\Delta\mathfrak{H}_u$ kJ/mol	$(-\mathfrak{W}_t)_{\text{rev}}$ kJ/mol	$\mathfrak{E}_B$ kJ/mol
C (Graphit)	393,5	393,5	394,4	410,5
S	296,6	296,6	299,8	—
H_2	285,9	241,8	237,3	235,3
CO	283,0	283,0	257,3	275,4
CH_4	890,5	802,3	818,1	830,3
C_2H_2	1300	1256	1235	1265
C_2H_4	1411	1323	1332	1360
C_2H_6	1560	1428	1468	1494
C_3H_6	2059	1926	1970	2012
C_3H_8	2220	2044	2109	2149
n-C_4H_{10}	2879	2658	2748	2803

Flüssige Brennstoffe				
Brennstoff	$\Delta\mathfrak{H}_o$ kJ/mol	$\Delta\mathfrak{H}_u$ kJ/mol	$(-\mathfrak{W}_t)_{\text{rev}}$ kJ/mol	$\mathfrak{E}_B$ kJ/mol
n-C_5H_{12}	3510	3245	3386	3455
C_6H_6	3268	3135	3202	3293
C_6H_{12}	3920	3656	3817	3902
n-C_6H_{14}	4164	3855	4023	4106
C_7H_8	3906	3730	3820	3925
n-C_7H_{16}	4817	4465	4660	4757
n-C_8H_{18}	5471	5074	5297	5408
n-C_6H_{20}	6125	5684	5934	6059
n-$C_{10}H_{22}$	6779	6294	6571	6711
CH_3OH	726,6	638,4	702,5	716,7
C_2H_5OH	1367,1	1234,8	1325,8	1354,1

Tabelle 10.12. Zusammensetzung und Heizwert flüssiger Brennstoffe[1]

Brennstoff	Dichte bei 15 °C kg/dm³	Zusammensetzung in Masseanteilen				Heizwert	
		c	h	$o+n$	s	Δh_o MJ/kg	Δh_u MJ/kg
Benzin	0,726	0,855	0,1445	—	0,0005	46,5	43,5
Benzin—Benzol-Gemisch	0,786	0,890	0,1095	—	0,0005	44,5	42,1
Dieselkraftstoff	0,840	0,860	0,132	0,002	0,006	45,4	42,7
Motorenbenzol	0,875	0,918	0,082	—	$<0{,}0003$	42,3	40,4
Heizöl EL	0,850	0,857	0,131	0,002	0,010	45,4	42,7
Heizöl M	0,920	0,853	0,116	0,006	0,025	43,3	40,8
Heizöl S	0,980	0,849	0,106	0,010	0,035	42,3	40,0
Steinkohlenteer-Heizöl	1,10	0,898	0,065	0,029	0,008	38,9	37,7

[1] Nach W. Gumz, vgl. Fußnote 1 auf S. 432. — Die wohl umfassendste Übersicht über die Eigenschaften von festen, flüssigen und gasförmigen Brennstoffen findet man in Landolt-Börnstein: Zahlenwerte und Funktionen, IV. Band Technik, Teil 4b, Tab. 4911, S. 225—332, Springer-Verlag Berlin-Heidelberg-New York 1972.

Tabelle 10.13. Zusammensetzung und Heizwert fester Brennstoffe[1]

Brennstoff	Zusammensetzung der wasser- und aschefreien Substanz in Masseanteilen[2]					Heizwert der wasser- und aschefreien Substanz[3]		Wasser- und Aschegehalt im Verwendungszustand		Mittlerer Heizwert im Verwendungszustand	
	C	H_2	O_2	N_2	S	Δh_o^* MJ/kg	Δh_u^* MJ/kg	w	a	Δh_o MJ/kg	Δh_u MJ/kg
Holz (lufttrocken)	0,50	0,06	0,44	<0,01	0	20,2	18,8	0,12–0,25	0,002–0,008	16,9	15,3
Torf (lufttrocken)	0,56	0,06	0,34	0,04	<0,01	23,2	22,0	0,25–0,50	0,01–0,04	13	10
Braunkohle (Rheinland)	0,688	0,050	0,247	0,010	0,005	26,8	25,6	0,52–0,62	0,02–0,22	9,9	8,1
Braunkohlenbrikett	0,688	0,050	0,247	0,010	0,005	26,8	25,6	0,12–0,18	0,04–0,10	20,6	19,3
Steinkohle (Ruhr)											
Gasflammkohle	0,831	0,054	0,090	0,017	0,009	34,4	33,2				
Fettkohle	0,887	0,049	0,041	0,016	0,007	36,1	35,1				
Eßkohle	0,909	0,044	0,025	0,016	0,006	36,4	35,4	0,00–0,05	0,02–0,10	30–34	28–32
Magerkohle	0,912	0,041	0,024	0,016	0,008	36,2	35,3				
Anthrazit	0,918	0,036	0,026	0,014	0,007	35,9	35,1				
Steinkohle (Saar)											
Flammkohle	0,824	0,053	0,098	0,011	0,014	33,5	32,4				
Fettkohle A	0,863	0,055	0,058	0,014	0,010	35,6	34,4	0,02–0,16	0,08–0,10	30	29
Steinkohlenkoks	0,975	0,003	0,003	0,010	0,009	33,4	33,2				

[1] Weitere Angaben z.B. bei Gumz, W.: Brennstoffe und Verbrennung, in Dubbels Taschenbuch für den Maschinenbau, Bd.1, 12. Aufl. S. 458–490. Berlin-Göttingen-Heidelberg: Springer 1961. Dort findet man auch zahlreiche Literaturangaben.

[2] Umrechnung auf die Zusammensetzung im Verwendungszustand durch Multiplikation der Bestandteile mit $(1 - w - a)$.

[3] Umrechnung auf den Heizwert im Verwendungszustand: $\Delta h_o = \Delta h_o^*(1 - w - a)$ und $\Delta h_u = \Delta h_u^*(1 - w - a) - 2{,}5\ (MJ/kg)\ w$.

Sachverzeichnis